"十二五"普通高等教育本科国家级规划教材
普通高等教育精品规划教材

高等学校信息管理学专业系列教材

知识管理学概论

修订版

主　编　邱均平

副主编　张　蕊　文庭孝　杨思洛
　　　　张　洋　赵蓉英　王伟军

编著者　邱均平　张　蕊　文庭孝　杨思洛　张　洋
　　　　赵蓉英　王伟军　吴建华　陈　远　周黎明
　　　　刘　霞　马大川　王　梅

WUHAN UNIVERSITY PRESS
武汉大学出版社

图书在版编目(CIP)数据

知识管理学概论(修订版)/邱均平等编著.—武汉：武汉大学出版社,2019.12(2024.3 重印)
"十二五"普通 高等教育本科国家级规划教材　高等学校信息管理学专业系列教材
ISBN 978-7-307-21185-8

Ⅰ.知…　Ⅱ.邱…　Ⅲ.知识管理—高等学校—教材　Ⅳ.G302

中国版本图书馆 CIP 数据核字(2019)第 209701 号

责任编辑:陈　豪　　责任校对:李孟潇　　版式设计:马　佳

出版发行：**武汉大学出版社**　(430072　武昌　珞珈山)
(电子邮箱：cbs22@ whu.edu.cn　网址：www.wdp. com.cn)
印刷:武汉邮科印务有限公司
开本:720×1000　1/16　印张:33.75　字数:624 千字　插页:1
版次:2019 年 12 月第 1 版　2024 年 3 月第 3 次印刷
ISBN 978-7-307-21185-8　定价:70.00 元

前　言

党的二十大报告指出，“必须坚持创新是第一动力，深入实施创新驱动发展战略”，“必须坚持科技是第一生产力、人才是第一资源、创新是第一动力，深入实施科教兴国战略、人才强国战略、创新驱动发展战略，开辟发展新领域新赛道，不断塑造发展新动能新优势”。知识作为人力资源和技术中的重要成分，其作用日益明显。一个区别于农业经济、工业经济的新的经济形态，即一个“以知识为基础的经济形态”正在兴起。

人类社会财富观的演变大致经历了四个阶段：在农业时代，土地就是资源，地主掌握了土地，因此地主就能拥有财富。到了工业社会，能源就是资源，资本家掌握了能源，因此资本家就能增加财富。随着商品经济和市场经济的发展，货币资本成为财富的来源，资本家掌握了货币资本，因此资本家就能积累财富。当人类步入知识经济社会后，知识成为最重要的资源，谁拥有知识，谁就能创造财富、拥有财富。知识本身既是财富，又能创造财富。当今世界，经济增长比任何时候都更加依赖于知识的生产、扩散和应用。

知识经济的兴起，极大地推动了由农、林、牧、渔业组成的第一产业的迅速发展。由于知识的注入，出现了绿色革命、大农业、大旅游业以及知识农业、信息农业、知识牧业、试管牧业、基因养殖业及智能产品，因此强有力地推动第一产业不断升级及再生产的迅猛扩张。知识经济又极大地推动了由工业、能源、材料、制造业组成的第二产业的迅速发展。由于知识的注入，使第二产业的文化含量、知识含量、信息含量和科技含量迅速增长并使其产值出现爆炸性增长态势。知识经济的兴起，还极大地推动了以信息业、服务业、商业、金融业和文化娱乐业为主体的第三产业的发展并迅速成为全球新兴的“朝阳工业”，使它出现了“一本万利”“点石成金”的发展奇迹。知识经济的兴起，推动了以信息、知识、高科技、文化、人才元素为主的新兴产业，使其一跃而成为全球的“未来工业”。知识经济的产生可以说对社会生活各个方面都产生了巨大的影响，不仅推动了社会经济的快速发展，而且极大地改变了社会的组织结构，并对人们的生活方式带来了前所未有的冲击，使得知识成为社会、国家、组织和个人发展不可或缺的战略资源。

有知识，就有对知识的管理。国家、政府、企业和个人都莫不如此。知识经济时代，知识成为资源，知识管理无处不在，无时不有。党的二十大报告指出，“实施人才强国战略，坚持尊重劳动、尊重知识、尊重人才、尊重创造，完善人才战略布局，加快建设世界重要人才中心和创新高地，着力形成人才国际竞争的比较优势，把各方面优秀人才集聚到党和人民事业中来”，“建设全民终身学习的学习型社会、学习型大国”。对于国家和政府而言，知识管理意味着尊重知识、尊重科技和尊重人才；对于企业而言，知识管理意味着要建立学习型组织和企业文化；对于个人而言，知识管理意味着终身学习。

在知识经济时代，真正把知识看成是一种战略资源，把知识管理提升到理论和战略高度加以考虑和研究还是一种新事物，具有重大的理论研究价值和实际应用价值。“知识就是财富”“知识就是力量”“知识就是竞争力”，这些并不是空洞的口号。知识正逐渐取代金融资本和自然资源，成为一个国家最重要的战略资源，同时也成为企业最重要的生产要素。企业的活力、竞争力和发展力越来越取决于对知识的获取能力、存储能力、传播能力、运用能力、开发创新能力和组织管理能力。因此，知识管理已经受到全世界各国政府部门、企事业单位和个人的普遍重视和高度关注。

正是因为知识、知识管理和知识经济引起了人们的高度重视，20 世纪末以来，全世界掀起了研究知识、知识经济和知识管理的热潮。在这样一种历史背景下，知识管理学这一新兴的学科领域近年来逐渐引起了人们的广泛关注，专门的研究机构不断出现，相关的学术著作成倍增长，许多主要的管理类及信息技术类学术刊物大量增加了相关的论文，专门的知识管理学术期刊也开始出现。此外，在国际互联网上也出现了与知识管理密切相关的众多文献。来自不同领域的不同学者从多个角度对知识管理进行了探索。这些研究的着眼点各不相同，对知识管理的理解也有较大差异。这是因为知识管理领域尚处于探讨阶段，其所涵盖的领域广泛且不明确。从不同的角度进行多样的探讨，在学科发展的早期是必然的，而且是有益的。然而，当前人们对于知识管理的学科内涵、范围等问题的认识仍停留在这种歧义性与争议性的阶段，这在另一方面也阻碍了这一学科领域的规范及进一步发展。在最近两三年中，人们对知识管理的学科性质与研究内容等进行了不少讨论。然而，就知识管理的学科现状而言，更需要进一步的讨论并尽快建立相应的学科体系，这是非常必要的。

随着知识管理实践在全球范围内普遍开展，国内外许多学者、专家和实际工作者对知识管理进行了大量的研究，发表了不计其数的有关知识管理方面的论文，出版了多本有关知识管理方面的图书。但是，由于这些论文和图书大多是从实际工作出发，仅仅对知识管理实践进行了经验总结，缺少从学科角度进行的理论升华和系统研究。而且对知识管理实践活动的研究范围也较狭窄，主要局限在企业管理领域，从而使得这种有限的经验总结不具有一般性，很难应用到其他实践或研究领域。而知识管理实践活动又在全球范围内如火如荼地展开，其影响和波及面越来越广，已经形成了无所不在的局面。在这种新的形势和背景下，知识管理学理论研究的滞后严重地制约了知识管理实践的发展。因此，从学科理论的高度对丰富的知识管理实践经验进行系统的总结和理论升华，构建较为全面完整的知识管理学的学科体系是完全必要的。这既是管理科学体系发展和完善的内在要求，又是促进知识管理实践活动健康有序发展的迫切需要。所以，这部《知识管理学概论》的出版具有重要的科学理论价值和实际指导意义。

我们在 2006 年撰著和出版了国内第一部《知识管理学》(科学技术文献出版社，2006) 专著。在此基础上，通过提炼、修改和完善，于 2011 年出版了《知识管理学概论》(高等教育出版社，2011)，被列为普通高等教育“十一五”国家级规划教材，受到广大师生和读者的好评。随着知识管理的发展，一些研究热点开始消退，一些新的研究领域不断出现，为了及时反映教学和实践需要，本书在 2011 版的基础上又重新进行了修改和完善，被列为普通高等教育“十二五”国家级规划教材。本书从科学理论的高度和学科建设的角度进行研究，是在我们十多年研究成果的基础上综合而成。本书试图突破知识管理的组织、专业、学科、行业、机构等实践因素的局限，构建一个具有一般指导意义的、较为全面系统的知识管理学学科体系。这个体系包括基础与理论、方法与技术、应用与实践以及案例分析四个部分，涉及政府部门、企业、社会团体、学术机构和个人等各个方面的知识管理问题。全书结构合理、层次清晰、逻辑性强、内容丰富、论述得当、资料翔实、适用面广。既适合于高等院校信息管理、情报学、图书馆学、档案学、管理学、企业管理、管理科学与工程等专业的师生教学使用，又可供广大信息工作者、知识工作者、有关管理人员和广大读者等作学习参考。

本书由邱均平、张蕊、文庭孝主持修改和编著，具体分工如下：文庭孝、邱均平编著第 1、2 章；陈远编著第 3 章；杨思洛、周黎明编著第 4 章；

张洋编著第 5 章；张蕊编著第 6、9 章及第 13 章和第 14 章的第 1、6 节；赵蓉英、马大川编著第 7 章及第 13 章和第 14 章的第 2 节；刘霞、王梅编著第 8 章及第 13 章和第 14 章的第 3 节；王伟军编著第 10、11 章及第 13 章和第 14 章的第 7、8 节；吴建华编著第 12 章及第 13 章和第 14 章的第 4、5 节。邱均平、张蕊、文庭孝提出了全书详细的编写大纲，并完成了统稿工作。本书的出版得到了武汉大学出版社的大力支持，在此表示最诚挚的谢意！

由于水平所限，又是多人分头执笔，特别是知识管理学领域的研究内容纷繁复杂，而且发展变化很快，加上时间紧迫，因而书中错漏或不妥之处在所难免，恳请读者批评、指正。

邱均平(资深教授、院长、博士生导师)

2024 年 1 月于杭州电子科技大学

目　　录

第1章　知识管理概述

早在300多年前，被马克思誉为“英国唯物主义和整个现代实验科学真正始祖”的英国著名哲学家弗兰西斯·培根就说过一句寓意极深的至理名言：“知识就是力量。”这句话的正确性被300多年的社会发展史，尤其是近几十年的无数事实所反复证明。

这句至理名言阐明了知识的重要价值，宛如春天的第一声惊雷，标志着一场新的革命——知识革命的开始，预示着一个新的时代——知识时代的到来，开启了一代新的管理——知识管理，孕育了一门新的学科——知识管理学。知识革命、知识经济、知识管理、知识产业、知识社会、知识主管、学习型组织、知识工人、知识资产、知识资本、知识资源等新名词如雨后春笋般接踵而来，成为新时代的热门话题和研究焦点。

1.1　知　　识

知识是知识管理和知识管理学研究的基础和逻辑起点，对知识的不同理解会造成人们对知识管理和知识管理学理解的偏差。因此，研究知识管理必须首先对知识有一个清晰全面的认识。

1.1.1　知识的动态定义

知识是一个发展中的概念，不同的历史时期，人们对知识有不同的理解和定义，对知识及其价值有不同的认识。随着知识经济和知识管理的兴起，知识再一次引起了人们的高度重视和普遍关注，而且被赋予了新的内涵。但迄今为止，人们还是很难说清楚知识到底是什么。正是因为对知识管理对象认识不清晰，才导致人们在知识管理的理解上存在模糊和混乱。

知识是一个内涵十分丰富、外延非常广泛的概念。由于知识的内在复杂性和开放性，要对知识下一个较为明确且统一的定义是很困难的。事实上，关于知识属性的争论从古至今一直都没有真正停止过。正如著名哲学家罗素在《人类的知识》一书中经过仔细分析后得出的结论："知识是一个意义模糊的概念。"

目前关于知识的定义十分丰富，不同的人、不同领域的研究者对知识的理解和定义都不同，他们分别从各自的认识立场和研究角度出发对知识进行定义，形成了一个庞大的知识定义集。这说明"知识"已经不再是一个简单的、各种元素的无序集合，而是被纳入了一个动态的、与人或组织相交互的系统。更明确地说，只有在使用过程中，知识才体现出其价值，才成为有实践意义的、真正的知识。因此，波普尔说："人类知识现象无疑是我们宇宙中最伟大的奇迹。"美国学者丹尼尔·贝尔更是指出："出于不同的目的，知识的定义会有所不同。"

国内外关于知识的经典定义和不同学科领域关于知识的代表性定义对我们理解知识具有参考价值，见表 1-1 和表 1-2。

表 1-1　国内外有关知识的经典定义

国别	知识来源	知识的定义
中国	《现代汉语词典》	人们在改造世界的实践中所获得的认识和经验的总和
	《辞海》	人们在实践中积累起来的经验。从本质上说，知识属于认识范畴
	《辞源》	两种解释：其一是"相识相知的人"；其二"指人对事物的认识"
	中国国家科技领导小组办公室的《关于知识经济与国家基础设施的研究报告》	经过人的思维整理过的信息、数据、形象、意象、价值标准以及社会的其他符号化产物，不仅包括科学技术知识——知识中的重要组成部分，还包括人文社会科学的知识，商业活动、日常生活和工作中的经验和知识，人们获取、运用和创造知识的知识，以及面临问题做出判断和提出解决方法的知识
美国	传统字典	通过经验或者研究获得的精通、知晓或理解
	《韦伯斯特词典》	知识是人们通过实践对客观事物及其运动过程和规律的认识，是对科学、艺术或技术的理解，是人类获得关于真理和原理的认识的总和

续表

国别	知识来源	知识的定义
日本	字典	知识是客观明确的认识内容，对某件事有明确的认知和理解
苏联	《苏联百科辞典》	知识是指正确地反映在人们思维中的、被实践验证了的对客观实际的认识

表 1-2 不同学科领域有关知识的代表性定义

学科领域	代表性人物	知识的定义
哲学	古希腊时代诡辩学者	所有知识都来自于个人的经验，而每个人对事物的感受不同，因此知识仅仅是相对于个人而言的，没有绝对意义的知识
	柏拉图	经过证实的正确的认识。认为知识的最高形式是智慧，并从观念论出发，以知识探究方法和知识本身为对象，把人类知识分成臆测、信念、了解和纯理性四种
	亚里士多德	知识是事物的第一原则或第一因的理解，追求知识的方法是直觉
	英国的洛克	我们的一切知识都是建立在实验上的，知识可分为三个等级，即直觉知识、论证知识和感觉知识，感觉知识是知识的基础
	荷兰的斯宾诺莎	知识分为三个等级，即感性知识、理性知识和直觉知识，把感性知识称为意见或想象，并区分为由传闻和经验得来的知识。认为感性知识是初步知识，带有不确切性，而理性知识与直觉则具有必然性和确切性，称为真知识
	康德	以知识论为基础，主要研究知识的可靠性，试图调和经验论与唯理论之间的矛盾，认为理论知识与知性相联系，是人的知觉把先天形式加之于感性材料而形成，形式是知识结构，它对知识的形成起规范作用
	法国的孔德	知识理论注重知识的发展秩序，认为知识的发展是由抽象到具体，从数学开始，最高知识是社会学
	美国的杜威	认为人的目的是在环境中找出差别，在困难中探索走出困境的道路，因而知识即探索

续表

学科领域	代表性人物	知识的定义
哲学	美国的丹尼尔·贝尔	知识是对事物或思想的一套有系统的阐述和合理的判断或经验性的结果，它通过某种交流手段，以某种系统的方式传播给其他人。知识包括新的判断(研究和学问)或者对老判断的新提法(课本和教学)。知识是一种客观上已经认识的事物，一种精神财富，冠以一个或一组名字，由版权或其他社会承认的形式(如出版)所认可
	英国的罗素	将知识区分为亲知的知识与描述的知识，认为前者是知识与所知的直接关系，后者是通过推理而得到的知识
	罗拉克	知识是有充分的信仰，强调个人求真为目标，不断自我调整个人信仰的动态人文过程的产物
	马克思主义哲学	知识的本质在于它从社会实践中来，社会实践是一切知识的基础和检验知识的标准。无论什么知识，只有经过实践检验证明是科学地反映了客观事物，才是正确可靠的知识
经济学	古典经济学家	知识被当做经济学模型明细单中的“干扰”一类因素来处理
	新古典经济学家艾尔弗雷德·马歇尔	资本存在于大部分知识和组织中……知识是最有效的生产手段……组织有助于知识。新古典经济学家关注的是现有知识的利用。他们认为，现有知识通过价格信息表示
	约琴夫·熊比特	知识是“主观的”，不能看做是固定的。强调每个经济主体所拥有的独特知识
	尤思·彭罗斯	关注单个企业的成长。公司在某种程度上就是一个知识的仓库。服务是公司内部所积累的经验和知识的一种功能，因此为公司所特有
	马克卢普 马克·波拉特	以知识为基础提出知识经济和知识产业及其测度理论
	保罗·罗默	知识作为一种最活跃的、独立的生产要素，引入新的经济增长模型，纳入生产过程加以分析和考察
	西奥多·W. 舒尔茨加 利·S. 贝克尔	提出人力资本概念和理论
	加尔布雷斯	提出知识资本概念，知识资本是一种知识性的活动，是一种动态资本而不是固定资本形式

续表

学科领域	代表性人物	知识的定义
管理学	弗雷德里克·泰勒	科学管理是将员工的经验和隐性技能定性为客观的、科学的知识所进行的一种尝试。管理学的主要任务之一就是要弄清知识和学习对组织变革与商业成功的作用
	彼得·F.德鲁克	知识是一种能够改变某些人或某些事物的信息
	达文波特	知识起源于智者的思想，它是一种流动性的综合体，包括结构化的经验、价值以及经过符号化的信息等，知识不仅存在于文件(系统)中，也蕴含在日常工作、过程、规范中，专家独特的见解、新经验的评估、整合等也都涵盖在知识的范围之中
	彼得·圣吉	提出了“学习型组织”的实践模型。他认为学习型组织具有作为竞争优势持久源泉的生产型学习(主动学习)和适应型学习(被动学习)的能力
图书馆学情报学	布鲁克斯	“图书馆学者和情报学者的实际工作可以归结为收集和组织‘世界3’(即客观知识)的记录，以资利用。”他认为“知识是由相互关系联结起来的结构”，情报科学的真正任务应是组织、加工和整理客观知识(即“世界3”)，绘制以各个知识单元为节点的知识地图。并提出著名的知识方程：$[S]+\triangle I=K[S+\triangle S]$，即知识的增长是通过情报的获取来完成的
	中国台湾地区的顾敏	图书馆学情报学是以知识为对象，以研究知识组织和知识服务的理论与方法为主要内容，以实现知识的效用(即推动人类认识发展)为目标的科学。图书馆学永恒不变的宗旨是促进知识成长，提供知识服务
	董小英	认知主体以其认知图式适应、同化被认知客体的信息内容，经整合重构而再现的观念化、符号化的有序信息组合。知识是人们在改造世界的实践中所获得的认识和经验的总和，它是一种观念形态的东西，只有人们的大脑才能产生和识别它。知识是针对特定用户的需求和问题，在信息分析的基础上提供的解决方案

1.1.2 知识的经典分类

从某种意义上说，对知识进行分类恰恰是建立在对知识内涵理解的基础上的，分类原则本身也在一定程度上体现出人类在不同社会经济形态下对知识作用的不同认识。正因为如此，人们对知识的分类也各不相同，以下是对知识的经典分类，有助于加深我们对知识的认识。

1. 经合组织（Organization of Economic Cooperation and Development，OECD）对知识的分类

经合组织对知识的分类是目前最具权威性和流行性的一种分类方法。根据该组织《以知识为基础的经济》（*Knowledge-based Economy*）一书的划分，可以将知识归纳为四种类型：事实知识，即知道是什么的知识（know-what），事实方面的知识，这也是知识最原始的含义；原理知识，即知道为什么的知识（know-why），原理和规律方面的知识，此类知识多数表现在自然科学、技术、产业发展及产品和工艺的进步等方面；技能知识，即知道怎么做的知识（know-how），主要是指对待某些事物的技能和能力，如企业家评估一个新产品的销售市场或人事部主任挑选雇员用的都是这方面的知识；人力知识，即知道是谁的知识（know-who），涉及谁知道和谁知道如何做那些事的信息，它包含了特定社会关系的形成，这就有可能接触有关专家并有效地利用他们的知识。

2. 显性知识和隐性知识

英国哲学家迈克尔·波兰尼开创性地提出了显性知识（explicit knowledge）和隐性知识（tacit knowledge）的概念。他从认识的角度将人类知识分为明晰知识和默会知识，前者是可以用文字、语言等清楚表达的知识，也称为显性知识。后者则难以表述，需要在实践和行动中体会，也称为隐性知识。按照波兰尼的理解，显性知识是人类能够以一定符号系统（最典型的是语言，也包括数学公式、各类图表、盲文、手势语、体语等诸种符号形式）加以完整表述的知识，也称为言传知识、可编码知识。而隐性知识是相对显性知识而言的，是指我们知道但难以言述的知识，也称为意会知识、不可编码知识。在 OECD 对知识的划分中，关于 know-what 和 know-why 的知识属于显性知识。隐性知识所对应的是 OECD 知识分类中关于 know-how 和 know-who 的知识，其特点是不易被认识到，不易衡量其价值，不易被其他人所理解和掌握。

波兰尼认为隐性知识在人类知识进程中发挥了巨大的功效，并以科学研究为例说明了隐性认识的逻辑可以发展为一种创造性思维逻辑，推动科学的

发展。同时，显性知识的感知与运用常常会诱发隐性知识，这为后来的管理学者指明了一个重要的研究方向。为什么同样按照菜谱做菜，不同的厨师做出的口味相差甚远？为什么世界各国的科学家和工程师都知道物理、化学、微电子、生物、工程技术方面的科学原理（显性知识），但是在芯片制造、药物生产等方面却只有少数国家能领先？这就是隐性知识在发挥作用。

日本的野中郁次郎和竹内广隆也认为，所谓隐性知识，就是高度个性化而且难于格式化的知识，主观的理解、直觉和预感都属于这一类。例如，技术高超的厨师或艺术家其技艺可能达到世界水平，却很难将自己的技术或技巧表达出来从而将其传播给别人或与他人共享。所谓显性知识，就是“能用文字和数字表达出来，容易以硬数据的形式交流和共享，并且经编辑整理的程序或者普遍原则”。典型的显性知识主要是指以专利、科学发明和特殊技术等形式存在的知识，存在于书本、计算机数据库、CD-ROM 等载体中。显性知识是可以表达的、有物质载体的、可确知的。

3. 主观知识和客观知识

波普尔根据知识的存在状态将知识分为两种类型：(1)寓于个人意识之中的主观存在，即存在于人的大脑中的知识称为主观知识（或称个体知识）；(2)依附和记录于各种文献载体（即脑外载体，如纸张、胶片、磁盘、光盘等）的客观存在，这种形态的知识就是客观知识，又称公共知识、社会知识。这种知识分类方式与波兰尼的隐性知识与显性知识的分类应该说原则上是相同的，只是对知识种类的称谓不同。谈及客观知识时，波普尔说：“科学知识就属于这种知识。储存在我们的图书馆而不是我们的头脑中的正是这种知识。”图书情报工作所处理的都是记录下来的客观知识，这种知识分类正在对当代图书馆学产生重要的影响。知识管理所涉及的知识包括主观知识和客观知识。

1.1.3 知识的基本特征

知识是人脑的产物，人脑既具有反映（输入）客观世界信息的功能，又具有将信息按照人类生存与发展的需要加工为知识，并将知识存储（记忆）起来的功能。已存储的知识在头脑中形成一定的知识结构（认知图式），一方面成为进一步输入、加工、存储外界信息的有机系统，另一方面，头脑中的知识也要采用各种方式和形态输出。头脑中的知识输出主要有两种形态：一种是直接用于改造客观世界，形成物化实体的客观知识形态；另一种是用于传递给更多的人，以便更多的人享受已获取的知识成果。

1. 主观知识的特征

主观知识是指存在于人的大脑中的知识，又称内隐知识、隐性知识、缄默知识、会意知识或个体知识。它与客观知识共同构成人类整个知识体系。主观知识有以下几个基本特征：

(1)不易陈述性。主观知识是内隐知识，是存在于人的大脑中的不清晰知识(inarticulate knowledge)，如主观知识所包括的技术诀窍、思维定势、情感等，很难用语言、文字或其他符号清晰地说明，是未编码的知识。正如英国哲学家波兰尼描述的："我们所知道的多于我们所能告诉的。"

(2)不易传播性。主观知识不能清晰表述出来，因而也就难以传递，不易传播出去。

(3)非公共性。主观知识不能通过正规的形式在社会中进行广泛传递，只能通过"学徒制"方式在极小范围内传递，因而缺乏公共性。

(4)非共享性。由上述可知，存在于人的大脑中的主观知识不易传播，不具有公共性，它不易进入社会公共领域，当然不能共享。

(5)非批判性。主观知识是非理性、非逻辑性知识，很难对其进行逻辑分析和批判性反思。

(6)主导性。客观知识从本质上说是创新性知识，而这种创新性知识是由人的主观知识对研究对象(科学问题等)进行选择、确立、构建并通过科学陈述而形成的。科学家正是借助于这种主观知识的力量才能构建科学知识。也正是借助于这种主观知识的力量，人类的客观知识才有可能存在。因此，主观知识是人类所有客观知识的"向导"和"主人"。

(7)不稳定性。主观知识来自于人对社会实践的认识和客观知识。一方面，人的大脑不断将社会实践经验和客观知识的一部分同化于原有知识中，从而使主观知识不断变化，产生增值；另一方面，因社会实践和客观知识都处于不断变化之中，从而促使主观知识也随之不断变化。二者都促使主观知识总是处于不稳定状态中。

2. 客观知识的特征

客观知识是主观知识客观化(外化、物化、社会化)的产物，又称外显知识、显性知识、编码知识或社会知识。客观知识的基本特征有：

(1)独立实在性。客观知识一经产生便具有独立存在的实在性。换言之，实在性是客观知识存在的前提条件。

(2)可编码性和可陈述性。客观知识是人们通过一定符号系统如语言、文字等，将主观知识运用理性思维进行规划组织而表达出来的知识，即已编码的知识，具有编码性和可陈述性，如论文、书籍、磁带等。而这种已编码的客观知识还可被再编码，如人们以0和1作为符号对客观知识(文献等)进行数字化处理。这是客观知识的主要特征。

(3)可传播性。客观知识外化在某种载体上，这就为人们传播知识创造了前提条件。人们可采用不同的传播方式进行跨时空传播，实现其价值。

(4)公共性。主观知识外化到社会就成为具有公共物品特性的客观知识。因为它已离开个人而独立存在，谁也无法限制其使用，公共性显而易见。

(5)可重复使用性。客观知识产品(如文本)经过人们消费(阅读)后，其内在内容并不会消失或损耗，因而客观知识具有无损耗性，可重复使用。比如一本《红楼梦》，人人都可使用(阅读)，并不会因你使用后他人不能再使用。客观知识的可重复使用性促使客观知识价值倍增。

(6)可共享性。由于客观知识具有上述可编码性、可传播性、公共性和可重复使用性等特征，因而具有公共物品的特性，这为客观知识的共享创造了必要和充分条件，使客观知识主观化成为可能。

(7)批判性。客观知识是人们通过明确的“推理”过程获得的，因而也能够通过理性而加以批判性反思。因此，有人称客观知识为“批判的知识”。批判性使客观知识不断证伪，不断更新，永葆其创新性。

(8)不确定性。从客观知识所包含的内容看，除个别具有纯演绎性的知识(如数学、逻辑学等)有较明显的确定性外，其余大多有某种程度的不确定性。客观知识所具有的批判性使得人们对某些事物的认识成果产生不同看法，所谓“仁者见仁，智者见智”，就是对客观知识的不确定性的典型描述。另外，人们对某些事物的认识成果由于受多种条件的限制，其正确性总是相对的，它今天是正确的，明天(因条件变化)就可能是错误的，或不完全正确。客观知识的不确定性还表现在创新水平、价值实现、发挥的作用等都是不确定的。

(9)创新性。客观知识是人们对客观世界认识成果的系统总结，是人类探索未知领域的智力劳动成果。探索未知事物(领域)是前所未有的智力劳动，当然是创新性劳动，其成果(知识)自然就具有创新性。客观知识还因其具有批判性，使自身经常接受反驳、批判、争论和实践检验，促使客观知识不断向真理逼近，从而具有理论创新性。专利发明的价值正是由其创新性体现出来的。客观知识的增长实质是创新性知识的增长。人类的进步，社会的发展，无不是客观知识的创新性在起作用。因此创新性是客观知识的主要特征。

1.1.4 知识价值链

美国战略管理学家迈克尔·波特(Michael Porter)认为，企业每项生产经营活动都是其创造价值的活动，企业中所有互不相同但又相互关联的生产经营活动便构成了创造价值的一个动态过程，即价值链。

那么，一个组织的知识流动和更新是否也存在这样一条价值链呢？答案是肯定的。知识是组织的财富，组织的知识随着组织的成长而积累沉淀下来，知识管理的实质就是对知识价值链进行管理，使组织的知识在运动中不断增值。一般来说，组织的知识价值链可表示如下：知识的采集与加工——知识的存储与积累——知识的传播与共享——知识的应用与创新。知识的价值链过程就在于知识获取、知识共享、知识创新和知识应用四个方面，并在这四个方面的基础上进行领导、协调、控制、组织、测评等，最终达到增强组织竞争力的目的。成功的知识管理不仅在于对价值链中的各个环节进行管理，而且在于优化各个环节之间的关联，加快知识的流动速度，使知识成为组织永不枯竭的资源。知识价值链的四个过程是一个不断循环螺旋式上升的过程。

1. 知识采集与加工

对知识进行加工处理就是要使无序的知识转化为有序的知识。知识的加工处理就是指对知识进行分类、分析、整理和提炼，形成对组织有价值的知识。具体来说，知识采集与加工包括三个方面的内容：

(1)知识的辨识。即组织基于自身发展的需要，对组织以外的知识进行了解、评估、筛选，确定可利用知识的种类和数量，了解所需知识的来源和可获得性。

(2)知识的收集。组织通过无偿捕获及有偿购买等方式将外部知识据为己有(至少要具有使用权)。组织外部知识源有多种，包括科研机构、上游供应商、消费者、咨询顾问、竞争对手及非竞争性公司等，组织内部知识源主要是组织员工。知识收集的关键是组织知识获取能力。

(3)知识的整理。对捕获的知识进行整理、提炼和转化，将它们变成方便组织使用的知识。

2. 知识存储与积累

组织的知识存储和积累包括显性知识的存储和隐性知识的积累。显性知识可以通过组织内部网络或员工手册等形式存储下来，而隐性知识的积累只能靠知识的共享来完成。

组织的知识可以沉淀积累并储存起来，汇成组织的知识仓库。信息技术的蓬勃发展和广泛运用彻底改变了知识的存储方式。数据库技术是计算机发明以来应用最广泛的信息技术。信息技术在知识存贮方面的优势不仅表现在数量上，而且表现在知识的检索、归类和安全上。

知识的存储要从长远考虑。与组织长远利益有关的知识应长久保留，而过时的知识应及时清理。通过知识更新，把过时的知识清理出去，使有用的知识积累下来，汇成知识仓库。

3. 知识传播与共享

英国文学家萧伯纳曾经说过："你有一个苹果，我有一个苹果，大家相互交换，各得一个苹果；你有一种思想，我有一种思想，大家相互交换，各得两种思想。"这段话精辟地说明了知识传播与共享的重大意义。与其他资产不同，知识不具有独占性，即把你的知识传播给别人后，你仍拥有这种知识，甚至通过互动，你的知识还会增加。知识与货币有相似之处——只有流动起来，人类的知识才会不断丰富，从而发生价值增值。信息技术的发展为知识传播和共享开创了一条简单快捷的通道，这不仅扩大了知识共享的范围，而且极大地降低了知识传播的成本。知识传播与共享包括三个阶段：

(1)知识的挖掘。是指组织内需要某种知识的单位或个人从组织内部搜索和选择知识的过程。主要有两种途径：①主动搜寻，汲取知识，然后共享；②受已有知识的启发和推动，将这个领域的知识移作他用。

(2)知识的转移。是指知识从一个组织单位转移到另一组织单位，或从一个人转移到另外一个人或多个人的过程。根据知识的不同特性，知识转移的方式主要有：①通过人才流动；②通过组织内部会议交流学习；③成立跨部门小组，或建立国际网络工作小组；④实行标杆管理，向榜样学习；⑤组织内部的出版物、内部网络、知识库等；⑥建立专家知识地图。

(3)知识的集成。是指将转移的知识内化为接受方的结构化的知识，对于知识的接受方来讲，知识转移已经完成。

4. 知识应用与创新

使用知识并进行知识创新是知识管理的最终落脚点。知识只有作用于实践，才能给人们带来价值。同时，也只有通过在实践中的不断扬弃，知识才能不断更新，适应人类改造世界的需要。

知识的应用是指将知识作用于组织经营管理实践，增强组织核心能力的过程，知识应用是组织知识价值链最后的也是最重要的一项活动。知识的应用是组织知识链与价值链的连接点。组织知识管理的最终目标是为增强组织核心能力服务，也为实现组织战略管理目标服务。知识的应用一般可以分为应用于市场、应用于产品和服务、应用于管理三个方面，最终达到提高企业核心竞争力的目标。

组织的知识创新是指组织在已有知识资源基础上开发、创造出新知识的过程。知识创新的过程可分为四个阶段：

(1)知识的萌芽。是指组织内个体通过学习或与其他人交流，个体形成发散型思维，产生一种新的想法，即知识的萌芽状态。这时的知识是模糊的，不能具体化为一个显性概念，这种萌芽状态的知识是很不稳定的、稍纵即逝的。

(2)知识的明晰。是创新者将知识的萌芽加以明晰、筛选、修改、丰富的过程。

(3)建立知识原型。知识原型是指新产品、新工艺、新材料、新方法或新的组织管理理念、方法、机制和制度等，即将新的知识加以模型化、产品化、规范化、标准化的过程。

(4)知识的实践与修正。这是将已原型化的产品或管理的理念、方法、机制、制度等放到实际应用过程中加以检验，在实践中了解新知识的不足和缺陷，使之不断完善。经过实践检验成功的新知识才可以成为组织知识财富。

1.2 知识管理

美国学者 D. A. Marchard 和 F. W. Horton 指出，信息管理的发展经历了五个阶段：物的控制、自动化技术的管理、信息资源的管理、商业竞争分析与智能、知识的管理。我国著名学者卢泰宏将信息管理分为三个阶段：以图书馆为特征的传统管理时期、信息资源管理时期、以 IRM 为特征的资源管理时期。但也有学者将信息管理的发展分为四个阶段：传统管理时期、技术管理时期、信息资源管理时期、知识管理时期。还有学者将信息管理分为七个阶段：非信息管理时期、数据管理时期(揭开企业管理的新篇章)、系统管理(强调技术因素)、资源管理(突出经济因素)、环境管理(完善人文因素)、知识管理(企业管理的新发展)、智能管理(企业管理的未来趋势)。无论是哪一种划分方式，都把知识管理作为一个重要阶段显现出来，说明知识管理已经引起了管理界的高度重视。知识在管理中的地位越来越重要，其引发的管理革命告诉我们，知识管理是管理的一个重要阶段，知识管理已经呈现在我们眼前。

1.2.1 知识管理的定义

知识管理一词，有人说最早来自于彼得·德鲁克的一句话，也有人认为是美国麻省莱克星顿镇著名的思图维星国际咨询公司首次提出的。知识管理是一个发展中的概念，知识管理活动不仅仅涉及对知识本身的管理，而且还包含越来越广的外延。到目前为止，这个词还没有一个定义明确且取得共识的概念，不同的研究者从不同的角度、立场、理解和需要出发都可以对知识管理进行不同的定义。因此，知识管理的定义集十分庞大。

1. 国外有关知识管理的代表性定义

国外企业和学者从多角度对知识管理进行了系统研究，代表性定义有：

美国生产力和质量中心(American Productivity and Quality Center，APQC)对知识管理所下的定义为："知识管理应该是组织有意识采取的一种战略，它保证能够在最需要的时间将最需要的知识传送给最需要的人。这样可以帮助人们共享信息，并进而通过不同的方式付诸实践，最终达到提高组织业绩的目的。"

企业界倾向于把知识管理看做是观察商业世界的一种方式，它帮助搞清楚谁和什么是公司真正的资源。这些资源包括工作流程中处理的数据、项目、用户和供应商，所有的研究日记、专利、商标、商场战略和商业计划，还包括每一份电子邮件、文件、数据表格、传真等。以上所列出的只是公司内部知识资产的很小一部分。另外，绝大多数(约90%)的知识资产存在于知识员工的头脑中，如他们的技能、经验、洞察力、直觉和他们的信任、组织内外的各种人际关系等，这部分知识是更难评估、共享和衡量的。

美国的管理大师彼得·德鲁克(Peter F. Druker)认为：知识管理是提供知识，去有效地发现现有的知识怎样能最好地应用与产生效果，这是我们所指的知识管理。

美国的达文波特教授(T. H. Davenport)指出：知识管理真正的显著方面分为两个重要类别，即知识的创造和知识的利用。

比尔·盖茨在《未来时速》一书中多处谈及知识管理，他说，作为一个总的概念——搜集和组织信息、把信息传播给需要它的人、不断地通过分析和合作来优化信息——知识管理是很有用的。但是就像它之前的添加再设计一样，知识管理变得歧义百出，任何人想给它添加上什么意义都可以……假如新闻记者跟一家数据库公司的员工交谈的话，就会发现知识管理是数据库中最新的事物。假如记者跟一家群件公司的职员交谈的话，就会发现知识管理的意思是下一代群件……知识管理是手段，而不是目的。

莲花公司(Lotus)于1998年1月发表的《Lotus、IBM和知识管理》战略白皮书中，把创新、反应能力、生产率和技能素质作为特定商业目标和知识管理的基本内涵，以帮助公司自身适应知识管理的活动要求。

Ovum公司认为：知识管理提供了一种框架，用于反思组织是如何运作的，组织应该如何在21世纪中生存，因为21世纪将是真正以全球化的通信、全球化的竞争和全球化的合作为特征的。一个基本的认识是，知识管理不仅是一个技术概念，而是从一个更广的视角，即考察一个组织如何"知道它知道什么"来切入的。也就是说，考察组织中的知识是如何共享、如何分布、如何创造出来的，而这些又是如何与组织的目标相联系的。另一方面，它也指出知识管理强调了人的因素，但这并不意味着技术因素就可以被忽视；反之，技术提供了一种新的条件，可以用来评价与开发组织所需要的信息系统。"知识管理是开发与利用组织的有形的与无形的知识资源的任务，覆盖了组织的与技术的方面。"

2. 国内有关知识管理的代表性定义

国内学者也从多方面对知识管理进行了系统研究，代表性定义有：

(1)知识管理的含义有广义和狭义两种，广义的知识管理是指知识经济环境下管理思想与管理方法的总称，狭义的知识管理是指对知识及知识的作用进行管理。显然，狭义的知识管理研究必将丰富广义的知识管理思想体系。

(2)知识管理就是对人的管理，因为一切知识都必须通过人去掌握，才能发挥效用，推动企业的发展，所以知识管理必须通过对人的管理才能实现。

(3)知识管理就是对信息的管理，因为在信息化时代，一切企业要实现现代化管理，都必须引入信息化管理手段。企业管理的各个领域、各个环节都离不开信息管理系统的综合运用，信息管理实质上已经等同于知识管理。

(4)知识管理的内涵包括两个层次。一是要不断创新、不断积累新知识，并通过新知识本身的传播、交流和应用，使知识资产不断增值。二是通过将先进的知识全面应用于管理，使之改进产品，不断提高质量，改革管理模式，不断提高管理效能。概括起来就是运用新知识，对企业实施科学管理。因此，就要建立学习文化、知识文化，并通过建立学习型组织使之制度化、规范化，才能确保企业获得可持续发展的能力，与时俱进、不断创新。

(5)简单地说，知识管理就是以知识为核心的管理，它是通过确认和有效利用已有的知识，并通过对各种知识的连续性管理，提高企业的创新能力和创造价值的能力，以满足企业现在和未来开拓市场机会的需要的一种过程。知识管理的出发点是把知识看做最重要的资源，把最大限度地获取和利用知识作为提高企业竞争力的关键。

目前，基于人们对知识应用的水平，在知识管理认识上存在两种理解：一种认为信息管理是知识管理的基础，可以用信息管理的模式建构知识管理的对象和内容，知识管理是信息管理的延伸与发展。例如，面向全球互联网的信息资源的优化管理与知识共享，就是一种信息管理的知识管理模式。另一种理解认为，知识管理基于人的知识创新过程与组织，重视人的创新思维与能力的开发和培养，重视从体制与组织上建立可持续发展的创新环境，重视人才结构与使用的优化管理。

关于知识管理，目前还没有一个标准的、清晰的定义。但有一点却得到了大家的共识，那就是知识管理不是任何传统意义上的对人的管理，也不仅仅是对知识本身的管理，而是强调以知识为核心和充分发挥知识的作用，强调知识、人和技术的高度融合。

1.2.2 知识管理的维度

在知识管理活动中，除了知识本身外，有两个因素至关重要：一是人，二是技术。知识、人和技术构成了知识管理的三个基本要素。知识管理就是利用信息技术将人和知识有机结合，通过知识传播、交流与共享实现知识创新，达到知识增值的目的。因此，人、知识、技术、共享与创新构成了知识管理的五个维度，如图 1-1 所示。

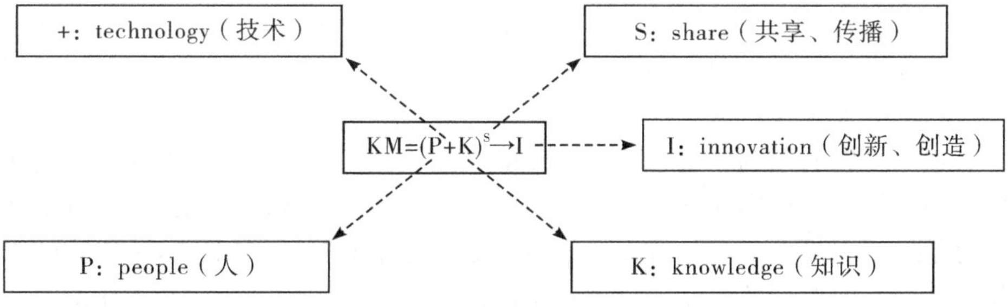

图 1-1 知识管理的维度

1. 人(people)

人是知识管理的关键因素，因为人的大脑不仅是隐性知识的载体，而且是知识创造和传播的内在力量。在知识转化的四个阶段，每一阶段都离不开人的参与，特别是社会化和内化阶段，几乎完全是人的因素在起作用。在社会化阶段，人们通过师传徒授的方式传播隐性知识，人的观察、模仿和亲身实践起决定性的作用，在这一阶段技术几乎不起任何作用。在内化阶段，人们通过团体工作、干中学、工作中培训来消化和吸收新获取的显性知识，进而创造新的隐性知识。因此可以说，人是知识创造与传播的决定性因素，也是知识管理的重要维度之一。野中郁次郎曾说：只有人类才能在知识创造的过程中扮演核心角色，无论计算机的信息处理能力有多大，它们终究不过是人类的一种工具。可见，人既是知识创新的主体，又是知识的载体，对人的管理(即人力资源的管理)是知识管理的核心内容。

2. 技术(technology)

信息技术是知识管理的重要内容。知识管理带有浓厚的技术色彩，需要信息技术做支撑。因此，从某种意义上说，正是信息技术才促使知识管理的产生。信息技术主要是在知识创造与传播过程中的组合阶段起作用，同时也支持外在化与内化过程。在组合阶段，知识的编码、存取完全依赖于信息技术，西方的许多公司甚至片面地认为知识管理就是将知识进行编码，并能通过信息技术方便地存取。在外在化阶段，计算机、互联网、电视会议系统、电话、E-mail 等通信和信息技术能够强化和方便人们的沟通和交流，因而也促进了隐性知识向显性知识的转化过程。在内化阶段，计算机仿真、虚拟现实等技术可以向人们提供实时的(just-in-time)培训，MIT 组织学习中心开发的微世界就是这方面生动的例子。因此，技术在知识创造与传播过程中也起着关键作用，是知识管理的重要维度之一。

3. 知识(knowledge)

知识是知识管理的对象和基础，是知识管理的核心要素，包括显性知识和隐性知识。一切知识管理活动都是围绕知识进行。

4. 共享(share)

组织可以通过创建适宜的组织环境来强化知识管理过程中人和知识的作用。项目团队、特别任务组等正式团体由于其良好的沟通性能，被西方学者认为是组织中最佳的学习单元，因而也被西方企业广泛采用。这种正式的工作团体鼓励面对面的交流，促进知识创造与传播过程中社会化和内化两个阶段的知识转化与吸收，因而在知识的创造与传播过程中起着重要作用。近年来，西方企业在积极完善正式工作团体的同时，又开始着力培育像实践社团(communities-of-practice)这样的非正式团体，使正式团体和非正式团体成为组织中两个互为补充的知识创造与传播系统。非正式团体成员来自相同的专业领域，使用相同的专业术语，因而更容易交流，可以促进外在化过程，同时也有助于社会化和内化过程。有的学者调查后发现，员工在工作场所获取的知识中，有70%来自于与非正式团体成员的交流和沟通。因此，创建正式的工作团体，培育非正式的学习团体，使二者互为补充，是知识管理过程中发挥“人”的因素的组织基础。

组织也可以通过加大信息技术投资力度来强化知识管理过程中人和知识的作用。信息技术不仅支持显性知识的快速存取，而且支持人与人之间的快速沟通，因而也支持知识管理过程中“人”的因素的发挥。不少公司投入巨资建设基于知识的系统。在这样的系统中，知识库可供人们存取编码化的显性知识，知识地图可供人们寻找尚未编码，仍储存于人们头脑中的隐性知识。此外，还有E-mail系统、电子图书馆、网上论坛、虚拟会议室、数据仓库、知识仓库、专家系统、知识门户等信息技术，将人、知识与技术有机结合在一起。

5. 创新(innovation)

知识创新和知识创造是知识管理的目的。知识管理的过程就是采用适当的方式将知识、人、技术有机结合在一起，通过知识的交流、传播与共享，实现知识创新和知识创造，达到知识增值的目的。

1.2.3　知识管理的历史沿革

知识管理这一术语最早由英美学者在20世纪六七十年代提出，一说最早由彼得·德鲁克提出，一说由美国麻省莱克星顿镇著名的思图维星国际咨询公司首次提出。第一本以知识管理命名的著作是瑞典人斯威比(Karl E. Sveiby)1990年出版的《知识管理》。

1. 知识管理产生的社会背景

知识管理的产生有其特定的社会背景和时代背景。信息量的爆发式增长、知识经济的兴起、信息技术的快速发展与普及、管理实践需求和管理科学的发展为知识管理的产生提供了现实基础。

(1)信息量的爆炸式增长。信息量的翻番时间大大缩短，并且正在加速进行。19世纪，信息量的翻番时间为50年，二战时期为15年，20世纪90年代为3~4年，2010年缩短为11小时。据一项来自EMC公司的研究显示，2008年全球产生的数字化信息总量是4 870亿G，把这些数字化的信息全部印成书籍并排列整齐，长度将是从地球到冥王星距离的10倍，世界上速度最快的飞机美国X-43A(1万公里/小时)要飞行大约6 700年(注：地球到冥王星的距离为59.17亿公里)。

(2)知识经济的兴起。科学技术是第一生产力，知识成为经济增长的决定性因素，被社会实践反复证明，已成为一种共识。据统计，第二次世界大战后，发达国家国民经济增长中科技因素的贡献率迅速提高，最高已达80%左右，远远超过其他因素。在劳动大军中，知识工作者日益成为劳动者主流。

(3)信息技术的快速发展与广泛普及。计算机和网络技术等现代信息技术的快速发展与广泛普及极大地方便了信息的获取、传递和共享，为知识管理的产生提供了技术支撑和保障。

(4)管理实践需求与管理科学的发展。知识在管理中的作用和地位日益凸显，引发了新的知识管理革命，知识管理已经演变为一种新的管理思想和新的管理阶段，对管理实践提出了新的挑战和要求，也使得管理科学开始从以物为本的"硬"管理向以人为本的"软"管理转变。

2. 知识管理的产生与发展

知识管理实践在国内外历史上早已存在，如师傅带徒弟，但这些实践是零散、不系统的。不同领域知识管理的产生与发展过程也各不相同，如图情报领域的知识管理从文献诞生起就开始了。企业知识管理的产生与发展源于知识管理系统的研究与开发，始于20世纪70年代末80年代初。

20世纪70年代，艾沃瑞持·荣格在斯坦福大学关于创新扩散的研究，托马斯·艾伦在麻省理工学院关于信息和技术转移的研究，为我们理解组织内知识如何产生、利用和扩散做出了贡献。Dou Enelbert在1978年引入能够连接其他应用软件和系统的超文本/软件应用系统，后来出现了Rob Acksyn和Don Uccacken的知识管理系统(MS)——一种开放的分布式超媒体工具，比万维网提早10年。

在20世纪80年代初，出现了依赖于人工智能和专家系统的知识管理系统，同时还出现了诸如"知识获取""知识工程""以知识为基础的系统""基于计算机的存在论"等观点。20世纪80年代中期，尽管古典经济学理论忽视了知识作为资产的价值，而且多数组织缺乏管理知识的战略和方法，但是，知识作为竞争性资产的重要性已经显而易见。

20世纪80年代末90年代初，有许多知识管理项目开始实施。美国企业社团在1989年启动了"管理知识资产"的项目，有关知识管理的论文开始在《斯隆管理评论》《组织科学》《哈佛商业评论》以及其他著名刊物上相继出现，关于组织学习和知识管理的第一批专著也开始出版，如森格的《第五项修炼》和Sakaiya的《知识价值的革命》，于是"知识管理"这个术语被正式地编入了词典。到1990年，许多管理咨询公司开始了企业内部的知识管理项目，而另一些著名的美国、欧洲和日本企业建立了重点知识管理项目。1991年，当Stewart在《财富》杂志发表了《智囊》一文后，知识管理类图书进入了畅销书行列。可能拥有读者量最大的著作就是野中郁次郎和竹内广隆的《创造知识的公司：日本企业如何建立创新动力学团队》一书。

20 世纪 90 年代中期，知识管理项目蓬勃发展，这主要归功于互联网。国际知识管理网络于 1989 年在欧洲创办，1994 年上网，很快又吸收了美国的"知识管理论坛"和其他与知识管理相关的团体和出版物。组织为取得竞争优势，开始重视管理和开发隐性和显性知识资源，所以有关知识管理的会议和研究会的数量也在不断增长。1994 年，国际知识管理网络(IKM)出版了对欧洲企业开展知识管理调查的结果。1995 年，欧共体开始为知识管理的相关项目提供资助。

目前，关于知识管理的研究已经进入了白热化阶段，出现了一些专业的权威人士，如托马斯·达文波特、劳伦斯·普鲁萨克、野中郁次郎等。也出现了许多权威的专业刊物如《哈佛商业评论》《斯隆管理评论》等，许多专业机构都在从事知识管理的研究。而且，知识管理已经不仅仅局限于理论上的探讨，开始进入实用化阶段。知识管理已经成为主要的国际咨询公司的重要业务。另外，许多对相关领域(如基准管理、最佳实践、风险管理和变革管理)感兴趣的专业组织也正在探索知识管理与它们特殊专家领域的关系，如美国生产力和质量中心、美国信息科学协会(ASIS)等。

许多管理学家为知识管理的发展做出了贡献，他们当中有人们熟知的美国著名管理学大师彼得·德鲁克以及保罗·斯持阿斯曼和彼得·森格。德鲁克和斯特阿斯曼强调了信息和隐含知识作为组织资源的不断增长的重要性。森格则将重点放在"学习型组织"上，即管理知识的文化因素方面。哈佛商学院的切瑞斯·阿奇瑞斯、克里斯托弗·巴特莱特和多萝西·莱昂纳多·巴顿则考察了管理知识的多个侧面。

知识管理的概念和思想是在 1998 年年初随着知识经济一同进入中国的，在短短几年的快速发展中，国内一些知名企业如中国网络通信有限公司、云天化等实施了知识管理。以经合组织(OECD)1996 年度报告《以知识为基础的经济》在我国的翻译出版、1997 年中科院《迎接知识经济，建设国家创新系统》报告发表、1998 年中国国家领导人在北大庆典演讲中指出"知识经济已见端倪"三件大事为标志，知识经济在中国开始发育、成长，1998 年则成为中国学术领域的"知识经济年"。进入 1999 年，关于知识经济的研究和实践逐渐从宏观层面转向了微观领域，学术界开始研究知识经济的微观基础——企业知识管理等问题，企业界也在积极探索如何进行知识管理，以迎接知识经济时代的挑战、抓住大好机遇。1999 年，许多国外知识管理研究的著作被翻译出版，国内不少学者也积极地投入该领域的研究，发表了一系列的学术文章。以国家自然科学基金管理科学部将“企业知识管理问题研究”作为2000年鼓励研究领域为标志，国内学术界关于知识管理的研究掀起一个高潮，并波及企业界，引发了企业知识管理实践的热潮。

3. 知识管理的思想源流

知识管理的思想源流经历了如下几个重要的发展时期：

(1)20世纪30年代的哈耶克(Hayek)。20世纪30年代，哈耶克在其《个人主义与经济秩序》中专门论述了“知识在社会中的利用”。他在书中论述这样三个问题：①知识如何利用的问题；②知识垄断还是知识共享的问题；③实践知识重要性的问题。

(2)20世纪50年代的波兰尼(Polanyi)。波兰尼对知识管理有更精彩的讨论和分析，提出了显性知识和隐性知识的概念。在《个人知识》以及他20世纪50年代的一系列著作中，波兰尼强调了知识的个人性，也就是“隐秘性”(the tacitness)。直观地讲，知识就是知道和理解了的事情，而理解必须是个人的、主体的、特殊的、难以充分交流的。

(3)20世纪60年代的德鲁克(Drucker)。德鲁克认为，“知识”(knowledge)是一种能够改变某些人或某些事物的信息，这既包括使信息成为行动的方式，也包括通过对信息的运用使某个个体(或机构)有能力进行改变或进行更为有效的行动的方式。

彼得·德鲁克是最早注意到这种社会变迁的思想家之一，他在1960年左右创造了“知识工作”或“知识工作者”等词汇。在他的力作《后资本主义社会》中，他指出我们正在进入“知识社会”，在这个社会中最“基本的经济资源”不再是资本、自然资源和劳动力，“而是且应该是知识”，在这个社会中，“知识工作者”将发挥主要作用。

(4)20世纪70年代的车驰曼(Churchman)。车驰曼在1971年给知识下的定义中指出，将知识设想或看做是一种对信息的集合的观点，事实上已经将知识这一概念从其全部生活之中剥离了出去……知识只存在于其使用者身上而不存在于对信息的集合中。使用者对信息的集合的反应方式才是最为重要的。在这一定义中他明确指出了知识不单纯是信息的子集，两者有着明确的区别，同时也强调了人在知识创造中的重要地位。然而人的知识创造性在这之后的20多年中并没有引起足够的重视。

(5)20世纪80年代的野中郁次郎(Ikujiro Nonaka)和竹内广隆(Hirotaka Takeuchi)。1985年日本教授野中郁次郎和竹内广隆出版了《创造知识的公司》(*The Knowledge-Creating Company*)一书。受到迈克尔·波兰尼(Michael Polanyi)关于隐性和显性知识之间区别的启发，野中和竹内为我们提供了一种经过认真彻底思考和充分证明的、用于创造知识的方法，使得越来越多的人开始注重知识、创造力和创新。野中和竹内认识到，公司的许多知识存在于员工主观的见解、直觉、预感、理想、价值观、想象、象征、比喻和类比之中。如果能够适当地进行了解和开发，这些资源将为公司的日常运作增加巨大的价值，公司有必要主动开发一些程序来挖掘这些资源。他们还认识到，新知识的创造过程不但需要处理思想，还要处理人们的理想。这确实意味着文化和价值观如果不是比质量和工艺重组更重要的话，至少是同样重要的。他们的工作确实以不同的方式加强了整体性、不规则性和敏捷性方面的效果。

(6)20 世纪 90 年代的达文波特(T. H. Davernport)。达文波特是美国波士顿大学商学院信息管理教授，他对知识管理内涵和原则的阐述颇具实践指导性。他提出并论述了如下几个重要问题：①关于信息和知识管理之间的关系；②关于知识的创造；③关于知识的利用；④关于人的因素；⑤关于知识管理的前景；⑥提出了“知识管理两阶段论”。第一阶段：企业像管理其有形资产一样来对其知识资产进行管理，获取资产并将其“存放”在能够很容易被获取的地方。对有形资产而言，存放地点是“仓库”，相应地存放知识资产需要有“知识库”。第二阶段：当公司意识到知识库中已经拥有太多的知识资产时，必须考虑知识工作业务本身的改进与提高。如果希望能够使知识的供需实现基本平衡，首先需要考虑知识工人到底是怎样做他们的工作的。

(7)知识管理热潮及 21 世纪的知识管理。赖瑞·普赛克提出了“第二代知识管理”的概念。查尔斯·M. 萨维奇(Charles M. Savage)在《第五代管理》一书中将企业管理分为五个不同的阶段：所有权、严格的等级制、矩阵组织、科学管理(斯密、泰勒、法约尔)、知识网络。知识管理已经发展成为企业管理的第五代管理模式。

由于知识管理给管理思想带来的变革太大，以致“只有偏执狂才能生存”(英特尔公司前首席执行官安德鲁·葛罗夫语)这样彻底革命的思想大为流行。曾在麦肯锡咨询公司工作，20 世纪 80 年代以《追求卓越》风行世界的托马斯·彼德斯(Thomas Peters)在题为《管理的革命》的演讲指出：“或许有些疯狂，但毕竟发人深省。”

知识管理不能仅仅理解为管理新增加的知识，而且意味着管理模式的彻底变革，这种变革首先来自技术革命、竞争环境和经济运行的根本性变化，即知识经济，这种新模式构成了管理方面的一系列新概念，这些新概念渗透到管理的每一层次。

4. 知识管理的发展阶段

一般认为知识管理可分为四个发展阶段：

（1）初创阶段（1945—1985 年）。主要标志为：第一台电子计算机的研制成功；德鲁克提出知识社会的转化、智力劳动者的概念；艾沃瑞特·荣格在斯坦福大学关于创新扩散的研究、托马斯·艾伦在麻省理工学院关于信息和技术转移的研究，为理解组织内部知识如何产生、利用和扩散做出了贡献；1975 年，美国《公共管理评论》刊发了 4 篇知识管理文献，即《官僚、技术与知识管理》《控制论、职业化与知识管理——虚无理论中的一次演习》《科技社会中的知识管理——政府管理的指示器》《财务政策形成过程中的知识管理》。

（2）推广应用阶段（1986—1994 年）。主要标志为：1986 年，在联合国国际劳工大会上首次提出知识管理的概念；1989 年，为了给知识管理工作提供相应的技术基础，美国一家企业联合实行了一项管理知识资产的实验项目；1989 年，欧洲创办了国际知识管理网络（International Knowledge Management Netword，IKMN），利用互联网为平台；关于知识管理的论文开始在《斯隆管理评论》《组织科学》《哈佛商业评论》及其他刊物上大量出现。

（3）全面快速发展阶段（1995—2001 年）。主要标志为：野中郁次郎和竹内广隆出版的《创造知识的公司：日本企业如何建立创新动力学》一书成为知识管理领域影响最大的著作；1996 年，OECD 发布了《以知识为基础的经济》的研究报告，推动了企业对知识管理的快速引进；1997 年，英国出版商 Emerald 出版了第一种知识管理专刊 *Journal of Knowledge Management*；1998 年，美国 Teleos 公司和 KNOW Network 公司共同创办了全球知识型企业 MAKE（Most Admired Knowledge Enterprise）评选；2001 年，标准澳洲出版了《知识管理：知识时代成功的框架》，英国标准协会出版了《知识管理：实践指南》，开始重视知识管理的标准化、正规化。

（4）深度稳步发展阶段（2002 年至今）。主要标志为：2002 年，赖瑞·普赛克提出了"第二代知识管理"的概念，要求知识管理应该重视组织内非正式的沟通，建立信赖的环境，分享和创造隐性知识；2002 年，美国知识管理国家标准 GKEC（Global Knowledge Economics Council）正式颁布实施；2003 年，在第二届 David Gruteen 知识管理会议上，有代表提出知识管理不是头脑中的存在，而是现实中的行动……

1.2.4 知识管理的内容与目标

1. 知识管理的内容

知识管理的内容十分庞杂，不同的学者和组织有不同的认识和理解。这些研究对于认识知识管理的内容有重大启示。

一般来说，知识管理的内容可简要概括如下：

一是组织的知识能力，包括三个方面的内容：一是知识创新的管理，主要指知识显、隐性的转换的管理；二是知识共享的管理，包括知识转移和知识差距；三是知识应用的管理。

二是实现知识管理的一些支撑工具和方法手段，也包括三个方面的内容：一是智力资本管理，即我们怎么管理智力资本或知识资产。二是从制度角度来考虑，怎么构建知识管理的激励系统。知识管理不但涉及技术问题，还涉及制度问题。三是组织文化的问题，学习型组织现在比较普遍。现在国外已经提出新的观念，就是创新型组织，即学习不是目的，创新才是目的。

三是知识管理的技术和支持工具。包括各种知识管理软件工具（如 Lotus Notes 就是非常好的工具）和知识管理系统（如主题项目分享系统等）。

四是关于知识产品的问题。如知识产品的定价和版本。

五是知识员工的管理。因为组织的知识管理最终要落实到个人身上，组织的知识管理是基于个人的，那么知识员工怎样管理就是一个很重要的问题。

最后一个方面与个人有关，主要是学习创新的训练，其中思维方法的训练很重要。因为人是知识管理的核心因素之一，人的思维方法与创新密切相关。

也有学者将组织知识管理的核心内容归纳为三项职能和四个方面。三项职能分别是组织管理里的三个基本职能，即行政管理（文档管理）、财务管理（知识资产管理）和人力资源管理（知识员工管理）。四个方面包括市场营销管理（客户关系管理，CRM）、研发管理（知识创新管理）、采购与物流管理（供应链管理）和生产制造管理（ERP）。首先从行政管理的角度来讲，有许多文档管理的内容，就属于行政管理。第二部分是财务管理，就是知识资产的管理。第三部分是人力资源管理，就是对知识型员工的管理。市场营销管理中很重要的就是 CRM，也就是客户知识怎么样整合在市场营销中得到体现。第二个就是研发管理，就是对知识创新的管理。第三个方面就是采购与物流管理，特别是供应链管理。另外一个就是生产制造管理（企业资源计划，ERP）。

还有学者认为组织知识管理的内容包括六个方面：

一是知识管理的基础措施。是知识管理的支持部分，如数据库、知识库、多库协调系统、网络等基本技术手段以及人与人之间的各种联系渠道等。

二是组织业务流程的重组。其目的是使组织的知识资源更加合理地在知识链上形成畅通无阻的知识流，让每一个员工在获取与业务有关知识的同时，都能为组织贡献自己的知识、经验和专长。

三是知识管理的方法。包括内容管理、文件管理、记录管理、通信管理等。

四是知识的获取和检索。包括各种各样的软件应用工具，如智能客体检索、多策略获取、多模式获取和检索、多方法多层次获取和检索、网络搜索工具等。

五是知识的传递。如建立知识分布图、电子文档、光盘、DVD及网上传输、打印等。

六是知识的共享和评测。如建立一种良好的组织文化，激励员工参与知识共享、设立知识总管CKO、促进知识的转换、建立知识产生效益的评测条例等。如何进行知识管理是我们首先要解决的理论和实际问题。

此外，美国波士顿大学商学院著名信息管理教授达文波特认为知识管理真正的显著方面分为两个重要类别：知识的创造和知识的利用。另有学者将知识管理的内容概括为如下几个方面：组织内部知识的交流和共享；驱动以创新为目的的知识生产；支持从外部获取知识，并提高消化吸收知识的能力；将知识资源融入组织产品或服务以及生产过程和管理过程；管理组织的知识资产；人力资源管理。

2. 知识管理的目标

知识管理的目标主要包括五个方面，即知识共享、知识创新、提高竞争力、知识链管理和建立知识生态。

(1)知识共享。知识共享是指组织员工个人的知识财富(包括显性知识和隐性知识)通过各种交流方式，如电话、口头交谈和网络等，为组织中其他成员所共同分享，从而转变为组织的知识财富。知识的垄断使知识不能自动实现共享，要实现知识共享必须借助于知识管理。知识共享要求实现显性知识和隐性知识共享，组织内部知识和外部知识共享，以及知识共享空间的营造——信息技术的采用(硬平台)和知识共享文化的建立(软环境)。知识共享包含两个层面的内容：员工之间知识交流以及隐性知识与显性知识之间的转化。知识在个人、团队和组织三个层次之间流动。知识共享全过程有五个环节：个人知识、知识的阐明、知识的交流、知识的理解和组织知识创新。前三个环节主要是个人行为，后两个环节则依赖于组织工作。

知识共享中最困难和最有意义的是隐性知识的共享，知识共享的目标就是要消除各种知识共享障碍，运用知识共享机制来调节主体间的隐性知识共享。

(2)知识创新。知识创新是指新思想产生、演化、交流并应用到产品(服务)中去，以促使组织获得成功，国家经济活力得到增强，社会取得进步的一种新概念。在我国，对知识创新较为普遍的看法是：知识创新是指通过科学研究获得新的自然科学和技术科学知识的过程(科学研究包括基础研究、应用研究和开发研究)。知识创新的目的是追求新发现、探索新规律、创立新学说、创造新方法、积累新知识。知识创新是技术创新的基础，是新技术和新发明的源泉，是促进科技进步和经济增长的革命性力量。

人是知识的宿主，知识创新首先表现为个人的活动。然而实践中却往往是许多人围绕某个共同的目标相互协调合作而形成群体和组织，从而从总体方面表现出知识创新的能力。而众多的创新组织则形成了一个知识创新体系，所以知识创新体现在三个层次上，即个人、组织和国家。组织是知识创新的主体和核心，而以个人为基础的组织学习与创新能力对组织的发展至关重要，其实质就是通过知识管理实现知识创新，使组织适应外部环境的变化。随着知识管理的发展，国家层次的知识创新引起各国的高度重视，国家知识创新工程和知识创新体系建设已成为各国抢占知识竞争制高点的关键，国家知识创新体系建设、政府知识管理、发展本国教育和科技兴国战略等纷纷被列入国家发展基本国策。

(3)提高竞争力。知识管理的第三个目标是提高个人、组织和国家的竞争力。由于知识创新是知识管理的核心目标之一，而实施知识管理和知识创新的最终目的就是要提高组织的核心竞争能力。

知识管理和知识创新可以将组织和国家的劣势转化为优势，提高组织和国家的竞争能力。可以说，谁拥有知识管理和知识创新能力，谁就拥有在知识经济时代发展的优势，20世纪80年代以来美国经济的发展就充分说明了这一点。早在20世纪80年代初，当时的美国总统里根就已经发现美国的竞争力在全球开始下降。第二次世界大战后，美国世界经济霸主的地位面临着日本、西欧的有力挑战，美国在汽车、钢铁等一些重要传统产业的竞争中接连败北。美国产业国际竞争力下降的现实引起了官方的高度重视。1983年6月，里根总统任命了一个由来自工商业界、学术界、工会和政府的30名专家组成的“产业竞争力总统委员会”，该委员会经过两年多的深入调查研究，发现经济领域中出现了一些新的赢家，就是以计算机为特征的信息产业发展迅速。于是美国政府把知识和最新科技成果作为经济发展基础，提出了一系列具有创新性和针对性的方案，首先发展新兴的软件产业。同时，强调科研新成果和新知识对经济的推动作用，在组织中倡导创新求变。克林顿总统上台以后，更是把发展知识经济提高到基本国策的高度。1992年，美国率先提出了“信息高速公路”的口号。1994 年，开始实行“全美永久性信息基础设施计划”(NII)。1996 年，美国仅在信息产业的投资就达 100 亿美元，超过日本和欧洲的总和。1997 年，克林顿正式采用“知识经济”的提法。这种不断创新的精神，正是美国经济近 10 年来呈现强劲增长势头的一个重要原因。由此可见，组织和国家要想“永葆青春”，永远保持强劲的竞争实力，处于竞争优势地位，就必须进行知识管理和知识创新，而且要持续地进行创新。

(4)知识链管理。许多先进的知识型组织一直在寻找类似于供应链管理和顾客关系管理，能为组织带来巨大生产力效益，实现进一步卓越经营的新的解决方案。事实上，下一阶段组织收益的改善不是来源于组织和组织渐进的经营优化或经营流程的自动化，而是来源于优化组织，将解决某个问题的知识交付给所需员工的过程。这一过程即称为知识链的管理(KCM)。

知识是每一项有效行动的指南，每次员工提出有关业务流程方面的问题，就一个问题咨询另一名员工或参加会议进行决策时，知识链就产生了。知识链是指以人为本的业务流程之中的知识流动，通常与业务流程中出现的问题密切相关，并可根据与流程的关系分为两种类型：第一种类型为线形知识链，它的知识流动与业务流程问题解决方向是一致的。也就是说，知识的流动发生在由业务流程实施计划确定的某一时点。其中，知识的寻求者和知识的提供者都是参与业务流程的一部分员工。比如，在半导体设计与制造过程中，设计工程师(知识提供者)根据业务进度安排完成产品的设计，然后再将知识转移给制造小组，从而完成知识的流动过程。另一种类型为适应性知识链，它的知识流动方向偏离业务流程的进度方向，也就是说，知识的流向可在任何未知的时刻发生。在这种情况下，知识提供者也不必是业务流程中的正式成员。如在专业化服务公司中，一个咨询师在为一家电子公司提出如何改善包装建议过程中，可能会与该组织内负责制造咨询的同事(知识提供者)、部门联系(与建议提案过程无关)，以了解最新的包装设备。这种知识流动的过程不与业务流程进展方向一致，知识提供者也不必是建议提案过程中的成员。

知识链管理能通过优化形成组织瓶颈的知识链而加速组织中价值链的运作，这种价值链加速运作后的效果取决于被优化知识链所涉及的业务流程。对于生产来说，知识链管理可扩大组织生产能力，缩短制造时间。对于研发来说，就等于缩短了产品上市时间。总之，知识链的管理能增强组织的创新能力，提高产品或服务质量，增加组织收益，改善经营，获得渐进式过程优化或过程自动化所不能获得的经营优势。

(5)建立知识生态。知识生态是知识管理的最终目标和发展趋势。知识管理是建立在充分共享和交流基础之上的知识创新过程。以人和组织为节点，以通过社会交往所形成的知识交流渠道为链形成网状结构，知识便在这个特殊的网中流动，并且不断有新的知识流汇入网中。这个以人和组织为节点，以协作交流为链，以知识流为内容的系统构成了知识生态，其实质是知识共享、交流和创造系统。知识生态最为重要的是强调基于个人和组织的社会网络的形成，从根本上区别于传统知识管理依靠信息技术而形成的交流网。知识生态的研究借鉴了许多生态学的理论，譬如，良好知识生态的形成有赖于知识节点在竞争、协作中产生的知识的多样性等。在知识生态环境下，知识创新被视为知识在不同时空和条件下的创新和再创新的动态进化过程，良好的知识生态为知识的创新和发展提供了适宜的环境和持续动力。

1.2.5 知识管理的模式与策略

1. 知识管理的模式

由于知识被分为显性知识和隐性知识两大类，围绕两类知识的管理分别形成了不同的管理模式。哈佛大学教授汉森(Hansen)和罗利亚(Nohria)提出了知识管理的两种基本模式，即编码化管理模式或称宝典管理模式(codification mode)，和人物化管理模式(personalization mode)或称人格化管理模式。

(1)编码化管理模式。

知识编码化管理模式是指借助于计算机或其他工具对知识进行编码，使隐性知识显性化，并被保留下来(如储存在个人或组织数据库中)，可以供个人或组织员工今后反复利用的一种知识管理模式。知识编码的方式有数字与代码、文字和文本、人和物体、内联网、共享数据库、专家系统、电子邮件等。成功实行编码化知识管理模式的代表性企业有施乐、西门子、戴尔等。施乐公司利用“尤里卡”(Eureka)技术网络拥有的知识库，为分布在世界各地的复印机维修人员提供3万多条产品提示信息。西门子公司利用公司共享网络(ShareNet)所承载的编码知识为在世界范围内的销售人员提供知识支持，也可利用ShareNe进行联合业务开发。戴尔公司利用在线产品知识库为分布在各地的客户提供定制服务。

(2)人物化管理模式。

知识人物化管理模式是指将个人或组织知识与该知识创造者紧密联系在一起，主要通过与知识创造者的直接接触和交流实现隐性知识的共享与利用的一种知识管理模式。成功实行人物化管理模式的代表性企业有微软、麦肯锡等。微软利用人物化管理来正确进行公司内部人员关系管理，并激发员工的知识创新力。如平等的办公室、无等级划分的停车场、没有时钟的办公大楼、办公楼内到处可见的高脚凳。麦肯锡公司利用人物化管理来培育人际网络(或知识网络)和促进人员知识交流与传播，把知识管理的重点放在隐性知识的发掘、传播和利用上。如员工岗位轮换、倡导立即回复同事电话的企业文化、建立专家目录、在公司内使用“咨询经理”来帮助项目团队。

(3)两种知识管理模式的比较。

知识管理的两种模式在诸多方面表现出巨大的不同。如表1-3所示。

表1-3　知识管理的模式

比较项目	编码化管理模式	人物化管理模式
竞争策略	通过反复利用编码知识，提供高质量、可靠、快速的信息系统执行方案	通过开辟个人专门知识，对高层战略问题提供创造性、分析型准确建议
经济模型	复用经济：一次性知识资产投入，多次反复利用；使用高比率合作的大型团队；以产生高的整体收入为中心	专家经济：通过形成独特问题的高度客户化解决方案索取高额费用；使用低比率合作的小型团队；以维持高利润富余为中心
管理策略	从人到文档：开发电子文档管理系统，用于知识的整理、存储、传播和利用	从人到人：开发链接人员的网络，以便共享隐性知识
系统技术	大量投资于信息技术，其目标是把人员与可反复利用的编码知识连接起来	适当投资信息技术，其目标是促进隐性知识的转化与交流
人力资源	雇佣善于再利用知识与解决问题的人员；利用基于计算机的远程学习和小组形式培训人员；奖励使用文档数据以及为文档数据库做贡献的人	雇佣喜欢解决问题和能容忍暗晦的人员；利用一对一的指导方式培训人员；奖励那些与他人直接共享知识的人员
典型案例	施乐、西门子、戴尔、安永等	微软、麦肯锡、贝恩咨询公司等

2. 知识管理的策略

知识管理的实际工作可以概括为三种策略和六个重点，每种策略涵盖两个重点。第一种策略称为知识管理的市场化策略，其重点为知识来源的“寻找”与“整理”，其工具为知识地图(knowledge map)。第二种策略称作知识管理的系统化策略，其重点为知识内容的“储存”与“流通”，其工具为知识库(knowledge base)。第三种策略称作知识管理的社会化策略，其重点为知识价值的创新与利用，其工具为知识社群(knowledge community)。

(1)市场化策略：知识地图的建立。知识地图，或称知识分布图(又称作知识黄页簿)是知识的库存目录。就像城市地图显示的街名、图书馆、车站、饭店、学校、机构等各项资源的地理位置，知识地图用以寻找人和组织有哪些知识项目及其分布位置，以便员工按图索骥，找到他们需要的知识来源。知识地图所显示的知识来源可能是部门名称、小组名称、专家名字、相关人名字、文件名称、参考书目、事件代号、专利号码、知识库索引等，但却不包含知识的内容本身，它是指南和向导，用以节省员工追踪知识来源的时间。

知识地图的制作包括五项工作：将重要知识及技能的形态加以分类，将各类知识及技能的程度加以区别，明确各特定职务所需要的知识种类与程度，对各知识型员工的能力表现加以评定，建立知识地图索引系统。

企业的知识地图显示了组织重视知识，并支持知识交流的程度，管理阶层愿意投入时间与金钱建构知识地图，具有重要的象征意义。知识地图不但使员工更容易找到所需的知识，也象征企业知识属于企业全体而非某特定小组或个人的原则。组织还可以把知识地图和教育训练结合，有计划地培养公司的核心能力。由于知识管理的成败系于企业文化对知识的重视，知识地图的象征意义与寻找知识的功能同等重要。

(2)系统化策略：知识库的建立。野中郁次郎与竹内广隆两位学者认为，组织内部创造知识的过程就是这两种知识(外显知识与内隐知识)交互作用的结果。外显知识是可以客观捕捉及描述的概念，容易以具体方式储存及流通，譬如报告书、手册、程序、文件、记录等，多具有文字性与结构性。内隐知识是主观的概念，在团体与组织中透过个人的经验、印象、熟练的技术、文化、习惯等方式表现，如果一定要将其形式化，最多能做到的是故事性的描述或是条例式的原则，譬如观点、事件报告、企业文化、逸事等。将外显知识整理成文件以利于知识的储存与流通是知识管理系统化的主要工作，亦即组织知识库的建立。其目的在于将组织中的知识以容易取得及了解的形式呈现给需要该知识的员工。换言之，将知识化成有形的符号，而尽量地加以结构化、清晰化、详尽列举，并建立易于操作的索引系统，以便查询使用。

(3)社会化策略：知识社群的建立。知识地图的建立是为了方便组织知识市场的操作，知识库的建立则是把有价值的外显知识储存在系统中，但是知识库和知识系统都不能确保知识的移转，特别是最有价值的内隐知识的转移。因为知识的创新与利用系于员工的人脑之中，任何系统都无法代劳。研究人员发现，文件、数据库、群组软件(group ware)等任何智能型系统都无法取代员工在知识移转与创新中的角色。Alan Webber 在 *What's So New About the New Economy* 一书中说："在新经济体中，谈话是最重要的工作形态。这是知识员工确定自己的知识，并进而与同事分享知识的方法，它也是组织创造新知识的重要过程。"

由于人类是社会及群居的动物，利用谈话及相处沟通的方式可以在知性方面激发新意，并且在感性方面得到肯定，进而培养信任与成就感，引发更多的知识分享意愿，形成一个良性而有效的循环。Sematech 公司的技术移转经理即表示，推动知识移转最有效的办法就是调派人员到研究组织，让他们共同工作一段时间，吸收并协助知识的开发，然后把成果应用在新的任务上。由于人员的大量正式轮调成本太高，有效的代替办法就是非正式或半正式的知识社群。

知识社群是指员工自动自发(或半自动自发)而组成的知识分享的团体，其凝聚的力量是人与人之间的交情及信任或是共同的兴趣，而不在于正式的任务与职责。社群成员可自行决定是否要积极参与活动，因为大家加入的理由是乐于分享经验和知识，互相教导和学习，并从中得到相互的肯定和尊重。知识社群最能发挥内隐知识的传递和知识的创新的原因，是由于员工在社群活动中自动自发地交换意见与观念，分享外部的新知识，因此形成了组织最宝贵的人力资产。当某人离开公司，社群中的其他人可能分别拥有他的部分知识，因而使其完整的知识得以留存。这些知识具有部分内隐性质，无法建立在知识库中，知识社群是唯一有效的移转方式。

培养知识社群的方法有：给予半官方的地位，给予需要的资源，鼓励跨部门的社群，员工轮调制度的实施，举办跨部门的交流活动等。人力资产社会化成功的公司就是最能够留住知识人才的公司。

1.3 知识管理的理论基础

知识管理学作为一个新的研究领域，不仅诸多学科从不同的角度对其进行了研究和探讨，而且知识管理本身作为一个多学科的综合体，研究范围也涉及众多的相关学科。如经济学从资本的角度，图书情报学从信息的角度，管理学从人的角度，哲学则从过程的角度对知识管理进行了不同层面的研究，因此也就决定了知识管理研究的多维理论基础。

理论基础是指学科理论创建的根基，即发生学意义上的逻辑起点，它是由一些抽象的、具体的理论观点组成的关于某门学科的先导思想。这些先导思想一方面起着哲学与某门学科相互连接与沟通的作用，另一方面又对这门学科具有启发、指导作用，而且具有很强的解释力。具体来说，理论基础具有以下3个方面的作用。

(1)深刻揭示研究对象的本质，并正确地反映对象事物的客观规律。

(2)正确地指引学科发展的基本路途与方向，为对象学科奠定认识论基础。

(3)有效地指导科学研究全过程。

对任何事物进行研究都必须有坚实、充分的理论基础。知识管理作为一个多学科研究领域，有着多层次的理论基础。

1.3.1　知识管理的哲学基础

知识管理的哲学基础包括认识论、方法论、逻辑学、语言哲学、本体论和辩证法等。

1. 认识论

认识论(epistemology)是哲学的重要分支，它主要研究知识的本质、先决条件及其性质。认识论对人类认知过程、认知特性的研究，以及对知识本质的探索，拓展了人类对学习、认知乃至决策过程的认识，为我们认识个人学习和创新的内在机制，改善知识应用在个人层次的效率，辨析知识和信息异同等知识管理的重要问题奠定了基础。

认识论对知识的研究可以追溯到柏拉图和亚里士多德的时代。而近代以来对知识管理理论影响最深的是哲学家波兰尼对知识本质属性的研究。他发现知识具有个人性，与认知主体是不可分割的，而且知识是个体化的、特殊的和难以充分交流的。在此基础上，波兰尼把知识划分为显性知识(explicit knowledge)和隐性知识(tacit knowledge)。隐性知识是个人的，特定环境下难以标准化和传播的知识。隐性知识只能通过人与人之间的亲身体验、直觉和洞察力进行传授。显性知识又称为编码化知识，是指可通过正常的、系统的语言进行传播的知识。波兰尼的研究使管理学者认识到仅仅关注显性知识的获取、扩散和应用是不够的，对经营业绩更为重要的是蕴含于个人的经验和能力中的大量隐性知识，如何进行隐性知识的共享，如何将隐性知识转化为显性知识，如何有目的地利用个人的隐性知识，成为知识管理要解决的核心问题之一。

2. 方法论

方法论对知识管理的影响源于对知识的科学分类与组织。哲学家与思想家都试图通过对人类的思想和知识的全面考察，描绘人类知识的全景，以此作为他们研究工作的起点或结果，并通过它来传播自己的学说。在他们创立的思想体系中，知识领域以相互联系的方式排列成大纲形式，这就是哲学家的知识分类，也称哲学分类。这种分类的依据是事物之间的关系，因而是比较抽象的。但是，它们对知识组织或者图书分类的影响往往非常大。

西方哲学以英国哲学家弗朗西斯·培根为代表，其知识分类体系对知识管理影响最大。它首先影响了法国的百科全书派，继而远传到北美大陆，最后由哈里斯和杜威把它映射转换为十进分类体系，在图书馆中得到广泛使用。而东方哲学以中国和印度为代表。中国最古老的分类思想有道家的太极、阴阳五行，有孔子的六艺分科，有《庄子·天下篇》中的诸子百家七派，有《荀子·正名篇》中的“名实”“辨同异”，有司马谈的论六家之要旨，还有荀况的《非十二子》和汉代的《淮南子·要略》等对学派思想的分类，初步对知识进行了划分。印度一些最古老的宗教文献，如《吠陀经》充满了对人类知识的哲学解释和神秘主义。印度图书馆学家阮岗纳赞认为世界存在且仅存在五个基本范畴，即时间(T)、空间(S)、动力(E)、物质(M)和本体(T)。一个复合主题的每个独立组面可看成是这5个范畴中的一个，且仅仅是一个范畴的某种表现形式。这一思想开创了后组式知识分类体系。

3. 逻辑学

逻辑学是关于思维形式及规律的科学，探索、阐述和确立有效推理原则的学科，最早是由古希腊学者亚里士多德创建的。它研究概念、判断、推理及其相互联系的规律和规则，这些也是知识组织要研究和涉及的对象。例如，知识分类和知识组织即以概念的逻辑划分为基础。

4. 语言哲学

语言哲学是从哲学角度考察语言所具有的一般特征的学科，主要研究名称、命题、指称、含义或意义、言语行为、真理与意义等。语言哲学家认为，语言的结构和世界的结构是严格对应的：专名与个体对应，命题与事实对应，原子命题与原子事实对应，存在命题与存在事实对应等。20世纪30年代之前，语言哲学侧重于研究语言的逻辑句法，20世纪40年代起，语义学研究在语言哲学中一直占据主导地位，20世纪60年代以后，语用学受到越来越多的关注。

语言哲学的研究成果为知识检索系统中的词汇控制提供了一种哲学基础和指导。另外，它还可能有助于解释文本分析和标引中涉及的一些理论和实际问题。如文本中的“aboutness”(含义)与“meaning”(意义)的区别与联系；“theme”(论题)与“rheme”(述题)的关系，隐含主题的标引问题等。

5. 本体论

本体论(ontology)是各种哲学体系的理论基石，是最能体现哲学的高度抽象概括性和普遍性，最富于哲学意义的理论思维方式。古代希腊罗马哲学中就形成了各种不同本体论。

19世纪以后，哲学界对本体论的兴趣下降。直至20世纪后期，哲学界对本体论的研究才重新开始，出现了形形色色的本体论学说，如胡塞尔的“现象学本体论”、海德格尔的“基本本体论”、萨特的“意识本体论”、奎因的“本体论承诺”等。在这些哲学家的表述中，本体论是与概念体系联系在一起的，而后者恰恰是知识组织的基础。本体论不同于其他具体科学的地方在于，它是我们选择用来包容“最广义的科学”的全面的概念结构。随着时间的推移，本体论的意义也在发展变化，逐渐具有比仅仅包括一些基本范畴的分类更多的意义。本体论是科学研究的基础，也是人工智能的基础。近年来，在知识组织和信息管理领域频繁出现。

本体论是对事物概念化进行明确规定的产物。这些基于知识的规定主要用来描述定义知识的任务的分类情况，它在思维、信息传播、组织和检索中发挥着重要作用。它为各领域或领域之间提供一种语义路径图，连接概念与术语，提供定义解释，有助于跨学科、跨语言和跨文化的概念和术语之间的关系连接。为研究项目和实施方案的设计提供概念基础，帮助研究者和实施者探索某个研究项目、政策、计划或工程项目的概念语境以及使问题结构化，为更多可比较的和积累性的研究成果中所涉及的变量测度提供一致的定义。改善交流和学习，通过提供概念体系结构，帮助作者和读者，支持各种学习过程和培训资料的开发，并激励学生去创造新的概念结构。为各种活动提供分类指南，支持信息检索。

在知识管理系统的环境中，本体论是以一种共享性术语表达的形式来对话语(discourse)进行规定的。许多知识型公司都在开发自己的本体，但开发和管理维护的费用很高，它正成为知识管理领域中非常重要的问题。

6. *辩证法*

知识管理的对象是知识资源，知识资源按其构成可分为隐性知识和显性知识。知识管理理论深化了显性知识和隐性知识的划分，研究了它们隐含在头脑中的经验、体会、直觉、诀窍等知识的价值与转化、学习的规律，揭示出显性知识与隐性知识之间存在着一种辩证统一的关系，也就是既相互矛盾，又相互联系的关系。不仅如此，知识管理的整个过程都受辩证法的影响，知识管理的每个环节既相互联系、相互作用，又相互独立。

1.3.2 知识管理的数学基础

数学的运用是一门学科成熟的标志之一。在知识组织和知识管理理论的发展过程中，也正在越来越多地应用数学。

1. 语言统计

利用概率论和数理统计等数学工具，研究语言成分出现的概率和频率，揭示语言的统计规律，对于研究索引词汇的特性和建立知识组织系统均有重要作用。语言统计研究主要集中在三个方面：

(1)语词频率研究。语词频率词典是语言研究的基础工具。10 世纪末，一些语言学家、教育家就开始编制频率词典。1898 年，德国语言学家凯定编制了第一部频率词典《德国频率词典》。其统计样本容量为 110 万个词的文本。20 世纪初，美国教育学家桑代克编制的《教师二万词辞书》和《教师三万词辞书》，就是以大量的英语词汇频率统计工作为依据的。我国教育家陈鹤琴先生在中华人民共和国成立前编制了第一部汉语词频字典。目前，频率词典有两种：普通频率词典和专业性频率词典。

(2)自动标引系统研究。1957 年，卢恩在 IBM 公司的研究刊物上发表了第一篇有关自动标引的文章，题名为《文献处理机械化编码和检索用的统计学方法》，首次提出了一种基于统计的文献处理自动化系统的概念。同年，巴森代尔(P. B. Baxendale)也开展了自动标引和自动摘要的研究，提出了另一种自动抽取文献内容代表词和代表句的方法，即从论题句和介词短语中抽取。1959 年，奥斯瓦尔多(V. A. Oswald)和巴-希尔(Y. Bar-Hall)在卢恩的绝对频率加权法的基础上提出了相对频率加权法，以降低误抽率和漏抽率。进入 20 世纪 60 年代后，自动标引研究在美国呈活跃状态，加入此领域的人越来越多，提出了各种各样的方案，开发了一批试验性系统。其中有几个研究小组的工作特别引人注目，如埃德蒙森(H. P. Edmondson)领导的自动标引和自动摘录系统研究，厄尔(Lois Earl)和她的洛克希德同事们进行的自动标引和自动摘录研究，撒尔顿(Salton)采用一些较新颖的设计思想和技术方法，建立了自动标引系统——SMART。此外，马龙(M. E. Marron)采用预示词方法，博科(H. Borko)和丹尼斯采用因子分析法，史帝文森(M. E. Stevens)采用引文方法，进行了自动赋值标引研究。马龙还和库恩斯(J. L. Kuhns)合作研究了概率标引和检索理论。

(3)序—频分布定律研究。利用词汇的频率和每个词在词汇表中的排序号码，研究两者之间的相互关系。1916 年，法国速记学家艾思杜在研究速记文字系统的改进方法时发现，在充分大的统计文本样本中，绝对频率与它的序号的乘积大体为一个常数。1928 年，美国物理学家贡东在研究提高电话线路通信能力时发现了类似的关系。1935 年，齐普夫在深入研究这种现象时提出了关于序—频分布定律的齐普夫定律(单参数序—频分布定律)：

如果把一篇较长文章中每个词出现的频次统计起来，按照高频词在前、低频词在后的递减顺序排列，并用自然数给这些词编上等级序号，即频次最高的词等级序号为1，频次次之的等级为2，……频次最小的词等级为D。若用f表示频次，r表示等级序号，则有$f \cdot r = C$（C为常数）。人们称为齐普夫定律，揭示了人们在语言交际中遵循的"最小出力法则"，为词频统计提供了重要依据。

2. 数学模型

数学模型是用数学语言从整体上描述对象的特性、关系及其运动规律。它在纯粹条件下对对象进行近似的简化和摹写，以深化人们对对象的认识。与知识组织有关的数学模型主要有三类：

一是文本的数学模型。通常有确定性模型和随机模型两种类型。

(1)确定性模型不涉及概率统计，如逻辑模型、分析模型、代数模型、几何模型等。

(2)随机模型涉及概率统计。随机文本模型有：文本生成模型、句子结构模型、类型—殊型(type-token)关系模型、词汇体积模型以及前面提到过的序—频分布模型。

二是词加权模型。检索词或者标引加权的主要作用是帮助区分不同的检出文献对于给定提问的相关性或重要程度，强化检索效果。

三是图论。图论是以图形、数学方法来研究组合关系的一门新兴学科。它的研究对象"图"是具有二元关系的系统的数学模型。系统的元素作为点，元素间的某种结合关系作为边线。计算机的应用使得图论研究迅速发展。图论在很多领域都有应用，如计算机领域的数据表示、网络设计等。与知识组织关系最密切的两种应用是文献聚类和关键词聚类两个方面。

1.3.3 知识管理的语言学基础

从根本上说，任何知识管理都无法避开语言分析的问题，只有找到更有效的文本分析和提问的方法以及连接用户信息需求与现有知识库的方法，才能更有效地进行决策并提高运行效率。

自然语言理解是计算机科学中一个有重要意义和应用价值的研究课题。实现自然语言理解既需要句法、语义、语用等多层面的语言学研究，也需要同思维科学、认知科学等多门学科密切配合。计算机系统所处理的语言信息，大致上可分为两类：一类是模式信息，如声音和图像，它们是语音识别和方案识别的前期处理对象。另一类是符号信息，如书面声明语的文本或者作为汉语语音识别结果的音节符号，它们是代码化了的，或者更确切地说，计算机只将每个字符的编码看做处理对象。利用键盘进行人机会话，对存储于计算机系统内的文本进行检索、校对、翻译、摘要，乃至让计算机“理解”人类的语言，所有这些工作，计算机所处理的对象都是符号信息。

1. 词汇学

词汇学是语言学的一个分支，又分成三个分支领域，即词义学、词汇系统和词源学。词汇学与检索语言的关系比较密切，它的一些方法可以更多地应用到知识组织和信息检索中，诸如自动标引、主题词表的编制与维护、自动分词和文本自动化处理，包括自动分类、自动摘录和自然语言处理等。自然语言理解的实现需要词汇知识库的支撑。此外，词类的自动识别与学习，新词的识别和学习都有赖于词汇学的贡献。

2. 句法学

句法学是语法学的一个分支。它是系统研究语言序列中句法单位的特点和规则的一门学科，又称符号关系学。句法单位是指语言序列中的组成单位，每个单位都有一定的句法作用和句法功能。在自然语言表层中可看到的句法手段有词序、形态、语调和词类等。

句法学与检索语言的关系紧密，在检索语言中引入句法手段，目的是消除歧义，准确表达主题概念。检索语言的句法是指索引词在描述概念或主题时的排列和规则。检索语言句法的表现形式多样，如引用次序、分面公式、联号和职号、关系符号及其他控制符号。概括起来可划分为两大类型：黏合句法和组配句法。句法分析法与专家系统技术相结合，可以用来识别句子中的动词，分析动词左右两边的上下文而实现全文自动标引。

3. 语义学

语义学是一门研究语言意义的学科。20 世纪 30 年代以后，语义学进入了一个新的发展阶段，提出了语义场理论。它以语言中各种不同单位的意义为研究对象，其范围比词义学宽泛。

语义就是通过一定语音形式所表现出来的内容。语言中各种语言单位所表示的意义统称为语义。语义的类型有基本语义、附加语义和语法意义三类。基本语义是指人们对事物及其变化的理性认识成果在语言中的反映；附加语义是指有些词或句子所具有的意义色彩，分为感情色彩、形象色彩、风格色彩等；语法意义是语言的结构意义，如数、时、体、格、情态、词序等。

结构语义学认为，任何语言的语义都是一个体系，它由若干个语义场构成。语义场就是以某一概括的义位为核心，与其他有关联的义位所形成的语义体系。确切地说，如果存在若干个义位，它们含有表示共性的义素和相应的表示差异的义素，则这些义位就构成一个语义场。也可以把它看做是由语义相关联的语言单位构成的一种语义空间。语义场又可以分为词汇场、意义场和联想场。词汇场还可以继续细分为分类义场、顺序义场、关系义场、反义义场、矛盾义场、同义场和部分否定义场。语义场之间的关系有两种：一种是纵向关系，即层次关系，母场与子场的关系。另一种是横向关系，即同属某一母场的各子场的关系。

关系语义学对词汇间语义关系的研究为分析和建立索引词(概念)之间的语义关系提供了可依据的语义学理论和方法，包括语义关系的性质、适用范围、指示方式和用途。此外，语义代码、词表显示和多语种词表都为受控语言和自然语言提供了研究的理论基础和实际方法。

4. *语用学*

语用学是一门研究语境(context)的科学。它研究使用中的语言，研究语言环境与语言意义之间的关系，研究语言交际中依赖于语境的语言现象，研究语言与使用者的关系。

语境可以提供句子或话语的字面意义之外的许多东西。在这个意义说，语用学可以用公式来定义：语用学=意义+语义。

语境在交际中主要有两大功能：解释功能——帮助听话者从抽象的意义中推断出具体的、隐含的、真实的、准确的信息；过滤功能——帮助听话者依据语境免去不必要的、不相适宜的话语。语境的两种功能都具有一定的民族性。

语用学的理论和方法与知识组织和检索的关系虽然不如其他语言学分支那么密切，它的理论与方法也未得到比较直接的应用。不过，从小语境的角度看，关键词的上下文轮排显示技术和关联词的动态显示技术，似乎都可以看做是语用学的一种应用。从大语境来看，范围注释、引文标引与检索、同引聚类技术，也与语用学有一定联系。因为这里面包含对语境信息的利用，如利用引文与来源文献之间在特定语境中相关联的原理来组织知识和检索文献。

1.3.4　知识管理的系统科学基础

哲学是知识管理的理论基础和普遍指导原则，数学是知识管理的重要工具，而系统科学则是指导人们应用哲学原理作用于知识管理的桥梁，也是使知识管理这一领域成功应用数学工具的前提和途径。系统科学是知识管理领域中应用得最多和最有效的一门学科。

系统是相互作用的诸要素的综合体。系统和要素是相互依存的，它们的区别是相对的。凡系统皆有结构和功能，系统是结构和功能的统一体。要素在系统中的作用必须通过结构这个中介来实现。功能和结构是不可分的，只具有相对独立性，相同的功能可以由不同的结构来实现。物质、能量、信息是构成系统的三大基本要素。系统内部的运动就是上述这三种要素的运动和互相转换的过程，系统的功能由这种运动表现出来。其中，信息流起着支配作用。系统的生存和发展依赖一定的环境。除无机系统外，一切系统都具有一定的控制、反馈和调节功能。为了达到预定的目的和功能，必须对系统的运行过程加以控制，使系统内的物质、能量和信息合理流通。在控制过程中，系统要收集运行状态和效果信息，并反馈给控制部分。若运行效果偏离目标，就要进行调节。

系统科学提供的科学方法主要有信息方法、反馈方法、功能模拟法和系统方法。系统科学与知识管理，特别是知识组织有着天然的联系。根据它们之间的联系大体可以划分为以下类型：面向知识表示和组织的系统、面向知识处理和管理的系统、面向知识存储与检索的系统、面向决策管理的系统、面向知识传播与交流的系统、综合性知识管理系统。

1.3.5 知识管理的管理学基础

无疑，对知识管理理论影响最直接的是管理学。管理思想的产生可以追溯到人类产生之时，人类所从事的生产活动都是在集体的基础上进行的，这就需要某种意义上的管理，在这种管理实践中产生了管理思想。从信息管理的角度剖析各个时代的管理活动可以发现，管理过程实际上就是开发和利用信息资源的过程，而信息是知识的来源。

纵观管理思想，从科学管理经行政组织管理发展到行为管理，基本上完成了对管理理论的整体建设。如果说科学管理侧重于对生产过程和方法的信息资源开发，行政组织管理侧重于对管理者的信息资源开发，行为管理则侧重于对被管理者的信息资源开发。其后的定量管理或狭义的管理科学理论、管理过程理论、社会系统理论、决策理论、系统管理理论、经验主义理论、权变理论、经理角色理论、目标管理理论乃至第五代管理理论等，进一步沿着信息资源开发和利用的道路把管理科学推向了一个又一个高峰，而知识管理则可视为其中的一个重要发展阶段。

知识管理作为信息资源管理的新发展，是人们基于对信息资源管理缺陷的深刻认识体验所提出来的一种更为高级的管理理论与方法，是随着技术的进步、人类对信息管理的迫切需求和经济形态由信息经济向知识经济过渡所导致的种种信息资源管理缺陷日益显露的必然产物。因此，在知识管理中必然蕴藏着信息资源管理的理论基础。

知识管理摆脱了传统管理理论的窠臼，开创性地把管理的对象锁定在知识的载体——人，这一当今组织赖以生存和发展的关键要素上，因为人是组织构成中唯一的智慧生物，也是产生知识的唯一源泉。知识管理中的人力资源管理，就是研究如何使组织成员产生组织发展所需的知识，并使用这些知识创造最大价值。

1.3.6 知识管理的经济学基础

彼得·德鲁克指出，知识创造了新的经济学。因此，从经济学的角度分析，知识是物化为一种劳动投入形式，作为资源投入到生产过程中，并在其中起主要作用的资本性生产要素。知识的物化性是知识的重要经济学特征，也是知识资本与知识经济的基础。第一个提出知识资本概念的是加尔布雷思。他认为，知识资本是一种知识性的活动。美国《财富》杂志编辑斯图尔特则认为，员工的技能和知识、顾客忠诚度以及组织文化、制度和动作中所包含的集体知识都体现着知识资本。他在经典论文《知识资本：如何成为美国最有价值的资产》中，揭示了知识资本的内涵及其重要性，论证了知识资本是组织和一个国家最有价值的资产，并预言知识资本将成为美国最重要的资产。在他看来，长期以来知识资本之所以被人们忽视，是因为知识资本常常以潜在的方式存在，虽然无法触摸到，但却能使你富有。诚如管理学家斯维比所指出的，知识资本是企业以知识为基础的无形资产(不包括企业的有形资产部分)，是企业的核心竞争能力。经济学对知识的认识体现在4个方面：

(1)知识是经济发展的重要源泉。新古典经济学之父马歇尔最先认识到了显性知识对于经济发展的重要性，他指出存在于组织中的知识是生产力最强大的动力引擎(Marchau，1965)，但是马歇尔对知识的关注仅仅局限于价格信息(price information)所表达的知识。索洛(Solow)进一步提出了著名的新古典经济增长模型，认为经济增长来自于劳动要素、资本要素投入的增长和技术进步。显然技术进步与知识积累密切相关，但是该模型的致命弱点是把技术进步定义为一个不变的、外生于经济制度的比率，从而不能解释技术进步的原因，没有认识到知识对经济增长的突出贡献。直到20世纪80年代中后期，罗默和卢卡斯提出了新经济增长理论(也称作内生经济增长理论)，才把技术进步纳入经济增长的内生体系，真正把知识作为经济增长的最重要的因素。例如，罗默(Romet)提出了经济增长四要素理论，他把知识分解成两个可度量的要素：人力资本(以受教育年限衡量)和新思想(用专利衡量)。

从本质上说，新经济增长理论是一种依赖于技术和人力资本的经济的外部性出现收益递增效应而推动经济持续增长的理论。它对知识管理有三个关键的启示：新兴的经济是以思想为基础的，新思想的探索与开发为经济的无限增长提供了可能，知识积累导致技术变革，构成经济增长的原动力。

(2)知识积累是企业成长的重要原因。熊彼特和阿罗发现了企业中存在的知识积累、知识创新现象。奥地利经济学家熊彼特最先意识到知识积累(知识创新)这一现象的重要意义，他在1912年的著作《经济发展理论》中指出，所谓创新就是把从来没有过的关于生产要素和生产条件的新组合(new combination)引入生产体系。熊彼特指出，新产品、新的生产技术、新市场、新的原材料供应和新的企业组织都是知识的新组合的结果。熊彼特的理论不仅提示了经济发展的内在本质，而且为后人研究知识创新的机理提供了理论依据。阿罗(Arrow)的边干边学概念也很好地说明了知识积累的重要性，阿罗对各种行业生产过程进行的经验研究证明，在目前的劳动生产率和过去的劳动措施之间存在着正向联系，边干边学正是指劳动者从生产过程中获得经验，从经验中学习，使自身人力资本不断增长的过程。潘罗斯的企业增长理论、尼尔森和温特的演化经济学则将企业的知识积累机制与企业成长紧密联系起来。在潘罗斯看来，企业的成长过程是这样的：对生产性资源的使用产生生产性服务，生产性服务发挥作用的过程推动知识的增加，而知识的增加又会导致管理力量的增长，从而推动企业的增长。一句话，企业增长离不开企业知识积累的过程。经济学家温特和尼尔森(Winter & Nelson)则用组织惯例(organizational routines)来描述知识积累过程，认为企业是知识的仓库(knowledge repository)，企业把已有的知识储存在组织惯例中，在经营过程中搜寻新的知识并形成新的惯例，企业就是在组织管理的不断搜寻和更新过程中不断地演化成长。

(3)知识具备促进经济发展和企业成长的经济属性。为了解释知识为何能够对经济增长和企业成长产生重要的作用，经济学家研究了知识的经济属性，这一研究主要集中在知识是公共产品还是私有产品这个问题上。

尼尔森首先发现了知识的公共产品性质，知识的公共性主要表现为：知识产品的消费并不影响其中某个人的消费，知识产品的生产者很难把知识创新的成果占为己有，知识产品一旦生产出来，其他人增加消费的边际成本为零，知识的使用和消费不仅不会使知识消耗减少，而且还会使知识增加，知识产品具有很强的外部性。

但是知识的公共性不能解释知识产权、知识的有偿转让等现象。新科学经济学对这个问题做了很好的解释：知识首先是一种公共产品，但是随着科技发展的深入、信息量的加大，知识的接受者再也不能完全地免费共享知识，而是需要本身知识和经验的积累，同时某些知识也具有私人性的一面，以知识产权等形式为私人占有。知识的这些经济属性，特别是知识具有消费、使用的边际效益递增而边际成本为零的特性，能很好地解释知识积累对经济发展和企业成长的巨大作用。同时，知识具有的私人占有性对知识管理提出了新的要求，成为知识管理的一个重要前提。

(4)知识是知识资本和知识经济的核心。当人类社会进入知识经济时代以后，知识资本化成为知识经济的最显著特点。知识资本概念的提出及其有关理论的形成是知识在企业发展中重要性不断提升的必然结果，也是人们对知识和知识活动认识不断深化的产物。知识资本实际上就是指由企业拥有或控制的、可用于获利的、不具有实体性的资本，它是传统意义上无形资产的拓展。

在知识资本理论的研究中，斯图尔特提出了知识资本的H-S-C结构，即知识资本包含人力资本(human capital)、结构性资本(structural capital)和顾客资本(customer capital)。埃德文森和沙利文则将企业的知识资本分为人力资源(human resource)和结构性资本(structural capital)两部分，而斯维比则将知识资本分为雇员能力(employee capability)、内部结构(inter structure)和外部结构(extra structure)三个部分。内部结构是为雇员知识和技能在组织内的传递所提供的支持，而外部结构则是要保证企业知识资本的最大化。

从以上几位知识资本研究的代表人物对知识资本构成的观点可以看出，知识资本应该包含人力资本、市场资本、结构资本和知识产权四个部分：人力资本是一种通过对人力资源的有效开发和利用所形成的资本形式。人力资源永远是组织的中心，知识、技巧和能力是蕴藏在组织内部的要素，人力资源在当今世界被看做是一种最重要的战略投资。在企业内部，人力资源包括员工的知识、技巧、创造性解决问题的能力、管理层的领导能力和洞察能力等。市场资本是企业与外部市场环境相关联的，有助于企业获得潜在利益的无形资产的总和，包括企业的客户、知识联盟、政府部门、专家网络等对企业经营存在重大影响的各种外界因素。结构资本包括企业采用的生产技术、信息技术、生产流程、企业制度、组织结构、企业文化、激励机制、财务结构和融资关系等。结构资本在知识资本中起着基础性的作用，它保证和支持人力资源创造知识、实现知识价值，实现人力资源转化为知识资产的最大化以及知识资产市场价值的最大化，从而为激励人力资源创造知识，发挥知识的增值作用提供环境支持。知识产权是指获得法律保护的知识资产，通常的保护形式有专利、商标和版权等。

1.3.7 知识管理的社会学基础

组织行为理论是建立在社会学、心理学、社会心理学、人类学和政治学等多门行为科学基础上的一种管理思想的结晶，它研究组织中人的行为、态度、角色、取向以及组织动力、组织文化、组织设计和组织创新等，为组织有效地实施知识管理指明了方向。

组织动力可以表述为由组织内部和外部因素所激发的企业组织的凝聚力与内驱力，它是一个多变量的函数。影响组织发展的动力、行为以及成果的基本因素包括环境、目标、规模、成员组成、角色、规则、凝聚力和领导。组织行为理论首先是将企业组织看成一个大的闭环系统，在这个系统中，又存在着若干个开环子系统，组织动力是其中一个起着核心作用的子系统，它可以看做是企业组织的动力系统，是企业组织不断革新的动力所在。

组织创新是组织行为理论系统中的创新系统，它要求组织作为一个整体，使个体成员改变他们的行为方式去适应新的环境。组织创新是通过有效的计划与管理，改变一个组织的设计过程，使其变得更加有效。其要素是变革与适应，其规律则是变革与适应的辩证统一。

1.4 知识管理的理论流派

20 世纪 90 年代之后，人类步入知识经济时代，为实现企业知识资本增值，提高企业创新能力和核心竞争力，知识管理作为一种全新的企业管理模式应运而生，并逐渐扩展渗透到其他学科领域。在这种背景下，人们从不同的学科视角和应用领域出发，对知识管理进行了系统研究，提出了不同的观点和思想，形成了不同的知识管理理论流派。

1.4.1 知识管理的理论流派研究

牛津大学的厄尔(Michael Earl)对知识管理理论流派进行了系统研究，认为知识管理可分为七个学派，即系统学派、制图学派、工程学派、商业学派、组织学派、空间学派和战略学派。虽然各学派观点各异，但彼此之间的区分并不十分明显。例如，系统学派、制图学派的重点分别是信息技术和知识地图，而知识地图本身也只是信息技术的一种应用。制图学派、组织学派和空间学派的哲学观点分别是知识的连接、知识的协同合作和知识的接触，而这三种哲学观点本身就很难区分。后来，学者布莱克曼(Derorah A. Blackman)从知识创造、知识控制和知识共享三个方面对这七个学派进行了补充。

我国学者左美云把知识管理研究归纳为三个学派，即技术学派、行为学派和综合学派。技术学派认为“知识管理就是对信息的管理”。研究者和专家们一般具有计算机科学和信息科学的教育背景，注重对信息管理系统、人工智能、重组和群件等的设计、构建。他们认为，知识等于对象，并可以在信息系统当中被标识和处理。行为学派认为“知识管理就是对人的管理”。研究者和专家们一般都有哲学、心理学、社会学或商业管理的教育背景，注重对人类个体的技能或行为的评估、改变或是改进过程。他们认为，知识等于过程，是一个对不断改变着的技能等的一系列复杂的、动态的安排。综合学派认为，知识管理不但要对信息和人进行管理，还要将信息和人连接起来进行管理：知识管理要将信息处理能力和人的创新能力相结合，增强组织对环境的适应能力。研究者和专家们既对信息技术有很好的理解和把握，又有着丰富的经济学和管理学知识。他们推动着技术学派和行为学派互相交流、互相学习，从而融合为自己所属的综合学派。

我国学者彭锐和刘冀生根据各流派对知识特性的假设和研究焦点的不同，将知识管理研究划分为四个学派，即工程学派、过程学派、实体学派和系统学派。工程学派假设知识是一种智力状态，无论对于个人还是组织而言，对知识的管理和应用都需要一定的条件和方法，将人和组织中的知识尽可能显性化、标准化，并通过工具固化下来，使之成为一种工业流程。过程学派基于知识是一个过程的假设，研究与识别企业中代表知识运动某一过程的知识活动，以及知识流在这些活动节点的流动方式和流动特征。实体学派基于知识是企业内的战略资源的假设，主要研究企业内的存量知识——智力资本，包括智力资本的识别、培养与增值策略、量度和报表。系统学派基于知识是能力的基本假设，将知识管理与企业能力的培养紧密联系起来，注重研究知识管理在整个企业管理中的作用，从知识的角度把企业的人力资源管理、信息系统开发和管理、市场营销乃至企业战略等协调统一起来，共同为企业的发展服务，创造整体大于局部之和的效果。

1.4.2 知识管理的主要理论流派

综合起来看，国内外有关知识管理的研究大致可归纳为八种流派，即认识论流派、战略管理流派、知识创新流派、空间流派、信息技术流派、组织行为流派、知识工程流派和综合流派。

1. 认识论流派

认识论流派是从认识论角度来分析知识，以知识的哲学含义、构成、价值、关联、人们如何获取与社会和组织实践相关的知识等为核心研究内容。该流派的主要代表人物有波普尔(Karl Popper)、波兰尼(Michael Polanyi)、达文波特(T. H. Davenport)和普鲁萨克(Laurence Prusak)等。

波普尔是20世纪最具影响力的英国哲学家，对知识论的发展具有巨大的贡献。他把认识论研究转向对科学知识增长的研究，使知识论成为研究知识的发现与增长的理论，并建立起具有严密理论形态的科学发现发展方法——猜想与反驳方法论。波普尔还提出了世界三理论，即物理的世界(世界1)，人的精神活动世界(世界2)，人类精神活动的产品，即知识、思想和科学理论所组成的世界(世界3)，世界3具有客观实在性、部分自主性、永恒性。波兰尼是20世纪匈牙利著名的哲学家，他在一系列著作中剖析了知识的认知领域问题，提出了显性知识和隐性知识的分类观点，为知识认识论及哲学研究开辟了新天地。达文波特和普鲁萨克都是美国著名的信息管理和知识管理专家，他们分别论述了信息和知识的关系以及知识的不同类型，加强了人们对知识和知识管理的进一步了解。此外，美国学者艾莉(Verna Allee)提出了知识的波粒二相性，即知识的实体性与知识的过程性。厄尔将知识分为经验、判断(包括政策规则、可能性参数和启发式教育法等)和科学(包括被接受的定律、理论和程序等)三个层次。梅拉利(Yasmin Merali)提出一种认知一致性框架，它通过连接认识、社会和行为三方面的知识来帮助人们处理知识管理的社会情境过程，由模式、自我概念、关系脚本和关系条例组成。

2. 战略管理流派

战略管理流派从战略管理角度来研究知识管理，把知识看成是组织最有价值的资源，注意到知识对企业战略形成与企业成功的重要影响，并把知识管理当做是公司战略的本质和竞争优势的来源。该流派的主要代表人物有莫尔腾·汉森(Morten T. Hansen)、萨克(Michael H. Zach)、卡尔松(Sven A. Carlsson)、达佛斯(Abdelkader Daghfous)和蒂瓦纳(Amrit Tiwana)等。

莫尔腾·汉森于1999年提出知识管理的两种战略，即编码化战略和个人化战略。美国学者萨克提出知识战略的概念，认为知识战略是平衡组织知识资源与能力，以获得那些能提供高于竞争者产品与服务所需要的知识。瑞典学者卡尔松则把知识作为战略资源与能力进行管理，他认为知识管理战略是指处理知识管理的远景与方向，以及如何组织与管理以获得竞争优势及与知识相关的资源与能力，实质上是用知识与知识程序来获取与维持竞争优势的一种方法。美国学者蒂瓦纳提出了实施知识管理的10个步骤，并且这10个步骤组合起来实质上就是一种知识管理战略。

从企业核心能力(或核心竞争力)角度来研究知识管理，是战略管理流派中的另一个重要分支。这个分支的代表人物有达佛斯(Abdelkader Daghrous)和周海炜等。

达佛斯博士认为知识日益成为最有价值的战略资源，利用知识处理问题与寻找市场机会的能力是公司最重要的能力。各种企业可以把知识管理当作获得可持续竞争优势的核心能力。周海炜将知识管理与企业战略管理结合起来，把以知识为基础的竞争力称为知识竞争力，它在公司经营管理中主要表现为技术创新能力与核心经营能力。

3. 知识创新流派

知识创新流派在研究中形成了三种价值取向。

(1)知识转化取向。代表人物主要有野中郁次郎和王方华等。野中郁次郎先后提出了知识螺旋的概念、组织中知识创造的4种基本模式(即从隐性到隐性、从显性到显性、从隐性到显性、从显性到隐性)、知识转化的"SECI模式"("S"即socialization——社会化，代表从隐性知识到隐性知识的转化，产生的是一种"意会"的知识；"E"即externalization——外在化，代表从隐性知识到显性知识的转化，产生的是概念化的知识；"C"即combination——融合化，代表从显性知识到显性知识的转化，产生的是系统的知识；"I"即Internalization——内在化，代表从显性知识到隐性知识的转化，产生的是运营知识，诸如项目管理、生产过程、政策的实施等)和知识创造的"ba"(场)理念，认为"ba"是一种新兴关系的共享空间，提供了一种平台来促进个人和/或集体知识，既可以是物质的(如办公室、分散业务场所)、虚拟的(如电子邮件、电话会议)，也可以是精神的(如共享的经验、观念、理想)或这几种的组合。

(2)知识管理过程取向。代表人物主要有布克威茨(Wendi Bukowitz)和威廉斯(Ruth Williams)等。该取向主要以知识管理的过程，如知识的生产、获取、组织、共享、传播、存储和利用等作为研究的核心内容，考察这些阶段知识运作的不同特点、方式、技术与实现途径，从而揭示整个知识管理过程。布克威茨和威廉斯提出了由知识获得、使用、学习、贡献、评估、建立与维持、摒弃7个阶段组成的知识管理过程框架。

(3)知识价值链(或知识链)取向。代表人物有陈永隆、吴金希、霍尔斯阿普尔(C. W. Holsapple)和李清棋(Ching Chyi Lee)等。陈永隆认为知识价值链是一个包含知识输入端、知识活动面、价值输出端的整合式模型。霍尔斯阿普尔提出知识价值链模型包括5种主要活动(知识获取、选择、产生、内部化、外部化)、4种辅助活动(领导、协调、控制和测度)以及伴随这些活动的组织学习与规划。李清棋认为知识价值链由知识管理基础设施、知识管理流程和知识绩效三者组成。

4. 空间流派

空间流派是从三维空间角度来分析知识及其管理的，代表人物主要有博伊索特(Max Boisot)、海伦·汉森(Helen Hasan)和范德皮尔(G. J. Van der Pijl)等。

博伊索特提出了以“具体的——抽象的、扩散的——非扩散的、编码的——非编码的”作为三轴定义信息空间(I-space)的理论框架。海伦·汉森基于信息空间理论提出了知识空间(K-space)框架，把知识看做是由三个基元(编码、扩散、抽象)彼此关联起来的一个立方体。范德皮尔构建了一种由知识管理过程(水平方向)、知识代理(垂直方向)和知识种类(对角线方向)构成的三维知识管理框架。

5. 信息技术流派

信息技术流派从信息技术角度研究知识管理的实现，或者研究信息技术在知识管理领域的运用，代表人物有马蒂森(Rob Mattison)、梅尔(Ronald Maier)和戴维斯(John Davies)等。

马蒂森指出，Web仓库存储和分析信息(数据、文字、图形、图像、声音、视频或其他的多媒体形式)的目的是帮助人们找到所想要的信息并且提供有效分析，并认为所有有助于商业运作或给用户提供信息的计算机系统都是知识管理系统。德国的梅尔认为，知识管理系统在应用研究系统意义上是一种信息通信技术系统或者是一种信息通信技术平台，它能够在知识管理计划所确定的整个或部分组织内，联合和综合对显性与隐性知识进行情境化处理的各种功能，其技术根基包括文件与内容管理、工作流管理、内联网、群件、数据仓库、商业智能、群支持系统、结构可视化、搜索引擎、基于计算机的培训、通信系统和人工智能等。这种知识管理系统具有知识检索、知识表示、知识出版与组织、知识获取、知识通信与合作、学习与自学习、管理七项功能。英特尔公司的戴维斯设计了基于语义网络的知识管理结构，认为这种结构适用于知识管理生命周期的所有关键阶段，包括知识获取、知识表示、知识维护和知识使用，还分析了基于语义网络的知识管理工具，包括OntoWrapper、OntoExtract、OntoShfile、OntoBuilder、OntoEdit、Spectacle、QuizRDF、Sesame等。

6. 组织行为流派

组织行为流派把知识管理与组织行为/绩效联合起来进行研究，代表人物有马丁(Mertins)、格伯特(Henning Gebert)、罗利(Jennifer Rowley)、古耶杰(Jinette de Gooijer)等。

马丁等人提出了“以业务流程为导向的知识管理模式”(GPO-WM)。格伯特把客户关系管理与知识管理结合起来进行研究，认为客户关系管理和适应管理都集中于分配资源以支持业务活动来获得竞争优势。罗利认为学习与知识是紧密交织在一起的，成功的知识管理需要了解组织是如何学习的，并提出了一种知识管理模型——知识学习循环(learning with knowledge cycle)，把与知识管理相关的过程，即知识创造与构建、知识连接、知识资源库更新、知识存取、知识应用和知识修订排列成一个循环，构成组织的学习过程。

7. 知识工程流派

知识工程是一门关于知识获取、表示和推理，以及用一种形式把知识表示为计算机可操作对象的科学，其研究的目标是挖掘和抽取人类知识。因此，知识工程与知识管理联系十分紧密。知识工程流派主要是从知识建模、知识获取、知识表示等角度来研究知识管理，主要代表人物有施赖伯(Guus Schreiber)、芬什(Dieter Fensel)、朱里西卡(Igor Jurisica)、德维得兹克(Vladan Devedzic)等。

施赖伯认为，知识工程应作为一种工具使用，知识系统作为重要的产品之一，应用于知识管理，并提出了知识工程知识管理的综合方法论。芬什开发了基于本体(ontology)的三层知识管理结构，本体可以识别类并把它们分层组织起来。德维得兹克认为知识库是一种大型的复杂的集合对象，其要素是不同类型的知识，如领域知识、控制知识、说明知识、系统知识和其他专门类型的知识。知识库中的所有类型知识都可用一种或几种知识表示技术来进行描述。这些技术使用不同关联的知识元素，包括基本数据单元(如不同方式的O-A-V三元组、框架、规则、逻辑表达式、程序)和复杂元素，并且指出，智能系统开发者们关注的知识建模技术主要是智能代理(分为逻辑型代理、反应型代理、信任—欲求—意图型代理、分层结构代理等)、本体与知识共享、知识加工、智能数据库、知识发现与数据挖掘、分布式智能系统、知识管理、用户建模等。

8. 综合流派

综合流派往往将一个组织中影响知识管理的各种因素集成或综合起来进行考虑，并关注各种因素对组织知识管理的不同影响与作用，使组织(如企业)知识管理与生产(或业务)管理、市场营销管理、人力资源管理、客户关系管理、信息系统开发与管理等综合协调起来，从整体上推进组织的发展。该流派的代表人物有维格(Karl M. Wiig)、戴库拉基斯(Loanhis E. Diakoulakis)、史密斯(Peter A. C. Smith)、哈里布(Asad K. Ghalib)等。

维格认为综合知识管理是采用清楚的、系统化的企业优先级驱动途径来开展分布式、非官僚主义的全企业实践，这种实践是每个人工作的一部分。戴库拉基斯认为，要阐明有效的知识管理就需要实施整体知识管理模式，即需要把企业市场活动、生产操作、环境因素、主要管理目标和知识资本目标彼此关联，从战略措施(联盟、合资、专利使用要转让协议等)、组织措施(岗位轮换、任务综合等)、人力资源管理措施(激励、培训等)和技术措施(知识库系统、通信网络等)四个方面采取相应的对策。史密斯提出了系统知识管理的概念，并设计了系统化知识管理模型。在史密斯研究的基础上，哈里布提出了"系统化知识管理的一般动态模型"，这个模型由相互作用的五类要素组成：第一类要素是业务流程、学习、文化、愿景、管理和领导，它们共同构成企业知识库的促进因素。第二类要素是创造、识别、适应、嵌入，它们组成组织知识库的内容。第三类是无形资产，包括人力资本、结构资本与客户资本。第四类是财务资产，通过采用某些战略与政策来实现预期目标，组织就可以积聚财务资本，并利用它们进一步开展有形与无形资产投资。第五类要素是有形资产。

1.5 知识管理的理论溯源

任何事物的发展都有一个源头，知识管理的兴起同样如此。在知识管理广泛流行前出现了许多新的管理理论和方法，如学习型组织、流程再造、团队协作、虚拟企业等，他们的共同点都是将智力资产的管理作为管理的核心。知识管理的发展经历了两个主要阶段，第一是以技术为中心的知识管理阶段，第二是侧重以人力资源为中心的知识管理阶段。第二阶段或者说第二代知识管理的概念是 IBM 知识管理咨询公司负责人 Mark W. McElroy 在他的《第二代知识管理》一文中明确提出的。

1.5.1 第一代知识管理理论

第一代知识管理理论主要包括了经典战略管理理论、竞争战略理论、核心竞争理论、信息管理理论、经济增长理论和知识价值理论，内容主要是围绕如何收集处理信息以构建核心竞争力和保持战略竞争优势展开。所以，第一代知识管理主要是以信息管理为中心，对知识的管理也基本限于公开化的知识，知识管理的方法和技术也基本是沿用信息管理的方法和技术。

1. 经典战略管理理论

20 世纪 60 年代，美国著名管理学家钱德勒(Chandler)在《战略与结构》

一书中首开企业战略问题研究之先河。该书分析了环境、战略和组织结构之间的相互关系。他认为，企业经营战略应当适应环境，满足市场需要，而组织结构又必须适应企业战略，随战略变化而变化。因此，他被公认为研究环境—战略—结构之间关系的第一位管理学家。其后，就战略构造问题的研究形成了两个学派，即设计学派(design school)和计划学派(planning school)。其中设计学派的影响力更为持久，以哈佛商学院的安德鲁斯(Andrews)教授及其同仁们为代表，主张经营战略是使组织(企业)自身的条件与所遇到的机会相适应，建立了将战略构造分为制定与实施两大部分的基本模型：首先，在制定战略的过程中要分析企业的优势与劣势、机会与威胁，即SWOT分析，涉及企业的竞争环境和企业发展的外部极限。其次，高层经理人员应是战略制定的设计师，并且必须督导战略的实施。

2. 竞争战略理论

忽视对企业竞争环境的分析与选择是经典战略理论的缺陷之一。美国的竞争战略研究专家迈克尔·波特提出的竞争战略理论在一定程度上弥补了这一缺陷。他将产业组织理论中的结构(S)—行为(C)—绩效(P)这一分析范式引入企业战略管理研究中，提出了以产业(市场)结构分析为基础的竞争战略理论。波特认为，企业盈利能力取决于其选择何种竞争战略，而竞争战略的选择应基于两点考虑：一是选择有吸引力的、高潜在利润的产业。不同产业所具有的吸引力，以及带来的持续盈利机会是不同的，一个选择朝阳产业的企业要比选择夕阳产业的企业更有利于提高自己的获利能力。二是在已选择的产业中确定自己优势的竞争地位。为此，必须对将要进入的一个或几个产业结构状况和竞争环境进行分析。波特提出了著名的由五种竞争力(进入威胁、替代威胁、现有竞争对手的竞争及客户和供应商讨价还价的能力)合成的模型，认为产业的吸引力、潜在利润是这5种竞争力相互作用的结果。而“战略制定的关键就是要透过表面现象分析竞争压力的来源。对于表象之下的压力来源的认识可使公司的关键优势与劣势突现出来”。企业可以通过其战略对5种竞争力量发生影响，并影响产业(市场)结构，甚至改变某些竞争规则，从而赢得竞争优势，提高自己的盈利能力。波特后来又从企业的内在环境出发，提出以价值链为基础的战略分析模型，试图弥补原有理论的不足。但是，就价值链的分析方法而言，它几乎涉及企业内部所有方面，存在着对主要方面如特定技术和生产方面重视不足的局限性。在这样的情形下，以资源、知识为基础的核心竞争力理论便迅速地发展起来了。

3. 核心竞争力理论

信息技术的迅猛发展使竞争环境更加恶劣，企业不得不把眼光从关注其外部产品市场环境转向其内在环境，注重对自身独特的资源和知识(技术)的积累，以形成特有的竞争力(核心竞争力)。20世纪80年代中期资源观(resource-based view)和20世纪90年代初知识观(knowledge-based view)的提出正是对这种转变的积极响应，这一时期的企业战略管理理论可以称为以资源、知识为基础的核心竞争力理论。其理论假设为：假定企业具有不同资源(这里的资源包括知识、技术等)，形成了独特的能力，资源不能在企业间自由流动，对属于某企业特有的资源，其他企业难以得到或复制。企业利用这些资源的独特方式是企业形成竞争优势、实现战略转移管理的基础。传统的战略管理模型通过企业的产品市场定位对战略进行定义，而以资源、知识为基础的战略理论认为，企业经营战略的关键在于培养和发展企业的核心竞争力。

核心竞争力主要包括核心技术能力、组织协调能力、对外联络影响能力和应变能力，其本质是让消费者得到真正好于或者高于竞争对手的不可替代的价值、产品、服务和文化。因此，核心竞争力的形成要经历企业内部资源、知识、技术等的积累和整合过程。正是通过这一系列的有效积累与整合，形成持续的竞争优势后，才能为获取超额利润提供保证。

4. 信息管理理论

信息管理是为满足组织的要求，解决组织的环境问题，而对信息资源进行开发、规划、控制、集成、利用的一种战略管理。信息管理的优势就是竞争的优势。彼得·德鲁克在《新型组织的出现》中指出，组织为了保持竞争力，不得不把自己改造成为信息型组织，而且要尽快改造，弃旧固新。因此，可以认为知识管理源于信息管理，信息管理是知识管理的基础，而知识管理是信息管理的延伸和发展。与知识管理相比，信息管理只是其中的一部分，信息管理侧重于信息的收集、分析、整理与传递，而知识管理则是对包括信息在内的所有智力资本进行综合决策并实施管理。知识管理不仅仅是对信息的收集、存储、整理和传递进行机械式的管理，而且把握知识之间的相互关系，逻辑性地创造出新的知识去满足社会发展需要的新型管理。信息管理偏重于收集和利用外部的客观信息，为行为决策积累素材。知识管理偏重于为使用者提供知识思想，为知识创新提供条件。

5. 经济增长理论

西方经济增长理论的发展大致经历了四个阶段：一是资本决定论阶段，二是技术决定论阶段，三是人力资本论阶段，现在进入第四个阶段，即特殊的知识与专业化的人力资本积累论阶段。人力资本理论是第二代知识管理的核心。

资本决定论起源于亚当·斯密的资本理论，哈罗德-多马模型是其典型的表达式。资本决定论认为，经济增长率最终取决于资本积累率，并且假定资本与劳动不可替代，即资本报酬率不变，而且资本与劳动的边际收益递减，这显然违背了当时的经济增长现实，最终导致粗放型的经济增长方式，即经济增长是通过高投入、高人口增长和自然资源的大量耗费实现的。

从20世纪50年代开始，技术决定论逐渐取代资本决定论，成为西方经济增长理论中的主流。技术决定论以罗伯特·索洛模型及其理论、西蒙·库兹涅茨、肯德里克与丹尼森等经济学家的经济增长因素分析理论为代表，其理论核心是：一国经济增长中的决定因素是技术进步，促进技术进步并将之用于生产是经济增长的关键。20世纪60年代初，舒尔茨正式提出了人力资本概念，由此人力资本理论开始建立和发展。经济增长理论中的人力资本决定论成为重要的分支，以舒尔茨和贝克尔的人力资本理论为代表，其核心观点是：人力资本是现代经济增长的主要动力和源泉。20世纪80年代末期以后，伴随着在西方发达国家出现的新一轮不同于以往经济增长周期的经济增长(被称为新经济增长)，新经济增长理论在西方应时而生。由此，经济增长理论的发展进入到第四个阶段。新经济增长理论是以特殊的知识与专业化的人力资本积累论为发展主体的，由以美国经济学家罗默、卢卡斯等为代表的经济学家所建立。新经济增长理论将知识作为独立要素纳入增长模型，使经济增长理论的研究取得突破性进展。新经济增长理论提出了除资本、劳动力外的新的影响生产要素收益的因素，即知识的影响因素，主要表现为罗默和卢卡斯提出的罗默模型和卢卡斯模型，以及英国学者斯科特提出的斯科特模型。

6. 知识价值理论

知识价值论源于马克思的劳动价值论，是对马克思劳动价值论的新发展。它是在马克思劳动价值论的基础上构建知识价值论的内涵，从而拓宽劳动价值论的适用范围，丰富和发展了劳动价值理论。

知识价值论并不是说科学技术知识本身创造价值，或无人工厂中科技水平高的自动化机器创造价值，而是说劳动还包括知识劳动或智力劳动的共同劳动，从事直接劳动的各个成员构成的总体工人或劳动者的总体共同创造价值。即使在工业经济时代，智力劳动在创造价值中的作用就已经不可低估。马克思的劳动价值论认为，具有实物形式的商品价值是由生产商品的生产劳动创造的，凝结在商品中的价值就是商品生产上所耗费的社会必要劳动时间。

物质资本中物化智力转移的知识价值、知识资本转移的知识价值、智力资本创造的知识价值，三者之和便构成商品的知识价值。显然，物化智力和知识资本本身都不创造价值，而是由智力劳动把它们转移到商品中去。同传统经济不同，知识经济活动中知识资本与智力资本结合，往往不需新增太大的投资，而是通过相互积累而增值，从而创造和转移更多的知识价值。

1.5.2 第二代知识管理理论

第二代知识管理理论主要包括四大理论，即人力资本理论、生命周期理论、嵌套知识管理理论和复杂理论。其中最重要的是人力资本理论。

1. 人力资本理论

人力资本理论经历了三个发展阶段：

(1)人力资本理论的萌芽阶段。早在两三百年前，许多经济学家就有关于人力资本思想的阐述，一直到20世纪30年代，人力资本理论的雏形逐渐清晰。在这一时期里，从威廉·配第、亚当·斯密到L. 杜布林、A. J. 洛特卡等，众多经济学家和统计学家都有关于人力资本思想的研究。其中，英国古典政治经济学鼻祖亚当·斯密(1723—1790)在其1776年出版的《国富论》(*The Wealth of Nations*)中初步提出了人力资本的思想。这些思想对后来的人力资本投资理论的形成起到了决定性的作用。德国历史经济学家弗里德里希·李斯特提出了与物质资本相对应的“精神资本”的概念。新古典学派的著名代表人物英国的阿尔弗里德·马歇尔(1842—1924)、法国的莱昂·瓦尔拉斯(1834—1910)等人都论述过有关人力资本的思想。瓦尔拉斯是较早使用人力资本概念的经济学家。这些在人力资本领域研究的思想和观点虽未被纳入经济学的主流，却构成了现代人力资本理论丰富的思想渊源，成为现代人力资本理论形成的重要基石。

(2)人力资本理论的创立阶段。20世纪50年代末和60年代初，人力资本理论在舒尔茨、贝克尔、明塞尔的努力下破土而出，终于确立并逐步形成了。人力资本这一概念是美国经济学家、哈佛大学教授沃尔什(J. R. Walsh)于1935年在一篇名为《人力资本观》的论文中首次提出。而人力资本理论的创立则经历了一个比较长的过程，先后分为宏观理论基础的确立和微观理论基础的确立两个阶段，其代表人物分别是西奥多·W. 舒尔茨和加利·S. 贝克尔。

(3)人力资本理论发展的高潮阶段。继明塞尔、舒尔茨、贝克尔、丹尼森对人力资本理论做出了重大贡献后，卢卡斯、罗默、斯宾塞等人在不同程度上进一步发展了人力资本理论。特别是在20世纪80年代以后，以知识经济为背景的新经济增长理论在西方国家兴起。与20世纪60年代的舒尔茨采用新古典统计分析法不同，新增长理论采用了数学的方法，建立了以人力资本为核心的经济增长模型，克服了20世纪60年代人力资本理论的一些缺陷。

卢卡斯和罗默被公认为“新经济增长理论”的代表，他们构建的模型是以在生产中累积的资本来代表当时的知识水平，将技术进步内生化。这一类模型可称为知识积累模型，简称AK(accumulation of knowledge)模型。

2. 人力资本与知识管理

人力资本是知识管理的核心。知识经济时代，组织可以通过获取知识整合的优势而获取竞争优势，而知识资源的源泉是人力资源，不同时代首要管理资源的演变如表1-4所示。因此，可以说组织通过知识资源获取竞争优势，必然要获取人力资源优势；或者说组织获取知识整合优势的过程，也就是获取人力资源优势的过程。反之，组织获取人力资源优势的最终目的是获取知识资源的相对优势。组织运作中的关键是如何获取这种优势，这就涉及人力资源管理问题。

表1-4 不同时代首要管理资源的演变

项目	第一代：产品作为资产	第二代：工程作为资产	第三代：企业作为资产	第四代：顾客作为资产	第五代：知识作为资产
核心战略	职能孤立	与商业联系	技术/商业一体化	顾客研究开发一体化；与顾客并行学习	协作创新系统
变化因素	不可预测的运气	相互依存	系统管理(通过共同探讨商业投资组合决策)	加速的、非连续的全局性变化	万花筒式的动态变化
职能	职能至上	成本分摊	平衡风险/收益	生产率悖论	智力/影响
结构	等级式的职能驱动	矩阵式	分布式合作	多方位的实践团队	共生网络化(包括电子网络系统和人的网络)，工作不同时代首要管理资源的演变

续表

项目	第一代：产品作为资产	第二代：工程作为资产	第三代：企业作为资产	第四代：顾客作为资产	第五代：知识作为资产
人	我们与他们之间竞争（尤其在预算分配中）	行动前的合作	结构化合作	关注价值和能力	自我管理（自我激励，以创新知识为己任）的知识工作者
过程	极少的交流	由项目到项目的基础	目标化的研究与开发/资产组合	反馈回路和“信息存留”	跨边界学习和交流
技术	初始的	数据为基础	信息为基础	智能技术作为竞争性武器	智能知识处理者

人力资源(human resource)作为知识和技术的载体，是实现知识应用、为企业创造价值的最重要因素，也是企业资源要素中最活跃、最具创造力和最具能动性的部分。人力资源管理(human resource management，HRM)是企业知识管理实施的核心。良好的人力资源状况将为企业提供无穷的动力，为企业利用各种资源打造核心竞争力创造必要条件。组织中知识的最根本载体是人，因此知识的获取、整合和利用过程与人力资源的获取、整合和利用过程密不可分。匹配于组织目标的有效的人力资源管理必然大大促进知识管理的进程，组织在制定和运行其知识管理体系时，一定要有相应的人力资源管理体系加以支持。

组织人力资源管理强调知识是为组织创造高于竞争对手价值的最重要资源，强调组织应该有效获取、创造、利用和提高人力资源所需要的知识，以充分发挥其人力资源的作用和潜力，保证组织战略的正确实施，促进组织的持续稳定发展。就知识的获取而言，组织可以通过拥有知识的个体成员来获取，也可以通过组织内部的知识创造来获取，还可以通过组织间的合作来获取。这就是人力资源管理的核心所在。

组织人力资源管理，要努力提高组织的创新能力和学习能力。首先营造合作型工作环境或合作型组织文化，形成团队型、网络化工作组织，鼓励员工在团队学习中分享知识、优势互补，在合作中追求新知识，从而提高组织的学习能力和创新能力。其次建立学习型组织，不断更新员工个人和组织的知识，以保持知识的更新速度及对外部竞争的反应能力。更为重要的是，许多企事业单位要通过团队型、网络化工作组织，使得员工的日常工作场地成为学习知识、创新知识的港湾，大大增强其学习能力、创新能力和竞争能力。

3. 其他第二代知识管理理论

(1)生命周期理论(life-cycle)。第一代知识管理理论假定知识自然存在，因此并不关心知识的产生。相反，第二代知识管理提出的生命周期理论认为，新知识在被用于编码和传递前，首先有其产生和验证的过程，继而代替旧知识，完成周期循环。该理论把知识的生命分为三个阶段：知识产生、知识有效性验证和知识整合。

①知识产生。指对现有知识进行收集、初步编码及制定新知识发布规范的过程。其中知识源包括两类，一类是零散分布在各种资料和文档中的显性知识，而另一类隐性知识则需要借助知识表示和智能挖掘技术才能得以显性化，还可以通过建立专家目录的方式，借助专家定位的手段，使这种人格化的经验性知识能为更多的人分享。

②知识有效性验证。包括制定有效性验证标准，进行知识审查、确认和分类，然后对知识在实际运用中的作用进行评价，最后是知识的正式编码。有效性验证即知识的筛选过滤过程，确保用于传递的知识的充分有效性。

③知识整合。这里的整合涵盖知识的共享和传递(通过教授和培训实现)，此外还包括新知识运用和知识成品加工。

(2)嵌套知识域理论(nested-knowledge domains)。知识是在两个层面上被掌握的，一是人作为个体，他们拥有自己的知识并将这些知识用于实践生产。二是作为集合中的一部分，他们同时掌握着整个集合的知识并将它用于指导实践。每个人不仅要掌握自己的个体知识集，还要掌握整个团队的知识集。第一代知识管理的主要问题之一就是没有对个人学习和组织学习进行区别。

第二代知识管理的嵌套知识域理论把组织中的知识分为三个层次：个人拥有的知识，个人组成的团体拥有的知识，组织总体上掌握的知识。个人拥有的知识被嵌套进组织知识域中。由于任何时候这三个层次间都存在着差异，从而形成了一定的张力。对这些张力进行适当的管理，会大大提高知识创新率和企业动作的有效性。

(3)复杂性理论(complexity theory)。最具代表性的是复杂自适应系统理论(complex adaptive systems，CAS)，该理论是霍兰于1994年提出的。该项理论可以简单概括为“适应性造就复杂性”，基本思想是：系统中的成员称为具有自适应的主体(adaptive agent)(包括组织、独立的智能体，比如人)。所谓具有自适应性，就是指它能够与环境及其他的主体进行交互作用。主体在这种持续不断的交互作用过程中不断地学习或积累经验，并且根据学到的经验改变自身的结构和行业方式。整个系统的演变或进化，包括新层次的产生、分化和多样性的出现，以及交叉聚合而成的更大主体的出现等，都是在这个基础上逐步派生出来的。

围绕主体这一核心概念，霍兰提出了7个重要的有关概念，即聚集、非线性、流、多样性、标志、内部模型、积木。聚集(aggregation)，主要用于个体通过黏着(adhesion)形成所谓多主体的聚集体(aggregation agent)。非线性(nonlinearity)，指个体及它们的属性发生变化时并非遵从简单的线性关系，而是包括各种反馈作用交互影响、互相缠绕的复杂关系。流(flow)，在个体与环境之间，以及个体相互之间存在着物质流、能量流和信息流，这些渠道的畅通与否会直接影响到系统的演化。多样性(diversity)，在适应的过程中，由于种种原因，个体之间的差别会发展和扩大，最终形成分化。标志(tagging)，标志的作用主要是为了相互识别和选择，以实现信息的交流。内部模型(internal models)，每个个体都是有复杂内部机制的。积木(building blocks)，复杂系统是在一些相对简单的构件基础上，通过改变它们的组合方式而形成的。

在这些概念的基础上，霍兰通过三个步骤建立了描述他所定义的具有主动性的主体的基本行为模型，即对于个体是怎样适应和学习的理解和描述。这三个步骤就是建立执行系统的模型，确立信用分派的机制，提供规则发现的手段。

根据CAS理论，知识正是由那些智能体为适应外界变化而不断自我调整所遵循的规则组成的。通过复杂性理论，认识到知识是如何在智能体个体层面形成，并上升为组织的形式被所有个体共享，成为组织知识的过程。

本章习题

1. 说说你对知识的认识。
2. 知识主要有哪些分类方法?
3. 如何理解知识管理?
4. 怎样理解知识价值链?
5. 知识管理的主要内容和目标是什么?
6. 哪些学科理论为知识管理提供了科学理论基础?
7. 知识管理与管理学、经济学各有什么关系?
8. 知识管理的理论流派主要有哪些?
9. 知识管理的理论渊源有哪些?

第2章　知识管理学

尽管当前国内外对知识管理及其相关问题研究较多，但是从学科高度来构建一门知识管理学，整合各类研究，并用来指导知识管理理论研究和实践活动还十分鲜见。因此，就知识管理的学科现状而言，有必要对知识管理进行深入的讨论，建立一门科学、完整、系统和实用的知识管理学，以指导知识管理理论研究和实践活动的深入开展。

2.1　知识管理学的学科构建

2.1.1　知识管理学构建的意义

理论是实践的指路明灯，没有正确的理论就没有正确的实践。同样，没有科学的理论也就没有科学的实践。因此，知识管理理论是知识管理实践的指路明灯，知识管理学研究的意义在于用科学的理论指导知识管理实践有效进行。对知识管理学学科构建的研究具有重大的实践意义、理论意义和科学意义。

1. 实践意义

理论上的变化最先反映在实践上，并在实践中得到最有效的检验。知识管理学理论和实践的发展也不例外。随着知识管理的兴起，一些大型企业及研究机构不同程度地实施了知识管理项目与实践研究，源于知识管理实践活动的知识管理思想已经初步形成，并不断丰富和完善起来。将从实践中总结出来的、初步形成的知识管理思想融入不断发展的现代企业和组织管理理论、技术之中，并与之有机结合，经过理论研究的升华和实践的检验，提炼出知识管理理论与技术，再重新投入到知识管理实践活动中，经过多次循环往复螺旋上升的过程，充实和完善知识管理理论，这是科学理论发展的一般规律。然而，实践超前，理论滞后，是目前知识管理学研究的基本现状。据调查，全球排名前500强的企业都不同程度地实施了知识管理项目。政府部门和其他组织机构也在积极引入知识管理，以促进自身发展，提高竞争力。知识管理实践活动已在全球范围内普遍展开，而知识管理理论研究却仍然处于经验总结阶段，局部研究和微观研究较热，整体研究和宏观研究较少，尤其缺少从学科高度对知识管理实践活动的本质和一般规律的研究。因此，加强对知识管理的理论研究是知识管理实践活动的必然要求。

在知识经济和信息技术强大推动力的作用下，国家、政府、企业、社会组织和个人之间的竞争不断加剧，越来越多的政府部门、企业、组织机构和个人开始引入知识管理，使得知识管理实践形成了一种强大的社会需求。然而，以往组织和个人的知识管理理论是从实践中概括总结出来的，各行业、组织机构和学科领域的研究者都从各自的角度出发研究知识管理，使知识管理理论处于独立和零散状态，没有形成系统完整的理论，知识管理学理论对实践的科学指导作用也没有充分地发挥出来。因此，在实践中，知识管理活动被人们认为是可有可无的东西，没有起到其应有的作用。

知识管理实践需要知识管理理论的科学指导，而知识管理理论研究落后于知识管理实践与应用，因此知识管理实践强烈地呼唤科学的知识管理学理论的产生和发展。应该有一套完整的、科学的知识管理理论体系来指导知识管理实践科学地进行，这就是知识管理学研究当前所面临的重要任务和目标。

2. 理论意义

进入知识经济时代，市场经济形态发生了显著的变化，知识商品逐渐成为社会商品的主流，市场经济理论和管理理论也将随着时代的进步而发展，并将产生适应知识经济形态的新型市场经济理论和管理理论，新型的企业管理思想、理论和技术的出现也是社会经济发展的必然趋势。工业经济社会，企业经营管理活动主要围绕物质资源(有形资源——劳动力、资本、自然资源等)的优化配置而展开；知识经济社会，企业经营管理活动将主要围绕知识资源(无形资源——知识产权资源、人力资源、组织资源、市场资源、可共享社会知识资源等)的优化配置而展开。因此，适应知识经济社会发展的知识资源管理理论与技术得到了快速发展和普遍应用。随着工业经济向知识经济过渡，国内外政府、企业界及各界专家学者逐渐认识到企业管理的核心是知识资源，知识管理能力是增强企业核心竞争力的最关键因素。因此，围绕知识管理及其相关问题的理论研究也逐渐丰富起来，日益形成体系，推动着知识管理学的产生和发展。

目前国内外的文献虽多，但缺乏系统性，究其原因主要有二：一是当前知识管理理论处于高速发展时期，尚不成熟，尽管大量的观点、模型和框架层出不穷，但这些理论源于不同的视角和理论背景，存在较大的分歧，需要一个整合的过程；二是国内外的文献多是对现有研究成果的直接介绍，就事论事，缺乏对知识管理理论进行深入的挖掘和研究，很难理清知识管理理论的内在逻辑和整体框架。因此，从理论以及学科构建上探索知识管理，对于认识知识管理的本质和规律是非常必要的。

而且，目前已经存在的论文和著作大多是从实际工作出发，仅仅对知识管理实践活动进行了经验总结和概括，缺少理论升华和系统研究。同时对知识管理的研究范围也很狭窄，主要局限在企业管理方面，从而使得这种有限的经验总结不具有一般性，很难应用到其他实践和研究领域。但知识管理的应用范围十分广泛，不同的研究者来自不同的学科领域，具有不同的知识背景，对知识管理具有不同的理解，很难形成统一的认识。而知识管理实践活动又在全球范围内如火如荼地展开，其影响和波及面越来越广，已经达到了无所不在的局面。理论是实践的指路明灯，所以在这样一种形势和背景下，知识管理学理论研究的滞后严重地制约了知识管理实践的发展。

知识管理学理论研究面临着艰巨的任务，还有大量的研究空间需要拓展。但知识管理学是一门正在形成和处于发展中的学科，知识管理理论研究尚不完善，实践活动还需要不断拓展，技术和方法还有待改进，研究内容、对象和范围也都还处于热烈探讨之中，还需要进一步深入研究，迫切需要构建一个完整的、全面的、系统的知识管理学理论体系。因此，统一认识，理清思路，研究共性、本质和规律，构建知识管理学，促进知识管理学的健康发展，是目前知识管理学研究中的重点，也是知识管理学研究中的难点，具有重大的理论意义。正如英国 Quintas 教授所说，知识管理并不新鲜，但作为一门学科来说，其发展速度是十分缓慢的，与其重要性远不相称。基于这一研究现状，国内有不少学者也意识到了知识管理学科建设的重要意义，并大声呼吁建立知识管理学，培养知识管理专业人才，促进知识管理学理论深入研究，推动知识管理实践活动健康和快速发展。

3. 科学意义

借鉴和吸收以往的研究成果，突破知识管理的组织、专业、学科、行业、机构及实践等因素的局限和界线，研究知识管理的共性、本质和规律，构建一个具有一般指导意义，完整的、全面的、系统的知识管理学理论体系，促进各个学科领域的知识管理实践活动的快速发展，具有十分重要的科学意义和价值。从学科构建的角度来说，知识管理学理论体系应该包括基础与理论、方法与技术、实践与应用，内容涉及政府部门、企业、社会团体、学术机构和个人等。目前几乎所有有关知识管理研究方面的成果还没有做到这一点，而这正是目前知识管理实践和理论研究所迫切需要完成的任务，也是知识管理学学科构建研究的学术价值所在。

美国几位学者在考察知识管理学的发展时也明确指出，知识管理涉及不同的角度和层面，涵盖众多的学科领域，各自的研究重点和实践内容也不一致，需要超越它们的界限建立一个统一的研究空间来缝合这些研究和实践中不同的观念和思想。因此，目前最重要的任务就是要在实践的基础上建立一个统一的知识管理理论体系。其目的就是要建立一门新的学科，即知识管理学，来统一目前在理论和实践研究上的分歧。这是科学赋予知识管理研究者们的使命。

2.1.2 知识管理学构建的社会背景

知识管理的兴起及其在企业管理和社会各项管理活动中的广泛应用，使知识管理的理论和实践不断丰富和完善，为知识管理学的产生和发展打下坚实的基础。知识管理学的产生是在特定的经济背景、技术背景、实践背景、理论背景、学科背景和教育背景日益成熟下的综合产物。

1. 经济背景

信息经济和知识经济的兴起和发展，经济全球化和一体化，经济信息化和信息经济化，市场竞争的日益加剧，是知识管理学产生和发展的经济背景。知识经济使组织的外部环境发生了深刻的变化，使企业不得不重新考虑自身所处的环境，重新整合企业的资源，以应对非线性变化环境的要求。因为知识已成为知识经济时代组织最重要的资源，所以，加强对组织知识资源的管理是提高组织核心竞争力的关键因素，这就是知识管理兴起的直接动因。这种经济环境一方面催生了知识管理，另一方面又在知识管理的推动下不断发生新的变化。

2. 技术背景

现代信息技术、管理方法和管理工具的飞速发展及其有机结合，是知识管理学产生的技术背景。知识管理涉及的现代信息技术主要有计算机技术、网络技术、通信技术和人工智能技术，以及一些应用技术，如数据仓库技术、知识挖掘技术、智能检索技术、知识组织技术、专家系统、知识地图、组件、白板、模式识别、决策支持系统、数据库技术、知识获取技术、网格技术、可视化技术等。知识管理过程涉及大量的管理方法，有定性方法，如系统分析法、综合分析法、因果分析法、归纳法和演绎法等，也有定量方法，如矩阵法、内容分析法、层次分析法和计量方法等。知识管理还需要大量的工具，主要有搜索引擎、知识门户、知识地图、数据挖掘工具、知识合成工具、知识创新工具、基于 Internet 的论坛、群件、网上培训系统、知识推送系统、可视化工具和知识资产管理工具等。这些技术、方法和工具的发展和成熟，为知识管理和知识管理学的产生与发展提供了有利条件，将会给知识管理带来革命，并将引发知识管理学的诞生。

3. 实践背景

知识管理学产生和发展的另一重大背景是知识管理实践的普遍展开。据调查，全球前 500 强企业都不同程度地推广和实施了知识管理方案，并取得了显著的成效，提升了企业的核心竞争能力。其他组织和机构也纷纷效仿，开始评估自身的知识管理策略，甚至国家和政府也开始考虑自身的知识管理战略，使得知识管理在全球范围内如火如荼地展开，已经成为一种不可阻挡的潮流和趋势。而知识管理实践的普遍展开又强烈要求将知识管理实践经验概括提升为理论，来有效地指导组织和机构正在进行的知识管理实践活动，这就为知识管理学的产生和发展提供了实践基础和现实需求。

4. 理论背景

随着知识经济时代的到来，人们对知识价值的认识已日益明确。知识资源观、财富观和价值观已深入人心，并不断地应用于企业生产和组织管理等社会实践活动中，而且正被众多的社会实践活动广泛地印证。强烈的社会需求使知识工作者、知识管理人员和科学研究人员不断总结和提炼知识管理实践经验，并上升为理论，使知识管理理论日益完善和丰富，为知识管理学的产生和发展提供了丰富的理论基础。目前有关知识和知识管理研究的论文、著作和网络知识成倍增长，研究内容涵盖了众多的学科领域，形成了一个庞大的研究团体和网络。知识管理理论是以往管理理念和管理思想的继承与发展，是知识经济时代管理理论的拓展和创新。已有的管理理论、知识理论和知识经济理论等是知识管理学的理论来源。

5. 学科背景

20 世纪末，在现代信息技术和知识价值观的影响和冲击之下，现代经济学、管理学和知识经济理论日益成熟和完善起来，并逐渐渗透到企业管理理论和实践之中，使企业管理理念和思想发生了根本性变化，出现了第五代管理思想，即知识管理。可见，知识管理糅合了现代信息技术、知识经济理论、企业管理思想和现代管理理念，是一个时代的综合产物。在此基础上形成的知识管理学是一门综合性应用学科，它是现代知识经济理论、经济学、企业管理、管理学和计算机科学等学科理论高度发展和企业管理实践有机结合的产物。

6. 教育背景

20 世纪末 21 世纪初，随着知识管理的发展，在世界各国高等教育的许多相关专业课程(如企业管理、经济学、管理学、情报学、信息管理与信息系统、管理科学与工程等)，以及 MBA、EMBA、MPA 和企业知识培训等职业教育中都设置了专门的知识管理课程，有些课程还直接贯以“知识管理学”之名。尽管目前还没有形成一个完整的知识管理学内容和学科体系，但已经明确地反映出这样一个事实，即知识管理已开始作为一门重要的必修课进入高等教育和职业教育的核心课程。基于这一背景，急需对目前已经产生的知识管理理论、方法与实践研究成果进行高度整合，建立一个完整的知识管理学学科体系，以适应当前教育发展和人才培养的需要。

正是在这样一种社会背景下，知识管理学作为一门新兴的学科应运而生。知识管理学是时代的产物，是在知识经济、信息技术、知识管理实践、知识管理理论研究、知识管理相关学科发展和知识管理教育等因素共同作用下的综合产物。

2.1.3 知识管理学与相关学科

知识管理学的产生和发展与其从社会学、哲学、心理学、经济学、管理学、法学以及计算科学等学科汲取大量的营养密不可分。知识经济时代，知识成为社会发展的原动力。知识管理作为一种新的管理思想和模式为人们所关注，成为各门学科竞相研究的新课题。但由于学科体系本身还不完善，知识管理需要从所涉及的各门学科中吸取“养料”来丰富自己的学科内容。社会环境的变化也为各门学科发展带来了机遇和挑战，怎样在网络环境和知识经济环境下发展自己以适应新的环境，是包括知识管理学在内的每个学科都应当考虑的问题。

知识管理是一个涉及多学科领域的学科，如管理学、信息科学、信息管理学、情报学、心理学、人力资源管理学、经济学、法学等，它的理论和方法也可以运用到这些学科，同时也促进了学科间的发展。知识管理学是一门综合性交叉边缘学科，涉及众多的学科领域，与多门学科有紧密的联系，但知识管理学主要与信息管理学、管理学、信息科学和图书情报学的关系最为密切。

1. 知识管理学的学科性质

在学科划分中，通常可分为人文科学、自然科学和社会科学。人文科学是以人的自身为研究对象，探讨、分析、解决关于人的精神、文化、价值、观念等问题。人文科学的价值不在于提供物质财富或实用工具和技术，而是为人类构建一个意义的世界，守护一个精神家园，使人类的心灵有所安顿、有所归依。自然科学是对自然界里各种物理的、化学的、生物的现象等进行观察、实验、分析，用实证的、逻辑的方法探索自然变化的运行和规律，使人类积累起关于自然物质世界的知识和理论，以有效地适应和改造自然。社会科学则对人类社会经济的、政治的、法律的、社会的现象进行分门别类或整体考察研究，对人类社会的组织结构、功能作用、稳定机制、变迁动因等进行调查研究，获得关于人类社会发展和运行的系统知识理论，使人类更有效率地来管理社会生活。

知识管理学是一门新兴学科。知识管理学的研究对象是知识过程，包括知识生产、知识发现、知识组织、知识管理、知识服务、知识共享、知识转移、知识创新等知识活动。而不是像哲学这类人文科学纯粹探讨知识的价值，因此可排除在人文科学之外。同时，知识是在人类社会活动中产生的，是人类从自然活动中提炼而成的，因而知识管理学也可排除在自然科学之外。知识学的研究目的是探索个人、组织、国家和社会中的知识过程，以为各个层面的知识识别、管理、利用提供理论依据，推动社会整体的发展，因此它是一门重要的社会科学。

2. 知识管理学与信息管理学的关系

由于知识与信息、知识管理与信息管理存在多重关系，所以知识管理学与信息管理学之间存在密切的关系。明确信息管理与知识管理两者之间的关系，不仅能为两者的理论研究提供明确的方向和指导，而且对实践也具有重要的意义。总的来说，知识管理与信息管理既有密切的联系，又有明显的区别，不能简单地认为知识管理是信息管理单方面的继承和发展，但也不能将两者完全对立起来，作为毫无联系的对象来考察。

一方面，知识管理与信息管理存在密切的联系。知识管理与信息管理研究相互促进，知识管理需要以信息管理为基础，并对信息管理提出了更高的要求。因为任何管理、决策都离不开信息，知识管理也不例外，而且对信息的全面、准确、及时性比以往任何时候的要求更高，因此，做好信息管理是实现知识管理的基础。同时关于知识与信息的关系、知识管理中的信息保障等的研究，都为信息管理提出了新的研究课题，因而知识管理研究的深入又必然会带动信息管理研究。反之，信息管理理论研究和实践中的重大突破也必然为知识管理的研究提供新思路、新方法。因而两者是相互促进、共同发展的关系。从作用上来说，信息管理通过提供信息而最终实现个人、组织乃至社会的生存和发展，而知识管理就是要形成一种“自足”的创新机制，或者说营造和谐的知识生态，依靠内部的不断创新去适应环境，而最终使主体得以生存和发展，两者具有很大的相似性。此外，两者都对信息技术予以高度重视，信息技术既为信息管理提供了新的解决方案和思路，同时也引发了一系列新问题，因而成为当前信息管理研究的核心之一。信息技术也是知识管理的技术基础和重要工具，是知识管理研究的内容和解决问题的方法与手段。

然而，另一方面，知识管理与信息管理毕竟是两门不同的学科，它们在产生背景、内涵、所研究的对象和内容等方面都存在着较大的差异。首先从产生背景来看，信息管理是为解决社会信息现象的复杂多样性和社会信息的无序性与人类需求的特定性之间的矛盾而产生的。简言之，信息管理的目的就是使人们能够在特定时间获取所需要的特定信息。而知识管理的产生是当企业面对日益增长的、非连续性的环境变化时，针对组织的适应性、组织的生存和竞争能力等重要方面的一种迎合性措施。其次从内涵来看，信息管理这一概念虽然早已提出并为人们所接受，但迄今还未形成统一的认识。不同研究者从不同的角度出发对信息管理做出自己的解释，但无论研究者从何种角度研究，中心问题和研究的主体都是围绕信息展开的。对知识管理内涵的研究也莫不如此，但也取得了一些共同认识，即知识是一种财富，知识创新是知识管理追求的直接目标，这是任何技术都无法实现的，人和业务流程才是考虑问题的基点。知识管理不是某种具体的方法、技术或管理方案，是基于知识的业务重组及组织机构管理思想，它似乎更多地继承了人本管理的思想，同时吸收了信息管理中技术论和资源论的核心内容。因此，知识管理与信息管理在所研究的对象、领域、基点等方面都存在着较大的差异。知识管理的核心问题在于强调知识创新，由此形成整个知识管理的思想体系，而信息管理的一切问题都是围绕信息的组织控制和利用展开的。再从研究对象，即知识和信息来看，知识不等于信息，两者也不是简单的包含关系。虽然两者具有某些共性，但两者在性质和人的认知层次上是处于不同层次的事物。最后从研究内容来看，信息管理主要围绕信息和信息资源的存储和利用展开，而知识管理主要围绕知识创新和知识资源的开发利用展开。认识这些差异是我们研究的出发点，也是我们构建知识管理学和信息管理学的基础。

3. 知识管理学与管理学的关系

知识管理学是管理学的分支学科和子学科。知识管理是一种新的管理理念和管理思想，它从根本上对传统的管理理念和管理思想进行了革新，是管理学史上一次划时代的变革，因此被人们称为第五代管理。知识管理思想的产生使管理学步入第五代管理时期，知识管理成为知识社会管理学最热门、最显眼的研究领域。知识管理学的发展不仅丰富了管理学学科理论、学科体系和知识内容，而且为管理学的进一步发展提供了大量新的研究课题。如知识管理的发展直接导致了专门研究知识管理的另一门新学科——知识系统工程学的产生，知识系统工程学旨在从系统的观点来研究知识管理问题，创建知识系统工程这样一个新学科来处理知识管理中的诸多问题。可见，围绕知识管理研究将会形成一个新的学科群。与此同时，知识管理的发展离不开管理学的创新。从本质上说，知识管理学的产生是在继承以往管理思想和方法基础上的创新。知识管理学在促进管理学发展的同时，也促进了自身的发展。

4. 知识管理学与信息科学的关系

知识管理学与信息科学是高度相关的学科，它们相辅相成，相互促进，共同发展。知识管理的实施离不开信息技术的支撑，知识管理研究同时也能促进信息技术的发展和应用。知识管理中应用到大量的信息技术，如计算机硬件技术、人工智能技术、网络技术、知识管理系统、知识工程、知识挖掘、知识仓库、知识地图、群件技术、网格技术等，信息技术是知识管理顺利进行的基础和技术保障，没有信息技术支撑的知识管理是不完善的知识管理。知识管理的发展同时也为信息科学的发展提出了大量新的研究课题，如知识获取、知识表达、知识组织、知识存储、知识检索、知识传播和知识开发利用等都是信息科学急需研究和解决的新问题，这些问题的解决又不断地促进信息科学本身的发展和完善。围绕知识的获取、表达、组织、存储、检索、传播和开发利用等知识处理研究已经形成了一系列学科，如知识工程学、人工智能等。知识工程学的基本任务是探讨知识形式化、工程化的理论和方法，建构适用于解决各种特定问题的知识信息处理系统，如知识库系统、专家系统、决策支持系统、自然语言处理系统等。知识工程学的创建使计算机的基本功能从数据处理过渡到知识处理，从计算、存储数据过渡到推理和提供知识。知识工程学使数学、系统科学、自然科学在知识研究中找到了用武之地，同时也加深、拓展了人们对于知识的认识程度和利用程度。先进的技术可以促进先进理论的产生和发展。知识管理是一门新兴的学科，它需要许多先进的理论和技术支持，计算机技术、网络技术、知识工程和人工智能等就是其中最重要的技术。如人工智能系统是一种知识性工程系统，它以知识为对象，研究知识的获取、标识、组织、利用和推理等，这种理论在知识的获取、分析和检索上将产生巨大的影响。例如，在智能化检索上提倡知识检索。

5. 知识管理学与情报学的关系

知识管理学与情报学存在密切的关系。尽管知识管理学与情报学是两门完全不同的学科，二者在研究对象、研究内容、研究方法和研究领域等方面有着根本的不同，但知识管理与情报学之间是相辅相成、互相促进的互动关系。“知识”是知识管理，也是情报学的主要研究对象和核心概念，是革新其概念体系和理论内容的基本出发点。目前，情报学在知识管理的影响下正在发生着重大变革，表现为以下方面。第一，以知识为中心的图书情报新学科体系正在形成，知识化是目前情报学研究的热点，“情报”在本质上是一种“激活了、活化了的知识”，那么知识的“激活”“活化”当属情报学研究的重点，因而情报学应当将竞争情报、知识的有效组织、管理与利用等问题作为本学科的核心研究内容，知识化应当成为情报学研究发展的主要方向之一；情报学研究方法的综合化趋势日益明显；情报学教育将围绕知识和知识管理进行全面调整。第二，图书情报事业是社会知识管理的重要组成部分，图书馆的知识管理也引起了人们的高度关注。第三，知识管理的发展有利于提高情报学的学科地位和社会影响。第四，数字图书馆的知识管理和知识产权保护是当前情报学的研究热点和发展方向。现在人们谈论较多的是知识管理对情报学的影响，其实两门学科不是单独的一方对另一方的影响，而是双方相互影响和相互促进的关系。知识管理的产生和发展并不意味着它可以代替情报学来解决人们需求知识的矛盾，也不意味着情报学的消亡，相反情报学将会面临更多的发展机会，得到更多新的研究课题。

6. 知识管理学与图书馆学的关系

早在20世纪90年代初，我国就有学者提出，图书馆内部活动的实质是知识组织和知识管理，图书馆外部活动的实质就是知识服务和知识传播。图书馆通过知识标记体系（分类表、主题词表等）实现文献知识单元处理中的存取随机性和存储组织功能，为用户提供一个有序化的知识体系。甚至有学者直接把未来图书馆的形态定义为“知识图书馆”（陈雅，2008）。国外也有不少学者对未来图书馆的知识组织提出了各种设想，如英国布鲁克斯的知识地图思想、美国道金斯的思想基因理论等。图书馆通过知识地图、知识库或知识仓库等工具实现知识检索与提供服务，为用户提供一站式的知识服务。尽管图书馆学中的知识组织理论目前尚偏重于从语法功能上揭示文献知识单元，而且其知识组织结构难以同人类知识体系结构，尤其是大脑知识记忆结构确切吻合，但这种理论研究的成果，特别是其实际应用框架，无疑闪烁着知识管理的思想，而且对我们今天研究知识管理中的知识组织问题有较大的借鉴价值。在网络环境下，知识组织方式呈现出多样性，已不再局限于知识的系统分类，超文本、专家系统等将改变我们思考和认识问题的方式，因而图书馆学中的知识组织、知识检索和知识服务等知识管理理论应向智能化方向发展。

2.2 知识管理学的研究内容

随着知识管理的发展，研究知识管理的学科专业也越来越多，知识管理与大量的学科交叉融合，形成交叉学科和边缘学科，同时知识管理本身也在不断吸收其他学科理论、方法和技术来充实自己，使知识管理发展成为一门成熟的综合性应用学科。

2.2.1 知识管理学的概念和研究对象

知识管理学要成为一门独立的学科，需要将知识管理理论和实践产生以来出现的零零碎碎的，广泛分布于各个学科领域的知识管理知识系统化，按照专门的标准建立核心的概念体系和一定的内容框架，使各个领域的专业人员形成共同的研究理念和范式，共同推动知识管理理论和实践的发展。对于任何一个学科来说，研究对象的确定和该学科的概念密切相关。

知识管理在不同的学科领域的理解和认识各不相同。在企业知识管理研究领域，知识管理在企业的产生和发展是源于人们对企业中知识资源的重要性的认识。如 1987 年温特首先提出了知识是一种战略性资产这一观点，并认为知识与企业能力密切相关。这一观点得到国内外企业知识管理研究者们的继承和发展。可见，从企业知识管理研究来看，知识资本的管理是其核心研究对象。对于计算机领域的研究者来说，如何利用先进的信息技术，如知识库技术、知识挖掘技术、知识网格技术、知识本体技术等来有效地发现、划分、组织和共享一个组织内的知识是他们关注的焦点，并提出了知识工程的概念。可知，知识技术和知识系统是这一领域研究者们关注的核心研究对象。而图书情报领域最早从馆藏知识资源的组织、检索与管理等出发来研究知识管理，并相继提出了知识集合、知识资源、知识服务等概念。可见，图书情报领域的知识管理是以知识组织、知识检索和知识服务为核心研究对象的。尽管这些研究领域在知识管理研究上的侧重点各不相同，但从宏观和整体的角度来看，知识资本、知识技术和图书馆的知识资源都属于广义的知识资源。因此，广义的知识资源应该是知识管理学的研究对象。

知识管理学是研究知识管理实践和应用中一般理论、方法、技术和规律的一门新兴学科。或者说，知识管理学是对知识资源进行管理与研究的一门新兴学科。知识资源包括知识本身、知识资产、人力资本、知识设备等资源。由于知识管理活动分为两个层次，即宏观层次的知识管理活动和微观层次的知识管理活动，相应的，知识管理学也应包括宏观知识管理学和微观知识管理学。宏观知识管理学主要研究国家对知识资源的配置、调控、管理、开发和利用，以及知识管理政策、法律法规的制定等。微观知识管理学主要研究政府、组织机构和个人对知识资源的组织、管理、开发和利用等。

知识管理学还可以从狭义和广义两种角度来理解。狭义的知识管理学指针对知识本身的管理，包括对知识的创造、获取、加工、存储和应用的管理。而广义的理解不仅包括对知识本身进行管理，还包括对与知识有关的各种有形和无形资产的管理，包括政府知识管理、企业知识管理和个人知识管理在内的综合知识管理，涉及知识组织、知识系统、知识资产、知识活动、知识人员的全方位和全过程的管理。狭义的知识管理学通常特指企业知识管理，因为知识管理最先应用于企业管理之中，是通过对企业内部知识进行组织、管理和共享，运用企业集体的智慧提高企业市场应变能力和管理创新能力的一种新型的管理思想。广义的知识管理学则指对知识及其相关要素的管理，即对知识资源的管理，与知识相关的其他要素主要有知识管理人员、知识管理技术、知识管理设备和知识管理环境等，是人类社会信息交流活动中知识的管理，并应用到社会的各个层面和各个学科领域。国外也有学者持这一观点，并认为"知识管理学作为一门新产生的学科，主要在于研究组织的知识资产及其管理"。知识管理学是对社会发展中各行各业知识管理实践与经验进行高度浓缩和提炼而形成一般的理论、方法和规律，再提拔上升到一门学科，它是对现有知识管理基础理论、方法、技术、实践与应用的高度概括和总结。

我国知识管理学者柯平在《知识管理学》中将知识管理学界定为：知识管理学是一门研究组织、个人和社会的知识过程的学科。并认为知识管理的对象是知识过程，而知识过程是一个综合概念，包括知识的生产、知识的组织、知识的传播、知识的共享、知识的创新、知识战略的制定与实施、知识管理绩效的评估等过程。我们认为这个界定有些模糊，因为知识过程的作用对象最终是知识资源，涉及知识资源的生产、组织、传播、共享、管理、利用与评估等。所以，说知识管理的对象是知识资源更为准确。

2.2.2 知识管理学的研究内容

知识管理学的研究内容非常丰富，目前知识管理界从不同的角度对知识管理的研究内容和范围进行了总结和概括，说法不一，各有千秋，有的只涉及某应用领域中的知识管理，有的仅包含知识管理丰富内容中的某部分，如知识管理理论、知识管理技术和知识管理应用，很难形成统一的认识。

如果从知识管理的范围来看，我们认为知识管理学的内容体系应该分为理论、方法与技术和应用研究三个部分，每一个部分都有自己不同的研究内容，这三个部分共同构成了知识管理学研究的内容体系，成为一个整体，不可或缺。

知识管理学理论主要研究以下三个方面的内容：①关于知识管理学学科构建中的基本问题研究。主要研究知识管理学的概念范围、研究对象、内容体系、学科性质、目标与任务、产生与发展、学科体系结构以及与相关学科的关系等。②关于知识的研究。主要研究知识的定义、特征与本质，知识的属性与分类，知识的价值，隐性知识与显性知识之间的转换，知识的生产与获取，知识的存储、交流与共享，知识开发与利用，知识价值链及其管理，知识产权保护，知识评价，知识网络以及知识的特性和运动规律等内容。③关于知识管理的理论研究。主要研究知识管理的定义、主体、特征和学派，知识管理的产生和发展，知识管理的研究热点和发展趋势，知识管理的范围和基本内容，知识管理的目标、职能、原则、策略、模式和评估，知识管理与信息管理的关系，知识资源管理，知识联盟，知识经营，知识管理环境，理论基础，理论渊源等内容。

知识管理学方法和技术主要研究两个方面的内容：①关于知识管理的技术研究。重点研究知识管理与信息技术的关系，知识管理中涉及的主要信息技术，如计算机网络技术、人工智能技术、知识挖掘技术、专家系统和知识库、群件技术等内容。②关于知识管理的方法和工具研究。研究知识管理中的主要方法，包括知识管理方法体系的研究，各种知识组织和管理方法的分类以及主要方法应用的背景和范围，知识组织管理方法研究，如知识获取、知识组织、知识存储、知识传播和知识利用的方法和技术等。研究知识管理工具的基本知识及重要的知识管理工具的应用，包括知识仓库、知识地图、知识网络和知识管理系统等。

知识管理学应用与实践主要研究以下内容。①关于知识管理的应用和案例研究。研究知识管理在一些主要领域中的应用，包括政府知识管理，企业知识管理，图书馆知识管理，个人知识管理，知识管理与电子政务，知识管理与电子商务，知识管理与知识创新，知识管理与知识共享，知识管理与教育等，并介绍和分析知识管理在以上领域应用中的成功案例。②各行业、各学科领域的知识创新和知识管理在本领域的应用。

如果从知识管理的层次来看，我们认为知识管理的内容体系包括宏观知识管理和微观知识管理两个部分。①宏观层次知识管理的内容主要包括国家和政府知识管理战略与策略，涉及国家知识管理政策，国家科技创新政策制定，科技创新体系建设，知识创新工程实施，知识教育与人才培养，知识产业的发展与管理，政府管理中知识管理的宏观管理，公共知识管理体系建设(如图书馆、出版发行机构、档案馆、博物馆等)，国家知识资源的配置、调控、管理、开发和利用，以及知识管理相关法律法规的制定等。②微观层次知识管理的内容包括政府、企业、社会组织和个人知识管理具体实施，涉及知识管理与政府信息化、电子政务建设，知识管理与组织学习，知识管理与企业信息化、电子商务建设，知识管理与个人学习，政府、企业和社会组织的知识管理引入，知识管理实施，知识管理业绩评估，知识管理部门的设立和知识主管的选用，知识管理人才的培训，知识管理技术的引进，组织知识管理方法的研究与应用，知识资源的管理、利用与开发，知识产品的开发，知识创新活动的完成，知识组织的开展，知识网络的建立，知识共享的进行，知识地图的构建，知识联盟的确立，知识管理激励机制的完善，学习型团队的组建，知识经营，专家网络系统，客户知识管理，个人知识管理方法，继续教育和终身教育等。

2.2.3 知识管理学的体系结构

尽管目前有关知识管理的研究已经十分丰富，但除了企业知识管理已形成体系外，其他方面的知识管理研究仍然需要进行规范。可以从三个方面来组织和理解知识管理学的体系结构。

首先，知识管理学可分为宏观知识管理学和微观知识管理学，如图 2-1 所示。宏观知识管理学主要研究知识管理战略、知识管理政策、知识产业、知识创新工程、知识教育、知识资源配置、知识管理环境、知识系统工程等，并形成一系列分支学科。微观知识管理学主要研究政府知识管理、组织知识管理(企业知识管理学、图书馆知识管理、高校知识管理等)和个人知识管理，并构成政府知识管理学、组织知识管理学和个人知识管理学。也有人将知识管理学分为宏观知识管理学、中观知识管理学和微观知识管理学三个层次，如图 2-2 所示。

其次，知识管理学可分为广义的知识管理学和狭义的知识管理学，如图 2-3 所示。广义的知识管理学研究的范围从宏观上可涉及国家创新体系研究，在微观上可深入到企业知识管理全过程和个人知识结构的形成和变化，可以称为知识资源管理学，包括政府知识管理、企业知识管理和个人知识管

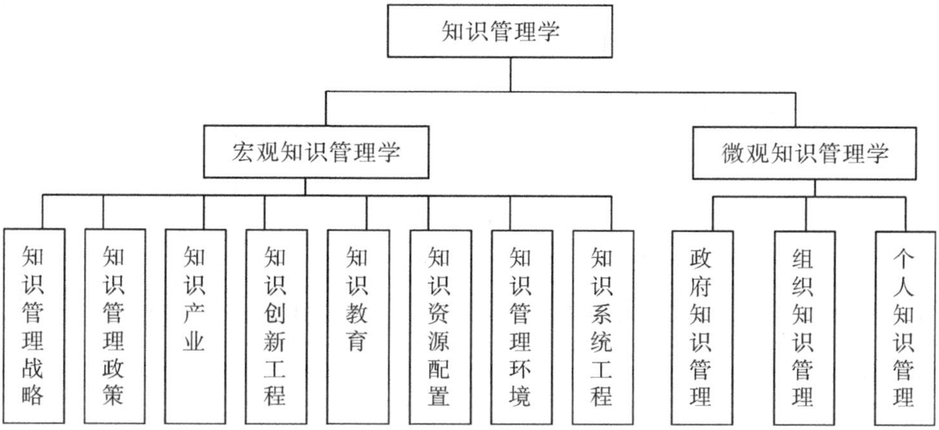

图 2-1 宏观与微观知识管理学体系

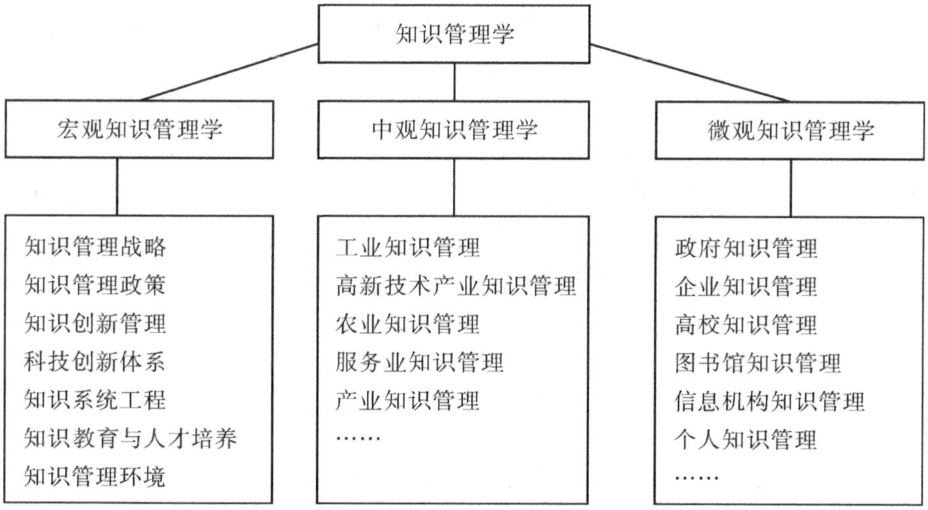

图 2-2 宏观、中观与微观知识管理学体系

理在内的综合知识管理，也包含知识组织、知识系统、知识资产、知识活动、知识人员等在内的全方位和全过程的管理。而狭义的知识管理学则指对知识本身的处理过程的研究，包括知识获取、知识发现、知识表达、知识组织、知识存储、知识检索、知识传递和知识开发利用等活动及相关技术和工具研究，也特指企业知识管理。

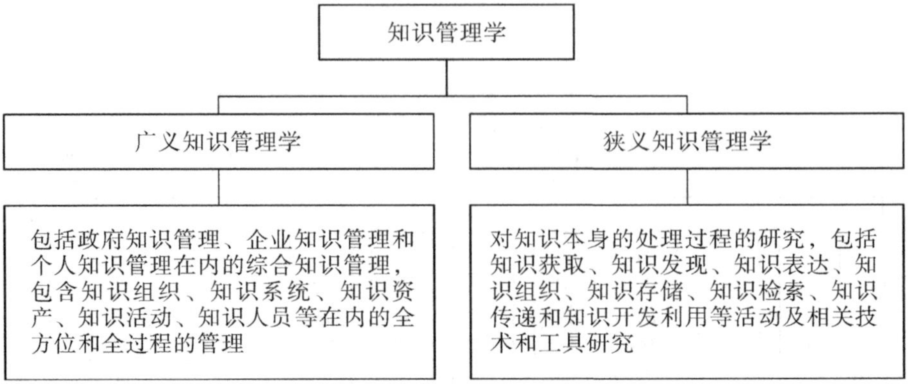

图 2-3　广义与狭义知识管理学体系

最后，知识管理学还可分为理论知识管理学、技术知识管理学和应用知识管理学，如图 2-4 所示。理论知识管理学包括知识理论、知识管理理论、知识资源管理理论、知识系统工程理论研究等。技术知识管理学主要研究知识管理活动所涉及的技术、工具和方法，包括知识管理系统、知识工程、知识挖掘、知识仓库、知识地图、知识网络、知识工具、知识图谱、知识管理方法论等。应用知识管理学主要研究知识管理在各行业、学科领域的应用，包括知识管理与电子政务、电子商务、教育、虚拟企业、图书馆管理、知识服务、咨询服务和知识管理咨询等。

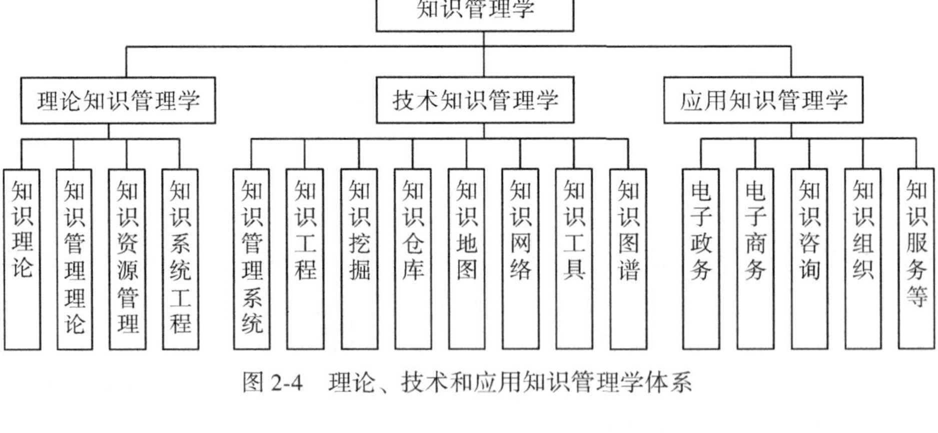

图 2-4　理论、技术和应用知识管理学体系

知识管理学者柯平提出知识管理学可以分为三个层次，如图 2-5 所示：第一层，知识治理，包括全球知识治理、公共知识治理、政府知识治理、企业知识治理、信息机构知识治理等；第二层，战略知识管理，包括全球战略知识管理、公共战略知识管理、政府战略知识管理、企业战略知识管理、信息机构战略知识管理等；第三层，一般知识管理，包括全球知识管理、公共知识管理、政府知识管理、企业知识管理、信息机构知识管理等。

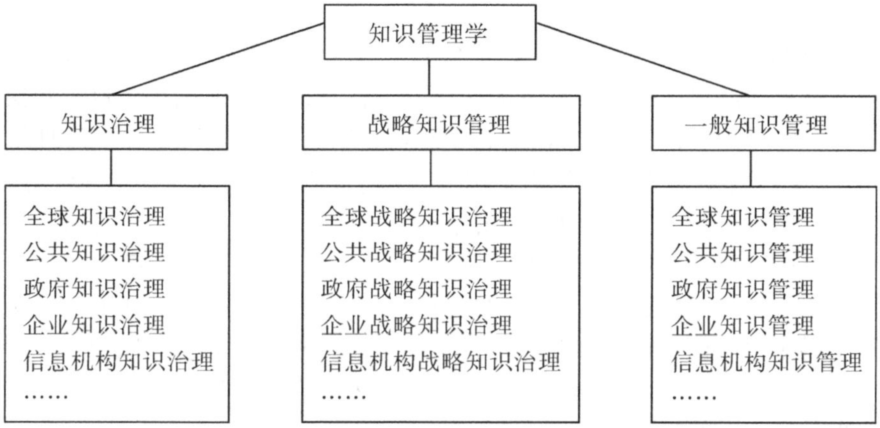

图 2-5　知识管理学的三个层次

2.3　知识管理学的研究现状与发展趋势

当前，将知识管理上升到学科高度加以研究，引起了学界与商界的广泛关注。知识管理是一个涉及面较宽的学科研究领域，不同学者往往从不同的角度来理解知识管理，为知识管理学的产生和发展奠定了坚实的理论基础。

2.3.1　知识管理学的研究现状

知识管理由来已久，伴随人类知识活动的产生而产生、发展而发展。但系统的知识管理理论产生却仅有十余年的时间，把知识管理作为一独立的学科领域来研究的时间则更短。尽管如此，知识管理的影响力已经遍及各个学科领域，经济学、管理学、社会学、图书情报学、计算机科学等领域纷纷介入知识管理学的研究，各种新理论层出不穷。与此同时，知识管理作为一个重要的学科领域，其基本原理、理论和方法不断渗透到各个学科领域中，对许多学科的发展产生了巨大的影响。

在国外，尽管知识管理的实践出现较早，对知识管理研究也较成熟，但并未出现知识管理学(knowledge management science)这一提法，可见国外并不注重知识管理学学科理论体系的研究，而是注重知识管理的技术、方法和应用研究。2002 年，我国学者张润彤、朱晓敏在其著作《知识管理学》中较早提出了“知识管理学”这一概念。同年 10 月，学者杨治华提出了“企业知识管理学”的概念，认为企业知识管理是一门正在形成的学科，其体系结构还不成熟，学术界对此尚处于探索阶段。2003 年，学者卢海平、孙建军发表了《创建知识管理学科体系，培养知识管理专业人才》一文，提出了开设知识管理专业的必要性，从教学的角度对知识管理学专业的培养目标和课程设置进行了规划。2005 年，学者邱均平、文庭孝等发表了《论知识管理学的构建》一文，对知识管理学作为一门专门的、独立的学科进行了系统分析，产生了广泛的影响，并于 2006 年出版了《知识管理学》一书，是我国知识管理学研究的重要著作。与此同时，杨建秀完成了以《论知识管理学的创生和发展》为题的硕士论文，用文献计量方法探讨了知识管理学的创生、学科范式、学科定位、研究内容和学科体系等问题。这些研究表明，知识管理学作为一门独立的学科在我国诞生，引起了学术界的高度关注和重视，促进了知识管理学研究的快速发展。

1. 知识管理学的研究视角

目前国内外学者对知识管理学的研究主要从以下视角展开。从研究的学科领域来看，计算机与通信技术专家常常从信息技术/信息管理(information technology/ information management，IT/IM)的角度考察知识管理，着眼于使用技术手段帮助人们获取/创造、存储/组织、传播及应用知识。许多经济与管理领域的学者则通过对知识的有效利用来增进企业的竞争力这一角度研究知识管理；而另外一些学者主要把知识资产(knowledge assets)看做企业的核心资源，甚至是企业最关键的资源，从而提出要对这些知识资产或“知识资本”(intellectual capital，IC)进行有效的管理。而这些研究，从研究方法看，大体可分为侧重于计算机与人工智能等信息技术手段的研究，与侧重于从人文、社会与经济管理等角度进行的研究。从研究的对象看，也大致包含了两种类型，一类倾向于把知识看做相对稳定的实体，知识的管理则更多地涉及这些知识内容的管理、维护与应用。另一类研究更多地强调知识的动态特性，因而知识管理更多涉及对与知识相关的过程(知识的创造、共享、传播与应用等过程)的管理。

2. 知识管理学的研究学派

目前对知识管理学的研究基本上可以分为三大主要学派：技术学派、行为学派和综合学派。计算机领域的研究者关注从技术层面上研究知识管理，比如知识挖掘、知识仓库、知识工程、专家系统和决策支持系统、管理信息系统等；经济学领域的一部分学者则从行为科学的角度去研究，如人力资本、无形资产等；而管理领域的学者大多是综合学派，如竞争战略、竞争情报、情报研究、管理与决策等。

技术学派认为"知识管理就是对信息的管理"。这个领域的研究者和专家们一般都有着计算机科学和信息科学的教育背景，他们常常被卷入对信息管理系统、人工智能、重组和群件等的设计、构建过程当中。对他们来讲，知识等于对象，并可以在信息系统当中被标识和处理。

行为学派认为"知识管理就是对人的管理"。这个领域的研究者和专家们一般都有着哲学、心理学、社会学或商业管理的教育背景，他们经常被卷入对人类个体的技能或行为的评估、改变或是改进过程当中。对他们来说，知识等于过程，是一个对不断改变着的技能等的一系列复杂的、动态的安排。这些人在传统上，要么是像一个心理学家那样热衷于对个体能力的学习和管理方面进行研究，要么就像一个哲学家、社会学家或组织理论家那样在组织的水平上开展研究。

综合学派则认为"知识管理不但要对信息和人进行管理，还要将信息和人连接起来进行管理；知识管理要将信息处理能力和人的创新能力相互结合，增强组织对环境的适应能力"。组成该学派的专家既对信息技术有很好的理解和把握，又有着丰富的经济学和管理学知识。他们推动着技术学派和行为学派互相交流、互相学习，从而融合为自己所属的综合学派。由于综合学派能用系统、全面的观点实施知识管理，所以能很快被企业界接受。我们赞同知识管理综合学派的观点，认为应该将技术学派、行为学派和综合学派有机结合起来，开展知识管理综合研究，构建一个"知识管理学"大学科来规范和协调知识管理研究，指导知识管理实践活动。

3. 知识管理学的研究主线

目前对知识管理理论的研究主要沿着以下三条主线展开。

(1)知识资本管理理论与实践研究。知识资本管理是知识管理研究的重要组成部分，其研究开始于20世纪80年代。日本学者伊丹在1980年前后研究了"不可见资产"(invisible assets)对于企业的价值。知识资本管理的另一早期工作是瑞典学者Sveiby关于知识资产评估等方面的工作。Sveiby在20世纪80年代中期研究了生产知识产品的企业(the know-how company)的管理问题，进而系统研究了企业的知识资本及其计量的问题。他把企业的知识资本分为顾客资本(customer capital)、个人资本(individual capital)与结构资本(structural capital)，并据此提出核算知识资本的不可见平衡表(the invisible balance sheet)，开创了知识资本会计的研究与实践工作。Thomas Stewart 是关于“知识资本”管理的另一位很有影响的作者。Stewart 1991 年在《财富》上撰文强调企业中智力能源(brain power)的重要性，之后又对知识资本的管理问题进行了许多论述。与“知识资本管理”密切相关的另一个方面是关于“基于资源的组织”(resource-based view of organizations)理论的探讨。基于资源的组织理论认为企业的资源是异质的(heterogeneous)、分布式的(distributed)，有价值的资源通常是无形的(intangible)，有时候是不可言传的(tacit)。与传统的以交易成本(transaction cost)为基础的组织理论相比较，基于资源的组织理论更重视通过这些无形的资源所体现的企业的竞争优势。进而，有人开始提出基于知识的组织，认为知识是企业最重要的、不可模仿的资源，是企业可持续的竞争优势的基础。

与理论的探讨相对应，人们对于知识资产的管理进行了许多实践尝试。例如，受 Sveiby 工作的影响，Leif Edvinsson 在瑞典的 Skandia 保险公司进行知识管理的研究与实践，他在 Skandia 公司的年度财务报告中增加了 6 个知识资产报告附件。在加拿大国际商业银行(Canadian International Bank of Commerce)，Hubert Onge 致力于研究客户资本(customer capital)，寻求通过人力资本、结构资本与客户资本的融合来获取企业的长期利益。Gordon Petrash 在 Dow 化学公司的工作是知识资产管理的另一著名案例。自 20 世纪 80 年代中期开始，Petrash 为 Dow 化学公司建立知识资产构想(intellectual asset vision)，通过对知识资产(主要是公司的专利、商标等)的管理增进公司的价值。

(2)知识相关过程管理理论研究。另一类研究着重于探讨与知识相关过程的管理，通过对知识相关过程的管理提升企业价值，形成或增强企业的竞争力。与知识管理密切相关的一项工作是人们关于组织学习和学习型组织的探讨。关于组织学习的论述最早出现于 1965 年，Argyris 等人最早把组织学习区分为单循环学习(single-loop learning)与双循环学习(double-loop learning)，其中，双循环学习是所谓的“学中学”(learning to learn)，主要涉及组织中新的知识的形成、保存与应用的过程。学习型组织的概念由麻省理工学院的 Peter Senge 系统阐述，他借助于系统动力学的思想和方法考察组织，提出组织通过五项修炼构建学习型组织。Senge 的工作在学界产生了很大影响，引发了 20 世纪 90 年代关于组织学习和学习型组织的研究热潮，被视为20世纪80~90年代管理学界关于管理变革思潮的一部分。其他还有Hammer、Champy、Davenport与Short等关于企业业务过程重组，Prahalad等关于企业核心竞争力，以及Davidow与Malone等关于虚拟企业的探讨，等等。他们的共同点在于认为在当前的技术条件与业务环境下，传统的基于劳动分工与严格的等级制的管理模式受到了质疑，人们开始寻求更灵活、更具适应性的管理模式。在这些探讨中，企业自觉或不自觉地被视为能够在变动的环境中生存与进化的有机体，而不是被视为一台功能单一固定的机器。企业的适应性、学习能力以及知识的创造、组织与运用日益引起重视。其他许多学者的探讨，如Bell的"后工业化社会"、Drucker的"后资本主义社会"和Nolan等人倡导的"21世纪的组织"中也都包含了相似的思想。此外，许多学者关于分形结构的公司(fractal company)及自组织与智能企业(intelligent corporation)等概念与理论框架的探讨，进一步深化了人们对于企业中知识过程管理的许多方面的认识，如适应性与自组织现象、组织学习与企业智能的形成，等等。美国学者Savage对上述的许多工作进行了综合思考，并提出第五代管理应从严格的等级制度转向动态的知识联网(knowledge networking)，从管理的命令与控制模式转向团队之间的协调模式，从职位权威转向知识权威，进而通过动态团队与虚拟企业实现组织的价值。

与以上工作密切相关并产生了广泛影响的另一项研究是日本学者野中郁次郎与竹内广隆关于创造知识的企业(knowledge-creating organizations)的研究。他们的研究基于波拉尼将知识划分为意会性知识(tacit knowledge)与言传性知识(explicit knowledge)。野中与竹内认为日本企业成功的关键在于其知识共享与创新能力，尤其是隐性知识的共享、创新与运用，并据此提出了企业中意会性知识与言传性知识之间相互转化的"SECI过程"模型，他们用知识转化与创造的螺旋模型来表示"SECI过程"。在其近期的研究中，他们又把"场"的概念引入"SECI过程"模型，指出组织知识传递与创新的这些基本过程是在相应的社会与文化的"场"中完成的。进而，他们综合知识构想(knowledge vision)、知识资产(knowledge assets)、"场"与"SECI过程"进一步讨论了企业的知识创新过程。野中等人的工作在学界产生了很大的影响，近年来，关于知识过程的管理受到了学界的重视。人们尤其关注意会性知识对于企业的作用，以及意会性知识与言传性知识的传递、转化、创新与应用等过程。

上述研究提供了有关知识管理研究的另一个重要视角或维度。它们涉及对于知识与知识过程的管理，同时也涉及知识管理的另一值得研究的课题——"基于知识的管理"，即对应于传统管理模式的、以知识为中心的新的管理模式。

(3)知识管理技术与应用研究。计算机信息技术是人们关于知识管理的研究与实践的另一重要方面，这方面的工作着重于建设知识管理系统(knowledge management systems)，为知识管理提供计算机工具支持。知识管理系统的建设成为近年来计算机与人工智能领域人们关注的一个热点。在信息技术应用于管理经营领域的过程中，一般性的趋势是从数据管理到信息管理再到知识管理。如果说20世纪五六十年代的电子数据处理系统(EDPS)或事务处理系统(TPS)着重于数据管理，20世纪六七十年代的狭义的管理信息系统(MIS)着重于结构化的信息处理，那么从20世纪70年代人们提出决策支持系统以来，人们开始逐步探讨计算机信息技术对于组织中各类知识与知识过程的探讨。近十几年来这一趋势尤为明显。从技术角度看，计算机技术的近期发展促使人们应用这些技术成果去改善企业的知识存储与知识过程。例如，网络技术与分布式计算模式的发展，尤其是Internet/Intranet的发展，对计算机支持的知识管理产生了巨大影响。一方面，网络极大地提高了信息可获得性，同时也引发了从信息中加工、获取有用的知识的需求。另一方面，网络提供了分布式的知识共享和协同创新的技术基础设施，人工智能技术的发展尤其是Agent技术的发展，为计算机辅助的知识加工提供了良好的技术条件。信息技术的其他许多进展，如群件以及数据仓库与数据挖掘技术等，为知识管理系统提供了进一步的技术支持。随着电子商务的发展，人们开始探讨信息系统、电子商务与知识管理的一体化。根据笔者前文对于知识管理研究对象“实体”与“过程”的分类，从信息技术与人工智能角度对知识管理进行的研究与实践大致也可以分为对知识实体的支持与对知识相关过程的支持两类。近年来，一些知识管理软件往往对这两个方面都提供了一定的支持。目前，无论在学界还是在商界，宣称的知识管理软件数量很多，功用也各不相同，很难从中描绘出知识管理系统的清晰轮廓。为此，国外一些学者开始探讨知识管理的计算机技术体系结构。

总体来说，目前国内外关于知识管理学的研究大体尚处于较为分散的状况，但总体的趋势是各个不同领域的相关研究相互影响，逐步形成统一的知识管理学科领域。当前知识管理学发展的一个趋势是这些不同的研究视角与观点正日益整合，如目前关于知识管理学的研究、关于知识系统工程学的研究和关于知识科学的研究等。知识系统工程学的研究者认为，由于知识管理的复杂性与跨学科性，应建立知识系统工程学科领域，用系统工程的思想和方法对知识管理进行综合研究，把上述的源自不同领域的相关研究从系统的角度加以整合。而知识科学的研究者认为应该建立知识学这样一个大学科来统括知识及有关的研究和活动，并构筑了一个完整的知识学学科体系，其中包含知识管理学和知识系统工程学。

知识经济的兴起，使企业的外部环境发生了根本性的变化。在这样一种经济背景下，知识价值观深入人心，推动知识管理在全球普遍展开。知识管理实践需要知识管理理论的正确指导，丰富的知识管理实践经验又不断地总结、概括并提升为理论，用以指导知识管理实践。在这样一个循环往复的过程中，知识管理理论日益丰腴和完善，信息技术的迅速发展和管理方法的完善又催熟了知识管理，并使其逐渐发展成一门学科，这就是知识管理学。知识管理学的产生和发展不是偶然的，它是社会发展的必然结果，是在政治、经济、科学技术和文化等社会因素共同作用下的综合产物。而丰富的知识管理理论知识和社会实践又强烈地昭示着知识管理学作为一门新兴的学科具有强大的生命力和广阔的发展前景。

2.3.2 知识管理学的研究趋势

从目前来看，未来知识管理学研究的发展趋势主要体现在以下几个方面。

1. 研究内容的深入和拓展

目前对知识管理学的研究还处于起步阶段，研究内容仅限于对知识管理学的研究意义、产生背景、基本概念、研究对象、研究内容、学科性质、学科定位和学科体系等方面进行较为浅显的探讨。今后对知识管理学的研究可以从以下几个方面着手。

(1)知识管理学研究对象的界定。具有独特的、明确的研究对象是一门学科确立的根本。任何一个学科都需要有一个明确的、公认的研究对象来引导大学的研究路径，并以研究对象为核心和主线构成自身的研究内容体系。

(2)知识管理学学科体系的探讨。对于一门新兴学科，需要尽快在业界和学界确立其社会地位和学科地位，并建立一套公认的、规范的学科体系框架，这有助于广大研究者根据自己的兴趣和专长选择其中若干个领域进行深入研究，提高整个学科的研究水平。

(3)知识管理研究内容的整合。知识管理涉及多个学科领域，是在知识学、管理学、经济学、信息管理学、图书情报学、哲学、计算机科学等学科理论的基础上进行整合和综合而建立起来的。因此，在进行知识管理学研究时，有必要关注其他相关学科领域的知识管理研究进展，探寻其研究成果之间的联系，围绕各自的研究目的进行有效的整合，以此作为继续深入研究的基石。

(4)知识管理学分支学科的深入研究。如宏观知识管理学、微观知识管理学、理论知识管理学、技术知识管理学和应用知识管理学等，对各个分支学科的研究领域的界定、涉及的相关学科、研究的核心人物、研究的热门话题等进行深入研究。

(5)知识管理学核心概念和领域的深入研究。知识生产、知识组织、知识转移、知识共享、知识创新、知识服务、知识工程、知识管理系统等是知识管理学研究中的核心概念和研究领域，对这些核心概念和领域的深入研究能够丰富知识管理学的研究内容，完善知识管理学的学科体系。

在对知识管理学进行深入研究的同时，研究内容的拓展也十分重要。知识管理学是一门交叉学科，是在整合和综合多门其他相关学科研究成果的基础上形成的。因此，在知识管理学的研究中，一方面要关注其他相关学科领域的最新研究成果，并适时引入知识管理学。另一方面要将知识管理学成熟的理论、技术、方法、工具和成果应用于其他学科领域，扩大知识管理学的影响。

2. 研究方法的科学化和多元化

任何一门学科要想健康发展，好的方法论是不可或缺的。作为新兴的交叉学科，知识管理学原本没有自己独特的研究方法，其方法论是在吸收其他学科相关研究方法的基础上结合自身学科的研究实践形成的。要实现知识管理学方法论的科学化，其研究方法必须实现科学化和多元化。一方面继续借鉴和移植其他学科的研究方法，促进知识管理学的发展。另一方面也要根据知识管理学的特点，创立自身独特的研究方法，使知识管理学研究走向成熟。

3. 理论研究、学科教育与社会实践紧密结合

无论是理论研究还是实证研究，都是为了提出或者验证若干种事物内部或之间的联系。但对于社会科学来说，提出和验证理论不是最终目的，最终目的是将结论灌输给社会上需要它的人，用以指导实践的发展。学科专业教育是教育者运用各种方法向受教育者灌输各种专业知识的过程，教育者所传授的知识一部分来自实践经验，另一部分来自他人或自己在研究过程中提出的各种理论。因此，研究活动是教学活动中不可或缺的部分，特别是大学教师，往往肩负着研究者的重任。同时，通过教育活动的实施，也培养了大量的未来研究人员，为研究活动的继续开展提供了必要的人力资源的补充。实践是各种理论研究应用于具体生产和生活活动的产物，一个理论的正确与否往往是由实践效果来决定的，而通过参与实践活动，研究人员发现了很多存在的问题，进而通过理论研究和实证研究提出相关对策去解决这些问题，推

动实践的发展。

从这个角度出发，理论研究、学科教育和社会实践存在着密不可分的关系，三者之间存在着互动关系。知识管理学主要关注社会、国家、组织和个人层面的知识管理活动，其理论研究活动、教学活动和社会实践也存在着密不可分的互动关系。目前，知识管理理论和技术研究已有较长时间，影响广泛，形成了信息管理学、管理学、图书学、情报学、管理信息系统等相关专业，培养了大批相关专业人才，为理论研究和实践研究提供了丰富的人力资源。因此，将理论研究、学科教育和社会实践紧密结合，是将来知识管理学研究和健康发展的必然趋势。

4. 知识管理学研究成果的推广与应用

研究成果的推广与应用是指通过各种方法和手段，使研究成果为社会大众、企业、政府、非营利性组织等接受并应用于实践的过程。社会科学以各种社会现象为研究客体，理论来源于实践并指导实践，因此，任何一门社会科学都不能无视社会的需要而展开研究，通过一定的渠道将研究成果推广出去得到社会大众的承认和应用是非常必要的，知识管理学也不例外。知识管理学研究成果的推广与应用渠道可以有以下几种。一是通过大众媒体、专业期刊和书籍推广。二是通过各种知识管理学术会议、研讨会等方式来宣传知识管理学理论。三是通过各种管理咨询公司、人员培训和工程项目将知识管理理论、技术和方法推广与应用到各类组织中去。

本章习题

1. 知识管理学的构建有何现实意义？
2. 知识管理学是在什么样的社会背景下产生和发展的？
3. 知识管理学的研究现状和发展趋势如何？
4. 知识管理学的主要研究内容是什么？
5. 知识管理学与哪些学科密切相关？

第3章　知识管理方法与工具

知识管理方法指知识管理实践活动中所应用的各种方法的总和，它由一系列方法组成，形成了一套完整的知识管理方法体系。要实现知识管理，如果没有相应的工具配合，而仅仅依靠知识管理方法的更新是远远不够的。知识管理工具更注重对知识语境的管理和知识共享的支持，这是知识管理工具与数据管理工具、信息管理工具的不同之处。

3.1　知识管理方法概述

建立知识管理的方法，有两个基本目标：一是把知识用于创新，以便及时抓住这一资源；二是增强知识量的储备，提高现有的生产率。

3.1.1　知识管理方法的分类

从不同的视角出发理解和认识知识管理，都会形成不同的知识管理方法。目前对知识管理方法的认识，主要是从以下三个角度来分类。

(1)从技术的角度来理解知识管理方法。其中涉及的方法主要有知识挖掘方法、知识组织方法、知识存储方法、知识传输方法、知识检索方法、知识共享方法、知识地图、知识图谱、知识仓库、群件技术、知识网络、知识网格等，这些知识管理方法都需要大量的现代信息技术做支撑，构建在高度自动化的基础上才能有效实施。

(2)从知识管理的流程来理解知识管理方法。其中涉及的方法有知识获取与发现方法、知识生产方法、知识加工方法、知识组织方法、知识共享方法、知识利用方法等，知识管理的每一个步骤都涉及众多的方法、工具和手段。

(3)从管理的角度来理解知识管理方法。其中包含的方法有价值管理法、矩阵管理法、系统管理法、人员管理法等，这些方法是知识管理和组织管理、企业管理在不同层面相结合的产物。

在实际知识管理活动中，以上三类方法常常结合在一起，形成一系列综合方法。大量的著作从技术角度和知识管理流程的角度对知识管理方法做了诸多说明，并且有关技术方法和知识管理流程中涉及的方法将在书中后续各章论述，本章着重从管理和综合的角度出发来理解知识管理方法。

3.1.2 知识管理方法的发展趋势

在知识经济时代，如何在原有知识管理方法的基础上创建一些适应知识经济时代特点的新的管理方法显得尤为必要。知识管理方法的发展体现出以下趋势。

1. 系统化管理

工业经济时代，企业的生产管理是把注意力主要集中在生产环节和组织职能上，是各个单项离散型管理的集合。知识经济时代，在复杂多变的竞争环境中，只有从整体上配置企业所有资源，对企业中各层次、各部门和各岗位，企业的总公司与子公司、产品与经销服务商等保持密切的合作关系和协同行动，才能保持竞争优势，所以在管理上应采取整合的管理和系统化的管理。

按照系统论的观点，系统是处于自身相互关系中以及与环境的相互关系中的要素集合。这表明，一个系统至少是由两个要素组成的整体，在要素之间、要素与整体之间及系统与环境之间形成一定的结构和秩序系统整体，具有不同于各个组成部分(要素)或各个组成部分的简单相加的新功能。系统的结构则指系统内部各组成要素之间在空间和时间方面的相互联系、相互作用的方式和秩序，系统的结构是具有相对稳定性、层次性和可变性的。系统的功能是指系统与外部环境相互联系、相互作用的过程的秩序和能力。从管理来说，系统概念有利于我们充分了解组织的复杂性，从而提高合理行动的可能性，系统论的应用会优化组织管理和提高组织协调一致的效率。

2. 国际化管理

经济全球化和企业国际化的发展趋势要求企业在管理方法上和管理技术上逐步实现与国际接轨。国际化管理包含面向国内市场的企业应对国际竞争的策略和管理，国际化经营企业包括跨国公司、外向型企业、外联企业，应建立国际经营战略和管理。国际化经营企业不仅要面临国际市场、文化、法律等社会因素的影响，在企业经营管理方面，在财务资金运作、会计体系、质量体系、营销网络、人力资源、信息系统、知识产权等方面，都要与之相适应，建立起规范的管理行为。在跨国经营中，从贸易主导型向投资主导型的转变，也要在管理上采取相应的方法和措施。

3. 矩阵管理

矩阵管理法原为加州理工学院天体物理学系茨维基发明的一种通过建立系统结构来解决问题的创新方法，后来被推广为一种激励创新的管理方法。矩阵管理法是为了某种工作目标，把同一领域内具备相当水平的创新元素组成一个纵横交错的矩阵，通过管理使元素及行列按矩阵数学规律变换来激励创新。在信息技术和信息网络迅速发展的时代，矩阵形态可以充分利用信息网络的功能，取代“畅谈会法”“头脑风暴法”等而成为第一创新方法。

矩阵管理的基本原则包括以下几点：一是矩阵是为某项工作目标暂时组合的系统，其中元素的选择不是按行政系统，也不是按资产所有，而是按对某个目标做创新贡献的能力。其中各元素可以是大学、研究所、企业、实验室、课题组，甚至是个人。这样可能改变行政机关的条块分割难以引导聚合创新的情况，进行优化组合，改变行政机构的固定组织，改变那种相互限制，有人干、有人不干，甚至有人压抑创新的现象。二是对矩阵系统投入资金、设备、人才和技术条件，创造“尊重知识、尊重人才”的心理氛围和工作气氛，使得各元素可以在矩阵中任意排列、组合、叠加、变换，以至转置，借以产生或加强创新活力。三是在矩阵创新过程中可以不断吐故纳新，淘汰失去活力的元素，吸收新的创新元素。当被淘汰的元素恢复创新活力后还可再度被吸收入矩阵，从而产生比矩阵中原有创新能力更为高级的创新。把矩阵中纵横交错排列的元素信息网络技术联结起来，使每个元素都成为网络中的一个信息节点。其中最活跃、创新能力最强的一个或几个节点，就成为创新节点，创新目标也最有可能在创新节点上实现。矩阵管理就是要通过发现、支持、组合、聚合和更换创新节点，激励创新能力。

在这种机制下，对于节点创新的管理要注意几个问题：使整个矩阵的智力资源、信息网络为创新节点服务；根据新节点需求及时置换矩阵元素；根据创新重点的需求置换矩阵；把若干最活跃的创新节点组成新的子矩阵。目前，我国已经投资在全国建立了 53 个国家级的高新技术产业开发区，省一级的开发区还有 60 个。如果通过建立国家级管理机构，采用矩阵管理方法，把蕴藏于其中的创新潜力激发出来，那将对中国经济发展产生重大影响。

4. 价值管理

价值管理(value management)又称基于价值的管理(value based management，VBM)，是一种基于价值的企业管理方法(通常是指最大化股东价值)，是指在企业中广泛地引入管理行为，依据组织的远景，公司设定符合远景与企业文化的若干价值信念，并具体落实到员工的日常工作上，一般的工作性质或问题，只要与公司的价值信念一致，员工即不必层层请示，直接执行工作或解决问题。

5. 计算机管理

信息网络技术成为当代最有影响的生产技术，各种软件也纷纷进入管理领域，成为管理的重要手段。国家及许多地方启动了各项信息网工程，使社会信息化进程明显加快，人力资本上涨和计算机价格下调，又给信息化进程以有力推动，日益增加的软件技术将在管理中发挥更为重要的作用。目前，中国最大的财务及企业管理软件公司——北京用友软件集团，根据国家火炬计划推出用友财务软件，在国内已经拥有 10 万用户。它还同美国 IBM 和微软等公司建立联盟，其财务软件通过了财政部评审，被国家科技部、税务总局、外经贸部、国家质量技术监督局和环保局视为国家级重点新产品，每年都有数百万台计算机被安装到企事业单位，成为各企事业单位有效的财务管理技术。

6. 管理咨询管理

咨询是由管理咨询顾问根据企业管理状况，在调整分析的基础上做出中肯的评价，针对存在的不足，提出可行的改进建议，并指导实施这些建议的智力服务过程。它可以为企业提供符合实际的专业管理知识和技能帮助，也可为企业经营决策提供所需的信息与建议。管理咨询的发展将有利于改善企业的管理思想和管理方法，有利于推动高技术产业的快速发展，有利于推动知识经济的健康发展。

3.2 知识管理的主要方法

3.2.1 知识组织方法

1. 知识组织概述

知识组织(knowledge organization)一词，最早于 1929 年由英国著名图书馆学家、分类法专家、《书目分类法》(BC)的编制者布利斯(H. E. Bliss, 1870—1955)提出。布利斯于 1929 年出版了《知识组织和科学系统》《图书馆的知识组织》两部著作，系统阐述了从文献分类角度组织知识的思想。

从 1974 年起，《国际分类法》(IC)开始刊登有关知识组织文献的最新书目，涉及情报科学(包括档案学、图书馆学、一般文献工作、数据与博物馆文献工作)、计算机科学/信息学(包括程序设计、联机技术、人工智能、专家系统)、语言学与术语学、系统研究等十分广泛的学科领域。1989年，在德国法兰克福成立了国际性学术研究机构——国际知识组织学会(ISKO)，主要从事分类法的研究。1993年，IC更名为《知识组织》(KO)，由ISKO主办，知识组织的概念自此在图书情报界传播开来。

ISKO自成立后，开展了一系列活动。1990年8月，在德国的达姆施塔特举行了第一届国际ISKO大会，会议主题是"知识组织工具与人类交往"。第二届于1992年8月在印度的马德拉斯举行，主题为"知识组织与认知范式"。第三届于1994年在丹麦的哥本哈根举行，主题为"知识组织与质量控制"。第四届于1996年7月在美国的华盛顿举行，主题为"知识组织与变革"。

目前，对知识组织尚未有统一的认识，主要有以下几种观点：①知识组织，是指对事物的本质及事物间的关系进行揭示的有序结构，即知识的序化。②知识组织是指对知识客体所进行的诸如整理、加工、揭示、控制等一系列组织化过程及其方法。③知识组织是对知识进行整序和提供，既处理大量的现有知识，又能相对降低存贮知识的物理载体文献的盲目增长，以免知识过于分散化。所以提供文献、评价科学文献和系统表述以生成新的便于利用和获取的有序化知识单元的处理系统即是知识组织。

具体来说，知识组织的研究范围主要有以下几个方面。

(1)知识组织的理论基础研究，包括发展历史、指导思想、基本原理、研究对象。

(2)知识组织处理工具、手段、技术的编制原理和使用说明。

(3)知识组织的具体方式、方法研究。既包括一般方法的研究，也包括对传统知识组织方法的改造研究，尤其是加强隐性知识的组织方法研究。如知识表示方法、知识重组方法、知识聚类方法、知识存检方法、知识布局方法、知识编辑方法、知识评价方法、知识监控方法等。

(4)知识组织的人工智能系统研究，包括知识库的建立、获取、更新与维护。知识库的整序方法包括顺序、索引、散列、树型等结构及数据字典的使用，层次结构的规则库，专家系统的知识组织方式方法等。

(5)元数据研究。为了能够对网上知识信息进行组织和控制，必须加强元数据研究，这将有利于形成自动化、高质量的网络搜索引擎，有利于网上信息的存取和检索。

(6)知识组织的语言学研究。包括语法学研究、语义学研究和语用学研究，重点是研究自然语言标引与检索问题，目的是为了提高检索语言中标引语言与用户需求表达语言之间的一致性，从而提高检索效率。

2. 知识组织方式的分类

知识组织的方式主要有两种类型：以知识单元为基础的知识组织方式和以知识关联为基础的知识组织方式。

(1)以知识单元为基础的知识组织方式。知识组织是以知识单元(知识因子)为加工单位的，知识单元是经过专家精心评价、筛选、提取和测试之后获得的浓缩的知识。以知识单元为基础进行知识组织，就是将知识单元或知识单元集合中的知识因子抽出，对其进行形式上的组织。由于只是对知识因子进行组织，而并未改变因子间的联系，所以在此过程中没有产生新的知识。

从人类创造过程利用知识的特点出发来组织知识，建立知识系统，这方面的研究还很不成熟，代表性的研究成果有英国学者 B. C. 布鲁克斯提出的“认知地图”(也称“知识地图”)和印度学者 S. K. 塞恩提出的“思想(情报)基因进化图谱”。知识地图中的每个节点即为一个知识单元，处于创造它们的逻辑位置上，通过引证相关与其他节点联结，从而形成一个有机整体展示知识利用和生产的动态过程。布鲁克斯认为当此知识地图逐渐扩大并趋于稳定时，便可以作为数据库实现纯信息(或知识)检索。塞恩则认为可以从文献中先找出“思想基因”，然后按自然进化方式聚类，形成“思想基因串”，从而编制出新型的概念索引，供人们利用。所谓思想基因，实际上就是知识生产创造过程中起关键作用的那些思想。这些思想同样可以表示为一个简单陈述，而陈述则可以分解为有限数量的概念。这些概念在人类创造过程中的有序重组，就表现为各种定理、法则、定律和公式。尽管它们的角度不同，但实质基本上是一致的，都希望找到知识生产过程的关键数据(知识单元)，然后用图来标识其联系与结构，实现知识的有序化组织。这样的系统无疑是高效率的，但其可行性却值得推敲。这是因为：一方面，知识生产是动态的，积累是无限的；另一方面，知识组织即使在很狭小的专业领域中，都表现为复杂的、多维的立体结构，二维地图或图谱难以表现这种多维立体结构图景。事实上，要在平面上绘制出知识相互联系、相互影响的结构图也绝非易事，要用这些图来实现数据检索就更加困难了。由此，有的专家提出了“知识空间”概念，把概念表达成类似多维空间中向量的对象。当重新确定某一领域时，对该知识领域结构的重新安排，可在多维知识空间中进行，把相关的表示向量通过一次转移与一个新的概念向量集合联系起来。一个人的知识状态也可在多维空间用状态向量来表示，状态向量带有分量，分量是关于被那个人理解的那些基本概念。由于这个多维知识空间的概念基础允许某个人的状态向量，某一领域中情报项的表示向量(正如某一检索系统表示的那样)，以及作为代表某一知识领域的知识空间中对象的实际概念向量之间的不完全匹配，所以用户和检索系统之间的交互将会增加。

3. 知识组织方式的具体方法

知识组织的具体方法表现在如下方面。

(1)知识表示。所谓知识表示，是指把知识客体中的知识因子和知识关联表示出来，以便人们识别和理解知识。知识表示是知识组织的基础与前提，因为任何知识组织方法都要建立在知识表示的基础上。有主观知识的表示和客观知识的表示之分。

主观知识存贮于人脑中，对它的表示表现为复杂的人脑神经生理与心理过程。目前的科学发展尚未完全探明人脑主观知识表示的内在机制。但是，在人工智能的专家系统研究领域，对人脑的知识表示机制进行模拟研究，取得了可喜成果。专家系统的核心是知识库系统，知识库中的知识存贮方式及其推理输出规则，即为专家系统的知识表示方法。专家系统对专家知识的表示主要采取以下 4 种方式。

①逻辑(logical)表示法。这种方法运用命题演算、谓词演算等逻辑手段来描述一些事实的性质、状况、关系等知识。它利用命题逻辑中的联结词符号建立演绎逻辑系统，可进行事实推理、定理证明等运算。

②产生式规则(production rules)表示法。这是一种前因后果式的知识表示模型，它由两部分构成，前一部分称为条件，用来表示状况、前提、原因等。后一部分称为结果，用来表示结论、后果等。其规则是："if(前件) then(后果)"，其意义是：如果(if)前件满足，则(then)系统执行动作(或得出结论)。在一个专家系统中，专家知识、用户知识和背景知识，一般用产生式规则表示。如在文献检索专家系统中，用"if…then…"规则能很方便地表达诸如标引规则、聚类规则、检索反馈策略等专家经验和思想。

③语义网络(semantic network)表示法。知识的语义网络表现为某一领域知识概念之间关系的网式图。它由节点和弧构成：节点表示知识的基本概念(知识因子)，弧表示节点间的联系(知识关联)。语义网络表示法能够把知识因子和知识关联同时生成和表示，并以图的形式直观地显示出来。这种表示方法符合人类联想记忆的思维模式，因此在专家系统建设中得到广泛应用。在文献标引实践中，用语义网络来表示词表知识是一件比较容易的事情。

④框架(frame)表示法。它的基本思想是根据人们以往的经验和背景知识，来推理当前事物的相关知识。一个框架由多个槽(slot)组成，每个槽又

由一个或多个侧面(facet)描述，若干个槽共同描述框架所代表的事物的属性及其各方面表现。框架表示法能够深入全面地揭示事物的内部属性，适用于知识的深层表达。

客观知识存在于各种类型的文献之中，具有确定的知识因子和知识关联结构。客观知识表示的任务就是把文献中的知识因子和知识关联用一定方式表示出来即可。对文献知识的表示，目前普遍采用分类标引法和主题标引法。这两种方法都属于揭示文献主题内容的方法，两者的基本原理相同：先编制标引用词典(或称标引语言)，然后把文献知识特征(形式特征与内容特征)与词典中的标引词汇之间进行相符性比较，最后把相符的词汇用其代号(分类号或主题词)表示出来，这个代号称为文献标识符。但两者的知识组织体例不同。分类标引法是语法组织和语义组织的综合，基本上属于族性组织体例。主题标引法是以语法组织为主、语义组织为辅的综合组织，基本上属于特性组织体例，其中词族索引和范畴索引由于展现了主题词之间的等级关系和学科关系，因而基本属于语义组织体例，而附表和语种对照索引则属于语法组织体例。

(2)知识重组。知识重组是对相关知识客体中的知识因子和知识关联进行结构上的重新组合，形成另一种形式的知识产品的过程。知识重组的目的是通过对知识客体结构的重新组合，为用户克服因知识分散而造成的检索困难提供索引指南，为人们提供经过加工整序后的精炼性知识情报，为便于用户理解和吸收知识，提供评价性或解释性知识。它又包括知识因子的重组和知识关联的重组。

知识因子的重组是指将知识客体中的知识因子抽出，并对其进行形式上的归纳、选择、整理或排列，从而形成知识客体的检索指南系统的过程。这一重组过程实际上是对知识因子在结构上的整序或浓缩的过程。在这个过程中，知识因子间的关联并未改变，没有产生新知识。在文献情报工作中，往往利用知识因子的重组手段，形成文献知识的索引系统，例如，主题索引系统和分类索引系统的形成。它们的产品形式就是各种类型的二次文献，包括目录、索引、文摘、题录、书目之书目、文献指南等。

知识关联的重组是指在相关知识领域中提取大量知识因子，并对其进行分析与综合，形成新的知识关联，从而生产出更高层次上的综合的知识产品的过程。由于改变了知识因子间的原有联系，所以其结果可以提供新知识，也可以提供关于原知识的评价性或解释性知识。它所形成的产品主要是各类三次文献，如综述、述评、词典、手册、年鉴、类书、百科全书、专题讲座等。无论是知识因子的重组还是知识关联的重组，都要遵循客观性原则，即都不能改变原知识客体的语义内容。由此可以看出，知识重组基本上属于语法组织的范畴。

(3)知识聚类。它也可称为知识分类组织法。聚类和分类是一个过程的两个方面，分类的结果产生了聚类，聚类的结果产生了分类。知识聚类组织法，是指将知识按一定的聚类标准分门别类地加以类集和序化的过程。它的基本原理是"事以类聚"，即根据事物的不同属性，将属性相同或相近的事物集中在一起，将属性不同的事物区别开来。

以学科聚类和以主题概念聚类是古今中外各种文献分类法普遍采用的知识聚类方法，它们分别以学科分野和知识客体的主题概念作为区分知识集合的标准。

以时空聚类知识具有时空结构。知识的时空聚类就是根据知识产生的时间和空间属性为标准来类集知识。文献知识的分类组织中所采用的时代复分和地区复分，就体现了以时空聚类知识的原则。在知识创新研究中，如果正确使用知识的时空聚类方法，将会产生显著效果，甚至可能取得意想不到的创造性成果，这是因为知识的时空聚类不仅仅是一种归类，更重要的是一种整合。在知识创新研究中，可采用如下 4 种知识时空聚类方法。①将时空相近的知识整合在一起。不仅可以实现知识的归类，了解某一学科的发展现状，还可以进行某一学科研究成果的横向比较研究。②将时间上相近、空间跨度较大的知识整合在一起。这可以实现某阶段不同知识成果间的交叉渗透，有利于新知识的产生。知识空间的跨度越大，其知识单元的差异就越大，各知识单元间的优势互补就越明显，其价值也就越大。③将时间跨度较大、空间上相近的知识整合在一起。这可以看出某一学科、某一领域的发展脉络，预测其发展趋势，也可以找出某一事物发展的主导因素和其中的关键问题。④将时间跨度和空间跨度都较大的知识整合在一起。这可以极大地发挥各知识单元间的"杂交"优势，使一些老的学科焕发青春，又可以促进新学科的产生。许多新兴的交叉学科的诞生，就是通过这一途径实现的。

(4)知识存检。知识存检是由"存贮"和"检索"两个方面构成的系统或过程。这里所说的检索，是指检索系统的建立过程，而不是用户的实际检索过程，因为用户的实际检索过程处于知识的查找和利用环节，而不处于知识组织的环节。知识因能够存贮而得以积累和延传，因能够检索而得以吸收利用。建立科学有序的知识存检系统，是知识组织活动的重要任务。知识存检可分为脑内存检和脑外存检。

知识的脑内存检表现为复杂的大脑神经生理与心理过程。目前认知心理学对大脑知识存检机制的研究可谓富有成果。在认知心理学研究中，知识的存检被当做记忆过程来对待。一个完整的知识记忆过程包括知识的存贮、编码和提取(回忆)三个环节。知识的脑内存检(记忆)过程，实际上就是主观知识的形成过程。尽管人们目前还不能完全探知其内在机制，但它是一切脑外知识存检方法均应遵循的基本依据，因为一切脑外知识存检方法的根本目的就在于为个体的知识记忆服务。

知识的脑外存检又分个体的脑外存检和公共的脑外存检。前者表现为个体的随机行为过程，难以把握和描述其普遍规律，因此本书只论述知识的脑外公共存检。知识的公共存检属于客观知识的存检范畴，亦即属于文献存检范畴。社会的文献情报部门就是从事文献的公共存检工作的专门机构。

(5)知识编辑。它是指对知识客体进行的搜集、整理、加工制作等编辑活动。知识编辑的过程，一般表现为先“辑”后“编”，即先搜集相关资料，然后加工制作成特定形式的知识产品。

从知识编辑的功能上看，它是知识产品能够汇入到知识流海洋之中的一道道关闸。在这里，知识编辑起到了“编辑筛”的作用，即符合编辑标准(包括内容标准和形式标准)的知识产品得到生产和流通，而不符合编辑标准的知识产品则被筛掉。某一知识产品在未经编辑前被称为初级产品(或称编前产品)，经过编辑加工后的产品则被称为成样产品(或称编后产品。在这里不能称为终级产品，因为该产品可能以后继续被编辑)。某一知识产品，经过“编辑筛”的筛选，成为成样产品，这就是所有编辑活动的微观过程。从宏观上看，知识编辑的筛选功能，可以实现知识生产的“优生”，从而保证知识生态的优化组合。可见，知识编辑是关系到知识生态环境优劣的知识组织方法。互联网上的知识信息之所以庞杂混乱，主要是由于许多知识信息未经组织编辑而直接上网所导致。

知识编辑和知识重组具有相似性，两者之间有时相互包容、相互交叉，例如，大部分二、三次文献的形成过程，就是通过知识编辑活动来完成的。正因如此，有些知识组织活动既可以说成是知识重组，也可以说成是知识编辑。尽管如此，知识编辑和知识重组之间还是有比较明显的区别。知识编辑活动往往是由比较固定的编辑组织，且由相对职业化的编辑人员来完成。而在知识重组活动中，一般不需设有固定的编辑组织，即使有时设有编辑组织，也是临时性的，有些知识编辑活动就不宜或不能说成是知识重组活动，如丛书编辑、译文编辑等。

(6)知识布局。知识布局是一种宏观的知识组织方式，它是指对社会上的知识资源进行调配和布局，以实现知识资源的合理配置，满足社会、经济、文化发展的需要。根据知识载体的不同，知识布局可分为主观知识的布局和客观知识的布局。

主观知识的布局，主要是通过对主观知识的拥有者——人的配置活动来实现，主要有自然性布局和政策性布局两种形式。科教文卫部门和政府机关聚集了大量知识分子(即拥有大量主观知识资源)，这是社会发展需要所造成的自然性布局。发达国家和发达地区聚集了大量优秀知识分子，也是一种自然性布局。而向落后部门或落后地区支援、调配所需人才，则属于政策性布局。

客观知识的布局基本上属于文献资源布局的范畴。所谓文献资源布局，就是从宏观上制定目标和规划，进行协调和分工，以指导文献情报部门的文献收集工作，突出各自优势，形成比较完备的收藏，并将其作为社会的知识资源共享共用，从而建立文献资源保障体系。文献资源的布局分为自然性布局和政策性布局。社会上的文献情报部门收集有大量文献资源，发达国家和地区拥有世界上的大部分文献资源，这是一种自然性布局状况。而诸如“知识工程”“捐书工程”“送书下乡”“全国图书协调方案”等，就属于政策性布局措施。

(7)知识监控。这里所说的知识监控，主要是指政策性监控，它是指政策主体按照自己的意愿和利益，制定相关的政策法规，对知识主体(包括生产主体、管理主体和利用主体)的行为活动加以限定和监督。知识监控是一种知识的外在组织方法，其目的是为了完善知识系统的内在秩序。知识监控可分三种类型。

①思想监控。这是指政策主体对知识主体及其知识产品的政治倾向性所实施的限定与监督，其主要对象是人文社会科学领域。对知识主体及其知识产品实施思想监控，是阶级社会的一个特点，只要阶级存在，这种监控就不可避免，不管其历史后果如何。

②法律监控。就是指法律主体为了保证其意志与利益的实现，为了保障知识主体的合法权益，为了保证社会的知识管理活动正常秩序，而对知识主体和知识管理活动加以法律限定与监督。知识的法律监控，主要表现为相关法律法规，如知识产权法、专利法、图书馆法、档案法、信息保密法等的制定与实施。知识的法律监控具有强制性与统一性特点。

③标准监控。这是为了保证知识组织活动的标准化和规范化而实施的一种监控。它主要表现为一系列相关标准、规程的制定与实施过程，如文献著录标准、文献分类与标引规则、数据库数据格式标准、参考文献著录规则、期刊编辑规则、文献情报工作评估标准、索引款目格式及其编排规则、索引语言词典等的制定与实施。知识的标准监控具有统一性、规范性和操作性

特点。

3.2.2　价值管理方法

价值管理(value manegement)是美国学者肯·布兰查(Ken Blanchard)在《价值管理》一书中提出的概念，他认为，依据组织的远景，企业设定符合远景与企业文化的若干价值信念，并具体落实到员工的日常工作上，成为组织的标准行为典范。让组织的全体管理者和员工都认识到知识的价值与组织成功的必然关联，由此逐步建立起为成员广泛接受的知识就是核心竞争力的管理理念和行为准则，并且在内部工作与外部服务上付诸实施，以实现组织的远景和目标。

运用价值管理来实现知识管理，对企业的好处在于不仅能够传承落实公司的远景，更能设定企业员工守则、工作信条等方法，在组织内部进行各种层面的沟通，凝聚共同信念，持续组织的竞争力和获得长久的事业成功。

采用知识价值管理，能将管理者的决策重点放在知识价值的驱动因素上，将远景总体目标、分析技巧及管理程序协调起来。基于知识价值的管理强调在各个层面上都能做出有利于增加知识价值的决策，从而要求上至总经理、下至一线员工都能树立创造知识价值的概念，并能深刻理解影响企业价值的关键性变量，将价值最大化战略转化为知识管理具体的长期和短期目标，以期在组织内部传达管理部门的期待目标。

1. 从财务管理中实现知识管理的价值

企业财务管理分为三个层次，第一个层次是会计，其功能是如何管好钱，管好股东投入企业的钱，即会计部门作为股东在企业中资产的管理者，应充分监督资产的运营情况。所以在大型企业中，CFO是由董事会聘任而非由总经理聘任。运用知识管理有效全面实现会计的反映信息、规范信息、监督控制的职能。即通过会计数据充分反映企业的运营情况，会计所反映的信息应该是真正的企业管理信息，而非简单的财务报表。例如在大型跨国企业中，会计应提交品牌利润表(利润由哪些品牌创造)、客户利润表、区域利润表，这些信息才是真正的规范反映信息，从而达到监督及控制企业的经营运作。

第二个层次是财务，财务是国民经济各部门、各单位在物质资料再生产过程中客观存在的资金运动及资金运动过程中所体现的经济关系。财务的功能主要是投资的可行性分析，是决定投资什么及投资多少、如何筹措资金、从何种渠道以最小的成本筹措资金。加强投资决策的科学性和资金分配的合理性必须要充分利用知识的价值。

第三个层次是企业财务，企业财务是指企业为达到既定目标所进行的筹集资金和运用资金的活动。着眼点在于企业的价值、股权的价值，是通过业务的买卖和股权的买卖来实现企业价值的最大化。在企业财务管理系统的三个功能中，如何管好钱、用好钱是现在职业经理人所应具备的基本知识，而公司财务部分则是专业财务人员应具备的基本知识。一家公司上市还是倒闭的根本区别在于，能否让资本在经营过程中增值，增加收入、扩大市场份额和提高产品质量等行为，都是为了增加利润这个最终目标。

知识的价值管理则可以让企业管理者更加明晰企业未来的发展道路，明晰企业里面什么东西最值钱、如何使企业更值钱。员工个人是否愿意并且有能力使企业增值、个人对企业是否有价值、个人是否拥有企业价值。

2. 集中化是知识价值管理的核心

“集约化、集成化、集散化”是知识价值管理的核心内容，也是“集中化”的不同表现形式。集中化，强调信息和知识的集中，主要解决企业集团走向国际化之后由于在全世界范围投资所引起的信息不对称问题，同时要解决全球范围内的信息共享问题，信息的集中化最终会降低代理成本和节约信息成本。集成化主要指信息和知识资源的集成化。将组织内部各种信息系统进行整合，使信息资源规范统一。最后是信息和知识资产集散化，集散化有利于信息和知识的个性化利用。

知识价值管理的核心是知识价值创造，知识价值创造的核心是创新，而创新则必然要求发挥知识价值创造主体的主观能动性。知识价值管理客观上要求放权而不是集权，信息知识的集中、集成并不意味着权力的集中和集成。

在人才流、物资流、信息流、价值流中，最具概括性和综合性的是价值流管理，如表 3-1 所示。现代企业集团通过战略计划、资源管理、系统管理、业绩评价、管理控制五大板块，来构建走向国际化企业集团的价值管理模式。这种价值管理模式实现的关键在于知识价值管理。

表 3-1 价值管理模式

价值管理模块	价值管理模式
1. 战略计划	1. 基于组织变革的管理(OCBM)
	2. 基于战略成本的管理(SCBM)
	3. 基于计划预算的管理(PBBM)
	4. 基于战略控制的管理(SCBM)

续表

价值管理模块	价值管理模式
2. 资源管理	5. 基于资本重组的管理(CRBM)
	6. 基于利益关系的管理(BRBM)
	7. 基于价值评估的管理(VVBM)
	8. 基于资金司库的管理(FTBM)
3. 系统管理	9. 基于价值链的管理(VCBM)
	10. 基于作业链的管理(ACBM)
	11. 基于供应链的管理(PSBM)
4. 业绩评价	12. 基于代理成本的管理(ARBM)
	13. 基于业绩评价的管理(PEBM)
	14. 基于标杆瞄准的管理(BMBM)
5. 管理控制	15. 基于风险控制的管理(RCBM)
	16. 基于内部控制的管理(ICBM)
	17. 基于资本控制的管理(CCBM)

3.2.3　系统方法

系统(system)是由相互联系、相互作用的要素(部分)组成的具有一定结构和功能的有机整体。英文中系统(system)一词来源于古代希腊文systεmα，意为部分组成的整体。古希腊哲学家德谟克利特所著《世界大系统》是最早采用系统一词的书。

系统工程(systems engineering)是一门统筹全局、综合协调研究系统的科学技术，是系统开发、设计、实施和运用的工程技术，是在系统思想指导下，综合应用自然科学和社会科学中有关的先进思想、理论、方法和工具，对系统的结构、功能、要素、信息和反馈等，运用多学科成果，进行分析、处理和解决实际问题，以达到最优规划、最优设计、最优管理和最优控制的目的。系统工程是系统科学中直接或间接地改造世界的组织管理技术。系统工程以运筹学、控制论、信息论、大系统理论和系统学为基础科学，它们的创立和广泛应用，大大促进了系统工程的发展和运用。系统工程的研究对象主要是复杂的大系统，同时，也广泛应用于各种系统和部门。

按不同的分类标准，系统可分为自然系统和人造系统、实体系统和抽象系统、静态系统和动态系统、开放系统和封闭系统。知识管理是一种复杂的系统，它兼具各种系统的某些特征，但又表现出其独特的系统特点。

1. 自然系统和人造系统

原始的系统都是自然系统，如人的大脑系统等。人造系统都是存在于自然系统之中的，如计算机设备等。人造系统和自然系统之间存在着界面，两者互相影响和渗透。自然系统是一个高阶复杂的均衡系统。系统工程所研究的对象，大多是既包含人造系统又包含自然系统的复合系统。从系统的观点讲，对系统的分析应自上而下而不是自下而上地进行。例如，研究系统与所处环境，环境是最上一级，先注意系统对环境的影响，然后再进行系统本身的研究，系统的最下级是组成系统的各个部分或要素。自然系统常常是复合系统的最上一级，研究知识管理首先可以从人类产生、表达、加工、运用知识的生理机理出发。

2. 实体系统和抽象(概念)系统

所谓实体系统，是指以物理状态的存在作为组成要素的系统，这些实体占有一定空间，如自然界的生物、机械设备等。与实体系统相对应的是抽象概念系统，它是由概念、原理、假说、方法、计划、制度、程序等非物质实体构成的系统，如管理系统、文化系统等。近年来，人们逐渐将概念系统称为软科学系统，并日益受到重视。实体系统是概念系统的基础，而概念系统又往往对实体系统提供指导和服务。知识管理系统经常是以上两类系统在实际中结合在一起形成的，以实现一定的知识管理功能。

3. 静态系统和动态系统

系统的静态和动态都是相对的。随着科学的发展和人类的进步，才逐渐认识到世界不是恒定事物的集合体，而是动态过程的集合体，运动是永恒的。从某种意义上讲，静态系统总是相对的，而动态系统指的是既有静态实体又有活动部分的系统，知识管理系统就是静态实体，如知识文本，又有活动部分的系统。

4. 开放系统和封闭系统

封闭系统是一个与外界无明显联系的系统，环境仅仅为系统提供了一个边界，不管外部环境有什么变化，封闭系统仍表现为其内部稳定的均衡特性。封闭系统的一个实例就是密闭罐中的化学反应，在一定初始条件下，不同反应物在罐中经化学反应达到一个平衡态。开放系统是指在系统边界上与环境有信息、物质和能量交互作用的系统。例如商业系统、生产系统或生态系统，这些都是开放系统。在环境发生变化时，开放系统通过系统中要素与环境的交互作用以及系统本身的调节作用，使系统达到某一稳定状态。因此，开放系统常是自调整或自适应的系统。显然封闭和开放也是相对的，知识管理系统应该是一种能够自调整或自适应的开放系统。

系统应该表现出整体性、相关性、目的性、功能性、环境适应性、动态性和有序性特征。所以构建知识管理系统要明确目标，各系统组成部分之间要互相依赖，要充分注意各组成部分或各层次的协调和连接，提高系统的有序性和整体的运行效果，构成一个综合的整体，以实现一定的功能。知识管理系统必须具有对环境的适应能力，例如反馈系统、自适应系统和自学习系统等。系统内部结构也可以随时间变化，有序能使系统趋于稳定，有目的才能使系统走向期望的稳定系统结构。

3.2.4 矩阵管理法

矩阵式管理是指通过横向联系和纵向联系的管理方式，平衡企业运营中分权化与集权化问题，使各个管理部门之间相互协调和相互监督，更加高效地实现企业的工作目标。这种组织结构是在克服单项垂直式组织结构缺点的基础上形成的，其最大的优点就是信息线路较短、信息反馈较快、提高工作效率而降低成本，强化组织的应变生存能力。矩阵式组织结构是有效开展知识管理的理想组织保障。

矩阵管理主要适合于大型企业或业务发展迅速、业务范围涉及比较广泛和繁杂的企业，这是由矩阵式管理本身的特点所决定的。当企业发展到一定规模或阶段时，必然会出现产品多元化、市场更加分散、业务更加繁杂、部门更加庞大的结果，日常运营中各种各样的事务会交叉影响。如果企业的组织结构没有及时得到调整，仍然采用金字塔形的中央集权制或单一的管理体制，企业的运营就可能会发生紊乱：内部信息和知识传递缓慢、客户的请求无人顾及、新产品研发的机会错失、下级部门与上级部门步伐不协调等问题会逐一出现。在这种情况下，以产品或以服务来划分部门等单一的管理方式已经无法适应企业复杂的运营环境，企业需要更加柔性的管理，以使其各项业务得到更有效的监控。矩阵管理恰好能够弥补对企业进行单一划分带来的不足，把各种企业划分的好处充分发挥出来。矩阵结构则通过横向及纵向的管理方式，通过跨职能部门的设立，强化彼此间信息和知识的流通，能够更加灵活有效地协调各项不同业务的发展。

从知识管理的角度看，矩阵管理有三大优点。一是知识资源在纵向和横向的组织结构中流通和共享。二是提高知识传播和交流的工作效率。三是可以把不同类型或层次的知识综合起来，以解决一些复杂的高难度问题。

成功实施矩阵式知识管理的前提条件是企业内部能够顺利地进行沟通，

沟通幅度合理。而合理有效的沟通幅度取决于信息是否能在上下级之间通畅地传递，员工的意见是否能被上传并得到及时反馈。要达成此目标，企业管理层就必须通过各种方式让每个员工都明白在新管理结构中自己的责任与权力，让所有人都清楚矩阵管理的运作流程，使矩阵管理方式能够被全体员工所认可。

3.3 知识管理工具概述

3.3.1 知识管理工具的概念

知识管理工具是实现知识生成、编码和转移的技术集合。值得强调的是，知识管理工具不仅仅是以计算机为基础的知识管理工具(现代知识管理工具)，日常所用的笔和纸也可称为知识管理工具(传统知识管理工具)。

知识管理工具与信息和数据管理工具有很大的区别。知识管理工具不仅仅是数据、信息管理工具的简单改进。从功能上来看，信息管理工具主要用于信息处理，如自动化的信息搜索代理、决策支持技术、管理信息系统和文档管理系统等。数据管理工具的重点是处理支持企业运营的“原材料”，如销售数据、库存记录等基本数据。它通过数据图表的方式，使组织能够生成、访问、存储和分析数据。数据管理工具包括数据库、数据仓库、搜索引擎和数据建模工具。

知识管理工具能捕捉复杂语境信息和知识内涵的多样性，而信息和数据管理工具却做不到这一点。信息、数据管理工具的特点决定了它们同知识管理工具有着千丝万缕的联系，但不能完全取代知识管理工具，更不能把它们和知识管理工具等同起来。例如，如果我们没有相应的知识，那么贝多芬的《命运》对于我们来说仅仅是一首曲子。知识工具的作用在于，它不仅帮助我们完整保存这首曲子，更重要的是，它能够帮助我们理解这首曲子。

3.3.2 知识管理工具的分类

知识的生成包括产生新的想法、发现新的商业模式、发明新的生产流程以及对原有知识的重新合成。知识的产生有多种模式，如知识的获取、综合、创新等。不同方式的知识产生模式有不同的工具对其进行支持。知识生成工具包括知识获取工具、知识合成工具、知识创新工具、知识编码工具、知识转移工具和交互关系图等。

1. 知识获取工具

最具代表性的知识获取工具就是搜索引擎。虽然搜索引擎不能直接给人们带来知识，但是它们却提供了知识的存放位置，如果忽略搜索质量因素，搜索引擎的确使人们十分方便地获取各种知识。最近的技术发展已经使网络搜索引擎有了初步的智能，它能够根据用户输入的关键词实现模糊搜索，并且能够根据用户对各条搜索结果的作用频率，自动更新搜索结果。另外一种常用于知识获取的工具是数据挖掘技术，是从大量数据中提取出可信、新颖、有效并能被人理解的模式的高级处理过程。数据挖掘运用选定的知识发现算法，从数据中提取出用户所需要的知识，这些知识可以用一种特定的方式表示或使用一些常用的表示方式。

2. 知识合成工具

大多数的发明并不是仅仅基于单一想法，通常是多个创新点的综合产品。大多数的搜索引擎通常被设计成在使用者提供明确的搜索条件的情况下，能够高效率地搜索与关键词相关的条目的工具。但搜索结果之间是无序的、相互独立的，即使最强大的搜索引擎也不能实现完全智能式的互动搜索。因此，常规的搜索引擎的缺陷就在于不能搜索与人脑中的想法相关的知识。

现在有一些工具能够帮助人们实现知识合成，像 IdeaFisher 等工具，能够将相关的词句组合起来，帮助人们将分散的创新观点整合起来。另外一个工具 Inspiration，则能够帮助用户形成一种概念图，从而提高使用者对知识进行合成的能力。

3. 知识创新工具

就目前的技术水平而言，通过机器实现知识的创新还十分困难，虽然人们可以通过搜索引擎大大加强搜索的效率，通过人工智能实现简单的知识推理，达到一定程度的人工智能，但实现自动化的知识创新还十分困难，或者只能实现辅助性的知识创新。例如，名为 IdeaGenerator 和 MindLink 的工具通过引导人们突破思维定势来提高创新能力。

4. 知识编码工具

知识编码工具的作用在于将知识有效地存储并且以简明的方式呈现给使用者，使个人和企业的知识更容易让其他人使用。简单来说，知识编码工具可以分为以下几类。

(1)知识仓库。知识仓库是一种特殊的信息库，库中元数据有相关的语境和经验参考。许多人用知识仓库这个术语代替数据库和信息库这两个词，以此迎接知识管理的浪潮。真正的知识仓库远比这两个概念复杂，知识仓库拥有更多的实体，它不仅仅存储着知识的条目，而且存储着与之相关的事件、知识的使用记录、来源线索等相关信息。知识仓库通常收集了各种经验、备选的技术方案以及各种用于支持决策的知识。知识仓库通过模式识别、优化算法和人工智能等方法，对成千上方的信息、知识加以分类，并提供决策支持。这样，知识仓库不仅仅可以避免重新获取知识带来的成本，同时通过提供对协作的支持加速企业创新的速度。当与专家系统、友好的应用界面相结合时，知识仓库将成为十分有用的工具。

(2)知识地图。知识地图是用于帮助人们知道在哪能够找到知识的知识管理工具。知识地图的作用在于帮助员工在短时间内找到所需的知识资源。和企业现在面临的信息过量一样，企业将来同样也会面临知识过量问题。即使为使用者提供高效率的搜索引擎，也不能使使用者摆脱寻找知识过程中的混乱状态，需要有一个指引使用者的工具。在后文将会对知识仓库和知识地图做详细的介绍。

5. 知识转移工具

知识的价值在于流动，在知识流动的过程中，存在许多障碍，使知识不能毫无阻力地任意流动。这些障碍可分成三类：时间差异、空间差异和社会差异。我们需要根据各种障碍的特点，设计相应的制度和工具，使企业的知识更有效地流动。

(1)时间差异。时间产生的障碍表现在两个方面；历史的和实时的。对于组织来说，除非能够捕捉知识，将其编码化，并且在需要时及时提供给员工，否则许多有用的知识就会转瞬即逝。在上文中提到的一些用于知识编码的工具可以克服历史性的时间障碍。实时性的时间障碍多存在于如何保持两种工作之间相互协调，以保证合作者之间进行充分的知识交流。用于实现实时远程交流的工具对克服实时性的时间障碍大有帮助。在这类工具中，目前最流行的是基于 Internet 的论坛或新闻组和称为群件的软件包。群件的特点在于它能够提供虚拟的工作平台，在这个工作平台上，员工可以交流看法，协同工作。在员工交流的过程中，群件系统不仅保存交流形成的文档，还能捕捉交流和互动的线索，保留了知识的语境，不仅仅克服了知识交流的实时性困难，同时也克服了历史性困难。

(2)空间差异。随着国际化的迅猛发展，现代企业已经很少局限于本地化发展。随着公司在地理上的分布性不断增强，企业必须与客户、供应商进行远程的交流与合作。从交流活动中的知识交换效率来看，通常情况下，面对面交谈的知识交换效率是最高的，随着交流过程中交互程度的降低，知识交换的效率也会随之降低。许多公司采用会谈室的方式来激发员工的创新热情。但常规的会谈室有两个缺陷，首先是在会谈室中，员工必须面对面地交流，这需要有开放、民主的企业文化支持，但在东方文化中，特别在中国，要求员工之间直接交流思想十分困难。另外，它不能适应企业在地理上分布性的要求。随着网络的发展，人们现在已经可以建立起许多虚拟的交谈室来克服常规交谈室的不足。例如，利用群件技术，可以在企业网上或者是Internet上建立交谈室，与项目相关的员工可以在交谈室中发表见解，每个交谈室由项目经理或指定人选负责主持讨论，员工可以以文字或网络会议的方式参与讨论，在讨论结束后，由系统自动形成会议档案。

(3)社会差异。社会差异包括了员工之间层级、分工和文化上的差异。这种差异源于个人的经历各不相同，这种差异使得员工对相同的信息产生不同的反应，即使是通过完全相同的学习过程，不同背景的员工获取的知识也是不相同的。这些差异会在很大程度上影响员工交流共享知识，同时这种差异也是最难克服的。

6. 交互关系图

现在已经有许多工具用来帮助企业标出各种社区和非正式网络组织，企业通过这些工具，将这些组织或交互网络形象化地显示出来，从而使企业更好地了解存在于整个企业内部的知识交互网络，同时也帮助员工寻找知识交流的团队，如社会网络分析工具。

3.4 典型的知识管理工具

3.4.1 知识仓库

1. 知识仓库的含义

知识管理是通过共享和抓住隐性知识并将其转变为显性知识，筛选、存储、加工、检索、传递和利用显性知识，创造新的知识来增加社会价值的。这种实践活动可用知识螺旋来描述。在每一个螺旋中存在4个阶段，共享隐性知识阶段、隐性知识转变为显性知识阶段、显性知识转变为新知识阶段和通过学习产生新的隐性知识阶段。每一次新的显性知识和隐性知识的产生便是知识螺旋的一次上升。相对于知识管理，信息管理注重显性知识或称编码型知识的搜集、存储、加工、检索、分析和预测，这方面的研究成果主要表现为数据仓库的开发和利用。数据仓库使企业能抽取、筛选、存储大量的数据，对用户的检索进行有效而准确的反映，并为决策活动提供强大的基础。然而，数据仓库中仅仅存储了决策者所需知识的一部分，企业的绝大部分智力财富以隐性知识的方式存在于员工的大脑中。因此，数据仓库不能满足对知识检索的需求。

为了满足知识管理和知识决策的需求，可以对现存的企业数据仓库进一步扩充，成为满足知识管理需求的知识仓库。知识仓库能够对不同类型的知识(显性知识和隐性知识)和不同形式的知识(纯文本、二进制对象、模型等)进行捕捉、存储、编码、组织和分析。另外，这些知识还包括元知识，即关于知识的知识和分析后产生的新知识。

知识仓库与数据库一个显著的区别在于知识仓库是一个有机体，其生命力在于不断地更新。当决策人不断地从知识仓库中提取有用的数据、放入新的内容，知识仓库将会保持活力。相反，长期不使用知识仓库会降低知识仓库的可用性。另外，不断地周期性地对知识仓库内的知识进行评价，对数据仓库的可用性十分重要。这是因为从知识的可用性来看，有些知识的可用周期很长，但是有些知识的可用周期很短，如果不能定期地对知识仓库中的知识进行评价，那么库内的知识不仅不能支持员工高效率工作，而且还会产生误导。

2. 知识仓库的功能

信息技术的发展使知识仓库的功能实现变为可能，知识仓库应具备以下主要功能。

(1)隐性知识共享和转化功能。即知识仓库应具备共享隐性知识和将隐性知识转变为显性知识的能力。这依赖于机器学习、神经网络、信息可视化、多媒体技术等。

(2)知识存储和检索功能。即知识仓库必须提供数据仓库所拥有的全部功能，并具有更加丰富的知识表现形式。知识仓库应能有效生产、存储、检索、管理各种形式的知识。

(3)知识分析功能。知识分析是一个非常复杂的过程，分析任务常常利用各类归纳和演绎的人工智能技术，如神经网络、数据处理的分组方法、统计、基因算法、基于案例的推理等。每一个任务在输入数据、执行参数和输出格式方面都有自己的要求。

(4)新知识的产生和反馈功能。知识仓库中的知识随着不同的反馈环而得到实时更新，如通过头脑风暴法产生、共享和获取新的隐性知识，从用户刚刚验证和证实的结果中产生新的显性知识。

(5)用户行为分析跟踪功能。知识仓库能够根据用户所提供的信息、用户的行为习惯和倾向进行跟踪，并针对性地提供决策服务。

3. 知识仓库的架构

知识仓库包括六个主要构件(见图3-1)，包括：共享和获取隐性知识模块，获取显性知识模块，知识的抽取、转变和存储模块，知识分析模块，用户(系统管理员)界面模块，形成三个反馈环。

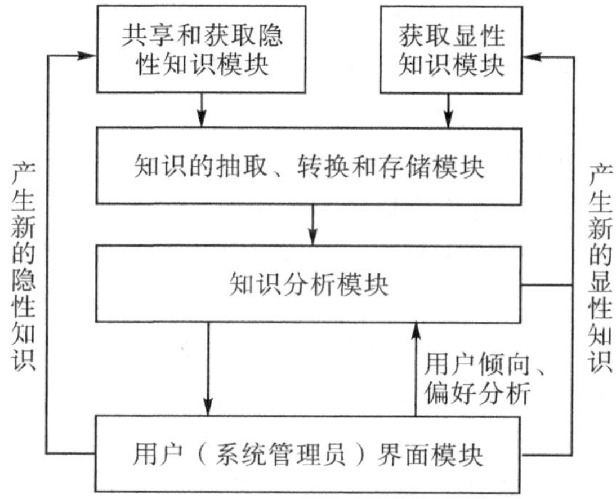

图3-1 知识仓库的架构

(1)共享和获取隐性知识模块。隐性知识是无法交流的知识。例如，一位有经验的管理者作报告，该管理者能表达出来的知识是显性知识，而他头脑中大量存在的是他无法表达清楚的隐性知识，这些隐性知识在该管理者的管理实践中起着非常重要的决策支持作用。知识管理非常强调对隐性知识的挖掘。共享和获取隐性知识模块应具体拥有以下功能：①行为隐性知识获取。表现为行为跟踪、动作慢放，如将外科手术、工艺操作等过程进行录制生成多媒体信息，再对这些多媒体信息进行慢放，通过观摩这些慢放的画面，可以共享人的行为中所拥有的隐性知识。②提供一个平台，让大家各抒己见，如在BBS、聊天室或头脑风暴法基础上加上跟踪软件，分析表达出来的、看起来分散而孤立的显性知识之间的关系，挖掘隐性知识。③基于模型环境的数学模型抽取。④基于专家环境的规则抽取。

(2)获取显性知识模块。这个模块功能类似于数据仓库中相应的功能，能够对显性知识进行搜集和筛选。

(3)知识的抽取、转换和存储模块。这个模块是知识仓库的基本构件。它是一个面向对象的知识库管理系统(knowledge base management system，KBMS)，集成了知识库、模型库和分析任务等。知识以框架、规则、语义网络等形式存储在知识库中。KBMS 管理如何将广泛的知识对象集成为一个功能体，这些知识对象包括数字、文本流、验证的模型、元模型、电影剪辑、动画片断以及控制它们的软件。KBMS 在面向对象的环境中实施，不仅管理数据，而且管理所有的对象、对象模型、过程模型、案例模型、对象交互模型和用来处理、解释知识并产生知识库的动态模型。

(4)知识分析模块。知识分析模块处理所有与分析任务有关的活动，包括知识工程、任务控制、判断生成和技术管理。知识工程子模块是基于专家系统的子系统，它负责开发知识分析目标和基本的模型环境原则。

任务控制子模块处理所有数据要求和运行中的交互(包括对用户倾向偏好的分析和跟踪)，即以任务控制台的形式作为任务交互的基于人工智能的代理决策者，使真正的决策者不必知道其中的技术、微小区别和交互过程等。

判断生成子模块对各类分析任务的输出(包括基于用户行为跟踪分析而提供的针对性决策服务)进行评估，特别是对于因果任务，筛选出基于某个标准的假的或不一致的结果，然后产生希望能使用户明白模型环境的简单而深刻的解释。在这个过程中，判断产生模型与知识库、例子库和模型库交互，利用演绎知识、类比推理和其他技术。

技术管理子模块对分析技术库进行管理，它提供从新生分析算法到对象模型类的封装、遗留数据挖掘集成应用、新生分析模型和元模型的对象模型库合并，等等。

(5)用户(系统管理员)界面模块。这个模块处理分析系统和用户间的所有通信，包括五个功能子模块：判断界面、输入处理器、输出处理器、在线帮助和系统管理员界面。

判断界面是为了有效帮助用户确定一个或多个条件进行观察，它包括一个通过变化一个或多个参数值来提出相关例子的类比构件，还包括一个或多个交互图形以显示操作过程，以便用户能快速看清什么已经试过、哪些例子可引向更深的洞察。判断界面还应能提供基于计划分析任务的具有潜在价值的案例分析。

输入处理器在用户和分析任务之间提供界面，它将用户确定的自然语言、SQL 检索语句等转变成机器可执行的检索，或将用户的语音和绘图等信息转变成机器可识别的数据。

输出处理器为每一个分析结果选择最合适的可视化显示，如图、自然语言、多项式、决策树等。这种选择是基于分析任务输出和用户偏好的结合，而这又是基于适应性机器学习算法，它可分析当前用户的历史行为。

帮助模块向用户提供有关模型(如参数范围、测量单位、内部模型结构)、例子(与基本案例的差异，关键决策变量值)、相关知识(如元模型，元数据，基本原则，分析目的)和分析任务(如应用技术，技术描述，结果的解释跟踪，使用的技术参数，技术的优势和局限)的信息。

系统管理员界面是为系统维护者提供的知识仓库通信的端口。

(6)反馈环。知识仓库包括三个反馈环，一是从用户(系统管理员)界面模块到知识分析模块之间的环，它通过分析用户的倾向偏好来更好地为用户提供知识分析及其结果输出服务。二是从知识分析模块和用户(系统管理员)界面模块到获取显性知识模块之间的环，知识分析和用户产生新的显性知识，新的知识通过这个环存储到知识库中，这是知识管理的第三个阶段。三是从用户(系统管理员)界面模块到共享和获取隐性知识模块之间的环，用户通过学习而产生新的隐性知识，这是知识管理的第四个阶段。

知识仓库的一个简单例子是资源管理下载系统。这个系统能够有效地储存各种下载资源，并且有清晰的分类管理功能、强大的搜索引擎功能以及支持分布式操作等。还要储存相关的语境信息，如下载网址、下载时间和下载者等。在用户搜索某种资源时，知识仓库能够给出推荐网站，以及相关链接。也就是说，知识仓库概念下的资源下载管理系统应当在为用户提供下载资源本身的同时，还要为用户提供查找更多相关资源的线索。

3.4.2　知识地图

1. 知识地图的概念

知识地图实质上是利用现代化信息技术制作的企业知识资源的总目录及各知识款目之间关系的综合体。也就是说，一份知识地图包括两个方面的内容，一是通过知识资源调查所获取的知识资源目录，二是目录内各款目之间的关系。知识地图必须清楚表示企业内部或外部相关知识资源的类型、特征及知识之间的相互关系，更高级的知识地图还应揭示企业的组织结构、业务流程、员工激励制度、客户承诺以及企业用以创造和利用知识的技术。一份完整的知识地图包括的内容十分丰富，它能提供知识资源的存储地点、所有权人、有效性、及时性、主题范围、检索权利、存贮媒介及使用渠道等，并能揭示所有的知识资源，如文档、文件、系统、政策、名录、能力、关系、权威及专利、事件、实践经验等。

知识管理中的知识地图是一种知识库管理系统技术(DBMS)与Internet技术相结合的新型知识管理技术，不同于情报学理论中布鲁克斯(B. C. Brooks)提出的“知识地图”概念。布鲁克斯的知识地图是对文献中的逻辑内容进行分析，找到人们创造与思想的相互影响及联系的结合点，从而为用户提供知识之间关系的一种知识组织的理想状态。作为知识管理技术之一的知识地图则是对数据库或知识库中的知识信息，先通过人工或机器方式提取其主题词或关键词，每个词及其代表的文献作为一个节点，然后运用超文本技术，按照一定的规则在这些节点之间建立相应的超文本链接，使用户在命中某一文献后，能根据链接提供的线索，进一步访问知识地图建设者认为可能相关的其他文献。知识地图技术建立的仍是文献之间(最多是信息之间)的联系，它遵循了布鲁克斯知识地图的思想，但它提供的不是知识之间的联系，所以并不是严格意义上的知识地图。

2. 知识地图的作用

知识地图是企业知识管理流程措施中的核心内容，它能够揭示企业内部知识获取和流失的机理，描绘企业内部知识流的运行路线，进而协助企业了解员工流失如何影响企业的知识资产，帮助企业更好地建立工作团队。知识地图在企业知识管理中的作用体现在如下几个方面。

(1)有助于知识的重复利用，有效地防止知识的重复生产，节约检索和获取时间。

(2)发现“知识孤岛”并在它们之间建立联系，以促进知识共享。

(3)发现企业内部能有效促进学习的非正式社团。

(4)为知识项目进程评估提供基础。

(5)协助员工快速获取所需知识。

(6)通过提供知识的检索，来协助企业决策及业务问题的解决。

(7)提供更多的学习、利用知识的机会。

(8)有助于知识资产的创造和评价。

(9)有助于建立合适的企业知识管理基础设施。

3. 知识地图的绘制原理

知识地图绘制所需的主要是图书馆学情报学知识和知识库管理系统技术知识。在知识地图绘制工作中，企业要制定相应的知识款目著录规则及建立各条款目之间关系的规则，这些关系包括互见、参见等，从而为实现企业知识管理工作的标准化和规范化奠定基础。一般来说，企业绘制知识地图应注意以下几点。

(1)深刻认识知识的时效性。

(2)明确阐释知识的激励制度，确定适当的绘图范围，并尊重员工的隐含知识。

(3)尽可能包括所有的知识类型。如显在知识和隐含知识，正式知识和非正式知识，内部知识和外部知识，编码化知识和个人经验，瞬时知识和永久知识等。

(4)高度重视组织结构与组织文化及奖励制度，并重视及时性、共享性及相关法律，如专利法、商标法等。

4. 知识地图的实现技术

从技术上讲，知识地图的实质就是知识目录的总览，知识地图允许对企业知识资源进行处理、浏览和形象化。知识目录是指企业知识库或企业知识资产的分类典藏(categorized collection)登记表(一个精心设计和组织的登记表)，它是在企业知识资源评测的基础上形成的一个数据库，收藏企业知识资源的著录信息，能揭示各知识款目之间的关系，并提供相应的链接服务。信息和知识的目录由元数据揭示，简单的元数据仅仅提供目录源的有关外部特征信息，如地点、作者、信息或知识生产日期及入藏号等，高级的元数据能揭示知识款目的内容特征，如主题、分类号、应用及知识的相关背景等。

在知识目录中，对企业运作具有重要意义的信息和知识，根据某种分类体系进行分类和典藏，其中的信息可以是文件、Intranet 和 Extranet 上的 Web 主页、文档管理系统、最佳实践记录、数据库、数据仓库及数据市场，其中的知识可以是专家知识、商业规则、工作流图、工艺手册、配方、图表和地图。对于企业来讲，元数据的数量可能十分庞大，且要求经常性地存取与更新。所以企业的知识目录必须基于数据库平台，并能够在全企业范围内提供多项服务功能，如知识目录的缩放，知识内容的维护和保护，对企业知识资源连续地快速检索等。

协作是知识管理的一个核心问题，因此知识地图必须成为企业协作工作的一个重要组成部分。如知识地图可以作为一个 Lotus Notes 电子邮件的附录发送到企业的另一个网站，从而使企业其他员工也能共享这种明确清晰的知识。知识地图还可以通过其他协作技术如 Lotus Teamroom(TM)进行共享，从而进一步丰富内容。

在知识地图技术方面，较有代表性的是 IBM 公司的 IBM Knowledge X。它是 IBM 公司推出的一个强大的知识地图解决方案，在全企业范围内扩展了 IBM、DB2、UDB 的功能，使数据库成为企业所有数据、信息和知识的中心，为全企业范围内的知识管理提供了一个理想的基础设施。

知识地图与浏览技术的结合，使得企业知识管理技术基础设施的建设成为一项不断进步和易于管理的活动，并为企业知识管理所引发的组织与文化变革提供了有力支持。同时，知识库管理技术与网络技术的结合，可以使企业很容易地建立企业的知识中心，即利用网络通信协议把全企业的知识库连接起来。采用统一的检索软件和用户界面，为用户提供对全企业知识库的透明检索服务。

3.4.3 知识网络

知识网络作为知识管理的一个工具，它能够使企业现有的知识透明化，并将责任赋予维护此类信息内容的企业员工，更重要的是能将信息与知识在适当的时机有效地传达给需要信息与知识的企业员工。我们在这里所说的知识网络工具包括两部分：内部网与外部网。

1. 内部网(Intranet)

对于一个企业来说，内部网是计算机网络技术最直接的应用。它的优越性在于能够更快、更好地检索信息，提高工作绩效，广泛的内容和企业的信息关联、交流，低成本的创新和产出，方便的信息利用和流通。使用精密的搜索和检索设施，如导航、提问和个人化的路径，基于超媒体的信息系统，能够存储和精确地查找大量的已记录的组织知识。因此，组织学习能够定制化地解决每个人和小组织的需求。像创造、分配、进入权限和信息控制等这样的问题也需要考察，以便制定企业的政策。

信息系统对组织学习既有直接的影响，又有间接的影响。内部网通过影响环境因素，如信息基础设施和环境，能间接影响企业学习。换句话说，通过实现决策制定过程的分权和提高信息的可用性，内部网在组织学习过程中也可发挥直接的作用。内部网可以通过以下方式影响组织学习。

(1)知识获得。组织学习是伴随着组织知识库和企业特定的能力和过程的发展而发生的。对全局有重要意义的应用软件的开发，如知识仓库，包括获得、存储、解释和使用内部信息和外部信息。

(2)知识分配。内部网方便了信息的共享，因此加速了组织内部的学习。研究的结果表明这种系统提高了参与性，从而更确定了这个观点。因为现在的决策是由全体意见做出的，这就包含了企业指令的传达和经验、洞察力的传递过程，所以内部网可能会使企业做出更高质量的决策。

(3)信息解释。组织学习包含了一个组织内部的信息理解和解释过程。媒介的特性越复杂，正确理解内容的可能性就越大，这是因为我们有不同的学习行为。信息的多媒体传递方式使得员工能够进行更广泛的媒体选择组合。另外，多媒体会议系统刺激了人类的交互，它使得交流个性化，使团队成员和跨功能的各部门能在虚拟工作环境中合作，而不管他们在物理位置上的分隔。

(4)组织记忆(organizational memory)。差的企业记忆保持力对组织学习会产生影响，因为它会导致工作的延误和重复。组织记忆由硬数据（如数字、事实、图表和规则等）和软信息（如隐含知识、专家知识、经验、轶事、重要事件、经历、文化遗物、关于战略决策的细节等）组成。员工想法的共享通常不能超出一个小的同事圈，只有这些叙述的想法内容被电子化地存储起来以备后用，组织学习才能得到改善和提高。

设计内部网最重要的因素之一就是信息能被快速检索的组织方式。如果系统提供的信息检全率高但检准率很低，那么检索者就会感觉受到挫折。所以，询问最终用户自己对组织信息内容的偏好是很有价值的。

(5)内容组织技术（technology of enable content，TEC）。该技术已经经历了五代。第一代 TEC 依靠印刷型文献到数字信息的简单转换，然后把这些数字信息存储在计算机的主机中，通过亚终端实现检索，如 WANG 系统。第二代 TEC 系统能够通过基本检索逻辑的方法，为用户提供整理和筛选电子内容的能力。第三代 TEC 综合了基于规则的软件（含有为专家系统提供的内容）和对用户的决策支持。第四代 TEC 能在没有最终用户协助的情况下做简单决策。第五代 TEC 提供多种精密的特性，如推动加速企业内部交流的那些信息的传递，其方法是提供智能的收集服务和信息更新。第五代 TEC 产品的另一种类型是为产生生动的报告而选择出来的数据制图，可以通过自动化的决策支持和关系数据库实现。

在开发企业内部网时要把这些技术考虑进去，因为它提供了整合企业内外信息的机会。在这样做的同时，信息经理必须意识到组成信息系统的资源在企业内如何运转，以便使他查明谁为了什么目的使用什么资源，资源被分配的方式，信息的使用模式和信息流，从这些资源中获得的价值以及信息如何为商业流程的绩效和企业的进步做出贡献。如果对各类信息资源的价值和目标有了清晰的认识，那么信息内容的质量就有了保证。

2. 外部网（Extranet）

组织知识管理的外部知识网络主要通过群件技术来实现。

群件，简单地说，就是以计算机网络为平台提供群体协同工作的软件。群件首先是一个邮件系统，能提供 C/S 结构，支持 Internet 标准的电子邮件服务，这也是用户最为熟悉、使用最多的群件功能。其次，它是一个工作流自动化的系统，它以工作流为手段，设计出与人们业务流程相吻合的干线，使各级岗位或部门能协同办公和信息共享。微软利用 IIS 为企业提供信息发布、构建企业内部网的 Web 服务功能。此外，新一版的群件还提供与其他业务系统的接口，集成企业原有的 ERP 系统。但目前许多已经应用的 OA 系统中，还没用到后两种功能。群件为人们提供了知识共享、业务流转的基础通信设施，是计算机网络技术在知识管理应用中的重要工具之一。

群件结合了文件数据、信息传输系统及系统设定的能力，使得人们可以在上面创造知识管理的应用系统。更重要的是群件有数据复制统一管理功能，用户可以在各处的群件服务更新其数据，并使各数据库中的数据保持一致。当某些群件的数据能够以互联网页的方式出现后，更显示出群件在内部网上应用的威力。

以前，在互联网内集中保管的数据以页面的方式让企业组织中的成员按其权限取得，数据集由一个 Web 服务器上发出，用户无法在各处更改数据，因为如果用户任意更改，服务器就无法再找到这份文件放在哪里，而这一点是不会发生在群件技术上的。

群件的核心是一个讨论区，一个可供议题讨论、建议、决策沟通与储存的地方，信息的来源可以是组织内部，或是如 Internet 这样的组织外部。一个群件的工作是提供一个组织过的、最实时的信息，以促使这个工作组更有效率做出决策，并增进部门间的协调合作。

使用具备此功能的工具可减少面对面的会议的次数，也不必互相留言。此时，用户可以在网上参加虚拟会议，避免时间的限制、地域的间隔与僵化的组织层次。

由于共享的信息都存放于群件中，它变成了公司的知识库，公司或专案的新进人员可以从知识库中迅速获取工作资料、别人的经验、过去的讨论与会议资料。组织中的每一个人都可利用它共享别人宝贵的经验。

3.5 知识管理工具应用案例

国外一些大型的企业，尤其是 IT 公司以及一些咨询公司走在了知识管理的前列，目前已经有了一些基于知识网络的知识管理经典案例和知识管理工具应用案例。

3.5.1 微软——使内部网成为易用的知识管理工具

知识管理和信息技术是密切相关的，作为全世界最著名的软件公司的微软，其信息技术、信息化水平自不必说，微软实施知识管理首先表现在其将内部网建设成一个易于浏览使用的知识管理工具。

1995 年，微软为解决共享问题，创建了一个可以容纳大量文档、各种研究结果、市场调查数据的资源中心，其信息服务小组开始实施这一内部网项目，以使信息可以在整个公司内部方便地获取。

要建立内部网，就必须要开发合适的分类目录以帮助公司内部查询信息。内部网项目组通过一个关联度测试，分析了测试中出现的共同的类别。具体操作是向一定的员工发放目录卡片，每张卡片上都有关于某个产品、某个事件、员工福利等方面的信息，公司每个人都将能在内部网上找到这些信息。然后他们让每一位被测者将这些卡片分拣成有意义的积累，以此为基础，将内部网上的信息进行分类。同时，这个操作方式也不断演变，项目组一直在密切关注内部网的使用，以发现人们在使用内部网时可能出现的新情况。

内部网作为一种新的方式，还必须鼓励员工应用它，这样才能使其发挥最大的效用。微软除了在内部网上设立了专门的“如何使用”区域外，还从战略上宣传内部网的重要性，强调其作为共享信息的一种新途径的重要意义。还对没有上网的部门进行了宣传，从而在内部网上建立了一个“用户小组”，编辑、内容提供者和网站管理员经常凑到一起，共享建立页面和促进内部网协作方面的经验。

有关公司的主要竞争者、合作伙伴以及与公司利益相关的公司的信息，对于销售部门、产品经理、程序管理员以及财务、行政等部门的很多人都是很需要的，微软最终通过建立一种动态数据模式的方法解决了这一问题。具体说来就是建立一个新的 Web 页，代表一个原点，纵轴是公司竞争对手的公司，横轴是有关这些公司的各类信息。然后将各类适当的资源链接到纵轴、横轴的节点上。微软主要订阅了道琼斯(Dow Jones)动态信息，这样就能够把竞争对手公司直接与有关资源相连，不必手工更新，而且可以随时获取，从而可以收到积极的反馈。这样用户可以通过简单的内部网浏览，轻松拿到某个公司的概要介绍和背景以及各种新闻资料，高级用户还可以得到有关财务、销售和市场的情况。这样就可以做到在用户需要的基础上配送更多的竞争信息。

当内部网的基本架构到位之后，还会面临及时提供相关竞争信息的挑战。微软通过鼓励那些与客户或合作伙伴有直接联系的人积极上载相关信息，通过一种将 Web 和电子邮件相结合的通信方式，主要从公司的销售部门和合作伙伴那里获取竞争情报。通过鼓励人们贡献有价值的信息，微软的内部网将越来越具有个性色彩，根据每个人所处部门的功能和对信息的需要，使内部网具有客户化和个性化的特点。

3.5.2 Sun——依靠知识网络增强销售能力

Sun 微系统公司的董事长兼首席执行官一直以来坚信“只有联网的计算

机才能称得上是真正意义上的计算机”。作为一家年销售收入达 8 亿美元的大公司，它启用了一种新的非常强大的知识系统，以便加强其销售过程。

Sun 公司的知识学习和创新需求特别巨大和迫切。作为一家领先的为企业内部网和网上交易提供硬件、软件等方面服务的供应商，Sun 公司的销售收入现在有超过 90%是由开发出来还不超过一年的新产品提供的。它正在试图不断地扩大它的产品线，同时缩短每种产品的生命周期。

Sun 公司总部位于著名的加州“硅谷”，通过其 SunWeb 内部网将公司遍布全球的 20 300 多雇员紧紧连在了一起。曾有统计表明，Sun 公司一共有 1 000 多个网络 Web 服务器，支持着 25 万多个网页。通过这种内部网络来分发公司的文件，每年可以节省 25 万美元。现在公司这方面的花费仅相当于原来的 5%。通过这种方式，不但节省了很多费用，而且通过在线提供产品目录和技术信息等服务，可以加强公司与客户及供应商之间的联系。

Sun 公司意识到它需要为其员工提供更多的培训，帮助公司的销售人员在保证不和客户断绝联系的前提下发展其知识和技巧。因此，公司开发了一种被称为“SunTAN”的以内部网为基础的知识和培训系统，定义为“一种交互式网络化的课程管理和销售支持系统”。SunTAN 有着美观和易用界面，它能将存放在内部网上的销售培训信息、销售支持资源、产品更新和原料、竞争策略和一系列其他方面的内容都连接起来。

SunTAN 经理发展了一种以分层存储管理模式为基础的分布式的学习体系。换句话说，它们能够确保尽可能的带宽和最活跃地应用媒体。譬如，一种有关公司的服务器方面的新产品的演示被传送到或存储在位于地区的销售中心的当地的服务器上，而不再需要必须在公司总部完成。不是把所有的资源都集中在一个地方，而是给销售人员通过调制解调器支持的网络获取信息的方式。SunTAN 的操作员能够将信息资源上载到服务器上，以供用户直接下载到本地的服务器加以应用，这样保证了更快的连接和可以利用更丰富的视频、音频和动画等多媒体方式。

SunTAN 项目组成功开发了一种模板，利用它相关部门的职员可以很容易地输入信息，而这些信息将被转化为强大的培训和销售支持需要的资源，增强销售人员工作的有效性，提高其工作效率。SunTAN 作为一种实时的知识和信息支持服务系统，能够使销售人员接到一位客户的电话订货时，可以很快地获得关键的信息。而且，Sun 公司的销售人员并不需要为了接受培训而整周地和客户断绝联系，他们可以在自己的办公桌或家里通过网络以自学的方式接受培训。这样，如果客户有了什么问题或需要，他们仍然可以很快地解决。

Sun 公司提供的教育服务主要通过向公司的客户提供教育服务赚取利润，这可能受到公司为了销售其他产品而赠送学习和知识资源这种系统的威胁。许多 Sun 公司的客户已经要求获得 SunTAN 的销售培训课程，以便在自己的公司内部网上使用。

3.5.3　Lotus——知识管理平台 Raven

以协作技术为核心的知识管理是 Lotus 公司坚定不移的发展策略，Raven 是一个单一的、集成的知识管理服务器平台，它包括企业知识管理门户、发现引擎和知识集成工具包等重要组件。

Raven 集成了来自 Lotus Domino、Sametime 和 IBM EIP 企业信息门户、DB2 的先进技术，融合了 Lotus、IBM 和其他第三方厂商的大量产品，根据人、场所和事件的属性对这些产品进行分类，并全面集成，为用户提供一个单一基础架构的知识管理平台，利用平台产品的优势减轻用户在开发系统时的繁重工作量。Raven 的设计主要是围绕以下技术展开：根据团体、兴趣、任务和岗位组织信息的知识门户，将内容和技能加以分类，以形成可浏览和可搜索目录的发现引擎；能够融入个人、团队、企业文化和组织机制的一组应用模板。Raven 的结构如图 3-2 所示。

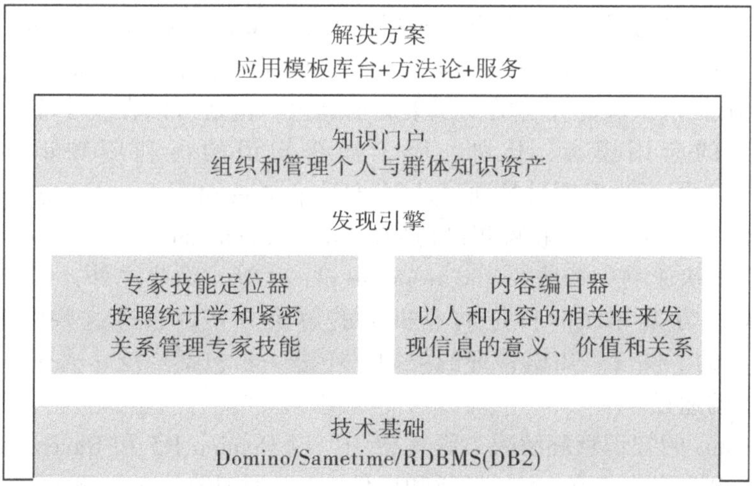

图 3-2　Raven 的结构如图

Raven 的知识管理门户能够通过团队的性能、兴趣、任务和工作重点组织其全部信息、应用和联系，为企业用户快速访问任何形式的相关信息提供单一入口，从而可以简化信息访问过程。通过利用IBM EIP的数据访问和集成服务，Raven能够集成来自IBM的已有数据、内容管理资源(如DB2和EDMSuit)和来自其他数据源中的数据，形成一个能够为团队的每个人提供相关知识的环境。团队中的每个人都可以从Raven多个预置的知识窗口(电子邮件、日历、讨论、待办事宜列表、Teamrooms、常用的应用、Web站点)中选择适合于自己的模板创建个人门户，体现自己的个性，这些知识窗口可以扩展和支持任何Domino和非Domino应用。与提供大量可视工具的信息门户所不同的是，Raven的知识门户为知识管理任务提供了有效的、集成的服务环境，Raven的门户包括了多个“场所”，这些场所可以由用户自定义，或由企业的IT部门创建，允许员工进一步丰富其中的内容并与他人共享。

Raven的发现引擎穿梭在人与内容之中，以准确推断其间的意义、价值和关系，并将它们转化为可浏览的内容与技能目录。这个目录作为一张内容映射表，列出了整个企业范围内的所有记录信息和技能。通过跟踪用户特征和用户活动，发现引擎能够将相关的新信息(组织信息、专家信息、文档信息及常用资料的排序列表)不断刷新到目录中，使企业用户能够获得一个可以根据事件发生的位置、企业中谁掌握什么知识、重要事情、什么主题能够产生最重要的影响和效果等因素，比较全面地反映组织机构状况的系统，为企业所有员工能够及时获取最新信息提供引擎。Raven的发现引擎包括两个重要模块：专家技能定位器(expertise locator)和内容编目器(content catalog)。

Raven提供了较为完善的知识集成工具包，包括可以在整个企业机构中部署成熟的应用模板，比如：用于捕获知识的再利用知识库(reuse repository)，用于管理项目的项目计划场所(project place)，用于进行协作性头脑风暴(brainstorm)的新思想制造器(new idea generator)，用于响应意外事件和机会的快速响应场所(rapid response place)等。除此之外，还有完善的端到端解决方案和面向特定商业机会的解决方案。通过这些解决方案，Lotus提供的不仅仅是知识管理的架构，还进一步包括广泛、先进、实用的知识管理的途径。

在Lotus的知识管理解决方案框架中，以Domino R5和Raven构成的知识管理平台，提供了在“人、场所和事件”知识管理统一主题下的基础设施。在这个基础之上，允许企业快速实施特定的知识管理解决方案，满足解决企业特定的应用需求，如企业网上培训、文档管理、虚拟团队工作室等；也可以综合利用多种知识管理解决方案，构建全面的知识管理系统，在整个企业范围内部署知识管理的应用。对于最终用户来说，Lotus通过基于标准的

Web 浏览器和 Notes R5，为他们提供了界面简单、能够及时访问到最恰当信息的知识门户。

3.5.4 清华同方——中国知识资源总库

中国学术期刊(光盘版)电子杂志社于 2003 年 10 月 23 日宣布启动中国知识资源总库建设工程，并于 2004 年 7 月推出“中国知识资源总库”网格资源共享平台，简称 CNKI 平台，标志着中国最大的知识资源共享网格平台诞生。作为 CNKI 平台资源基础的中国知识资源总库，目前已容纳了包括 CNKI 系列数据库和来自国内外的 2 600 多个加盟数据库，全文和各类知识信息数据超过了 5 000 万条，是目前全球最大的知识资源全文数据库集群。其最大特点是用“网格”的理念和技术方法，数字化整合知识信息资源供全社会共享。

中国知识资源总库的建设目标是建成基于知识网络和知识服务网络的数字图书馆，即基于数字图书馆的互联网出版平台。它的建设采用了三层结构：源数据库，知识仓库，知识元数据库；四种网络：基于知识网络的微观网络、中观网络和宏观网络以及服务网络；六大系统：数字化加工、存储管理、知识获取与处理、智能检索、资源共享、综合应用开发系统。除此之外，还采用了网络出版平台，可以使原生资源出版者降低复制与发行渠道成本，扩大传播影响；所采用的基础资源与市场平台，使数据库制造者尽快产出增值性知识产品，快速进入市场；所采取的资源基础与技术手段，能够使资源应用单位与自有资源配套开发本单位个性化资源。知识服务网络、智能参考咨询、个人数字图书馆、知识学习平台、协作研究平台、科技查新平台都是中国知识资源总库的增值服务功能。从整体上来看，中国知识资源总库的建设是全面、及时、完备的。它采集各种知识资源，并建成内容完备、可深度开发利用的基本信息库；使知识系统化，根据知识体系及其发展脉络，由各学科专家对基本信息进行梳理，确认新的知识点及其在相关知识体系中的地位；将新的知识提炼为知识元，与其出处一并组织到知识体系之中；并且通过知识元的规范化表述与引文链接等深度关联方法，建立知识网络。利用智能化知识挖掘技术实现知识发现功能。

中国知识资源总库具有完备的知识体系和规范的知识管理功能，拥有海量的、最新的和每日递增的知识信息资源，具有知识链接、知识挖掘、知识发现和数字化学习功能。中国知识资源总库拥有期刊、报纸、博硕士学位论文、会议论文、图书、年鉴、专利等大型数据库 21 个，总计各类专题库 1 500 多个，全文文献 1 780 多万篇，每天新增全文文献 12 000 多篇，拥有知识元370多万条，每日新增2 000条，拥有国内外加盟数据库1 020个，拥有互联网公益知识信息资源420多万条，平均每日新增2万条。中国知识资源总库是知识信息的大整合。

本章习题

1. 知识管理的方法具有什么特点？在研究和运用知识管理方法时要注意些什么？

2. 什么是知识地图？它有什么作用？

3. 知识的表示有哪些方法？

4. 从原理上讲，数据仓库与知识仓库有什么区别？

5. 从互联网上下载一个免费知识管理工具，进行知识管理实践。

第4章 知识管理技术

“技术不是万能的，但没有技术却是万万不能的”。知识管理离不开知识管理技术，知识管理系统的各种功能及服务最终都要依靠知识管理技术来实现。例如，搜索引擎服务离不开搜索引擎技术；知识生产服务离不开内容服务技术；知识的交流与共享离不开群件技术，等等。所以说，没有强大的知识管理技术支持，任何企业和组织都很难有效地实施知识管理。因此，知识管理技术是构建知识管理系统的基础，也是实现知识管理的强大推动力。

4.1 知识管理技术概述

4.1.1 知识管理技术的概念

目前对知识管理技术含义的认识并不十分明确和完全一致，主要有三种观点。

第一类认为知识管理技术是一个广泛的概念，其所包含的内容远远超过某个软件或工具。针对知识管理的目标所采用的各种技术，均可称为知识管理技术。可以看出，这一观点所指的知识管理技术较为宽泛，其含义包括用于知识管理的信息技术、知识管理工具和知识管理软件。例如，印刷术是一种重要的知识管理技术，因为作为中国的四大发明之一，印刷术的发明极大地促进了人类文明的传承和知识的传播，目前仍是显性知识的主要交流技术。持这种观点的学者多来自企业管理和商务管理领域，针对的是面向知识管理目标的知识管理工具与软件。

第二类知识管理技术是指能够协助人们生产、存储、共享和传递知识的基于计算机的现代信息技术。这一观点所指的知识管理技术较为狭窄，仅指基于计算机的现代信息技术，但并不是将知识管理技术等同于信息技术，它强调知识管理技术是在数据管理技术和信息管理技术的基础上，适合知识特性的一些具有特殊功能的，能够协助知识管理人员和知识工作者进行知识生产、存储、提炼和传递、获取、分享、利用和创新的技术。这类学者多来自信息管理和图书情报档案领域。

第三类知识管理技术是指支持知识管理的相关技术。这一观点所指的知识管理技术较为特定，认为知识管理技术是指能够提供商业智能、电子协作、知识传递、知识发现和知识地图、专家定位五个方面功能的知识管理的支撑技术。持这类观点的学者多来自计算机 IT 和 ICT 领域。

本书认为，从广义上讲，知识管理技术并不仅仅局限于以计算机技术为核心的相关信息技术，其他如编辑出版技术、印刷技术等都是组织进行知识管理的重要手段，在组织知识管理中发挥着并将继续发挥着重要作用。但只有现代信息技术才是知识管理产生的催化剂，也是知识管理得以有效实现的前提与基础。因此，本书仅将知识管理技术定位为以计算机技术为核心的现代信息技术。

可见，知识管理技术是指能够协助人们生产、分享、应用以及创新知识的基于计算机的现代信息技术，既包括网络技术，也包括数据库技术等一系列信息技术。知识管理技术并不是一项技术，而是一个技术体系，覆盖了知识生产、共享、应用以及创新的各个环节。它同时又是多种信息技术的集成，这些技术结合起来形成了整体的知识管理系统，为知识管理服务。如分布式存储管理、群集系统、Internet/Intranet、数据库、字处理、电子表格及群件等。运用这些技术来构建一个强大的知识管理系统，能使各类知识的获取、分类、存储、查找、分享、更新、传递等变得更加容易。这些技术能把客户和组织中的隐性知识变成显性知识，存储到知识库中，形成无形资产，为企事业单位实现显性知识和隐性知识共享找到了新的途径，通过企业门户可以快速地完成日常工作的一切事务。

4.1.2 知识管理与信息技术的关系

人们关注知识，关注知识管理，这不是历史的偶然，而是一种必然，而信息技术的运用使得这种必然性成为现实。信息技术的形成与发展过程，正是人类认识世界和改造世界的信息实践过程。从信息技术的历史演进来看，每一项信息技术的问世都是应实践的需要并推动着人类社会的发展。计算机和网络的普及，使信息技术一跃成为领导现代技术发展趋势的主导性技术群，并进而成为现代社会经济发展的强大动力，奠定了人类社会迈向知识经济时代的技术基础。信息技术推动社会生产力的变革，提高了人类社会开发利用知识资源的能力，促进了信息产业和知识经济的发展，更是改变了人类社会的生产和生活方式。

1. 信息技术是知识管理的技术支撑

信息技术是知识管理得以实现的主要工具。从技术的角度来看，知识管理就是通过科技的帮助，将正确的知识在正确的时间传给正确的人。信息技术尤其是网络技术的发展，是实现从资源管理到知识管理跨越的技术支撑。这也是为什么人们往往把"知识经济"称为"网络经济"的原因。

有效的知识管理存在着几个基本的要求：首先是要有不同来源的知识收集能力；其次要有知识分类、知识组织以及知识挖掘能力；再次，有一种大规模知识分享的能力；最后，要形成一个良性的知识创新环境。而现代信息技术为这些能力的实现提供了支持。就知识收集能力而言，全球互联网在某种程度上就是最大的知识网络，企业通过建设内部网也可以形成企业范围内的知识网络。就知识分享而言，构造知识地图以及使用搜索引擎技术、知识挖掘技术等，不仅可以从信息中提取有用的知识，还可以将个人的隐性知识显形化，以便为更多人分享。就知识分享能力的实现而言，知识只有在分享而形成有效的知识网络时，才能充分发挥其价值，而网络知识社区、专家定位系统等技术提供一对一、一对多、多对多的自由分享环境。就知识创新能力的实现而言，一个基于网络的知识管理系统就是知识创新的环境。

可以说，知识管理技术是建立在数据技术及信息管理技术的基础之上的。知识管理技术是针对知识特性而开发的，能够协助知识工作者进行知识生产、分享、应用以及创新的技术，是现代信息技术在知识经济时代的新发展。

2. 信息技术是实现知识管理的有效手段

知识管理就是知识的管理、知识的共享、知识的利用和知识的创新，其中最显著的特征就是知识的创造和知识的利用。知识创造是知识管理的重要任务，虽然人的思维能力、创造能力是知识创造的根本，但创造还要有基础。知识创造必须有数量大、质量高、门类多、方面广、传送快的信息作为原料和素材，以便加工、转化和创造；知识利用要集中共享信息，要存储传播知识信息，要检索查询知识信息等，知识利用的前提和利用的过程都离不开信息技术支撑。知识创新和知识利用这两方面的问题都需要借助于信息技术和信息管理，唯有信息技术和信息管理才能实现知识管理的目标。从科技和管理的历史进程来看，没有发达且成熟的信息技术和不断改进的信息管理方法，就不会有日益普遍进入现实生活的知识经济和知识管理。

知识管理需要信息技术作为硬件基础。事实也证明，实践过程中我们对一个知识管理系统的评价，从来不会忽视信息技术和信息管理方面的因素在其中所起的卓越成效，知识管理总是少不了信息技术和信息管理所做出的配合、支持和贡献。

3. 信息技术使知识管理人文化

一方面，没有技术的支撑和帮助，知识管理是无法实现的。另一方面，有效的知识管理仅靠一个优秀的知识管理软件系统是不够的。从本质上讲，计算机、软件等只是知识管理实施的技术基础，而技术与人、社会是无法割裂的。

目前，人们也越来越清楚地认识到，ERP、CRM、KM 等已不是一个单纯的技术问题，而是一个复杂的“社会—技术”系统工程。在实践中人们也认识到，知识管理依赖技术，但我们也要摆脱那种过多地从技术角度看待和处理问题的倾向。信息技术的使用可使企业、部门及有关组织的知识管理更具有人文意义，且这种倾向性越来越明显。信息技术创造了一种新的组织机构和权力形态，瓦解了等级结构，把权力分散到了更多成员手中，形成了知识网络。在知识网络中，个人或组织可以相互联系采取联合行动，没有任何人居于最高或中心地位，只有网状分布的节点，知识的获取是平等的。同时，信息技术可授予各种用户不同的权限，达到既方便用户合理使用，又保护知识产品的正当权益的目的，成为知识产权保护的强有力方法。可见，信息技术的使用不仅为社会带来了信息交流与共享的捷径，也为社会各成员组织的知识管理注入了人文关怀。

4.1.3 主要的知识管理技术

知识管理技术是一个技术体系，包括的技术内容繁多，覆盖了知识生产、传播、交流与共享、应用以及创新知识等各个环节。如果单纯使用某一种分类标准很难区分现有的知识管理技术。当前人们从不同的角度对知识管理技术提出了自己的见解，进行了不同的分类。

1. 过程分类法

这是一种较普通的分类法，它是根据知识创建及其使用来界定知识管理过程中所需运用的技术。知识过程一般来说包括生产、共享、应用以及创新四大过程，但在具体实际的应用过程分解上，不同的人有不同的分类。

例一：Rose Dieng 等从创建组织记忆的角度将知识过程分为六个基本阶段，每个阶段有相应的技术支撑，如图 4-1 所示。

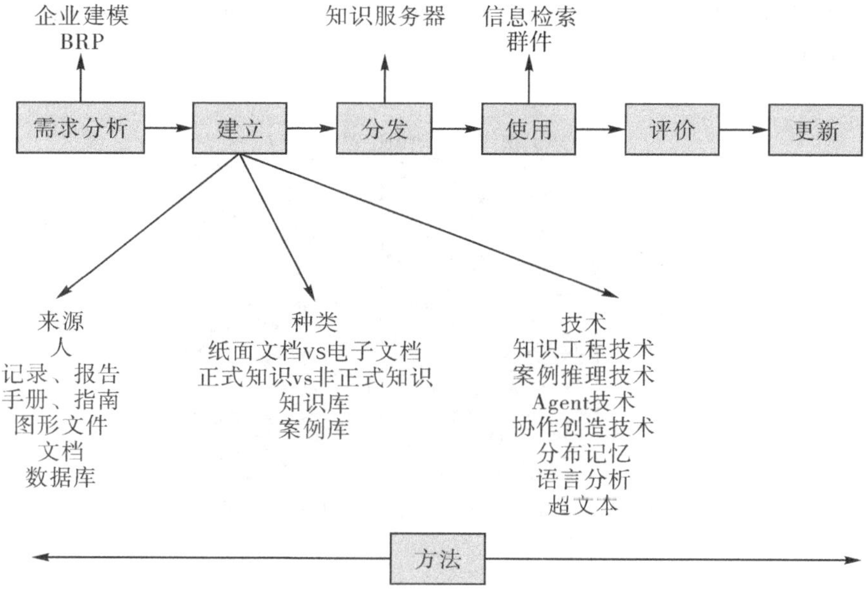

图 4-1 Rose Dieng 等的知识管理技术的过程分类图

例二：Compaq 公司在实施知识管理中，将整个路径分为四大阶段，即知识收集、知识共享、知识利用及知识拓展，在每个阶段都有相应的技术支撑，如图 4-2 所示。

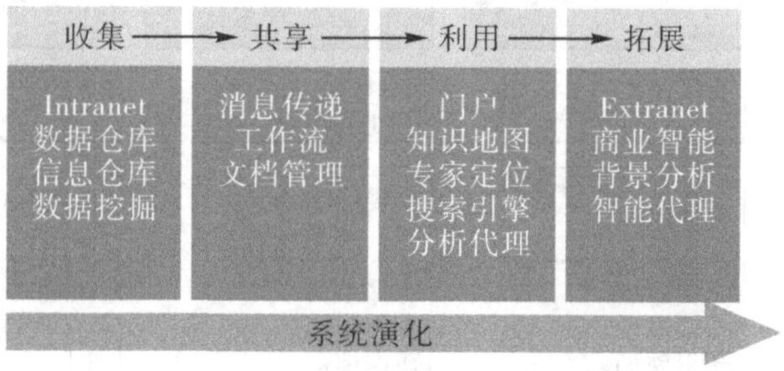

图 4-2 Compaq 公司的知识管理技术分类

2. 知识特征矩阵分类法

从知识位置及知识结构化程度两个维度来分类知识管理技术。知识的位置决定了知识管理系统的连接对象是知识物件还是人，知识的结构化程度则决定了知识管理系统采用什么样的技术去连接知识物件或个人。按照知识位置及知识结构化程度两个维度可以得到四个区域，这样就将知识管理技术分为四种类型，如图 4-3 所示。

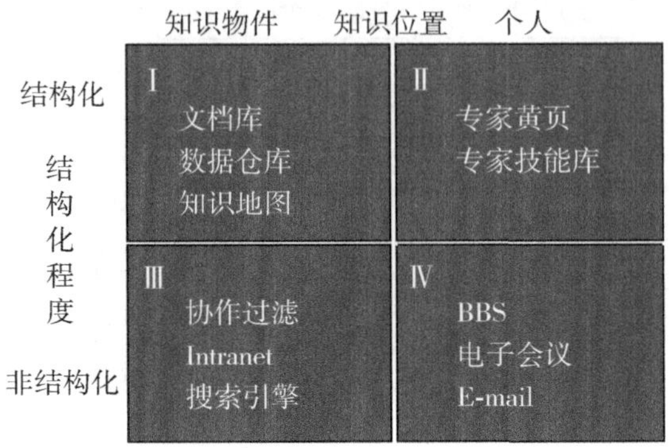

图 4-3　知识管理技术的知识特征矩阵分类法

3. *层次分类法*

从知识管理的不同层次来分类知识管理技术。知识管理对企业运营而言，在战略、战术以及运作三个层面上都能起到相应的作用，这样知识管理技术可分为三个层面，即战略性知识管理技术、战术性知识管理技术以及运作性知识管理技术，如图 4-4 所示。

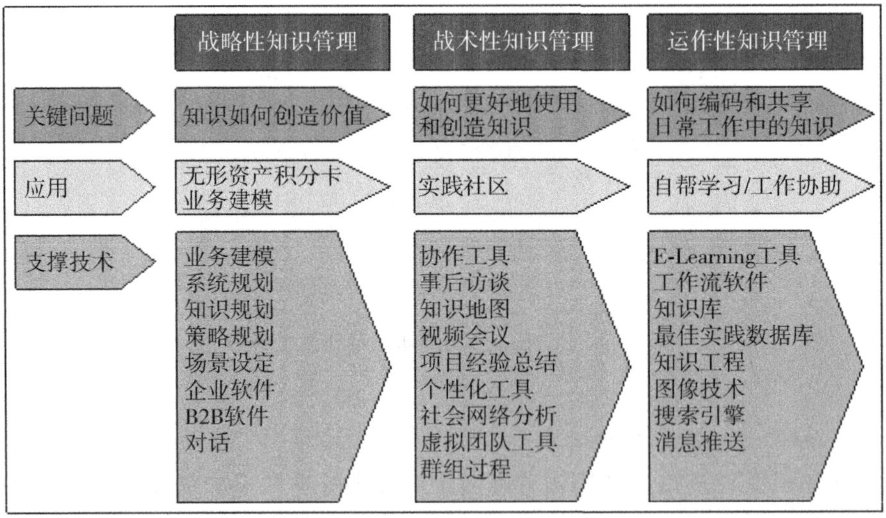

图 4-4　知识管理技术的层次分类法

4. 技术成熟度分类法

技术成熟度分类法主要考虑两个维度，一是技术成熟度的高低，二是技术聚焦点的变化。这样就得到了知识管理技术的成熟度矩阵，它既能使我们认清当前的技术状况，又可以使我们看到技术的未来发展。

知识管理技术不是一个静态的概念，而是在应用中得到不断应用和发展的，今天的热门技术可能在明天就被淘汰。所以，我们不能用静止的视角来看待知识管理技术，经常性地“瞻前顾后”“左顾右盼”是必要的。

Gartner 公司概括了有关知识管理的“潮流”技术，给出了知识管理技术的成熟度矩阵，如图 4-5 所示。从中可以看出，知识管理技术将越来越从知识存储和检索层次的应用向促进知识共享和智能技术利用方向发展。而在这演变路径的每一个阶段，都有着成熟度高低不同的技术。如在存储和检索方面，文档管理、数据库管理已经得到很成熟的应用，而信息请求代理、搜索引擎则需要进一步的发展；在知识发送方面，E-mail、工作流基本上已经是成熟技术，而 Netcasting 以及 P2P 技术等则还有待成熟。

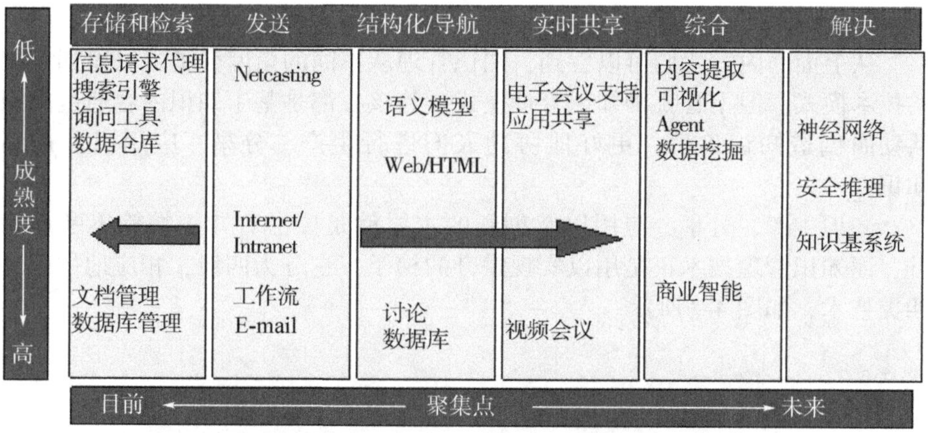

图 4-5 知识管理技术的成熟度矩阵(资料来源：Gartner 公司)

除了这种 Gartner 公司的知识管理技术成熟度矩阵外，EDS Government Consulting 也对知识管理应用的成熟度状况进行了分析，如图 4-6 所示，它可以从另一个角度帮助我们更好地认识知识管理技术。EDS Government Consulting 认为，知识管理在现阶段的应用上主要着重信息形式，如数据集市、专家目录、定位指南等不同成熟度的应用。在未来，知识管理将越加强调知识创造、共享的过程(如规范化知识创建过程、经验教训获取等)以及综合化的知识管理实践(如个人信息助理、基于角色的个性化信息访问等)。

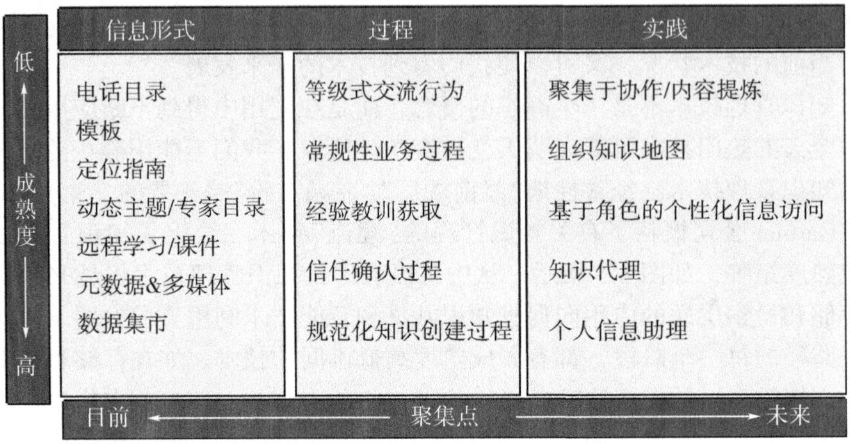

图 4-6 知识管理应用的成熟度矩阵(资料来源:EDS Government Consulting)

5. 知识螺旋分类法

从上面的内容我们可以看到,知识管理从不同的角度分类可以得到不同的技术模式。但不管哪种知识管理模式,其核心都是基于知识内容通过知识活动而创造知识价值,更好地协助人们进行生产、分享、应用以及创新知识。

知识生产、分享、应用以及创新的本质就是要沿着知识螺旋不断地攀升,而知识管理技术正是用以实现攀升的梯子,它分为四级,相应地体现为四类技术,如图 4-7 所示。

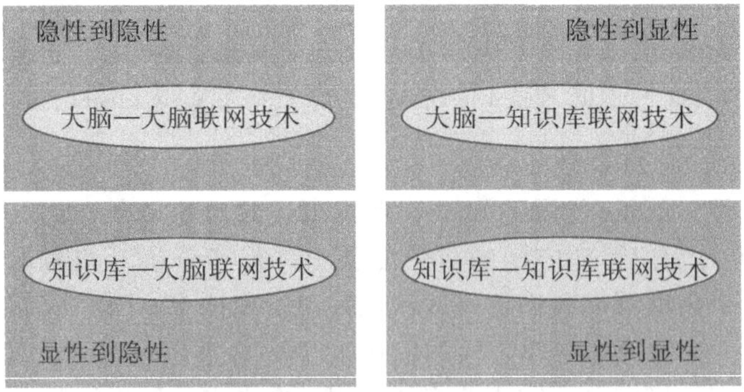

图 4-7 基于知识螺旋的四类知识管理技术

4.1.4 知识管理技术的要素

从知识螺旋分类法来看知识管理技术，可以提炼、概括出七种要素技术。这七种要素技术共同构成了相对完整的知识管理技术体系，如图 4-8 所示。

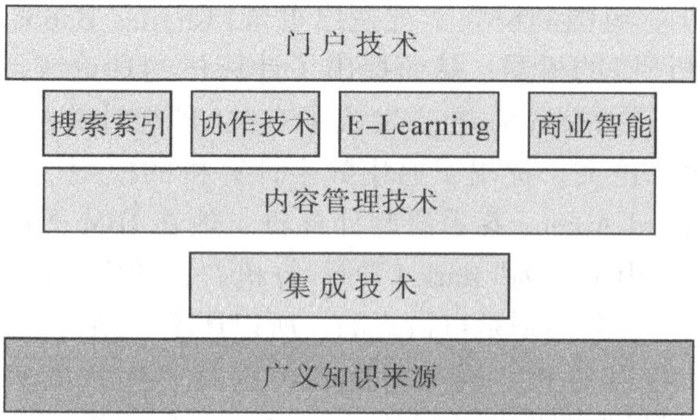

图 4-8 知识管理技术的七种要素

七种要素技术包括门户技术(连接信息和知识的通道)、搜索引擎技术、协作技术、E-Learning 技术、商业智能技术、内容管理技术(负责梳理后端的知识内容)及集成技术(整合各种来源的知识，实现知识从业务中来到业务中去，将知识管理系统和 ERP 等不同业务系统紧密集成起来)。

另外，常见的知识管理技术分类还有两种：第一种是按照知识螺旋模型中显性和隐性知识的转化过程中用到的技术分类，就是说这个技术或方便或辅助与促进了显性知识与隐性知识的转化；另一种是按照知识的生命周期中的技术进行分类，就是看这种技术在知识的生命周期中承担了什么作用。

4.2 知识管理的硬件技术

一般来说，知识管理技术可分为硬件与软件技术两大类，但一个知识管理系统大多是两者的有机组合而成。硬件技术是指实际存在的物理实体，它们由实在的器件构成。

4.2.1 计算机硬件技术

信息技术群的核心之一是信息处理技术，而信息处理技术的基本功能相当于人脑的思维功能。人类最古老的信息处理技术是有关“计算”的技术。从公元前中国人发明的算盘，到17世纪初欧洲人发明的计算尺，在漫长的岁月里，信息处理主要是依靠人脑的筹算并辅之以简单的计算工具。人们一直在研究用机器来辅助人工进行信息处理的方法，现代信息处理技术的发展历史，就是一部计算机技术的发展史。

1. 计算机技术的发展

早在1833年，英国剑桥大学教授巴贝奇(Charles Babbage)就建议制造一个他称为“分析机”的机器，从而提出了计算机的理论雏形。1936年，剑桥大学的数学家图灵(Alan Turing)发表了有关“理想计算机”(后人称为“图灵机”)方面的著名论文，提出了通用数字计算机的模型。1937年，哈佛大学教授艾青(Howard Aiken)着手研制计算机。他在IBM等的支持下于1944年完成了设计，造出了名为“Mark-I”的计算机。它的内部操作由电磁继电器自动控制，其算术计数器则是机械式的，所以还不是现代意义上的电子计算机，可以说是机电计算机。同一时期，美国贝尔电话实验室的史提必兹(G. Stibitz)等人用继电器做开关元件，于1937年制成第一台机电式计算机，此后陆续开发出贝尔1型、2型和3型计算机。德国的朱斯(K. Zuse)也在1938年研制成第一台纯机械结构的计算机，起名为“Z-1”号。1941年他又研制成功了全部由继电器组成的通用程序控制计算机“Z-3”。而第一台使用电子管制造的通用电子数字计算机ENIAC(电子数字积分与计算机，electronic numerical integrator and computer)则是由美国宾夕法尼亚大学莫尔学院于1945年年底研制成功的，1946年2月15日正式举行了揭幕典礼。

迄今为止，电子计算机技术的发展可分为四代。

(1)电子管计算机。电子计算机可以快速运算，就其原理来讲，最主要的是两点：一是可储存信息，二是进行程序操作。储存信息就是要把计算的数据和计算方法、步骤，即要算什么和怎样算的信息都储存在计算机里；程序操作就是把要计算的问题编成一条条程序，让机器按照指令执行运算。世界上第一台储存程序的计算机(电子延时存储自动计算机，electronic delay storage automatic computer，EDSAC)由英国剑桥大学数学实验室教授威尔克斯(M. V. Wilkes)于1949年研制成功。

(2)晶体管计算机。随着半导体技术的进步，电子计算机的发展进入了第二代。第二代计算机与第一代的不同之处在于，它一开始就是为了非科研计算方面的信息处理需要而设计的。它采用了晶体三极管等固体元件，体积较小，速度更快，而高级程序设计语言的出现使计算机的应用大为方便。1957年，IBM创造了公式语言FORTRAN。1959年，美国数据系统语言委员会发明了商用语言 COBOL。1960 年，美国计算机学会和德国应用数学协会又共同研制了算法语言 ALGOL。1964 年，达特茅斯(Dartmouth)大学的凯梅尼(J. Kemeny)和克兹(T. Kurtz)提出 BASIC 语言，等等。

(3)集成电路计算机。1958 年，集成电路问世。1964 年，IBM 宣称制成了 360 系列的混合固体逻辑集成电路计算机，标志着第三代计算机的诞生。第三代计算机继续向着电路元件小型化方向发展，实现了降低制造费用与提高计算速度和存储效率的双重要求。

(4)大规模和超大规模集成电路计算机。1971 年，英特尔(Intel)公司发明的微处理器 4004 和德克萨斯仪器公司(TI)生产的超级计算机高级科学计算机，标志着计算机的发展进入了第四代。第四代计算机是大规模集成电路和超大规模集成电路计算机，在技术上继续向巨型化和微型化两个方向发展。而个人计算机(PC)的出现则引发了一场新的计算机革命。PC 的通用性和灵活性都是一般计算机无法比拟的，它的出现极大地扩展了计算机的应用范围。随着计算机技术的迅猛发展，其应用的主流也从初期的数值运算演变到信息处理上来。

现代计算机技术总的发展趋势是体积不断缩小，速度不断提高，费用不断下降，可靠性不断增强。计算机硬件技术的发展遵循摩尔定律(Moore)，它由英特尔(Intel)创始人之一戈登·摩尔(Gordon Moore)在 1965 年提出来。其内容为：单位面积集成电路上可容纳的晶体管数目，约每隔 18 个月便会增加一倍，性能也将提升一倍；或者说，每一美元所能买到的电脑性能，将每隔 18 个月翻两倍以上。这一定律揭示了信息技术进步的速度。人们还发现这不仅适用于对存储器芯片的描述，也精确地说明了处理机能力和磁盘驱动器存储容量的发展，该定律成为许多工业对于性能预测的基础。目前这一发展趋势仍在继续。

2. 计算机硬件系统

硬件是计算机系统中实际存在的物理实体，它们是由实在的器件构成，主要由以下部分组成：

(1)中央处理器。也就是我们通常所说的 CPU，它是计算机系统中最主要的部件，主要由控制器和运算器两大部分组成，是计算机的核心。

①运算器。它是一个用于信息加工的部件，用来对二进制的数据进行算术运算和逻辑运算，所以也叫“算术逻辑运算部件”(ALU)。运算器主要由寄存器和算术逻辑线路构成，其中寄存器主要用来存放数据，算术逻辑线路主要是完成各种运算功能。

②控制器。控制器产生各种控制信号，指挥整个计算机有条不紊地工

作。它的主要功能是根据人们预先编制好的程序，控制与协调计算机各部件自动工作。

(2)存储器。它是用来存放指令和数据的部件。存储器的基本构成单元是存储元件，一个存储元件需要有两个稳定姿态，对应二进制数的1和0，可存储一位二进制数，如具有双稳态的触发器等都可作为存储元件。

①内存储器(又称主存储器)。简称内存，通常采用半导体器件，如半导体存储器、磁芯存储器等，它能直接与CPU或外部设备交换信息，所以它的存取速度快，但容量小。按工作方式划分，可分为两大类：随机存储器RAM和只读存储器ROM。

②外存储器(又称辅助存储器)，它只能和内存进行信息交换，通过内存再与CPU或外部设备交换信息盘片来存储信息。它由驱动器、控制器和盘片三部分组成驱动器，完成对盘或带的读/写和其他操作，控制器完成盘和内存之间的信息交换。它的种类很多，按介质的不同可分为磁盘存储器、光盘存储器、半导体存储器等。磁盘技术发展很快，磁盘存储器是目前计算机系统中应用最普遍的辅助存储器。它的种类很多，按盘片的材料分有硬盘、软盘，按盘片结构分有可卸式和固定式，按磁头分有固定头和活动头两类。光盘是一种海量存储载体，其图形、声音的信息存储量极大，这是一般磁盘所不能承受的存储要求，光盘的产生，使人类很快实现把图书馆与信息中心等随身带的梦想，从而大大减轻了长距离联机检索的要求。目前主要有两种盘体结构，一种是接触型密封盘体结构，在存储介质表面直接覆盖一层透明聚合物，另一种是空气夹层型盘体结构，它将光盘基片和保护层功能合二为一，通过隔离垫环将两张基片厚度为1mm的光盘盘片相黏结，中间形成一个洁净的空腔，有效地保护了存储介质。

(3)主板。主板是计算机硬件系统集中管理的核心载体，它集成了计算机的主要逻辑电路，各功能部件以模块化的形式通过总线相连接。它包括CPU插槽、内存插槽、总线扩展槽、IDE/E-IDE接口、SCSI接口、USB接口、软驱接口、键盘接口、电源接口、BIOS、电池、芯片组、高速缓存、COM1、COM2和LPT1通信端口等。

根据电源控制方式的不同，主板可分为AT主板、ATX主板等；根据CPU接口方式的不同，又可分为Socket和Slot两大类。

(4)总线。在计算机系统内部用一组导线将各部件连接在一起，地址、数据和各种控制信息均能通过导线在各部件间传送，这一组导线就称为总线。计算机从其诞生以来，就采用了总线结构，总线对于提高整个计算机系统的性能有着十分重要的作用。从物理上看，总线是一组传输公共信号线的集合。它由一组导线和相关的控制、驱动电路组成，是在计算机系统各部件之间传输地址、数据和控制信息的公共通道，在微处理器内部的各功能部件之间、在微处理器与高速缓冲存储器和主存之间、在微处理器系统与外围设备之间以及网络系统的各个节点，都是通过总线连接在一起的。总线起着数据传送、仲裁控制、出错处理和总线驱动的作用。

(5)输入输出设备。它是实现人机之间交互的部件，其主要功能是实现人—机对话、数据输入与输出以及各种数据变换等，是计算机的外部设备。

计算机要进行信息加工，就要通过输入设备把原始数据和程序存入计算机的存储器中。输入设备的种类很多，常见的有键盘、鼠标、扫描仪等，还有纸带输入机、卡片输入机等。相反，对于计算机处理后的信息，要通过输出设备进行输出与展示，常见的输出设备有显示器、打印机等。

4.2.2 计算机网络技术

1. 通信技术

通信是人体信息传递机能的延伸，是人类赖以生存和发展的基本要素之一。如果说以计算机技术为核心的现代信息处理技术是社会的“大脑”，那么通信技术就是现代社会的“中枢神经系统”。人类社会通信技术的发展源远流长。从古代的烽火、信鸽和驿站，近代的邮政、电报和电话，到现代的卫星、光纤和计算机网络，人类总是在不停地开发越来越先进的信息传递技术手段，以便能够更加充分有效地利用信息资源。

(1)传输媒介。传输介质是网络中信息传输的媒体，传输介质的性能对网络传输速率、通信距离、可连接的网络节点数目和数据传输的可靠性等均有很大的影响。传输介质有双绞线、同轴电缆、光纤、无线电波、微波、红外线和激光等。现代通信技术的主要任务是通过一定媒介将承载一定信息的信号从一点快速准确地传递到另一点，按其传输媒介可分为有线通信和无线通信，按其信号形式可分为模拟通信和数字通信。

①有线通信，包括电报、电话、电缆和光缆等。它的发展经过了架空明线、对称电缆和同轴电缆的阶段，正在向光缆发展。

②无线通信，包括无线电波、微波通信及卫星通信。它是利用无线电波来传递信息，经过长波、中短波、微波等无线电波段的广泛开发运用，卫星通信也正在取代微波通信的主导地位。无线通信具有速度快、范围广等优点。

目前通信技术总的发展趋势是由模拟通信走向数字通信，计算机技术和通信技术紧密结合在一起，使信息处理与信息传递逐渐走向一体化。

(2)电信网。通信的基本形式是在信源与信宿之间建立一个传输(转移)信息的通道(渠道)。但是，由于通信的信源与信宿之间的不确定性和多元性，所以在它们之间一般不可能建立固定的信息通道，这就需要向用户提供公用的交换和传输设备。对一个国家来说，无论地域大小，出于技术上和经济上的考虑，通常不会把所有用户都连接到一个交换中心，而是要连接到若干个交换中心，这之间再用传输线路(中继线)和传输设备(如为提高线路利用率而设置的复用设备)连接起来，从而构成了一个通信系统(电信网)。

电信网由三类设备构成，即终端设备、传输设备和交换设备，主要包括集线器、交换机、路由器、网卡等。其中终端设备是用户与电信网之间的接口设备，其主要功能是用户的信息与信道上传送的信号之间的转换或反转换，当然它还能产生和识别系统内的信令或协议。传输设备是传输信号的信道，其主要功能是有效可靠地传输信号。为提高传输信道的利用率，通常采用多路复用技术，包括频分多路复用(FDM)和时分多路复用(TDM)。交换设备是在终端之间或交换之间进行路由选择和接续控制的设备，其主要功能是完成信号的正确交换，通常有电路交换和分组交换，现正向异步传输模式(ATM)和光交换技术发展。但一个完善的电信网还必须包括通信协议和标准，从某种意义上说，它们是构成通信网的准则。因为它们可使用户之间、用户和网络资源之间以及各交换设备之间具有共同的“语言”，使设备进网、成网，并能使网络合理地运转和正确地控制，达到全网互通的目的。电信网按业务内容可分为电报网、电话网、传真网、数据网等，按信号形式又可分为模拟网和数字网。

2. 国际互联网——Internet

Internet 是一个网络之上的网络。它将各种各样的网络连接起来，而不论其规模、数量、地理位置。把网络互联起来，也就把网络上的资源组合了起来，这当然比独个网络的价值要高出许多。因此，Internet 的实质是物理网络和信息资源相结合形成的一个信息网络实体。

Internet 的发展可以总结为四个阶段：

(1)1969—1984 年，为军用试验阶段。1957 年，美国国防部成立高级研究项目局(ARPA)，1969 年组建 ARPAnet 网，当时它仅连接了 4 台计算机，用来进行计算机联网的实验。这个简单的网络就是 Internet 的前身。

1982 年，在 ARPA 资助下，加州大学伯克利分校将 TCP/IP 嵌入 UNIX BSD4.1，大大地推动了应用进程。1983 年，TCP/IP 成为 ARPAnet 上标准的通信协议，这标志着真正的 Internet 出现了。

(2)1984—1992 年，为学术应用阶段。1986 年，美国国家科学基金会网络(NSFnet)建立，1989年ARPAnet解散，于是NSFnet成为Internet重要的通信主干道，这标志着Internet的性质发生了根本变化，从军用试验阶段迈进了学术应用阶段。

(3)1992—1995年，为商业应用过渡阶段。1992年，由于Internet用户数急剧增长，应用领域日益扩大，Internet协会(ISOC)应运而生，同时，商业界和通信界开始重视Internet，商业化的呼声越来越高。

(4)1995年以后，进入商业应用阶段。1995年，NSFnet解散，美国国家科学基金会宣布与MCI合作建设新的高速数据通道，速率达到155Mbit/s，这意味着Internet进入商业化阶段。

提供信息服务是Internet的根本目的。Internet的信息服务全面而先进，资源丰富又充实，服务形式采用客户机/服务器模式，这种模式充分体现了Internet的资源共享和自愿服务原则。Internet上主要的信息服务包括：电子邮件传递、网络文件系统、远程登录系统(Telnet)、文件传输协议(FTP)、数据库的检索、网络信息查询服务、目录服务、超文本传输协议(HTTP)、代理服务器技术等。

3. 内联网——Intranet

内联网是一个公司或企业内部所包含的多个网络之中的一个网络。它可能包括互相连接的局域网(LANs)，也使用广域网(WAN)中租用的链路。通常，内联网通过一台或多台网关计算机连接到外部互联网。建立内联网的主要目的是在员工中分享公司的信息和计算资源，内联网也可以用来促进群体间的合作和远程电信会议。

内联网使用传输控制协议/互联网协议(TCP/IP)、超文本传输协议(HTTP)和其他互联网协议。通常，内联网看上去就像互联网的专业版本。公司可以通过公共网络传送专用信息，利用公共网络特殊的加密和解密算法以及其他的安全措施，将内联网的一个部分和另一个部分连接起来。

通常，大型企业都允许其内联网用户通过防火墙来访问互联网，这些服务器可以双向监测信息以维护公司的网络安全。如果公司的部分内联网允许客户、合作伙伴、供应商或其他外部人员访问，这部分内联网就构成了外联网。

4. 外联网——Extranet

外联网是一种专用网络，这种专用网络使用互联网协议和公共电信系统，以便能够使供应商、分销商、顾客及其他企业安全地共享本企业的一部分信息或操作。外联网可以被看做是一个公司内联网的一部分，这个部分延伸到公司外部的诸多用户。互联网被看做是一种与其他公司做生意的途径，这就像是通过互联网将商品卖给顾客一样，这种想法一直被描述为一种“心态”。互联网和企业内部网曾经得益于超文本标记语言(HTML)、超文本传输协议(HTTP)、简单邮件传输协议(SMTP)和其他的互联网技术，现在这些技术似乎被用来促进企业间的商务活动。换句话说，外联网是一种促进企业之间互动(特别是买卖活动)的专用网络。

外联网要求安全性和保密性，这需要管理防火墙服务器，分布和使用数字证书，使用安全套接层(SSL)或者类似的用户认证的手段，通过信息加密技术对信息进行加密，使用穿过公共网络的虚拟专用网(VPN)。

5. 网格(Grid)技术

传统的互联网已经走过两代历程。第一代是20世纪70~80年代，主要的成就是把分布在世界各地的计算机用TCP/IP协议连接起来，主要的应用是E-mail。第二代是20世纪90年代，主要成就是把成千上万个网站上的网页连接起来，主要的应用是Web信息浏览以及电子商务等信息服务。目前正处于从第二代Internet向第三代Internet过渡的转型期。第三代Internet可称为信息服务网格(information service grid)，其主要特点是不仅仅包括计算机和网页，而且包括各种信息资源，例如数据库、软件以及各种信息获取设备等。它们都连接成一个整体，整个网络如同一台巨大无比的计算机，实现互联网上所有资源的全面连通，实现高度的资源共享，高速的信息存取，向每个用户提供一体化的信息服务。

网格被用于信息技术的研究，始于20世纪60年代，但对其大规模的开发研究还只是近10年的事。21世纪高性能计算的趋势是与网格结合产生网格新技术。计算机的应用模式，经历了20世纪50~70年代的终端—主机模式、20世纪80年代的客户—服务器模式、20世纪90年代的浏览器—万维网模式，正在向未来的客户(浏览器)—虚拟计算(服务)环境模式发展。而网格就是形成虚拟检索和信息服务环境的基础设施。

为改善网络的瓶颈现象，适应信息管理的要求，计算机专家引入了网格计算方法，将原来的平面波分复用技术用于不同环节的网格节点上，改变了传统的静态平面结构，建立网格结构。该结构的优点在于能根据突发性的业务动态地调配带宽，同时又能独立于上层协议和速率进行透明传输。美国计算网格项目的领导人之一伊安·富斯特在《网格：21世纪信息技术基础设施的蓝图》一书中写道：“网格是构筑在互联网上的一组新兴技术，它将高速互联网、高性能计算机、大型数据库、传感器、远程设备等融为一体，为科技人员和普通百姓提供更多资源、功能和交互性。互联网主要为人们提供电子邮件、网页浏览等通信功能，而网格的功能则更多更强，它能让人们透明地使用计算、存储等其他资源。”

目前，网格的研究主要集中在美国和欧洲。英国政府投资近1亿英镑，用来研制英国国家网格（UK National Grid），美国政府用于网格技术基础研究的经费则达5亿美元。我国中科院计算机研究所也制定了网格研究计划，被称为“织女星网格”（Vega Grid）。随着网格研究在学术界的发展，信息产业界的大公司也相继公布了与网格目标一致的研究开发计划。比如，惠普、IBM、微软、Sun等公司最近取得共识，支持XML、简单对象访问协议（SOAP）、统一描述、发现和集成协议（UDDI）等万维网标准，从而开发出新一代的网络应用，称为Web服务（Web service），其目的是将互联网上的资料和信息汇聚在一起，组合成企业和消费者所需要的服务。惠普公司推出了ESpeak万维网服务平台，IBM用它的WebSphere平台和一系列中间件实现万维网服务，微软公司的路线是通过它的.NET计划和C++语言来实现，Sun公司则通过Oper Network Environment（Sun ONE）计划和Java平台来实现。

4.3　知识管理的软件技术

4.3.1　语义Web技术

曾开创万维网的“万维网之父”——Bernard Lee，在2002年初接受美国《商业周刊》记者采访时，描绘了下一代互联网的远景，并将下一代互联网称为“语义Web”。他说：“语义Web是当前网络的延伸，它上面的信息已经被赋予了一定的含义，能够使计算机和人更好地进行协作。”语义Web是第二阶段的信息革命，好比是一个巨型的大脑，组成它的各个部分的数据库智能化程度极高，协调能力也将非常强大，可以解决各种难题。

“语义”一词来源于希腊文，它在现代语言经常是指“内涵的关联性”。语义Web是“The Semantic Web”的中文翻译。与万维网不同，语义Web是一种智能网络，是对万维网本质的变革，它的主要开发任务是使数据更加便于电脑处理和查找，扩展当前的WWW，使得网络中的所有信息都具有语义，便于人和计算机之间的交互与合作，从而将万维网中一个个现存的信息孤岛发展成一个巨大的数据库。因而其研究的侧重点就是如何把信息表示为计算机能够理解和处理的形式，即带有语义。在语义Web中，网络不仅能够连接各个文件，而且还能够识别文件里所传递的信息。它是一种能理解人类语言的智能网络，不但能够理解包括词语和概念的人类语言，而且还能够理解它们之间的逻辑关系，使人与电脑之间的交流变得像人与人之间交流一样轻松。

今天，万维网的大多数内容是为人们阅读而设计的，而不是为了计算机能够做一些有意义的操作。现在，计算机能够熟练地进行万维网网页语法的检查、网页链接和版面的设计，但没有努力进行语义上的处理。互联网技术发展到今天，人们一方面认识到它带来的无限机会，以及各种分散的自主各异的数据库互操作的需要，同时也认识到在利用这些机会的过程中需要做大量的艰巨工作。举一个例子，互联网上有千万个数据库，但是目前缺乏一个基本标准或正式协议，或任何关于在这些系统里的信息含义的基础知识，这个问题对那些有兴趣使用但从来没有参与这些系统的设计的用户更是突出。为了使万维网发挥出它的全部潜力，必须进化为语义 Web，解决这个问题需要理解、规范、管理信息的含义(semantic)(Meerman，2002)。互联网联盟(World Wide Web Consortium，简称 W3C)把语义 Web 定义为互联网上数据的表述，是当前互联网的延伸，因为信息有了清晰明了的含义，人与计算机便能够更好地合作。

语义 Web 的基本思想是提供基于机器可处理的数据语义，并应用这些元数据的启发式进行自动化的信息访问。数据语义的显性表示和领域理论(本体)将使得 Web 提供一种全新质量的服务。其最终目标是将人类知识编织成一个巨大的网络，并以机器处理的方式来实现它。各种自动化服务将帮助用户以机器可理解的格式访问和提供信息，并使得计算机自动化处理过程和 Web 信息集成更为方便。

人类的知识建立在两个基石之上：语义学和数学。在数学方面，“电脑”已远远超越了“人脑”；提高计算机理解语言逻辑的能力，已经成为下一阶段的重点。图 4-9 描述了语义 Web 的七层体系结构。为了让语义 Web 能够工作，计算机必须依赖于以下三项前沿技术：可扩展标记语言(XML，extensible markup language)、资源描述框架(RDF，resource description framework)和文本分类(ontology)。

XML 让每个人都可以创建自己的标签，对网页进行注释。脚本(或者说程序)可以利用这些标签来获得信息，但这是以写脚本程序的人明白网页制作者各个标签的用意为前提。一言以蔽之，XML 允许使用者在他们的文档中插入任意的结构，但没有说明这些结构的含义。

为了解决上述缺陷，语义 Web 引入了 RDF 来表达含义。RDF 通常是三元组的结构，每个三元组由相当于句子中的主语、动词和宾语(subject，verb and object，SVO)三个部分组成(也有一种说法是主谓宾，subject，pred-

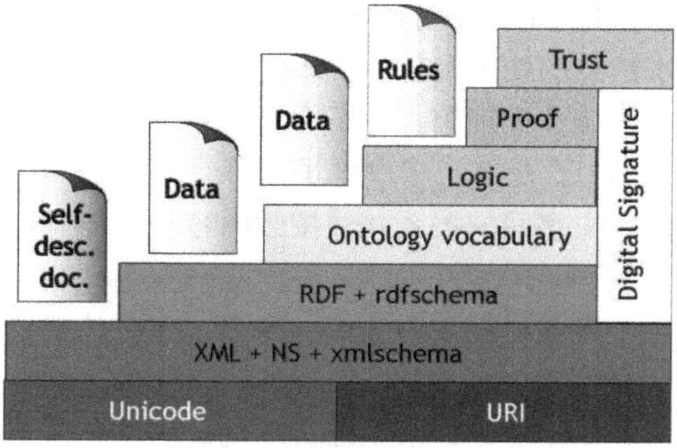

图 4-9 语义 Web 的体系结构

icate and object)。在 RDF 中，文档中的声明通常是某个事物(人、网页或其他任何东西)对于某些值(另一个人、另一网页)拥有某些属性(例如"是姐姐"，"是作者")。这种结构用于描述由机器处理的大量数据，是非常自然的方法。

为进一步挖掘语义之间的关系，本体论用来定义描述某一领域知识的术语。它广泛用于需要共享某一领域信息的应用，这一领域是指某一特定的主题范围和知识范围，如医药、工具制造、房地产、汽车维修、财务管理等。它包括可用于计算机领域的基本概念的说明和它们之间的关系。它们在某领域内编码知识，同时也在不同领域内编码知识。本体论使知识的重用成为可能，它描述的范围从简单的分类学，到元数据图解，再到合乎逻辑的理论、学说。

4.3.2 知识挖掘技术

1. 文本挖掘技术

有数据表明，一个组织 80%的信息是以文本的形式存放的，包括 Web 页面、技术文档、电子邮件等。由于整个文本集合不能被方便地阅读和分析，而且由于文本经常改变，要跟上变化的节奏，就要不停地回顾文本的内容，处理数量巨大的文本变得越来越困难。人们迫切需要能够从大量文本集合中快速、有效地发现资源和知识的工具。在这样的需求驱动下，文本挖掘文档管理技术的概念也就产生了。

文本挖掘是抽取有效、新颖、有用、可理解的、散布在文本文件中的有价值知识，并且利用这些知识更好地组织信息的过程。1998 年年底，国家重点研究发展规划首批实施项目中明确指出，文本挖掘是"图像、语言、自然语言理解与知识挖掘"中的重要内容。文本挖掘是信息挖掘的一个研究分支，用于基于文本信息的知识发现。文本挖掘利用智能算法，如神经网络、基于案例的推理、可能性推理等，并结合文字处理技术，分析大量的非结构化文本源(如文档、电子表格、客户电子邮件、问题查询、网页等)，抽取或标记关键字概念、文字间的关系，并按照内容对文档进行分类，获取有用的知识和信息。

文本挖掘是一个多学科混杂的领域，涵盖了多种技术，包括数据挖掘技术、信息抽取、信息检索、机器学习、自然语言处理、计算语言学、统计数据分析、方程几何、概率理论，甚至还有图论。在当今世界，一个人或一个组织所获得的文本信息集合十分巨大，而且文本信息集合还在不断地更新和增加。这样，信息检索等技术就不能适应当今文本信息处理的需要，所以，必须用文本挖掘技术来解决这一难题。文本挖掘具有对大量文档集合的内容进行文本总结、文本分类、文本聚类、关联分析、分布分析以及趋势预测等功能。

(1)文本总结，是指从文档中抽取关键信息，用简洁的形式对文档内容进行摘要或解释。这样，用户不需要浏览全文就可以了解文档或文档集合的总体内容。文本总结在有些场合十分有用，例如，搜索引擎在向用户返回查询结果时，通常需要给出文档的摘要。目前，绝大部分搜索引擎采用的方法是简单地截取文档的前几行。

(2)文本分类，指按照预先定义的主题类别，为文档集合中的每个文档确定一个类别。这样，用户不但能够方便地浏览文档，而且可以通过限制搜索范围来使文档的查找更容易。Yahoo! 通过人工来对 Web 的文档进行分类，这大大影响了索引的页面数目。利用文本分类技术可以对大量文档进行快速有效的自动分类。

(3)文本聚类，聚类与文本分类的不同之处在于，聚类没有预先定义好主题类别，它的目标是将文档集合分成若干个簇，要求同一簇内文档内容的相似度尽可能地大，而不同簇间的相似度尽可能地小。Hearst 等人的研究已经证明了"聚类假设"，即与用户查询相关的文档通常会聚类得比较靠近，而远离与用户查询不相关的文档。因此，我们可以利用文本聚类技术将搜索引擎的检索结果划分为若干个簇，用户只需要考虑那些相关的簇，大大缩小了所需要浏览的结果数量。

(4)关联分析，指从文档集合中找出不同词语之间的关系。Brin 提出了一种从大量文档中发现一对词语出现模式的算法，并用来在 Web 上寻找作者和书名的出现模式，从而发现了数千本在Amazon网站上找不到的新书。Wang等人以Web上的电影介绍作为测试文档，通过使用OEM模型从这些半结构化的页面中抽取词语项，进而得到一些关于电影名称、导演、演员、编剧的出现模式。

(5)分布分析，指通过对文档的分析，得到特定数据在某个历史时刻的分布情况。如Feldman等人使用多种分布模型对路透社的两万多篇新闻进行了挖掘，得到主题、国家、组织、人、股票交易之间的相对分布。

(6)趋势预测，指通过对文档的分析，得到特定数据将来的取值趋势。如Wüthrich等人通过分析Web上出版的权威性经济文章，对每天的股票市场指数进行预测，取得了良好的效果。

文本挖掘具有广泛的应用前景，它不仅可以用于企业的有决策需求的业务部门，而且可以用于提供综合信息服务的网站。具体来讲，文本挖掘的应用主要有以下几个方面：在电子邮件管理中的应用、在文档管理中的应用、在客户自动问答系统中的应用、在市场研究中的应用、在情报收集中的应用。

2. 数据挖掘技术

数据挖掘是一门新兴的边缘学科，近年来引起了中国学术界和产业界的广泛关注。数据挖掘出现于20世纪80年代后期，90年代有了突飞猛进的发展。2001年，Gartner Group的一次高级技术调查将数据挖掘和人工智能列为“未来三到五年内将对工业产生深远影响的五大关键技术”之首，并且还将并行处理体系和数据挖掘列为未来五年内投资焦点的十大新兴技术前两位。美国麻省理工学院在2001年1月份的《科技评论》(*Technology Review*)中提出将在未来五年对人类产生重大影响的十大新兴技术，其中第三项就是数据挖掘。

数据挖掘(data mining，DM)是从存放在数据库、数据仓库或其他信息库中的大量数据中挖掘有趣知识的过程。数据挖掘有时也称KDD(knowledge discovery in database)，即基于数据库的知识发现，指的是从大型数据库或数据仓库中提取人们感兴趣的知识，这些知识是隐含的、事先未知的、潜在有用的、易被理解的信息。实质上，这两个概念的内涵大致相同，只是从不同的角度认识问题而已。譬如人工智能的研究人员倾向于讲KDD，而计算机和信息技术专家通常说数据挖掘。

数据挖掘和知识发现技术发展到现在，出现了许多技术分支和研究方向。这些技术适用于不同的数据库系统，应用不同的挖掘技术从而挖掘出不同种类的知识。下面就数据挖掘的常见分类方法，分别加以描述。

(1)按操纵的数据库分类。不同的数据库其数据的描述、组织和存储方式均有很大不同，一般可以分为关系数据库、面向对象数据库、事务数据库、演绎数据库等。

(2)按挖掘的知识分类。挖掘的知识具有多种形式，如关联规则、分类规则、聚类规则、特征规则、时序规则等。同时，这些知识也可以在不同的层面上表达，如泛化知识、原始知识、多层知识等。

(3)按应用的技术方法分类。①基于规则和决策树的方法，现今的数据采掘大多是基于这类方法的。采用规则发现和决策树分类技术来发现数据模式和规则的核心是某种归纳算法。其通常是先对数据库中的数据进行采掘，产生规则和决策树，然后，对新数据进行分析和预测。②基于神经元网络的方法，神经元网络具有对非线性数据的快速拟合能力，因而得到日益广泛的应用。在数据采掘的过程中，神经元网络是数据聚类的有力工具。在事务数据库的分析和建模方面应用广泛。③模糊和粗集方法，应用模糊和粗集理论进行数据查询排序和分类也是数据采掘的重要方法。④统计方法，统计理论由于非常完善的数学理论，在数据分析应用方面具有深入而广泛的应用。实际上，这类方法主要用来分析数据，而不是从其中发现模式和规则。所以，它在数据采掘中主要作为其他方法的基础而存在。⑤数据可视化方法，这是一类辅助方法。数据可视化大大扩展了数据的表达和理解能力，这在数据采掘中是非常重要的，因而数据可视化正受到日益广泛的重视。

对数据挖掘的理论研究主要在以下六个方面：联机分析处理技术、面向属性的归纳法、关联规则、分类和预测、聚类和数据仓库的集成技术。

(1)联机分析处理(on-line analytical processing，OLAP)是关系数据库之父 E. F. Codd 博士在 1993 年提出的。OLAP 可以在使用多维数据模型的数据仓库或数据集市上进行，使用数据立方体结构，OLAP 操作可以有效地实现。OLAP 技术主要是应用隐含在数据里的领域背景知识对数据进行操作，为用户在不同的抽象层上提供数据。OLAP 技术一般都是集成在数据仓库中实现的。

(2)面向属性的归纳方法(attribute oriented，AO)由 Jiawei Han 等于 1991 年提出，这是一种有效的、完整的知识发现算法，算法的一个关键就是攀升属性所对应的概念层次树，把原始数据集的数据泛化到用户感兴趣的概念层上，减少数据集的大小，从而降低知识发现过程的计算复杂度。

(3)关联规则的挖掘最早是由 R. Agrawal 等人于 1993 年提出。在关联规则算法的研究中，生成所有的频繁项目集是核心问题。

(4)分类和预测是两种数据分析形式，可以用于提取描述重要数据类的模型或预测未来的数据趋势。主要的分类方法有：神经网络技术、决策树归纳分类法、贝叶斯分类法、后向传播分类法等。

(5)聚类是一个活跃的研究领域，聚类就是将数据对象分组成为多个类或簇，在同一个簇中的对象之间具有较高的相似度，而不同簇中的对象则差别较大。聚类算法具体可以分为：划分方法、层次方法、基于密度的方法、基于网格的方法以及基于模型的方法等。聚类分析可以用作独立的数据挖掘工具，来获得对数据分布的了解，也可以作为其他数据挖掘算法的预处理步骤。

(6)目前比较通用的对数据仓库的定义是 W. H. Inmon 在 1996 年提出的，他认为数据仓库是一个面向主题的、集成的、时变的、非易失的数据集合，支持管理部门的决策过程。数据仓库为数据挖掘提供了更广阔的活动空间。数据仓库完成了数据的收集、集成、存储、管理等工作，数据挖掘面对的是经初步加工的数据，使得数据挖掘能更专注于知识的发现。数据仓库具有不同于数据库的新特点，并对数据挖掘技术提出了更高的要求，数据挖掘技术要充分发挥潜力，就必须和数据仓库的发展结合起来。

3. 知识挖掘技术

知识挖掘，顾名思义是把深埋着的知识开采出来。它包括两方面：①从已编码的信息，即从数据库/数据仓库中发现新的知识，称为数据挖掘(dataming)；②未经编码处理即未转化为信息的知识的提取、整理和积累。知识挖掘最新的描述性定义是由 Usama M. Fayyyad 等给出的：知识挖掘是从数据集中识别出有效的、新颖的、潜在有用的，以及最终可理解的模式的非平凡过程。知识挖掘已被越来越多的领域所采用，并取得了较好效果。这些领域有科学研究、市场营销、金融投资、欺诈甄别、产品制造、通信网络管理等。由加州理工学院喷气推进实验室与天文科学家合作开发的 SKICAT(sky image cataloging and analys is tool)是第一个获得成功的知识挖掘应用，已经帮助科学家发现了 16 颗极其遥远的类星体。虽然知识挖掘已经受到许多关注并取得了广泛应用，但它仍处于发展的早期，还有很多研究难题和面临的挑战，如数据的巨量性、动态性、噪声性、缺值和稀疏性，发现模式的可理解性、兴趣或价值性，应用系统的集成，用户的交互操作，知识的更新管理，复杂数据库的处理，等等。

知识挖掘技术发展的一个重要标志就是知识地图的产生和迅速发展。知识地图技术帮助人们知道在哪儿能找到知识管理技术，其实质上是利用现代化信息技术制作的企业知识资源的总目录及各知识款目之间关系的综合体。也就是说，一份知识地图包括两个方面的内容，一是通过知识资源调查所获取的知识资源目录，二是目录内各款目之间的关系。

知识地图必须清楚地揭示企业内部或外部相关知识资源的类型、特征及知识之间的相互关系，更高级的知识地图还应揭示企业的组织结构、业务流程、员工激励制度、客户承诺以及企业用以创造和利用知识的技术。一份完整的知识地图包括的内容十分丰富，它能提供知识资源的存贮地点、所有权人、有效性、及时性、主题范围、检索权利、存贮媒介及使用渠道等，并能揭示所有的知识资源，如文档、文件、系统、政策、名录、能力、关系、权威及专利、事件、实践经验等。知识地图所描绘的对象主要有人、显性或编码化的知识以及过程或方法。这三种对象通常所描述或指向的知识分别为隐性知识、显性知识和隐藏知识。在知识地图中一般使用抽象的符号或图像来表示这些对象。

随着 Internet 技术飞速发展和知识获取手段的日益增多，组织中的各类知识迅速增加，尤其是那些组成比较复杂且规模较大的组织，其知识增加得更加快速。因此，单一的知识地图是难以完成对知识的管理的，需要将其进一步扩展为知识地图集(knowledge atlas)。知识地图集是将组织中的多个知识地图通过 Intranet 联结和整合，是对知识地图功能的进一步拓展。知识地图集包括了不同种类的地图，如知识流程、拥有知识的人、组织存在的问题、解决问题的方法以及目标等各式各样类型的地图，知识地图集可以将各个知识地图彼此之间的联结表达出来。知识地图集通过建立每个知识地图与其他知识地图之间的联系，来增加每个知识地图的价值。知识地图集能够显示一个复杂项目和流程更多方面之间的联系，它不仅可以描述知识的内容和存储问题，还描述了时间、原因和结果等问题，以及在流程中某些知识何时被需要，不同活动和领域的知识间的关系如何，这些活动为什么会发生。在知识地图集的帮助下，组织中的成员可以知道他们的工作何时需要某种类型的知识以及到何处去找这些知识，或者这些知识是否合适，是否需要重新开发或从外部引进。同时，知识地图集能够告诉他们某些流程的特点、最好的经验及常犯的错误。知识地图集还能够显示知识创新是否真正实现，是否已偏离最终目标，偏离有多远。

4.3.3 专家系统

人工智能(artificial intelligence，AI)技术的研究目的就是要使计算机逐步具有类似人脑的某些智能，即能理解外部环境，提出概念，建立方法，进行演绎、归纳、推理，做出科学的判断和决策，具备自学习、自适应功能等。AI 技术代表着未来信息处理技术的发展方向。

1956 年，麦卡锡（J. McCarthy）、明斯基（M. L. Minsky）、申农（C. E. Shannon）、西蒙（H. A. Simon）、纽厄尔（A. Newell）、塞缪尔（A. L. Samuel）等十多位数学、心理学和信息论等方面的学者，在美国达特茅斯大学举行了历时两个月之久的有关如何利用计算机模拟人类智能行为的学术研讨会，并将所讨论的领域作为计算机与信息科学的一个新的研究分支，称为“人工智能(AI)”，即在会上正式决定采用 AI 这一术语。这是一次具有重大历史意义的会议，它标志着 AI 这门边缘学科的诞生。此后，许多学者都先后开展了不同程度的 AI 研究，各方面的研究成果层出不穷。随着知识管理的兴起和发展，大量的人工智能技术被引入到知识管理理论与实践中，如专家系统、语义 Web 技术、神经网络技术、智能代理技术等。

1. 专家系统的含义

专家系统是人工智能领域里的一个重要分支，是为解决应用领域中的复杂问题而利用专家知识的计算机程序系统。1965 年，“人工智能”首次被提出，1965—1968 年，在美国斯坦福大学，诞生了一个从分子式及其质谱数据推断分子结构的专家系统——DENDAL 系统，标志着专家系统第一次走向了现实世界。1971 年，另一个执行公式化简、符号微分、符号积分等数学问题求解的专家系统在麻省理工学院投入使用。之后，一批卓有成效的专家系统开始出现。1974 年，MYCIN 系统——用于诊断和治疗感染性疾病的专家咨询系统，第一次使用了知识库的概念，第一次使用可信度因子进行不精确推理。此外，在人机接口、解释功能及自学习等技术方面也进行了研究，使其成为一个功能比较全面的专家系统。接着，根据地质数据找矿的专家咨询系统 PROSPECTOR 开发成功，它运用了规则和语义 Web 的知识表达方式，在推理中采用了一种似然推理技术。1979 年，为 DEC 公司配置 VAX 计算机系统的专家系统 XCON 投入使用。早期开发成功的这几个专家系统震撼了整个科学界。

专家系统将人类专家的知识和经验以知识库的形式存入计算机，并模仿人类专家解决问题的推理方式和思维过程，运用知识库对现实中的问题做出判断和决策。专家系统的成功应用其意义不仅在于减轻了人类专家的重复性脑力劳动，推广和保存专家经验知识，其潜在的巨大经济效益，也使人们开始意识到它的广阔前景。

2. 专家系统的特点

专家系统善于解决那些不确定性的、非结构化的、没有算法解，或有算法解但在现有的机器上无法实施的困难问题。它是靠知识和推理来解决问题，是基于知识的智能问题求解系统。它内部的知识和推理是相分离的，系统具有很好的灵活性和可扩充性。它不仅能回答用户的提问，而且能够对最后的结论或处理问题的过程作出解释。一些专家系统有自学习的能力，能不断地对自己的知识进行扩充、完善和提炼。

3. 专家系统的组成

专家系统的基本结构包括知识库、推理机、数据库、人机接口、解释机构和知识获取六个部分，如图 4-10 所示。其中知识获取、知识库和推理机是专家系统的核心。知识获取机构是把知识输入到知识库中，并负责维持知识的一致性和完整性，建立性能良好的知识库。知识库用于存储领域内的原理性知识、专家的经验性知识以及有关事实。数据库存放系统运行过程中所需要和产生的所有信息。推理机是根据一定的推理控制策略对问题进行推理，以求解问题。人机接口是领域专家或知识工程师和一般用户与专家系统进行交互的工具。

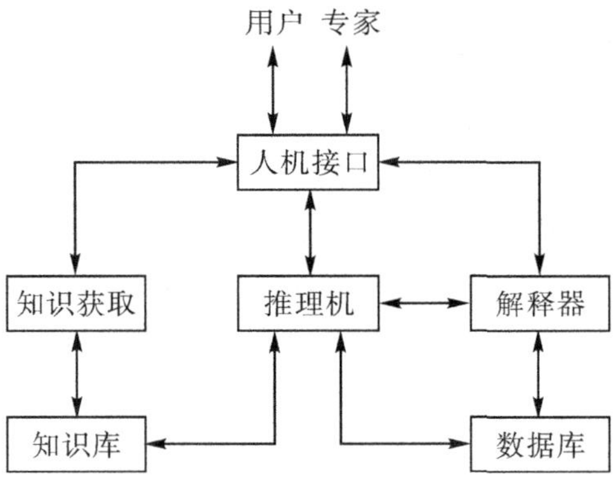

图 4-10　专家系统的基本结构

(1)知识库是专家系统的核心，其主要功能是存储和管理专家系统中的知识。知识库中存储的知识主要有两种类型。一类是相关领域中所谓公开性的知识，包括领域中的定义、事实和理论在内。另一类是领域专家在长期业务实践中获得的实践经验。正是这些经验知识使领域专家在关键时能做出正确的猜测，有效地处理错误或不完全的信息数据。

(2)推理机是一组计算机程序。其主要功能是决定如何选用知识库中的有关知识，对用户提供的证据进行推理，以最终对用户提出的特定问题作出回答。在专家系统中，推理过程控制方式主要有正向推理、反向推理和正反混合推理三种。

(3)综合数据库是专家系统中用于存放系统当前状态的事实数据的场所。其数据包括用户输入的事实、已知的事实以及推理过程中得到的中间结果等。综合数据库中的内容随着推理过程不断变化。

(4)人机接口是连接用户与系统之间的桥梁，是用户与整个系统进行通信与交互的工具，专家系统正是通过人机接口来实现诸如提问、推理、解释、学习和提供答案等功能。

(5)解释器负责回答用户提出的各种问题，它就推理路线、推理结论给出必要的清晰的解释，使用户了解推理过程，是实现推理透明性的主要模块。解释接口把用户输入的信息转换成系统内部表示形式，然后交给相应的模块去处理。系统输出的内部信息也由人机接口转换成用户容易理解的外部表示形式显示给用户。

(6)通过知识获取模块将专家经验知识转化为计算机可利用的形式并形成知识库，同时也负责知识库中规则的修改、删除和更新，并对知识库的完整性和一致性进行维护。知识获取模块是实现系统灵活性的主要部分，它使领域专家可以修改知识库，而不必了解知识库中知识的表示方法、知识库的组织结构等实现上的细节问题。目前，一些专家系统已经或多或少地具有了自动知识获取的功能，即系统在运行中不断地从错误和失败中归纳总结经验，并修改和扩充自己的知识库。因此，知识获取实质上是一个机器学习的问题。

4. 专家系统的分类

专家系统按照解决问题的性质可分为十种类型：解释型、预测型、规划型、设计型、诊断型、教育型、维修型、调试型、监督型、控制型。其中诊断系统主要用于医疗系统、电子线路故障检查、机械系统故障检查以及软件系统故障检查。目前自动测试领域主要采用诊断型和设计型专家系统。从目前专家系统开发工具的发展状况看，一个明显的趋势是：适用于微机的小型专家系统工具大量涌现，如INSIGHT、MI、PCESHELL、OPS等。这是因为微机的容量扩大、性能提高，已经在各个领域里广泛应用，因而在微机上开发的专家系统更便于应用和推广。

4.3.4 群件技术

1. 群件的产生和发展

群件发展始于20世纪60年代，目前一般认为群件起源于D. Engebart发表的一篇论文 *A Conceptual Framework for the Augmentation of Man's Intellect*。这篇文章对超媒体的研究起了十分重要的推动作用，但更重要的是，对群件的发展起到了开山鼻祖的作用。D. Engebart 领导开发的 NLS 系统成为第一个研究群件概念的模型系统，它对后来产生的 XeroxPARC 的媒体空间和 MIT 的信息过滤等有关群件系统的研究带来巨大的影响。为明确这一类特殊的系统形式，20 世纪 80 年代中期便产生了“群件”这一术语。

群件(group ware)是协同群体合作工作的新工具，包括信息共享、电子会议、日程安排、群件文档、数据库、电子邮件、工作流自动化、软件和联系群体各成员的网络。群件是支持、促进、简化一个工作群体的全部功能，或协同多个群体共同工作(思想开发、论题讨论、工作流业务、消息发送)，提高群体工作效率的软件或应用开发环境，如 Lotus Notes、Collabra、CC-Mail。

群件能帮助用户建立应用系统，允许用户定义工作群体，允许多重群体定义。群件作为一个的新名词，到目前为止还没有一个确切的定义，这是因为群件综合了多种不同的技术。然而，它的基本概念是清楚的，即群件是利用计算机和通信网络为群体提供支持，使之可协同工作的应用系统。群件系统支持一个不论是否在同一地点的群体，共同为同一项任务或目标同步或异步地并行工作。通常，我们采用 Ellis 的定义：“(群件是)支持小组成员完成一项共同任务并且提供一个共享环境的计算机系统。”

从群件的定义来看，共同任务和共事环境是群件概念中最为关键的内容。所谓共同任务，就是合作者共同要完成的任务。在传统的时间共享系统(如分时系统)中，多用户并发执行相对分离的、独立的任务，并不是针对共同任务进行工作，所以处于群件范围中共同任务维的低级阶段。而像共同编辑系统这一类多人合作的系统，可使一群设计人员在实时交互期内对某个数据实体进行共同编辑，该系统将协作人员集中于同一任务并密切交流，处于群件范围中共同任务维的高级阶段。所谓共享环境，是合作者所处的某个可共享的环境，该环境将实时地把现场各种信息传送给所有参加者，使得他们了解环境的各种情况，以便于各自操作。电子邮件系统对环境信息要求低，很少提供环境信息，处于群件范围中共享环境维的低级阶段。而实时会议系统要模拟传统的会议室，对会议室环境现场、与会人员、讨论主题等都要有清楚及时的提示，处于群件范围中共享环境维的高级阶段。

2. 群件技术的分类

群件技术可以支持集中地点的群体工作，也可以支持分布式环境的分布式工作。现在常见的一些会议系统可划为面对面交互系统(实时同一地点)，电子邮件系统则可划为异步分布群件。

从功能上划分，群件技术可以包括如下系统。

(1)邮件系统(message system)。这是常见的群件的例子，它支持工作组成员之间异步的文本邮件的交换，包括电子邮件和电子布告牌等。在近来出现的这类系统中，针对信息负载加大的情况，提供了智能邮件等功能。由于多媒体通信技术的发展，这类系统开始加入语音和传真等功能。按需传真(fax-on-demand)、传真自动回复、传真广播、传真自动转发成为这类系统的一大特色。

(2)多用户编辑系统。支持文件的共同编辑。实时的群件编辑器支持工作组成员对同一目标的同时编辑。目标文件可分成若干部分，工作组成员在不同部分上进行编辑并能看到其他成员的进展。这种技术对多用户的并发控制提出了新的挑战。

(3)群体决策支持系统。对决策提供参考以及表决工具，这类系统一般为会议系统。

3. 群件涉及的基本技术

前面已指出，群件依赖于多方面技术的进步。具体地说，成功的群件涉及以下几个方面：分布式系统，通信，人机交互，人工智能以及社会学理论，一个群件系统一般结合了其中的一到两个方面。

(1)分布式系统。由于工作组成员往往在空间和时间上具有分布性，因此群件具有一般分布式系统的技术问题。目前分布式系统理论的研究主要集中于分布式操作系统和分布式数据库，一些研究成果可用于群件系统。例如，在电子邮件系统的实现中，同样会遇到在分布式事务处理中场地崩溃的问题。二阶段提交协议对这种问题的一种解决方法是使用假脱机(spooling)场地，崩溃场地恢复时可从脱机场地获取信息。在E-mail中，当邮件服务器崩溃时，必须保证收件人仍能接收到邮件，一个解决方案是将邮件保存到多个服务器上。保持多个服务器数据的一致性和提供分布式的名字服务将是一个挑战。

(2)通信技术。这涉及远程代理之间的信息交换。主要困难是通信媒质的带宽以及传输文本、图形、语音以及视频等多媒体信息的通信协议。

(3)人机接口。人机接口技术在各种系统中都十分重要。由于群体工作的特点，群件的人机接口具有更多的复杂性，人机接口技术涉及图形学等多个领域。然而至今这方面的研究主要集中于单用户的系统，对于群件必须支持的群体的交互方式(group interface)缺少研究。社会学专家以及最终用户在群件人机接口的研究中扮演重要的角色。

4.4 知识管理的前沿技术

知识管理前沿技术是指技术领域中具有前瞻性、先导性和探索性的重大技术，是未来知识管理技术更新换代和新兴知识管理发展的重要基础，代表知识管理的发展趋势。在目前全球科学技术高速发展的背景下，知识管理的新技术层出不穷；同时新兴的前沿技术对知识管理也产生了越来越重要的影响。需要说明的是，知识管理的各种新技术并不是截然不同的，它们有重叠和相似的地方，只是其研究的侧重点和角度的不同。

4.4.1 Web2.0 和 Web3.0 技术

1. Web2.0

Web2.0 是相对 Web1.0 的新一类互联网技术和应用的统称。2004 年 3 月，Tim O' Reilly 等技术精英在讨论互联网发展趋势时，提出 Web2.0 概念。2004 年 10 月召开了首次 Web2.0 大会，2005 年 10 月召开了第二次 Web2.0 大会。第二次大会盛况空前，一年前漠视 Web2.0 的大公司，如微软、雅虎都成为 Web2.0 的积极应用者与推动者，Web2.0 从此大热。

从 Web1.0 到 Web2.0 的转变，是由互联网本身“量”和“质”的发展趋势、网民思想意识的转变、新技术的推动和原有技术的新应用等多种因素促成的互联网的一种新的发展阶段，这是一种由水到渠成般的发展过程所形成的结果。Web2.0 区别于 Web1.0 的特点，可谓五花八门，一方面，Web2.0 是一个处于发展阶段的事物与概念，另一方面，正如 Web2.0 追求的理念一样，人们注重实际问题的解决和理论的自由发展，从不同的时间、角度、认识层次、文化差异进行了众多归纳。

到目前为止，对于 Web2.0 特点的总结，通常采用 Web2.0 典型应用案例分析，加上对部分 Web2.0 相关技术的解释、综合归纳。这些 Web2.0 技术主要包括：博客(Blog)、RSS、百科全书(Wiki)、网摘 、社会网络服务(SNS)、P2P、即时信息(IM)等。如：Web2.0 时代最大的特点是“无聊的力量”。Web2.0 有两个基本特点：用户贡献(引申出其他各种特点，比如用户参与、共同创作/创造、去中心化、积累效应、长尾效应等)，社会圈(引申出其他各种特点，如网络效应、隐显系统法则等)。武琳认为 Web2.0 的核心是自组织与个性化，突出表现在个性化的传播、读与写并存的表达、社会化的联合、标准化的创作、便捷化的体验、高密度的媒体等方式。何韵则认为 Web2.0 具有交互性(参与性)、个性化、相关性和开放性的特点。

O'Reilly Media 提出 Web2.0 的三个特点：参与(participation)、自服务(self-service)、在线应用(online application)。刘炜教授提到 Web2.0 的不同之处是：充分重视并利用集体力量和智慧；将数据变成"Intel Inside"；分享和参与的架构驱动的网络效应；通过带动分散的、独立的开发者把各个系统和网站组合形成大汇集的改革；通过内容和服务的联合使轻量的业务模型可行，分享经济的模式；注重用户体验的持续的服务("永久的 Beta 版")；服务和应用无处不在(非单机版和单一平台版本)。并提到 Web2.0 的核心竞争力是：服务，而非软件；通过使更多用户使用独特的、难以复制的数据而获得价值；把用户作为开发者；获得集体智能；通过用户的"自服务"而服务于"长尾"；轻型用户界面、开发模型以及商务模型。还有人认为 Web2.0 的四个重要特征是：社会性、以用户(人)为中心、可重用的微内容、用户参与的架构，认为这些揭示了 Web2.0 的关键和本质，其他特点都由四个特性派生出来的。

综观这些不同见解，其实都或多或少与 Tim O'Reilly 在最初头脑风暴中，公式化地表达的对 Web2.0 的理解有关，如表 4-1 所示，他认为这个列表还

表 4-1 Web1.0 与 Web2.0 的区别

Web 1.0	Web 2.0
DoubleClick	Google AdSense
Ofoto	Flickr
Akamai	BitTorrent
mp3.com	Napster
大英百科全书在线	维基百科全书(Wikipedia)
个人网站	博客
evite	upcoming.org 和 EVDB
域名投机	搜索引擎优化
页面浏览数	每次点击成本
屏幕抓取(screen scraping)	网络服务(web services)
发布	参与
内容管理系统	维基
目录(分类)	标签("分众分类"，folksonomy)
黏性	聚合

会不断继续下去。他还提出 Web 2.0 的模拟图，如图 4-11 所示，描绘出了从 Web 2.0 核心理念中衍生出的许多概念；并详细论述了 Web2.0 的七大特点：互联网作为平台、利用集体智慧、数据是下一个 Intel Inside 、软件发布周期的终结、轻量型编程模型、软件超越单一设备、丰富的用户体验。

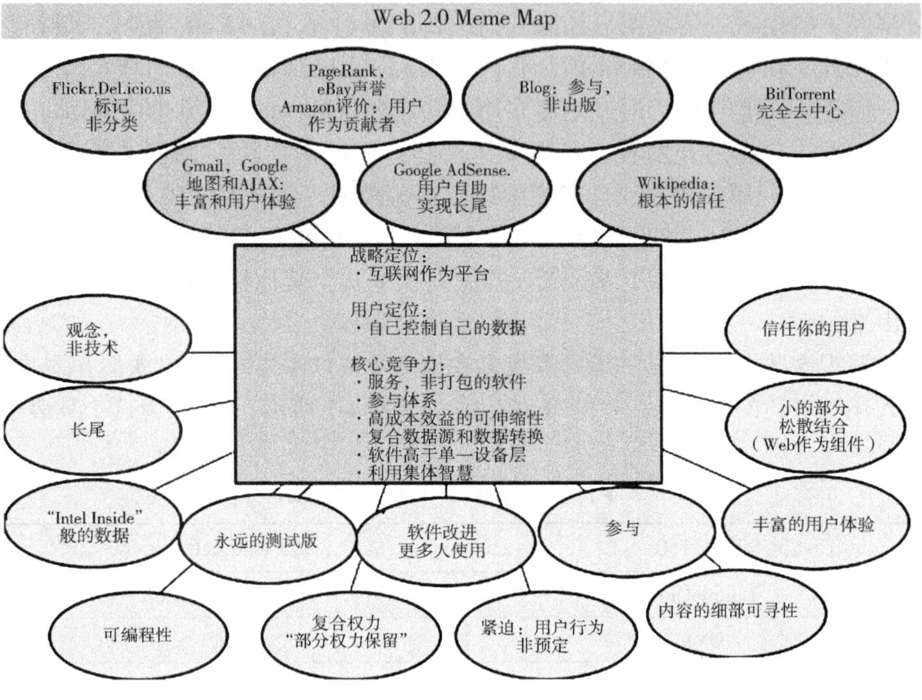

图 4-11　Web2.0 模拟图

Web2.0 的典型技术有：

(1) Blog——博客/网志。Blog 是一个易于使用的网站，可以在其中迅速发布想法、与他人交流以及从事其他活动。所有这一切都是免费的。

(2) RSS。RSS 是站点用来和其他站点之间共享内容的一种简易方式(也叫聚合内容)的技术。最初源自浏览器“新闻频道”的技术，现在通常被用于新闻和其他按顺序排列的网站，例如 Blog。

(3) Wiki——百科全书。Wiki———一种多人协作的写作工具。Wiki 站点可以有多人(甚至任何访问者)维护，每个人都可以发表自己的意见，或者对共同的主题进行扩展或者探讨。

(4) 网摘。网摘又名网页书签，起源于一家叫做 Del. icio. us 的美国网站自2003年开始提供的一项叫做“社会化书签”(social bookmarks)的网络服务，网友们称为“美味书签”(delicious在英文中的意思就是“美味的，有趣的”)。

(5)SNS——社会网络。目前，在互联网领域SNS有三种解释：服务，social network service；软件，social network software；网站，social network site。social network service中文译为社交网络服务。中文的网络含义包括硬件、软件、服务及网站应用，因为四字构成的词组更符合国人的构词习惯，因此人们习惯上用社会网络来代指SNS(包括social network service的三层含义)。其中社会网络网站是依据六度理论，以认识朋友的朋友为基础，扩展自己的人脉。

(6)P2P——对等联网。P2P是peer-to-peer的缩写，P2P也就可以理解为“伙伴对伙伴”“点对点”的意思，或称为对等联网。目前人们认为其在加强网络上人的交流、文件交换、分布计算等方面大有前途。

(7)IM——即时通信。即时通信(instant messenger，IM)软件可以说是目前我国上网用户使用率最高的软件。即时聊天已经突破了作为技术工具的极限，被认为是现代交流方式的象征，并构建起一种新的社会关系。它是迄今为止对人类社会生活改变最为深刻的一种网络新形态，没有极限的沟通将带来没有极限的生活。

目前Web2.0技术对知识管理也构成了显著影响，知识管理2.0的概念因此提出。David Gurteen在IBM的知识管理报告会中提到，知识管理开始走向社会化。他认为知识管理1.0是一种老的、传统的、公司性质的、以技术为主导因素的、基于控制的知识管理。他认为知识管理2.0的重点在于获取和创新。在获取方面的重点主要是指以人为中心的知识管理，以及社会化软件。在创新方面，知识管理2.0提出了一种新模式的知识管理，也就是一种社会化的知识管理。他还认为，知识管理不再是单单以企业的运作为中心了，应该以一个人日常工作整体的一部分去看待。知识不再只是由中心化的人物所掌握，而应该在整个组织内部分散其拥有权和控制权。

2. Web3.0

在2007年韩国首尔数字论坛上，谷歌CEO埃里克·施密特(Eric Schmidt)被问及在Google眼里什么是Web3.0时，他回答说“Web3.0是各种应用程序的组合”。这些应用程序的共同特征是：它们都是相对较小、数据以云形式存储(即存储于互联网的真实物理设备上)、运行速度快、可定制性强、病毒式传播(通过社会化网络、电子邮件等)，并且可以在任何设备上运行。业内人士普遍认为，不同网站间的服务的融合和集成，将是互联网在下一个阶段的发展趋势。同时Web之父Tim Berners-Lee认为Web3.0是一种语义网。

如同任何生命有机体的生长过程一样，万维网的发展也经历了一个从较简单的、低级的层次向复杂的、高级的层次不断进化的过程，这一过程可以概括为“网人合一”之路。如果说 Web1.0 主要解决的是人对于信息的需求，那么 Web2.0 主要解决的就是人与人之间沟通、交往、参与、互动的需求，而 Web3.0 的本质是深度参与、生命体验以及体现网民参与的价值。万维网从 Web1.0 到 Web3.0，使万维网网络虚拟世界的仿真程度越来越强。如今网络虚拟生活正在向真实生活的深度和广度进行全方位的延伸，从而达到逼真地全面模拟人类生活的程度。Web3.0 实现了更加“智能化的人与人和人与机器的交流”功能的互联网模式，实现了微内容(widget)的自由整合与有效聚合；适合多种终端平台，实现信息服务的普适性；良好的人性化用户体验，以及基础性的个性化配置；具有有效和有序的数字新技术。

被喻为互联网 2.0 教父的方兴东博士 2006 年在自己的博客中撰文《既然 Web3.0 来了，Web4.0 还会远吗?》，将 Mezi Bulunbulei 博士对 Web3.0 的观点进行转载，同时表明了他经营的博客中国网站将更可能突破 Web3.0，进军到 Web4.0。遗憾的是，方兴东博士并没有解释 Web4.0 是什么。Web 技术出现后，自描述性赋予了 Web 系统强大的生命力，Web1.0 使得 Web 成为信息共享的第一设施。Web2.0 开始把互联网开放给用户，让信息能够凝结在 Web 上，实现了信息的共建。Web3.0 把接口开放给用户，让用户能够直接利用 Web 上的知识——那些来自 Web2.0 时代。凝结在 Web 上、经过了酿造的信息，实现信息的传承。Web4.0 或许会主动地把一些貌似相关，但是又不知道有什么关系的知识连接起来，并且提供给用户，似乎知道用户想要什么，实现信息的智能分配。或许，Web5.0 将开始为用户思考，用户可能会找到那种和密友聊天的感觉，Web6.0……技术的这种演进路线，可以用 WebX.0 来代表，其实质是网络数字化技术的不断发展导致了媒体形态的智能衍化，最终实现个人和互联网之间顺畅互通的交流和对话，个人和互联网两个主体相互影响和相互交流知识。

4.4.2　云计算技术

1. 云计算概念

到目前来说，云计算(cloud computing)还没有一个统一权威的定义。一般认为，狭义云计算是指 IT 基础设施的交付和使用模式，指通过网络以按需、易扩展的方式获得所需的资源(硬件、平台、软件)。提供资源的网络被称为“云”。“云”中的资源在使用者看来是可以无限扩展的，并且可以随时获取，按需使用，随时扩展，按使用付费。这种特性经常被称为像水电一样使用 IT 基础设施。广义云计算是指服务的交付和使用模式，指通过网络以按需、易扩展的方式获得所需的服务。这种服务可以是 IT 和软件、互联网相关的，也可以是任意其他的服务。

云计算(cloud computing)是网格计算(grid computing)、分布式计算(distributed computing)、并行计算(parallel computing)、效用计算(utility computing)、网络存储(network storage technologies)、虚拟化(virtualization)、负载均衡(load balance)等传统计算机技术和网络技术发展融合的产物。它旨在通过网络把多个成本相对较低的计算实体整合成一个具有强大计算能力的完美系统，并借助 SaaS、PaaS、IaaS、MSP 等先进的商业模式把这强大的计算能力分布到终端用户手中。云计算的一个核心理念就是通过不断提高“云”的处理能力，进而减少用户终端的处理负担，最终使用户终端简化成一个单纯的输入输出设备，并能按需享受“云”的强大计算处理能力。

2. 云计算发展

云计算是分布式、并行处理、虚拟化和网格计算的发展，是这些概念的商业实现。自谷歌 CEO 埃里克·施密特 2006 年首次公开提出“云计算”以来，云计算风靡互联网，并形成了全球性的研究和开发的热潮。最简单的云计算技术在网络服务中已经随处可见，例如搜索引擎、网络信箱等，使用者只要输入简单指令即能得到大量信息。未来如手机、GPS 等行动装置都可以通过云计算技术，发展出更多的应用服务。进一步的云计算不仅仅具有资料搜寻、分析的功能，未来如分析 DNA 结构、基因图谱定序、解析癌症细胞等，都可以通过这项技术轻易达成。

云计算是多种技术混合演进的结果，其成熟度较高，又有大公司推动，故发展极为迅速。Amazon、Google、IBM、微软和 Yahoo! 等是云计算的先行者；云计算领域的众多成功公司还包括 Salesforce、Facebook、Youtube、Myspace 等。典型的应用如 Amazon 使用弹性计算云(EC2)和简单存储服务(S3)为企业提供计算和存储服务；Google 成为最大的云计算的使用者(Google 地球、Google 地图、Gmail、Docs 等)；IBM 在 2007 年 11 月推出“蓝云”计算平台；微软紧跟云计算步伐，于 2008 年 10 月推出了 Windows Azure 操作系统。另外，其他领域也对云计算表现出极大热情，如云计算文献已经出现在 BBC、《经济学家》等重要媒体上。然而，这些都还只是刚刚开始，根据 IDC(互联网数据中心)预测，2012 年云计算的开支将达到 420 亿元。

3. 云计算特点

云计算的特点主要表现在以下几点。

(1)可靠的数据存储。云计算提供了可靠的数据存储中心，数据可以自动同步传递，并可通过 Web 在所有的设备上使用，避免了用户将数据存放在个人电脑上而出现的数据丢失或病毒感染等问题。

(2)方便、快捷的云服务。云计算时代，用户不需要安装和升级电脑上的各种应用软件，只需要具有网络浏览器就可以方便、快捷地使用云计算提供的各种服务。

(3)强大的计算能力。云计算为网络应用提供了强大的计算能力，完成普通计算难以达到的各种业务要求。

(4)经济效益。云计算服务提供商的存储成本、带宽成本、计算处理成本等加起来也只有机构自身运营数据中心成本的几分之一，这将有助于一些机构以比较低廉的架构成本进行运作。

4. 云计算的形式

在应用中人们又常常按照应用特征，把云计算分为下列七种形式。

(1)SaaS(软件即服务)。这种类型的云计算通过浏览器把程序传给大量请求服务的用户。对用户而言，省去了购买或租用软件的开支(当然是按照另一种方式支付软件使用成本)；从供应商角度看，这样只需维持一个程序就够了，能够大规模减少成本，并且便于升级维护。

(2)实用计算(utility computing)。这种云计算是为 IT 行业创造虚拟的数据中心，使得其能够把内存、I/O 设备、存储和计算能力集中起来成为一个虚拟的资源池，为整个网络提供服务。

(3)网络服务。其同 SaaS 密切相关，一般是 Web 服务供应商提供的 API 方式，可以使开发人员在互联网上开发功能，而不是发布成熟的应用。服务商提供的 API 业务范围也很广，有些提供分布式业务服务。

(4)平台即服务。平台即服务(PaaS)是 SaaS 的一个变种，这种形式的云计算把开发环境作为一种服务进行发布。你可以在 PaaS 供应商的基础设施上创建并开发自己的应用服务，并通过网络将开发出来的应用连同供应商的服务器一起交付给你的用户。

(5)MSP(管理服务提供商)。最古老的云计算运用之一。这种应用更多的是面向 IT 行业而不是终端用户，常用于邮件病毒扫描、程序监控等。

(6)商业服务平台。SaaS 和 MSP 的混合应用，该类云计算为用户和提供商之间的互动提供了一个平台。比如用户个人开支管理系统，能够根据用户的设置来管理其开支并协调其订购的各种服务。

(7)互联网整合。将互联网上提供类似服务的公司整合起来，以便用户能够更方便地比较和选择自己的服务供应商。

4.4.3 知识可视化技术

1. 知识可视化概念

“千文不如一图”，如何用可视化的方式表达知识是提高知识的可用性的重要方法。知识可视化起源于科学计算可视化。科学计算可视化的基本含义是运用计算机图形学或者一般图形学的原理和方法，将科学与工程计算等产生的大规模数据转换为图形、图像，以直观的形式表示出来。Eppler 和 Burkard(2004)认为：知识可视化(knowledge visualization)是在科学计算可视化、数据可视化、信息可视化基础上发展起来的新兴研究领域，应用视觉描述，促进群体知识的传播和创新。一般来讲，知识可视化领域研究的是视觉描述在提高两个或两个以上人之间的知识传播和创新中的作用。这样一来，知识可视化指的是所有可以用来建构和传达复杂知识的图解手段。除了传达事实信息之外，知识可视化的目标在于传输见解(insights)、经验(experiences)、态度(attitudes)、价值观(values)、期望(expectations)、观点(perspectives)、意见(opinions)和预测(predictions)等，并以这种方式帮助他人正确地重构、记忆和应用这些知识。

知识可视化研究有三个角度：知识类型(对什么类型的知识进行可视化)；可视化动机(为什么要对哲学知识进行可视化)；可视化形式(如何对这些知识进行可视化)。知识可视化的具体思路是：建构理论上的形式化模型和相应的算法；开发实现该理论的软件；应用理论和工具，建构实际问题的解决方案；评价建构的系统，重复直到满意的效果。知识可视化工具主要有：概念图(concept map)、思维导图(mind map)、认知地图(cognitive maps)、语义网络(semantic networks)、思维地图(thinking maps)等。

2. 知识可视化与信息可视化

信息可视化(information visualization，InfoVis)是在计算机、网络通信技术支持下，以认知为目的，对非空间的、非数值型的和高维信息进行交互式视觉表现的理论、技术与方法。知识可视化与信息可视化之间的区别主要表现在：

(1)目的(goal)。信息可视化的目的是在面对大量数据的研究任务时，通过使用计算机来实现可视化应用，从一种新的视觉角度来研究任务。与之相比较，知识可视化的目的就是用一种或多种视觉表达方式来提高知识在人与人、人与团队以及团队之间的传播，提高知识的创新。

(2)优点(benefit)。信息可视化的目的在于改善对信息的访问、检索和对大量数据的探索研究。而知识可视化是在不同的个体之间，通过一个或者多个视觉表达方式来强化知识密集过程。

(3)内容(content)。信息可视化主要关注的是具体的数据(如事实、数字)。而知识可视化除此之外还关注知识的类型，如：见解、经验、态度、价值观、期望、观点、意见和预期等。

(4)参与者(recipients)。信息可视化主要支持参与个体怎样去得到新的见解。而知识可视化主要关注的是在协作环境中，个体、团队间的知识传递与创新。

(5)影响(influence)。信息可视化为信息科学、数据挖掘、数据分析等领域提供了新的研究角度。知识可视化则为视觉交流学科、知识管理等领域提供了新的视角。

(6)研究人员(proponent)。信息可视化的研究者一般具有技术科学的背景，而知识可视化的研究者一般具有知识管理、心理学、设计和建筑学的背景。

(7)贡献(contribution)。信息可视化主要以新技术、新方法为导向，这个领域的研究者主要创造新的技术和方法。知识可视化更多地以解决问题为导向，运用新的和传统的可视化方法去解决主要问题。

(8)起源(roots)。信息可视化是一个较新的研究领域，是以计算机科学为基础发展起来的。知识可视化是一个刚刚发展起来的研究领域，是以人类的文化和智慧为基础发展而来。

(9)工具和手段(means)：信息可视化以计算机为工具来实现，而知识可视化既可以用计算机，也可以用非计算机实现可视化。

(10)互补可视化(complementary visualization)。信息可视化在同一个界面中使用同一介质(如软件)，把不同的可视化方法联系起来实现可视化。知识可视化可以使用一个或不同的介质(如软件、海报或者一个物理对象)，把不同的可视化方法联系起来，从不同的角度来说明知识，挖掘不同视觉表达方式的不同功能。

3. 知识图谱

知识图谱又称为知识域可视化(knowledge domain visualization，KDVis)，是知识可视化的一种方式。它是显示科学知识的发展进程与结构关系的一系列各种不同的图形，用可视化技术描述知识资源及其载体，挖掘、分析、构建、绘制和显示知识及它们之间的相互联系。具体来说，知识图谱是把应用数学、图形学、信息可视化技术、信息科学等学科的理论与方法和计量学引文分析、共现分析等方法结合，用可视化的图谱形象地展示学科的核心结构、发展历史、前沿领域以及整体知识架构的多学科融合的一种技术。它把复杂的知识领域通过数据挖掘、信息处理、知识计量和图形绘制显示出来，揭示知识领域的动态发展规律，为学科研究提供切实的、有价值的参考。

知识图谱的关键技术最主要的是解决在图形生成过程中的数据降维问题，传统的映射技术有多元统计分析方法，包括因子分析(主要是主成分分析)、多维尺度分析和聚类分析，目前比较先进的映射技术有：寻径网络、自组织特征映射、力矢量布局算法、潜在语义分析、最小生成树算法、三角测量等新的先进算法。共词分析采用的主要可视化方法包括包容图、临近图、战略坐标图等方法，战略坐标图更为常用。战略坐标图可以可视化的形式概括地表现一个知识领域的结构。

知识图谱使用的工具包括 Garfield 等开发的 HistCite 软件包，通过 ISI 引文数据库形成某一学科发展的历时的图谱。SPSS 内嵌的相关距离分析、因子分析(主成分分析)、多维尺度分析和聚类分析功能是进行科学知识图谱绘制常用的多元统计分析工具。Thomson Data Analyzer 的生成矩阵功能可对各种字段进行矩阵分析，可产生共现聚类、自动相关矩阵、交叉关联矩阵和因子矩阵；生成图功能可依据导入的数据产生交叉关联图、自动相关图和因子图。Bibexcel 的功能包括文献计量学分析、引文分析、共引分析、引文耦合分析、聚类分析、科学知识图谱的绘制等，它可以和 Pajek、Netdraw 结合起来使用。Pajek 是一个基于 Windows 的用于将大型网络可视化的社会网络分析软件。CiteSpace 是美籍华人陈超美开发的分析和可视化科学文献的一个免费的 Java 应用程序，是适合进行多元、分时、动态复杂网络分析的可视化知识分析工具。

知识图谱方法是知识管理的一种有效形式，在揭示信息关联及规律方面具备其他许多方法不可比拟的优越性和独到之处。它能够帮助分析者揭示具有战略意义的联系和模式，从而成为一个重要的知识管理工具。另外，知识图谱测绘技术还能够用于以下几个方面。①明确主要研究领域、专家、机构、授权、出版物、期刊和特定研究领域的其他关键主题词，以及这些主题词之间的内部联系。②明确各研究领域之间的知识输入与知识输出。③科学研究领域的动态化，如增长速度、多样化等。④信息生产和传播中的经济因素。⑤科学社会网络。⑥明确战略的作用和政府项目的应用研究。

4.4.4 知识网格技术

1. 知识网格的概念

知识网格是网格、语义 Web 和语义网格发展的有机融合和必然趋势。2001 年，Fran Berman 提出知识网格(knowledge grid)概念，认为知识网格的主要研究内容是集成知识，利用网格、数据挖掘、推理等技术从大量在线数据集中抽取和合成知识，使搜索引擎能够智能地进行推理和回答问题，并从大量数据中得出结论。另外，在综合各种观点基础上，国内有学者把知识网格的概念界定为：知识网格是一种建立在万维网之上的知识共享环境。它以网格/语义 Web 为基础架构，实现异构语义资源的整合与获取，并提供基于语义资源的知识服务。其本质是万维网知识资源和知识服务的协同与共享。

欧洲网格项目提出了一种三层框架：计算(数据)网格、信息网格和知识网格，即从下至上的三层结构。从下层至上层，对于数据的抽象层次越来越高。上层则建立在下层功能之上，需要控制和调用下层的服务。数据网格(data grid)主要解决数据访问问题。信息网格(information grid)是将异构的信息访问变成同构的信息访问，包括信息表示和检索，Internet 上信息的分布与组织。知识网格建立在信息网格之上，借助于经过信息网格处理后的同构信息，实现知识的自动积累，并进行数据挖掘、知识挖掘和问题求解。它们之间的关系可以表示为图 4-12。

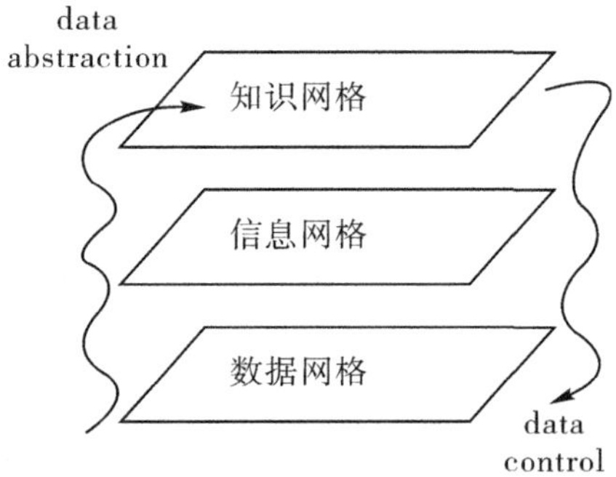

图 4-12　数据网格、信息网格和知识网格关系

2. 知识网格的体系结构

国内诸葛海研究员提出了知识网格的多空间体系结构。这是一个如图 4-13 所示的三层结构，人类层反映知识网格的社会和人类行为特征，包括

知识空间、用户空间和社会组织规则三个功能模块。这三个功能模块既是相互独立的，又是相互合作的。语义层包括知识表示子空间、角色子空间、需求子空间、服务子空间和规范语义空间。语义层的主要功能是避免用户直接与资源实体层的交互，它能够把收集的异构数据通过语义进行规范，以人机可理解的形式表述，并且使得资源实体层的任何变化用户都能即时察觉，实现用户透明化。资源实体层包括智能通信平台和资源实体空间。后者包含知识存储子空间、XML 文件子空间、HTML 文件子空间、软设备子空间等。知识存储子空间通过定义在语义空间的原语来实现。

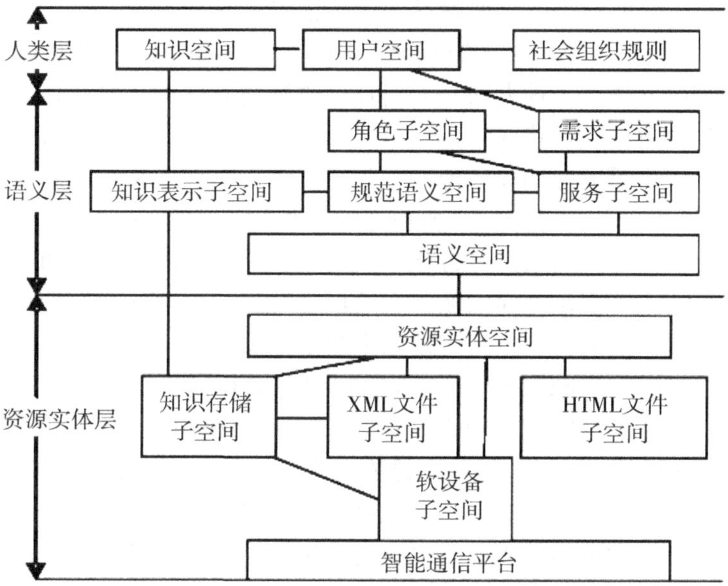

图 4-13 知识网格的多空间体系结构

3. 知识网格的特点

中国计算机研究所研究员诸葛海在《知识网格》一文中，提出了知识网格五个不同于其他技术的特点：

(1)人们能够通过单一语义入口获取和管理全球分布的知识，而无需知道知识的具体位置。

(2)全球分布的相关知识可以智能地聚合，并通过后台推理与解释机制提供按需的知识服务。达到这个目标的方法之一是知识提供者提供元知识。统一的资源管理模型将有助于实现知识服务的动态聚合。

(3)人或虚拟角色能在一个单一语义空间映射、重构和抽象的基础上共享知识和享用推理服务，其中的相互理解没有任何障碍。知识网格还会使知识共享更加普适。

(4)知识网格应能在全球范围搜索解决问题所需的知识，并确保合适的知识闭包(即最小完备知识集)。为了达到这个目标，我们需要建立新的知识组织模型。

(5)在知识网格环境中，知识不是静态存贮的，它能动态演化而保持常新。这意味着知识网格中的知识服务在使用过程中可以不断自动演化改进。

4. 知识网格的研究内容

知识网格所要解决的主要科学问题包括以下几个方面。

(1)知识获取与知识表示的理论、模型、方法和机制。在知识网格中获取知识有两种方法。一种方法是人们直接通过交流互相获取知识，或通过接受他人发布的知识资源获取知识。另一种方法是知识网格通过对诸如数据、文本和图像等资源进行抽取、挖掘、归纳、演绎、合成来获取知识。

(2)知识可视化和创新。主要包括智能化的用户接口，如语义浏览器或知识浏览器，它使人们通过可视化来共享知识。语义网络和认知图可以缩短知识表示和知识可视化之间的鸿沟。接口应体现知识网格的个性特征，并能通过类比推理、归纳机制及组织规则来激发知识创新。

(3)在动态虚拟组织间进行有效的知识传播和知识管理。为此中国知识网格研究组提出一种知识流网络来实现动态虚拟团队间的知识有效共享。

(4)知识的有效组织、评估、提炼和衍生。知识可通过基于语义的范式来组织有效的检索和修改操作。知识网格应能删除冗余知识，并提炼所含的知识来合理扩展有用的知识。它也会有助于从已有的良好知识、范例和类似文本的知识源中衍生出新知识。

(5)知识关联和集成。知识网格应能关联和集成不同级别(如概念级、公理级、规则级和方法级)和不同领域的知识资源，以此来支持跨领域的类比推理、问题解决和科学发现。

4.4.5 大数据技术

1. 大数据的概念

随着云时代和大数据时代的来临，大数据(big data)吸引了越来越多的关注。大数据是一个新概念，目前还没有统一的定义。以下定义比较具有代表性：

大数据是指无法在一定时间范围内用常规软件工具进行捕捉、管理和处理的数据集合，需要新处理模式才能具有更强的决策力、洞察发现力和流程优化能力的，海量、高增长率和多样化的信息资产。

维克托·迈尔-舍恩伯格和肯尼斯·库克耶在其《大数据时代》一书中将大数据定义为不用随机分析法(抽样调查)这种捷径，而采用所有数据进行分析处理。

麦肯锡全球研究所认为：大数据是一种规模大到在获取、存储、管理、分析方面大大超出了传统数据库软件工具能力范围的数据集合，具有海量的数据规模、快速的数据流转、多样的数据类型和价值密度低四大特征。

大数据技术的战略意义不在于掌握庞大的数据信息，而在于对这些含有意义的数据进行专业化处理。换而言之，如果把大数据比作一种产业，那么这种产业实现盈利的关键，在于提高对数据的“加工能力”，通过“加工”实现数据的“增值”。

从技术上看，大数据与云计算的关系就像一枚硬币的正反面一样密不可分。大数据必然无法用单台的计算机进行处理，必须采用分布式架构。它的特色在于对海量数据进行分布式数据挖掘，但它必须依托云计算的分布式处理、分布式数据库和云存储、虚拟化技术。

分析师团队认为，大数据(big data)通常用来形容一个公司创造的大量非结构化数据和半结构化数据，这些数据在下载到关系型数据库用于分析时会花费过多时间和金钱。大数据分析常和云计算联系到一起，因为实时的大型数据集分析需要像 MapReduce 一样的框架来向数十、数百甚至数千的电脑分配工作。

2. 大数据的特征

IBM 指出，大数据具有 5V1C 特征，即 volume(大量)、velocity(高速)、variety(多样)、value(价值)、veracity(真实性)、complexity(复杂性)。

容量(volume)：数据的大小决定所考虑的数据的价值和潜在的信息；

种类(variety)：数据类型的多样性；

速度(velocity)：指获得数据的速度；

可变性(variability)：妨碍了处理和有效地管理数据的过程；

真实性(veracity)：数据的质量；

价值(value)：合理运用大数据，以低成本创造高价值；

复杂性(complexity)：数据量巨大，来源多渠道。

3. 大数据的关键技术

大数据需要特殊的技术，以有效地、快速地处理大规模数据。适用于大数据的技术，包括大规模并行处理(MPP)数据库、数据挖掘、分布式文件系统、分布式数据库、云计算平台、互联网和可扩展的存储系统等。大数据的关键技术可归纳为五大类，如表 4-2 所示。

表 4-2　大数据技术分类

大数据技术分类	大数据技术与工具
基础架构支持	云计算平台 云存储 虚拟化技术 网络技术 资源监控技术
数据采集	数据总线 ETL 工具
数据存储	分布式文件系统 关系型数据库 NoSQL 技术 关系型数据库与非关系型数据库融合 内存数据库
数据计算	数据查询、统计与分析 数据预测与挖掘 图谱处理 BI 商业智能
展现与交互	图形与报表 可视化工具 增强现实技术

(1)基础架构支持。主要包括为支撑大数据处理的基础架构级数据中心管理、云计算平台、云存储设备及技术、网络技术、资源监控等技术。大数据处理需要拥有大规模物理资源的云数据中心和具备高效的调度管理功能的云计算平台的支撑。

(2)数据采集技术。数据采集技术是数据处理的必备条件，首先需要有数据采集的手段，把信息收集上来，才能应用上层的数据处理技术。数据采集除了各类传感设备等硬件软件设施之外，主要涉及的是数据的 ETL(采集、转换、加载)过程，能对数据进行清洗、过滤、校验、转换等各种预处理，将有效的数据转换成适合的格式和类型。同时，为了支持多源异构的数据采集和存储访问，还需设计企业的数据总线，方便企业各个应用和服务之间数据的交换和共享。

(3)数据存储技术。数据经过采集和转换之后，需要存储归档。针对海量的大数据，一般可以采用分布式文件系统和分布式数据库的存储方式，把数据分布到多个存储节点上，同时还需提供备份、安全、访问接口及协议等机制。

(4)数据计算。我们把与数据查询、统计、分析、预测、挖掘、图谱处理、BI 商业智能等各项相关的技术统称为数据计算技术。数据计算技术涵盖数据处理的方方面面，也是大数据技术的核心。

(5)数据展现与交互。数据展现与交互在大数据技术中也至关重要，因为数据最终需要为人们所使用，为生产、运营、规划提供决策支持。选择恰当的、生动直观的展示方式能够帮助我们更好地理解数据及其内涵和关联关系，也能够更有效地解释和运用数据，发挥其价值。在展现方式上，除了传统的报表、图形之外，我们还可以结合现代化的可视化工具及人机交互手段，甚至是基于最新的如 Google 眼镜等增强现实手段，来实现数据与现实的无缝接口。

4.5　知识管理技术的应用

知识管理技术涵盖了知识管理的全过程，说明知识管理是一个综合的、全面的过程，每一个过程都需要相应的技术的支撑。

4.5.1　Web2.0 技术在知识管理中的应用

Web2.0 的发展为知识管理的深入研究及优化应用提供了新的思路，Web2.0 的相关技术如博客、Wiki 和 SNS 等较好地满足了人们对共享、个性化以及随时访问数据和信息的实际需要，Web2.0 所包含的长尾理论、草根革命、用户参与评价、六度分隔等重要思想也日渐渗入组织的文化中，为组织进行自下而上的变革提供了机遇。Web2.0 的各项技术在知识管理中大有用武之地：

利用 Blog 实现个人知识的管理，激发员工的表现欲望，将员工的个人知识有效沉淀出来，通过 Tag 技术建立知识分类体系，逐步构造出一定程度的全员知识分类体系。在此基础上，利用知识沉淀工具将一些好的知识统一存储到企业知识库中。

利用SNS技术可以辅助建立企业专家网络系统，拓展专家网络的范围。

利用RSS技术可以改通常知识管理的“拉”模式(即使用者主动通过工具去获取所需的知识)为“推”模式(根据使用者需求或特点，系统自动将所需知识通知给使用者)，这样可减少使用者查询或搜索知识的时间，让知识主动服务于员工。

利用Wiki技术可以加强企业知识创新能力，员工针对某一问题、企业现象等利用Wiki构建虚拟团队，打破行政组织、地区、时间的界限，激励员工自发地解决企业中的各种问题，使知识得到不断的创新、传播。

网摘的功能类似于知识管理通用收藏机制，通过该功能可以逐步形成员工自己的个人知识管理体系，更加方便地进行个人知识管理，从而促进企业知识管理的推进与发展。

爱问等网络互动问答平台是一种非常有效的管理隐性知识的方法，借助问答平台的设计思想，可以帮助企业打造专家网络，当员工在工作中遇到问题时，通过这种方式就可以及时得到其他同事的帮助。同时通过积分机制又可体现员工的自身价值，激发员工分享经验、分享知识，形成良好的文化氛围，而且可以有效打破地域、时间、是否认识的限制，降低企业、员工解决问题的成本，提高解决问题的及时性。

利用AJAX技术可以大大改善客户端应用效果，如传统的待办列表往往是在服务器端通过消息服务或通知服务等实现，客户端通过定时刷新网页来更新列表，网络负荷压力较大，借助AJAX则可将网页界面与内容有机分离，只需更新待办数据，将大大减少网络传输的数据量。

Web2.0有助于企业营造良好的文化氛围、促进知识管理的应用，但企业也必须能够保证正常的运营，因此在运用这些技术的同时，需要构建统一的管理平台，企业能够适度地引导、管理和控制这些应用的发展，做到既促进企业知识管理的推进，又能保护员工的主动性、积极性。

4.5.2 群件技术在知识管理中的应用

由于实现了非结构化信息的管理和共享，群件对知识型组织来说就意味着一种高效的协同工作手段和战略级解决方案，从而成为知识管理的基础技术之一。组织知识管理要求利用群件技术在Internet环境下，将电子邮件、会议、文档管理、工作流、调度等方面的功能与WWW结合起来，实现知识的交流与共享。

群件技术从功能上满足“3C”要求，即满足通信(communication，个人或组织间的信息传递)、合作(collaboration，工作团队中的信息共享)及协作

(coordination，业务过程自动化与协调)的要求。群件产品关注“办公前端”作业，也就是流。相对于后端的事务，前端作业没有固定的处理模式和方法，甚至没有固定的数据范围和结构。而群件技术可实现这些需要，提供一个坚固可靠和可伸缩的跨平台通信基础设施。

群件在知识管理中的作用的主要框架如表4-3所示。

表4-3 群件在知识管理中的应用

名　称	作用描述
发布	多用户提交文档时能够在同一文档进行同步操作，并且能提供一种机制追踪这些修改
复制	各种PC和服务器上操作和更新相同的数据
讨论跟踪	在多用户中组织各种主体的讨论
文档管理	从各种软件得到的数据信息存储在数据库中
工作流管理	在工作组中移动和追踪创建的文件
安全	禁止未授权访问数据
可携带性	允许用户在路上用手持设备访问网络
应用开发	开发可以定制的应用程序

4.5.3 知识网格技术在知识管理中的应用

知识网格将大大推进人类对知识的利用，促进对新知识的创造，推动知识产业的重大发展。

(1)知识获取与知识表示的多样化。在知识网格中人们直接通过交流互相获取知识，或通过接受他人发布的知识资源获取知识，任何人都可成为知识的发布者。知识网格能够辅助人或虚拟角色有效地获取和发布知识，并以人机都可理解的方式将其表示出来。

(2)知识可视化和创新。知识网格通过智能化的用户接口使人们通过可视化来共享知识，同时激发知识创新的知识增值。语义网络和认知图可以缩短知识表示和知识可视化之间的鸿沟。

(3)知识的动态传播和管理。知识网格通过知识流网络实现了知识在网络中的动态传播和共享，从而更好地促进了知识的交流和利用。

(4)知识的有效组织和提炼。知识可通过基于语义的范式来组织，以确保有效的检索和修改操作。知识网格能删除冗余知识，并提炼所含的知识来合理扩展有用的知识，它也有助于从已有的良好知识、范例和类似文本的知识源中衍生出新知识。

(5)知识关联和集成。知识网格能关联和集成不同级别和不同领域的知识资源，以此来支持跨领域的类比推理、问题解决和科学发现。

(6)知识管理的智能化。从知识存储到用户的知识利用，知识网格纵向地为用户提供集成一体的方案。它只需要管理员做简单的配置，就可建立服务平台。智能化包括使用方便、界面一致、主动服务、用户输入和操作最少、平台的灵活性和柔性特征以及方便的个性化服务。

4.5.4 语义 Web 技术在知识管理中的应用

目前随着本体等相关技术的重大进展，语义 Web 技术也在向实用化发展。在新的环境下，组织的知识管理并不是单纯地按旧的思维获取、处理、传递和应用知识。基于语义条件下的知识管理，体现了其知识创新的灵魂和知识管理发展的方向。经过语义 Web 在技术上对知识的处理，在管理过程中的不科学的管理制度必将不复存在，取而代之的是一套科学的管理体系，这个体系的建立依靠于强大的本体概念和科学的语义 Web。所以，在处理组织能力刚性这一问题，即过分强调目标问题上，语义 Web 有着突出的优势和重要应用。

语义 Web 是对当前互联网的扩展。语义 Web 上的信息具有良好的含义，使计算机之间以及人类能够更好地协同合作。语义 Web 的目的就在于把互联网变成一个巨大的知识库，这个知识库不仅可以被人理解，而且还可以被机器理解。在语义 Web 上可以进行基于知识的语义层次上的匹配，在查准率和查全率上有更好的保证。因此基于语义 Web 的知识管理系统可以支持企业更好地进行知识管理，并且能够很好地被利用，增加企业的竞争力。

4.5.5 大数据技术在知识管理中的应用

数据是知识的来源，也是知识的载体，数据已成为企业的知识资产。大数据是当今信息技术发展的前沿和热点领域，物联网、互联网以及移动通信网络的飞速发展催生了大数据问题，带来了速度、结构、体量、成本、价值、安全隐私、互联互通等各方面的问题，这些都是知识经济时代企业知识管理面临的核心问题。数据挖掘与关联发现是大数据的核心，传统的信息技术处理手段在面对大数据问题时显得力不从心，需要利用基础架构支撑、数据采集、数据存储、数据计算以及数据展示与交互等大数据关键技术辅助解决。大数据技术在知识管理中具有广泛的应用，在知识的生产、传播、共享、开发和利用等知识管理活动中都不可或缺。

本章习题

1. 什么是知识管理技术？它与信息技术有什么联系？
2. 简述Web2.0及其在知识管理中的应用。
3. 简述云计算及其在知识管理中的应用。
4. 谈谈你对知识可视化技术的认识。
5. 除了本章中提到的知识管理前沿技术外，你认为还有哪些重要的知识管理前沿技术？

第5章 知识管理系统

5.1 知识管理系统概述

5.1.1 知识管理系统的概念

1. 知识管理系统的概念

知识管理作为一个新兴的研究领域，从诞生至今只有20年左右的时间，人们对知识管理系统(knowledge management system)这一概念还没有形成统一的认识，众多学者从各自的应用角度和科学背景出发纷纷给出了自己的定义，以下观点具有一定的代表性。

Brent Gallupe认为，知识管理系统是支持各种组织知识管理实践的工具与技术。

Peter Maeso和Robert Smith认为知识管理系统是一种把企业的事实知识(know-what)、技能知识(know-how)、原理知识(know-why)与存在于公司数据库和操作技术中的显性知识组织起来的技术。

T. H. Davenport和L. Prusak认为知识管理系统是经设计和开发的，为组织的决策者/用户提供决策和完成各种任务所需知识的一种系统。

Peter H. Gray引用Alavi和Leidner的观点指出，知识管理系统是一种集中于创造、聚集、组织和传播一个组织知识的信息系统。知识库和知识地图是知识管理系统的两种常见类型。

乐飞红指出，公司知识管理系统是一个有助于知识的收集、组织和在公司内部员工之间传播的知识管理技术集合，它的核心是网络技术与知识仓库，能够对异质系统中的知识进行无缝检索，并通过Web浏览器向用户提供知识。

袁红清认为知识管理系统以增加信息含金量，加强提供服务的及时性和准确性为目标，是企业管理技术、信息技术、网络技术和智能技术有机的结合体。邱晖认为知识管理系统是一个具有知识库管理能力和协同工作能力的计算机软件系统，它是实现知识管理的工具。

丁蔚认为，从企业建成学习型组织的角度来说，知识管理系统是指以人和信息为基础，以整合组织知识学习过程、实现组织竞争力的提高为目的，利用先进的信息技术建立起来的网络系统，是建构学习型组织的工具，它由内部网、知识资产管理、动态知识管理、数据仓库、协作和工作管理、工作流管理、文本和文档管理7个部分组成。而从企业电子商务的角度来说，知识管理系统是对有价值的信息即知识进行强化管理的系统，是实现企业流动性整合的工具，是企业电子商务的基础，它包括对客户、供应商和企业内部职工的知识加以识别、获取、分解、储存、传递、共享、创造、价值评判和保护，并使这些知识资本化和产品化。

武玫等人认为，知识管理系统是辅助以信息技术为主的各种现代化科技方法进行知识管理的一种手段，它是用软件的形式把部分知识管理的理念加以实现的一种管理系统。

屠立等人则指出，知识管理系统是实现知识管理的工具，是一个有助于知识收集、组织和传播的管理技术集合，是使知识可以脱离个体而具备专家性、综合性、完备性和系统性的系统。它还可以通过知识对人产生作用，达到对人的管理，为企业员工提供创新条件和创新机制，最大限度地发挥本企业的知识潜力，提高决策速度与质量。

从上述定义可以看出，“信息管理”“信息技术”“管理系统”是出现频率很高的词汇，这说明知识管理系统与我们熟悉的信息管理系统存在着某种程度的联系。从实践中看，在当今的信息时代和知识经济时代，信息管理系统和知识管理系统已一并成为越来越多企业创新和发展的重要工具。因此，我们认为，从研究和辨析知识管理系统和信息管理系统两者之间的关系这一角度入手来探讨知识管理系统的概念问题，不仅有利于我们更好地理解知识管理系统的概念，而且对于更好地将其用于企业的管理实践中，充分发挥其作用，使其真正成为企业能够赖以生存的竞争手段同样具有重要的意义。

2. 信息管理系统的概念

信息管理系统是指运用计算机和通信技术手段对信息进行加工和管理的系统。简单地说，一切能够支持信息的收集、处理、存储和传播的系统都可以称为信息管理系统。从技术的角度定义，信息系统是为满足现代企业对信息的需求，综合运用计算机、通信、网络、数据库和信息处理等多种现代信息技术而形成的系统。其功能主要包括信息输入、信息处理、信息存储、信息传播。目前存在多种为满足不同需求而设计的不同类型的信息系统，如事务处理系统（transaction processing system，TPS）、知识工作系统（knowledge work system，KWS）、办公自动化系统（office automation system，OAS）、管理信息系统（management information system，MIS）、决策支持系统（decision support system，DSS）、高层主管支持系统（executive support system，ESS）等。相应的，我们可以把知识管理系统简单地理解成是一个对知识进行创造、捕获、整理、传递、共享，继而创造新知识的完整的管理系统。

3. 知识管理系统与信息管理系统的关系

信息管理系统与知识管理系统之间存在着千丝万缕的内在联系，在许多方面有着共同的特点，主要表现在：两者都建立在信息技术基础之上，两者都以网络为依托，两者都包含收集、存储、传播、共享、利用等类似的处理阶段，两者的产品都为组织创造价值。另一方面，信息管理系统与知识管理系统还存在着本质上的区别，主要表现在：收集、处理和传播的对象不同，处理对象的加工深度不同，产品形态不同，产品的价值取向不同，度量指标不同，系统目标不同。

传统观点通常认为，知识系统的主要服务对象是那些直接参与新知识创造活动的人或部门，尤其是以同一项创造性活动为中心的任务团体。然而，这些人或部门在开展自己的创造性活动的过程中，除了应用知识系统外，同样离不开信息系统的支持与帮助，两类系统往往在应用上是相辅相成、互相依赖、相伴而行的。事实上，多数企业在规划自己的信息系统或知识系统中，很少将其进行明确划分，通常是将信息支持与知识支持功能综合起来进行规划和设计。著名的美国施乐办公设备公司的知识库就是一个很好的例证，其中既包含有知识创新所需用到的历史信息和资料，又包含有需要在公司内部共享的知识，综合了信息系统和知识系统的功能。

因此，在信息技术不断发展的今天，信息系统正在朝着解决半结构化和非结构化问题的系统类型方向发展，智能化的发展趋势使其与知识系统之间的差异正在逐步缩小。从某种意义上而言，知识管理系统是对信息管理系统的延伸和拓展。具体表现在以下方面：①信息管理系统的新趋势正逐步具有知识管理的职能内容。②信息管理系统停留在表层信息的处理和加工，而知识管理系统则是对信息和知识深层次的加工和挖掘。③传统信息管理系统技术的新发展已经成为知识管理系统的重要技术组成。④对于知识创新而言，两者相辅相成，共同为新知识提供创新的环境，根本无法完全区分开来。

需要指出的是，上面对知识管理系统进行讨论都是将其视为支持企业知识管理过程的信息系统，即狭义的知识管理系统。而广义上的知识管理系统则是将企业整体看做一个知识处理系统，是企业模型的抽象，它不仅包括与知识管理相关的计算机软、硬件技术和产品，还包括作为知识管理系统内容基础的企业知识构架和战略、组织、文化等要素构成的支撑环境。正如学者张新武所言，企业知识管理系统是将企业整体看做一个知识处理的系统，它包括企业组织、企业文化个体知识与学习模式、业务规则及其间的交互过程以及由计算机支持的信息系统。

5.1.2 知识管理系统的功能

知识管理系统应该具有哪些功能？学者们对此众说纷纭。袁红清认为，一个知识管理系统应该实现知识的表示与管理、知识的积累与传递、知识挖掘与再生、知识利用评价等功能。乐飞红指出，知识管理系统是一个集成的多功能系统，它能够支持所有主要的知识管理与处理活动，包括知识获取、知识组织、知识分类与理解、调试与编辑、搜寻与检索、知识传递、传播与共享等。邱晖认为一个能够满足使用需求的知识管理系统应具备可扩展的数据获取和导入、知识分类机制、强大而灵活的分布式搜索、分级权限管理、多种发布方式、全面知识展现、实时的知识容纳、协同工作能力等功能。

知识管理系统的功能可从两个层次来理解：

从总体上看，知识管理系统的指导思想是：将以编码方式存在于信息载体上的、外在的显性知识内化为企业生产者和管理者的学识；将不可编码的隐性知识通过信息交流、知识学习等方式转化为显性知识。从这一指导思想出发，其根本目标是：通过对各种知识的连续动态管理，增进企业对知识的捕获、开发、利用、创新的意识和水平，通过知识生产率的提高带动劳动生产率的提高。

具体说来，知识管理系统具有以下四项基本功能：

(1)发现知识，即找出相似知识群体的存在。具体而言，就是从外部的信息源获取知识，并按照分类的基本框架或分类学将其组织起来。低级的技术是那些简单地提供知识获取和在线存储手段的技术，如图像系统和数据库。高一层次的技术包含更强大的搜索工具和文档管理系统，它们对存储的信息进行分类，并在不同的信息源中找出相似点。在这一基础上建立起来的群集式方法能用于从公司知识库中找出不同知识群体之间的隐藏关系或连接。最终，发现知识的作用是使知识寻找者可以通过显性知识的交流和隐性知识的交流来获取和使用知识。例如，一家超市连锁店采用一个集成的文档管理和数据仓库工具，不断展示啤酒和尿布购买趋势的相似点。经理们确认了这种模式，将啤酒与尿布靠近摆放，这就导致了人们更多地同时购买这两种东西。

(2)显性知识交流，即试图找出与用户的某个特定需求有关的知识群体。利用显性知识的交流，能从外部的信息源中提取知识，经过滤后找到与知识寻找者有关的知识。内部化帮助研究人员就一个问题或者兴趣点进行交流，并针对已经通过外部化获取的知识群体把它勾画出来。提取的知识能够重新编排，并以最合适的方式，也许是某一水平的解释来表示。例如，一家国际药品公司的研究人员可以提出与其项目有关的查询，很快就圈定出可能与其研究工作有关的早期研究，最后收到原来隐藏在很多笔记和报告中的知识的摘要。

(3)隐性知识交流，即对默认的知识进行中介代理。它将知识寻找者与最佳的知识源匹配起来。通过跟踪个人的经历和兴趣，中介代理可以把需要研究某些题目的人与看起来在这些领域拥有知识的人联系起来。让我们设想一下一家制药公司中一名研究人员的情况。该研究人员在回答有关一种药品的一系列不寻常的副作用的查询时，从公司的信息库中只找到很少的有关文档。但知识管理系统的隐性知识交流功能为这名研究人员提供另一个国家中另一名研究人员的名字，保存在系统中的兴趣简介表明他有关于同一类型实验的经验。而后，这两个人就可以共享他们关于造成副作用的潜在原因的经验与知识。

(4)知识应用，即对经过前面三种功能交流过的知识的应用，也是知识管理的最终目标。使知识应用过程自动化的技术不多，这些技术一般具有专家系统或具有人工智能的成分，这些系统依靠自己进行决策。例如，在一个自动的呼叫中心系统中，在当前情况中出现的问题，可以与以前情况中的相似性进行匹配。在过去有效的行为将作为一种优先的方法被工作流系统所采用。

未来的知识管理系统可能建立在以上基础上，具有更强大的功能。例如，具有更易导航的可视化工具，更强大的、自动化程度更高的监视默认知识的手段，对信息库增加集体判断的机制，以及从不详来源(如声音和视频图像)中挖掘知识等。

5.1.3 知识管理系统的特点

在当今信息技术环境和知识管理思想的指导下，知识管理系统具有下列主要特点。

(1)背景敏感性，能够理解知识的背景，根据上下文对知识加以明确的解释。

(2)用户敏感性，能够根据用户的背景知识和经验对知识进行整理组织，按照用户特点提供相应的界面。

(3)灵活性，能够处理任何形式的知识，包括不同主题、结构和载体的知识。

(4)协作性，知识的创造、共享和使用离不开人与人之间的协作关系。

(5)开放性，知识管理系统实际上是一个平台，而不只是工具，所以它是一个开放的系统。

(6)集成性，是多种应用工具的集成。

(7)透明的，是透明的系统，支持先进的元数据格式，将用户与复杂而混乱的数据相隔离，用户可以使用简单熟悉的词汇和规则使用系统。

(8)分布式的，是分布式的系统，可以在企业内部或外部不同的计算平台上使用同样的规则实现知识的获取、传递和共享。

(9)实时的，可以为用户在全部应用中提供实时的数据。

(10)易用性，系统的使用方便易学，知识成为系统的核心。

(11)自适应性，与用户的水平自适应，减少用户的使用负担。

(12)可扩展性，运行在高效能的多处理器系统中，支持群集、负载平衡以及动态连接池，以便处理大数据量、多用户的访问。

(13)高性能，可以实现高效率的访问。

(14)安全性，系统在对象的层次之上保证数据和应用的安全。

(15)可管理，系统拥有强大的、复杂的可管理界面，维护系统的高效率，保证元数据的重新设计和变化。

5.2 知识管理系统的结构与模型

5.2.1 知识管理系统的结构

关于知识管理系统的结构，国内外众多学者从不同的角度给出了许多不同的模式，概括起来，主要有以下几种类型。

1. 基于层次模型的知识管理系统

由 Sprague 提出的三层次模式如图 5-1 所示。其中，层次 1 即知识管理工具，包括组成知识管理系统基本构件的专家系统语言(如 Oracle PI/SQL)或程序语言(如 C++)；层次 2 即知识管理系统发生器(如 Lotus Notes)，它被用来建立各种特殊的知识管理系统；层次 3 即所构建的专门知识管理系统。

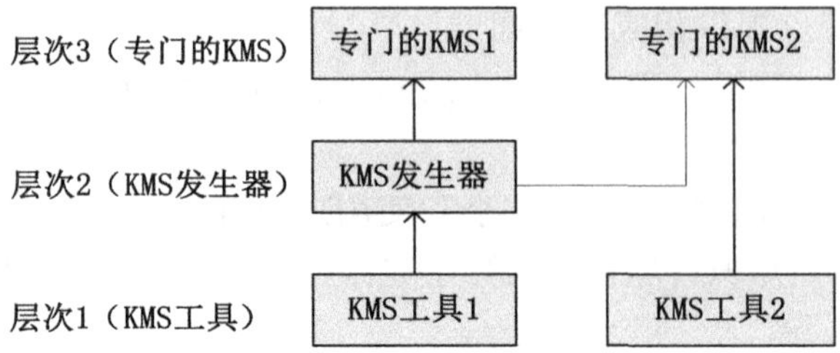

图 5-1 基于层次模型的知识管理系统

2. 基于一般系统框架的知识管理系统

这种模式把知识管理系统当做一种信息系统，通过其输入、处理和输出来进行研究，如图 5-2 所示。这种框架的优点是结构简单，覆盖面广，所有知识管理系统的主要组件都可包含其中。它的主要缺陷是不能突出知识库的重要性或人们之间知识转换的本质特征。

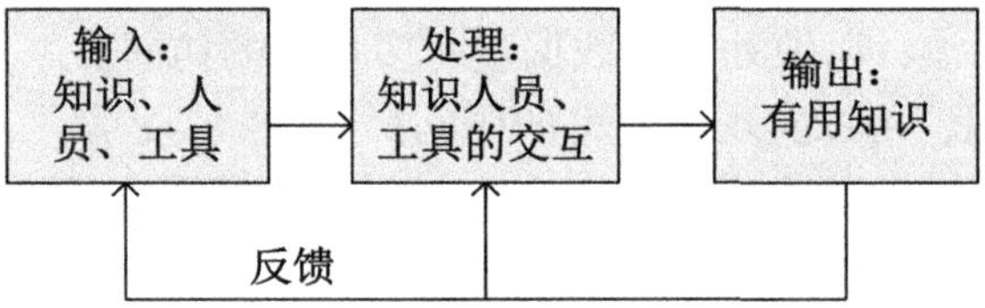

图 5-2 基于一般系统框架的知识管理系统

3. 基于知识生命周期的知识管理系统

Ruggles 建立了一种知识获取→知识编码和存贮→知识传递→知识利用→基于知识生命周期的新知识创造的知识管理系统，如图 5-3 所示。通过建立并利用这种知识管理系统，人们可以考察知识管理系统对每个阶段知识的影响。除 Ruggles 外，提出类似模式的还有 Lee、朱晓峰、刘昊等人。Lee 所构建的知识管理系统由知识捕获→知识开发→知识共享→知识利用 4 个部分组成；朱晓峰所建立的知识管理系统由知识生成、知识挖掘、知识重组和知识应用 4 个模块构成；刘昊所构造的知识管理系统由知识创造系统、知识的获取和结构系统、知识分发系统和知识应用系统 4 个部分组成。这种基于知识生命周期的知识管理系统具有简化概念的优势，但它不能提供知识管理系统丰富的内在性，也不能指明缺少哪些方面的研究。

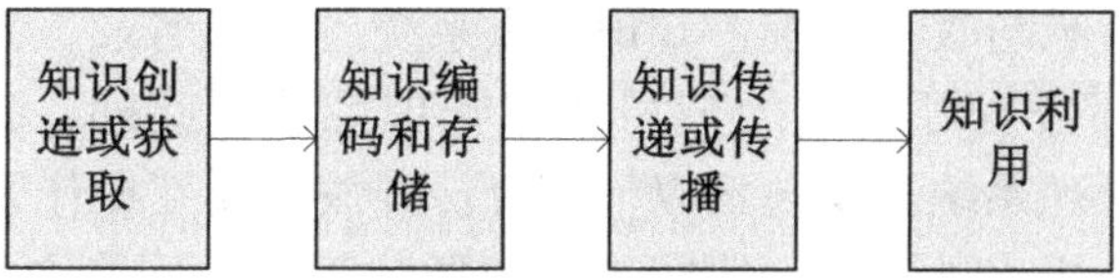

图 5-3　基于知识生命周期的知识管理系统

4. 基于知识实践框架的知识管理系统

这种模型由 Brent Gallupe 提出，以组织的知识管理实践为中心，突出支持实践活动的知识管理系统的类型与方式。它从问题识别的过程与所要解决问题的分类两个方面来考察知识管理实践，并由此产生四种知识管理实践，如图 5-4 所示。第一种实践活动是通过激发创造力和新知识生产来确认新问题。第二种实践活动是通过创造和存贮与这些问题有关的知识来解决新问题。第三种实践活动是利用相关知识来处理已得到解决的问题(如资源库)。第四种实践活动涉及把新知识传送给个人以支持对原有问题的认识。此外，Joseph M. Firestone 提出的分布式知识管理系统(distributed knowledge management system)能把数据交换系统(DSS)、联机事务处理(OLTP)、批处理等多种处理方式应用于企业广系统。

		分类	
		新/唯一	过去已解决
过程	问题认识	创造机会(1)	监控与训练(4)
	问题解答	问题解答(2)	知识获取(3)

图 5-4　基于知识实践框架的知识管理系统

5. 基于资源的知识管理系统

这种类型的构成模式主要有：G. DeSanctis 和 R. B. Gallupe 提出的基于知识库子系统、用户接口子系统、群组支持或知识转换子系统、用户/知识发生器子系统四部分资源的知识管理系统。马海群所提出的自由知识信息管理、知识应用管理、知识交流机制管理和知识财产管理四部分构成的知识管理系统。Peter Meso 和 Robert Smith 所开发的由知识、技术基础、组织基础、人力资源、文化五部分资源组成的知识管理系统。Brent J. Bowman 所构造的由外部信息、内部信息、资源库创建与管理工具、知识库、元数据、知识检索工具、网关接口、万维网与互联网、格式自动化应用、数据仓库/数据挖掘与抽取工具、企业应用11个模块组成的知识管理系统。乐飞红提出由知识中心、知识贡献与收集系统、知识检索系统、专家名录、分布式系统、知识内容管理六部分资源组成的公司知识管理系统。此外，Connie Moore认为，企业知识管理系统至少包括以下部分：开放的交互操作式计算平台、用于生成知识的分析工具、用于协同工作的群体工具、网络内容管理工具(网络浏览和搜索引擎)、智能代理、个案提取方式、可移植文件、对象数据库、文件管理系统、进程管理工具等。这种模式的优点是显示了知识管理系统主要组件的内部关联，同时突出了作为知识管理系统用户的知识发生器和知识使用者的重要性。它的主要缺陷是未能详细地说明哪些方面的知识管理系统研究会是富有成效的。

6. 基于XML的知识管理系统

李克哲等人在进行企业知识管理需求分析和知识管理流程分析的基础上，提出了基于XML的知识管理系统模型。它由智能代理、多文档转化接口、内容管理、知识发布与共享、工作流协同、决策支持、XML与数据库接口、知识管理数据库八部分构成。基于XML的知识管理系统与其他知识管理系统相比，具有如下优势：统一、良好的文档结构；易于统一存储，便于分类管理；采用Web浏览器；通过XML在Web上实现知识发布与共享；具有基于元数据的快速搜索、检索效率高的特点；能较好地实现异构系统的传递；具有技术上的先进性，代表未来的发展方向。

5.2.2 知识管理系统的模型

在任何一个组织中，都会存在知识创造活动，但并不一定都有完善的知识系统。因为在组织未建立知识系统之前，大多数创造性思维是以隐含知识的形式分散在个人的头脑中，难以对其进行有效的捕获和共享，这样的知识不能称为系统。

在以知识管理为核心的企业信息化过程中，要用知识管理的思想来设计基本的框架。在这个框架中，组织、信息技术、人是基本的要素，通过组织分析认识组织的知识，这是各种企业都要考虑的一个战略问题。企业职员的主观能动性使创新成为可能，需要把企业员工的主观能动性、创造性和信息技术、组织体系联系起来，为知识管理系统的实施创造良好的支撑环境；企业知识构架为知识管理系统提供内容基础，信息技术则已经成为实施知识管理系统的核心。因此，构建企业知识管理系统模型就成为企业建设知识管理系统关键的一步。

从实践来看，国外很多大企业实施知识管理系统时都是从建立知识管理系统模型开始的。例如，IBM Lotus 从组织规模和协作程度两个方面将知识管理划分为 4 个工作领域，即资格认证、创新、生产力、危机中的应变能力，并利用 Notes 系统将此模型实例化，提出知识管理系统的总体方案。Microsoft 将其知识管理系统模型简单地划分为三大领域：组织、过程和技术。Intel 将知识管理模型分为四大领域：知识创造、知识的获取和结构、知识的分发、知识的应用，每个领域又包括多个属性，在此模型的基础上又推导出相应的功能模块和运行规则，指导知识管理系统的实施。

1. 几类典型的知识管理系统模型

作为一门新兴领域，知识管理系统还没有形成统一标准的模型框架，企业中知识管理系统的结构多种多样，建设步骤、方法、技术更是五花八门、各有特色。从目前来看，比较典型的模型框架有以下几类。

(1)基于多 Agent 的系统模型。该模型主要是面向知识共享及分布式协作目标，在分布式人工智能技术、网络技术及多媒体技术的支持下，在协同工程思想的指导下形成的。

该模型面向分布协作环境，强调了知识管理系统所应具有的协同性，在系统的智能化以及与企业原有信息化成果相集成方面给予了重点考虑，值得肯定。但系统的构建仅从信息技术角度出发，忽略了知识管理系统的社会性，即为知识管理的实施营造一种崭新文化，建立知识贡献激励机制，并相应地调整组织结构。此外，模型缺乏具体、有效的对知识链各环节以及知识管理所涉及的各要素的整合与集成策略，对隐性知识缺乏认识和有效的管理。

(2)基于 B/S 的系统模型。这种模型的类似提法还有基于 Internet 的知识管理系统模型和基于 XML 的知识管理系统模型等，它们的提出主要是针对知识经济的网络化趋势以及由此导致的组织边界的扩大与模糊。由于散布在网络上的用户广泛而又不确定，因此该模型也提出了知识管理协同建模的要求。

该模型结构具有以下优点。①良好、统一的文档格式。通过 XML 来传递和显示，以数据库来存储，从而解决知识管理中对半结构化和非结构化文档的统一存储、管理和浏览等一系列问题。②在 Web 上进行知识发布与共享，内容与表现分离，Web 上的发布与共享是最开放和最充分的方式。③更细化的知识搜索，提供 XQL 技术实现对元数据——XML 的节点内容和属性进行搜索。④支持远程异构系统之间的知识传输。另外，该模型虽然强调了知识管理系统网络化的建模趋势，但仍然过分侧重于技术方案的解决，对于知识管理主体与客体间的集成以及系统与环境的协同等考虑得还不够全面和深入；对隐性知识也缺乏有效的转化和管理策略；缺乏相应的企业文化、组织结构、激励机制等企业内环境的调整策略对知识管理的支持。此外，它强调了对已有知识的利用，但忽视了知识管理对增强知识创新能力和提升企业核心竞争力的更高要求。

(3)基于 UML 的集成化系统模型。元数据联盟(meta data coalition，MDC)在其开放信息模型(open information model，OIM)中将 KMS 作为一个子系统。为了利于模型的推广和消除对特定技术的依赖，MDC 采用统一建模语言(unified modeling languape，UML)来描述模型。而后，Microsoft 和 Lotus 公司在各自的研究项目 Table 和 Raven 中提出了具有一定集成度的 KMS 系统模型框架。

该模型层次划分清晰、合理，对企业的广泛知识源给予了集成考虑，同时也做到了对企业现有信息化成果的集成与支持。将员工纳入知识源范畴是模型的一个亮点，但如何将员工头脑中的隐性知识外化为组织知识，以及如何促进员工间知识交流与共享，模型中并没有相应的策略和机制，只是立足于能够对员工提供的有限的明晰知识的管理；模型忽视了知识管理的高端目标——知识创新环节，缺乏系统自适应、自学习策略，没有明确体现对知识链各环节的具体支持；缺乏相应的企业文化、组织结构、激励机制等对知识管理的支持；同时，在知识管理主体与客体之间的集成方面以及系统与环境的集成与协同方面缺乏支持。

(4)基于“社会—技术”双视角的系统模型。典型的例子是西门子公司架构的知识管理参考模型。该模型超越了知识管理系统的传统技术观，而认为知识管理系统应是一个广义的“社会—技术”系统，并聚焦于知识社区、知识集市、知识环境、知识管理关键过程 4 个方面。

首先，该模型对企业实施知识管理的“生态环境”给予了重视，认识到了知识管理中主体与环境的重要性，强调知识管理系统绝不是单纯信息技术意义上的系统，而应是一个人机结合、有机的“社会—技术”系统，成功的知识管理应该是“机械方法”与“生态方法”的有机统一，值得肯定。但模型只关注到知识链的关键环节，忽视了一般环节对系统的根基作用。其次，就知识环境而言，模型强调营造一种知识交流和共享的文化与氛围，但仅仅如此还是不够的，还需要建立起切实有效的知识共享与创新的激励机制，同时也需要对组织结构做相应调整。再次，该模型虽然是从“社会—技术”双视角来思考的，但显然对技术维度重视得不够，作为技术支撑体系的知识集市基本停留在企业现有的信息化成果上，缺乏一个创新的、整体的知识管理技术解决方案。知识管理以人为中心，强调人的作用，但并不是说就可以忽视信息技术的支持。知识管理需要先进的信息技术，特别是人工智能技术与方法的支持。知识管理需要理念创新的环境，也需要技术创新的支持。

(5)基于业务流程的系统模型。典型的例子是戚啸艳等人提出的一个概念模型。他们认为，知识管理系统的构建一方面要选择社会配置以满足社会方面的目标，另一方面则要选择技术配置以满足技术目标，因此，是一个涉及企业多个方面、攸关企业可持续发展的系统，是一个整合型系统，其使用者并无阶层之分，且可跨越部门。从这一观点出发，他们提出了一个基于工程设计流程的企业整合型知识管理系统的概念模型。

该模型由三大子系统构成，即知识管理决策子系统(对知识内涵、知识管理目标和知识管理策略的规定)、知识活动过程子系统(涉及知识获取、知识应用、知识固化、知识分享、知识保护等知识创造过程)、知识管理基础建设子系统(包括信息技术应用、组织文化及相关制度建设、组织结构的安排)。在这三大子系统中，知识管理决策子系统是大系统的引导子系统，它决定着企业知识管理的方向；知识活动过程子系统是大系统的核心，是知识管理的执行系统，它直接关乎企业知识管理的成效；知识管理基础建设子系统是大系统的支撑系统，是大系统良性运行的保障机制。知识人才、系统外知识以及企业已有的知识资本存量是企业整合型知识管理系统的输入端，知识资本以及财务绩效的增值是该系统的输出端。这三大子系统各司其职，确保了企业知识管理系统的协调运行。同时，由于企业的业务流程本质就是知识活动过程，因此可与知识管理系统相嵌，构成具有企业特征的基于业务流程的整合型知识管理系统，用于引导企业的知识管理实务。

通过对当前主要的知识管理系统模型进行分析和总结，可以看出主要存在以下几个方面的问题与不足。①系统性的 KMS 模型框架还远没有完善，缺乏统一的标准。②对隐性知识缺乏认识，管理不到位。③需要一个系统化、集成化、协同化的过程和科学的方法论指导。④在人性化、智能化方面上还有很长的路要走。⑤需要建立和完善知识的共享和创新的激励机制。而建立科学、完善的知识管理系统模型需要遵循以下策略：以系统工程和协同工程的思想和方法为指导，以组合智能为依托，以企业知识链为核心，来构筑高度智能化、集成化和协同化的知识管理系统。

2. 知识管理系统模型的构建

按照 Wilf Greenwood 的观点，一个知识系统的完整过程可以用 6C 来描述，即：create(个人的创造性活动)、clarify(使知识明晰化)、classify(对知识进行归类整理)、communicate(知识的交流)、comprehend(理解知识)、recreate(知识的再创造)。

(1)creat——创造：个人的创造性活动。通常，组织中承担某项任务的个人在工作中运用自己的聪明才智会不断产生一些新思维、新发明或创造出一些新的方法与技能。这些都是散在知识，它们可能会以各种形式存在于不同角落。不管它们的形式如何，这些由个人创造性活动生成的思想火花和创新萌芽正是企业知识系统的源泉和基础。因此，知识管理系统的构成首先需要激励个人的创造才能得到充分展现，一方面要充分调动企业员工和知识工作者的创新热情，为其开辟展现个人才智的空间；另一方面，还需建立有效手段，让这些新思维、新知识得以收集和捕获，有效手段之一就是利用现代技术工具对员工的活动或思想按照特定格式进行记录和保存。传统上，人们已经习惯于将自己的工作及其成果以文字处理或电子表格方式进行存储。而近年来随着网络应用的发展，电子邮件(E-mail)、电子商务(EC)、计算机辅助设计(CAD)以及超文本链接(HTML)等特定格式的文档将成为知识系统对知识进行加工、管理和共享的基础。

(2)clarify——澄清：使知识明晰化。知识澄清的过程就是使该创新中隐含的主要问题变得明晰化。组织中的信息一般包括两类，一类是硬数据，如文字、数字、图表、规则等；还有一类属于软信息，如由人掌握的操作技能、专业知识、偏好、经验、人为效应以及有关决策的信息等。知识系统需要在创建硬数据的同时从中抽出内含的软知识。利用先进的元数据抽取程序对隐含信息进行推理和分析，最大限度地完成对元数据进行抽取的处理，从而使那些隐含的知识变得更加清晰明确。

(3)classify——归类：对知识进行整理。为使捕获到的知识易于检索，还需要对知识进行归类处理。知识的归类不仅与知识所涉及的专业领域和用途密切相关，同时分类方法的采用还取决于未来使用的检索工具的类型。目前，有许多能对知识进行归类和整理的工具。超媒体链接技术在处理大型、复杂和丰富的链接以及信息交叉引用方面具有强大的功能。另外，知识库、知识映射表和集综合代理程序、导航工具和查询系统等为一体的 XML 系统也都为知识的归类整理提供了所需的灵活性。

(4)communicate——沟通：知识的交流。进行人与人之间、团队或任务小组之间乃至整个组织内部的交流是实现知识管理和共享的重要环节。除了信息交换的常用手段，如面对面的会议、电话、传真、信件等，还可借助于视频会议、共享型白板、自动文档发布系统和工作流系统等先进的知识交流技术。这些技术能够极好地支持组织内部甚至工作在异地的人员实现思想火花的碰撞和知识交流与共享。

(5)comprehend——理解：知识认同。构成知识系统的另一个要素就是在知识交流的基础上，对已有知识进一步加深理解，增强对共有知识的认同感，甚至包括对分歧的看法的容忍度。这一点是知识共享的重要基础。超文本链接技术能够很好地支持一个团体以动态方式连接到众多不同的知识源，即使不参与创造性活动的小组成员也能吸收这些知识，对其进行评估，并把个人的观点添加或链接上去。新出现的 XML 能够支持对存储在文档中的内容进行批注，并总能使那些链接点保持最新。事实上，采用一种开放标准增加链接并对这些知识点进行共同批注，正是团队在网络环境下进行知识交流与认同的最重要方式。

(6)recreate——再造：知识的创新。上述各环节进行的结果将使个人知识得到进一步充实和升华，同时每个人都能从中分享到令人瞩目的大量有价值的知识。接下来的事情，就是如何使这些知识为新的创造性活动服务，使之为团队共享。这要求网络和软件——知识共享的技术和方法——必须是可用和易于操作的。从某种意义上说，创新是知识管理系统的最终目标。

在上述 6C 中，create 是知识发现的过程，clarify 和 classify 是知识组织的过程，communication 是知识共享的过程，comprhend 和 recreate 是知识开发利用和创新的过程，知识管理系统正是基于 6C 而建立起来的。

要实现上述 6C 的系统过程，首先，必须具备一定的支撑环境，包括知识战略、知识组织(机构)、知识文化等方面的管理。其次，还必须具备一定的网络基础和内容基础，前者包括企业内部网(Intranet)、外部网(Extranet)和互联网(Internet)，后者指以人员、内容组合和信息技术为要素，以知识历程图、知识地图为核心的企业知识架构。最后，就是采用适当的信息技术，借助相应的工具和手段，选择优秀的知识管理系统产品，实现企业所需要的知识管理系统。上述这一切，组成了完整的知识管理系统模型，其构成如图 5-5 所示。

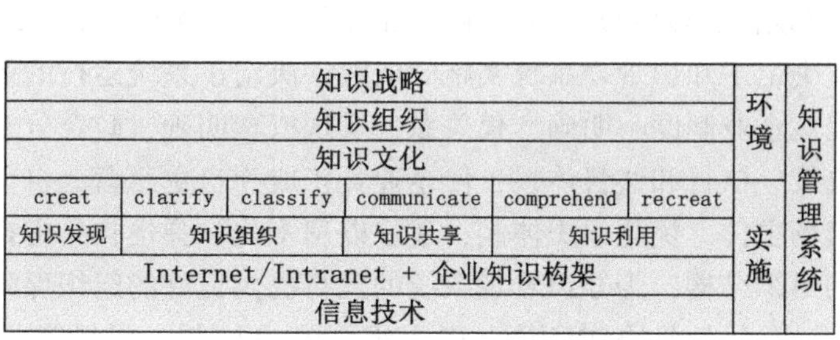

图 5-5　知识管理系统的模型框架

5.3 知识管理系统的规划与设计

5.3.1 知识管理系统的建设步骤

知识管理是一个企业重要的经营管理和信息管理理念，它在企业中的推广绝不是空谈，也不是一日之功。更广范围的企业信息集成工作必然是动态发展的，将通过融合贯穿新的、先进的信息集成思想与经营管理理论，从体系构造、企业模型建立等方面对传统的理论不断进行发展和完善。更重要的是，知识管理从根本上导致了企业信息建设研究的实质性提高。建设知识管理系统，需要考虑企业所处行业、企业信息系统发展水平、企业员工构成等诸多因素，每个企业建设知识管理系统的历程都会有自己的特色。例如，一些高新企业已经建设了较为完善的图书情报档案系统，具备了一定的信息保障产品和服务，他们可以以此为基础进一步建设企业知识管理系统，形成具有自身特点的知识产品和服务。

国内外企业知识管理系统的设计与实施一般通过以下步骤完成。

(1)建立企业知识管理系统模型，确定知识管理系统方向。企业知识管理系统模型是知识管理系统实施的抽象，体现了企业在实施知识管理系统时的理论依据、总体思路、实现方法、实施过程和最终目的。

(2)选择知识管理战略，指导知识管理系统实施。知识管理战略的选择确定了知识管理系统实施过程中的重点和方式。将知识管理提高到战略高度首先就表明了企业将知识作为重要资源形式的总体思想。根据企业产品和服务的特征，选择采用编码化战略或是个人化战略；在实施系统的重点的选择上确定面向的领域范围，明确系统实施的针对性。知识管理战略的选择避免知识管理实施陷入信息技术的误区，提高知识管理系统的效率。

(3)建立现代企业制度，设立企业知识执行官，优化企业组织形式。企业组织制度决定了知识管理系统实施的成败，决定了系统运行的效率。在企业中建立现代企业制度，明确产权关系，实现权责明确、政企分开、管理科学，健全决策、执行和监督体系，使企业真正成为自主经营、自负盈亏的法人实体和市场主体。优化组织体制，建立以扁平化、弹性化、虚拟化和网络化为特征的组织结构，为知识管理系统的运行提供良好的组织保障。

(4)建立健全企业协作环境，引入组织学习机制，倡导学习型企业文化。在知识经济时代，企业文化成为管理的主要形式之一。知识管理系统的良好运转不仅需要制度内的组织保障，还依赖于组织以外的文化保障。学习型企业文化是知识管理系统运行的文化基础，我国企业应尽快引入组织学习机制，建立学习型企业文化。知识管理战略选择、组织构架以及学习型企业文化的倡导为知识管理系统的实施提供了良好的环境保障。

(5)整理企业已有资源，建立企业知识构架，提供知识管理系统内容基础。以知识历程图、知识地图为核心建立企业内部知识市场，完善企业内部的知识构架工作，形成了知识管理系统内容管理的基础。

(6)采用适当的信息技术，选择优秀的知识管理系统产品，实施知识管理系统。包括：建立文档系统，系统管理显性知识；建立企业知识门户与知识发现系统；建立企业培训系统，积累传递知识等方面的内容。虽然知识管理系统一再强调相对信息技术的独立性，但是没有先进信息技术的支持，系统的技术实施不可能实现。选择优秀的知识管理系统产品需要依托于企业本身的特点。建议首先明确系统的功能，确定知识发现、组织、共享等功能模块，在保证系统密切整合的基础上，选择业界先进的信息技术，保证系统功能强大、高效率、低投入、可扩展，方便知识的使用和创新。

(7)发挥员工最大潜能，提升知识应用价值。知识管理系统的建立将使企业已有的信息能力提升到一个新的高度，使得静态的数据、信息得到再利用，使得企业员工发挥最大的效能，并真正与企业发展息息相关，帮助企业改进创新能力，提高快速响应能力，提高生产效率和技能素质。

其中，(1)属于知识管理系统构成模型设计阶段；(2)(3)(4)属于知识管理系统支撑环境建设阶段；(5)(6)(7)属于知识管理系统实施、利用阶段。通过以上步骤，企业知识管理系统就可以在明确的目标指导、良好的环境支持以及优秀的内容基础和信息技术条件下成功实施。

5.3.2　知识管理系统的设计思路

依据上述知识管理系统的模型框架和步骤，建立知识管理系统首先是要进行相关的环境建设和基础建设，主要包括以下四个方面。①知识基础建设，包括连入 Internet 网络，建立关联企业的 Intranet 和企业内部的 MIS，建立开放的知识平台等。②知识管理的组织建设，包括合理的激励机制、知识小组、核心队伍的建设等。③知识管理的制度建设，包括建立学习与培训制度、建立交流制度(特别是行业技术的交流制度)、建立知识传播制度等。④知识管理的文化建设。

当环境和基础都具备之后，接下来的工作就是采用适当的信息技术，借助相应的工具和手段，选择优秀的知识管理系统产品，来设计企业所需要的知识管理系统。一般而言，主要从以下几个方面着手。

(1)用户接口设计。由于对知识库用户接口的控制十分重要，因此知识库管理员在选择工具时就必须考虑是否有标准接口，或者是否可以按照与组织的其他应用一致的方式来定制。

(2)文本检索。所开发或利用的搜索引擎应该能够检索到与检索表达式不完全匹配但实际含有相关信息的文档，而且能够按照相关率高低对检索条目排序。

(3)多媒体检索。一些企业积累了数量与品种繁多的视频、音频资料，这些资料经过索引处理并提供搜索引擎的检索机制后，才能通过知识管理系统来访问。

(4)知识地图。一旦知识库中的资料与知识目录联结起来，就可成为一种补充搜索引擎的可选择的检索方法。某些情况下，用户在确认关键词时觉得不方便，而愿意通过查看原定义的知识主题来开始检索，这可以减少搜索引擎识别的不相关的数据条目。

(5)个性化。知识库的个性化可以由知识库管理员手工创建用户文档，或基于 E-mail 标题与原检索式中检索词的自动生成文档来完成。当用户工作职责与兴趣发生改变后，用户应能够修改他们的文档。

(6)标准查询。知识库引擎允许知识管理员定义标准查询，这种标准查询涉及所有用户专门配置文档的关键词，也允许用户公布个人查询。

(7)近似组过滤。近似组过滤是为特殊用户过滤相关信息的一种技术，通过为用户创建表定义主题选择来实施近似组过滤。一旦在整个组织内建立了表定义主题选择，具有相似偏爱的雇员就可标识为近似组。如果某个人发现新的有用信息，这种信息文档就可发送给本组的其他成员。

(8)知识目录。当用户检索知识地图时，知识库引擎就可识别相关主题专家和馆藏存贮信息。应用这种知识目录可以帮助用户就某个问题直接通过 E-mail 与专家建立联系。

(9)合作与通信。合作与通信应允许被地点和时间分离的团队成员共享那些解决新问题的必要信息，包括方案文件、工作计划、个人计划、讨论组等。能提供内部合作机制或集成组织合作应用的知识管理系统可以为用户带来相当多的价值。

(10)企业应用与其他计算机资源网关。真正全面的知识管理系统的构建要求用户可以访问组织所有信息和计算机资源。网络门户意味着用户的一个简单接口，能提供完成工作所需的所有信息，如企业财务、订单完成情况、人力资源应用、Internet 的连接等。

需要强调的是，企业战略的动态性决定了知识管理系统的建设也是一个持续不断的动态过程。

战略管理是企业高层为了长期的生存和发展，在充分分析企业外部环境和内部条件的基础上，确定和选择达到目标的有效战略，并将战略付诸实施和对战略实施进行评价的一个动态过程。企业中知识的流动是随时随地发生的，知识的产生及其整合伴随着企业活动的全部过程，知识管理贯穿于企业活动始终，同时知识又是企业的战略性资源，知识的有效管理是保证企业长远目标实现的战略手段。因此，知识管理是企业战略管理中的核心内容，应与企业战略相互配合。知识管理与战略管理的结合称为知识战略管理，即视知识为企业的基本资源，把知识管理提高到战略层次的管理形式，企业的其他职能管理、基础管理都是围绕知识管理战略进行。因此，根据企业发展的不同阶段和现实情况，企业必须适时地调整发展战略，同样的，也必须在实践中不断地改进企业知识管理系统。

5.3.3 知识管理系统的构建技术

建设一个完善的知识管理系统，涉及多种方法和技术，包括知识建模技术、知识工程技术、知识处理技术、软件开发语言、系统安全策略等。其中，既包括通用的信息系统开发技术和系统建设方法，也包括许多前沿的信息技术和科学方法。

1. 代表性的构建技术和方法

(1)分布式搜索(distributed searching)。企业需要的知识来源是多种多样的，例如 Internet 搜索站点、专用文档库、关系型数据库、Web 等。知识管理系统需要一种搜索引擎能跨域对信息进行检索和访问，而不必考虑信息来自何种资源。分布式搜索是近年来研究得比较多的一种搜索策略。它按区域、主题或其他标准创建分布式索引服务器，索引服务器之间可以交换中间信息，且查询可以被重新定向。如果一个检索服务器没有满足查询请求的信息，它可以将查询请求发送到具有相应信息的检索服务器。分布式搜索引擎将索引数据库划分到几个分布或者异构的数据库中，每个数据库都可以较小，而所有搜索引擎覆盖的范围变大，很少有信息重复，并具有分布式系统的可扩充性。分布式搜索作为知识管理系统的发现机制，更适用于企业内部分布、多样的数据环境。

(2)分类编目(classification)。分类组织法是一种按照事先规定好的体系范畴，依照一定的属性将信息分门别类组织成系统以便检查的方法。按体系范畴组织信息具有很好的层次性与系统性，符合人们认识事物的逻辑思维方式。分类法采用划分范围的树状结构组织与揭示信息，具有很好的稳定性与系统性。它不仅适用于文本信息，而且也适合于非文本信息、超文本信息的组织与揭示，因此更符合知识管理系统对知识的多种方式组织与表现的需要。XML(扩展标准语言)是取代 HTML 的另一种 Web 语言，具有扩展性、结构化、可验证性等优点。XMLSchema 作为 W3C 对 XML 的最新推荐标准，对 XML 文件的构造进行规范。使用标准的 Schema，企业使用的数据都被根据业务领域分类和结构化，企业可以通过 XML 完成对各种来源数据的集成，更便于查询、发布。由于 XML 得到的广泛支持，XML 的应用将是知识管理系统的研究热点。

(3)智能代理(Agent)。Agent 是人工智能领域发展起来的一个概念，它指具有感知能力、问题求解能力和与外界通信能力的一个实体。Agent 是协作系统中的独立行为实体，它能根据内部知识和外部激励决定和控制自己行为。从外部特征看，Agent 具有独立性、自主性、交互性。智能 Agent 更具代理性和主动性，引导、代替用户访问资源，是用户获得资源的中介。知识挖掘系统中，Agent 根据外部环境，建立庞大的个性化内部知识库，接收用户请求，返回结果集，同时跟踪用户需求，自适应内部知识库。Agent 在个性化(individuation)、数据挖掘(data mining)、搜索、知识的维护和更新方面都有重要的应用。

(4)数据挖掘(data mining，DM)。数据挖掘作为知识挖掘(KDD)的关键步骤，也是知识挖掘的难点。数据挖掘技术不仅是面向特定数据库的简单检索查询调用，而且要对这些数据进行微观、中观乃至宏观的统计、分析、综合和推理，以指导实际问题的求解，企图发现事件间的相互关联，甚至利用已有的数据对未来的活动进行预测。根据发现任务和发现目标的不同，数据挖掘器所能发现的典型知识主要包括：关联规则(association rule)、分类(classification)、聚类(clustering)，此外还有特征规则、趋势、异常等。数据挖掘采用较多的技术有决策树、分类、聚类、粗糙集、关联规则、神经网络、遗传算法等。有代表性的数据挖掘技术有 Quest、KDW、Explora、IMACS、INLEN、DBMiner 等。

(5)基于案例推理(case based reasoning，CBR)。CBR 是人工智能的一个分支学科，其核心思想是：在进行新问题求解时，使用以前求解类似问题的经验和获取的知识来推理，并针对新旧情况的差异做相应的调整，从而得到新问题的解，并把形成的新案例加入到案例库中。随着案例库的增长，系统的“经验”将会越来越丰富。该技术的优点在于基于CBR的系统具有自动学习能力，而且系统的建立和维护也相对容易。它可以较好地模拟专家的联想、直觉、类比、归纳、学习和记忆等思维过程。将CBR技术和思想引入到KMS，将会极大地提高系统的自学习能力、适应环境能力，有益于系统的演进。同时，对知识的提取与表示，特别是隐性知识的外化将很有帮助。

(6)元知识(meta-knowledge)与知识地图(knowledge map)。元知识是描述应用系统或业务流程中知识结构或意义的知识，是关于知识的知识。它与书籍目录很相似，能告诉知识用户在知识库中包含了哪些知识以及它们的位置和其他性质等，利用其可以方便地找到需要的知识。元知识可以分为技术元知识(technical meta-knowledge)和业务元知识(business meta-knowledge)。元知识有助于知识集成；有助于子系统间的通信，避免“自动化孤岛”；有助于知识检索与挖掘；定义语义层，实现业务模型和数据模型之间的对应；能够适应不断变化的需求，有助于实现柔性的系统。知识地图是知识目录的总览，亦即元知识系统，它允许对企业知识资源进行处理、浏览和形象化。信息和知识的目录由元知识揭示，简单的元知识仅仅提供目录源的有关外部特征信息(如地点、作者、信息或知识生产日期及入藏号等)，高级的元知识能揭示知识款目的内容特征(如主题、分类号、应用及知识的相关背景等)。

2. 值得关注的新的发展方向

(1)引入著录标引管理子功能。著录标引是档案管理学中的术语，是指对档案主题的概念借助索引语言(分类表、主题词表等)转换成规范化的检索标记。在知识管理系统引入著录标引，是为了解决知识用语不统一而导致的难以查找、难以理解的弊端。它的实质是：在知识进入知识库前先做好标准化处理，在知识库中建立知识名称和知识概念的一一对应关系。可以用一个著标知识库来实现著标工作的自动化。

(2)用智能搜索代替传统搜索。传统的搜索策略有以下两种。①目录式搜索。编辑人员通过笔者提供或自己总结的方式先得到摘要，而后把它归入事先建立好的一个知识目录内，用户通过层层的目录来查找。这种方法的优点是搜寻的结果定位较准确，缺点是需要人工介入、维护量大、漏检率较高、信息更新不及时。②机器人式搜索。利用一个程序(如Spider、Crawler或Web Wanderer)无间断地在资源库中寻找信息，然后由索引器为信息建立索引，用户通过输入关键字查找。由于采用了全文检索方法，收集的信息量大、更新及时、无需人工干预，缺点是返回信息过多、误检率较高。智能搜索由于采用了自然语言理解技术，虽然仍然采用全文搜索，却大大降低了误检率。由于其中加入了知识库和智能分词功能，智能搜索可以进行整句分词、关键字提取、同义词、一词多义和表达差异的处理。此外，智能搜索还有综合性和智能性的特点，只要用户需要，可以把与关键字相近的其他信息也一同显示，还能分析用户查询行为，产生相关联想，提供引导用户进行下一步查询的线索，一步一步诱导用户表达出他真正想找的东西。

(3)用虚拟现实技术辅助学习技能型知识。虚拟现实可以用虚拟讲解员帮助用户更快地领会知识，还可以把技能实践的过程模拟出来，让用户反复进行模拟操作，以缩短掌握技能的周期。

(4)其他。加入图像检索技术，对图像进行基于文字或基于内容的搜索，使系统对对象知识的管理范围加大。加入数据仓库技术，把业务数据经过挖掘后产生的知识引入知识库，防止知识泛滥。知识存储的时间长，而现有的存储介质保存周期非常有限，因此有必要引入知识保存管理。

5.4 知识管理系统的实施与应用

与许多新概念、新技术、新系统一样，知识管理系统起源于企业，但其应用领域绝不仅仅局限于企业。目前已出现了许多在其他行业领域应用知识管理系统的研究，例如高等学校、图书馆、科研团队、政府部门、机构、医院等。但就整体而言，企业依然是知识管理系统最重要的应用领域，也是其不断发展的动力源泉。

随着知识管理系统的不断发展和普及，其所具有的巨大价值日益显现，这使得企业对知识管理系统的需求也日益提高。但对于一般企业尤其是中小型企业而言，自行开发一套新的知识管理系统所需要的技术力量和资金投入显得过于庞大。反之，单纯依靠采购的知识管理系统，往往不能够完全符合企业的需要。因此，最优的做法是采购一套优秀的知识管理系统，然后在该系统的基础上重新构架具有企业特色，满足企业需要的企业知识管理系统。简言之，具有较强定制能力的优秀知识管理平台是企业最为青睐的产品。众多 IT 企业自然不会放过这个潜力巨大的市场，纷纷推出了相关产品。例如，较为著名的包括微软公司的 Exchanger，IBM Lotus 公司的 QuickPlace/Sametim/Domino. Doc/Notescha 系列产品，Opentext 公司的 Livelink 产品等。

在国内，有金蝶集团的金蝶 EAS 套件，托普集团的 KM Builder，智识公司的 KMP 1.0 以及伊迪艾科技的 SmartKM 等产品。它们具有不同的特点。

从国内情况看，国内企业所选择的知识管理产品以及提供产品的厂商是比较分散的，有不少企业同时使用了多厂商、多平台的系统。其中最主要的两家厂商是微软和 Lotus，企业选择最多的知识管理平台分别是 Exchanger 和 Notes。影响企业选择知识管理产品的原因主要是已有应用范例、容易进行应用开发、厂家形象以及符合互联网标准等。

下面，以 Lotus 和 Livelink 为例，介绍主流的知识管理系统及其应用。

5.4.1 Lotus 知识管理系统

作为全球知识管理最积极的倡导者和实践者之一，IBM Lotus 的企业知识管理平台及其系列产品，是现行比较成功和完善的一个知识管理解决方案，其宗旨就是以互联网和信息技术为基础，帮助企业对机构相关的知识资源进行明晰化、系统化的管理，定位拥有专门技能的人，建立团队协作的专家网络，让所有人都能快速而方便地访问到或学习到所需要的信息和知识，无论数据库、文档、政策、业务流程还是员工头脑中的知识和经验，都能够得到高效的共享利用，使恰当的知识在恰当的实践中通过恰当的场合和载体传递给合适的人，以实现最佳的决策，从而运用集体的智慧来提高整体的应变和创新能力。

IBM Lotus 将“人”“场所”“事”三大要素作为其知识管理策略的核心。其中“人”指协作的所有参与者，可以包括同事、用户、伙伴、供应商、其他专家；“场所”指协作空间，如办公室、定制化的工作室、项目组以及在线讨论数据库等；“事”指所有内容和处理过程，如结构化数据、非结构化文档以及对其的操作。紧紧围绕“人、场所和事件”，IBM Lotus 提供了丰富的知识管理产品，依赖完整的知识管理产品架构，形成了先进、有效的知识管理解决方案：首先对存储在信息系统中的“信息内容”提供了共享、积累、沉淀的容器，对于掌握在人头脑中的“专家技能”提供了协作、交流的工具；同时，Lotus 还创造性地推出了知识发现和专家定位服务器，实现对信息的发掘和自动分类，并通过显性知识的分析，定位每个领域的专家，以形成企业的完整知识地图；企业培训系统体现了知识管理理论中以人为本的思想；而企业门户则实现了知识管理三要素中对场所的需求，通过门户，可以为企业的各个系统提供统一的入口。IBM Lotus 的知识管理系统体系结构如图 5-6 所示。

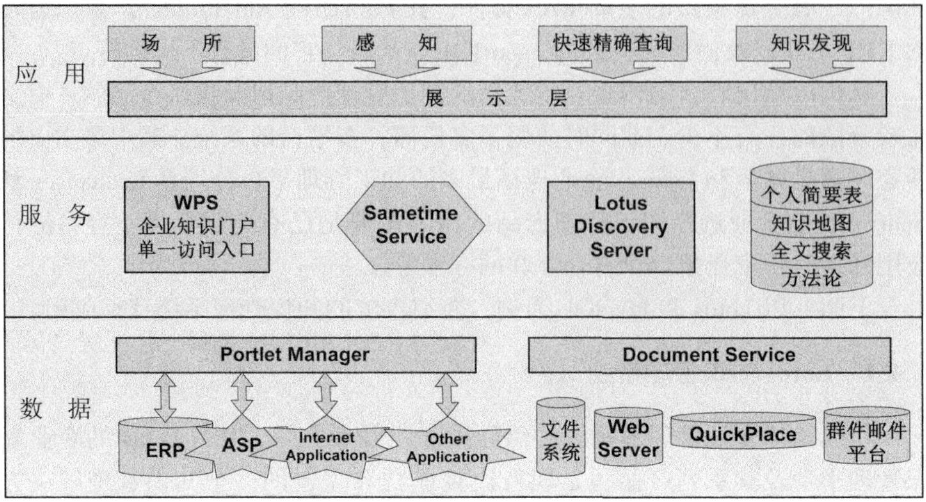

图 5-6 Lotus 知识管理系统的体系结构

下面，我们简要介绍一下该体系结构中的主要产品组件。

(1)知识交流的新方法——Sametime。Lotus Sametime 是唯一能够同时为电子邮件、讲座数据库、文档库和一系列应用增加实时协同工作能力的协同技术产品。它可以让你知道此时此刻谁正在线上，谁正在进行的项目可能与你相似。如果你想和某些人进行交谈，你可以通过快速的文字消息，或在一个有许多人的网络聊天室里方便地交流，可以把日程安排、相关资料、讨论过程存储在 Sametime 服务器上，在会前、会中和会后随时根据权限访问有关资料。Sametlme 的对象共享能力可以使讨论组中的每个人都能够与他人共享运行的文档，更重要的是，Sametime 具有满足未来商务需求的安全性、可靠性和全面的管理特性。Sametime 实时协同工作的三个基础为：了解、交谈和对象共享。Sametime 的服务分为三类，即会议服务、即时通信服务、集成服务。

(2)项目知识管理、积累和集成——QuickPlace。Lotus QuickPlace 是一个群组协作解决方案，可以将建立和管理小组工作“场所”的过程流程化，使对计算机应用开发知识有限的人员也能独立创建一个即时的共享工作空间，在这个空间里，可以安全地通信、共享、管理和组织信息和文档，进行各种项目或行为的日程安排，高效率管理项目进程。作为一个完全基于 Web 的应用，QuickPlace 并不要求用户必须使用 Domino 和 Notes。

(3)企业知识沉淀容器——Domino. Doc。Lotus Domino. Doc 是一个分布

式的文档管理系统，提供丰富的文档管理功能，可以便捷地实现文档的处理，包括群组的授权和编辑、签入和签出、文档评阅和批示、用户访问控制、文档的归档等。Lotus Domino. Doc 以文件柜的方式来组织、管理企业关键文档和图像等重要信息内容，帮助企业建立在线的能够实时更新的文档库。Lotus Domino. Doc 不仅提供了文档管理需要的所有功能，而且为最终用户提供了非常方便的使用方式。用户通过自己常用的客户端软件，如 Internet 浏览器、MS Office、Windows Explorer 等就可以直接使用 Domino. Doc 系统，这可以为项目的成功实施提供保证。而且，Domino. Doc 的实施也非常简单，通过简单定制即可实现，因此，实施文档管理系统的项目组可以完全将自己的注意力集中在企业的业务管理需求上。

(4)企业工作流管理——Lotus Workflow。Lotus Workflow 是一个图形化流程管理系统，用于企业开发、优化和管理业务工作流的流程，允许用户快速建立和维护工作流的应用。它使用起来相当简单，只需要通过在图形界面上点击鼠标和拖动对象，然后把流程应用到任何 Notes 应用中，便可以建立工作流应用。Lotus Workflow 与 Lotus 的文档管理系统 Domino. Doc 集成在一起，可支持跨企业内、外的分散文档以及版本控制。除了保存在 Domino 中的文件，Lotus Workflow 程序还可以处理保存在 Domino. Doc 之中的文件，这就提供了更高的安全性和控制文件、文档集中存储、知识管理、文件生命周期维护等。

(5)知识发现与专家定位系统——Discovery Server。Discovery Server 是一个专门为知识管理设计的服务器，它能够帮助用户从繁杂的劳动中解脱出来，实现知识、专家分类的自动化，实现高效、准确的知识搜索。它不仅能帮助用户有效管理企业中业已存在的、存储在各种系统中的显性知识，也可以管理企业的专家资源。

(6)企业知识门户——WebSphere Portal Server(WPS)。WPS 是一个基于浏览器的企业知识门户或单一访问入口，通过它每个人都可以发现、共享和传递知识。与其他仅仅提供信息窗口的门户不同，Portal Server 提供了强大的团队协作特性和易于使用的用户界面，使得相同项目组的人员组成电子社区能够培养和获取知识。在基于场所的设计方法学基础上，使得用户不仅得到访问信息内容的途径，而且可以得到信息的上下文的关联信息，有助于组织、开发和将信息应用于特定的商业活动中。WPS 被设计成一个平台框架，基于这样的系统基础结构，可以将企业今后的扩展服务方便地加入门户网站。这些扩展服务就是 Protlet，即门户网站应用程序，用于显示特定的内容，用户可以分别安装它们来存取、显示企业中的各种应用服务。

从技术角度看，IBM Lotus 知识管理解决方案的先进性主要表现在协作环境、信息集成、安全技术、复制技术、定制和开发、企业培训等方面。从工程角度看，具有独到的合理性、结合知识应用环境、集成传统的商业应用和快捷的实施等优点。从目前情况来看，IBM Lotus 还有很多需要改进的地方。①Lotus 知识管理系统区分了个人知识和团体知识，并且赋予了其不同的创造场所——私人场所和群组场所，但是它没有能很好地理解个人知识和组织知识的区别，把未经加工的个体知识简单相加（即全部融入知识库）作为集体知识来使用。但实际上这样做在知识共享和理解上是存在问题的，其中最突出的表现就是对知识的命名不规范问题。②Lotus 知识管理系统认识到应该把对象知识和过程知识分开管理，并且采用了不同的策略。对于对象知识中的文本知识采用了较高层次的管理手段，并对其进行了一定深度的知识挖掘，而对于过程知识则采用了粗放型的管理方法。但就目前而言，文本的挖掘深度还不够，而且建立的搜索机制还不完善。Lotus 知识管理系统管理的大多属于普及型知识，对于技能型知识，只是做到了理论传递。然而技能型知识的掌握离不开实践这一环，因此如何在知识管理系统中加入辅助实践功能将是未来的又一个研究课题。③从知识价值链来看，Lotus 知识管理系统用 Intranet 大大缩短了知识传播时间，用知识搜索、知识地图方便了知识匹配过程，用协作帮助擦出知识火花，下一步还需要在帮助知识表达和知识理解上有所突破。

值得一提的是，作为国际知名的 IT 企业，IBM Lotus 不仅仅具有先进的知识管理产品，而且能够提供一流的技术和管理经验的咨询服务。IBM Lotus 的知识管理解决方案，已经在 IBM 内部以及许多国际大公司中得到了成功实践，在国内也已有了几百家合作伙伴。下面，我们介绍一个成功案例——深圳三九医贸知识管理系统。

深圳三九医贸是目前国内医药市场最大的专业化销售公司之一，其业务涉及诸多领域，销售网络遍及全国，每个机构都有自己独特的市场特点。根据企业的发展战略，深圳三九医贸需要一个可靠的知识管理平台，协调企业业务机构的商业计划和商业活动，通过共享知识和经验不断提高企业的竞争能力。基于这一背景所建立的三九医贸知识管理系统是基于 Lotus Domino、Domino. Doc 和 K-Station（Lotus 原有的企业知识门户系统）进行定制开发的，完全的 B/S 结构，包括企业知识门户系统、信息发布、知识库、项目协作系统等模块，整合了已有的 Windows2000 AD 目录、Exchange 系统及 MS SQL 数据库，实现了单一用户登录和信息数据的同步。其网络结构如图 5-7 所示。

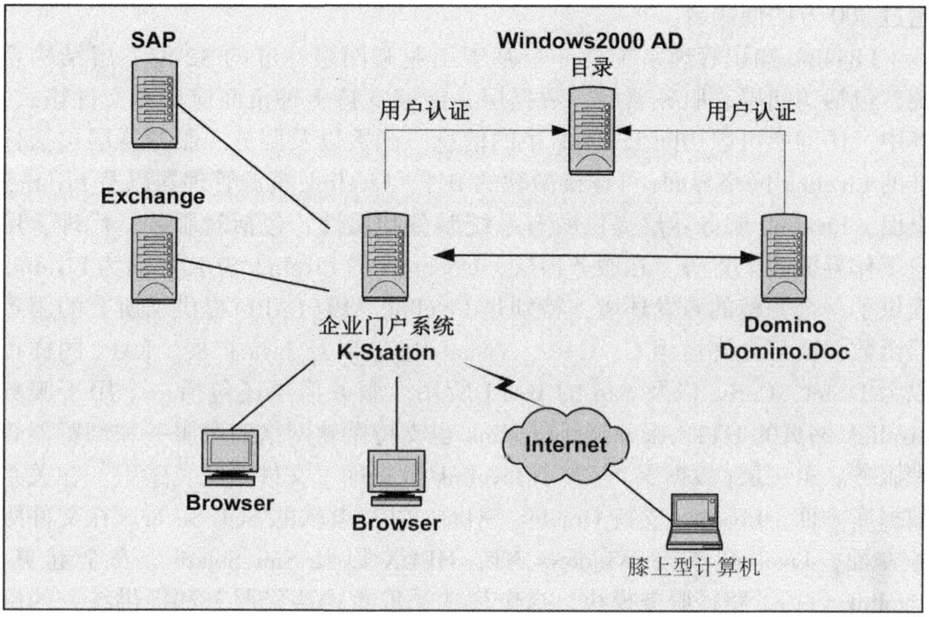

图 5-7 三九医贸知识管理系统网络结构

通过系统的实施，三九医贸实现了公司机构内部的协调与协同，大大提高了各部门的工作质量和效率。公司员工通过知识门户系统可以随时随地访问企业最新业务信息及企业内部资源，认识到获取知识的重要性，增强了企业的凝聚力，为以后进一步推广和深化知识管理奠定了基础。

5.4.2 Livelink 知识管理系统

Livelink 是欧洲 Opentext 公司推出的知识管理产品。Opentext 公司成立于 1991 年，公司总部位于滑铁卢，并在芝加哥、底特律、哥伦比亚、渥太华等地设立了办事处，其欧洲总部设在伦敦。在知识管理系统设计应用方面，Opentext 公司有着卓越的优势，通过提供特色丰富的产品、服务，Opentext 公司已经成为世界上提供设计手册和知识管理解决方案的主要提供商。同时，公司还有 Microsoft、Adobe、SAP 以及 J. D. Edwards 这样的技术合作伙伴，Livelink 的桌面操作环境可与 Windows Explorer、Microsoft Office、Adobe Acrobat 相结合。Livelink 产品提供设计手册以及成套的实施流程，由 Opentext 公司直接销售，也通过世界上数以百计的渠道合作伙伴进行销售。

目前，Livelink 系统在全世界 31 个国家共约 4 000 个公司中得到应用，拥有超过 300 万的使用者。

Livelink 知识管理系统是一个基于工业和网络标准的 32 位三层结构系统，包括访问层、服务器层、数据层，能够支持多种桌面应用和文件格式。其中，访问层可以访问 Livelink 中的信息、函数以及服务。服务器层包括标准的 Livelink 网络界面(可连接微软的 IE)、Livelink 资源管理器以及 Livelink 桌面，Livelink 服务器层提供所有系统服务和属性，包括对服务、代理、用户工作界面的配置等。在服务器层，Opentext 的 Livelink SDK 产品为 Livelink 提供了一个完整的开发环境，特别是 Livelink API(LAPI)提供了所有的服务器函数，而且允许运用 C、C++、Visual Basic 以及 Java 扩展。LAPI 同样可以为 Dcom、Corba 以及 Sap 的 BAPI 所用。服务器层还包括一个用于服务 Livelink 网页的 HTTP 服务器，Livelink 也支持微软网络信息服务和浏览器管理服务。第三层(数据层)存放了 Livelink 数据库、文件系统及索引。在关系数据库方面，Livelink 支持 Oracle、Sybase 以及微软的 SQL Sever。在文件服务方面，Livelink 支持 Windows NT、HPUX 以及 Sun Solaris。安全起见，Livelink 包括了路径服务模块，这个模块采取集中路径服务和提供统一的网络登录访问以达到同步，支持 LDAP 和 NT 域登录。Livelink 包括远程缓冲器和一个群组结构，远程缓冲器将当地用户要求复制的远程文件夹存储在本机上，群组结构允许用户使用相同的数据库安装多重 Livelink 服务器。可以说，Livelink 系统很好地满足了知识管理系统文档管理、安全性、扩充能力等各项指标。

企业在购买了 Livelink 知识管理系统后，可以在该系统的基础上进行重新构架，从而形成具有企业特色的企业知识管理系统。Livelink 针对企业开发的主要工作集中在服务器层上，采用 Livelink 的 SDK 工具进行开发。根据开发的习惯和便捷程度，Livelink Builder 是开发者的首选，它是建立在 OSpace(对象空间)上的。每个 OSpace 由基本的类模块构成，其开发的基本语言是 OScript——一种在 Livelink Builder 上开发和定制应用程序的脚本语言。通过 OScript 可以很好地控制 Livelink 的界面和功能，增加或修改函数，操作数据库，运行外部文件并实现与其他应用程序的交互。

总之，Livelink 作为一种新型的知识管理系统，已在国外得到了广泛的应用，而在国内的应用，正处于推广之中。各企业在选择自己的知识管理系统时，可以以此为参考，结合企业实际情况，将知识管理系统的作用更好地发挥出来。下面，我们介绍 Livelink 的一个成功应用实例——西门子 S&S 知识管理系统(以下简称 Siemens KMS)。

西门子(中国)有限公司是最早进入我国的大型跨国公司之一，过去十年中，西门子(中国)有限公司已发展成为西门子亚太地区业务的一个主要支柱。随着业务的飞速发展，需要架构一套先进的知识管理系统。在西门子(中国)有限公司 A&D(自动化与驱动)集团中，S&S(服务与支持)体系是一个十分重要的机构。西门子 S&S 知识管理系统的应用目标是：基于先进的客户关系管理思想，构建一个面向 S&S 体系的应用系统平台，部门员工们可以在这个平台上进行相关产品信息的沟通和交流，并能够在此平台上进行相关产品学习与自我培训，并对产品资料进行阅读和共享。Siemens KMS 构建在 Opentext 公司的 Livelink 平台上，主要包括以下几个模块：专家系统、项目管理、文件管理、信息管理、工作流、讨论组、协调服务、资源管理、个人时间表以及门户模块。其中，专家系统模块包括知识搜集、共享、查询以及建立专家系统的功能。项目管理模块包括建立项目列表、里程碑、项目文件以及项目进度表。文件管理模块包括文件的存储、签出/签入以及文件的权限管理。信息管理模块包括信息搜集、分类、发布以及信息的订阅。工作流模块包括工作计划的制订、子流程的设置、合并工作流程、工作流同步以及工作流的签署。讨论组模块包括创建专题、相应专题、讨论摘要以及讨论精华功能。协调服务模块包括信息公告板、消息广播等功能。资源管理模块包括资源统计、资源状态报告以及资源分配功能。个人时间表模块包括日历、会议以及行程安排等功能。门户模块包括个人、部门、项目三种门户。系统数据服务器采用 Oracle9i，应用服务器为 Livelink9.1，浏览器推荐使用 Microsoft Internet Explore 6.0。系统开发通过 LAPI，用 C/C++、Java 及 OScript 编写程序，访问 Livelink 的数据库。Livelink API 的系统结构如图 5-8 所示。

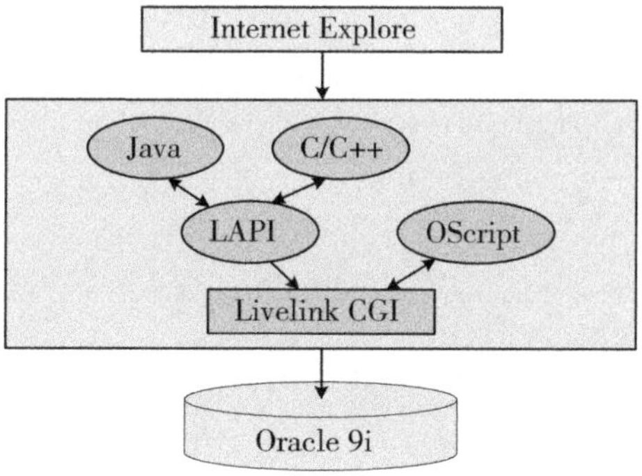

图 5-8 Livelink API 的系统结构

如前文所述，西门子公司架构的知识管理参考模型指出知识管理是一个“社会—技术”系统——成功的知识管理是“机械”方法和“生态”方法的结合。Livelink 正是构建在底层的用户友好的 IT 环境支持，作为整个企业知识管理基础平台工具的一个部分。而一个成功的知识管理系统所应具备的方法绝不仅仅是一个技术相关问题，而是同企业战略、价值观、组织、人员技术等各个方面都紧密联系在一起的。Livelink 的优势就在于能够将企业内分散、凌乱的信息进行有效的管理，为深入地分析、综合和整理信息，发现真正解决问题的逻辑和规则提供良好的环境。

本章习题

1. 如何从信息管理系统出发理解知识管理系统的基本概念？
2. 知识管理系统的基本功能有哪些？
3. 按照 Wilf Greenwood 的观点，一个知识系统的完整过程可以用 6C 来描述，其含义是什么？
4. 建设知识管理系统的一般步骤是什么？

第6章　政府知识管理

6.1　政府知识管理概述

6.1.1　政府知识管理的内涵

政府知识管理是指政府在日益加剧的非连续性、高度不确定性和未来不可预测性的环境下，为适应新的管理和职能变化的需要，在电子政务的基础上，充分利用知识网络系统，畅通无阻地进行知识收集、组织、运用，不断地创新知识，并将新知识高效地应用于政府在各个领域的管理活动。

从政府知识管理和电子政府的关系来看，两者都需要由信息技术构建的知识信息网络系统的支持，都为政府机构改革带来了契机和动力，要求政府建立扁平化的组织结构，最终目的都是为了提高政府服务的品质和效率。两者的区别在于：电子政府建设的重点是传统政务的电子化和网络化，侧重于实现知识信息的交流、共享、创新，强调人在信息技术基础上的主导作用。

从管理对象来看，政府知识管理可分为狭义和广义两种含义。狭义的政府知识管理是指对政府知识本身的管理，即对知识的收集、加工、存储、传播、应用、创新的管理。广义的政府知识管理不仅包括知识本身的管理，还包括与知识有关的各种有形资产和无形资源的管理，涉及组织结构、知识设施、知识活动、国家公务人员、文化氛围、规章制度等全方位和全过程的管理。

从管理范围来看，政府知识管理也可分为狭义和广义两种含义。狭义政府知识管理是指政府部门内部的知识管理，广义政府知识管理则是指对政府部门内部和与政府相关的外部的知识管理。

从构成要素来看，政府知识管理是以“人”为中心，以知识资源为基础，以技术为手段，以知识创新为目标，是知识、技术、人、管理的有效统一。它要求把知识、技术、人、管理过程密切联系起来，形成知识网络，系统化、组织化地识别、获取、开发、存储、交流、使用政府知识，实现知识共享和知识创新，并使传统的政府组织结构发生变化，以应对非连续性变化的环境。

从涉及的层次结构来看，政府知识管理可分为三个层次，即宏观、中观、微观。在这三个层次中，宏观和中观知识管理是微观知识管理的前提，微观知识管理是宏观和中观知识管理的基础，不同的管理层次包括不同的内容。

宏观层次的政府知识管理是一种战略性管理，是由国家机关运用经济、法律、技术和必要的行政手段加以实施，主要通过宏观层次的有关政策、法规、条例等进行组织、协调知识资源的管理活动，在维护国家主权和保证国家安全的前提下，按照国家宏观调控目标，使政府知识资源得到最佳配置和有效利用。宏观层次的政府知识管理的主要任务是从总量和总体结构上组织和协调政府知识资源的开发和利用活动，它具有全局性和整体性，要求政府知识资源的开发利用要有统一规划、步调一致。应当提出的是，随着现代政府国际化趋势的不断加强，宏观层次的知识管理应有相关的国际法相协调，保证政府知识在国际合作与交流方面顺利开展，维护国家的知识主权和安全。

中观层次的政府知识管理是指某一地区政府或政府部门的知识管理，它是通过制定地区或行业性政策法规和管理条例，组织和协调本地区或部门的知识管理活动总体上与宏观层次的知识管理活动相协调，同时能更好地与本地区或部门的客观实际相符。这一层次的政府知识管理位于宏观和微观之间，是中间层次的知识管理，既要与宏观知识管理相一致，又要对微观知识管理进行针对性的规划和指导。它的主要任务是在本地区或部门内协调和组织知识管理活动，具有明显的地域性和部门性特点。

微观层次的政府知识管理是基层的政府知识管理，由各级政府部门组织实施。主要任务是结合自身职能，了解知识需求，开发知识资源，以知识服务于本部门的各项职能活动。

6.1.2 知识管理对政府的影响

随着信息技术的发展以及政府对信息技术应用的不断深化，政府的管理方式、组织结构都发生了深刻的变化，社会对政府的要求进一步提高，因此政府部门都在致力于提高服务质量、转变政府职能、改变政府形象，促使自身由传统型政府转变成知识型政府。21世纪发达国家主导的知识竞争使中国面临的挑战更加严峻，知识革命领先的国家如美国可由全球快速获得知识及信息来创造巨大财富。在财富越来越取决于知识的背景下，中国一些部门的信息化存在着重硬件、轻软件和重信息、轻知识等关系处理不当问题。中国应该借鉴美国和俄罗斯的成功经验和失败教训，为获取知识、促进发展、创造财富而制定各种知识战略和政策，包括以知识和技术为驱动力的国家2020年总体规划和国家中长期科技发展规划，为提高中国执政能力而制定知识型执政党和知识型政府、知识发展战略和行动计划等。

因此，利用现代信息技术，引入知识管理就成为政府的一项重要任务。目前，我国政府积极推进政府改革，倡导科教兴国战略、知识创新工程，对推进政府知识管理的发展起到了推动作用。

1. 科教兴国战略

(1)科教兴国战略的内容。科教兴国战略的主要内容是：坚持教育为本，把科技和教育摆在经济、社会发展的重要位置，增强国家的科技实力及向现实生产力转化的能力，提高全民族的科技文化素质，把经济建设转移到依靠科技进步和提高劳动者素质的轨道上来，加速实现国家的繁荣强盛。

(2)国家创新体系。建设国家创新体系是实施科教兴国战略的重要举措。它是由与知识创新和技术创新相关的机构和组织结构组成的网络系统，其主要组成部分是企业(以大型企业集团和高技术企业为主)、科研机构(如国立科研机构、地方科研机构等)和高等院校等；广义的国家创新体系还包括政府部门、其他教育培训机构、中介机构和起支撑作用的基础设施等。国家创新体系的总体目标是：到2010年前后，基本形成适应社会主义市场经济体制和符合科技发展规律的国家创新体系及运行机制，基本具备能够支撑我国科技与经济可持续发展的国家创新能力，使我国国家创新实力达到世界中等发达国家水平，促使我国知识经济占国民经济的比例有较大提高，造就一批有国际影响的技术创新企业、国立科研机构和重点高等院校。国家创新体系可分为：知识创新系统——技术创新的基础和源泉，技术创新系统——企业发展的根本，知识传播系统——培养和输送高素质人才，知识应用系统——促使科学知识和技术知识转变成现实生产力。

国家创新体系是创新活动主体及其环境的有机统一体，它由两个部分组成：创新活动主体和创新环境，如图6-1所示。

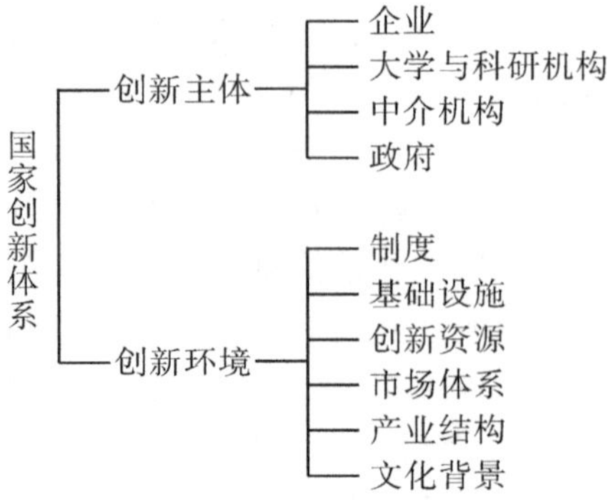

图 6-1　国家创新体系构成要素示意图

政府是创新活动的促进主体、调节主体，主要是为创新活动提供良好的环境条件，并对创新活动进行积极的引导和调节。政府主要为创新主体提供制度、基础设施、创新资源、市场体系、产业结构和文化背景等创新环境条件。其中，制度是创新环境的基本组成因素，影响创新活动主体的积极性；基础设施包括国家技术标准、数据库、信息网络、大型科研设施和公共图书馆等，是创新环境的基本组成因素，制约创新活动的成效。创新资源包括创新人才、创新资金、知识、专利、信息等，是创新环境的基本组成因素，影响创新活动能否进行；市场体系是创新环境的重要组成因素，影响创新资源的配置和创新活动的成功；产业结构是创新环境的重要组成因素，影响创新活动的水平；文化背景是创新环境的重要组成因素，影响创新人才和创新活动主体的行为。

2. 知识创新工程

知识创新是指通过科学研究获得新的自然科学和技术科学知识的过程。知识创新的目的是追求新发现、探索新规律、创立新学说、创造新方法、积累新知识。知识创新是技术创新的基础，是新技术和新发明的源泉，是促进科技进步和经济增长的革命性力量。知识创新为人类认识世界、发现世界提供新理论和新方法，为人类文明进步和社会发展提供不竭动力。知识创新系统是国家创新体系的组成部分。知识创新系统是由与知识的生产、扩散和转移相关的机构和组织构成的网络系统。知识创新系统的核心是国立科研机构和教学科研型大学，它还包括其他高等教育机构、企业科研机构、政府部门和起支撑作用的有关基础设施。知识创新系统的主要功能是知识的生产、传播和转移。目前，我国知识创新能力不足，知识创新对技术创新的支持能力不强，组织实施知识创新工程，将是提高我国知识创新能力的战略举措。

深化科技体制改革，建设我国国家创新体系，为21世纪中国科技的振兴做好准备，为实现第三步战略目标提供强大的科技支撑，是跨世纪的重大战略决策。组织实施知识创新工程是建设我国国家创新体系的关键所在，也是中国科学腾飞的迫切需要，更是提高我国整体创新能力的关键所在。国家创新能力关系着中华民族的国际地位和我国的国际竞争力，关系着我国知识经济的可持续发展能力，关系着2010年我国经济和社会发展的科技基础。

(1)目的。

知识创新工程的目的是：全面实施科教兴国战略和可持续发展战略，建设符合社会主义市场经济和科技发展规律的国家创新体系及知识创新系统，形成与国际接轨并具有我国特色的高效运行机制和现代科研院所管理制度，提高我国知识创新能力和效率，培养和造就具有创新意识和创新能力的高素质科技人才，为我国创新能力的不断提高提供坚实基础和不竭源泉，为实现我国第三步战略目标和经济的可持续发展提供强大的知识支撑和科技战略储备。同时，力争在若干重点学学科领域取得一批国际公认的重大科技成果，解决一批国家建设中的重大关键科技问题，展示中华民族的智慧，为丰富人类的知识宝库做出应有的贡献。

(2)基本内容。

知识创新工程的基本内容是：

①深化体制改革，建立与国际基本接轨并具有我国特色的“现代国立科研机构体制”，包括国家科研机构和部门科研机构。

②转变管理机制，建立现代科研院所管理制度，包括明确国立科研机构的方向和任务，建立和完善“国立科研机构年度预算拨款制度”“科研院所研究理事会制度”“科研人员聘任年限制度”、科学合理的评议制度和监督审计制度，促进国立科研机构与高等院校、企业和国际的合作等。

③调整结构，集中力量，重点建设一批国际知名的国家知识创新基地，包括一批国立科研机构和若干所教学科研型大学。

④创造有利于知识创新的良好环境，提高知识创新的效率。

⑤培养具有创新意识和能力的高素质人才。

⑥在对国立科研机构的基础研究和战略性研究部分采用机构性预算支持的同时，巩固和完善科学基金制，继续组织国家各项重点科技计划，鼓励科研人员通过项目竞争承担国家科技计划任务和社会委托任务，促进知识和技术的转移。

(3)重点任务。

知识创新工程的重点任务是：

①建设国家知识创新系统。深化改革，调整结构，转换机制，更新观念，逐步建立符合社会主义市场经济和现代科技发展规律的、高效运行的国家知识创新系统，逐步形成有中国特色的现代国立科研机构体制及现代科研院所管理制度，形成与国际先进管理模式基本接轨，符合我国国情的科研管理的新模式、新机制、新文化。

②提高知识创新系统的效率。建立和健全促进知识传播和知识转移的机构和机制，制定促进知识创新系统各组成部分和国际交流与合作的政策和措施，建立科学的、与国际基本接轨的知识创新及创新成果的评价体系、评价制度和评价方法。

③创造有利于知识创新的良好环境。建立和完善知识创新的政策和法规体系，制定并实施《国立科研机构法》，加强基础设施建设，营造有利于知识创新的社会氛围。

④加强具有创新意识和创新能力的高素质科技人才培养。

⑤结合国家重点科技计划和211工程的组织实施，重点建设具有国际先进水平的100个左右的国立科研院所，20个左右的跨学科、跨地区或区域性国立综合研究中心，10所左右的教学科研型大学。

知识创新工程是增强国家竞争力的重要举措，是政府进行知识管理的重要方法，因此我国政府要瞄准国家中长期战略目标和国际科学前沿，把握国际科技发展的趋势，选择我国有相对优势的领域，开展科技前沿的创新研究。在保证必需的基础学科布局的基础上，选择优势科研基地、优秀科研人才、重点科研方向，优先安排给予支持。将知识创新与管理创新相结合，建设具有国际先进水平的知识创新系统，形成与国际基本接轨并具有我国特色的运行机制及现代科研院所管理制度，形成宏观有序、管理规范、开放流动、网络化、国际化、社会化的科研组织结构和科研管理模式。坚持“统一规划，分步实施，重点突破，全面推进”的工作方法，总体规划，分工合作，动态优化，试点引导，循序渐进，逐步增强国家的总体创新能力和竞争能力。

6.2 政府知识管理的内容

知识管理对政府职能的转变提供技术支持和方法论基础，政府中知识管理的目标是充分利用信息技术和通信技术，构建先进的电子政务系统。构造良好的政府文化和组织形式，发掘政府内部的固有知识，引导知识创新，实现知识共享，并通过对共享知识进行有效应用，最终提高政府的竞争力，提高政府工作效率，提高决策的科学性，提高政府对公众的服务能力和公众对政府的满意度。

6.2.1 加强政府门户网站建设

政府门户网站是指在各政府部门的信息化建设基础之上，建立起跨部门的、综合的业务应用系统，使公民、企业与政府工作人员都能快速便捷地获得所有相关政府部门的业务应用、组织内容与信息，并获得个性化的服务，使合适的人能够在恰当的时间获得恰当的服务。政府门户网站是政府的外部平台，也是政府提供服务的核心载体。政府网站的发展水平直接体现了政府的实现程度。政府门户网站的功能应该立足于沟通交流、加速政府对社会公众需要的响应，使公众可以更快捷方便地了解政府，并通过网络接受政府提供的各项服务。其具体功能主要包括信息服务、网站导航、网上办事、公众监督及个性化服务。

1. 信息服务

服务是政府的宗旨和目标，是政府工作的核心。信息服务是门户网站的基本功能，它以树立政府形象、公开政务为重点，其中以政务信息服务为核心内容。政府信息包含两个方面：一是政府的形象宣传，包括政府机构的领导介绍、机构设置、政府公告、政务新闻、政策法规、经济信息等；二是便民服务，包括办事指南、各种信息发布等。

2. 网站导航

在政府的门户网站中应提供其他政府网站和有关机构网站的权威链接和便于获得的入口，相关政府网站的链接可以使政府机关最终通过网络实现无纸化办公，不同政府机关之间可以通过网络交换信息、传达文件和指示，实现政府机构的网上电子办公。而提供国家各部门、全国各主要省市的链接，可以在纵向上和横向上扩展政府的公众服务范围，形成一个相互支持的、功能齐全的、强大的政府网站信息系统，向公众提供更加完善的公共信息服务。

3. 网上办事

信息服务只是公众单向地从政府接受信息，却无法向政府提出要求。因此，需要在信息服务的基础上，增加动态咨询服务，实现网上办事，达到政府与企业及公众之间的双向沟通，使公众可以用更加及时、有效的方式同政府进行交流。

4. 公众监督

公开政府的有关政务信息后，还要采取一些措施，以便可以直接得到企业及社会公众的反馈信息，如直接进行网上投诉或者通过政府提供的电子信箱发表意见，实现民主与监督，提高政务的公众性和透明性。公众监督可采取5种方式进行：反映、咨询、建议、投诉、举报。

5. 个性化服务

政府根据企业和公众的不同情况提供定制服务，将企业和公众的各种数据集中到数据仓库中，采用数据挖掘技术从大量数据中提取一些企业和公众的知识，增进政府对企业和公众的了解，培养政府与企业和公众之间的个性化关系，从而提供一对一的政府服务。

6.2.2 构建基于知识管理的电子政务专网平台

政府专网网络结构规划实际是要建立各级政府的具有统一标准和规范的信息交换中心平台，作为本级政府同上下级政府、各政府部门之间及本级政府各部门之间交换电子信息的枢纽。它是上级政府机构或政府工作部门获取下级政府或下级相应政府部门信息和文件的子节点，也是本级政府部门向下级政府部门或相应政府工作部门传递信息和文件的根节点。

构建电子政务专网平台的主要目的之一是为了提高政府办公的绩效。因此，首先需要提高协同办公能力，实现政府事务的协同办理。政府办公的协同不仅仅需要部门之间公务员与公务员的协同、部门与部门之间的协同，而且还要求机关与机关的协同。电子政务专网平台必须能够跨越地域，实现网络协同办公，解决相互协作频繁、决策过程分散的问题及对业务活动详细程度的需求日益提高的问题，实现机关之间的互联互通、资源共享。

通过分析电子政务中的需求，发现确实需要一个基于知识管理的电子政务专网平台。因为在电子政务中，对各种来源的信息资源的采集、挖掘、汇总、加工、检索、利用是十分普遍、基础的需求。通过将这些功能独立包装，一方面为支撑电子政务应用带来结构上和效率上的优化，更重要的是为实现一个开放的，可工作于异构、分布环境下的电子政务系统提供了底层技术平台。

基于知识管理的电子政务专网平台对电子政务起到几个关键作用。通过流程管理规范政府部门的业务处理流程，打破行政垄断，提高办公效率，减轻工作强度，增强透明度。通过实现信息的分解、加工、存储，实现部门内部及与相关部门的信息共享和交流，提高信息使用效率。通过分布式数据抽取技术，整合信息资源，为数据统计和决策提供支持。通过一个中间件平台，推动政务系统的开放互联，建立面向公众的全方位服务。

6.2.3　建立知识仓库

据统计，政府是信息资源的最大拥有者，80%以上的重要信息资源掌握在政府手中，如何利用信息技术使已有的政府数据实现有效共享并转变为知识和财富，已经成为政府成功与否的关键因素之一。金江军认为，政府数据资源是政府的血液，是电子政务建设的基础，政府数据基础设施的完善程度决定了电子政务系统的应用程度。

如何对政府信息资源进行开发利用并建立知识仓库，成为政府建设的当务之急。首先应利用现有的数据挖掘技术将政府信息资源分类、组织、抽取并予以整合，利用计算机应用软件和网络通信技术即时传输、采集、存储、检索和分析所有相关数据，迅速地把数据挖掘结果、模型分析结果整合成决策支持知识。

目前在知识仓库有望建设的领域如表 6-1 所示。

表 6-1　知识仓库有望建设的领域

项　　目	内　　容
环境信息	大气污染数据 噪声数据 地质、水质数据
知识型人才信息	高水平人才及其能力的信息
人才教育信息	促进人才向知识产业转移的教育信息
医疗卫生信息	特定领域的传染病发生状况
灾害和防灾信息	地震、森林火灾和暴雨等信息 模拟河流山川泛滥
陆海空交通信息	事故的发生状况和原因、对策
法律和判例信息	法律、规章、政策
气象信息	按地域划分的长期预报 外国发生的异常气象、天灾

6.2.4　加强政府业务支持系统建设

业务支持系统的目的在于统筹协调政府门户网站和电子政务专网的系统

资源，提供知识资源共享的技术支持，统筹规划中央、省、市、县四级政府业务上网，确保各地、各部门都要使用统筹建设的全国电子政务专网网络线路及网络平台，规范各部门已建的业务系统和网络，并保证政府门户网站和电子政务专网的正常运行和信息系统安全。主要包括3个方面的内容：知识库公共接口、办公业务支持和网络安全保障体系。

1. 知识库公共接口

为更加全面、有效地实现信息、知识资源的共享，必须建立公共基础数据交换和服务平台系统及知识库公共接口，以有效地链接知识仓库，实现对中央、省、市、县各级部门的数据整合，为跨系统的网上业务流转、网上联合审批等业务提供服务。

2. 办公业务支持

为支持各部门的纵向业务应用，在办公业务支持方面，提供电子邮件、公共数据库、公文处理、辅助决策等办公服务，提供视频点播、电视直播、文件资料查询、公用信息查询等公共服务功能等。为满足各级政府单位同时异地的办公需求，应着手开发和建设视频会议公共服务系统，为各级政府单位建立视频会议系统提供技术支持和服务。

3. 网络安全保障体系

政府机构的知识和信息安全是电子政务实施的第一要素，电子政务系统中网络平台不但要能实现内外网的物理隔离，有效防止泄密，同时也应确保内外网具有强大的抵御攻击能力，防止黑客和非法侵入带来的损失。与此同时，知识管理系统也应为知识的导入提供签名机制，赋予不同的系统维护者和系统使用者不同的权限，为知识的存储和上传提供加密。对此可应用公用密钥基础设施(PKI)、数字签名、执行控制列表(ACL)、安全套接字层(SSL)等安全机制和安全技术，确保政府内网和政府外网在安全的前提下实现信息交换。

此外，知识管理系统还应在政府内部建立一系列行为准则和激励体制，使之建立起适应知识管理的电子政务文化及行为模式，在系统内构建知识效用可评测的指标，对知识及其使用进行测量和评价，以确定知识获取和存储的范围。

6.2.5 成立知识管理中心

对政府中的知识进行管理需要成立一个知识管理中心，然而目前我国所建设的各级电子政府中尚无先例，知识管理中心的设立作为政府改革的重要制度创新之一，应列入政府创新体系的专题研究议程。应将知识主管作为固定人选列入部门领导机构，充分利用知识管理中心团队的智慧来提高政府的应变能力、决策能力及政府效率。政府知识管理中心应由以下人员组成。

1. 知识主管(chief knowledge officer)

对政府中知识的管理首先需要设立一个知识主管，目前在我国各级政府中几乎空白。知识主管的设立不仅仅是设立一个领导职位，更重要的是建立起一个有效运作的知识规划、传递、管理和共享机制。知识主管应当既是知识管理的鼓动者，又是知识管理战略的制定者和实施的组织者，还是知识管理系统正常可靠运行的保障者。其职责在于决定知识管理整体策略和方向，最终核定知识管理相关制度，规划整体知识管理策略和方向。

2. 知识分析和开发人员

其职责首先在于，通过对客户(企业及公众或其他组织)的背景信息(主要来源于客户登记单)和客户访问日志记录信息的分析，确定客户的信息与知识需求及其行为表现。其次，通过对网络内容的挖掘(主要对文本内容的挖掘)有效地组织网站信息。如采用自动归类技术实现网站信息的层次性组织，并从单个政府 Web 站点及各个站点之间的网络资源中发现普遍的模式，拓展网站的知识来源，对政府门户网站和电子政务专网平台上的知识予以分类、组织和存储，制订出具体的工作计划。最后，要及时地与知识主管沟通，向其通报最新动态。

3. 知识管理系统维护人员

其职责在于熟悉该系统的运行环境、技术软件和运作情况，主要从技术上协助推行、设计和维护知识管理系统，保持知识管理系统界面的更新，提供知识管理软件的技术支持，开发知识管理系统的多媒体应用，以及知识的载入、更新和使用。

6.3　政府知识管理的实施与评价

6.3.1　政府知识管理的实施策略

1. 建立知识管理的行政文化观

行政文化是国家行政人员和社会公众对政府及其行为的意识、思维方式、价值观、态度等，内容包括政府公务人员和社会大众的行政意识、行政思维、行政价值观及行政态度和对行政的评价等带价值取向的东西。其中，行政价值取向是指行政主体对某种行政思想、行政观念、行政行为方式的价值理解和价值追求，从某种意义上决定着一个国家行政管理发展的方向。

传统的行政文化价值观以“官本位”为核心，给政府管理带来一系列的危害，如机构臃肿、效率低下、以部门和地区利益为重、“人治”等。在知识经济环境中，政府要求实施知识管理，要求以符合现代化政府的知识管理的文化观、价值观来认识和实践管理活动。现代化政府的一个重要发展趋势是其职能正逐渐转变到宏观调控、社会管理和公共服务方面，政府权力也正在越来越多地运用于为社会大众服务。为了更好地适应这一趋势，一方面，政府必须能够不断为宏观调控、社会管理和公共服务创造新知识，提供新理论、方法和措施。另一方面，也可以通过电子政务处理大量的经常性、事务性的工作，使政府从大量具体的事务中解脱出来，将更多的精力投向知识创新。但这需要政府实施有效的知识管理，首先是行政文化的创新。在知识经济时代，知识是经济增长的核心要素，对于政府管理来说，知识则是一种最重要的资源，它关系到政府能否成为一个有责任、有能力的现代化的知识政府，这应是行政文化的最大价值观。在知识是政府管理中最重要的资源这一价值观的指导下，以人为本、尊重人才、按知分配、知识共享、知识创新、相互信任等应是政府知识管理的行政文化的主要组成部分。这些价值观强调知识的重要性，知识是管理活动的中心，是政府和公务人员价值的重要体现之一，知识的最终目的是服务于社会，促进社会发展。这与以“官本位”为核心的传统行政文化具有本质性的差异。因此，在政府知识管理中，应当倡导和建立这种新的行政文化观，国家公务人员要认识到知识对于政府管理各个方面的重大意义，充分发挥行政文化的凝聚力、规范、导向和激励作用。

2. 构建知识网络系统

知识网络系统是政府知识管理的基础设施，主要是指利用计算机、通信等信息技术建立的计算机网络。按应用范围，可将知识网络系统分为内网、外网。内网是指在政府内部应用的知识网络系统，外网是依托于互联网的政府公众信息网，主要向社会提供信息和政府服务，以提高政府工作效率和透明度。由于政府网络的特殊性，要注意它的安全性和保密性。内部知识网络有助于消除因等级和政治因素而产生的知识交流的障碍，使之成为一个不断更新的知识网络。

3. 构建知识库

知识库是指政府系统共建共享的知识信息库，内容涉及政府管理的每个领域，包括经济、政治、科技、环境、工商、卫生、人口等。

建立知识库是知识管理的重要内容，是对知识信息的收集、组织、存储、检索和利用的过程。知识库具有以下作用：①对显性知识按一定的标准进行分类整理，形成规范的形式，使之有序，便于传播和共享，提高知识利用率。②知识网络(Intranet 或 Internet)提供了快速准确的传播渠道。③为知识创新提供丰富的显性知识，是知识创新的源泉，也是创新知识的归宿地，使政府的知识量不断增大。④由于存储有每个公务人员的知识成果记录，当某一公务人员离开时，不会失去他的知识成果。

知识库是政府知识的集散地，可以起到知识蓄水池的作用，不断地储存知识，也不断地输出知识、利用知识。在存储知识时，应首先选择与政府管理活动和任务关联性强、具备新颖性和创造性的知识。但也应将关联性较弱的知识输入知识库，因为在某种情况下，这些知识也会给人们带来启发和灵感。知识库作为显性知识，是从显性知识和隐性知识转化而来，这种转化都是作为知识主体的人参与的结果。因此，知识库的建设应以人为中心，使公务人员将其隐性知识表达出来，存储于知识库中，在政府机关内传播和共享。同时，还应对知识库及时进行更新，让人们吸收最新的知识成果，了解政府管理的动态和发展趋势，为人们学习和交流知识创造一个良好的环境。

4. 政府公务人员应具备相应的知识和技术

在工业经济时代，官员的专业知识和个人技能是政府管理的必备素质，这时的行政可称为技能行政。在知识经济时代，政府管理则对公务人员的素质提出了全新的要求。首先，要树立知识管理的行政文化观。其次，应具备专业知识和相关知识，具有完善的知识结构，有一定的知识水平，达到所要求的知识广度和深度，这样才能顺利进行充分的知识交流、共享和创新。再次，要具备一定的信息技术知识，可以熟练运用计算机和知识网络系统获取和贡献知识。最后，至少懂得一门外语，达到一定程度，能够阅读外文知识信息。

5. 建立知识管理组织体系

(1)设立专门的组织机构。知识作为一种无形资源，具有分散和隐秘的特点，需要有专门的组织机构对其进行有目的、有意识的收集、整理和传播等，使知识管理过程成为主动和自觉的活动。这样才能充分发现知识的价值，提高知识的利用效率。

(2)设立知识主管。知识主管是知识管理组织体系的核心。知识管理过程是一个异常复杂的过程。知识的获取、分类、整理、存储、检索、利用等是相互关联的环节，每一个环节管理不善都会影响到下一环节的运行，最终波及知识共享和创新。这就要求管理者对其中的各个环节进行精心设计和安排，以使这一过程顺畅地进行。如果知识主管没有充分的信心和足够的敏锐，就难以投身其中。国家公务人员不再是传统的技能官僚，而是知识型公务人员，他们是知识的载体，这使对他们的管理工作呈现出许多新的特点，也变得复杂。因此，对知识型公务人员的管理应采用创新方法，以实现知识共享和传播，达到知识创新的目标。知识管理的对象主要是知识和作为知识载体的人，重点是隐性知识。知识主管的任务有以下几方面。①促进知识高效有序转化。②建立、更新和完善知识库，完善知识共享机制。③激励公务人员，调动他们的积极性，激发他们的创造力。④创建组织文化，并使之持续发展。⑤保证知识创新方向。

在选任知识主管时，应以能够起到以上作用为依据，任用综合素质高的人才，以保证真正起到知识主管在知识资源管理过程中的核心作用。

6. 制定知识管理法律和制度，建立激励机制

在知识管理的宏观和中观层面，政府可以制定知识管理方面的法律、条例等规范，利用法规的强制、稳定、规范、明确等特性，保证知识管理的连续性。同时，将比较成熟的知识管理方法法制化，使之长期遵守，以更有效地促进知识管理的发展。

应当指出的是，政府知识管理的制度是行政文化的规范化和具体形式之一，它以强制性维系了行政文化的存在和发展。如果没有法律制度，文化也无从变为现实力量。良好的知识管理制度应有利于进行卓有成效的知识管理，有利于实现知识管理的目标，有利于强化公务人员的行政文化价值观和创新意识。现代政府时刻面临着内部和外部环境的压力和挑战，政府必须对此有清醒的认识和判断。反映在法律制度上，就是知识管理制度必须适应内部和外部发展变化的规律和特征，为知识管理的实施和发展指明方向。制度的合理性还在于避免领导个人的主观臆断和个人行为的不良影响。

建立知识管理的激励机制也是非常必要的措施之一。在竞争激烈的环境中，个人知识是保持竞争优势的重要条件，一旦失去这些知识，竞争优势就会不复存在。为了鼓励个人贡献知识，应对贡献知识的人进行一定的奖励和补偿，例如前文提到的按知分配等。

7. 不断增大投入

与传统的政府管理相比，政府要投入较大的经费实施知识管理。信息技术是知识管理的基础和保障，处于不断发展之中，且更新速度很快。为了适应政府知识管理的需要，必须不断采用新技术、新设备，更新知识网络系统，以能够进行符合现时要求的知识管理。与之相适应，公务人员持续性的教育培训也要支付大笔费用。

8. 精减政府机构，建立扁平化组织结构，建立一体化政府

这是政府知识管理的组织保证，能加快知识传播速度，消除知识消耗和变异。精减政府机构是指随着电子政府和政府知识管理的发展，撤销一些失

去了存在意义的政府机构。建立扁平化的组织机构是指减少政府机关的中间层次，加强执行层和决策层的直接交流。建立一体化政府是指打破条块分割、等级森严的传统政府组织模式，使同一级政府的不同部门或各级政府拥有统一的服务平台，消除部门界限，提高知识流转效率。

9. 建设学习型组织

学习型组织包括以下几个方面的内涵。

(1)以人为本。在学习型组织中，国家公务人员处于核心地位，知识管理最终要体现为对人的管理。知识和人才不仅是政府的财富，也是政府知识管理的生命和活力所在。在政府知识管理中，应将个人的发展和价值实现与知识管理的目标紧密地联系在一起，将个人目标与知识管理目标统一起来。因此，学习型组织应为公务人员的发展和学习创造条件，满足物质和精神需要。

(2)学习。学习是学习型组织的基本内涵，有以下几方面内容：①在学习型组织中，学习不仅是一种行为模式，而且已经成为员工的经常性行为，是"一种弥漫于群体与组织的氛围"。②知识转化过程。知识转化的 4 种模式都是学习的过程，对于学习型组织而言，4 种模式的作用在于使其学习活动无处不在，无时不有，知识获取、知识共享和知识创新都分布于这一过程之中。

(3)知识创新。这是学习型组织的显著特征之一，与之密切相关的是知识共享和促进知识创新的组织结构。

(4)学习与工作结合起来。在传统的政府机关里，学习与工作是分离的，学习是被动的。但在学习型组织中，工作与学习紧紧结合在一起，在工作中学习，在学习中工作。同时，公务人员的学习是主动的，因为他们认识到学习与工作的有效融合，既是提高自身素质，发展自己的需要，也是实现政府知识管理目标，提高政府能力和效率的要求。

(5)系统思考问题。系统思考不易建立起来，学习型组织的任务之一就是建立系统思考，以发现事物之间的内在联系，防止在解决这一问题后，又出现其他问题。

10. 实施完善的保密制度和技术措施

政府知识管理需要知识信息的充分交流和共享，而由于政府的特殊性，许多知识信息涉及个人隐私、商业秘密、国家机密等关系到国家安全和重大利益的知识信息。泄密不仅使公众失去对政府的信心，也会对国家安全造成危害。因此，建立完善的安全与保密制度极为重要。同时，也要采用先进的信息技术，防止无权限进入知识网络系统的人员破坏系统和窃取知识信息。

11. 建立知识交流会、创新讨论会等面对面的知识共享机制

政府依赖信息技术构建的知识网络系统在知识管理中发挥着强大功能。

但这并不能使知识管理的功能充分展现出来，技术网络的作用是有限的，过分依赖它会造成人们认识上的错误，进而忽视人们面对面的交流这一知识交流与共享的有效形式。面对面交流可以进行充分的知识交流，并进行深度交谈，发现较多的认识和思想的差异，从而发现问题、解决问题。因此，应当在政府内部建立起经常进行面对面交流的机制，形成人与人知识交流的网络系统，以弥补人—机交流系统的缺陷。

12. 建立意见和建议反馈机制

公务人员在利用知识网络系统时往往会发现网络的一些问题和缺陷，这些缺陷和问题阻碍了知识管理的顺利开展，影响目标的实现。解决这一状况的最好方法之一是建立意见和建议反馈机制，使之及时有效地得到解决，以改进知识网络的运行。

13. 建立完善的知识管理评估制度

知识管理评估制度非常重要，可以使政府决策层及时发现知识管理存在的优与劣，并对这些信息进行整理分析，调整策略，形成新的知识管理方案，以解决问题，应对多变的环境。因此，建立知识管理的评估制度是知识管理的必要措施之一。

6.3.2 政府知识管理的评价

1. 政府知识管理评价的对象

(1)行政文化。行政文化是政府的共同价值观和意义体系，意义体系是政府对于自身活动的理解和解释，其中价值观是行政文化的核心。行政文化是政府的基础性知识资源，它的形成和发展是一个缓慢的渐进过程，它渗透于组织活动和成员职务行为之中，具有约束和规范的功能。任何政府都有自己的文化，行政文化是知识管理的灵魂。作为现代化的政府，没有知识管理的行政文化观，也就没有持续发展的动力。

在进行行政文化评估时，着重把握以下两个方面。

第一，以人为本。国家公务人员是政府活动的主体，也是知识主体，知识的创新和贡献依赖于他们的积极性、主动性，知识管理要求必须充分发挥个人的潜能。因此，在知识管理过程中，应时时体现出以人为本的理念。以人为本提倡重视人才，尊重人的思想和感情，强调人在事业发展中的核心作用。传统的管理理论和实践将人作为“物”或“工具”来管理和使用，泯灭和阻碍人的积极性和创造性，使人服从于工具需要。社会经济的发展改变着传统的管理思想，出现了知识管理模式和理论，知识的作用被凸显出来，对知识的管理成为新时代的要求，也是必须解决好的一个时代课题。人是知识的发现者和创新者，是知识的载体。同时，人的发展也是人类社会发展的目标之一。因此，在行政文化中，以人为本的理念是其重要的组成部分，评估行政文化时应将以人为本作为重要内容。以人为本不仅指以公务人员为本，也应以社会公众为本，以社会为本。以公务人员为本可以激发出他们的事业心、工作热情和创新精神，推动政府进步和发展，实现政府管理目标。以社会公众为本，从根本上讲这是现代政府生存和发展的意义存在，这能够保证组织活动不偏离目标，不陷入盲目的境地。同时可以根据公众反馈的信息，调整政府的服务策略。

第二，注重实际效果。行政文化不是一次偶然的行为，也不是标语和口号，而是一种实实在在的精神、理念和追求，它融合于组织的全部活动之中，看不到它，却能真切地感受到它。它能给政府和公务人员带来生机和活力，带来奋发向上、乐观积极的精神面貌。在评估行政文化时，要看它是否真正与知识管理融在了一起，是否真正起到了作用。

(2)公务人员的价值观。价值观是国家公务人员自身精神世界的一部分，与政府价值观相区别，但也有着密切的联系。公务人员的价值观作为其隐性知识的一部分，既要从外界给予灌输，也要从内心世界激发。可将公务人员的价值观分为两部分，一是公务人员接纳的政府价值观，即公务人员在工作和学习过程中认同和接受的政府价值观。每个新成员进入政府机关都要经历这一过程，可称为成员的组织化。二是公务人员的价值观，即成员进入政府之前已有的，和在政府工作和学习过程中形成的，与政府价值观相区别的价值观。这两部分价值观的关系非常复杂，两者可能相一致，可能相冲突，也可能在特定条件下相互转化。对政府而言，形成和确认价值观，不仅要有利于政府管理知识，而且应从公务人员的利益和需求角度考虑，这样有助于政府价值观转化为公务人员的价值观。值得注意的是，成员价值观往往是政府价值观的来源。因此，应将与政府目标和发展战略相一致的公务人员价值观转化为政府价值观，并在政府机关中推广，让其他公务人员接受和认同。政府与公务人员的价值观之间应保持一致，相互融合，而非相互冲突。因此，评估公务人员的价值观应与政府的价值观结合起来，与政府知识管理的目标相比较。

(3)公务人员的创新意识。创新意识是指对创新的理解、态度、感觉、评价等。政府不是生产部门，而是社会管理部门，它的基本职能是为社会提供服务，为其他组织的知识创新提供服务，为知识创新创造良好的社会环境。创新是政府发展的牵动力，不断地创新是政府适应政府机构改革和职能转变的唯一有效途径。在非连续性变化的环境中，政府要很好地实施这一职能，就应当以知识的生产、创新、运用为政府的中心任务。因此，国家公务人员也应具备较强的创新意识。知识创新不仅包括发明创造，而且包括制度、体制、管理、服务等方面的创新。因此，对创新意识的理解也应有以上几个方面的含义。知识管理是知识共享的过程，实质是知识的智能性转化，知识创新是知识管理的直接目标。从这个角度而言，知识创新意识的强弱说明了创新潜力的强弱。知识管理是将知识主动自觉地作为一种资源的新型管理理论和方法。这说明创新是政府自觉主动的行为，是在问题出现之前就已经准备好的方法，绝不是政府管理面临危机以后的被动作为。因此，创新意识会在一定程度上决定政府知识管理的成败。如果没有创新意识，政府就无法进行有效的知识管理；如果没有强烈的创新意识，政府就不能走在知识经济时代的前沿。所以，创新意识的有无、强弱应是对知识管理评估的一项重要内容。

(4)团队精神。政府机关是一个整体，各个公务人员既有分工也有协作。传统行政管理理论强调严格的分工，忽视成员之间的相互协作。对知识管理而言，这种情况发生了变化，成员间的相互协作得到高度重视。团队精神要求公务人员具有整体利益观，为完成政府管理目标进行充分协作，消除顺利进行合作的各种障碍。合作障碍的消除，使公务人员的合力得到最大限度发挥。对知识共享来说，团队精神尤为重要，没有团队精神，知识共享是不能实现的。每个成员的知识量和创新能力都是有限的，在知识经济和市场经济的环境中，难以实现快速有效的知识创新。因此，在知识创新过程中，合作亦必不可少，完成每项任务都需要合作。另外，团队合作有利于知识的交融、碰撞，有利于产生新的知识。

(5)知识共享。知识共享包括两个方面的过程，一是公务人员对政府知识的共享，这是显性知识到显性知识和显性知识到隐性知识的转化过程。二是公务人员之间隐性知识到隐性知识和公务人员隐性知识到政府显性知识的转化与共享。知识共享的方式有会议、交谈、知识系统网络、电话等。在政府机关内部，知识共享既不是个人的单独行为，也并非某个内部机构的独有职责。知识共享是指知识生产、创新、使用的全过程，在这个过程中，每个公务人员和每个机构都应积极参与。因此，知识创新应成为一种政府行为，成为政府的职责行为和文化行为。由于个人和政府的知识水平和知识结构的限制，知识共享可为知识创新提供丰厚的知识基础，有效消除知识创新的个人或某一政府部门知识的局限性，使他们之间的知识管理行为相互补充和激荡，推动知识创新。从以上分析可以看出，知识共享是整个政府机关和全体公务人员的统一行动和共有职责。

知识共享的过程有如下几个环节。①知识，包括个体知识和政府知识。②知识阐明和解释。③知识传播和交流。④知识理解和领会。⑤知识创新。这是一个极为复杂的过程，主要表现为隐性知识的共享。知识管理的重点和难点在于隐性知识。显性知识表达于人的外部，易于传播和理解；隐性知识则存储于人的大脑中，没有表达出来或不易表达出来，它的外化依赖于主体的主动性和积极性。因此，知识共享的重点是挖掘隐性知识。同时，以人为核心，以人为本，充分调动公务人员的积极性。

显而易见，行政文化能够在知识共享中发挥重大作用。知识共享的最大障碍是行政文化，如果能够形成优秀的知识管理行政文化，尤其是知识共享文化，隐性知识的共享将变得容易起来。但知识共享文化的形成不是短期可以做到的，需要长期的努力和实践。由于传统竞争观念的影响，公务人员担心贡献出自己的知识会失去竞争优势，但消除成员的这种担心并非不可能。知识更新的加快使拥有某种具有竞争优势知识的公务人员不可能长期占有这种知识。如果政府机关建立相应的激励机制，并且使公务人员相信贡献知识不会使他失去在组织的地位和作用，相反却能获得尊重和奖励，就可以达到共享个人知识的目的。

(6)知识库。建立知识库的目的是利用信息技术存储知识信息，通过联机网络提供知识信息利用。知识不断增多，日益变得庞杂，为组织利用知识带来不便。因此，可以对这些知识进行收集、分类、存储和检索，使之有序化，便于利用。对知识库的评估主要指知识网络环境等。

(7)知识新颖性。知识的新颖性是指政府利用和拥有的知识具有前沿性。它可以是最新的，也可以是较新且具有一定的竞争力，可以与政府原有的相关知识相比，也可以与外界相关领域的知识相比，只要具有一定的前沿性，就可以认为知识是新颖的。知识的新颖性具有重要作用，它一方面可使成员及时了解最新知识成果，为己所用，避免重复研究，减少研发投入，为知识创新赢得珍贵时间。同时在新的知识的基础上，能够进行更高目标和标准的创新活动，增强政府知识实力。在知识经济时代，知识资源状况成为政府决策的决定性因素，知识的新颖性成为决策的首要根据。只有根据最新的知识，才能做出适应内外环境的正确决策，使组织行为与周围环境变化相协调。另一方面，新颖性的知识资源可以为政府的创新活动提供参考，指导组织的创新方向，避免盲目的创新行为。

(8)知识与政府目标的相关性。相关性是指知识与政府目标的关联程度。政府目标是政府全部力量的凝聚点，政府的全部力量包括知识资源都应指向目标，为完成目标服务。针对政府目标所生产的知识有较强的关联性，但并不能认为关联性较弱的知识资源就没有关联性，这些知识同样不可缺乏，关联性的知识资源的主体地位正是依靠它们来维护的。但两者对组织目标的作用是有区别的。虽然关联性较弱的知识资源必不可少，但评价时不能与关联性较强的知识等量齐观，要给予不同的价值评判。另外，如果将公务人员目标与政府目标相结合，并达到统一，公务人员就会在贡献知识方面表现出较高的积极性，政府知识和公务人员知识也会相对统一起来，这样就可以提高知识的关联性。那么，依赖政府的全部知识可以使政府目标在较短的时间内变为现实。

(9)知识整合度。知识整合度即指知识整理的科学程度，通过查准率、查全率体现出来。为了便于快速准确地利用知识，应将知识进行整理，按一定的标准，把知识资源分类、编排。当利用这些知识时，能够全面准确地获取，不应有遗漏和错误。如果达不到科学合理的整合度，会给知识的利用带来不利后果，影响到知识的管理和创新，甚至会造成决策的错误。在实际工作中，往往由于没有对政府知识资源进行全面了解，不清楚有哪些知识，而造成对已有知识的重复开发研究，或者向外部购买。因此，应对政府知识资源进行全面准确科学合理的整合。

(10)政府对知识的重视程度。这一点从两个方面体现出来。一是政府关于知识资源制度的规定，二是领导成员的重视程度。前者具有稳定性，能够直接反映出对知识资源的重视程度，后者通过领导成员的实际行动，而非他们的讲话反映出来。制度由人制定，又要靠人来实施。领导成员对知识的重视度是知识管理制度真正实施的关键所在，相同的知识管理制度，领导重视程度不同，对知识管理的投入、制度实施的程度等都是不同的。另一个值得重视的方面是，领导成员作为知识管理的推动和指导力量，他们对知识资源的重视程度和管理行为，都时刻在潜移默化地影响着每个成员。这对知识管理文化的形成具有非常重要的意义。

(11)政府及其公务人员的知识结构、知识水平。政府的知识结构是政府各种知识资源的构成比例和状况，表现为政府各部门的各种知识的比例和状况。完善的知识结构为政府顺利及时地完成目标和任务提供可靠保障，可使各部门知识资源相互促进、相互配合、相互学习，一个部门的知识资源的利用不会因另一部门知识资源的现实状况受到阻滞，能够相互提供支持。政府的知识水平是指政府知识的广度和深度。广度是指知识的覆盖面和数量，深度是指知识的质量和专深程度。每类知识都有广度和深度两种状况，两者相结合构成某类知识资源的水平。政府为实现某个目标时，所需的知识都能在组织内找到；知识资源的深度以广度为基础，二者以合适的比例构成完善的知识水平。

公务人员的知识结构是成员掌握的知识构成状态。每个成员受教育程度、经历等因素不同，形成了各自不同的知识结构，知识结构对每个成员工作岗位的安置、职责的完成、创新发展都是非常重要的，完善的知识结构可使成员思考周密，减少错误，顺利完成工作任务，获得较多的创新灵感和机遇。对每个公务人员而言，除具备系统的专业知识外，还要具有相关知识，并且相关知识也要达到能够熟悉自觉地应用于专业知识的程度。公务人员的知识水平是指他们的知识广度和深度。广度即指成员的知识面和数量；深度是指知识的质量和专深程度，质量说明知识的系统性、权威性、新颖性，专深程度指知识的深浅或者难易程度。公务人员是知识的个体，能够较容易地使知识结构和知识水平、知识广度和深度结合起来，也较容易发现自己的知识结构和知识水平存在的优和劣。因此，在评估成员知识结构和知识水平时，应采用提问题的方式进行。

(12)创新成果。创新是知识管理的直接目标，也是评估的重要内容之一。创新是多方面的，对政府而言，主要是指制度、管理、服务、意识和方法的创新。在评估时，应将创新成果的质与量作为对象之一。

(13)业务流程。业务流程指政府开展工作的步骤或程序，其中的各因素和环节应相互协调，积极配合，以保证知识顺畅流动。任何一项任务有效及时地完成，都依赖于良好运行的工作流程。高效的工作流程，可以消除人为和体制因素造成的不良影响，消除知识流的内耗，使它们充分发挥作用，提高效率。因此，每个步骤的设置和安排都应科学合理，为高效完成任务和整个工作流程提供保障。

(14)知识网络系统。评估知识网络系统不是算出构成系统的硬件和软件的现金价值，而是对将其作为一个工作手段所带来的效率和价值进行评价。在政府内部，大量的知识不仅需要及时有效地处理，而且需要快速准确地传递。所以，具备能够达到这个目的知识网络系统至关重要。为保证系统的正常运行，应对其进行经常维护，并将新信息技术应用于信息系统。

(15)政府信誉。信誉是社会各界对政府管理、服务和其他行为的综合评价，主要来自于服务对象评价。它与政府不可分割，是一个整体。在现代社会中，信誉的价值愈来愈明显地表现出来。同样的政策，由于政府信誉不同，落实的程度也会有差异。对政府这一非营利性组织而言，形成和保持良好的信誉，应以良好的服务行为作保证。政府知识管理的指标正是为社会提供良好的服务。因此，应对政府信誉进行评估，以促进知识管理的发展。

(16)教育培训。知识更新和老化的速度日益加快，人才流动也渐趋频繁。政府及其国家公务人员的知识结构和知识水平应经常获得改善和提高，以适应新的工作要求。因此，建立规范的教育培训制度是迎合这一形势的适当举措。

(17)知识管理评估和反馈机制。知识管理的评估与反馈机制是非常重要的，这主要是对评估与反馈机制的完善程度、有效性、反馈渠道的多少、对反馈信息进行处理的结果等方面进行评估。

2. 政府知识管理评估指标

政府知识管理评估指标如表6-2所示。

表6-2 政府知识管理评估指标表

一级指标	二级指标	内容描述
知识的内容指标	相关性	与政府知识需求的相关程度
	真实性	是否标有出处？出处足够详细吗？能否依据该出处进行核查？如果是学术性知识资源，是否有详细、准确、完整的参考文献和注释？能否通过这些参考文献和注释进行核查？
	权威性	知识的提供者权威性如何？是政府机构、出版社、报社、杂志社、高等院校、科研院校还是个人？个人是否为该研究领域的权威人士？网站是权威的吗？
	全面性	除文字信息外，还有图像、声音、动画等知识资源吗？这些知识资源的数量适中吗？除本国和汉语语言文字知识资源外，还有别国和少数民族的语言文字知识资源吗？
	客观性	具有价值偏向性吗？价值偏向性的程度如何？带有歧视性吗？
	广度与深度	专业领域内的知识全面吗？能够反映专业知识的现状吗？有足够多的相关领域的知识吗？详细程度如何？理论深度如何？
	新颖性	知识定期更新吗？更新周期如何？有明确说明或标示吗？
	特有性	能从其他知识来源获取吗？获取的渠道多吗？
	独创性	思想观点的创新程度如何？研究方法有否创新？
	写作质量	是否符合逻辑？文献结构如何？字词错误率如何？等等
	稳定性	能否持续不断地提供知识资源？网址经常变化吗？变化时有通知吗？

续表

一级指标	二级指标	内容描述
知识环境评价指标	导航设计	网站是如何对知识进行组织和分类？是否有利于查寻知识资源？是否有利于对导航意图的理解？网站设计是否美观？
	分类组织	分类标准和组织结构清晰吗？分类标准单一吗？是按主题、学科、用户对象等标准进行分类吗？分类科学合理吗？分类层次简明吗？
	检索功能	提供一种还是多种检索途径？能够提供题名、作者、关键词等检索途径吗？能否提供高级检索和二次检索？查准率和查全率如何？
	用户界面	是否清晰明了？是否有指南、导言等帮助功能？帮助信息便于用户理解和使用吗？进退是否快捷？每页是否设有返回起始页或主页的功能？能否打印或下载？能否在各个栏目之间自由转换？
	页面编排	每个页面的菜单、表格、标题、图形框等是否有统一的编排格式？每个页面的信息分布是否适中？页面层次是否影响公务人员利用知识？
	页面设计	字体、字号、色彩的选用是否美观？它们之间的搭配是否协调？
	多媒体设计	文字、声音、图像、动画的数量是否适中，是否美观？与知识资源的关联性如何？是否有助于用户理解和使用知识资源？
	交互性	公务人员与政府机关之间、公务人员与公务人员之间是否有相互交流的渠道(如 E-mail，BBS)？这种交流渠道多吗？政府机关对公务人员的意见回应迅速吗？公务人员满意意见处理结果吗？
	链接数量和质量	链接对象多吗？这些链接对象与所需知识相关性如何？被链接的知识的权威性如何？链接是否经过选择和评价？有助于公务人员理解和使用知识资源吗？链接有明确的标示吗？链接经常更新吗？有空链和死链现象吗？
	访问次数	即日平均访问量有多少？
	成本	利用知识所需的设备要求如何？这些设备的花费如何？通信费和信息使用费如何？
	安全性	防病毒的能力如何？防黑客攻击的能力如何？是否使用专门的服务器？是否采取有效的防范措施？

续表

一级指标	二级指标	内容描述
政府评估指标	创新成果	在某一时间范围内，政府机关制度、服务内容和方式等的创新有多少？这些创新的应用状况如何？
	领导重视程度	领导是否了解知识管理业务流程？领导是否为了知识管理经常学习？领导经常利用知识库吗？领导支持知识网络系统建设吗？
	投资	对知识管理的投资有多少？
	人员素质	高学历人员的比例是怎样？
	参与程度	所有公务人员是否参与了知识管理的全过程？参与的比例如何？等等
	面对面的知识交流机制	有定期的创新讨论会吗？有定期的知识管理经验交流会吗？
	激励机制	是否将公务人员的知识管理贡献与晋升、奖励、考核等相结合？
	知识管理法规	是否制定有知识管理方面的法律或条例？等等
	知识管理宣传	是否对知识管理做经常性的宣传？等等
	政府信誉	主要方法是民意测验如何？
公务人员评估指标	创新成果	在某一时间范围内？个人对制度、服务内容和方式等的创新有多少？这些创新的应用状况如何？等等
	知识结构和知识水平	受教育程度；专业知识；知识种类；信息知识；年龄；工作经验；继续教育状况；分析和解决问题的能力；理论联系实际的能力，等等。
	熟练程度	利用知识网络系统能力和熟练程度如何？
	保密	了解保密制度和知识吗？保密意识强吗？
	团队精神	在知识交流与共享时能够信任别人吗？
知识管理反馈评估	反馈渠道	反馈渠道多吗？
	反馈制度	有制定相关反馈制度吗？
	反馈处理	对反馈的问题处理的结果如何？

6.4 知识管理与电子政务

随着政府工作的职能转移(由管理转向服务),政府部门的管理也需要接受新的理念,以便更好地为人民、为企业服务。知识管理进入政府并非因为赶时髦强拉硬套,发达国家在政府内部实行知识管理已有许多年。2002年,美国政府就被MAKE确认为全球最受赞赏的知识型组织,它是第一个被MAKE评为知识型组织的政府。知识管理使政府工作人员自觉转变观念、增强服务意识、提高文化素质,并营造良好的服务氛围,保证政府能够快速响应突发事件,促进政府迅速成长为知识型政府。可以说,知识管理是适应政府职能转换的最适当的管理模式。

政府上网,形成电子政务的新流程,正是政府迎接信息化浪潮,应对在观念、职能、体制等方面的挑战,迈出的改革创新的步伐。信息技术支撑下的电子政务,实现了信息在更大范围的共享,使得以公众为取向的公共行政价值理念得到更彻底的贯彻。

6.4.1 电子政务概述

随着以全球互联网技术为代表的新一代信息技术的迅速发展,人类社会正步入一个崭新的网络时代。政府部门作为国家经济活动的参与者和管理者,其管理水平和服务功能的强化、发展将对企业、社会产生极大的推动作用。电子政务的目的正是以网络技术为基本手段,面向政府机构的业务模式、管理模式和服务方式的优化和扩展,将信息技术在政府机构的应用从简单的取代手工劳动提高到工作方式优化的新层次。

1. 电子政务及其相关概念

电子政务是随着信息网络技术在政府工作中的广泛应用而在20世纪90年代出现的一个概念。目前,国内外对电子政务有多种提法,如电子政府、政府信息化、政府上网、网络政府、数字政府、计算机化政府等,尽管这些词的字面不尽一致,但都从某个角度反映了电子政务的内涵与特征,揭示了政府工作对信息网络技术的开发利用程度。比较公认一致的看法是,电子政务(E-government)是相对于传统政务(government)和电子商务(E-commerce)而言的,是现代政府工作与信息网络技术相结合的产物,是传统政府工作适应经济全球化和快速变化的网络信息社会的发展需要而进行改革的结果,并且随着社会的进一步发展,还将被赋予更丰富的内涵。由于E-government一词涵盖的内容较为广泛,不能准确表达电子政务的含义,近几年来,在发达国家,越来越多的政府官员和IT专家用E-government和E-governor代表政府信息化，前者是“电子政府”的含义，后者表示“电子政务”。2001 年，在华盛顿由世界银行举办的全球电子政务大会上，使用频率最高的词是 E-gov，有电子政务和电子政府双重含义。

对于电子政务的内涵，人们存在不同的认识。世界上最早提出 E-government 的是美国前总统克林顿，1992 年克林顿上任之初就宣布，他的政府将是一个 E-government，这里 E-government 至少有两层含义。一是为减少“橡皮图章”，加速政府对国民需要的回应，让美国人能更快捷、更方便地了解政府，并能“一站式”满足公民向政府申请贷款、竞标合同、网上付税等要求。二是为重塑美国的政府系统，使之更富效率，运作成本更低，并有助于消除政府存在的官僚作风。

有些西方学者指出，所谓构建电子政府，实质上就是把工业化模型的大政府转变为新型的管理体系，以适应虚拟的、全球性的、以知识为基础的数字经济，同时也适应社会的根本转变。所谓工业化模型的大政府，其特点是集中管理、分层结构、在物理经济中运行。相比之下，新型的管理体系即电子政务，它的核心则是大量频繁的行政管理和日常事务都通过设定好的程序在网上实施，而大量决策权下放给团体和个人，政府必须考虑重新确立自身的职能。

国内学者对电子政务也提出了许多不同的观点，如中国电子政务示范工程总体专家组成员汪玉凯教授认为，电子政务指公共管理组织在政务活动中全面运用现代信息技术和网络技术进行办公管理和为社会提供服务。中国科技信息研究所内部报告《我国政务工作的现状、问题与对策研究》指出，电子政务就是应用现代化的电子信息技术和管理理论，对传统政务进行持续不断的革新和改善，以实现高效率的政府管理和服务。国家信息化专家咨询委员会副主任、联合国经济和社会事务部高级顾问周宏仁博士在其主编的《电子政务知识读本》一书中，认为电子政务是指政府全面信息化，就是政府机构运用现代计算机、通信网络技术，将其内部和外部的管理与服务职能经过整合、重组、优化后放到网络上完成，打破时间、空间以及部门分隔的制约，为社会公众以及自身提供一体化的高效、优质、廉洁的管理和服务。

上述观点都从不同视角对电子政务做出了明确的解释，概括出了电子政务的本质属性，但似乎还有值得商榷之处。本书所指的电子政务是，国家公共管理机构在社会事务及政务活动中，运用现代管理理论，借助信息网络技术，对传统工作进行不断的改革和创新，在提高自身工作效率的同时，为社会提供高速度、高质量、高效率、高透明度的管理和服务。包含了以下四层含义：一是电子政务必须采用以信息网络技术为代表的现代高新技术。二是电子政务涉及的机构，除了政府部门外，还包括一切代表国家行使社会事务管理的机构，如司法部门、公共社团组织等。三是在实施电子政务时，必须运用现代管理理念，重组组织结构，再造业务流程。四是在实施电子政务过程中，必须高度重视工作创新、管理创新、制度创新，能根据变化的新情况，实时采取针对性的管理办法和行动方案。

电子政务是一个内涵非常丰富的概念，涉及的领域非常广泛，根据发达国家和地区的电子政务现状，综合性的电子政务系统不仅仅是政府的网上办公，几乎包括了生活、教育、就业、交易等各个领域，政府网站的内容包括各机构的办事指南、信息查询、表格下载、网上申报、网上审批及查询、网上缴费、网上考试、网上招聘等各个方面，其服务对象也几乎包括所有公民、企业、政府机构、政府工作人员以及国外游客等。从我国的具体情况来看，电子政务除了涵盖上述的内容之外，还应包括电子党务、电子人大、电子政协等。

2. 电子政务的基本模式

电子政务应用的内容非常广泛，从功能结构来看，主要分为4个方面。

一是政府间的电子政务(government to government，G2G)，是指上下级政府、不同地方政府、不同政府部门之间，包括一级政府内部各部门之间的联网应用，如电子公文传递、电子文件和档案管理、电子财务管理、电子培训等。

二是政府对企业的电子政务(government to business，G2B)，是指政府通过电子网络系统为企业提供的各种服务，如企业从开始注册的工商登记、税务登记，到运营后的纳税申报、企业年检等各项与政府部门有关的工作，都可以运用信息网络手段在互联网上进行(如图6-2所示)。

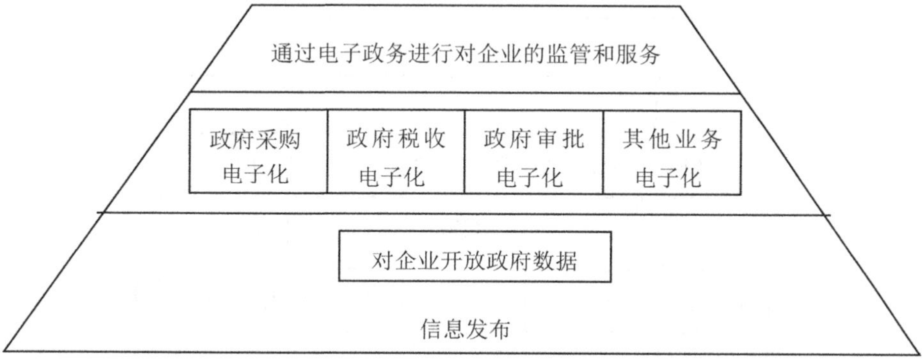

图6-2　G2B模式的基本框架

三是政府对(社会)公众的电子政务(government to citizen, G2C),是指政府通过电子网络系统为社会(公众)提供的各种服务,如信息发布服务、信息咨询服务、教育培训服务以及就业、医疗、社会保障服务等。

四是政府对公务员的电子政务(government to employee, G2E),是指政府工作人员利用信息技术办公,与同事通过网络开展协作,利用机构的内部网络接受在职培训,以及政府部门利用电子手段评估工作人员的表现等。包括建设办公自动化系统、政务管理信息系统和决策支持系统等(如图6-3所示)。

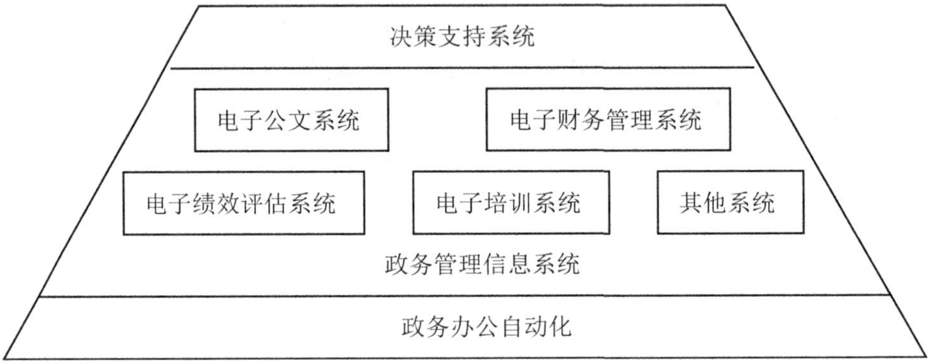

图 6-3　G2E 模式的基本框架

四种电子政务模式的关系如图 6-4 所示。

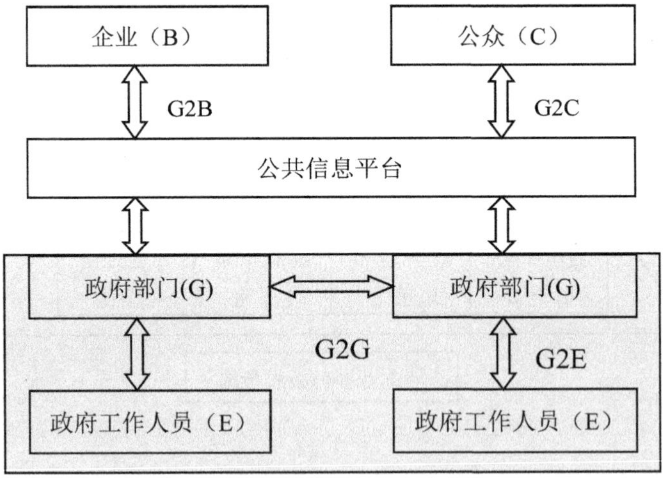

图 6-4　电子政务四种模式之间的关系

3. 国外电子政务的发展

(1)美国。在众多的实施电子政务的国家中，美国是起步最早、率先进入实用化的国家。1993年，美国前总统克林顿和副总统戈尔在其任期内首倡电子政务，这是世界上最早提出电子政务的国家。1995年，克林顿政府出台《文书削减法》(*Paperwork Reduction Act of* 1995)，要求各部门呈交的表格必须使用电子方式，规定到2003年全部使用电子文件。1996年发动“重塑政府计划”，提出要让美国联邦机构最迟在2003年全部实现上网。1998年，美国通过的《政府文书工作消失法》(*Government Paperwork Elimination Act of* 1998)要求美国政府在5年内实现无纸工作，联邦政府所有工作和服务都将以信息网络为基础。目前已建立了一个覆盖全美各级政府及其他行业在内的庞大的超级计算机网络。美国联邦政府一级机构已全部上网，所有的州一级政府也全部上网，而且几乎所有县市已经建有自己的站点。美国家庭电脑的拥有率已达60%，约有一半人使用互联网，这为美国电子政务的建立和运转提供了良好的基础。

在电子政务建设过程中，政府部门非常重视提高政府工作效率，强调为社会服务，美国每个州都在尽力帮助居民获得他们需要的信息。美国电子政务基本上实现了三个目标：使居民与联邦政府部门打交道和获得政府的服务变得更加容易；提高了政府工作效率，并且成效显著；改善了政府部门对居民的回应。2001年1月，美国发表了联邦政府37个部、局电子政务进展情况的调查报告，共涉及1 371个联邦政府电子政务项目。其中，为居民服务的占36%，为企业服务的占20%，为政府雇员服务的占22%，而为其他政府部门服务的则占22%。

(2)英国。在欧洲国家中，英国电子政务建设是比较好的。英国从1994年开始着手于电子政务建设，目标是建立以公众为中心的政府。为了推动本国电子政务的发展，英国政府先后发布了《政府现代化白皮书》《二十一世纪政府电子服务》《电子政务协同框架》等政策规划。

英国政府在2000年发布了电子政务五年计划的第一阶段的目标，届时6 000万英国居民和300万家企业可以利用Internet接受政府提供的各种服务。这个布莱尔首相公布的计划预期通过微软公司设计的安全网络平台，居民交税、农民申请补贴、企业交纳增值税等都可以完成。2000年9月，推出了“英国在线计划”(UK-Online)，目标是要把英国改造为一个使用互联网的国家，将1 000多个政府机构的信息送上互联网，用户可以从这个网站获取就业、理财、旅行、生活等政府信息与服务。2000年3月30日，英国首相布莱尔在“信息时代特别内阁会议”上提出，把英国全面实施电子政务的时间从2008年提前到2005年，计划到2005年将政府服务全部搬上互联网；到2002年，英国政府机构服务的上网率要达到25%。英国还在2001年1月启动政府的网关，该网关把公民网站、商业和部门网站与政府的办公室系统等安全地连接在一起，提供每年365天和每天24小时的“无缝”服务。

英国政府上网的速度比预计的要快。在2000年，英国已经有40%的政府服务可以通过互联网提供给公众，而且照此发展下去，到2002年年底，英国的政府上网率将可能达到75%。根据英国国家统计局的报告，目前英国的成年网民中，有18%的人使用政府机构网站获取服务或官方文件等信息。政府机构网站总数达1 000多个，每星期的访问请求超过2 000万。在企业中，有超过190万商业用户开始通过电子形式与政府打交道。

英国政府不但重视电子政府的硬件建设，而且还针对电子政府运转所需的技能要求，制订了对政府工作人员的详细培训计划。

(3)加拿大。加拿大拥有良好的国家信息基础设施，具备实施电子政务的良好基础条件，尤其是进入20世纪90年代以来，加拿大加快了信息高速公路建设的步伐。建设电子化政府，提升加拿大政府在国际社会中的地位，是加拿大政府建设信息高速公路中的重要目标之一。在建设信息高速公路的过程中，加拿大政府发挥了关键作用，为其勾画的远景是建设一个“网中有网，网网相联”的信息网络，通过应用使人们可以与政府部门直接交换信息，更便捷地获得政府提供的各种服务。

加拿大政府公共信息服务网站以“民众需求导向”及“一站服务到底”为宗旨，提供政府信息及申办服务，各种社会福利措施的支付工作也开始以电子方式支付。政府已经推动的应用项目包括：电子化的公开招投标系统；推行单一的商业注册登记号码；运用电子资料交换与扩大推动电子商务，进行政府采购、支付和税费的征收；试行以电子布告栏及国际互联网络传送政府的电子文件。加拿大政府的电子政务建设，极大地提高了政府的效能。

加拿大政府于1999年正式颁布国家的电子政府战略计划“政府在线”(Government On-Line)，提出到2004年要实现政府所有的信息服务全部上网。为保证电子政府在全球的先地位，加拿大政府发挥了强大的领导作用，推行了“统一政府”(A Whole of Government)实施战略，以加强各级政府和各部门的电子政府协同发展，力争满足公众的需求，向他们提供一体化的电子服务。2001年1月，加拿大政府对政府门户网站进行了意义重大的改进和重新设计，目的是全面推行“以客户为中心”的网上服务。目前加拿大政府正采取一系列的策略性创新措施，将共同性的需求整合成一个综合的电子信息基本架构。

(4)新加坡。新加坡非常重视软环境的建设，在推动政务电子化方面也是不遗余力，目前拥有全球一流的电子政务系统。在新加坡政府网站(www. egov. gov. sg)上，可以看到其工作宗旨是："建设一流的电子政府，在数字经济时代为国民提供更好的服务"(To be a leading E-Government to better serve the nation in the Digital Economy)。在此思想的指导之下，新加坡的电子政务突飞猛进，并已成为各国效仿的榜样。新加坡1981年开始实施电子政务建设，在短短30余年中取得显著的成绩，这与新加坡政府的统筹协调和高效运作密不可分。新加坡的电子政务系统基本由国家控制，每年政府要投入大量资金。除了政府投资充足之外，丰富的网络服务也是新加坡电子政务的突出特色。

电子政府在提高政府的服务效率、降低服务成本方面的作用，已在新加坡得到了充分的验证。新加坡政府通过建设电子政府，估计每年可节省2 300万美元。仅现在使用率最高的缴纳个人所得税服务，每处理一笔业务可以节约费用1.54美元，每年能节约34.3万美元的办公费用。2001年已经有大约50万人通过电子政府缴纳个人所得税。

(5)印度。印度是世界上最大的发展中国家之一，贫穷和农村人口占全国人口的大半，很多地区的信息化程度很低，电信基础设施很不完善，电话和计算机普及率分别只达到2%和3‰。为了弥合网络时代的数字鸿沟，减少贫困，更好地利用网络改善普通百姓的生活，印度政府于2000年1月启动了一项"Gyandoot Project"知识信息计划，计划通过一个以互联网为基础的公民—政府界面，向印度农民提供市场信息，提供公共管理、教育、卫生保健服务，旨在利用信息技术给农村和部落地区的政务和农民生活带来革命性的变化。这个计划的核心是每个地区首府连接若干独立运营的信息中心，最简单的信息中心设备包括一台电脑、一个调制解调器和一台打印机，这些信息中心多设在村镇中心人们经常走过的路旁，进出都非常便利。每个村子非常重要的信息都输入系统，如个人家庭成员、收入、阶层、籍贯、土地所有权、债权等，每个村民可以享受到各种服务(如办理各种证书、社会福利等)。利用网络，农民不但可以直接向上级管理部门反映问题(一般7天之内必有答复)，还可以获得每日更新的当地各市场的农产品价格信息。即使不识字的农民也可以通过操作员的帮助获得相应的信息，对电脑感兴趣的农民还可以向操作员学习电脑知识。

4. 我国电子政务的发展

信息化和网络推动了全球电子政务的飞速发展，我国政府顺应国际形势，以积极的姿态，采取了行之有效的措施，加入到电子政务的建设中。目前，电子政务建设有了长足的进步，已取得了举世瞩目的成就，电子政务已成为我国带动国内经济发展，推动政府改革，提升社会信息化水平的一项重要举措。

(1)成就。在全球信息化浪潮的影响下，我国政府也对此做出了积极的姿态，加快政府信息化建设就是其中一项重要内容。1984年，国务院批准国家计委成立了信息管理办公室，负责推动国务院有关部委的信息系统建设工作；1986年，组建了国家经济信息系统领导小组和国家信息中心，负责国家信息系统的规划和建设。与此同时，国务院各部委以及地方政府相继成立了信息中心，负责政府信息化的推动工作。在20世纪80年代，我国政府信息化工作的重点，主要集中在办公自动化领域。各部门、各地区在办公自动化工作中，建立了一些纵向和横向的内部办公信息网络，为利用计算机和通信网络技术奠定了基础。

进入20世纪90年代以后，我国的政府信息化建设进入快速发展阶段。从1993年起，国务院成立了国家信息化联席会议，并开始实施金桥、金关、金卡和金税等信息化重大工程。金桥工程是直接为国家宏观经济调控和决策服务的，通过建设政府的专用基础通信网，实现政府之间的相互连接。计划建成一个连接全国各省市区、400多个城市，与几十个部委互联的专用网。金关工程主要是为提高外贸及相关领域的现代化管理和服务水平而建立的信息网络系统。到1999年，已实现了银行、外汇管理机构以及海关的计算机联网，在关税管理中发挥了重要作用。金卡工程是推动银行卡跨行业务的联营工作，现已取得了重要进展。金税工程的首期工程已经完成，主要是建立税务系统的增值税专用发票计算机稽核系统。后来，我国在公安系统又实行了金盾工程，加强了城市交通、社会治安等方面的信息化步伐。

在金字系列工程取得重大进展的同时，从1999年起，在全国普遍实行了政府上网工程。在政府上网工程的推动下，1999年我国有40多个国务院部委和60%的县以上地方政府先后建立起网站。据统计，到2010年6月，全国以gov.cn为结尾的注册域名达到51 997个。占CN域名总数的0.7%。目前，全国绝大多数县、市级以上政府都设有站点，并通过网站向社会发布信息，开始提供在线服务。

为了进一步加强对全国信息化工作的领导，2001年，国务院对原来的信息化领导机构进行了调整，组建了以国务院总理为组长的国家信息化领导小组，并重新组建了常设的办事机构，统一领导、协调全国各方面有关信息化的工作，政府信息化是其中的一项重要内容。

(2)问题。从主观方面看，主要集中在五个领域。

一是政府公务员的观念有待提高。

二是传统政府运作机制的障碍。机构设置不合理，政府各部门职能交叉、重叠，审批过多、过滥，办事没有严格的程序，行政流程不合理，透明度低、暗箱操作等，所有这些问题都有可能成为推动政府信息化的重要障碍，只有这些问题得到有效解决，电子政务的推进才真正具有意义。

三是缺乏整体规划和统一标准。推动政府信息化和电子政务，关键要搞好整体规划，制定统一的技术标准，这是国外发展电子政务普遍的一条经验。如何在统一的规划和标准下，整合现有资源，防止重复建设和各自为战，成为政府信息化和电子政务发展中的关键所在。

四是公务人员的信息知识和运用信息工具的水平较低，难以适应电子政务发展的要求。在推进政府信息化的过程中，提高公务员的整体素质，特别是计算机应用方面的能力，将是一项艰巨的任务。

五是与电子政务相关的法律、法规的制定还较为薄弱。由于电子政务是一种全新的政府管理手段，靠现有的法律法规难以解决问题，有许多重要方面甚至处于法律的真空状态，这在一定程度上也制约了电子政务的健康发展。因此，加快相关法律法规的制定和实施，就成为电子政务发展中的一个重要问题。

从客观方面来说，主要是三个问题。

一是政府管理本身的复杂性，决定了电子政务结构的复杂性。我国电子政务的推进，必须建立在分步实施，有选择地重点突破的基础之上，否则，就有可能走许多弯路。

二是我国社会整体的信息化水平低，包括电子商务发展也较缓慢，也会在一定程度上制约电子政务的发展。

三是信息安全成为当前政府信息化中的关键问题。与电子商务相比，电子政务对信息的安全有着更高的要求，因为政府所掌握的信息中，有大量信息对国家的安全与否有着直接的影响。特别是美国“911事件”后，这个问题显得更加突出。我国在信息技术方面的整体研发能力还有待提高，而政府的信息安全技术又必须由我们自主开发，这也在一定程度上对我国的电子政务发展提出了严峻挑战。

6.4.2 电子政务中的知识管理

随着知识经济时代的到来，信息流动的速度和广度以及由此产生的整个社会运作大效率越来越快，知识和时间已经成为新时代下的最重要资源。同时，随着政府职能的扩大化和复杂化，政府角色从被动的社会公共服务提供者向主动的经济和社会发展推动者转变，公众和企业对政府的要求越来越高，传统的政府组织和业务模式逐渐不适应新形势的发展。要求构建虚拟、网状、透明、高效和低成本的政府，并消除政府管理的层级，以电子政务为标志的政府革命，成为知识经济下政府发展的必然趋势。

政府信息化可以划分为三个层次。20 世纪 70 年代以数据管理为基础的政府管理，20 世纪 80 年代以信息管理为基础的政府信息化，20 世纪 90 年代知识经济时代以知识管理为基础的电子政务及知识管理型电子政务的发展。知识管理型电子政务适应正在到来的知识时代的要求，是电子政府发展的必然趋势和最高层次，在成功建设电子政务的要素中，最重要的一条就是知识管理在电子政务建设中的应用。

1. 知识管理在电子政务中的作用

(1)知识管理利用知识编码、知识分类、信息挖掘等工具对政府知识和信息资源进行有效的组织、开发和利用，在纷繁复杂的海量信息中尽快筛选出有价值的信息，充分挖掘政府的知识与信息的内在潜力，将信息与知识真正转化成政府的竞争力。

(2)以信息技术为支撑的知识管理将通过建成知识中心、决策支持系统等，充分利用和共享政府以往的经验和知识，并形成随时可以调用的数据中心、知识中心，利用检索工具、知识地图等使政府工作人员能够快速获取所需的知识和信息，从而提高政府对环境、形势的适应性和反应速度，使政府在拥有较强的创新能力和管理能力的同时，提高决策的科学性和政策的合理性，以及各级领导在决策和制定政策时运用知识和信息的水平。

(3)知识管理是对业务流程中的无序知识进行系统化管理，实现知识共享和再利用，以提高业务水平和效率。知识管理在电子政务建设中将发挥实质性的作用。

(4)电子政务的建设是以最大限度创造公众利益，最有效地为公众提供公共服务为目的。知识管理的思想帮助政府从公众的角度重新梳理政府职能，设计全新逻辑的电子政务系统，提高政府工作服务的便捷性和应对能力，提高客户满意度。

图 6-5 显示了知识管理是如何协助电子政务应对挑战的。

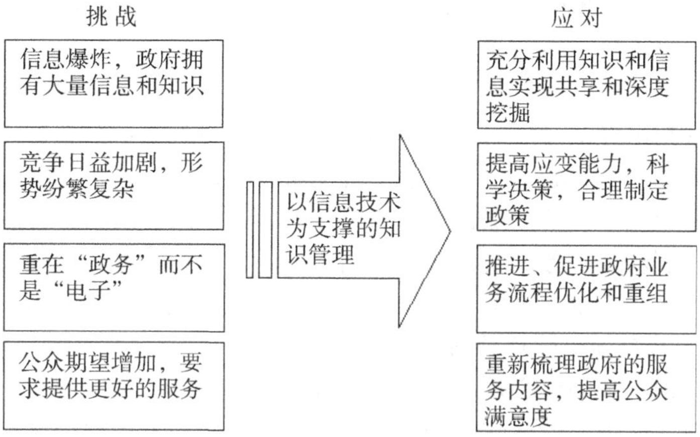

图 6-5　知识管理对电子政务的作用

2. 电子政务知识管理的原则

知识管理和电子政务的密切结合，促使政府工作构建在知识化、科学化、数字化、网络化、技术化、智能化、综合化、专业化的运行基础上。电子政务知识管理应遵循以下原则。

(1)知识创新原则。在知识信息时代，社会和科技发展日新月异，政府机构为了适应社会的变化，实施更有效的管理，组织机构和管理制度必须随着社会的变化而及时做出调整。这种调整并不是简单的机构数量和人员数量增减，而是借助网络技术，运用知识管理的理论，建立一种全新的组织和制度，即不断进行组织创新和制度创新，才能能动地管理好社会。与此同时，社会公众通过网络向政府提出各种各样的服务要求，政府机构只有不断进行工作创新，才能满足公众的个性化、多样化服务要求。

(2)知识共享原则。知识是全人类的共同精神财富，网络的广泛应用为人类共享知识财富提供了一种新的方式。传统政府行政的典型特征是把知识信息缩小在一个狭窄的范围之内，统治者根据需要，有选择地把自己掌握的知识公开。如今，电子政务的实施，使政府机构通过网络与社会连成一体，这种新型的政务模式，不仅要求政府公开自己掌握的知识信息，更要求政府机构充分利用内部的智力资源，并与外部进行知识交流、协作，整合内外部知识资源，以便为政府管理和服务提供科学的支持。

(3)终身学习原则。当前知识和信息老化的周期越来越短，急速变化的社会对公务员的素质、能力和知识结构提出越来越高的要求。传统的一次性学校教育已不能适应科技、经济、社会发展以及人自身发展的需求，学习知识将成为公务员一生的活动，成为电子政务发展的动力和基础。知识经济对人才教育的要求是不断地学习知识、综合知识形成较高的素质，但更为重要的是获取应用和创新知识的能力，每个人不断地学习新知识并创造性地运用于实践，是知识经济发展的最根本动力。通过终身教育把公务员自身潜在的有利于发展的因素不断地、充分地发掘出来，并使之逐渐扩展和完善，使公务员在价值观念、科技知识、工作能力等方面适应时代要求，形成具备管理创新、观念创新、服务创新和技术创新能力的高素质人才，为电子政务的发展不断注入新的力量，确保政府机构在网络信息时代更具有活力。

3. 电子政务知识管理的内容

政府知识管理的核心是加快政府内部知识的创新、流动和使用，其目的是增强政府的活力，激活政府的创新能力，增强政府的凝聚力，提高政府的办事效率和决策能力、协调能力和突发事件的应对能力，建设一个功能齐全、行为规范、运转协调、精简高效、具有竞争力的学习型知识政府。政府组织是一个特殊的服务机构，它的首要任务是为公民服务，因此，政府知识管理的重点是服务创新。

政府知识管理的内容涉及较广，可以说，围绕政府工作与服务的一切活动都可以纳入知识管理的范畴。主要概括为以下几点。

(1)建立知识管理组织。在行政机构中建立知识管理的组织是开展知识管理的基础，其组织由这几部分组成。第一，设立知识主管，主要负责整个机构知识管理工作和制订各种知识活动计划。第二，成立专门的小组，小组成员由政府机构各部门的业务骨干组成，完成机构的知识管理活动。第三，建立知识库，政府部门在建立电子政务的信息资源库时，应该把知识库的建设作为一项重要内容。知识库可以扩大工作人员的能力，使一般工作人员可能变为很有知识的人。第四，构建政府知识网络，利用该网络可以吸收外部的知识资源，公务员通过网络彼此交流管理经验，并实现政府机构内部的知识共享。第五，建立激励机制，提高普通公务员参与知识管理活动的积极性。

(2)政府信息的整合与共享。政府机构应采取有效的措施，营造一种新的工作氛围——知识共享、传递和使用的良好氛围，来促进政府机构的知识管理。政府信息的整合是指政府在行政过程中对产生、接收、交流、处理的信息进行整序、清理和关联的过程。信息整合包括信息本身内容的整合、协同工作中涉及的信息整合、面向服务和接收数据的信息整合。如政府发布信息的分类、归并和链接，为企业和公众提供一站式服务的信息聚类、连接跟踪和共享，一表式管理的信息采集、集成与共享等。

(3) 政府知识发现。政府信息中隐藏着大量的知识，有些是显而易见的，有些是难以发现的，这就需要利用数据挖掘技术从中发现知识，以辅助政府决策和提高服务质量。政府知识发现除了要积极利用政府内部的知识以及利用知识网络、利用社会知识之外，还要积极挖掘工作人员头脑中的隐性知识。按照 Buckman 的观点，任何组织 90%的知识都存在于人们的头脑中。特别是一些政府公务员长期从事某一方面的管理工作，积累了丰富的经验，形成了独特的管理方法，实施电子政务以后，公务员的管理和行政方式发生了全新的变化，所以积极挖掘公务员头脑中的隐性知识，变为政府机构的共有知识，对于提高电子政务的行政效率有十分积极的作用。可以通过政府内部刊物、内部信息交流网络、讲座、经验交流会等形式把公务员的隐性知识显性化。同时利用大量的政府服务数据(日志、各类报表、纳税情况等)，发现规律、预测趋势，从而指导政府工作和辅助政府决策；也可以从各类政策法规文件、事务处理数据以及政府数据库中发现知识。

(4)政府知识创新。政府的知识创新要求具有良好的环境和氛围，需要制定创新激励政策，需要拥有适合创新的组织结构等。其创新内容主要包括服务创新、管理创新、技术创新、组织创新、制度创新等。服务创新表现有一站式服务、推送式服务、网上信访、服务流程跟踪等；管理创新是采用一表式管理、目标管理、过程管理等对现有管理方式改革；技术创新指利用网络、电子认证、电子签名等技术实现无纸化办公等；组织创新采用扁平化和柔性化的组织结构重组政府的组织结构，使之适应知识管理的需要；制度创新指知识共享制度、自我学习制度、电子认证制度等。

(5) 建立以知识管理为核心的电子政务应用系统。电子政务应用系统不仅仅是数据的简单收集、加工和处理，而应该是以知识管理的理念为指导，融信息处理、业务流程和知识管理三者于一体的应用系统，它可以使政府机构通过网络实现跨时间、地点、部门的协同办公；具有强大的信息收集、处理能力，支持政府机构快速有效地获取所需的信息；同时它具有较强的信息共享能力，提供不同层面的信息共享。电子政务信息系统的学习功能不但模拟和实现了工作流的自动化，而且有利于公务员在工作中学习。另外，它具有较强的决策支持功能，可以为政府决策活动提供有效的信息支持。

知识作为知识经济社会中最重要的一种资源，已经成为决定社会经济发展的核心因素。作为社会管理组织机构的政府，必须重视知识的价值，把知识管理的理论运用到政府管理活动中，以增强政府的活力、创新力、管理能力，提高行政效率。因此，在电子政务中实施知识管理，不仅顺应了知识经济社会的发展潮流，还有利于实现政府内外部知识信息的共享，促使政府运用集体的智慧提高政府的信息加工能力、应变能力和工作能力，提升政府的服务质量，使政府的各种资源效率达到最优。

本章习题

1. 知识管理在政府管理中有什么重要作用？
2. 如何实施政府知识管理？
3. 如何在电子政务中实施知识管理？
4. 调查一家政府机构，体会其知识管理实施的策略。
5. 调查一家省政府网站，并对其进行评价。

第7章 企业知识管理

7.1 企业知识管理概述

7.1.1 企业知识管理的内涵

企业知识管理是在科学技术高度发展、社会经济形态突变、企业内需的驱动下，企业内部长期孕育出的产物，是企业在特定的历史阶段和经济条件下浮现出来的一种崭新的管理思想和管理策略。它不仅体现了企业战略管理的需要，而且渗透到企业业务流程的各个方面。

1. 企业知识管理的概念

目前，对企业知识管理还没有一个被大家广泛认可的定义，这主要有三个方面的原因：一是知识管理本身的复杂性。它是一个多元化、多层次、多功能的综合物，涉及广泛的活动。二是知识管理是一个新兴事物，它的内涵和外延不很确切，而且随着社会、经济和科学技术的不断变化而不断发展。三是人们出于不同的研究目的和使用目的，从不同的角度出发，对知识管理做出了不同的解释和描述。现在将比较有代表性的定义列举如下。

美国经济学博士、知识管理及有关商业和信息技术问题的资深专家Yogesh Malhotra认为："知识管理是在日益加剧的不连续的环境变化情况下服务于组织适应、生存和能力等关键问题的活动，其实质在于，它具体包容了信息技术处理数据与信息的能力以及人们创造和创新的能力有机结合的组织过程。"

奎达斯(P. Quitas)等将知识管理看做："是一个管理各种知识的连续过程，以满足现在和将来出现的各种需要，确定和探索现有和获得的知识资产，开发新的机会”。

David J. Skyrme 认为：“知识管理是对重要知识(vital knowledge)及其创造、收集、组织、使用等一系列流程的显性的、系统化的管理，它注重于将个人的知识转化为组织的知识，并使之得到适当的运用。”

美国生产力和质量中心(APQC)认为：“知识管理应该是组织一种有意识采取的战略，它保证能在最需要的时间将最需要的知识传送给最需要的人。这样可以帮助人们共享信息，进而将之通过不同的方式付诸实践，最终达到提高组织业绩的目的。”

综合上述各种理解，可以归纳为两种观点：一是对知识的管理，二是用知识来管理。本书认为，企业知识管理是指企业利用现代信息技术，开发企业知识资源，调动人力资源学习潜能，并建立与之相适应的组织模式，推进企业现代化进程，提高企业核心竞争力和经济效益的过程。

2. 企业知识管理的内涵

企业知识管理把知识作为企业最重要的资源，把知识和知识活动作为企业的财富和核心，对信息的获取和传播、知识的学习和运用、知识的创新和传递、知识的转换以及内部知识的共享机制、企业内部员工知识水平的提高进行管理，充分发挥企业员工和集体的智慧，通过知识创新谋求企业的生存和发展。企业知识管理的内涵包含以下几个方面：

(1)企业知识管理的核心对象是隐性知识。企业知识管理除了管理企业内外部各种显性知识外，它还要求努力发现并挖掘深藏于组织成员个体大脑里的个人财富的内涵等隐性知识，如个人经验等，将这些隐性知识通过杠杆作用转化为显性知识，并为之所用，这样才能够为公司决策者获取和运用，以便创造组织财富。

(2)企业知识管理是以知识和知识活动为核心的管理。它抛开了物质的过程，把知识活动过程作为考察的对象，把物流和价值流视作附属于知识活动过程的一部分来研究知识活动规律，并且围绕知识活动规律构建组织结构和管理原理。

(3)企业知识管理的过程是一个知识的学习、运用、共享、创新、传播的过程。知识管理主要通过知识获取、加工、共享、利用，运用集体的智慧提高员工个人和组织整体的应变能力和创新能力。知识管理的实施在很大程度上依赖于企业积极参与知识共享的机制，这种机制能在很大程度上使员工之间进行信息以及个人经验的交流和共享，并且设立知识总监，这不但能显示出企业对知识管理的重视程度，也能够培养企业创新能力和集体创造力。

7.1.2 企业知识管理的目标和任务

企业知识管理的主要任务是对企业的知识资源进行全面充分的开发及有效利用，这也是知识管理区别于其他管理的一个主要方面。顺应当代科学技术的迅猛发展及市场竞争的日益激烈而出现的知识管理，将通过创造和建立一个有利于知识资源能动发挥作用的环境，使得知识不断地得以交流和共享，新的知识不断地产生，企业的知识资源不断地得到积累和扩张，企业的知识资源不断地得到充分开发和有效作用，所有这些都将大大增强企业的创新能力。因此，知识管理是整个企业管理中的一个极其重要的组成部分。

企业知识管理的目的是通过共享企业的知识资源，使组织成为学习型组织，员工成为知识的创造者，不断创造出新知识，全面提高企业的竞争能力。而企业竞争的核心和管理的重点，在不同经济形态中是不一样的。因此，企业知识管理的目标在于把企业铸造成一个知识型组织，把学习、交流、理解、合作、创新作为组织文化的重要部分，使提高文化素质、创新能力作为每一个员工的意识存在，从而全面提高企业的创新能力和环境应对能力，确保企业的可持续发展，使企业具有强大的竞争优势。

7.2 企业知识管理的内容

7.2.1 企业知识管理的体系

知识管理作为知识经济时代出现的新兴管理思想，并不是孤立于企业经营管理体系之外的。它本身就是从其他管理领域中提取有关知识的管理理念，经过抽象和综合分析，才逐渐形成的一种战略思想。从它诞生的那一天起，就与战略管理、人力资源、财务、行政、市场、研究与开发等管理领域具有千丝万缕的联系。知识管理应以知识管理的战略为首，通过战略管理来推动企业管理的各个层面的升级和改造。图 7-1 是我们给出的企业知识管理体系“灯笼”模型。

整个知识管理思想体系被描述为一个灯笼的形状。最上边的灯笼柄，是知识管理战略，它是知识管理思想在战略管理领域的直接体现，对企业整个的知识管理思想体系起到提纲挈领的作用，其他的知识管理活动和制度都在知识管理战略这个总纲领下逐步展开。灯笼的笼底，是信息技术，以及在信息技术的基础上建立的知识门户和知识管理系统。这一方面是知识管理思想对于信息管理领域的开拓，另一方面也是其他知识管理活动得以开展的基础。

“灯笼”模型的核心分为两部分，在左边列了三个内容，分别是企业管理里的基本职能管理：行政管理、财务管理、人力资源管理。概括来说，在这三个重要的职能领域，知识管理分别体现为办公自动化(QA)/文档管理系统、知识资产管理以及知识型员工的招聘、激励和职业生涯设计等内容；在右边按照企业价值链设计成4个内容：市场营销管理、研发管理、采购与物流管理、生产制造管理。整个价值链流程与知识管理密切相关的内容分别是市场营销管理中的客户关系管理、研究与开发管理中对知识创新的管理、采购与物流管理中的供应链管理以及生产制造管理中的众多算法和流程管理等。

“知识管理灯笼”的含义，不仅仅在于说明知识管理的思想对企业经营管理的各个领域都产生了影响，还在于说明这些领域实际上是企业知识管理的范畴。

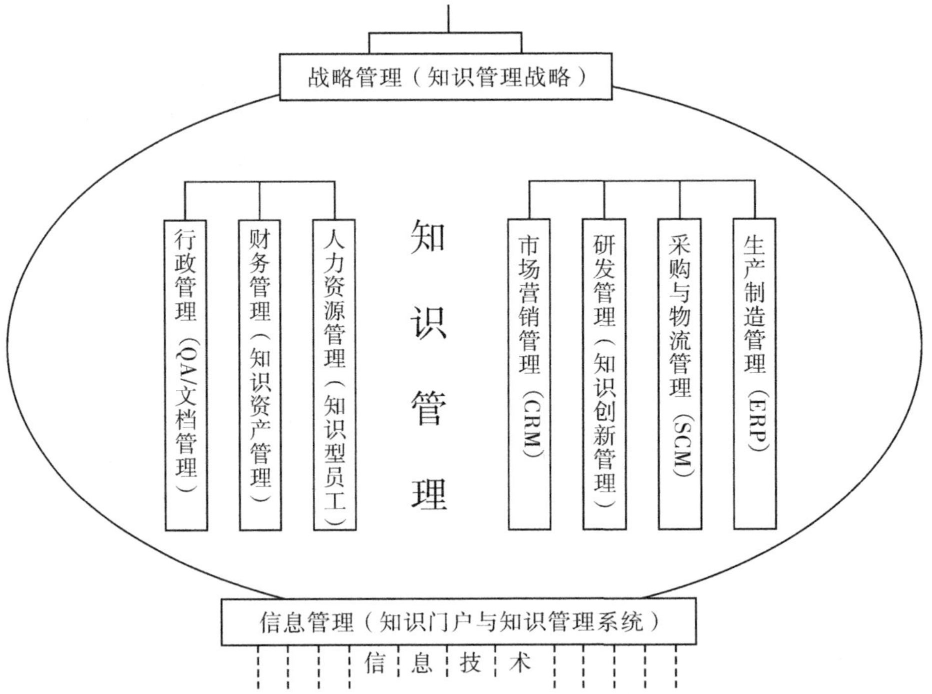

图 7-1　企业知识管理的“灯笼”模型

7.2.2　企业知识管理的主要内容

1. 建立知识网络和创造适宜的环境以促进知识的交流与共享

知识的交流与共享是企业创新的基础，因此，在知识管理中，通过各种方式来促进知识的交流与共享是重要的工作内容。促进知识交流与共享的方式有两个基本方面。一是要尽可能地运用现代化的技术手段尤其是信息高科技手段建立起各种形式的企业知识网络，为知识的交流与共享创造基本的条件。如美国的安达信公司把它分散在世界各地的2万名咨询师通过一个“知识交易中心”网络连接起来，全天24小时开放，2 000个数据库由2万名咨询师不断提供最新知识，知识的交流与共享使安达信在世界各地的服务都享有很高的声誉。二是要尽可能地通过各种方式创造一种知识交流与共享的环境，使大家在这种适宜的环境中，通过知识的交流与共享，把信息与信息、信息与存在于人脑中的难以编码的知识联系起来，从而保证企业创新活动的不断进行。

2. 驱动以创新为目的的知识生产

随着技术发展的日新月异及全球市场一体化趋势的增强，企业面对的市场竞争也日趋激烈。在激烈的竞争中，企业要想立于不败，拥有比别人领先一步的产品、技术或管理就成为制胜的关键。领先一步的创新从哪里来？可以说主要来源于企业的以创新为目的的知识生产。无论是哪一种类型的知识，只要先人一步掌握，就可能给企业创新带来极大的便利与可能。因此，创造适宜的条件与环境，充分开发和有效利用企业的知识资源，进行以创新为目的的知识生产，是知识管理的一项重要内容。

3. 将企业的知识资源融入产品或服务及其生产过程和管理过程

知识管理的直接目的是企业创新，而企业创新是使企业的知识资源转化为新产品、新工艺、新的组织管理方式等的过程，因此，创新离不开知识资源与企业产品或服务及其生产过程和管理过程的结合。所以，知识管理的一个重要内容就是要明确企业在一定时期内所需要的知识以及开发的方式与途径，贯彻相应的知识开发和利用策略，从而保证企业知识的生产、知识资源的积累和扩大与企业产品或服务及其生产过程和管理过程紧密联系在一起。

7.3 企业知识管理的实施与评价

7.3.1 企业知识管理的实施

1. 企业知识管理的实施模式

知识管理的模式指的是企业进行知识管理的方式，或者是具体的形式。在1999年，哈佛大学汉森(Hansen)和罗利亚(Nohria)教授就在研究了大量美国企业知识管理实践的基础上，将知识管理分为编码模式(codification mode) 和个性化模式(personalization mode)两种。

(1)编码管理模式是当前很多公司进行知识管理喜欢采用的一种模式。这种模式源于 IT 业的迅猛发展，使知识的编码、贮存与使用变得更加方便、快捷，并且成本低廉。企业把内部的知识、数据、文献、政策、个人经验等都通过编码，以计算机逻辑处理方式储存在数据库中，这些知识可以被公司所有人员通过计算机直接调用，而不必管这些知识的来源是哪里。这种知识管理模式依赖的是“反复使用的经济学”，只要企业建立这样的知识管理系统，将所有知识包含在这个系统中，那么不管新老员工怎样流动，都不会影响企业的运作，从而降低成本。编码管理模式的着重点在于知识的再应用，使预先优化的知识能马上应用，并且取得预定的效果。这种方法使许多人可以搜寻和提取经过编辑的知识，而无需与最初的开发者接触。这就开辟了知识的反复使用，促进了企业的成长。

(2)个性化模式的知识管理旨在建立一种“学习型的组织”“创造性的文化”。与编码模式不同，在这种模式里，知识与其开发者紧密地联结在一起，知识主要通过直接的面对面的接触来进行共享。计算机在这类公司的目的是帮助人们更好地沟通知识，而不是储存知识。这里把知识管理的重点放在知识的拥有者和使用者上，而不是简单的知识综合。同样的信息怎样处理要取决于个人或团体的主观能动的理解。知识与知识的所有人并没有分离，知识要通过人员的交流得到传播和分享，并且在这个过程中进一步创造新知识。因此，采用这种知识管理模式的企业需要对自己已有的知识不断根据市场情况、消费者状况、竞争情况和商业动态进行再加工，以适应变化的需求。企业不强调使用先进的信息技术对知识进行计算机化处理，主要是要对原有知识根据变化加入人的主观能动性、责任心、创造力。和编码模式的静态知识管理相比，这种管理是动态的，重点在创造新知识。

2. 企业知识管理的实施步骤

知识管理的实施有其规律可循，企业在开展知识管理时，应该遵循知识管理实施步骤，结合本企业的实际情况，分阶段稳步推进。知识管理的实施流程如图 7-2 所示。

(1)知识管理认知。认知是企业实施知识管理的第一步，主要任务是统一企业对知识管理的认知，梳理知识管理对企业管理的意义，评估企业的知识管理现状，帮助企业认识是否需要知识管理，并确定知识管理实施的正确方向。

主要工作包括：全面完整地认识知识管理，对企业中高层进行知识管理认知，特别是让企业高层认识知识管理；利用知识管理成熟度模型等评价工

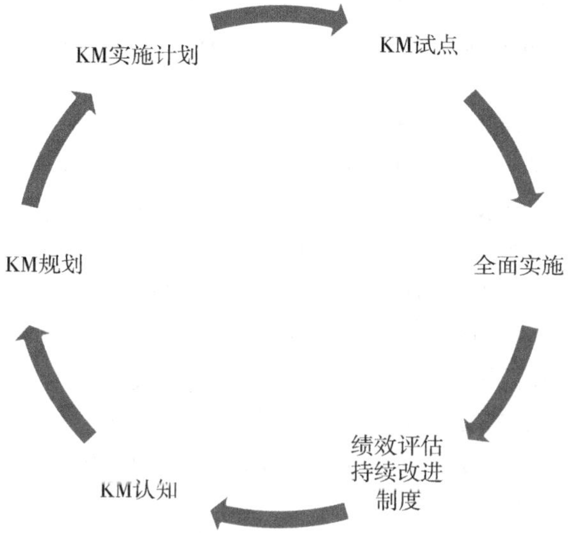

图 7-2 企业知识管理的实施步骤

具多方位评估企业知识管理现状，通过调研分析企业管理的主要问题；评估知识管理为企业带来的长、短期效果，从而为是否推进知识管理实践提供决策支持；制定知识管理战略和推进方向等。

(2)知识管理规划。知识管理规划是组织实施知识管理的蓝图，通过知识管理规划，确定组织的知识管理目标、战略、知识管理策略、组织的现状与知识管理要求的差距。知识管理的推进是一套系统工程，在充分认知企业需求的基础上，详细规划也是确保知识管理实施效果的重要环节。这个环节主要是通过对知识管理现状、知识类型的详细分析，并结合业务流程等角度，进行知识管理规划。

知识管理规划的主要内容有：从战略、业务流程及岗位来进行知识管理规划；企业管理现状与知识管理发展的真实性分析；制定知识管理相关战略目标和实施策略，并对流程进行合理化改造；知识管理落地的需求分析及规划；在企业全面建立知识管理的理论基础。

(3)知识管理实施计划。知识管理实施计划是知识管理在企业实施的路线图。具体内容如下：确定知识管理实施的目标、阶段、范围、进程；知识管理实施组织机构设立，确定知识管理实施机构的人员、分工；知识管理试点启动，确定预期目标并进行评估；总结方法，全面推动。结合 SPPT 分析结果，对知识管理的人员培训、流程和制度优化与建设、知识管理融入日常工作等方面提出细化的实施步骤和方法；知识管理系统的采购、上线。

(4)选择试点部门实施。此阶段是第二阶段的延续和实践，按照规划选取适当的部门和流程依照规划基础进行知识管理实践。并从短期效果来评估知识管理规划，同时结合试点中出现的问题进行修正。

主要工作内容：每个企业都有不同的业务体系，各不同业务体系的任务特性均不相同，其完成任务所需要的知识亦有不同，因此需要根据不同业务体系的任务特性和知识应用特点，拟订最合适、成本最低的知识管理方法，称为知识管理模式分析。另外，考虑到一种业务体系下有多方面的知识，需要识别关键知识，并判断关键知识的现状，进而在知识管理模式的指导下采取有针对性的提升行为，可以称为知识管理策略规划。

(5)全面实施，搭建信息平台。在试点阶段不断修正知识管理规划的基础上，知识管理将大规模在企业推广，以全面实现其价值，并搭建知识管理实施需要的信息平台。

推广内容：知识管理试点部门的实践，在企业中其他部门的复制；知识管理全面地融入企业业务流程和价值链；知识管理制度初步建立；知识管理系统的全面运用；实现社区学习型组织、头脑风暴等知识管理提升计划的全面运行，并将其制度化。

(6)绩效评估，持续改进。为了衡量知识管理对企业产生的效果，促进对知识管理实施的改进，需要对知识管理实施的效果进行定性和定量的评估，对取得的成效进行分析，并固化形成制度和流程，而对于不足之处进行分析，提出改进建议。

这一阶段，企业开始意识到知识管理是企业运作的一种战略，而且有必要成为综合企业运作机制的一部分，从而把知识管理全面融入企业战略、流程、组织、绩效等管理体系。在此基础上，知识管理将逐渐演变成企业核心竞争力的一部分，有力地促进企业每一位员工的发展。

3. 企业知识管理的实施要点

为了更好地完成知识管理的任务，实现知识管理的目的，企业实施知识管理时应特别注意做好以下几个方面的工作。

(1)建设系统的信息技术基础设施。包括知识的采集与加工阶段需要的计算机外部设备与网络设备；知识的存储与积累阶段需要的数据库技术；知识的传播与共享阶段需要的通信传输技术与互联网技术；知识的使用与创新阶段需要的人工智能技术等。

(2)设立知识主管。知识作为一种越发重要的无形资产与经营资源，应有专人对其进行有效管理。知识主管的职责主要是营造一个促进信息与知识积累、共享和创新的环境，促进知识的集成、生产和利用，并保证知识流向于有助于实现企业目标、提高知识利用效率的个人。

(3)建立起知识型企业组织结构。企业实施知识管理，是为了充分和有效地开发利用其知识资源，以实现企业创新，从而提高企业创造价值的能力。因此，知识管理客观上要求企业必须打破原有传统的金字塔式企业组织结构，建立起柔性、灵活的知识型企业组织结构。在知识型企业组织结构中，员工间知识的交流与共享得到鼓励并有切实的条件保证，团队式的工作小组使得任何一位员工的想法、建议或意见都能得到广泛的交流，学习成为一种日常的、自觉的事情。

(4)营造一种有利于企业知识资源开发和利用的环境。在知识管理中，管理者必须尽力营造或创造一种环境，使得别人有可能并自觉自愿地去为实现既定目标而努力。这种环境的营造包括硬环境和软环境两个方面。硬环境的营造，包括建立起知识型企业组织结构，完善企业的知识网络，建立起鼓励员工参与知识交流与共享的机制和鼓励员工创新的各项企业制度，如公平、公正的分配制度，透明、民主的决策制度，等等。硬环境的营造提供了知识管理的基础。软环境的营造，是要创造出一种鼓励学习、鼓励知识交流与共享、崇尚创新的企业文化氛围。在这种开放和信任的文化氛围中，每一位员工的价值得到肯定，创造性得到承认，创新的想法或建议得到充分的尊重和交流，员工主动地为企业的发展尽心尽力，从而使企业整体的智慧得以增强，面向市场的企业创新能力得到提高。因此，软环境的营造可以使企业的知识资源得到更加充分和有效的开发利用，尤其对员工创造潜力的发挥方面有着不可低估的作用。

(5)建立动态联盟，培养企业核心能力。当前，知识大量生产，技术发展迅速，市场竞争日益激烈，企业必须采取开放、合作的方法，与社会系统进行广泛联系，建立各种形式的产品联盟和知识联盟，才能适应世界经济发展的新形势。

7.3.2 企业知识管理的评价

1. 企业知识管理评价的意义

要提高企业知识管理能力必须考察知识管理活动的内部。知识管理评价是揭示知识管理内部活动的一种较好方法，它通过对知识管理活动的表现和实施情况的度量与评价，找出同基准(benchmark)之间的差距及其原因，并制订弥补这一差距的可行性计划。

首先，准确的企业知识管理评价使企业得以识别存在的问题。企业进行知识管理后，实施效果到底如何，过程中存在哪些不足，通过进行知识管理评价，就可以反映出来。其次，企业知识管理评价可以反映企业的未来发展趋势，同时也是企业认识和了解自身知识管理水平的重要途径。再次，企业知识管理评价可以使企业对实施知识管理前后所产生的效果进行比较，或与相关企业之间进行知识管理的横向比较，发现自身在知识信息的获取、加工处理、共享、创新、利用等环节中存在的问题，并针对问题总结经验教训、制定改进措施，从而更好地利用自身的优势，发挥企业知识管理的作用，为正确指导企业知识管理的发展提供决策依据。

2. 企业知识管理评价的原则

(1)定性评价和定量评价相结合。在企业实施知识管理的过程中，知识自身的隐含性等特点决定了对企业知识管理进行科学、客观评价的复杂性和艰巨性。譬如，在对隐性知识的转化、组织结构的优化、企业文化营造等指标做处理时，只能通过问卷调查、流量分析、个别访问、交谈等方式进行，采用定性分析的方法来进行评价。有些评价指标甚至还要通过主观的评价，依据经验做出量化处理，将判断转化为数字。因此，在企业知识管理的评价过程中，必须采用定性评价和定量评价相结合的办法，才能对企业知识管理做出相对客观、准确的评价。

(2)事前评价与事后评价相结合。当企业面临复杂多变的市场环境和竞争压力时，知识的更新使得产品生命周期缩短，有些知识创新项目的实施具有投入高、见效期长、风险大的特点。因此，就有必要对知识管理的项目进行事前评价，这类评价主要是对知识管理项目的认证，根据知识管理的目标和企业的发展战略，组织专家组对知识创新项目的科学性、可行性、有效性和风险性进行评价。通过评价，综合专家组的意见，改进实施的方案，减少风险。项目实施后的评价是对项目绩效进行评价，主要是评价项目的实施有没有达到预期的目标。通过事前评价与事后评价的比较和分析，可以发现和总结实施项目过程中成功的经验和失败的教训，为新的知识管理项目的开展积累了宝贵的资料。

(3)目标评价与过程评价相结合。在企业知识管理中，既需要对知识管理项目的目标进行评价，也要对其过程进行评价。因为在知识的采集与加工、积累与储存、共享与交流、创新与增值的过程中，涉及许多可变的不定因素，如市场的变化、人员的调整、技术的改进等，都会给知识管理项目的实施带来影响。通过过程评价，便于及时获得有关进展情况，可以得到关于员工对实现目标的结果和程度的反馈信息，发现项目实施中出现的问题，采取积极有效的措施加以修正，确保项目目标的实现。

(4)个体评价与综合评价相结合。企业中的显性知识比较容易实现共享与交流，而隐性知识是企业知识管理的主要内容，隐性知识隐藏在员工的头脑之中，比较难以挖掘、交流和应用。隐性知识带有明显的个体性，有些知识管理项目是以个体为主运作的，而个体的自我评价易受到自负或不准确的自我意识的影响，带有主观的偏见，会造成评价的偏差。因此，要采取个体评价与综合评价相结合的方式，在个体评价的基础上，辅以同级评价、上级评价、专家评价。同行、上级和专家由于观察的角度不同，其评价结论相对比较客观和公正。这两种评价方式的有机结合，能大大提高评价的准确性。

3. 企业知识管理评价的类型及内容

企业知识管理评价可以分为两大类：绩效评价和水平评价。

(1)企业知识管理绩效评价。企业知识管理绩效评价是指企业实施知识管理后在企业整体收益上的效果评价。知识管理绩效评价主要体现在3个方面。①评价企业的组织、人力、技术、市场这些资源在知识管理框架下的配置情况。②知识管理本身对企业的组织、人力、技术、市场这几个方面的促进作用。③评价在知识管理实施过程中企业核心竞争力增强的程度。

(2)企业知识管理水平评价。企业知识管理水平是指企业在生产经营所依赖的知识资源及其获取、共享、创新、利用等一系列的管理活动方面所达到的高度。企业知识管理水平可以从领导对知识管理的重视程度，人力资源管理知识化程度，组织结构的知识化调整和企业文化的培育，知识管理基础设施的建设，知识的检测、评价和利用，外部关系的知识化程度等诸多方面得到反映。评价企业知识管理水平，也就是评价企业在这几个方面所达到的高度。

4. 企业知识管理评价的方法

(1)定性评价。在对被评价的对象所掌握的数据不多、不够准确或主要影响因素无法用数字描述时，进行定性的分析评价是企业知识管理中的一种行之有效的评价方法。定性评价的特点是它所需要的数据少，能考虑无法定量的因素，简单易行。在企业知识管理中常用的定性评价方法有以下几种。

①调查评价法。调查评价法主要是指评估工作者深入实际进行调查研究，取得必要的信息和资料，再根据自己的经验和专业水平，对所评价的项目进行分析和判断。如对于客户满意度的评价中，可以采用随机抽样或典型调查方式，从调查的对象中抽选出一定数目的客户，通过发表、访问或网络调查等方式，对客户的满意程度进行统计分析而得出所需的评价结论。

②专家评价法。是针对具体的评价项目向一组专家征询意见，将专家们的评价意见进行综合分析而得出评价结论的方法。采用专家评价法的优点有如下几个方面。第一集思广益，发挥专家的集体智慧，从而避免了主观性和片面性，有利于提高评价质量。第二有利于专家独立思考，各抒己见，充分发挥各自的见解。第三通过反馈，可以了解各种不同看法，相互交流，相互启发，修正个人意见。第四简单易行，评价周期短，缺少数据时也能用。其缺点是专家的责任分散，作为一种经验型的判断具有局限性。

③主观概率法。主观概率是指在一定条件下，个人对某一事件在未来发生或不发生可能性的估计，反映个人对未来事件的主观判断和信任程度。主观概率法是指利用主观概率对各种评价意见进行集中整理，得出综合性评价结果的方法。常用的主观概率法有主观概率加权平均法和累计概率中位数法。主观概率法特别适用于企业知识管理中的过程评价。

(2)定量评价。虽然定性评价简单易行，但它不够准确。企业知识管理评价中有许多项目需要进行定量分析，从而得出准确的评价结果。常见的定量评价方法有层次分析法(AHP)、模糊综合评价法以及BP神经网络法等。

①层次分析法。层次分析法(analytic hierarchy process，AHP)是一种定性和定量相结合的，并且拥有系统化和层次化特点的分析方法。总的思路是将整个评价体系建立在目标实现的基础上。简而言之，就是通过考察企业目标的实现程度来反映企业的知识管理系统的效能。同时，用层次分析法分析各个目标的层次，以及各个层次目标中所包括的指标和重要度，并在此基础上结合考虑权重的情况，形成最后的知识管理效能的评价量化值。

②模糊综合评价方法。企业知识管理是一项复杂的系统工程，对其评价需要考虑的因素很多，是一个典型的多层次、多目标和多因素问题，具有信息不完全或者“模糊”的特征。模糊综合评价是以模糊数学为基础，应用模糊关系的合成原理，将一些边界不清、不易定量的元素定量化，进行综合评价的一种方法。基本操作流程如下。

首先，设立知识管理评价指标集合 $P=\{P_1, P_2, \cdots, P_n\}$，再根据各指标 P_i 对评价知识管理状况优劣的影响程度不同赋予不同的权重 w_i，可以形成各指标间的权重分配集合 $W=\{w_1, w_2, \cdots, w_n\}$。评价结果的等级集合为 $E=\{e_1, e_2, \cdots, e_n\}$，表示评价结果可以从 n 个等级中选择。

其次，建立模糊评价矩阵。首先，参与企业知识管理综合评价的评委们对评价指标集P内各指标 P_i 进行评定，即对各个指标进行单因素的评定。用 r_{ij} 表示所有评委对第 i 个指标评为 j 等的综合评分值，由评委们对指标 P_i 的不同评分得出综合评价矩阵R。

最后，则是在考虑各指标的权重分配后，可得到企业知识管理的模糊综合评价结果 B。

③BP(back propagation)神经网络法。BP 神经网络是一种试图通过对一定数量可靠样本的自动学习来拟合评价因素对评价目标的影响函数的方法，也是误差反向传播多层前项反馈式神经网络，通过训练多样本以达到稳定系统，然后通过稳定系统对评价对象进行评价。

用 BP 神经网络进行知识管理评价的结构设计如图 7-3 所示，它是由输入层、隐含层和输出层构成，各层的神经元数目不同，由正向传播和反向传播组成。对企业知识管理进行评价时，从输入层输入知识管理指标评价体系，经隐含层处理后传入输出层，输出即为评价结果。在正向传播阶段，每一层神经元的状态只影响到下一层神经元的状态。如果输出层得不到期望的输出结果，则进入误差的反向传播阶段，误差信号按原来的连接通路返回，网络根据反向传播的误差修改各层的连接权，使误差信号达到最小。这 N 种因素的设置，考虑了概括性和动态性，力求全面反映企业知识管理的主要因素。

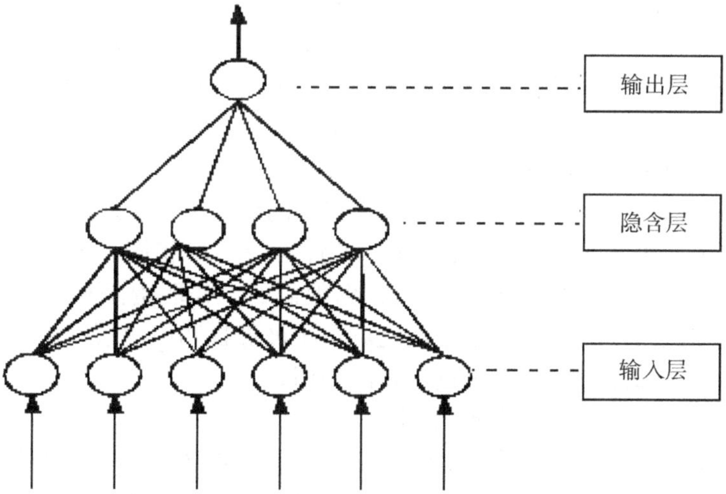

图 7-3　BP 神经网络图

另外，为了对知识管理做出全面、科学的评价，也有学者采用基于方法集的综合知识管理评价模型。基于方法集的综合评价模型是指在评价的基本原则指导下，以能独立完成对问题进行综合评价的方法为基础，根据一定的准则和规则从中抽取若干方法，并运用这些方法对评价对象进行综合评价，然后通过合理的组合算法将以上评价结果进行优化组合的评价模型。通过方法的集成去寻求一个更有效的方法组合，以消除单一方法产生的随机误差和系统偏差，进而解决多方法评价结论的非一致性问题。

7.4 企业知识主管

7.4.1 知识主管的含义

1. 知识主管的概念

知识主管(chief knowledge officer，CKO)也叫做知识总监，是指一个公司或企业内部专门负责知识管理的行政官员。CKO是近年来随着知识管理的发展而在企业内部出现的一个新的高级职位，代表的是高级的知识执行长官。

CKO这一职位的设立，意味着知识管理已正式成为公司的一项重要管理内容，将为公司知识管理战略的实现与发展发挥重要的作用。

在知识经济中，知识管理对经济发展也越来越重要，管理和决策的知识化也是知识经济的一大特点。在当今社会知识大爆炸的环境下，西方国家的一些大公司为尽快获得、掌握和保存最有价值的知识，专门设立了新的高级经理职务，即“知识主管”或者“智力资本主管”。这些人给公司提供的不仅仅是数据，而是经过提炼和创造的智力资本。

进入20世纪90年代，人们发现在美国的可口可乐、通用电器等大公司里，出现了一批新任命的高级经理，尽管头衔不尽相同，或“知识主管”，或“学习主管”，或“智力资本主任”，但他们的工作职责是相同的：为企业创造一个知识共享的氛围，建立奖励雇员积极贡献知识的激励机制，鼓励员工把信息和认知能力结合起来创造新的知识。

2. 知识主管与信息主管的区别

知识主管不是信息主管(CIO)的简单延伸，伦敦商学院信息管理教授尼尔指出，公司中知识主管的作用已经超出了信息技术的范围，进而包括诸如培训、技能、奖励、战略等。公司需要一位善于思考的人，把人力资源同信息技术和营销战略等有机结合起来，发挥特殊作用。

(1)管理的对象和解决的问题不同。CIO的管理对象是信息，所要解决的是信息传播问题；CKO的管理对象是知识，所要解决的是知识的传授和学习的问题。

(2)对显性知识与隐性知识管理的侧重点不同。CIO 管理的知识主要是显性知识，这些知识比较易于编码化和度量，因而易于实现商品化。而 CKO 的工作重心在于潜在的知识——隐性知识的开发和利用，而隐性知识很难用公共传媒技术手段来实现传播。

(3)二者设立的理论基础不同。CIO 设立所依据的理论基础是系统理论中的信息论，它把企业看做一个信息转换装置，强调在对信息系统的管理中实现物流到价值流的管理。而 CKO 设立的理论依据是知识经济条件下的知识管理。在知识经济条件下必须实现有效的知识管理，而要实施有效的知识管理，势必要设立相应的知识主管。

(4)知识工作的重心不同。CIO 的工作重心基本上停留在知识积累和硬性技术支持等有形交流上面，而 CKO 强调的是将创建以知识创新为导向的共享型企业文化这一软环境作为其工作核心。

7.4.2 知识主管的主要工作

1. 构建知识管理战略

“无规矩不成方圆”，企业知识主管的首要任务就是要创建一个促进企业知识创新的发展战略，并实施这一战略，且对这一战略进行经常性的评价。为此，必须抓好以下工作。

(1)确定知识管理目标。知识主管必须了解组织的内外环境。掌握组织内的知识需求，发现和挖掘首席行政长官(CEO)关于知识管理的隐含的、模糊的目标愿景，并在此基础上确定知识管理发展战略与实施步骤，获得 CEO 的首肯，保证知识管理的成功实施。

(2)创建知识管理框架。知识管理是一项新课题，缺乏工作标准，没有先例可循，因此企业的知识主管必须设计知识管理的分类体系、基础系统、管理程序、交流机制、共享空间和保密条例等。从组织机制和技术手段等方面提出相应对策，为自己及所领导的部门制定工作目标、内容、流程和方案，包括知识采集、保存、维护、创新、交流、传播、共享和利用等。

(3)制定知识管理政策。设计知识管理绩效评价体制，建立有效的激励机制。制定并实施知识管理成果评定、奖励、应用的制度与流程，鼓励各层次的员工、团队支持、参与知识管理，贡献、分享知识。

2. 建立企业知识共享机制

知识管理的出发点是把知识作为企业的最重要的资源，利用知识提高企业竞争力。所以，有效的知识管理必须建立在有助于企业开发知识资源的基础之上，这就需要建立企业内部知识流通渠道与知识共享机制，创造一个有利于企业知识发展的良好环境，把员工潜在的知识挖掘出来，把知识变成可使用的资源，最大限度地实现对员工知识的管理，推进知识创新的进程。其主要工作包括以下方面。

(1)建设知识管理环境。知识主管是环境建设者，要营造能够促进知识管理的环境，以利于知识的发现和知识能量的释放。

(2)培养知识管理文化。知识主管是宣传员，要传播知识及知识管理的概念、性质、意义与价值，引入适合组织知识愿景的思想，促成有利于知识管理的组织文化与价值观。要促进组织内部的知识流通与合作，将知识管理与员工的工作结合起来，使知识管理融入组织运作的文化和流程中，贯穿于整个团队实践。

(3)控制知识共享与保密的平衡。过度控制意味着员工的自主空间过小，与鼓励员工寻求知识创新的目标相违，缺乏统一规范又会造成员工因缺乏方向感而丧失动力，或者过分热衷于无视质量而快速生产知识。因此要制定适当标准，使员工既有章可循，又不被过分束缚。

3. 开发利用企业的知识资源

知识管理的最终目的就是利用组织的无形资产创造价值，知识主管应该能够通过分享、利用、学习等手段，有效开发与利用企业的知识资源，将知识资源应用到企业产品开发、生产与经营活动中，使知识资源真正成为企业技术创新、产品与服务创新以及组织竞争力提升的关键。主要应抓好以下工作。

(1)要明确概念体系。知识管理作为一种崭新的管理理论，具有极大的不确定性与模糊性。知识主管要理清知识及知识管理的理念，设计知识管理实施步骤，就所要推行的项目的目的，知识的定义，知识管理概念、理论、模式、框架和语言、保密与安全利用策略等在组织内进行明确的沟通，与组织成员达成共识，并使不同部门的主管、员工都能够理解知识管理的要点与重要性，求得其支持、协作与配合。

(2)要设计创造、收集、加工、存贮和提供知识的方法。确定整个组织的知识存取技术标准，规范工作用语、技术术语词表和组织的知识管理活动。要促进组织内知识生产、集成、交流与共享，协助个人与部门的知识创新活动。将各部门中分散的、孤立的知识加以整合，使组织有序地流动。各个部门都掌握有组织经营中获取的各种显性或隐性知识，但彼此间可能过于独立交流不足，因此知识主管需要从全局的角度对各部门所拥有的知识进行管理，帮助他们发展本部门的专业知识，设计保护制度，对那些应该共享的知识则要通过技术手段或者营造软环境适当地加以整合。

(3)促进与外部环境的知识交流活动。建立并保持与外部信息、知识提供者的关系，负责谈判和签订合约，适时引进组织所需要的各种知识，运作和支持在组织内外查找、出版和传播知识的项目。

4. 培养企业知识创新能力和集体创造力

在国家创新体系中，企业是构成技术创新体系的主体。企业的创新能力来源于企业内部员工利用知识的创新能力的整合。因此，知识主管应培养全体员工的知识管理理念，并协助个人与部门进行知识更新、开展创新活动，提高企业员工的知识获取能力，提高企业个体与整体的知识学习能力，促进组织整体知识存量与价值的增加。其主要工作为花最大的气力促使隐性知识在企业内交流共享中变成明晰知识，再产生新的隐含知识，从而在知识的生产、传播与利用中形成企业知识创造和累积的螺旋。

7.4.3　知识主管的基本素养

1. 知识主管的素质要求

知识主管应具备的素质是指其品德、知识、能力和体格诸要素在限定的时间内应该达到的胜任本职工作的状况。

(1)专业性素质。现代企业中，知识管理工作十分复杂，管理所需要的知识和技能也日趋专业化，这要求知识主管必须拥有知识管理多方面的知识和技能，要求其具有较高的政策法律水平、丰富的阅历和较充实的业务实践经验、合理的知识结构，必须接受过与知识管理有关的管理学、信息管理学、市场营销学、组织行为学等专业教育和培训。

(2)全局性素质。要求CKO能够清楚地预见知识管理对企业未来发展的意义，并对此富有全局性考虑。CKO在企业中负责知识管理的全局性工作，不仅仅是起到参谋和顾问的作用，CKO必须紧密结合市场，在考虑其他业务部门的规划和本企业的经营发展战略基础上，制定企业知识资源发展规划。因此要求CKO不但要有全局观念，还应该具有较好的系统分析、策划及组织协调能力。

(3)信息素质。作为技术专家，CKO必须了解哪些技术能够有助于知识的获得、存储、探索，尤其是知识共享，这就要求CKO对信息技术有相当好的把握和驾驭能力。

(4)公关素质。优秀的CKO一定是具有良好人际交往能力和活动组织能力的知识管理者。他善于倾听组织中成员的意见，追求知识的共有和团队精神，营造良好的企业内部环境，促使员工愿意与人合作，共享并开发知识资源。

2. 知识主管的能力要求

CKO 的工作要求其拥有 4 个方面的能力。

(1)CKO 应该是一位技术专家。CKO 必须了解哪些技术有助于知识的获取、储存、利用的共享。早期 CKO 工作研究表明，CKO 的第一步工作通常是以 IT 为基础的，例如创建知识目录、发展知识共享组件、建设企业内部网络等。CKO 还经常是企业 IT 项目的实际负责人，即使不是如此，他们一般也要经常与 CIO 或 IS 经理合作共事。因此，CKO 必须对技术有足够的了解，他们必须能够理解知识管理对技术的要求，并能判断哪些技术是有效的；同时，必须能够识别采用新技术存在的机会和威胁，以及清楚该在何时采用新技术。

(2)CKO 是一位战略专家。要实现有效的知识管理，仅仅拥有合适的软硬件系统是不够的。它要求企业领导层把集体知识开发、共享和创新视为竞争优势的支柱，对包括信息在内的所有知识资源进行综合决策，实施全面管理。由于 CKO 工作的对象都不直属于 CKO，CKO 实际上是在一张平行的工作网上开展知识管理工作。CKO 只能以他们的影响力、说服力和演示证明等手段取得他人信任。他们经常要花费大量时间先逐一说服企业管理人员，使之相信个人或某些地方可能存在的知识差距以及由此产生的危险和机会，然后再有针对性地制订知识管理计划。

(3)CKO 是一位环境专家。环境专家的工作包括空间设计，如办公室和休息场所的设计，建立和布置学习中心，还意味着重新设计绩效衡量和经理评价体制，甚至包括改进企业管理层对 CKO 自身业绩评价的尺度。但更根本的，作为一个环境专家意味着要把企业所有的管理培训计划和组织发展行为都紧密地与知识管理结合起来，要在这些活动中更加重视提高企业的知识创造能力。

(4) CKO 是一位创新专家。接受研究的 CKO 大多富于企业的创新精神，他们对促进业务的发展和创造性的发挥感到兴奋。许多 CKO 都认识到担任一个全新职位存在的个人风险，但他们似乎更喜欢冒险事业，不少 CKO 都把自己视为开创一种新活动和培养一种新能力的建设者。

迄今为止，任命的 CKO 背景差别非常大，CKO 大多是 CEO 直接任命的，但 CEO 任命 CKO 更多的是凭直觉而不是严密的逻辑分析。一般人都是首次担任 CKO 职位，在此之前他们都有丰富的职业背景，平均担任过其他 3~4 个职位；他们一般都对现在服务的企业比较熟悉，在当前企业工作的平均年数是 9 年；一般都在该企业中有过成功的记录，已经树立了良好的形象和赢得了广泛信任。换言之，丰富的职业背景和在企业内的威信是 CKO

成功的两个有利条件。

7.5 知识管理与学习型组织

7.5.1 学习型组织概述

1. 学习型组织的内涵

随着知识经济时代的到来，学习型组织成为企业做好知识管理工作和提高竞争能力的必要条件。也就是说，如何有效地激发企业的创新和创建成功的学习型组织已成为现代管理的两大主题。由于信息爆炸、知识快速更新，个人要成为学习者，企业要成为学习型企业，国家要成为学习型社会，已经成为共识。对于一个企业而言，学习是创造力和竞争力的源泉。未来最成功的企业将是一种学习型组织，它能使企业所有员工全身心投入，并持续不断地学习，有利于开发培养群体的创造力，有利于解决实际问题。换言之，企业未来唯一持久的竞争优势，就是具备比竞争对手更快速学习的能力。

什么是学习型组织？有以下几种观点。

(1)圣吉(1990)认为学习型组织是："在这种组织里，你不可能不学习，因为学习已经完全成了生活的不可分割的一部分。"同时，他认为学习型组织是"一群能不断增强自身的，创造他们想要创造的东西的能力的人组成的集合或团队"。他还强调："组织的学习水平、能力的高低可能是组织保持竞争优势的关键因素。"

(2)学习型组织是"一个有自己的学习的组织，它在预期、对变化的应对和反映复杂性和不确定性等方面都有自己的一套"。

(3)梅吉尔等(1992)认为学习型组织是"能够改变信息处理和评价的规划、方式来适应新的信息的要求的一个团队"。

(4)学习型组织是以信息和知识为基础的组织，这种组织实行目标管理，成员能够自我学习、自我发展和自我控制。

(5)学习型组织是指通过培养整个组织的学习氛围而建立起来的一种符合人性的、有机的、扁平化的组织。这种组织具有持续学习的精神，是可持续发展的组织。

学习型组织最本质的特征是组织学习。企业应建立起一个有利于学习的环境，同时应发挥人的主观能动性，有目的、创造性地学习。这是知识管理的重要方法和手段，它涵盖知识生产、传播、交换、利用的全过程。因此，学习型组织是能对相互依赖并且不断变化的世界做出有效反应的组织，应该是一个能不断适应变革的组织。

2. 学习型组织的修炼

学习型组织最初的构想源自于佛睿斯特在1965年写的一篇文章《一种新型的公司设计》，他运用系统动力学的原理，非常具体地构想出未来企业的思想组织形态——层次扁平化、组织咨询化、系统开放化，逐渐由从属关系转向工作伙伴关系，不断学习，不断重新调整结构关系。彼得·圣吉作为佛睿斯特的学生，继续以组织系统动力学基础来研究如何建立一种更理想的组织。圣吉博士除了进一步融入更多整体动态搭配的细节性的技术外，还将一些新的创造性管理技术结合起来，发展出一种新型的组织概念。圣吉博士随后将他们的辅导与研究成果写成《第五项修炼——学习型组织的艺术与实践》一书，介绍如何创造学习型组织的五项修炼，即自我超越、改进心智模式、建立共同愿景、团队学习和系统思考，其中系统思考是五项修炼中的核心技术。

(1)自我超越。自我超越是指突破极限的自我实现和获得娴熟的技艺的过程。精熟自我超越的人，能够不断实现他们内心深处最想实现的愿望，他们对生命的态度就如同艺术家对待艺术作品一样，全心投入，不断创造和超越，这是一种真正的“终生学习”。整个组织的学习意愿和能力来源于组织中每个成员的学习意愿和能力。

自我超越的修炼包括以下内容：

①建立个人愿景，即树立个人远大理想和宏伟目标。

②保持创造性张力，即不断地从个人愿景与现实之间的差距中创造学习与工作的热情与动力。

③解决结构冲突，即排除阻止个人追求目标和迈向成功的结构性心理障碍。

④运用潜意识，即发展潜意识与意识之间的默契关系，以增强意志力。

(2)改进心智模式。心智模式是根深蒂固于心中，影响着人们认识周围世界以及如何采取行动的许多假设、成见和刻板印象。改进心智模式就是组织成员和组织自身打破既成的思维定势，解放思想，进行创造性思维的过程。

改进心智模式的修炼包括以下内容：

①辨认跳跃式的推论，即认真分析自己是如何从粗浅的、直接的观察，跳到概括性的结论。

②摊出对事物的假设，即对自己所经历的事件以及处理方式坦诚地写出内心深处的隐含假设，找出其中不合理的地方。

③探询与辩护，这是一种在多人之间进行开诚布公的探讨实践的技术。它一方面允许对自己的观点进行辩护，另一方面允许对未知和不明的情况进行询问。在这种面对面的互动过程中改进心智模式。

④对比拥护的理论和使用的理论，即对自己拥护的理论(通常是口头表示的)与实际使用的理论(反映在实际行动中的)之间的差距进行分析，并加以改进。

(3)建立共同愿景。这是组织成员树立共同的远大理想和宏伟目标的过程。通过建立共同愿景，把全体成员团结在一起，创造出众人是一体的感觉。共同愿景深入人心以后，每个员工都会受到共同愿景的感召和鼓舞。

建立共同愿景的修炼包括以下内容：

①鼓励个人愿景，即鼓励个人设计自己的未来。

②塑造整体图像，即培养组织成员的集体观念，从集体利益出发分担责任。

③融入企业理念，即将共同愿景融入到理念之中。

④学习双向沟通。

⑤忠于事实，并从事实与共同愿景之间的差距中产生组织的创造张力。

(4)团队学习。团队学习是发展团体成员互相配合、整体搭配与实现共同目标能力的过程。通过团体学习，可以获取高于个人智力的团体智力，形成高于个人力量之和的团体力量；在团体行动中，达到一种运作上的默契和形成一种流动的团体意识。

团体学习的修炼需要运用深度会谈与讨论两种不同的团体沟通方式。深度会谈要求团体的所有成员摊出心中的假设，暂停个人的主观判断，自由而有创造性地探究复杂的议题，以达到一起思考的境界。讨论则是提出不同的看法，并加以辩护的沟通技术。通常团体用深度会谈来探究复杂的问题，用讨论来形成对事情的决议。

(5)系统思考。系统思考是五项修炼的核心，它教会人们运用系统的观点来看待组织的生存和发展，进而将组织成员的智慧和活动融为一体。系统思考能引导人们由看事件的局部到综观整体；由看事件的表面到洞察其变化背后的深层结构；由孤立地分析各种因素到认识各种因素之间的互动关系和动态平衡关系。

系统思考与自我超越结合在一起，会促进个人更好地学习。包括以下内容：

①将个人的灵性与理性结合起来。

②将自己与周围的世界视为一体。

③发展出对别人的同情心。

④形成对整体利益的使命感。

实践证明，企业凡通过自我超越、心智模式、团体学习等提高学习的修炼，都能在原有基础上重焕活力，再铸辉煌。其成功奥秘在于：一是能以最快速度、最短时间从内外资源中学到新知识，获得新信息；二是企业员工尤其是领导层能不断提高学习能力；三是加强“组织整体学习”能集思广益，取得最大成效；四是以最快速度、最短时间把学习到的新知识、新信息应用于企业变革与创新，以适应市场和客户的需要。

7.5.2 学习型组织的专业智能管理

1. 专业智能的含义

真正的专家需要知识，并不断地加以更新。组织的专业智能表现为 4 个层次。

(1)认知知识(知道是什么)。是对某个学科的基本了解，只有通过广泛的训练以及资格认证，专业人员才能达到这个层次。要想取得成功，这种知识是最基本的，但还远远不够。

(2)高级技能(知道是怎样，即诀窍)。它将书本知识转换为有效的技能。将某个学科的规则应用于复杂的实际问题的能力，便是最广泛的创造价值的技能层次。

(3)系统理解(知道为什么)。是关于某个学科的因果关系的深刻理解。有了这个层次的知识，专业人员可超越单纯执行任务的阶段，着手解决更大、更复杂的问题，创造更大的价值。他们能预见事物间微妙的互相作用，以及一些出乎其预料的结构。系统理解的最高境界，是通过训练获得极强的直觉，就像接受过严格训练的研究主管，具有高度敏锐的洞察力，能凭直觉判断哪个项目应给予投入，以及何时开始研究。

(4)自我激励的创造力(关心为什么)。包括取得成功的干劲、动力和适应能力。动力十足、富有创造力的小组，往往比那些拥有更多有形资源和财务资源的小组表现得更好。如果没有自我激励的创造力，智能领导者就可能因自满而丧失知识优势，就可能不去进行积极的自我调整，以适应变化着的外部条件和技术创新。

2. 开发专业智能

最有效率的专业型组织是以良好的智能管理为核心的。

(1)雇用最优秀的员工。综合利用智能可以获得神奇的效果，只需少数几个高水平专家就能创建一个成功的组织，或使一个经营状况一般的企业繁荣发展。马文·鲍尔是麦肯锡公司的初创人，威廉姆·H. 盖茨和保罗·艾伦创建了微软；阿尔伯特·爱因斯坦使普林斯顿研究所闻名世界。然而，即使是上述一流的组织，也必须寻找并吸引出色人才。国际知名的管理咨询公司总是在招聘人才方面不遗余力，精心挑选一流商学院的优秀毕业生。微软在招聘每个关键的设计人员时，都要对上百名备受推崇的应征者进行严格的选拔，不仅要测试应征者的认知知识，还要测试他们在巨大压力下考虑问题的能力。有的公司经常在面试了 50 名候选人之后才能确定一个人选。人才和责任心是事业成功的关键，因此，有的公司在选拔网罗人才上所花的时间，甚至同进行项目分析所花费的时间一样多。

(2)加强早期开发。只有通过不断接触复杂的实际问题，才有可能迅速开发专业诀窍。因此对大多数专业人员来说，学习曲线很大程度上有赖于与顾客的交往。一些知名企业安排新来的专业人员在有经验的专家的指导下与顾客进行接触。如微软公司将新聘用的软件开发人员，按每 3~7 人分成一组，让他们在辅导教师的指导下，参加满足用户需求的复杂新型软件系统的设计。

(3)不断增强专业挑战。当专业人员能够主动迎接一系列挑战时，其智能水平的增长最为迅速。世界优秀企业的领导者们通常追求完美，想象力丰富，同时无法忍耐任何三心二意的行为。他们经常设立几乎不可能实现的“极限目标”，如惠普公司的威廉姆·R. 休利特将公司绩效提高了 50%；英特尔公司的高登·摩尔每年将芯片上的元件数目翻一番。有些专业人员会因为无法达到这样的要求而被淘汰，另外一些专业人员则会为自己确立更高的标准。优秀的企业会不断地推动专业人员超越书本知识、仿真模型以及可控实验室等范畴，引导他们步入更复杂的智能领域，去面对活生生的顾客、实际操作系统、高度差异化的外部环境以及文化差异等多种因素。平庸的组织则想不到这样做。

(4)评价与淘汰。专业人员乐于接受评价、参与竞争，希望知道自己比同行更出色。不过，他们希望评价是客观公正的，而且由所在领域的专业权威进行。因此，在杰出的组织中，普遍存在激烈的内部竞争，定期进行的绩效考核和反馈，以及人才的优胜劣汰。例如，在安达信咨询公司就职的专业人员中，只有 10% 的人在经过精心筛选之后，有机会成为公司的合伙人，整个过程长达 9 年；微软公司也在尝试每年从精心聘到的人才中淘汰 5% 业绩最差的员工。所有杰出的组织都是不留情面的英才机构，而有些大公司之所以日渐没落，往往是由于忘记了优胜劣汰的重要性。

3. 创建专业智能网络

为了解决超出单个员工能力范围的问题，并最大限度地利用本企业的智能资产，许多企业正在采用一种自组织的网络形式，借用"蛛网"(spiders web)这个词来把这种结构与其他类似网络的组织形式区分开。蛛网将员工迅速地汇集到一处解决某个问题，一旦工作结束，员工又迅速地解散。这种内部交流的力量极大，即使只有为数不多的独立专家进行合作(如 8～10 人)，蛛网也能成百倍地发挥智能的潜力。

蛛网的形成是为了执行一项特殊的任务，任务完成后专家就解散。当知识在为复杂的顾客问题提供合作方案的各个专家间传播时，蛛网这种形式便很适合。许多咨询公司、投资银行、研究机构以及医疗诊断小组都采用这种组织形式。

群体沟通的方式和自愿沟通的内容，与每个中心拥有的先进知识同样重要。然而，不管目的如何，鼓励培养共同兴趣、共同价值观以及形成各方都满意的解决方案，对综合利用这些结构中的知识非常重要。研究表明，为了完成这个目标，网络经理应当做到鼓励网络成员交叉参与不同的小组，以增加相互间的接触、共同学习和非正式信息共享；有意识地打破原有的等级关系；不断更新和提高项目目标；避免在给各节点利润分配方面制定过细的规则；开发利用新企业外部环境信息的持续机制；请顾客和同行参与本组织的绩效评价；给予节点成员个人及团体报酬，感谢他们的参与，等等。这种精心设计的管理方法可以减少许多常见的失误和挫折。

蛛网中的另一个关键因素是技术。与以往相比，电子方式使得更多具有不同专长、地理间隔很远、智能领域有别的人才能够一起合作，进行某个项目的研究。由于公共通信网络使随时随地地相互沟通成为可能，软件便成为有效网络系统的关键。软件可以为沟通提供一种共同的语言和数据库，其中包含关于企业外部环境的关键性实际数据，能帮助成员找到知识的来源，以便互通有无和帮助解决问题。当然，每个节点都会有自己的专门的分析软件，但是，网络、群体和交互软件以及共享的文化和激励机制，才是这些系统成功的关键。

7.5.3 学习型组织的 E-Learning 模式

在全世界的范围内，互联网正以它无限的容量、广阔的覆盖面、交互和定制化特色，迅速改变着传统，改变我们的工作、生活、娱乐和学习。随着 IT 技术的发展和对传统培训形式的不断反思，自 1998 年 E-Learning 概念提出以来，美国 E-Learning 市场的年增长率几乎保持在 80%以上，像 IBM、

Cisco 等公司现在的内部培训都早已全部用上了 E-Learning；在西欧，E-Learning 市场已达到 39 亿美元规模；在亚太地区，越来越多的企业已经开始使用 E-Learning。由此可见，E-Learning 正成为当代包括企业界在内的各阶层、各领域的一种主要学习方式。

企业 E-Learning 的内涵可以理解为基于网络的 E-Learning 技术在企业的应用，它有利于营造浓厚的企业学习氛围，解决企业学习过程中的障碍，有效提高员工业务知识和技能，并以较大的投入产出提升企业的环境适应性和竞争力。

企业 E-Learning 的特点主要有如下几个方面。E-Learning 实现了基于网络的学习，彻底打破了时空限制，员工可以随时随地通过网络，方便高效地进行学习；个性化的 E-Learning 学习资源可以让员工结合自身实际从不同的侧面提高自己的综合素质，减少不同工作经验、知识背景的员工的业务技能差距；基于网络的 E-Learning 的培训课程等学习资源丰富，更新速度快，使员工能够紧跟知识经济的发展步伐，在第一时间掌握最新、最实用的工作技能。

1. 企业 E-Learning 的价值

由于 E-Learning 主要通过技术（technology）、内容（content）、服务（service）三个方面来实现。技术主要是指软件技术平台，内容主要是指培训课件与知识，按应用具体可包括管理类、IT 类、语言类和其他类课程，服务主要是指支撑 E-Learning 有效运行的对培训体系、课程体系、技能体系的整体规划及实施咨询服务。这种结合，使 E-Learning 对企业培训拥有无可比拟的价值。

（1）促成了学习方式的革命，“化推动为拉动”。E-Learning 实际上把学习带给人们，而不再是把人们带到学习场所。“Anytime、Anywhere、Anyone、Anymedia、Anyway”的培训，使学习者成为知识的经纪人，因此也是权力的经纪人，学习者可以根据自己的需要更快地获取最新信息与技能、全面发展，实现个人价值提升。

（2）使培训真正成为绩效提升的有效动力。E-Learning 所具有的流程固化性、可追索性、可跟踪性、互动性等技术优势，可以使训前评价、培训、训后行为转化以及高度承诺的管理实践之间产生良性高效的互动协同。为有效实现 E-Learning，企业组织首先制定一个与企业战略紧密结合的清晰的培训战略目标，目的在于使学习、绩效和行为转化最佳化，并且通过 E-Learning 将该目标实现并进行流程固化。毕竟，改变既是 E-Learning 的原因，也是 E-Learning 的动力。

(3)大大强化培训的针对性。由于每一个学习者都可以根据工作需要独立选择适合自己的学习内容，将学习与工作质量改善、自我提升紧密结合，因而大大强化了培训的针对性。

(4)大大提升组织整体培训效能。由于 E-Learning 所涉及的培训内容可以统一规划，覆盖面广泛，组织中的每一个学习者都可获得相应的培训，因而可以大大提升组织整体培训效能。

(5)节约培训成本，提升培训效益。由于跨越时空带来的可重复学习、普及学习、差旅节约等因素，对组织而言，可以大大节约培训成本，提升培训效益。根据美国《培训杂志》的调查和预测，公司将教师带领的培训改为电子发布，会节省50%~70%的费用，节省的主要部分是住宿和差旅费。如果考虑在教室培训所花的时间，而不仅仅是包含旅行时间，就是说考虑所有不在办公室的时间，生产力和收入的损失将更少。

2. 企业 E-Learning 的基本构成

企业或组织要成功实施 E-Learning，主要取决于 4 个部分：一是需求与培训管理技术，二是软件技术平台，三是知识资源，四是 E-Learning 服务。这 4 个基本组成部分越匹配，企业或组织实施 E-Learning 就越容易取得成功。其中，需求与培训管理技术是驱动、软件技术平台是载体、知识资源是支撑。

(1)需求与培训管理技术。不同类型、不同规模及不同发展阶段的企业，其培训需求与培训管理的模式是存在着巨大差异的。严格来讲，并不存在一种 E-Learning 系统能够满足不同企业的需求。可以说，企业对培训的不同需求和管理模式是决定 E-Learning 不同功能模块、不同知识组合的前提和依据。因此，对任何组织和企业而言，没有一个普遍意义上"最好的"E-Learning 系统，只有"合适的"E-Learning 系统。

E-Learning 系统常见的功能群组包括培训需求确认群组、培训计划群组、在线培训与学习群组、在线考试群组、统计与整体评价群组。另外，企业为了实现个性化的培训，往往需要个性化课程，因此，针对这种企业，还需要课件制作群组，有些 E-Learning 系统还增加了适时交流沟通群组。总之，E-Learning 系统究竟需要哪些功能，是由企业的培训管理需求决定的。

(2)知识资源。知识资源是 E-Learning 系统的支撑，它决定学员最终可以在系统上学到什么内容。知识资源可以是一个个课程，也可以是图书、案例等其他知识载体。一个企业或组织 E-Learning 系统的知识资源组合，其依据主要是企业或组织的培训需求。一般而言，知识资源可以是视频文件、音频文件、多媒体文件、普通 Word 文件或 PPT 文件等。

(3)软件技术平台。软件技术平台是 E-Learning 系统知识资源和培训管理信息的载体，其核心是通过信息技术实现企业或组织的培训管理需求，比如支持多种课件形式、与企业或组织现有网络的高度适应性、支持远程学习等技术实现，为 E-Learning 覆盖全员、灵活学习、互动交流提供切实的保障机制。

(4)E-Learning 服务。目前，针对组织或企业构建 E-Learning 系统，既有专门提供软件技术平台的供应商，也有专门提供课程和其他内容资源的供应商，还有一些 E-Learning 厂商由原来的多媒体或网页制作公司转型过来。最近还涌现出软件技术、平台内容资源和咨询集成的服务形态，即从需求分析到平台搭建、课件的提供到后续服务的一站式服务或“交钥匙”工程的服务商，为企业建立网络商学院提供了更加方便的选择。但绝大多数集成商是以 ASP 方式提供服务，即企业或组织只能租用课程而不能拥有课程，且每一年租用课程的费用不菲，使企业或组织承受了一定的费用压力，同时也大大制约了中国 E-Learning 的普及与发展。

从形式来说，最具深度的合作当属 E-Learning 厂商为用户企业定制全方位解决方案。E-Learning 服务厂商需要市场，而要占据市场就要满足客户的需求。如果说普遍的需求可用现成的课件解决，个性化的需求就要拿出个性化的解决方案。

3. 企业 E-Learning 的学习模式

E-Learning 在企业的应用主要有以下几种模式。

(1)案例研习型学习。案例教学已被公认为企业培训的有效方式，员工在 E-Learning 系统上可以阅览大量的案例以获得感性认识，或者在指导下，加入案例分析小组，通过团体讨论学习以形成新的概念。

(2)资源型学习。将文档、视频、音频等学习资源放入 E-Learning 系统的数据库，可以方便员工在线学习或者下载资源离线学习，而学习指导者也可以根据学习内容和员工知识结构制定灵活的教学策略。

(3)研究型学习。学习指导者通过 E-Learning 系统向员工布置研究课题，而员工利用先导知识，通过资料检索、实地调研、讨论研习等方法，对各种材料进行分析、综合、评价，从而形成自己的观点。待每个员工完成课题后，指导者组织集体讨论分析，最终形成该课题的一致结论或倾向性意见。

(4)协作型学习。E-Learning 系统提供了员工交流的平台，在这个平台上，员工可以各抒己见，与学习伙伴分享经验、知识，也可以向专家咨询请教。通过这样的学习，员工间能形成学习的默契，相互协作。

(5)发现型学习。员工本着个人成长的需求，结合自身业务技能，经过探索、思考获得知识、答案的学习方式。

以上5种学习模式符合企业员工积累了一定知识、经验和希望解决工作实际问题的特点。资源型、发现型和研究型学习模式用于员工的个人学习，案例研习与协作学习用于集体学习，各模式通过课程讲授与辅导以及个别化学习开展，有利于理论与实际操作的结合。

就国内企业现状而言，E-Learning虽然在企业中越来越得到重视，但主要应用还是停留在培训层面上。从知识管理角度来看，E-Learning的价值主要体现在知识沉淀和知识传递的环节中，还没有在知识应用层面发挥更大的作用。所以，E-Learning若要取得成效，必须加强在知识产生和知识应用环节中的作用，即必须将狭义的E-Learning应用扩展为范围更为广泛的在线学习，在E-Learning技术架构上需要融合更多能够促进知识产生和知识应用的技术手段，例如Blog、Wiki、SNS等Web2.0技术。同时，E-Learning还需要具有更完整的知识聚焦能力，这意味着E-Learning应具有以下能力：通过各种方法将员工组织起来建立学习社团；支持学习社团的知识目标创造；在E-Learning模式中将知识目标连接起来；创造学习社团的专业知识和学习轮廓。

7.6 知识管理与电子商务

7.6.1 电子商务与知识管理

1. 电子商务的含义

所谓电子商务(E-Business)，是指企业的商务整合。即将IT技术策略与企业商务策略整合起来，形成企业全新的组织架构、商业模式和业务流程。它的运作基础是万维网和信息技术，它结合了网络的标准性、简洁性和连通性的特点，形成企业业务的核心流程。

电子商务可以理解为一种在互联网上展开的相互关联的动态商务活动，有广义和狭义之分。狭义的电子商务称做电子交易，主要是指利用Web提供的通信手段在网上进行的交易。而广义的电子商务则是指包括电子交易在内的，利用Web进行的全面商业活动，如市场调查、财务核算、生产计划安排、客户联系、物资调配等商务活动。

2. 企业电子商务和知识管理的关系

在网络经济模式下，商务实体之间发生各种各样的关联，产生价值链和供应链。而企业电子商务是信息技术和网络应用的完美结合，要求建立具有较强应变能力的知识管理系统。它的核心是建立一套具有自我调节能力的快速反应机制，使企业决策和运行从传统的以预测为主导转变为以快速反应为主导，能够迅速把握市场的导向。

一方面，电子商务为知识管理架设流通渠道，企业通过网络获取信息并通过网络传播信息，电子商务为知识管理建立了知识流通的高速公路，使得知识的传递更快速更畅通，电子商务为知识管理提供信息采集环境，知识管理可以方便地提取由企业电子商务系统提供的企业库存、采购、生产、运输、销售、财务等各环节的数据。

另一方面，企业知识管理的应用对电子商务的发展也将产生巨大的推动作用。知识管理是以知识这种无形资产为核心的新一代管理观念，这与电子商务从传统商务的有形资产管理向无形资产管理转变的观念相吻合。知识管理重视从现有的数据中挖掘出有价值的知识，这将大大增强企业的商务智能。企业知识共享环境的建立有利于商务活动的优化和商务效率的提升。尊重员工的知识贡献，增加企业的知识储备，有利于实现企业电子商务的可持续发展和创新。基于知识管理的企业文化，有助于企业洞悉并抓住市场机遇和挑战，及时调整发展战略，引领市场潮流，提高商务活动的应变能力。

由此可见，电子商务与知识管理是相互促进、交叉发展的，企业开展基于知识管理的电子商务，将实现二者关系的协调，使企业真正如虎添翼，而不是此消彼长。有专家提出了一个面向知识管理的综合性的电子商务定义，电子商务就是人们将科技手段用于知识管理，以便提高组织内外价值链活动的效益，辅助价值链活动相关决策的制定，从而达到商业目标的一种方法。

7.6.2 电子商务环境下企业的知识管理研究

1. 电子商务环境下企业的知识管理策略

电子商务环境下，知识管理策略就是在知识经济条件下，为了提升企业的核心竞争力，把企业知识资源作为最重要的资源，并对其进行管理的一系列战略、谋划、策略、战术和管理方法的集成。具体包括以下几个方面。

(1)企业业务流程的重组。电子商务企业要实现高效的知识管理，首先要建立知识总管制度。知识总管(CKO)的主要任务是组织知识的创造、发明和传播的最大化，将企业的知识变成企业的效益。其次要建立与知识管理相配套的组织结构，企业必须借助构建电子商务系统的契机，对组织结构进行重组，使之更加适合知识管理的要求。实践证明企业实施知识管理，只有在企业流程重组的基础上才能获得最佳效益。在组织架构上要彻底打破知识流动中的组织等级观念，拉平企业的组织结构，以知识交流为核心重新构建基层组织，并尽量设立以项目为核心的临时性知识交流组织；在知识应用中，也需要使企业知识资源合理地在业务流程上形成畅通无阻的知识流，让每一个员工在获取与业务有关知识的同时，都能为企业贡献自己的知识、经验和专长。总之，在实施知识管理时，一定要首先进行企业业务流程的优化和重组，从而在知识的分配、流动、共享、整合上彻底消除金字塔式等级组织形成的刚性瓶颈，实现适应知识管理的柔性化、敏捷化组织。

(2)建设知识管理的平台。没有强大的知识管理技术支持，企业将很难有效实施知识管理，它是构建知识管理系统的基础，也是实现知识管理的强大推动力。实施电子商务的企业首先要完成企业信息门户的建设，为企业整合内外部文档、数据库、各类应用系统以及进一步信息化建设提供开放的、具有国际标准的架构平台。

(3)建立与电子商务环境中知识管理相适应的企业文化。需要建立一种良好的企业文化，以适应电子商务中的知识管理，激励员工积极参与知识应用、知识共享及知识创新，促进知识的转换。电子商务的企业文化必须要有利于知识在企业内部高效地分配、流动和共享这一基本目标。两样东西处在电子商务企业文化的核心地位。一个是网络文化，当企业的内部网络建立起来之后，员工们应当善于利用网络搜集自己所需要的信息来完成工作。电子邮件文化是网络文化中的一个重要部分，应在企业内部推广电子邮件系统的使用以促进网络文化的建设。第二个是与网络文化密切相关，通过让每个人上网实现一种资源整合的网络效应。因此，鼓励知识资源在员工之间积极的、自觉的、日常的共享是知识管理文化建设的一个重要方面。

(4)构造能反映企业能力的知识管理模型。企业能力的信息、知识在电子商务企业合作中具有很大价值，它可以帮助企业更准确地判断和把握合作机会。在建立企业合作关系的过程中，企业面临的一个问题是如何有效地与潜在的伙伴企业交换彼此的能力信息和共享知识，使信息、知识易于访问和使用。另外，从企业自身来看，需要了解自己是否具备足够的能力，以承担某个特定的经营任务，或者发展某个新的企业战略。在电子商务企业伙伴选择问题中，需要构造相关企业能力、知识评价的决策支持系统，即反映企业能力的知识管理模型。在建立模型之前，根据企业里的应用背景，应提出建模的基本需求。建模必须充分考虑模型要支持的决策；模型应当通用，并且独立于特定行业分区；模型应当一致而明确，建模语言应当是所有模型使用者能够理解的；模型应当是结构化的，以便于数据存取；模型应当是可重用的，并能与其他系统进行信息和知识交换，例如 ERP 和 CRM 系统。

(5)知识管理的测评，建立知识产生效益的测评条例。如果将知识管理视为电子商务企业的一项创新工程，就需要对知识管理的过程及其结果进行绩效考评，这可视为一种对知识管理的管理。在效果上主要强调3个方面。首先是实现“知识联网”，它强调对可编撰知识的管理，就是要将企业各部门和个人的知识产权与其他无形资产汇总，放在企业的公共网上随时可供“取阅”。其次是“大脑联网”，它强调对隐含知识的管理，就是设法将个体智慧进行融合，通过全员思考，研究有效地提高组织决策和解决问题的能力。最后是“大脑”和“知识库”的联网，一方面要将“大脑”和“知识库”联网，它的目的在于使个人隐含知识显性化，因为只有这样才能为更多的人学习和吸取，这可视为知识生产的过程；而另一方面就是将“知识库”和“大脑”联网，它是一种大脑对于可编撰知识学习和应用的过程，一来通过可编撰知识内化提高个人智商，二来则通过知识的应用直接提高业务过程中的工作效率。

2. 电子商务环境下企业知识管理的技术框架

技术框架的研究为电子商务中的知识管理实施提供了切实可行的技术解决方案。目前，主要的技术框架有以下几种。

(1)基于知识链的研究。构建这种技术框架的实质是一种基于知识链模型过程分析的方法。企业知识链的各个环节有不同的特征，不同类型的知识也有不同的特点，因此，可以沿着知识链，将不同的技术整合到各环节中，处理不同类型的知识，实现知识的转化和提升。

(2)基于智能代理的研究。构建这种技术框架主要考虑的是非结构化数据的模式定义问题，成功解决该问题将有利于知识的重用和系统的弹性。目前，这方面已经有了一些比较成熟的技术工具，如人工智能、神经网络、语义网络和智能代理等，在电子商务的知识管理实施中目前应用比较广泛的是智能代理。

(3)基于知识门户的研究。近几年知识管理技术中EIP取得了很大的进展，B2E的EIP迅速成为当今组织电子商务基础设施的核心内容。但是，知识门户不同于企业传统的信息门户，它是一种合成了商务智能和知识管理的集中桌面环境，用户与商户之间的交流是双向的，而不是单向的。

3. 电子商务环境下企业的知识管理模式构建

电子商务环境呈非连续、跳跃式变化，信息系统成为企业发展的瓶颈。通过信息技术实现最佳实践有利于处理可预测的环境中的问题，但商务环境的快速变化往往要求“做正确的事情，而不一定保证所做的事情正确”。在重新评价关键电子商务环境下的企业知识管理模式及对策研究假设的基础上，重点强调更新现有知识、创造新知识并在商务中应用。电子商务环境下，企业的知识管理必须能够使企业达到这样两个目标。第一，企业应具有较强的市场洞察力和反应能力，而这个能力的取得必须依靠企业员工。第二，企业应具有不间断地更新知识和创新知识的能力，因为知识的创造和创新将决定企业竞争力的强弱。因此，传统商务环境下的知识管理模式将不适应企业发展的需要，电子商务环境下企业的知识管理模式的构建如图 7-4 所示。

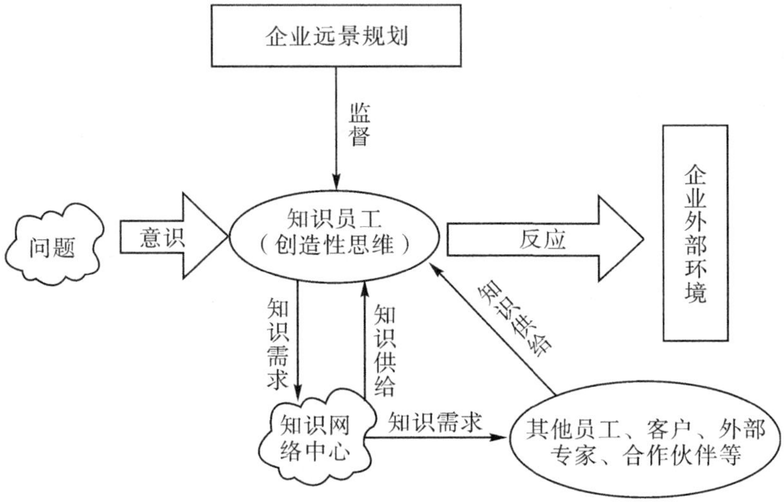

图 7-4　电子商务环境下的企业知识管理模式

与传统商务环境下的知识管理不同，电子商务环境下的知识管理强调以人为中心，关注的是企业知识员工的创造性思维的发挥，存储企业知识的知识网络中心只起到知识中介的作用。创造性思维致力于寻找经历之间的差异，以求得独特的方式对环境做出解释，并采取相应的行动。对于同样的信息和知识，运用两种思维模式会产生不同的行为和结果。企业员工运用自己的创造性思维能够迅速察觉、发现环境中存在的问题，并通过知识的创新对电子商务环境下的企业知识管理模式及对策研究环境做出正确的反应。

7.6.3　电子商务与知识管理的一体化研究

电子商务的快速发展和知识资源地位的上升，使企业运营的核心要素发生了变迁，企业的管理模式也发生着深刻的转换。企业只有将知识管理成功引入到电子商务实施的过程中，构建知识商务（K-Commerce），才能更好地协调复杂的流程与行为，促进内部管理信息化的建设，并进入全球网络化供应链，使其在经济全球化时代更加具有竞争力。

基于电子商务与知识管理收敛的商务构架——知识商务，是将电子商务与知识管理的内容特点高度综合而建立的一种新的构架。它是以知识产品为交易对象，以网络为知识流通渠道的商务活动，是创造并转让知识的一种全新的商务模式，是企业与商业伙伴全力合作，共同协商买卖交易和知识共享的过程。

知识商务基础架构的基本要素是过程、信息、沟通渠道，图 7-5 显示出通过信息流动联系起来的过程。其中一个垂直的方框代表着内部组织过程，另一个则代表着外部的商业合作伙伴，他们可能是供应商、客户或其他利益相关者。垂直方框里的每个过程都与另一个合作伙伴的流程联系起来，并形成层级关系。但他们之间的信息沟通渠道不一定直接联系起来，中间存在着与他们相连的中介商，他们会为信息的流动增加更多的价值，理解每层内部以及每层之间的信息处理及沟通方式可以知道需要什么样的系统和基础架构来支持。

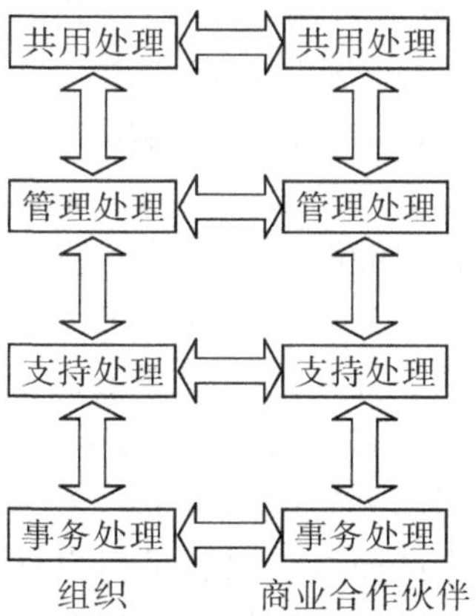

图 7-5 知识商务基础构架

管理是一个涵盖范围很广的系统，在知识商务管理中，追求资本的增值就要追求知识的增值。管理系统的各个子系统必须互相联系、互相作用，才能使系统处于质量、产品与市场需求协调的状态，使组织取得良好的经济效益和社会效益。

底层是交易过程，充分获取客户对产品的需求。在这个基础上，与商业伙伴共同合作，进行生产计划编制、产品设计，然后同步制造等，以期快速圆满地满足客户需求。这些都完全通过自动化信息系统，建立自动协商交易，都是基于 Web 的合作。

支持层通过在协商过程中建设智能来改变环境，在协商处理过程中提取信息。也就是说，合作是从计划着手，供应链上的商业伙伴共享相关客户的销售数据和原始数据，共同进行生产计划制订。这样能促使企业之间相互信任，提供原先独占的信息，降低市场调研费用。企业间合作深度和广度不断发展，信息和知识的交流将日益频繁，共享的信息和知识将日益庞大，Internet 成为逻辑上的共享数据库。与此同时，信息拥有的相关数据功能模块将随之改变，功能模块化也必须与商业伙伴共享，有利于提高商务活动柔性。

管理层需要大量地依靠技术实施知识管理，许多不同的技术已进入不同的知识领域、商务智能或智能数据等，知识管理支配组织的一切活动。利用 Internet 技术，借助商业伙伴的力量进行产品计划制订、设计、开发、创造，再借助第三方机构配送发货，将成为电子商务时代庞大客户群的主要商务解决方案。除多数配送货外，其余的商务过程都在 Internet 上进行，同样企业应通过 Internet 与主要客户开展合作。企业可向客户提供基于 Web 的计划编制工具，主要客户可借此参与企业的产品决策；也应具备与主要客户交流市场预测的工具；还应向客户提供对订单、运输和促销情况进行广泛查询的工具。这种合作帮助企业缩短了产品交货时间，提高了市场预测的可信度，加速了库存周转率，提高了客户的满意度，从而使供应链的管理更有效。

顶层是共用处理，由于企业与商业合作伙伴间的合作和同步协调的进一步深入，必将建立起更柔性、客户化的配送渠道，将客户按某种特征分片，以特定客户群为对象配送产品和提供服务，是基于客户配送的模式。同样情况也发生在制造环节。知识商务生产不再是基于库存生产模式或基于预测生产模式，而应是基于订单生产模式，以满足客户日益增长的个性化需求。进一步就是基于订单的装配模式，每一件产品都有一定的配置，满足特定用户的特定需求。这将导致生产、管理等一系列环节复杂度的大幅度增加，这是知识商务“用户第一”“顾客至上”原则的必然结果。

电子商务使企业获取知识、应用知识的能力大大增强，企业可以借助互联网这个平台收集企业所需的各种信息，并通过网络进行知识的传播、共享与交流，使企业的每一个员工的个人知识更加方便地转化为企业内部的知识。同时，企业实施知识管理，有助于及时调整企业战略，更加有效地管理企业信息，进行市场分析与决策，跟踪供应链和物流信息。因此，现代化企业只有把知识管理和电子商务紧密结合起来，相互协调、促进、交叉、渗透和发展，才能提升企业的竞争力，谋求更大的发展。

本章习题

1. 简述企业知识管理的概念及其主要内容。
2. 简述企业知识管理的评价原则。
3. 试述学习型组织的五项修炼。
4. 简述企业知识主管的主要工作。
5. 简述企业知识管理与电子商务的关系。

第8章　图书馆知识管理

图书馆是收集、整理、组织和保存人类知识以供人们利用的机构，作为存储知识、加工知识和传播利用知识的重要部门，其发展必须随着社会的发展而发展。知识管理是在知识经济环境中产生的管理思想和模式。在知识经济的大环境下，我们需要用知识管理的一些基本观念和方法为图书馆服务，解决图书馆工作中存在的问题，优化图书馆业务工作和管理活动，以更好地满足现代社会的需要。图书馆应用知识管理既是图书馆事业发展的需要，是图书馆观念创新、服务创新的需要，也是图书馆管理改革的需要。

8.1　图书馆知识管理概述

8.1.1　图书馆知识管理的产生背景

1. 数字环境的出现削弱图书馆的资源优势

知识经济的产生和发展使得知识成为最重要的资源，并作为基本的生产要素，正在改变着传统的生产、产业机构、经济增长乃至人们的社会生活，知识管理也因此迅速成为国际关注焦点，并率先在企业成功运用。作为擅长文献资源管理的图书馆，能否在管理知识和运用知识上发挥作用，既是对其能力的考验，也将决定其在未来社会中的地位。

与此同时，在网络普及的基础上，通过信息技术生产、信息网络传输的数字化信息也呈迅速增长的态势，几乎所有传统载体形态的信息内容，都被转换成或正在逐渐被转换为数字化形式，有的信息内容更是直接以数字化形式生产和传播。是由网络替代图书馆组织和传播知识，还是由图书馆利用网络将更高质量的知识传递给需求者，图书馆必须做出选择。知识经济环境及信息技术的发展要求图书馆必须发挥网络优势，加强网络信息资源的开发及知识的挖掘与管理，实施知识管理，以适应不断变化着的外部环境。

2. 用户需求的演变挑战图书馆传统服务

据中国互联网信息中心发布的第25次中国互联网络发展状况统计报告，截止到2019年6月为止，我国网民规模已达8.54亿人，较2018年年底增长2 598万人，互联网普及率达61.2%。随着信息技术的进一步发展，未来网络将更为普及，更趋平民化，上网将逐步成为人们获取信息的主要途径，信息的获取也将更为方便快捷。人们的需求焦点正在从信息单元向知识单元转化，需求更深入、更多样化也更个性化，这些变化必然会对以文献信息为主的图书馆传统服务方式提出挑战。

3. 行业竞争的加剧威胁图书馆的生存

知识管理的兴起导致社会上信息服务机构的激增，特别是商业性咨询机构的兴起对图书馆造成很大冲击。一方面，根据WTO协议之一《服务贸易总协定》的基本精神，跨国公司可以申请与东道国图书馆相同的税收补贴，这意味着图书馆将面临倒闭的危机。另一方面，知识管理中出现的许多重要岗位，如知识主管、知识管理系统主管、无形资产管理主管等正在被管理、金融、信息技术领域的专业人员所占据，图书情报专业人员如不抓住机会，将面临丧失阵地的危险。

8.1.2 图书馆知识管理的可行性分析

1. 图书馆是对知识进行管理的最早部门之一，有丰富的宏观知识管理经验

从产生之日起，图书馆就开始对文献(宏观知识单元)进行搜集、整理、保存、组织、管理、挖掘、传播和利用，其工作环节类似知识管理，虽然它并没有最先提出知识管理的概念。图书馆对知识管理的最大贡献是分类法的发明，它使得人们有了一个对知识进行有效管理的网络和纲目，从而使无序的知识有序化，这对于知识的管理、挖掘和利用有着非常重要的意义。因此，可以说分类法的发明本身就是知识管理的典范。

2. 知识资源和人力资源优势是图书馆实现知识管理的最大资本

知识管理是“寻求将信息技术提供的对数据和信息的处理能力以及人的发明创造这两方面进行有机结合”，其中，信息技术、信息和知识、人的能力是三个核心要素。这三者之中，图书馆在后两者中都有优势。

图书馆是知识密集型组织，是知识的集散地，信息和知识的管理长久以来被当做图书馆的首要职责，图书馆存在的基本目的就是保存和传播人类优秀文化成果和知识，因此，图书馆有着得天独厚的信息资源优势。而在日常

管理和服务中锤炼出来的图书馆馆员，则是信息和知识查询、选择、获取、组织、储存、传播、开发和服务方面娴熟的专家，其丰富的经验和技巧使其在对知识资源的管理能力方面，没有任何人可与之媲美。图书馆馆员现在需要做的是用专业知识和经验来武装自己，充分利用信息技术，从宏观知识管理逐步走向微观知识管理，从而成为知识管理的驾驭者。

3. 企业知识管理的成功运用为图书馆知识管理提供理论与方法

传统图书馆的管理普遍存在重藏轻用，重信息资源的管理、轻智力资源的管理和开发等问题，作为已经成功运用于企业的知识管理，其相关理论和实践经验，可以提供一系列管理思想、机制和方法来改造图书馆的管理和运作方式，提升其创造、利用和更新知识的能力，从而提高其服务能力、竞争力和创造力。目前美国等先进国家各高校图书馆已不断将知识管理理论运用于工作之中，为教学、科研提供最新的学术知识。

4. 相关研究成果为图书馆知识管理的实施提供理论依据

在全球掀起知识管理研究热潮的同时，图书情报界也不例外，一系列国内外学术会议的召开，众多研究项目的开展，相关研究著作与论文的出现，使得短短几年之内围绕图书馆的知识管理产生出许多新研究成果。以知识组织为例，元数据、知识结构、知识发现、知识挖掘、知识仓库、知识库管理系统等一系列新名词和新理论的涌现，为图书馆实施知识管理奠定了坚实的基础。

5. 信息技术在图书馆的广泛应用为图书馆实现知识管理打下基础

信息技术在图书馆的应用主要体现在 3 个方面，第一是图书馆计算机集成系统的广泛应用，实现了文献采访、编目、流通、信息检索(含公共检索和参考咨询等)、期刊管理等多个子系统的同时作业和资源共享，理顺了图书馆各业务流程。第二是互联网络的普及，几乎使每个图书馆员工都具备了上网环境，图书馆的服务方式和服务手段大为改观。第三是办公自动化和电子协作系统等内部管理系统正在各个图书馆中广泛应用，以实现内部员工的知识共享。因此，从图书馆信息化建设和应用的情况来看，图书馆已经具备了迈向知识管理应用层次的潜在条件。而上述所有应用都亟待向深度应用的方面发展，这个深度就是知识管理。

8.1.3 图书馆知识管理的概念和内容

知识管理有广义和狭义之分，狭义知识管理主要是对知识本身的管理，包括对知识的创造、获取、加工、存储、传播与应用的管理。广义知识管理不仅包括对知识进行管理，还包括对与知识有关的各种资源和无形资产的管理，涉及知识组织、知识设施、知识资产、知识活动、知识人员的全方位和全过程的管理。图书馆既是知识(文献)的集散地，又是实施知识(文献)管理和服务的组织机构，其存在的主要目的就是最大限度地获取、挖掘、保存、利用和传播知识资源，为读者提供获取知识的窗口和有效的知识共享平台，从而实现知识创新与科技创新。因此，图书馆的知识管理应该理解为广义知识管理。

图书馆知识管理是指应用知识管理理论与方法，合理配置和使用图书馆的各种资源，充分满足用户不断变化的信息与知识需求，并提升现代图书馆的各项职能和更好地发挥其作用的过程。图书馆知识管理以知识管理理论为基础，以图书馆知识管理系统(包括信息与知识资源、人力资源、物资资源、技术与图书馆文化等要素)为管理对象。图书馆知识管理充分体现了以人为本的管理思想，重视人的作用和发展，重视知识创新和知识继承管理，重视效益模式转变。图书馆知识管理的主要职能体现为外化、内化、中介、共享、学习和认知(创新)6个方面。

图书馆应用知识管理有3个基本的层面：

(1)从管理的层面，在科学管理、全面质量管理和信息管理的基础上，运用知识管理进行图书馆管理和服务的改革，开发利用图书馆的知识资本，特别是加强对隐性知识和人力资源的管理，实施图书馆制度创新、图书馆组织创新、图书馆知识创新和技术创新，提高图书馆管理和服务的质量与水平，提升图书馆在信息社会的地位。

(2)从组织的层面，将图书馆创建成学习型组织，营造新的图书馆文化，让图书馆始终充满活力，发掘图书馆的巨大潜力，提高图书馆的应变能力、竞争能力、可持续发展能力。

(3)从个人的层面，从“读者第一”的概念转化为“两个第一”的概念，即服务上的“读者第一”和管理上的“员工第一”，发现和培养知识资源工程师，发挥员工的积极性、主观能动性和创造性，使图书馆馆员从文献管理工作者转变为信息管理工作者，由信息资源专家发展成为知识资源专家。

8.2 图书馆知识管理的实施

图书馆知识管理包括两个方面的内容，一是知识资源管理，它属于科学的知识管理范畴，通过对人类已掌握的知识的科学管理，来提升图书馆的服务效益。二是知识组织管理，它属于组织的知识管理范畴，类似于目前许多企业正实践着的知识管理，主要目标是提高图书馆自身管理效率。科学的知识管理与组织的知识管理有机结合，来共同实现图书馆的最终目的——知识服务。

8.2.1 图书馆知识资源管理

1. 显性知识的组织和管理

图书馆拥有的文献资源，包括印刷型、缩微型、声像型、电子型等多种文献类型。其中，印刷型文献依然构成传统图书馆的核心馆藏，是传统图书馆赖以存在的基础。随着信息技术的发展，电子文献作为一种最有前途的新型文献正在迅速进入图书馆，并逐步改变着传统图书馆的馆藏结构和服务模式。作为保存文献、提供利用的专职机构，图书馆的业务流程都是围绕对文献资源的有效组织和管理而展开。因此，实际上早在知识管理概念提出之前，图书馆就一直在实施知识管理，只不过大多停留在文献这一宏观知识单元上，随着知识管理理论和技术的应用，图书馆显性知识的范畴、组织和管理方式都将发生变化。

(1)首先，电子资源尤其是网络数据库的大量引进，将赋予图书馆馆藏这一概念新的含义。实际上，图书馆订购的许多网络数据库仅仅只拥有访问权，所有数据均保存在供应商的服务器上，并不为图书馆实际拥有。因此，图书馆可以实施知识管理的显性知识，至少应该包括图书馆实际拥有馆藏的各类资源和通过购买拥有访问权的电子资源。而且，随着互联网络的普及，网上众多免费资源无疑将成为图书馆馆藏的有力补充，对这些免费资源的跟踪、梳理和导航，也应该纳入图书馆知识管理的范畴。

(2)其次，图书馆对文献知识的具体组织和管理方式必须转变。这主要体现在以下两个方面。

一是从单馆运作到馆际合作。目前，全球各类型图书馆在网络环境中都在积极寻求馆际合作。在文献资源建设方面，早就存在地区性和全国性的资源采购协调。近年来，为了解决数据库价格昂贵与图书馆经费短缺的矛盾，集团采购已经成为电子资源的主流订购方式，这种方式不仅大大降低了数据库的订购价格，使更多的图书馆参与进来，而且也节约了成员馆的人力投入。在资源组织方面，联机合作编目更是馆际合作成功的典范。在联机编目产生之前，每个图书馆都必须对其每一件馆藏进行原始编目，费时、费力又费钱。图书馆参与联机合作编目，能减少重复原始编目，同时又能以最经济的方式产生联合馆藏目录。因此，馆际合作的加强，提高了图书馆组织和管理文献资源的效率，节约了人力和资金的投入。

二是从“重藏轻用”到“以读者为中心”。图书馆对显性知识进行管理的目的并不是为了收藏，而是为了更好地为读者所用，并进一步推动知识创新。这种观念上的转变，将导致工作重心的转移和工作方式的改变。为了尽量入藏读者需要的知识资源，图书馆一方面可以采取设置学科馆员、读者问卷调查、网上荐书等相关措施来加强与读者的沟通和互动，吸引读者参与图书馆的文献资源建设。另一方面也可将文献利用分析数据(如印刷型文献的借阅量、复印量，电子文献的点击量、下载量等)作为文献资源建设的评估指标和参考依据。为了充分发挥馆藏文献的作用，对印刷型文献可以采取新书通报、好书推荐、最新目次报道、书评等多种方式加以报道，对数据库等电子资源则还需要通过一些相关培训和宣传，来加深读者对电子资源的了解以及提升其实际的应用水平。

(3)最后是在完善基于载体的传统知识管理的同时，基于内容的知识管理将是未来图书馆的发展趋势，这也是真正意义上的知识管理。这可以从两个角度来逐步实现。其一是立足于现有资源，实现所有可用资源的有效整合和统一检索。例如，发展和维护一个集成的网上公共获取目录(OPAC)，该目录集成了馆内和馆外的知识，集成了印刷型和其他形式的知识，包含了众多有用的网站和知识资源，同时也可以定期检查和更新这些免费资源。更为重要的是，各类资源和知识内部可以进行无缝链接，从而实现各个知识点之间的链接。其二是建立知识库。利用信息技术，在纷杂的信息流(包括馆内外的知识资源)中发现新的知识点及知识间的联系，将其组织到按一定知识体系组织的数据库中，并通过计算机技术和网络技术，使人们能方便地检索到有关数据和知识，从而实现真正意义上的知识组织和检索。

总而言之，图书馆对知识资源的管理不应该仅停留在某一种方式、某一个层面，而是应采取多种方式进行组织和揭示，从而构成一个多层面、多角度的知识资源立体结构，以满足不同需求读者的需要。

2. 隐性知识的显化和利用

作为图书馆知识管理对象之一的隐性知识，既包括图书馆管理人员的隐性知识和读者的隐性知识(反馈信息)，也包括图书馆组织的经验和形象中包含的隐性知识，如办馆思想、方法、规律以及图书馆的品牌等。同时，散落于社会角落、存储于人们头脑之中的未成型、未记录的社会百科常识、工作生活经验、科学研究灵感、业务创作状态、问题处理诀窍等各种知识也应该纳入其中，因为合理、有效地挖掘、组织这些隐性知识，甚至只是创造条件让读者实现隐性知识的交流与共享，也将大大扩展图书馆知识管理的范围，增强对社会提供文献、情报、知识的服务功能，促进图书馆工作跃升到新的层次。

在图书馆知识管理过程中，加强隐性知识的交流共享，促进隐性知识与显性知识的相互转化，可以采取以下措施。

(1)采用行之有效的人力资源管理方法，充分调动图书馆员工的创造性和能动性。在知识管理中，应以培养知识型馆员为核心，制定一系列具体可行的人事管理制度，包括人员聘用、业绩评估、奖惩激励等。重视馆员的职业培训和终身教育，提高科技水平、获取知识和创新知识的能力。充分尊重人的价值，引导发挥馆员的智慧潜能，开发馆员头脑中的知识资源。

(2)建立馆员、读者交流平台，实现知识寻求者和知识提供者、知识寻求者和知识源之间的交流，使信息资源得到及时匹配和传送，促进知识共享和知识创新。例如，通过建立图书馆内部网络实现馆员之间的知识共享和组织文化的共建。通过 BBS、论坛、虚拟参考咨询系统，为读者、馆员、出版商等多元主体提供广泛沟通的信息平台。在图书馆主页设置专题讨论区，实现图书馆周边人群的隐性知识共享等。同时，各个平台所产生的知识均可定期导入知识库中，成为可供检索和利用的显性知识。

(3)拓展知识共享的深度和广度，构建与显性知识服务匹敌的隐性知识虚拟服务。一方面可以聘请学科专家形成专家支持系统，以对不同学科、类别、领域的非文献知识的检索、咨询、讲解、交流进行指导，力求以专家隐性知识系统为基础，收集、营销特定领域内专家群体的隐性知识。另一方面则可以通过同类或区域图书馆乃至全球图书馆间隐性知识库的共享、共建，扩充隐性知识储量。

(4)广泛收集和分析读者的相关信息，为知识服务提供依据。在图书馆开展各项服务的同时，会留下读者利用资源的相关信息，包括借书量、阅读喜好、资源查找习惯等，通过对这些零散信息的搜集、处理和分析，分析读者类型、所需资料类型、读者问题、读者满意度等，从宏观上可以掌握图书馆的整体运作情况以随时调整图书馆的服务，从微观上则可以为读者开展个性化的服务，真正实现“特定的知识在特定的时间送达特定的人”。

(5)绘制知识地图，构建知识库。图书馆知识地图的描绘可包括这样两个过程。一是建立图书馆知识资源总目录，它应有别于传统的图书馆典藏目录，必须加入隐性知识资源部分。二是描述目录内各款目之间的有机联系，包括人与文献之间、各类文献之间、馆员与读者之间、馆员与馆员之间、传统载体与现代载体之间等多种联系。并且随着时间和环境变迁，随时修改这一动态系统。

(6)加强信息技术的应用。从内部网的建立到全球知识的共享，从交流平台的构建到读者信息的采集和分析，从隐性知识的管理到知识库的建立，隐性知识的有效开发和利用，都离不开信息技术的支持。因此，在了解和掌握信息技术的同时，尤其要注重信息技术与图书馆需求的有效结合。

8.2.2　知识组织管理

图书馆如何实施对自身的知识管理，完全可以借鉴发展最为迅速的企业知识管理的实践，那就是通过在所有管理领域和过程中逐步导入知识管理战略，提高整个组织的运作效率。对图书馆而言，知识组织管理的主要目标是构造一个有利于提高图书馆自身管理效率，有利于对知识资源实施知识管理的机构和组织。具体包括设计以知识为基础的组织结构，营造以知识为导向的组织文化，建立以知识创新为目标的管理制度，应用以知识共享为目的的管理手段等内容。

1. 设计以知识为基础的组织结构

长期以来，图书馆形成了按职能、业务流程、文献载体类型、文献学科内容等多层次划分的直线式和严格等级制的组织结构。知识经济时代，整个社会的组织结构向柔性化、扁平化趋势发展，图书馆也必须改变，重新设计并建立有利于知识交流和应用，适应现代信息技术发展，以知识为基础的组织结构。这是图书馆实施知识管理、推进知识创新的组织保障。一般而言，设计以知识为基础的组织结构，要以图书馆组织内外各种知识高效有序地运作为出发点，以组织中知识沟通的便捷性、业务关系的合理性、人员知识水平的适应性以及管理活动的应变性为原则，分析各工作环节和读者的知识需求和知识流规律，考察员工所拥有的知识、智慧、经验和技能，把握需求与能力相匹配的最佳切合点，真正建立起有利于馆内外主客观知识广泛交流和高效整合，有利于最大限度发挥员工智慧潜能，提高图书馆整体服务效率的组织结构。具体来说，图书馆应先对原有部门机构进行功能整合，建立以其主要职能为主体框架的基础性组织机构，再根据具体工作需要，在主体框架中构建一些以任务为中心，便于经常调整的项目工作小组，以这种动态的、灵活的、临时性工作组与相对稳定的基础部门相结合，并通过局域网络将各工作小组与部门联系起来，将馆员与读者联系起来，形成一个工作网、知识网、人际网，并把工作重心放在发展以用户需求为中心的信息资源开发、信息咨询服务、知识领航、用户培训等服务项目上，为图书馆知识交流共享和知识创新，创造一种刚柔相济的充满活力的组织形式。

2. 营造以知识为导向的组织文化

组织文化是体现于组织群体，并为全体成员所共有的行为规范、价值标准、道德信念和精神风貌，它对组织成员及其活动有着突出的导向、凝聚、激励和约束作用。图书馆营造以知识为导向的组织文化，就是要在馆内外创造一种崇尚知识、倡导学习、加强沟通、鼓励创新的文化氛围，支持合作交流，培养团队意识，激励和引导每一位员工都积极努力学习、交流知识，并把获取、共享和创造知识作为组织和个人的共同追求和需要。为此，第一，馆领导要统一思想，从战略管理高度出发，通过各种途径，如正式会议、非正式交流及各类活动等将这一精神贯彻全馆，激励馆员自觉把“终身学习，知识共享，创新服务”的组织精神融于个人的思想和行动之中。要鼓励提高个人自主能力与责任心，增加馆员的心理归宿感，使馆员愿意把个人理想与图书馆目标结合起来，愿意贡献自己的知识，为读者提供热情优质的服务。第二，要在全馆上下建立一种团结和谐的人际关系，领导与员工之间、员工与员工之间以及馆员与读者之间提倡并建立相互信任、相互尊重、相互支持的合作关系。这就要求组织管理公开透明，领导处事公平公正，并能正确评价员工的工作能力和工作绩效。第三，在严密的组织制度的基础上也要营造宽松自由的学习环境，采用各种有效措施，鼓励和支持广大员工努力学习，同时建立有效的激励机制，鼓励馆员勤奋工作，大胆创新。第四，要积极向广大读者宣传这种以知识为导向的组织文化，鼓励读者爱书爱馆爱学习勤思考，积极为图书馆建设献计献策。只有这样，才能让每一个人都在开放的组织环境和坦诚的交流活动中，乐于奉献自己的聪明才智，乐意接受他人的新知识，互相激励，共同进步。

3. 建立以知识创新为核心的管理制度

在组织的知识管理中，最重要的是要在整个组织内创造、保存、传递、共享组织发展中的所有知识，从而保持组织的高效运作，这就有赖于相应管理制度的建立。任何组织或机构，如果没有完善的管理制度，是很难实现有序运作的。因此，对组织实行知识管理，首先需要建立在严密健全的管理制度的基础上。其次，知识管理理念特别强调以人为本的思想，重视人的作用、人的发展和人本化管理。而人是有差异性的，所以，制度的制定必须具备一定的弹性，充分考虑人的愿望、需求和理想，尊重人的自然性，为知识创新提供充分的自由性、开放性与信任空间，充分激发馆员的创造性与潜能。最后，知识管理的核心内容是寻求人与知识的有机结合，结合的有效性完全取决于人的主观能动性，这也是为什么人力资源管理被公认为知识管理中最关键因素的原因。人力资源的有效管理依赖于系统的人力资源管理制度，从培训制度的完善(内部培训、外出教育、终身学习等制度)到合理的人力资源政策的制定(包括职业道德、岗位流动、劳酬、业绩评估、奖惩等制度)，处处体现出以人为本、鼓励共享和创新的管理理念，这是知识管理与以往任何以物为本的其他管理形式的显著不同之处。

4. 应用以知识共享为目的的技术手段

合理的组织结构和管理制度是保障知识有序运作的条件之一，而现代化的技术手段也是实施知识管理不可或缺的基本条件。令人鼓舞的是，已有越来越多的图书馆采用了各种管理软件，从集成系统到办公自动化再到图书馆网站及内部网络的构建，无论是业务处理还是行政管理，都实现了基本的电子化管理，传统图书馆管理的信息流已经数字化或正在数字化，这是实现组织知识管理的基础。现在的关键除了完全实现图书馆各个管理过程(如后勤、采购、财务、人事等)的数字化，更为重要的是如何应用新的技术手段来实现知识管理的思想和理论，从而能够整合各个不同系统中的数据，经过比较分析后上升为有用的知识，为科学的管理提供依据。

8.2.3 读者服务的知识化与知识服务

与其他组织或机构不同，图书馆实施知识管理除了实现其自身的知识创新之外，更为重要的是通过知识管理来提高服务质量，以提高广大读者的知识创新能力，并最终推动整个社会的知识创新水平。因此，实现读者服务的知识化乃至提供知识服务，是图书馆实施知识管理的终极目标。

1. 读者服务的知识化

读者服务的知识化是指在传统读者服务工作中增加知识的含量，变被动服务为主动服务，提高服务的针对性和有效性，这就首先要求图书馆馆员全面了解他们的读者。图书馆可以从读者办证数据库、流通和馆际互借记录、经常咨询的问题、电话和电子邮件服务、电子资源利用等多方面收集大量的读者信息和统计数据，并经过汇总、分析之后运用于改进读者的服务工作。同时，也可以通过定期的用户调查来收集用户的满意程度和个性化要求，调查结果可以用于图书馆读者服务方案的规划。在此基础之上，依靠技术动力，图书馆可以提供各种“定制”的服务来满足个别的需求。例如，我的图书馆、新书/刊自动通告、续借和预约、报刊热点追踪、好书推荐、投稿指南等，都是近年来在传统读者服务工作的基础上，根据读者的意见和反馈而在图书馆界普遍推行的服务方式。显然，与以往的坐等式服务相比，此类服务不仅在主动性和针对性方面大有提高，而且也融入馆员的智慧，体现出更多的知识性特征。

2. 知识服务

所谓知识服务，是指以用户为中心，将用户需求同信息资源和信息技术相结合，以信息知识的搜寻、组织、分析、重组为基础，根据用户的需求，提供解决问题的方案。信息服务以“我是否提供了您需要的信息”为目的，知识服务则以用户的满意为目标，强调“是否通过我的服务解决了您的问题”。因此，知识服务将贯穿于用户解决问题的始终，根据用户的需求，动态地、连续地提供服务，而不是传统的提供用户所需文献资料就结束的服务方式。知识服务更强调利用图书馆馆员自己的知识和能力，借助于馆藏，对馆藏信息进行加工，形成新的具有独特价值的知识产品，来解决用户所需要解决的问题。

如果说现有的流通阅览服务正在向知识化、个性化方向发展，那么信息咨询类服务则更多地体现为知识服务，它们或者具备了部分知识服务的特点（如文献传递、信息检索、网络咨询服务），或者就是知识服务的一种（如科技查新、定题服务、学科专业服务）。而要从整体上实现图书馆的知识服务，则应该将知识组织、知识导航和知识评价作为图书馆工作的重点。只有实现了从文献采访到知识采访，从文献组织到知识组织，从文献资源导航到知识导航，从文献评价到知识评价，才可能真正实现知识的有效组织、加工、增值和价值转移，从而实现更高层次的知识服务。

8.3 图书馆知识管理的评价

图书馆知识管理的目标是否实现，管理的效率与效益如何？这就需要进行图书馆知识管理评价。

图书馆开展知识管理评价，通过对自身知识管理水平进行纵向比较，或者与相关图书馆之间进行横向对比，找出经验和教训，可以发现自身在知识生成、积累、交流和应用等环节中存在的问题，了解管理中存在的不足之处及影响组织发展的关键因素所在，从而更好地运用和发挥已有的知识管理优势，并针对问题提出改进措施，为正确指导图书馆知识管理的发展提供决策依据，达到进一步提高知识管理水平和增强图书馆活力的目的。因此，知识管理评价是图书馆认识和了解自身知识管理水平的重要途径，它既可以反映一个图书馆的现状，也可以预测一个图书馆的发展态势。

开展知识管理评价是图书馆知识管理的重要环节，但要有效实施知识管理评价，首先要建立一套切实可行的评价指标体系。在设计评价指标体系时，必须遵循科学性、系统性、客观性、可比性、代表性、可操作性等基本原则。当然，图书馆知识管理的内容非常丰富，在评价实践活动中，既可以针对某些具体的项目和目标设计评价指标体系，如知识资本评价、知识服务水平评价、人力资源管理绩效评价等，也可以从整体的角度对图书馆实施知识管理的程度和效果进行评价。而且，评价的目的和角度的不同，即便是同样的评价对象，研究者们也提出了不同的评价指标体系。以下选择两种评价指标体系进行介绍。

8.3.1 基于绩效的图书馆知识管理评价体系

图书馆知识管理的最终目的是通过对图书馆的管理使效益最大化、服务最优化，根据图书馆管理的实际情况，邓湘琳从图书馆绩效指标的影响因素分析入手，提出基于知识管理的图书馆绩效主要由图书馆的知识资源结构、组织结构、知识管理系统、用户满意度、图书馆形象和员工竞争力6个方面来反映。

1. 知识资源结构

知识资源结构包括两个方面，一是图书馆长期以来积累的馆藏资源，也就是我们前文所说的显性知识。二是图书馆员工、用户、供应者、伙伴等拥有的知识以及长期管理实践中所积累的工作总结、研究成果和经验教训等，我们通常称之为隐性知识。

2. 组织结构

知识管理采取开放的、扁平式管理的学习型组织模式，以发挥人力资源的创造性为目标，致力于将组织内员工的智力资本转化为更大的生产力、竞争力与新价值。因此，基于知识管理的组织结构功能之一就是建立一系列类似数据库一样的体系，在这个体系中鼓励员工相互沟通和学习；功能之二就是通过设立标准和程序，创造一种隐性知识与显性知识互动的机制与平台，从而创造出新的知识去满足社会发展的需要。

3. 知识管理系统

知识管理系统是采用计算机技术、网络技术、知识仓库等现代技术手段实现知识管理的系统，是一个有助于知识的收集、组织和在图书馆内部员工之间传播的知识管理技术集合。知识管理系统有4项基本功能，即发现知识、显性知识交流、隐性知识交流和知识应用。

4. 用户满意度

用户满意度是指图书馆用户对图书馆形象、服务质量以及其他方面认识的信息，往往可以通过用户访谈、用户调查和用户意见簿(包括网上意见簿)等方式得到。这些信息可以帮助图书馆管理者及时、准确地了解本馆知识管理的用户效应，发现其中存在的问题，并找到解决该问题的办法。

5. 图书馆形象

图书馆形象主要是指图书馆的用户、学校其他部门、其他图书情报机构、社会公众以及与图书馆有业务往来关系的客户等，对图书馆、图书馆行为、图书馆各项活动的综合评价。图书馆形象与图书馆的发展水平、领导能力、国内外影响力以及与外界交流程度密切相关。

6. 员工竞争力

员工竞争力指图书馆内部所有成员的知识、能力、技术、经验等的集合。它可以从员工素质和员工满意度两个方面来进行衡量。员工竞争力是图书馆最重要的资产，也是图书馆知识管理能力最强的资本。基于知识管理的图书馆管理就是要尽可能有效地挖掘员工的潜能和专长，以实现组织创新。

以上 6 个方面组成了基于绩效的图书馆知识管理评价的一级指标，本书分析了每个一级指标的影响因素，形成了一个基于知识管理的图书馆绩效评价指标集，并通过专家调查法确定了二级指标，同时结合主观经验判断法、专家征询法和层次分析法三种方法确定了各级评价要素指标的权重系数，见表 8-1。

表 8-1　基于绩效的图书馆知识管理评价指标体系及权重分配

一级指标	权重	二级指标	权重
知识资源结构	0. 132	知识资源的存量	0. 050
		知识资源的可获取性	0. 034
		是否满足大多数用户需要	0. 022
		知识资源的利用率	0. 015
		知识库建设水平	0. 006
		知识资源的更新速度	0. 004
组织结构	0. 415	组织学习能力	0. 161
		知识交流程度	0. 107
		组织创新氛围	0. 073
		组织制度完善程度	0. 038
		领导能力	0. 024
		知识管理战略的制定	0. 012

续表

一级指标	权重	二级指标	权重
知识管理系统	0.097	知识共享能力	0.042
		系统管理能力	0.023
		技术先进水平	0.016
		网上交流平台的易用性	0.009
		知识管理系统的投入	0.004
		智能代理能力	0.003
用户满意度	0.047	获得服务的难易程度	0.019
		“AAA”访问	0.012
		土动服务	0.008
		个性化服务	0.005
		核心用户比例	0.002
		用户学历层次	0.001
图书馆形象	0.031	员工价值取向和态度	0.015
		外界合作与战略联盟	0.008
		与用户沟通和协调能力	0.005
		知名程度	0.002
		图书馆主页访问量大小	0.001
员工竞争力	0.279	员工满意度	0.091
		员工工作学习积极性	0.063
		员工交流融合程度	0.044
		员工人均价值创造量	0.030
		员工教育与培训	0.021
		员工总体收入	0.015
		员工周转率	0.009
		员工知识结构能力与所在岗位相称程度	0.006

8.3.2 基于管理能力的图书馆知识管理评价体系

图书馆知识管理能力是图书馆在实施知识管理过程中可以运用和发挥的作用力和影响力。依据图书馆知识管理流程和知识价值链的基础活动，彭迪将图书馆知识管理能力的构成要素总结为以下 8 项。

(1)知识获取能力。图书馆知识获取是知识管理的基础，任务是完成知识资源的获取，并对获取的资源进行加工整理。知识获取能力包括领导层对知识获取的重视程度、知识获取途径、知识获取的数量及确定方法、知识获取的质量、获取流程的规范化程度要素。

(2)知识生产能力。图书馆知识生产关键在于有效地组织信息资源，进行知识集成，形成完备的知识体系。知识的生产能力包括知识的生产条件、知识产品的总类、知识产品的质量及所生产知识的利用等要素。

(3)知识转化能力。图书馆的知识转化是指隐性知识与显性知识的互相转化。知识转化能力包括图书馆整体知识转化能力、馆员个人知识转化能力、馆员的工作交流情况、学习型图书馆的建设等要素。

(4)知识扩散能力。图书馆的知识扩散是指馆员与读者、读者与读者、馆员与馆员之间的知识传播与共享。知识扩散能力包括知识传播培训教育是否健全、知识共享氛围、知识交流与共享渠道、知识共享程度等要素。

(5)知识应用能力。图书馆的知识应用就是图书馆及馆员使用知识，将知识应用于图书馆各项工作，尤其是图书馆服务中去，实现知识的价值的过程。知识应用能力包括图书馆推动知识在组织内的应用、读者与馆员对知识应用的重视程度、知识服务方式、知识服务质量、知识应用效果等要素。

(6)知识创新能力。图书馆的知识创新包括两个方面内容，一是图书馆帮助科学技术工作者实现科研创新，二是图书馆直接参与科研，图书馆的工作是知识创新的组成部分。知识创新能力包括组织高层对知识创新的重视程度、创新制度设置、创新活动形式、创新成果、创新奖励等要素。

(7)知识保存与保护能力。知识保存包括图书馆各种显性知识和已共享的隐性知识的保存状况、技术、方法等。知识保护是指图书馆对于自身拥有知识的合法权益的保障能力。知识保存与保护能力包括知识的保存技术、方法的更新、馆员的知识产权意识状况、专利专有技术的保护途径、有效的知识保护效果的确定方法，以及图书馆是否通过合法的途径进行如专利的授权等方式进行知识传播，图书馆是否具有专门人员负责组织所拥有的知识的保护等要素。

(8)知识资本自测能力。图书馆的知识资本可分为馆藏文献资本、服务结构资本、知识产权资本、人力资本和基础结构资本。知识资本自测能力即图书馆对于自身拥有的知识资本的测量评估能力，表现为图书馆知识资本掌握情况和图书馆的知识资本评估体系等。

除了以上8项知识管理能力构成要素外，图书馆知识管理能力的实现还受到以下4个方面因素的影响。

(1)知识管理战略目标。知识管理战略目标是知识管理运作和实施的方向和目标，战略目标的制定影响着整个知识管理活动。既影响图书馆知识管理整体的运作，又影响到人员、组织文化、技术应用、各种能力的发挥程度。

(2)组织文化和文化环境。图书馆的组织文化直接影响着图书馆馆员的工作环境、工作状态、工作效率。良好的文化环境能增强组织内成员的凝聚力，有利于成员间的合作、资源间的协调和知识管理水平的提升，也有利于读者用户参与到图书馆知识服务中去。

(3)人员的支持与参与。人员是知识管理中的关键影响因素。在知识管理中，参与者的知识背景构成、领导者对参与者的激励措施、相互合作的愿望与机制等都影响着知识管理的实施过程与效果。管理层的支持，是知识管理活动展开的重要保障，而大多数馆员的支持与参与更能保障知识管理的实施。

(4)知识管理技术。知识管理技术是指能够协助人们生产、分享、应用以及创新知识的基于计算机的现代信息技术。它是实施知识管理的技术保障，是多种信息技术的集成，并最终形成了整体的知识管理系统，提供知识管理服务。

基于以上对图书馆知识管理能力构成要素和影响因素的分析，作者构建了图书馆知识管理能力评价指标体系，并通过专家调查法，确定了各指标的权重，见表8-2。

表8-2 基于管理能力的图书馆知识管理评价指标体系及权重分配

一级指标	权重	二级指标	权重
知识获取能力	0.125	知识获取途径	0.036
		知识获取技术	0.023
		知识获取的数量	0.029
		知识获取的质量	0.037

续表

一级指标	权重	二级指标	权重
知识生产能力	0.034	知识生产的条件	0.011
		知识产品的种类	0.005
		知识产品的质量	0.007
		知识产品的利用	0.011
知识转化能力	0.090	馆员个人知识转化能力	0.020
		图书馆整体知识转化能力	0.032
		馆员的工作交流情况	0.015
		学习型图书馆的建设	0.023
知识扩散能力	0.083	知识共享氛围	0.026
		知识交流与共享渠道	0.014
		知识传播培训教育	0.027
		知识共享程度	0.016
知识应用能力	0.106	知识应用的重视程度	0.029
		知识服务方式	0.031
		知识服务质量	0.022
		知识应用效果	0.024
知识创新能力	0.061	创新制度设置	0.023
		创新活动形式	0.009
		创新成果	0.017
		创新奖励	0.012
知识保存及保护能力	0.042	知识保存状况	0.015
		知识保存技术	0.013
		知识保存效果	0.008
		专利的保护	0.006
知识资本自测能力	0.024	知识资本的掌握情况	0.013
		知识资本的评估体系	0.011

续表

一级指标	权重	二级指标	权重
知识管理战略目标	0.140	知识管理的重视程度	0.027
		知识管理的发展目标	0.067
		知识管理的执行情况	0.046
组织文化及文化环境	0.098	知识管理是否由专门机构或专门人员负责	0.034
		知识管理是否纳入到组织文化	0.041
		组织学习环境	0.023
人员的支持与参与	0.106	人员接受知识管理理念程度	0.035
		人员参与培训学习知识管理理论方法程度	0.050
		人员参与知识管理活动程度	0.021
知识管理技术	0.091	知识管理系统的引进与应用	0.045
		知识管理技术的掌握情况	0.027
		技术人员的安排	0.019

除了以上两种评价体系外，还有众多的研究者提出了各不相同的评价思路和指标。例如，付立宏等提出了由6个一级指标和31个二级指标构成的图书馆知识管理评价指标体系，6个一级指标分别为：图书馆管理层对知识管理的重视程度，人力资源管理知识化程度，组织结构和文化，知识管理基础设施建设，知识检测、评估与利用，外部关系知识化水平。

而根据柯平对天津市部分图书馆馆长和部主任的调查，从图书馆实际管理者对各项指标的认可比例，图书馆知识管理的评价可以从用户满意度(83.9%)、服务水平的改进(70.9%)、员工满意度(67.7%)、知识创新成果(61.3%)、先进技术的应用和推广(58.1%)、时效性(58.1)、解决问题的能力(51.6%)等方面来测定。

虽然研究者提出的评价指标体系各不相同，但实际上归纳起来，都是紧紧围绕着图书馆知识管理的核心内容，即知识资源的科学管理和组织的知识管理来展开。只是因为侧重点不同，在指标的选取和权重的赋值上有一定的差异。在具体的评价实践中，也往往需要根据图书馆的实际情况，对二级指标进行微调，以达到可操作性的目的。

8.4 数字图书馆的知识管理

20 世纪 90 年代以来，数字图书馆作为一种新的图书馆形态开始崭露头角，而知识管理适应了以企业方式运作的数字图书馆管理的要求，成为数字图书馆管理的首选模式。数字图书馆知识管理就是通过对数字图书馆所拥有的包括信息、知识各种要素在内的所有智力资本进行组织、开发和运营，实现知识创新、知识扩散和知识增值的过程。作为图书馆的诸多形态之一，图书馆知识管理的基本内容在数字图书馆中均可应用和实现，但作为以数字信息和知识为管理对象的崭新形态的图书馆，它实施知识管理的重点和方法与普通图书馆有较大不同。数字图书馆知识管理的核心内容包括以下几个方面。

8.4.1 数字图书馆的知识创新

巴特勒(P. Butler)曾指出："与其他领域的人们相比，图书馆馆员对于本身职务的理论方面表现了令人难以置信的蔑视。"如果说在相对简单的、稳定的传统图书馆环境下，图书馆馆员没有专业理论的指导也可胜任工作，那么，在当代复杂的、充满变化的数字图书馆环境下，图书馆馆员不关心"本身职务的理论方面"而要胜任工作则是不可能的了。数字图书馆根植于现代信息技术的土壤，是一种网络环境下的全新的图书馆形态，具有与传统图书馆完全不同的理念追求、运作方式和管理模式。要有效地从事数字图书馆实践，必然要求相应的理论指导。因此，在新的实践基础上开展图书馆学研究，发展和创新图书馆学成为数字图书馆知识管理的重要内容。尽管图书馆学作为一门科学已有一个多世纪的探索历史，但其还未走向成熟。在当前充满变化的网络信息环境下，图书馆学面临学科更新和重建的艰巨任务。发展和创新图书馆学必须进行知识创新，用创新思维对待图书馆学并进行学科更新和重建。图书馆馆员立足于丰富多彩的数字图书馆实践，通过捕捉、发现实践中的问题，对其加以创造性的研究，为发展和完善图书馆学理论体系增砖添瓦。因此，从事知识创新是图书馆馆员在数字图书馆时代的重要使命。如果说以往图书馆学知识积累较多地得益于学院派的贡献，那么，在知识管理成为数字图书馆主导管理模式的今天，图书馆馆员应该成为发展和创新图书馆学的另一支重要力量。

8.4.2 数字图书馆的知识组织

知识组织是指把知识客体中的知识因子和知识关联表示出来，以便人们识别和理解知识。对数字图书馆来说，知识组织就是在信息获取和信息预处理的基础上，通过知识挖掘，对信息进行精简、提取，发现隐含在信息中的有用知识单元，并对其进行集合组织的过程。知识组织是数字图书馆知识管理的基础内容。在数字图书馆条件下，由于信息网络的发展，传统的信息资源不均衡和信息获取困难状况得到极大改变，信息检索和传递走向非中介化、非专业化和非智力化，用户关注的是如何从繁杂的信息环境中捕获和析取解决问题所需的信息内容和知识。正如奈斯比特(J. Naisbit)所指出的："我们正受信息淹没，但却渴求知识。"因此，数字图书馆的工作重心要由信息组织转向知识组织，通过知识组织和知识服务建立其专业地位和市场。知识组织的方法多种多样，依知识的内部结构特征，可分为知识因子组织方法和知识关联组织方法；依知识的不同组织形态，可分为主观知识组织方法和客观知识组织方法；依知识组织的语言学原理，可分为语法组织方法、语义组织方法和语用组织方法，等等。目前，针对知识组织和知识管理的多种智能技术和软件技术，如数据仓库(date warehome)、群件(group ware)、知识挖掘(knowledge mining)、知识发现(knowledge discovery)、数据融合(data fushion)、推送技术(push)、智能搜索(intelligent search)等已在数字图书馆中得到了广泛应用，在面向内容和知识管理的数字图书馆设计中尤其得到强调，极大地提高了数字图书馆知识组织和管理的效率。

8.4.3 数字图书馆的知识开发

图书馆的知识开发是在知识组织的基础上，根据用户要求和图书馆发展的特定目标，通过知识重组和知识再造，形成用户决策所需要的知识解决方案或适合市场需求的知识产品的过程。知识开发过程中包含了图书馆馆员创造性的智力劳动，这种智力劳动使知识产品产生增值。数字图书馆知识开发关注和强调的是利用自己独特的知识和能力，通过对信息和知识的深层次加工，形成有独特价值的知识产品，解决用户凭自己的知识和能力所不能解决的问题，从而实现自身在社会知识创新、知识扩散和知识应用链条上的独特价值。这与传统图书馆仅仅基于资源占有和"劳务服务"等来体现自己的价值在职业理念上有本质差别。知识重组和知识再造是知识开发的两个重要环节。知识重组是在特定目标指引下，寻求知识间的内在联系及未来动向，形成动态知识系统的过程。知识再造是在知识重组的基础上，通过图书馆馆员的智力劳动，在现有知识水平、知识联系及知识未来水平预测的基础上形成新知识的过程，这种新知识表现为决策所需求的知识方案、设计方案及知识产品。一些独特的知识产品，如数据库、知识库、智能工具、应用软件或电子出版物等，往往可得到版权或专利权的保护，使图书馆拥有自主知识产权。在数字图书馆条件下，拥有自主知识产权的多少将成为衡量图书馆知识管理水平的重要指标之一。

8.4.4 数字图书馆的知识服务

知识服务是图书馆联结用户和市场的纽带。在知识经济时代，直接支持用户知识应用和知识创新过程的知识和能力成了图书馆的核心智力，基于这种核心能力的知识服务是图书馆实现其社会价值、参与知识市场竞争的有效手段，在图书馆知识管理中占有重要地位。

1. 知识信息导航

网络环境下，帮助用户在网上海量信息中识别、找到自己所需要的知识信息是图书馆馆员的重要职责，也是数字图书馆用户教育的重要内容。已经有越来越多的证据表明，图书馆馆员的职能正从传统的馆藏维护和图书管理转向传递、检索和经营图书馆围墙外的信息，图书馆馆员正由图书保管员进化为网络的导航员。

2. 知识信息评价

由于网上信息数量巨大、良莠不齐，要为用户提供有效的知识信息服务，首先需对其进行评价选择。评价选择数字信息资源也是数字图书馆建设的首要工作，其中评价标准的制定和评价工具的应用是两项核心工作。一些著名的搜索引擎如 AltaVista、Infoseek、Yahoo！、Excite 等都具有信息评价功能。

3. 知识信息咨询

兰开斯特(F. W. Lancaster)指出：“图书馆馆员的真正专长在于他们能够担当信息咨询者或信息顾问的角色，对于这种人员的需求将延续很长一段时间。”基于分析和基于内容的参考咨询服务是数字图书馆知识信息服务的核心内容。这种咨询服务强调专业化分工和对馆内咨询资源的集成，重视通过咨询课题的类型分工和采用先进的分析技术与工具，来提高咨询服务的分析性、智力服务的分析性和智力内涵，解决用户所面临的问题。

4. 知识营销

知识营销(knowledge marketing)是一种新的营销模式，强调通过产品知识宣传创造市场需求，实现知识产品的商品化和市场价值。数字图书馆知识营销应注重与用户建立起结构层次上的营销关系，即知识产品与用户之间在技术结构、知识结构和习惯结构上建立起稳固的关系，使用户成为图书馆知识产品的长期忠实的消费者。在营销实践中，需要配备高素质的专业营销人才，建立发达的营销网络。国外一些著名的图书馆、数据库公司以及 ICP 等已在这方面积累了丰富的经验，值得借鉴。

8.4.5　数字图书馆的知识产权管理

数字图书馆的知识产权管理包括两大部分内容，一是数字图书馆自主知识产权的获得和保护，二是数字图书馆建设和运作过程中所涉及的来源作品的知识产权保护，二者之间应保持一种平衡。数字图书馆作为下一代互联网上扮演核心角色的知识网络，是知识创新体系的重要组成部分。数字图书馆在利用他人所有知识产权或公有领域作品的基础上进行知识加工和重组，会产生出新的知识产权关系，得到拥有自主知识产权的作品。所谓数字图书馆自主知识产权，是指数字图书馆对自己生产的智力成果产品拥有完全自主的所有权和支配权。目前世界各国普遍将具有原创性的数据库作为版权法中的编辑作品予以保护。数字图书馆在建设过程中应追求内容组成和结构编排上的原创性，争取享有完全自主的知识产权，从而使其智力劳动成果得到知识产权保护。数字图书馆在建设和运作过程中还涉及来源作品的知识产权保护问题。来源作品按其内容大致可分为 4 类。一是无知识产权的作品，二是已进入公有领域的作品，三是他人拥有知识产权的作品，四是将他人拥有知识产权的作品或片段经过再制作所形成的具有新知识产权的作品。前两者的使用没有限制，后两者的使用却以不侵犯作者或原作者的利益为前提。在数字图书馆经营运作中，要有效利用合理使用制度和法定许可制度，同时注重数字传输与复制的合法性，保护来源作品的知识产权。

数字图书馆要实现有效的知识管理，关键是要建立适合知识管理的组织管理机制、技术机制以及有利于创新、交流、学习和知识应用的环境和激励机制。在网络环境下，图书馆的组织结构应从以往固定的等级模式转向扁平化的网络模式。数字图书馆尤其需要更多地采用临时结构的组织方式，如特别业务小组(task force)或工程组(project group)等，以加强对快速变化的用户需求及市场的反应。在组织结构中引入 CKO 体制是一种行之有效的做法，同时，一个新型的技术基础也是数字图书馆实现知识管理的必备条件。这个技术基础应充分支持知识的表示与管理、知识的积累与传递、知识挖掘与再生以及知识利用与评价，充分支持基于虚拟资源体系的服务集成，充分支持以用户为中心的个性化、专题化和智能化服务。这一技术系统实质上是一种将知识信息资源与用户和用户过程紧密结合的，灵活调用各种资源和功能的新型知识管理系统，它要求新的结构、技术和运行模式。这一技术机制的建立将在很大程度上决定数字图书馆知识管理的效率和水平。此外，在图书馆内部建立和造就一个能够促进学习、交流、积累、创造和应用知识的环境，使每位员工都能认识并享受到这种环境的好处，积极为组织的知识创新、知识积累和知识服务贡献自己的力量是十分必要的。要建立一套激励机制和对员工的评价标准，使知识创造者和贡献者在职务晋升、经济收入和声誉等方面优先得到肯定和褒扬。既充分尊重个人的兴趣和创造性，又强调基于组织目标的合作和团队精神，这种和谐的组织文化是数字图书馆知识管理不可或缺的润滑剂。

本章习题

1. 图书馆知识管理中，如何实现读者隐性知识的共享？

2. 从管理层面上看，图书馆该如何实现自身的知识管理？

3. 请对比本章列出的两个图书馆知识管理评价指标体系，说说它们的异同。

4. 相较于传统图书馆，数字图书馆的知识管理有何特点？

第9章 个人知识管理

9.1 个人知识管理概述

随着信息技术、网络技术、通信技术和计算机技术的迅速发展，人类正全面进入信息社会和知识经济时代。信息和知识的产出呈指数级增长，信息爆炸已是不争的事实。任何人都可以从Internet上获取海量的信息，但却不知如何从信息海洋中提取有用的信息并将它有效地转化为知识。“我们生活在信息的海洋中，但却忍受着知识的饥渴”，正是这一情形的逼真写照。因此，如何迎接这一挑战和从海量信息中获取知识的策略就显得愈加重要，如何对自身知识进行管理成为一件非常重要的工作。

9.1.1 个人知识管理的概念

个人知识管理(personal knowledge management，PMK)包括三层含义：其一，对个人已经获得的知识进行管理；其二，通过各种途径学习新知识，吸取和借鉴别人的经验、优点和长处，弥补自身思维和知识缺陷，不断建构自己的知识特色；其三，利用自己所掌握的知识及长期以来形成的观点和思想，再加上别人的思想精华，去伪存真，实现隐含知识的显性化，激发创新出新知识。对于个人知识管理通常采用Dorsey与Frand的论述：“个人知识管理应该被看做既有逻辑概念层面又有实际操作层面的一套解决问题的技巧与方法。”但也有许多学者的论述富有创意，本书将这些观点分为以下几个流派加以论述。

1. 技术论：个人知识管理技术

理论上，个人知识管理可以归纳为两个主要领域：个人知识管理技能和个人知识管理技术。在今天知识竞争日趋激烈的社会，个体知识性工作者不断地需要在多终端，比如 PC、手机、Pad 上，与多个人共同实现知识信息的捕捉、获取、分类、定位和分发。个体知识性工作者之间的知识共享经常是跨越组织边界的。因此，个人的知识管理工具与上述的组织(通常是企业)知识管理具有非常不同的特性。在个人群体的层面上，知识管理(P2P)通常被定义为文件共享、网络内容分发、协同工作和知识检索。潜在的个人知识管理技术(technologies for personal and peer-to-peer (P2P) knowledge management，P2PKM)应用包括远程(电子)学习、实时协作和模拟实战、协同产品开发、商务过程自动化(BPA)以及电子商务支付体系。

2. 技能论：个人知识管理技能

将个人知识管理看做实际操作层面的技巧和方法，实际上是对知识管理所涉及的过程的概述。这些过程包括创建、分类、索引、检索(搜索)、分发，以及重新使用某项知识的价值评估，这些过程本身也是相互结合的。这些知识管理方法实际上是处理日常工作中知识维度的一系列连续的动作和操作，通常将这些动作和操作概括为个人知识管理的七种技巧和方法：检索信息的技巧、评估信息的技巧、组织信息的技巧、分析信息的技巧、表达信息的技巧、保证信息安全的技巧、信息协同的技巧。

3. 经验论：个人知识管理战略

Skyrme 也从经验方面定义了个人知识管理战略，包括以下内容：明确自己的信息需求；制定一个(知识)获取战略；设定信息的优先级，确定哪些信息可以丢弃，哪些信息可以收集；确定如何和何时处理手上的信息；为需要归档和保存的知识建立规范；创建个人的文件系统，可以兼顾(管理)自己的工作、生活和其他知识活动；为不同用途建立信息目录(书签)和索引；经常评估/评价所存储信息和目录的价值。

4. 过程论：个人知识管理过程

个人知识管理是一个连续的过程，个人需要执行各种动作，在日常活动中收集、分类、存储、搜索(检索)和重拾自己的知识。这些活动绝不仅仅局限于商业和工作任务，而且包括个人兴趣、爱好、家居、家庭和休闲活动。

5. 目的论：个人知识管理目的

个人知识管理的目的通常认为是为了增强个人竞争力。这是因为在现在及将来的经济时代，知识已经成为核心能力和竞争优势的主要源泉，个人知识管理帮助个人对知识进行高效运作，就意味着个人竞争力的提高。

有代表性的个人知识管理概念的表述如下所示。

(1) Frand 和 Hixon(1999)曾这样定义个人知识管理：“它是一种概念框架，指个人组织和集中自己认为重要的信息，使其成为我们知识基础的一部分。它还提供某种将散乱的信息片段转化为可以系统性应用的东西的(个人)战略，并以此扩展我们的个人知识。”

(2) Dorsey(2000)认为，个人知识管理可以看做是一系列解决问题的技能，“这些技能是21世纪成功地完成知识性工作所必须具备的”。一般的，可以概括和定义以下7项核心个人知识管理(PKM)技能：重拾(重新找回)、评价/评估、组织、分析、表述、保护(防止知识泄露)和(与他人)信息协同(共享)。其中，最后一项技能(信息协同)从技术的角度包括：勤于处理日常的电子邮件、视频会议和其他(电子)协作系统。

(3) Hyams(2000)则从更为宽泛的角度诠释了个人知识管理的含义，除了上述Dorsey(2000)所描述的信息方面的内容外，还包括时间管理、基础设施、组织性工作等方面的技能，具体指时间控制，工作空间舒适度，快速阅读、备注和研究，备案和文档管理，信息设计(哪些信息有用，哪些信息无用)，有目的的写作，知识/信息处理设施(通常指PC等IT设备)，知识/信息过滤技能。

(4) 个人知识管理就是关于个人知识的获取、存储、分享、利用的管理。

(5) 个人知识管理是用计算机技术、通信技术和网络技术帮助个人有效地管理飞速增长的信息，是把个人认为最重要的且将成为个人知识库的信息进行整合的框架，它为那些零散的、随机的信息转换成系统可利用的和可扩展的个人知识提供了一种策略。它注重知识能力和创新能力，是知识的识别、获取、开发、共享、利用和评价的过程。其目的是利用网络资源解决问题，利用信息进行更好的决策，提高应变和创新能力，发展个人潜力。

本书认为，个人知识管理是指个人在明确自己的信息需求的基础上，利用现代信息技术帮助自己有效地管理信息、整合信息、利用信息，并对其进行评价以提升工作效率，提高个人竞争力的过程。

9.1.2　个人知识管理的意义

个人知识同时来源于正规教育和非正规教育，有时非正规教育作用更大，个人知识可以存在于各种媒介、实物和人的大脑中。一些可以被表示出来成为显性知识，还有一些则是不易表达的隐性知识。个人知识管理就是要促进显性知识和隐性知识的相互转化，把自身的隐性知识表达出来成为显性知识，同时吸收外界的显性知识进入自己潜在的知识体系。未经整理的信息无助于知识的累积，不但要耗费大量时间在信息的搜集上，也无法传承宝贵经验与教训。梅棹忠夫认为："向来的读书人，大半就在尝试错误中摸索前进，走许多迂回路和冤枉路，有的人或许领悟到某些'妙法'，他秘而不传，这么一来，读书界便长期缺乏一种由大家经验中发掘提炼出来的最有效的'读书方法'或'做学问的方法'。"

1. 组织知识管理建立在个人知识管理基础上

通常情况下，任何组织层面上知识管理的成功都依赖于3个基本因素：个人、过程和技术。其中，个人及相关的文化因素是决定组织(企业)知识管理系统能否被采纳和是否具有持久性的关键因素，无论是否涉及技术问题。因此，个人的知识管理对组织的成功具有重要的意义。但是，IDC的研究报告显示，知识工作者做的90%的所谓"创新工作"是重复工作，因为这些知识已经存在于组织内部或组织外部。事实上，知识工作者都有这样一个感受：大部分东西重新起草比去寻找这个已存在的东西还省力气。另一份研究报告显示，知识工作者1/3的时间用在了寻找某些他们永远没有找到的信息上。造成个人工作效率低下的原因是没有对个人的知识进行有效的管理。当今时代，信息的数量十分庞大，工作中需要的知识也很广泛，作为知识工作者，大部分工作是要去做那些创新性的工作，而不应该去日复一日地重复某项已经做过的活动或操作。我们每个人学习、工作和生活都会用到各种知识，对知识的数量和质量要求有越来越大、越来越高的趋势，如果无法对这些众多的知识进行有效的管理，最后必然造成工作的低效率。知识管理是个人的事情，也是组织的事情。因为组织的各项任务都需要个人去完成，更为重要的是，组织的知识管理和知识创新是建立在富有创造性的个人知识管理的基础上。并非我们每个人都能决定组织的知识管理实施，即便组织实施知识管理，最终成功与否还是在于个人的参与程度和个人的知识管理水平，但是，组织内所有员工的知识管理水平却会影响到组织的知识管理的成败。个人知识管理是每个知识工作者提高自己应对复杂环境、赢得更多机会的有效手段，对自己的知识进行有效管理有利于在职场上游刃有余，从而最终提高自己。另外，个人知识管理还是个人学习的重要保障，有效的个人知识管理可以帮助梳理个人的知识结构，提高学习的效率，是打造自身核心竞争力的必然要求。

自由工作者在新经济中无疑对社会非常有价值，但是很少有组织能吸引和留住这些人才。据统计，美国硅谷的技术公司每流失一名员工大约会损失12.5万美元。比尔·盖茨也曾表示，如果微软流失20名核心人员，该公司就将面临破产。Knell的调查显示，仅有1/4的执行主管表示公司对人才很有吸引力，仅有16%的主管相信公司知道业绩突出者在哪儿，仅有10%的主管相信他们能够留住公司的业绩突出者。这些统计数据表明，个体知识工作者正在比大多数组织更熟练、更迅速地适应新经济。

组织知识管理建立在个人知识管理的基础上，但是组织知识管理和个人知识管理又有不同之处。知识管理的主要目标在于提升知识的使用效率和再利用价值。组织知识管理的目的在于创造组织的效率和效能，在私人企业方面，最重要的在于激发员工的知识，管理组织知识以创造企业的利润。对国家来说，则以开创知识经济以发展国家资本为最终目标。组织更多的是要求知识的分享，使整个组织的竞争合力达到最高。而个人的知识管理可以以个人兴趣或工作需要为出发点，个人是组织的基本单位，强化个人知识管理是发展组织知识管理的基础，虽然其目的、技术、设备等或有不同的应用途径，但在以知识管理的观念为基础的架构上，个人知识管理与组织知识管理的应用和运作是相互作用的。个人知识管理可以专心提高自己的竞争力，而不用过多地考虑共享的问题。但这些因素并不能表明组织知识管理和个人知识管理有必然的冲突，因为对自己实施知识管理的个人要比没有实施知识管理的个人更明白共享的意义。个人知识管理中很重要的一块就是个人必须充分利用各种渠道，包括人际圈子、组织提供的信息平台、报纸杂志，而个人要想在自己的人际圈子得到他想要的知识，他必须能给别人提供价值并得到别人的认可，即他必须能分享自己在这个过程中获得的知识。共享将成为个人的一种习惯。组织知识管理和个人知识管理在各方面的比较如表9-1所示。

表9-1 组织知识管理和个人知识管理的比较

比较项目	组织知识管理	个人知识管理
目的	提升效率、效能、利润	兴趣、工作
工作人员	每个过程有专人专责	全部过程由个人总其成
技术	技术性高，过程缜密	基本的计算机操作能力
硬件	专属数据库服务器	个人计算机
软件	专业软件费用高昂	access 应用软件
操作系统	UNIX、Windows NT 等级较高的操作系统	Windows 系列的 PC 操作
作业安排	固定的、实时的、预排的	随兴的、不定时
维护更新	有一定的作业程序	依自己的需求
应用界面	程序控制	不需要编写程序
资料	全部数字化	接纳各种数据形式

2. 组织决策需要个人知识和组织知识的互动

组织知识管理和个人知识管理并不冲突，个人知识管理可以对组织知识管理有所裨益，而组织知识管理也可以对个人知识管理提供帮助。如果企业中的员工个人知识管理做得好，自然学习的目的性更强，对知识的理解和吸纳更加到位，提供的知识也更加有价值。个人知识管理与组织知识管理是相辅相成的关系，那些忽视个人知识管理单纯强调组织知识管理的论调，是一种不尊重知识提供者的表现。

员工的创新能力是企业的一种特殊资源，企业应该针对其在知识开发中的独特性，实行有效的、有针对性的人力资源管理。有人根据员工在知识链中的作用，把企业内部的人才资源分成了5类，他们是知识生产者、知识商品化的倡导者、知识商品化的领导者、知识分析者和幕后保护人(sponsors)。个人购股权是企业知识管理的有利工具。

在知识内容的平衡方面，对于不同性质的知识，需要实现由隐性知识到隐性知识的知识社会化管理，由隐性知识到显性知识的知识明晰化管理，由显性知识到显性知识的知识关联化管理，以及由显性知识到隐性知识的知识内省化管理。对于个人和组织知识来说，要实现两者之间的互动平衡。

3. 个体成功需要个人知识管理

在知识经济时代，个人必须持续地学习，终身学习不再仅仅是口号，个人要发展需要掌握专业越来越复杂的知识资源，个人无形资产的有效管理，对个人价值和社会价值的实现起着积极的作用。个人的知识过程包括：规划个人专业知识体系，收集和组织知识资源，利用知识完成实际工作，创造新的知识。

事实上，成功地应用个人知识管理需要个人改变自己的一些习惯，克服某种心理障碍。个人知识管理是一个非常重要但又未被人们足够重视的领域。一些证据表明，个体知识性工作者的知识管理技能对企业知识管理体系的内容有着直接影响。

工作没有效率大致可以归类为4个因素：相关资源没有整合，只能定点工作缺乏行动工作能力，不懂得使用科技工具来沟通与工作，重复性工作没有累积性而缺乏效率。

知识管理对个体成功的作用主要体现在以下几个方面。

(1)减少劳务性工作。个人知识管理的重点，首先，便是将相关数据数字化，员工的办公元素不外乎包括计算机、电话、传真、网络环境与档案柜，知识管理的第一步便是将相关档案柜的数据数字化，包括名片、电话通信簿、文件数据文件等。唯有数字化后，才能再做进一步的数据存储与整合。进行个人知识管理将在以下日常工作中节约大量的时间。如寻找名片或是电话名册，整理待办工作事项，日程安排，打电话，回电子信箱，寄信，收发传真，通知发布群组讯息，归档，寻找资料，搜集情报，作研究报告，搜寻网站与主题研究，撰写企划书与规划书，联想，项目管理，安排会议，开会讨论，会议规划，与同事讨论开会。

(2)整合资源，创造价值。在上述的工作项目中，可以把它们整理为下列几类：名片资源管理，日程安排，通信系统管理，文件情报系统管理，企划项目管理，群组与会议管理。① 名片资源是许多知识工作的基础。名片资源管理是许多工作资源的核心，不只限于名片管理，还应该包括各种资源的管理，例如电子信箱管理，客户与协力厂商的数据，各种研究单位，数据提供单位，媒体，生活所需的各种服务资源，甚至相关网站等。通过信息技术的协助，我们不仅可以快速取得所需的特定对象的各种联络信息，还可以通过有效的分类，做有效的群组动员。如果能做好适当的索引关键词，例如记录会面的时间、地点、团体，或是介绍人/关系人、专长技能等与个人相关的关键词句，通过全文检索的超强功能，可以发挥许多平时人脑所办不到的搜寻能力。一个良好的名片管理系统，将有助于我们轻易地找到某些特定的信息，例如某种特定专长者的所有名单，某个特定城市或是街道的所有名单等。

除了名片资源管理之外，日程管理、通信系统管理、文件情报系统管理、企划项目管理、群组与会议管理等都是知识管理的重点，这些项目之间彼此都环环相扣，如果能建立一个良好的系统架构与检索方式，将可大幅缩短工作时间。

按照 Barth 的说法，(组织)知识管理不可能成功，除非每一个知识型工作者对他/她所了解和所不了解的东西都实实在在地承担自己的责任。个人知识管理，是一种新的个人知识整理的方法，通过有效的知识管理，协助知识工作者整合随手可得的各种资源，在信息工具的协助下，让原本简单的数据，变成具备更多价值的信息或知识的过程。

此外，为了组织和个人能够在新经济体系中保持竞争力，个人知识管理实践和知识型工作者之间的协作就显得尤为重要。Alley 曾经把这个观点归结为：“对个人而言，现代的工作文化越来越需要同事之间标准化的和广泛的协作。更确切地讲，知识型工作者仅仅在能够与其他知识型工作者保持沟通和交流时才具有知识性。现代知识密集型工作空间的特点之一就是，它需要更多的技能、知识和方法，比任何独立的个人所能具备的更多。一个知识型工作者要想获得成功，必须尽可能地与其他人保持沟通和协作，使得技能和知识可以共享，从而获得更丰富的创造力，并用来解决身边越来越复杂的问题。”

“个性化”和“规范化”是组织(企业)知识管理所采用的基本方法，但这对于个人知识管理和点对点协作体系(在这个体系中，人们相互之间直接交流而不需要依赖企业设施)来说同样适用，网络搜索功能和网络社区更具有这种特性。

4. 知识工作者尤其需要个人知识管理

在新经济中，工作任务比以前更少例行公事式的程序。今天的知识性工作者经常需要从大量的资源和信息仓库中汲取有用的知识，与其他工作者(比如同事、客户、合作伙伴、合作人)共享成果，以及基于自己的知识积累(无论是个人的还是集体的)做出决策。对于身处知识密集型行业(比如法律、咨询、工程、市场、IT、金融服务等)的工作者来说，尤其如此。这就要求对日常工作空间重新定义，正如 Caldwell 指出的那样，新经济的影响主要在工作空间上，涉及个人工作者及其工作方式。焦点在于知识已经成为核心能力和竞争优势的主要源泉，知识型工作正在成为企业的主要工作风格，而知识型工作者则成为企业人力资源的关键因素。更少的工作需要烦琐的程序和界定，相反，知识型工作完全按照需求来界定——按照主题及过程中出现的问题和机会界定。为此，工作空间必须提供知识型工作者能最有效地完成工作(包括制定和实施企业战略、定位和目标，个人和团队分析和决策，以及与合适的人协同完成任务)的环境和空间。工作空间不再只是一个物理环境，而是物理环境与虚拟空间相结合，工作内容在其中被各负其责。

以上事实表明，要想在新经济中更好地装备知识型工作者的头脑，必须充分重视个人知识管理(包括掌握必要的技能和技术)。

比尔·盖茨认为：“收集、管理和使用信息的方式，决定了你的输赢。”因此，作为个人对知识的寻找、发现、获取、利用、评价、交流的能力决定了自身的竞争能力。

在适应未来发展的人力资源体系中，个人利用自己的知识和创新能力，作为知识和技能的拥有者和实现者，独立的知识工作者要面临个人知识管理实践的巨大压力。这是因为在新经济中，个人需要不断地进行以下工作。

(1)快速定位正确/合适的信息。

(2)与商业和技术发展趋势保持同步——这意味着个人应当及时地接受相关的信息以及所处的语境。

(3)不断地在学习和实践之间转换——当(新经济中)知识工作越来越没

有规则可循，也越来越难以预测的时候。

(4)创造新知识，保持创新能力——今天，仅仅重新使用某个现有的解决方案并不是可行的企业战略。日趋激烈的竞争和技术进步使得个人的创造能力和创新能力显得尤为重要，比如如何运用现有的、能带来新的商业机会的知识或者经过证实的解决方案，通过创新来解决(一个或多个)新出现的问题。

(5)与其他人保持沟通和信任——个人需要理解他人的竞争力、兴趣和需求。个人应当既是一名知识收集者，也是一名知识共享者。

但是在实践中，个人经常会在每天的知识管理中，面临一些信息方面和技术方面的挑战，比如：数据、信息和知识可能会以正式(比如数据库)、半正式(比如 E-mail 或 message 中的文字和图表)或者非正式(比如手写的便条)等形式出现，而且格式多样，比如硬拷贝(hard copy)、视频、图片、文字、声音文件等。

个人经常为了沟通、计划、规划和记录等目的，而使用多个电子终端设备，所获取的信息可以存储甚至是复制到多个地点和多个终端上，比如掌上电脑、商用台式电脑、家用电脑、Pad、录音机等。这会带来新的麻烦，即如何辨别最新和最主要的版本，以及如何重新组合原始信息。

要预测一个信息片段何时到来日益变成一件十分困难的事情。它可能在任何时候到来，比如在工作中，在休闲活动中，在旅途中，在家的时候，或者在学习的时候。信息泛滥将成为每天都会遇到的难题，并且越来越令人头疼。

9.1.3 个人知识管理的作用

个人知识管理的目的通常认为是为了增强个人竞争力。这是因为在现在以及将来的经济时代，知识已经成为核心能力和竞争优势的主要源泉，个人知识管理帮助个人对知识进行的高效运作，就意味着个人竞争力的提高。个人知识管理的现实意义在于，它是个人专业知识和实践能力不断提高的基石，从而为个人的能力和今后的事业打下扎实的基础。

在知识经济时代，个人更加明显地成为知识的消费者。个人追求知识的最大意义在于，能将知识转化为行动的力量，进而发展个人与组织的能力。此外，个人除了不断追求新知外，也应积极创新，努力成为知识的生产者。个人的知识管理系统的作用涉及了以下七个方面，如图 9-1 所示。

(1)知识计划：自我负责地确立完善的知识计划，并作妥目标分析、时间分析及情况分析。

(2)知识评价：个人知识管理方案的形成性自我评价及总结性自我评价。

(3)知识展现：在此过程中涉及知识诊断与信息来源的鉴识过程。前者包括个人的先备知识分析及需求分析，后者则涵盖搜寻信息与分析信息。

(4)知识生产：针对各类信息形态，如文章、演讲、图画、影片、多媒体、学习软件等进行信息处理与知识建构。

(5)知识传播：此项过程涉及与他人的信息与知识交流，个人必须发展与人沟通与互动的能力，而信息科技的运用亦不可或缺。

(6)知识运用：发展适当的策略以有效地运用知识。

(7)压力与缺失管理：包括动机监控并能从错误中学习。

总之，从狭义来讲，个人知识管理的作用是知晓自己已有的知识并在需要时使用，清楚自己需要学习的知识及学习动机，学习新知识并有效地使用它，把新知识融合到自己的知识体系中并进行知识创新。从广义上讲，个人知识管理的作用是有计划地建立个人专业知识体系，有针对性地吸收和补充所需的专业知识资源，持续性地学习、更新、提高个人专业知识和工作技能，以提升个人价值和竞争力，有效率地提取所需的专业知识资源用于实际工作，以获得良好的工作绩效，更好地展示个人的学习能力和工作能力，在所在的机构中成为知识交流的重要元素并获得更好的事业发展机遇。

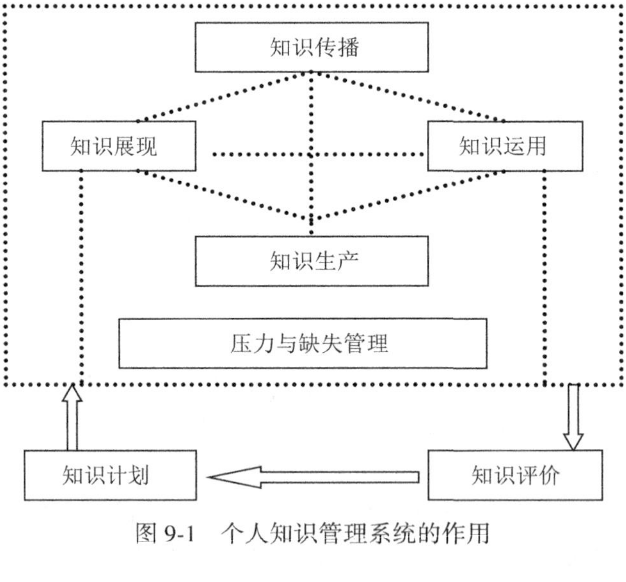

图 9-1　个人知识管理系统的作用

9.2 个人知识管理的内容

9.2.1 个人知识需求分析

知识需求可以转化为信息需求。信息是知识的最重要的来源，因此知识需求和信息需求一样具有多样性、复杂性和马太效应。个人的职业知识需求可能是其主要的知识需求，同时个人的兴趣爱好、社会经历、人际关系对个人的知识需求有巨大的影响。个人可以根据自身应用的特点，对知识需求进行分析。首先要明确自己对知识的定位，是为了工作还是娱乐。其次，要明确这种知识的现实作用。最后，要明确学习的代价。个人可以综合各方面情况，随时调整和修改自己的知识需求体系。知识需求是知识管理的基础，没有详细明确的知识需求，则知识管理如空中楼阁。

9.2.2 个人知识采集与组织

知识具有不同的来源，如人际交流、报刊、广播电视、计算机网络等，报刊和计算机网络成为人们获取信息的主要来源。分析信息源的知识含量及其分布和变迁规律，可以保证持续的知识获得渠道和途径。信息检索是获取信息和知识的重要途径，信息收集要求详细分析各种信息渠道，掌握各种检索技术，如采用扩展和缩小概念进行有效检索，充分利用布尔检索、概念组配检索等高级检索技术。信息的收集是知识收集的基础，初级的信息向高级的知识转化道路漫长，信息的收集是信息的选择过程，是根据个人的知识体系构建的需求从已知的信息源中连续地选择、提取和积累信息的过程。信息收集的过程也是信息处理和评价的过程。

知识的收集过程远比信息收集的过程复杂。首先，过滤不必要的冗余信息，快速对信息的相关性、有效性和真实性进行判断，丢弃无关信息。其次，根据信息的重要性进行排序，按照先进先出的顺序进行处理。最后，结合相关知识，归纳总结出新的知识，并把它纳入个人知识体系。

知识采集后，需要对自己拥有的显性知识进行整理，使其条理化、有序化，即进行知识组织。知识组织就是依照知识之间的统一性、包容性、交叉性和排他性使知识有序化，便于存储和使用知识。知识组织目前没有公认的组织方法和体系，个人根据自身的实际情况建立知识文件系统或个人知识网站。为了长期有序地进行知识管理，必须建立一定的标准来规范和协调知识内容的更新、修改和共享，这些标准可以是操作原则、时间安排和分类标准等。要保证个人知识管理工作的有效进行，保证个人知识体系推动自身发展，必须有章可循，为此需要建立下面的一些基本规则。

（1）知识的命名规则。简短明了，具有唯一性，同时知识的命名可以包含内容、时间、作者和来源等。

（2）知识的组织规则。以知识的内涵为依据进行科学分类，辅以知识功能和时间标准。知识的内涵体现了知识的本质特征，抓住事物的本质就能把握事物的重点。当然，这里所说的科学分类不是严格意义上的科学分类，而是结合了个人知识体系的科学分类。知识组织的终极目的是为了使用，所以把知识功能作为知识组织的辅助分类标准。常用的重要的二级或三级知识类目可以上升为一级知识类目，同时也可以把某些一级知识类目降级为二级或三级知识类目。知识的组织是综合的信息组织，既有语义信息组织（科学分类），又有语用信息组织（知识功能），同时保持一定的时间顺序。当然，个人可以根据自己方便组织知识。

（3）知识的更新规则。知识的织体系和命名方案可以根据知识需求做出动态调整。有以下一些工作要做：添加新的知识类目，更新、修改或删除某些知识，完善各种规则。个人知识管理的难点是长期坚持维护自己的知识体系。

同时，在个人知识管理过程中，对一些个人思想观念、积累的知识片断等称为隐性知识的知识元素，要及时对其加以贯穿、联系等有效整理，使其成为有机的一体化的知识，在实际生活与工作之中加以运用和验证，并将正确的东西转变为自己的知识和经验加以存储，缩短隐含知识显性化的周期，提高个人知识管理的水平。因为它们具有经验性、阶段性、发展性、分散性、失效性等特点，如不能及时加以集成和处理，可能会使收集来的知识变得不可用。经过数字化处理的显性知识，不再立足于原有的文献单元，而是深入到知识的单元之中，不仅揭示知识本身，还揭示知识之间的内在联系。

9.2.3 个人知识评估

随时对自己的知识结构进行自我评估，开展建构性学习。现代教育理论认为，学习是自我建构的过程，个体在社会文化环境下，在与他人的互动中主动建构自己的信息知识体系。正如社会学大师马克斯·韦伯所说：“人类是生活在自己编织的知识网中的动物，信息社会的学习是充分发挥个人主动性和弥补个人思维缺陷的过程，人们都拥有难以测量的多种潜能，人的求知方法也有多种多样的风格，要珍视所有求知的方法，并尽可能地借助他人的力量，围绕研究领域专题学习新知识、新技能。”这就要求个人要从外界环境中摄取准确、及时、有效的信息，包括查阅最新出版的相关书刊资料和互联网上发布的最新消息等，然后把所得到的初级信息加以筛选、梳理使之系统化、有序化，再结合自己在这方面已拥有的知识和经验做进一步的分析，使新旧知识自然地连在一起，如此这般地续接整合自己的知识宝库，经过不断积累，知识终究会在量变的基础上发生质的飞跃。

9.2.4　个人知识创新与运用

将自己已拥有的知识积极主动地与外界进行沟通交流，以求在此过程中获得灵感激发个人知识，从而有所创新。隐性知识的管理是一个价值创造的过程，在这个过程中个人的知识不断更新，在特定的环境里，不断释放、外显，作用于外部环境，从而使个人知识社会化。知识交流是知识管理的环节之一。个人的知识在交流中得到升华并实现共享，也可以为个人的发展提供条件。个人应该转变观念，不要把个人的知识看做私人财富，要主动把自己的知识表达出来共享。个人可以营造个人的知识交流空间，与不同的人对不同的知识进行讨论，比如可以参加课堂讨论、会议及网上的新闻组。当然，也可以用书信或电子邮件的方式进行个人对个人的讨论，另外，可以把获得的新知识以报告、文章、图书等方式发布。知识交流的过程也可以说是知识创造的过程。在知识交流的过程中，获得的信息与原有知识的结合就是创造的过程，知识交流就是提出自己的观点，得到反馈，然后修正自己的观点、理论，反复这个过程，新的知识就创造出来了。知识的应用就是把知识与实际相结合的过程。知识具有一定的效力或应用空间。在应用空间中，个人应用知识就是对知识的验证。很多时候，现实的世界跟知识的空间只具有相似性，如果照搬知识理论，必然不可能完成实践任务，因此个人必须修正知识，创造适合新环境空间的新知识，新环境中包含了新信息，新的信息与已有的知识体系进行碰撞形成新的理论，通过实践，如果得到验证就形成新的知识，如果不成功可以继续重复这一过程。知识的应用与知识的创造密不可分。

个人知识管理能够使个人拥有的各种资料、随手可得的信息变成更多有价值的知识，从而最终有利于自己的工作、生活。其实，在每个人的工作、学习、生活中，都已经有了知识管理的影子，但这个时候的个人知识管理还处于蒙昧状态，我们如果能在日常的工作中更加有意识地对个人知识进行管理，那么个人知识管理就是一件很简单的事情。

9.2.5 个人知识管理的原则

1. 在交流中顽强地学习

(1)知识经济时代，为了获取知识，更需要有韧性，需要外向型的性格。

(2)闭门造车在知识经济时代是行不通的，即使是行业专家，也必须“放眼看世界”，不断地更新自身的知识。在更新知识的过程中，在交流中学习，不断提升自身的知识。

2. 干中学

(1)摒除一味地“死读书，读死书”的观念。

(2)人们在寻求先进理念的引导的同时，更加注重实践的重要作用。

(3)学习不是孤立的，必须在实践中不断地学习，在实践中总结，当实践经验积累到一定程度，学习就提升到了一个新的阶段。

(4)需要寻找新的创新点——企业与社会的网络节点。

(5)在应用中创造价值，发挥作用，掌握知识精髓。

3. 基于自身的个性发展

(1)知识永远在流动中创新。

(2)个人需要对其感兴趣。

(3)知识符合个人性格特点，突出个性化。

4. 专注是获取 know-how 知识的根本

(1)注意力逐渐成为人们关注的焦点。

(2)注意力分配关系到个人终生发展的领域。

(3)专注点是注意力的聚集点。

(4)个人知识管理要分析个人注意力、专注点在哪里。

(5)要有定力，对专注点能够深入下去。

(6)专注是获取 know-how 知识的根本。

5. 见识和悟性是个人知识管理追求的目标

(1)传统的书本、实践知识之外，还有更高一层的知识，即见识和悟性。

(2)这需要在积累了大量的书本与实践知识基础上，充分运用个人对知识的掌握。

(3)见识和悟性是个人知识管理追求的目标。

9.2.6 个人知识管理的框架

个人知识管理框架如图 9-2 所示。

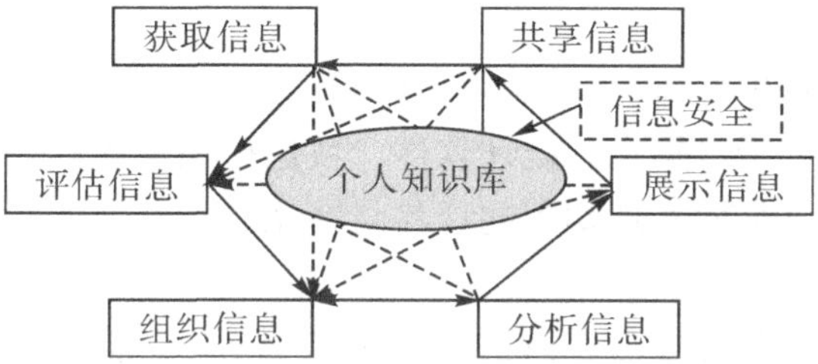

图 9-2 个人知识管理框架图

1. 获取信息

互联网资源的无限性为获取信息带来了无限的可能胜。首先要确定自己的信息需求，即要清楚查找的信息类型。其次，要确定信息来源，如 WWW、Usenet、Telnet、BBS、Gopher、WAIS、Archie、联网数据库等。信息来源不同，其信息资源的特点和信息搜索的方法也不一样。最重要的是要清楚信息检索的方法，如主题目录、搜索引擎、元搜索引擎的原理及特点，各种搜索引擎的语法规则、表达式构成和高级选项的使用方法。目前使用率最高的是 Google 搜索引擎。

2. 评估信息

不仅要评估信息的内容质量，而且要确定它与要解决的问题的相关度。虽然搜索引擎提供了粗略的相关度，但往往有上千条搜索结果。因此，信息评估主要靠搜索者个人确定。评估主要从可信度、准确度、合理性及相关支持等方面来进行。可信度一般根据作者的可信度(学历、知识水平、职业、职位、知名度、工作单位、地址等)、质量保证依据(学术期刊、电子杂志专业数据库、学术网站、校园网等)、元信息(摘要、内容总结、评论、索引次数、推荐意见等)来判定。准确度可从时间界限(最后修改时间)、综合全面性、信息面向的对象及其使用目的、合理性(客观性、适度性、一致性、世界观)等方面来确定。相关支持则是指信息文本的索引目录、参考文献等。

3. 组织信息

即有效地存储信息，建立信息之间的联系，方便以后的查找和使用。同时，也要通过评估信息，确立信息过滤规则，剔除无用和相关度不大的信息资源。一般可用电子文档、数据库和网页等形式来组织，更有效的方法是使用专门的知识管理软件来管理信息资源。

4. 分析信息

从大量的信息中分析、归纳、综合出有价值的知识。可以开发或应用已有的模型，使用电子数据表、统计软件、数据挖掘等软件来分析数据，找出它们内在的联系，从而实现知识的迁移与转化。

5. 展示信息

分析后得到的新知识只有通过交流才能传播和共享。可以使用PowerPoint、Authorware、Flash、Publisher、FrontPage 等软件制成幻灯片、动画、网页等形式展示出来。展示的过程也是个人隐性知识向显性知识转化的过程。

6. 信息安全

在个人知识管理过程中，保证信息存储的安全相当重要。个人可以通过实践来实施一套信息安全的方法，如密码保护、重要文档备份、打印存档、文件加密、病毒防御、存取访问控制权限等。

7. 信息协作与协作学习

学习有两种形式。一是个别化学习，学习者自主地确定学习内容、学习进度并独立地完成学习计划。另一种是协作学习，是指在 Internet 协作学习环境下，通过小组或团队的形式组织学生进行学习，教师与学生、学生与学生在讨论、协作与交流的基础上对一些共同任务、要解决的问题进行协作工作，交流和共享彼此的观点和知识。随着网络带宽的不断增加和协作软件工具的完善与广泛应用，Internet 环境下的协作学习越来越成为一种重要的学习模式，成为快速获取与交流知识的重要手段。其作用有以下几个方面。①扩大个人的知识面，加深对学习内容的理解。②激发个人的学习热情，积极主动地参与学习，与他人交流和共享知识。③通过讨论和解决问题，培养个人的批判性思维能力和多角度看问题的能力。④培养个人协作精神，增强人际交流能力。目前的协作学习工具一般包括电子邮件、电子公告牌、多媒体会议系统、在线数据库、协作文档编辑、远程协作学习系统、虚拟教室等。

9.3 个人知识管理工具

9.3.1 个人知识管理的主要工具

要管理个人的知识资源，可以采用多种管理工具，如微软 Office Word、Excel、Access、PowerPoint、Outlook、ICQ 及手机、笔记本型计算机、Pad 等各种常见个人数字工具。通过 MsOutlook，可以实现个人的人际交往资源管理、个人通信管理、个人的时间管理等功能。对中小企业而言，MsOutlook 甚至可以作为替代 OA、CRM 等软件的一个折中办法。上面的一些软件一般都具有多种用途，不单单只是个人知识管理。

目前已经出现了很多功能比较强大的个人知识管理专用工具，主要有以下几类。

(1)互联网资源，如 MyIE2 软件。MyIE2 的特色功能包括多页面浏览界面、鼠标手势、超级拖放、隐私保护、广告猎手、快速网络服务、Google 工具栏支持、外部工具栏、收藏工具栏、皮肤支持。

(2)人际资源，如 IncrediMail 软件。IncrediMail 是一个与众不同的 E-mail 软件。它具有精美的视窗界面、寄信动画效果、可爱的收件信差，还有很多信签、动画、音效、卡片等，可以组合出美观的电子邮件。这个软件不仅界面富有艺术，而且功能强大又人性化。用它可以管理 Yahoo!、Hotmail 等各种非 POP 的邮件账户，还可以根据不同的账户显示不同的通知图标，比手机的来电显示还要方便。

(3)文档资源，如 Mybase 软件。Mybase 是一个功能强大且可随心所欲自定义格式及层次关系的通用资料管理软件，可用于管理各种各样的信息，如各类文档、文件、资料、名片、事件、日记、项目、笔记、下载的精华、收集的各种资料等，即使毫无规律的资料，经过精心组织后，也一样可以管理得有条不紊。Mybase 用途比较广泛，通常可以被用作日记本、记事本、通讯录、相片簿、文档索引、电子书籍、学生笔记、教师备课、工作计划、学习研究备注、项目管理、知识库管理、客户资料管理等。总之，其数据组织能力足够灵活，允许用户自定义更多的适合具体情况的各种用途。

(4)XEACH. P2P 协同平台。XEACH. P2P 协同平台基于“知识片”的理论基础上，实现了知识深度搜索及知识片管理，其实知识片管理是文件内容管理的更高的应用形式，是真正为工作者服务的实际载体。XEACH. P2P 平台通过内建的 X FolderSystem(XFS，即知识库文件)，当用户将文件导入到 XFS 后，系统自动根据各文档中实际的内容(即全文索引)，形成一张完善的知识片目录的描述文件，使得各知识片能定位到各文档，这样当用户通过 X. SEARCH 搜索引擎查找某个知识片时，含有该知识片的文件列表就显示出来。当然，用户也可以将多个知识片组合来检索知识库文件系统。对于每个客户端，都可以通过 X. SEARCH 检索他人主机的知识库，下载其文件资料，并通过 XFLOW. NET 进行协同工作等。该门户能以 PORTLET 或 WEBPART 的形式与现有的门户系统如基于 Websphere 、SharePoint 的门户系统整合，并且 XEACH. P2P 协同平台也提供了 XNoteDatabase 、XNoteDocument 等二次开发的对象与 Lotus Domino 整合，同时也提供了 XKnowledgeFolder、XDocument 等与 Exchange Server、SharePoint 整合。

XEACH. P2P 首创“协同视图”，通过可视化的视图形式与其他工作者进行协作。当然，XEACH. P2P 由于整合了 MSN 等通信平台，可以像使用 MSN 一样使用该系统与朋友对话传递文件、传递协同数据等。

(5) iNota 软件。iNota 具有以下五个方面的功能。① 数据输入：iNota 采用图形接口模式，以简单的操作接口来输入所找的数据，只要在所想要的数据上，选取文字的片段或图形，通过剪贴的方式，将数据输入其中即可。② 资料分类：iNota 采用树状结构的方式来分类及管理数据，使用者可自行定义数据的名称及类别，以管理所搜集到的数据，且系统也提供了剪下、复制、贴上及删除的功能，使用者能将相同类别的数据做合并及修改或更换文件的数据类别。③ 资料批注：iNota 提供使用者对所搜集到的数据做一注记，其可注记的内容包含了标题、主题、类别目录、关键词及批注等字段，用以说明文章的内容、来源、作者及版本等出处，以便于以后原始数据的查询及使用。④ 查询方式：iNota 通过使用者已建立的标题、主题、文章内容、关键词、批注、作者及数据来源等字段做一查询并将查询结果条列其上，使用者可直接选择后阅读其内容。⑤ 数据转换：iNota 提供数据转换的功能，可将使用者所建的文件数据转存成 XML 文件，提供使用者做数据转换及互联网的应用。此外，本系统提供数据汇出及汇入的功能，作为与其他人做数据交换之用。

9.3.2 基于 Web 的个人知识管理系统

基于 Web 的个人知识管理系统更容易访问，并且提供了支持移动化的可能性。Steve Barth 将个人知识管理工具的功能描述为以下几个方面：信息检索（accessing information and ideas）、信息评估（evaluating information and ideas）、信息组织（organizing information and ideas）、信息分析（analyzing information and ideas）、信息传递（conveying information and ideas）、信息采集（collaborating around information and ideas）、信息安全（securing information and ideas）。这个功能框架是从知识管理操作过程层面的视角提出的从知识管理的对象———知识信息的层面来看，可以按照知识信息的类别来讨论知识管理系统的功能框架。

日历———安排约会和活动，自动提醒的功能是必要的。

便笺———记录零散信息，比如刚刚分配到的一个账号和密码，通常它们会被进一步整理。

书签———分类存储经常拜访的 URL 。自动解析更新，允许多人共享，是两个很有创造性、很有价值的、值得开发的功能。

通信簿———分类存储联系人信息，强大而又灵活的搜索功能是必不可少的。

日记和文章———发表分类的原创文字。

可以作为扩展功能的是多媒体，比如相册、动画甚至视音频。但这可能增加无法支持更广泛访问的可能性，从而背离我们的初衷。但这不是绝对的，如果技术达到了足以支持的地步，谁会拒绝功能更加强大的系统呢？那么基于 Web 的个人知识管理系统的一个更为全面的功能框架就可以从操作过程和知识类别两个维度展开，见图 9-3 。

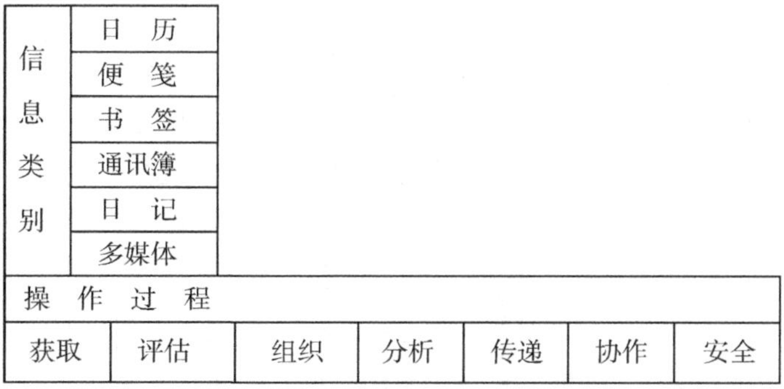

图 9-3　个人知识管理系统框架

根据个人知识管理的不同阶段，可以将个人知识管理工具分为以下几种类型，如表 9-2 所示。

表 9-2　个人知识管理工具表

阶段	工具名称	功能简介	获取方法	备注
学习知识	搜索引擎：Google、百度、Yahoo！等	获取信息和知识	上网直接使用	掌握常见搜索引擎技巧；掌握不同搜索引擎的优势和特长
	维基百科型网站	互联网在线知识库	上网直接使用；推荐 Wikipeidia、互动百科、百度百科	维基百科型网站是知识学习和共享的一个渠道，使用中注意知识有效性的评估
	问答型网站	获取基于问题的信息和知识	百度知道、Yahoo！知识堂、新浪爱问、搜搜问问	内容质量差距较大，需要较强评估能力
	论文库、中国知网、万方、维普等	论文获取，需收费	购买后登录即可使用	本服务须购买，研究和教学机构大多可以使用
	豆瓣网、美味书签	评估图书、网页质量	上网直接使用	信息评价工具，如果你不愿意参与也可以作为搜索使用
	iGoogl、Google Reader	信息订阅和个人在线门户	须注册后后使用	从“人找信息”到“信息找人”
保存知识	个人电脑保存（Mybase、Total Commander）	更好地保存个人电脑里的文件和内容	须下载安装后使用	根据个人习惯和文件数量多少确定是否使用该类软件
	Google 桌面搜索	对个人电脑内容进行索引、检索	须下载安装后使用	类似功能还有百度硬盘搜索
	百度搜藏	保存互联网上个人感兴趣的链接和其中感兴趣的内容	须注册后使用	类似功能有美味书签网站
	Google 笔记本	记录互联网上感兴趣的内容和阅读中产生的想法和创意	须注册下载后使用	类似功能有 Evernote

续表

阶段	工具名称	功能简介	获取方法	备注
保存知识	Outlook 联系人管理	对个人联系人的管理，包括基本情况、联系过程等	微软 Office 一部分需购买	该功能指 Outlook 而非 Outlook Express
	保存工具：电脑硬盘、U盘、移动硬盘、免费网络存储工具	移动保存，方便使用；分散保存，保证内容的安全性	购买和注册后使用	本部分涉及一些硬件需要购买，需要主要考虑方便和安全性
共享知识	组织 IT 平台	组织的工作平台，不同机构有所不同	你所服务的组织提供	对大多人而言，在自己所在机构内部共享知识是知识共享的基础，所以应格外重视在本机构积极主动的知识共享
	正式出版物（报纸、杂志、期刊等）	根据不同出版物的出版规则审核确定可出版内容	投稿、约稿、建立个人关系等	正式出版物有自己的门槛，提升个人知识的独特性是利用该类工具的基础
	互联网个人出版和交流平台（论坛、博客、维基、微博客）	论坛围绕问题展开；博客和微博客围绕个人展开；维基围绕知识互动	一般注册即可开通	建议个人先从自己行业开始共享效果更佳
创造知识	奥斯本检核表法	创新辅助工具，通过 9 大类 75 个问题可以辅助创新思考，促进知识创新	互联网搜索	本方法集成多种创新技法，被广泛使用
	思维导图（MindManager、MindPin）	协助左右脑共同参与思考，用图形化方式促进学习和创新	MindManager 可用搜索引擎搜索下载；为在线网站	图形化思考方法充分利用右脑，相应工具也很多，最简单的可以用白纸加彩色笔来画

9.4 个人知识管理的实施与评价

9.4.1 个人知识管理的实施方法

1. 建造自己的学习网

只有在拥有很多知识的情况下，个人的知识管理才有意义，因此知识管理的第一步是知识的学习(也叫知识的获取)。其实在日常生活工作中，大家都有自己的知识学习方法和系统。例如每个人都有一个人际圈子，通过这个圈子个人可以获得在书本上和其他渠道获得不到的知识。我们认为个人知识学习可以粗略地分为以下几个途径：

(1)学习与培训。对没有参加工作的学生学习是其主要任务，公司组织的企业内部培训也是一种学习，这种学习的效果对一个人的发展与未来很有价值。除了这种正规的学习机会外，在这个知识经济时代，每个人都应该不断地学习来充实和提高自己，从而增强自己的竞争力。在这种学习中，个人主要学到的是各种显性知识。

(2)人际网络。每个人的人际网络都是个人学习知识的一个重要途径。不论现在的媒体如何发达，也不管知识管理的专家如何言必 E-Learning，这一切都无法替代你在人际交往中的学习，而且人际交往中可以学到很多书本上、学习软件中学不到的知识——隐性知识，如果你的人际圈子越广，交往的人员的素质越好，可能你学到的知识越多。人际网络的获得和维持都不容易，但建立后，往往是你可以获得最直接、最深入知识的重要来源。因此应扩大你的交往圈子，多与朋友交往，多沟通、讨论，提高自己。

人际交往的圈子越来越大，对这些人的联系方式的管理也就成为一件很重要的事情。充分利用你手头的工具如 Outlook，还要充分利用你的手机、Pad 等工具。还要充分利用公司已有的信息系统，例如 OA、CRM 等。这就相当于建立了一个个人知识地图，对这些资料一定要经常更新和备份。

(3)我的媒体。无论做哪一行，都会有相关的媒体，应该注重在这些媒体中学习，结合自己的工作建立自己的“我的媒体”，长期关注，从而可以用从媒体获得的信息分析你的工作，必将对自己的知识结构和进步有作用。当然目前的媒体良莠不齐，必须拥有自己的判断力去鉴别，还可以请教专家。

(4)互联网。互联网是人类最伟大的发明之一，同时也是人们进行学习的一件重要工具，能充分利用互联网的强大功能进行学习是现代人的一个重要标志。互联网上的知识多如牛毛，如果想利用互联网进行学习，你必须善用搜索引擎工具，充分利用IE的收藏夹，做好分类，并定期备份收藏夹。

2. 建立知识系统架构

收集资料只是知识管理的第一步，对这些资料和知识进行管理才是最重要的部分，没有对知识和资料的有效管理，就不可能有个人工作效率的提高。因此，个人知识管理的第二步就是建立自己的知识系统架构。什么是知识系统架构？简单来说就是储藏知识的架构，有系统的知识架构，将有助于你将收集到的资料有系统地储存与未来快速地撷取。缺乏系统化的分类架构，将造成日后撷取与整合资料和创造知识的大量时间浪费，达不到通过知识管理提高个人工作效率的目的。

(1)知识资源。要建立自己的知识系统架构，首先要明白有哪些资料和知识需要管理。从个人的角度讲，需要管理的知识资源无外乎以下内容：人际交往资源管理(如联系人的通讯录、每个人的特点与特长等)，通信管理(书信、电子信件、传真等)，个人时间管理(事务提醒、待办事宜、个人备忘录)，网络资源管理(网站管理与连接)，文件档案管理。

不论是从事业务工作还是管理工作，每个人的工作中都会有许多的文件需要管理，这种文件包括各种形式，如文本、视频、音频、程序等，对这些东西该如何管理呢？计算机的利用当然对这些文件的管理有重要的作用，但即便我们的东西都存在了硬盘里面，还是有许多不方便。企业的信息系统不是为个人设计的，虽然能在工作中给你一定的帮助，但当涉及你个性化的需求时，大部分时候这些系统就显得无能为力了。借鉴组织知识管理的理论和方法，个人可以建立自己的知识库。但个人的知识库不可能像企业的知识库那么复杂，只需要适合自己的个人需求就行。既然要建立自己的知识库，那么首先要考虑的就是你个人知识的分类。每个人的情况各不相同，因此个人知识库的分类也会各不相同。每个人的知识库分类都不可能一步到位，在实践中才可能摸索出自己知识库的最佳分类方法。

用IT技术可以帮助个人的知识管理，也可以帮助个人建立自己的知识库。但个人不可能去找人给你做一个个人知识库的平台，这样既不经济又不大可能。幸好我们可以有免费的方案，互联网上许多可以下载的内容管理系统可以完成大部分个人知识库的功能，橡树实验室(www. oaklab. org)知识管理中心(KM Center)也有免费的软件可以用。MSOutlook 免费的个人知识库软件可以搭起你的知识系统架构。但必须树立个人知识管理的概念，重视知识管理的工作，才能保证知识管理对个人的工作和生活产生效力。

(2)个人知识库的构建原则。由于个人受限于经费、人力、专业知识等因素，要使人人都能拥有和操作自己的知识库，个人知识库的设计必须有更多的考虑，因此在建立知识库之前需先考虑如下的基本原则。

①保留原有数据格式的原则。组织建立的知识库与个人知识库最大的不同点在于，组织知识库处理原则是把所有可能的信息资源电子化，也就是数字化；而个人知识库则保留原有收存数据的格式，也就是纸张还是纸张，模拟数据还是模拟数据，影印的还是影印，剪报的还是剪报，并不需要把所有的数据形式转换为某些电子数据格式，例如 html、doc、jpeg、gif、pdf 等。其原因在于个人知识库的数据收集是为自己，供自己使用，而组织知识库是为组织，供组织内员工或组织所服务的对象使用。非电子化的数据多于电子化数据，个人不必全部将之转为数字形式。电子知识库只是知识需要参考时的指引，而不是知识的内容，建立知识库的目的在于方便找到完整的数据，原始数据阅读较容易，尤其是较长的文件。譬如大多数人会将较长的文章打印出来阅读，因为纸本文件易于翻阅，还可加上眉批。电子文件的长处则在于其复制、再利用、传播和分享。

②简单易用原则。不必学习艰深的程序设计技巧。

③经济实惠原则。尽量不增加软硬件设备，经济实惠是建立个人知识库很重要的考虑依据。

④扩充性原则。知识库的容量至少需满足个人收集数十年以上的知识存储量，也就是说必须注意所用数据库的最大容量。

⑤弹性原则。可随时调整字段宽度，可改变字段名称，而不影响知识库的运作。另外，必要时数据库可转换到其他数据库，也就是数据库间的兼容原则。

⑥资料分类原则。分类不能太深、太广。

(3)个人知识库建设。建立个人知识库的主要目的在于累积个人知识。以现今的环境来说，收集资料并不那么耗时，相反，在收集的数据如潮水般涌来时，存储和管理才是当今大多数人面对的问题，如今有了信息技术的相助，人类的思维如虎添翼。因此，善用数据库将是增进个人信息素养，累积知识能量的最佳途径。

①数据库的基本要素。建立数据库需考虑的基本要素包括数据字段、数据类型、数据长度等。数据字段与所想获得的信息相关，数据类型则与计算机处理数据的方法和效率有关，数据长度与数据库的容量有关。

建设知识库的目的在于指引所收集的数据的所在位置。根据都柏林核心集(Dublin Core)为非图书馆专业人员提供的文献资料的描述格式，数据字段包括标题、题名、作者、出版者、其他代理者、日期、作品类型、档案类型、识别码、关系、来源、语言、涵盖时空、版权范围。而美国心理学学会(APA)对论文资料来源的要求包括作者、年份、主题、资料来源(包括杂志名称、卷期、页数及书名、书本的出版所在地、出版者)、相关链接(存储地址、网页或电子文件的超级链接地址等)。

个人知识库的数据库字段可以有以下内容。一是输入序列，可作为primary key，即数据的主索引。二是分类代号，需先建好。编目时需参考前面准备阶段所述的个人知识分类代号。三是资料类型代号，需先建好。四是数据存放代号，需先建好。五是作者，按APA格式或各领域所要求的格式输入。六是资料年份，即文献出版时间或取得时间。七是主题，即文件标题或书名。八是资料来源，按APA格式或各领域所要求的格式输入，包括杂志名称、卷期、页数及书本的出版所在地、出版者。九是相关链接，对于网页或电子文件的超级链接地址。十是摘要，是对数据印象最深刻的词句的描述，以供为更丰富的查询数据所用。

②收集资料。个人数据收集随工作需要，依各人情况有别，可随时在网上收集，也可选定时间到图书馆或相关数据提供处收集。收集后可立即处理，或集中一处，选择时间处理。

③数据处理。所谓数据处理，即键入前面所述的各字段数据。其中最主要的窍门在于分类编目的输入，个人必须依自己的经验，以自己所订的分类表为参考坐标，先选定分类编号，按类号排序，然后输入数据。数据输入完毕后，就是将数据贴上卷标或写入所收集来的数据，最后将数据归位。

3. 知识的利用

古人云："百无一用是书生"。在古代，书生应该属于社会中的知识分子，但为什么这些古代的知识分子却百无一用呢？除了历史的原因，古代的知识分子学习的知识很少能在生产或生活中应用外，最重要的原因是这些人为学知识而学知识，对学习知识的目的没有正确的认识。作为一名现代人，我们必须明确，我们拥有知识只有一个目的，使用它，利用知识创造效益，利用知识帮助我们的生活更美好。

对知识的掌握可以分为三个阶段。

第一阶段：知道，就是了解这个知识的内容。一个机械专业的本科大学生可以说他对机械设计和制造的知识有所了解，因为教科书和实习使他对机械设计和制造有了掌握。这个阶段一般掌握的都是理论知识(显性知识)。

第二阶段：会用，能将这种知识运用于生产中。从第一个层次到第二个层次是一个飞跃。一个机械专业的大学生在车间实习一段时间，就可以按照书上教的方法做些简单的设计工作。在这个阶段会积累一些经验和教训(隐性知识)。

第三阶段：对知识不仅会用，而且可以根据不同的情况灵活运用，将知识的运用做到游刃有余。在这个阶段知识已经成为个人的一部分，个人关于某个专题的隐性知识甚至比显性知识还要多，只有到了这个阶段才能说对知识彻底掌握了。

学习到理论知识后，下面最重要的工作就是知识的利用和在知识的利用中创造新的知识，这种能力才是企业和个人的核心竞争力所在，而这也正是知识管理中最困难的部分。在知识的利用上，一些传统的方法可能对个人知识管理有所帮助，譬如归纳和演绎。想要利用已有的知识，既可以在个人占有的大量知识基础上进行归纳，找出事物间的规律，然后应用于实践，从而对这种归纳结果进行检验，然后再从实践中修正归纳出知识，也可以对原有知识进行演绎，帮助新的实践。

9.4.2 个人知识管理的评价

个人知识管理绩效评估是个人知识管理的重要组成部分，对个人知识管理绩效水平进行客观、准确的评价，可以反映个人知识管理的现状，找出影响个人知识管理绩效的关键因素，并及时采取措施，从根本上提高个人和组织知识管理水平。但是由于个体的复杂性与差异性，全面有效地进行评估是相当困难的。利用结构方程理论，从概念模型的结构变量和观察变量两个层面对个人知识管理绩效进行评估。对个人知识管理绩效进行评估应该强调3种结构变量：个人知识存量、个人知识管理过程、个人知识管理绩效。变量如表9-3所示。

表9-3 个人知识管理绩效评价表

结构变量	观测变量	测量变量
个人知识存量	专业知识	专业知识广度
		专业知识深度
	非专业知识	英语
		数学
		计算机
		其他非专业知识
	know-how	技术诀窍
		经验
	know-who	人际网络广度
		人际网络深度
		人际网络效果
	知识敏感性	

续表

结构变量	观测变量	测量变量	
个人知识管理过程	个人知识的获取	检索内容的分解	
		知识的来源	知识来源是否丰富
			是否记录有用资源
		检索方法	
		检索工具	检索工具与所查找信息资源的对应
			熟练运用检索工具
		人际资源的获取	
		信息评估	
	个人知识的组织	组织工具	硬件的操作
			软件的应用
		组织方法	知识组织规则
			记录自己的想法观点
			新老知识的整合
	个人知识的分析	分析工具的操作	
		分析方法的运用	
	个人知识的交流与共享	表达能力	口头表达能力
			书面表达能力
		书写软件的使用	熟练程度
			根据需要恰当选用
		交流软件的使用	
		不基于信息技术的交流共享	小型讨论
			参加大型讲座
个人知识管理绩效	获得荣誉		
	研究能力	论文	
		参加项目研究能力的提高	
	社会活动的参与	社团活动	
		实习经历	
	思维能力的提高	多元化思维能力的提高	
		穿透性思维能力的提高	
	知识能力的提高	资源的整合管理能力的提高	
		综合运用方法和技巧的能力提高	
	沟通协作能力的提高		

9.5 个人知识管理与终身学习

9.5.1 终身学习理念下的个人知识管理

1965年，法国教育家保罗·朗格朗(P. Lengrand)在联合国教科文组织会议上提交的关于终身教育的提案，引发了国际范围内的终身教育思潮。朗格朗认为："终身教育是一系列很具体的思想、经验和成就，换言之，是完全意义上的教育，它包括了教育的所有各个方面、各项内容，从一个人出生的那一刻起一直到生命终结时为止的不间断的发展，包括了教育各个发展阶段各个关头之间的有机联系。"终身教育是人类社会和个体的一种追求长远发展的理念，它强调各个发展阶段、各个领域、各种方式的教育之间的有机联系。

此后，随着人本主义思潮的兴起和教育观、学习观的更新，学习者的主体地位和主动性得到越来越多的重视和肯定，终身学习成为终身教育思潮中更为核心的思想。联合国教科文组织终身教育部前任部长埃特里捷尔比就十分强调"自我决定学习"(self direct learning)的意义及其必要性，并提出了主体的"自我"形成理论。因而，突出个体的自主性成为终身学习和个人知识管理的共同诉求，由此二者之间形成了更为密切的联系。终身学习需要借助于知识管理中的方法和工具，而个人的知识管理必须借助于终身发展的长远目光来进行规划。

结合终身学习理念和要求反思个人知识管理，它是指以突出个体自主性为特点，以个人一生的发展为着眼点，运用系统方法去发现、理解、整理、使用知识，从而实现个体学习的可扩展性及连续性。

9.5.2 个人知识管理在终身学习中的地位和作用

21世纪是一个以知识为核心的世纪，也是一个终身学习的世纪。回溯整个文明发展史，人类历经了农业革命、工业革命以及信息革命，而当前的知识革命，则成为人类文明的第四波革命。每一次的变革总是为社会的进步与持续发展提供了最佳动力。

知识与学习从来都是人类社会持续发展与进步的核心，当前人类对于知识与学习的高度重视与仰赖可谓前所未有。尤其是在21世纪，与知识相关的重要议题诸如"知识经济""知识管理""知识型组织"及"知识社会"，或与学习相关的重要议题如"终身学习""学习经济""学习型组织"及"学习社会"等，更是受到举世瞩目，运用各种有效的途径与策略以发展知识并促进学习，成为各国提升国家竞争力与增进社会发展一致努力的方向。而随着终身学习时代的来临，个人与组织如何有效地进行知识管理，实为一项重要议题。

经济合作发展组织在2000年所出版的《学习社会中的知识管理》(*Knowledge Management in the Learning Society*)一书中明确指出，教育是一种知识产业(knowledge business)。在知识经济中，个人需要学习如何学习以及如何管理自身的学习，而这需要一种新的课程形态规划以支持终身学习。

1. 个人知识管理是终身学习的重要内容

国际21世纪教育委员会前任主席雅克德洛尔曾提出，终身教育更大的价值在于帮助个人更新知识，有助于每个人在迅速变革的社会中掌握自己的命运，对其生命的各个阶段重新进行安排。而上述内容也恰恰是个人知识管理的重要内容。终身学习应建立在4个支柱的基础上，即学会认知、学会做事、学会共处和学会生存。从内容上分析，个人知识的划分与终身学习支柱的四个方面是相一致的，均涉及从原理理论到实践经验，从独处方式到交流技巧等方面。但是，个人知识管理更为强调个体隐性知识和显性知识之间的转化，这种转化同时也是一定程度上的创新，是实现终身学习的可扩展性和连续性的核心环节。

2. 个人知识管理是终身学习的有效途径

美国著名心理学家和教学设计专家加涅(R. M. Gagne)曾运用信息加工的理论和方法来解释人类复杂的学习过程，在他提出的《学习与记忆的信息加工模型》中，人的学习与记忆是由加工、控制和预期3个系统相互作用的过程。个人知识管理运用系统方法去发现、理解、整理、使用知识，具备两大功能。首先，个人知识管理通过对已有知识的分类、激活，及对新获取的数据、信息进行分析、综合，使个体的隐性知识得以发掘和显化，从而使个体的认知结构得以扩充，知识也能得到更清晰的表达和更好的理解。其次，个人知识管理通过对学习过程中所反馈的信息的提取、筛选和反思，从而有效地做出计划和决策，促进思想到行动的转化。具体而言，个人知识管理激发个体对知识的需求，使个体知晓已有的知识并在需要时使用，再将新知识融合到已有的知识体系中并进行创新。总之，个人知识管理有助于把握学习的本质和过程，养成良好的学习习惯，增强信息素养，完善专业知识体系，提高学习能力和竞争力，为实现个人价值和可持续发展打下坚实基础，是终身学习的有效途径。

9.5.3 个人知识管理适用于终身学习的方法与工具

1. 在建构个人知识库的过程中增进自我意识

终身学习需要建立在个体对自我的正确认识的基础上，而个人知识管理工具通过提供参考标准和典型案例，树立自我发展的长远目标，激发个体对知识管理的兴趣，从而使个体有意识地建构个性化的个人知识库，而这个建构的过程也正是一个自我意识和自我反思的过程。如国外已开发出多种生涯辅导软件，较为常见的有 Discover、SkillScan online 和 Ability Explorer 等，其中就提供了个性测评、职业测评的量表和多种个人职业发展的典型个案等，且生涯辅导软件还能将每次个人提交的数据和自动测评的结果记录下来，提醒和帮助个人再次分析和反思。

2. 在搜集和提取知识的过程中扩展知识面

个人的知识分为显性知识和隐性知识，隐性知识中包含着潜在的兴趣和发展方向。而个人知识管理工具之一的网络搜索引擎中，如 Google 和百度等，数据、信息不仅仅以“点”的形式单独存在，还相互联系以“网”状呈现，输入一个关键词便可得到通向相关知识的无数的超链接。从一定意义上说，这也为个人探索隐性知识、扩充知识面提供了更广的视野。此外，个人知识管理工具之一的网页浏览器，如 MyIE2 等，针对个人对于知识提取的需要，设置了“收藏夹”“历史记录”和“恢复关闭窗口”等功能，方便用户回顾以前浏览过的网页，防止遗失那些没有建立长期记忆的知识。

3. 在整理和保存知识的过程中更新知识库

个人知识管理通过帮助个人将提取的知识用自己的语言再次整理并保存的方法，促使知识的提炼和个人知识库的更新。个人电脑中的硬盘分区、各级文件夹分类和各种程序的配置等，就在一定程度上形象地反映了个人的知识结构，而为人们所熟知的 Windows 优化系统、超级兔子等个人知识管理软件，就是为帮助人们管理这个电子的个人知识库而设计的。另外，概念图、脑图(又名思维导图)等知识分类工具，如 MindManager、StarTree 等，仿造人的发散性思维设置了一个可以从中心点无限发散扩展的模型，其中各个分枝之间可以任意组合，而这个提炼知识中心点和组合知识枝干的过程，看似仅仅是结构上的变动，但某种意义上也是一种知识创新的过程。

4. 在共享和交流知识的过程中提高学习效率

学习者之间知识的共享和交流，对于个人知识的增长、隐性知识向显性知识的转化等方面都显得十分重要。当今流行的博客(Blog)、BBS 等，也都是十分方便的个人知识管理工具，特别是它们的“发布”和“评论”功能，使学习者(尤其是分散在各地的远程学习者)能随时随地与其他学习者在网上分享和交流各自的知识和学习经验，这对于营造良好的学习氛围、提高学习的效率都具有积极的作用。

随着科学技术的发展，现有的个人知识管理工具将不断地更新换代，个人知识管理也不再仅仅是一种方法和技术，而将成为信息时代终身学习的内在需求和新的理念。

9.5.4 终身学习的策略

1. 树立终身学习的正确观念

知识社会的特征之一就是知识暴增及知识快速过时。个人只有不断地吸收新知识，才能应对社会的挑战，也只有继续学习，才能免于落伍，只有终身学习才能适应、生存于现代的知识社会。传统的前端结束的教育模式，已经被知识社会的时代洪流所淹没淘汰。这是一个终身学习的时代，每个人都应具有终身学习的理念。这一理念的培养，要从家庭开始，再通过学校教育的加强，最后成熟于成年期。只有具有终身学习的正确观念，才能养成积极的学习态度，进而形成学习的习惯。

2. 学校教育应以发展能力、培养学习的兴趣为重点

著名的知识经济大师李德彼特指出，要建立知识的社会，教育制度上要有所变革，即首先要重新定义教育的目的。教育不应再视为让小孩获得足够的知识，可以展开成人的生活为目的。教育的重点不应该是灌输知识，而是发展能力，尤其是基本的语文与数学能力，对他人负责的行为能力，尤其培养创造与合作的能力至为重要。而传统教育做得最差的，也是知识社会最重要的，就是培养对学习的兴趣和能力。

3. 加强学习方法的学习

个人要做到终身学习除了要具有学习的兴趣之外，也要有学习的能力。学习的能力包括学习方法的获得、学习资源的享有以及学习工具的使用等能力。尤其在一个知识社会中，知识获得的途径极其多样化，具有各种获取知识的方法才是个人必备的能力。

4. 开展网络的学习

互联网是知识经济的大市场，通过网络的连接，可以打破时空限制，将全世界建立成一个快速的、有效的、系统化的大社会。同时，通过互联网的传输，个人可以获得最新的信息与知识，因此，网络的学习至关重要，它将成为知识社会的极其重要的学习方式。网络的学习具有广泛性、新颖性、即时性及便利性等特征，是知识经济社会获取知识、传递知识、分享知识的极佳媒介。所以知识社会的每个人都应具有这种学习的技能，并加强这部分的学习活动。

5. 设立信息与学习中心

知识经济的社会，强调知识的传递、交换与分享。因此，为促进知识的

分享与传递，设置信息与学习中心非常必要。信息与学习中心可以提供学习的知识、信息的交换与分享。这一中心可以设置在网络上，发挥网络快速、便捷、有效率及整合的功能，形成一个连接各地的信息网络中心。

6. 加强在职进修与训练

知识经济强调知识的获得、累积与创造，这一工作不应当局限于学校教育，事实上，广大的成年人是职场上的主要人力资源，因此，提供这部分人员的在职进修与训练，增强其对新的知识和技能的获取、累积，激发其创意的产生，才能加强竞争力，这是达成知识经济远景最重要的策略之一。因此，无论是企业组织、政府部门等都应当尽量实施在职教育，加强培训工作，以培养更具效率、更具竞争力的新一代知识员工。

7. 发展学习型组织，加强研究与发展

知识经济萌发于知识社会，对每个公民来说，这就是一个学习的社会。知识需要创新，创新需要学习。学习社会的两大基石，就是终身学习的个体和学习型的组织。社会由各种组织组成，由于组织的目的不同，各种组织发挥不同的功能。社会中各种组织功能能够发挥，有赖于组织的健全发展，而组织转化为学习型组织更是组织功能的发挥，是组织能够生存发展的重要条件。因此，新加坡政府提出建立“思考型学校，学习型国家”的发展远景，值得各国仿效。

8. 通过终身学习来开发脑力，改进人才素养，培养创造力与竞争力

人才素质是知识经济发展的根本因素，而创造力的培养更是知识经济的命脉所在。在农业社会，经济的主要来源是天然资源。在工业社会里，财富的主要来源在于产品。在知识经济时代，财富的来源是脑力的开发。唯有脑力的不断开发，创意才能源源不绝。所以脑力的开发是创意的源头，也是知识经济的主要动力。但是要做到脑力的不断开发，激发创意的来源，增加社会的竞争力，只有通过终身学习，提高人才的素质才能做到。

9.5.5 终身学习的目标

建立终身学习体系是教育发展和社会进步的共同要求。在 21 世纪，科学技术日新月异，知识更新速度进一步加快，人们只有通过贯穿一生的不断学习，才能跟上时代发展步伐，才能不断适应从事某一工作岗位或转岗再就业的要求。同时，随着物资生活水平的提高和人们休闲时间的增加，人们渴望掌握更多的知识和技能，以完善提高自身生活质量。这就要求必须要建立终身学习体系，以满足社会成员形式多样、内容广泛的教育需求。

1. 判断基本技能

(1)保证普遍和连续性地获得这种技能的机会。

(2)分析并改善培训体系。

2. 开发有效的教学方法和课程

(1)使用以信息和通信技术为基础的学习技术。

(2)强化教育者和培训者功能与新技术。

3. 使学习地点尽可能地接近家庭

(1)使用以信息和通信技术为基础的学习技术。

(2)加强社会保障服务。

4. 认定不同学习类型的价值

5. 承认和认证不同学习类型的结果

(1)对指导和咨询进行再思考。

(2)强化咨询人员的功能与新技术。

(3)使用以信息和通信技术为基础的学习技术。

6. 对人力资源的再投资

(1)引发学习动机。

(2)为使学习更容易，与社会合作伙伴达成有关协议。

人类已进入一个终身学习的时代，在终身学习时代中，知识乃是人类最重要的资产，个人与组织更有必要有效地进行知识管理，促使社会实质上成为知识导向型的社会。终身学习与知识管理是21世纪个人与组织发展竞争优势的两大利器，学习与知识的重要性已毋庸置疑。然而，知识与学习必须能够为组织带来全面性的益处，否则将成为组织成员的负担并造成困扰。知识管理是一种艺术，也是一种科学，而且艺术甚于科学。在终身学习时代，知识管理更是一种兼具人心与人脑的工作，而科技乃为其辅助工具。以终身学习与知识管理实现人类未来的美好愿景，提升个人、组织、社会与国家的竞争优势，当是我们在面对21世纪的知识社会时，应努力发展的重要方向。

本章习题

1. 你认为自己在个人知识管理过程中存在哪些问题，应该如何解决？

2. 你认为知识共享存在的障碍是什么？

3. 请尝试运用本章中介绍的一种个人知识管理工具，并总结一下使用心得。

4. 你认为个人知识管理对于组织知识管理起到何种作用？

第10章 知识管理与知识创新

知识管理是指对知识资源的管理过程，主要包括知识获取、存储、交流、共享与创新。知识管理是利用集体智慧，来提高企业的创新能力和竞争力，其重心是实现显性知识与隐性知识之间的转化，促进知识的创新。可以说，知识创新是知识管理的核心。有效的知识管理能更好地促进知识创新过程，知识管理的目的则是通过知识创新来体现。

10.1 知识创新概述

10.1.1 知识创新理论的演变

1. 创新理论的演变

创新作为一种理论形成于20世纪初期，经济学家熊彼特(Schumpeter)在其《经济发展理论》一书中首次从经济学角度系统地提出了创新理论。自此以后，人类就拉开了以创新为研究对象的序幕。20世纪以来，创新理论的研究演变大致可以划分为3个阶段。

(1)创新理论的引入阶段(20世纪上半叶)。1912年，熊彼特将“创新”概念引入经济学，用来解释企业的利润来源。他认为，所谓创新，就是建立一种新的生产函数，把一种从来没有过的关于生产要素和生产条件的“新组合”引入生产体系。这种新组合包括：引入新产品，引进新工艺，开辟新的市场，开拓并利用原材料新来源，实现工业的新组织。熊彼特的创新，实质是企业创新，这一观点开创了创新经济学研究的先河。

(2)技术创新和制度创新研究阶段(20世纪50~80年代)。20世纪50年代以来，学者们发展了创新理论，产生了两个重要的理论分支：以技术创新和技术推广为对象的技术创新经济学，以制度创新和制度形成为对象的制度创新经济学。根据经济合作与发展组织(OECD)的观点，技术创新包括新产品和新工艺，以及产品和工艺的显著的技术变化。

(3)国家创新系统和广义创新研究阶段(20世纪80年代以来)。1987年，英国学者弗里曼(Freeman)提出国家创新系统。国家创新系统的提出说明了国家之间的竞争已从技术的竞争迈向了知识创新的竞争，创新的概念从个人创新、组织创新拓展到了国家层面的创新。1992年，经济合作与发展组织指出，创新是一个广泛的概念。广义创新指各种形式的创新，包括知识创新、技术创新、制度创新、组织创新、管理创新和政策创新等。其中，知识创新概念是20世纪90年代提出来的，其内涵在不断演化。

2. 知识创新理论的演变

对知识创新最早的阐述是马歇尔(Marshall)在《经济学原理》中提出的："如果一个人有了一种新思想，就为别人所采纳，并与别人的意见结合起来，因此，它就成为更新的思想之源泉"。目前许多学者提出了知识创新过程理论，知识创新理论的研究主要可以划分为3个阶段。

(1)知识创新的阶段化和知识创新活动研究(自产生至20世纪90年代初期)。1991年，日本学者野中郁次郎(Nonaka)和竹内弘高(Ikujiro)在《创造知识的公司》一文中提出，知识创造能激发创新，新知识在组织内的创造过程是创新活动的基石。企业通过不断地创造新知识，在组织中广泛推广新知识，并迅速将其融进新技术、新产品、新系统中，就能够实现企业知识创新。1994年，野中和竹内在《论知识创造的能动过程》中首次提出了SECI模型，这一模型获得了人们的广泛认同。

(2)知识创新过程模式与机理研究(20世纪90年代中期)。1993年，美国Enotovation咨询公司总裁、战略专家艾米顿(Amidon)认为，知识创新是指通过创造、引进、交流和应用，将新思想转化为可销售的产品和服务，以取得企业经营成功、国家经济振兴和社会全面繁荣。1997年4月，艾米顿出版了专著《面向知识经济的创新战略》，对知识创新概念、原则与评价作了全面的论述。她认为，知识创新包括科学研究获得新思想、新思想的传播和应用、新思想的商业化等，可以通过三种渠道实现，即通过研发活动进行知识创新，在知识的生产、传播、交换和应用过程中发生的知识创新，以及为了社会和经济利益的新知识的首次扩散和应用。

(3)知识创新的领域和发源地研究(20世纪90年代末期)。1998年，野中提出"Ba"理论，也称为"场"理论，认为组织需要提供一些特定的场域支持企业员工之间，员工与客户之间，以及员工与环境之间进行知识的转化和创新，目的是推动新知识的产生和员工的自我超越。

10.1.2 知识创新及其相关概念

1. 知识创新的定义

在探讨知识创新的定义之前，我们有必要先了解创新这个概念。

(1)创新。创新源于拉丁语里的"innovore"。韦伯斯特词典中对"创新"的解释是：引入新事物，制造新变化。到目前为止，对创新的定义还没有一个统一的说法。不同学者对创新进行过探讨和界定，并给出不同的定义，如表 10-1 所示。

表 10-1　不同学者对创新的定义

学者	对创新的定义和解释
Schumpeter(1912)	创新就是建立一种新的生产函数，即实现生产要素的一种从未有过的新组合
Thompson(1967)	将创新定义为新思想、新工艺、新产品或服务的产生、接受和实施过程
Mohr(1969)	创新就是组织有意识地采取新的变化
Drucker(1987)	创新不是一种技术用语，而是一种经济和社会用语。其判断标准不是科学或技术，而是经济或社会环境中的一种变革，是消费者、生产者、公民、学生或教师等人的行为中的一种变革
Moore，Benbasat(1991)	创新是指可被他人接受的一种新的构想、新的制度实施方法或一种新的物体。个人对于这种新构想的认知，会影响到他对于这个新构想的接受态度
欧盟(1995)	创新是在经济和社会领域内成功地生产、吸收和应用新事物。它提供解决问题的新方法，并使得满足个人和社会的需求成为可能
Tidd 等(2004)	创新是一个将机会转变成新创意，并将这些新创意转化成广泛的实践应用的过程

续表

学者	对创新的定义和解释
Tucker(2004)	创新就是提出创意并把它变成现实
Dundon(2005)	创新就是盈利的战略性创造力的实施，从4个方面来理解创新：创造性，战略性，执行性和利益性
Walker(2007)	创新是一个过程，在这个过程中，新的思想、目标以及实践得以创造、发展或再发明，而这些对于创新采用单位来说是新的

可以看出，不同学者对创新都有各自的理解。在本书中，我们主要关注的是创新作为一种过程，如何促进新知识的产生并将其应用于实践，最终实现组织竞争力的提高。

(2)知识创新。21世纪以来，有关知识创新的概念在不断演化，其内涵很丰富。

①野中郁次郎和竹内弘高：企业通过不断地创造新知识，在组织中广泛推广新知识，并迅速将其融进新技术、新产品、新系统中，就能够实现企业创新。

②艾米顿：通过创造、演讲、交流和应用，将新的思想转化为可销售的产品和服务，以取得企业经营成功、国家经济振兴和社会全面繁荣的过程就是知识创新。

③艾米顿：所谓知识创新，是指为了企业的成功、国民经济的活力和社会进步，创造、演化、交换和应用新思想，使其转变成市场化的产品和服务。

④中科院院长路甬祥：知识创新是指通过科学研究，包括基础研究和应用研究，获得新的基础科学和技术科学知识的过程。知识创新的目的是追求新发现、探索新规律、创立新学说、创造新方法、积累新知识。

可以看出，知识创新存在广义和狭义之分。广义的知识创新是指新知识的产生、创造、传播和应用的全过程，不仅包括通过科学研究获得新知识的过程，还包括新知识的传播和应用，新知识的商业化形成产品和服务的过程等，如野中郁次郎和竹内弘高、艾米顿的定义。狭义的知识创新是指通过科学研究获得和创造新知识的过程，如路甬祥的定义。

本书把知识创新界定为：通过知识的获取、存储、交流、共享与创造等过程，不断积累知识，增加组织的知识存量，提高组织的知识质量和知识优势，最终将知识高效应用于实践，以提高组织的创新能力和竞争力。

2. 知识创新的特征

与一般的科学研究相比，知识创新呈现出一些独有的特征。正是这些特点，给知识创新的信息需求带来重要的影响。

(1)综合性。21世纪的知识创新，交叉学科将继续发展，学科间的界线将变得模糊，不同学科之间相互渗透，相互促进，走向新的高层次的学科综合。多学科、多层次、多角度的综合研究将更加普遍和流行。知识创新的综合性，必然要求信息内容的综合性、广泛性、跨学科性。

(2)多样性。知识创新的学科差异性和很强的探索性决定了知识创新的多样性。既有自由探索式的基础研究、应用研究和开发研究，也有一些全球性的，或由国家利益导致的，需要巨大投入的科学问题，需要有组织和分工合作地开展研究。知识创新的多样性，决定了它的信息需求主体的多样性，既有“大”科学研究课题的信息需求，也有“小”科学研究课题的信息需求。

(3)实践性。这主要体现在以下几个方面。其一，知识创新的动力来自于实践的需要。科学史一再揭示，历史上各个时期科学的总体发展是源于社会实践的需求，社会一旦有技术上的需求，则这种需求就会比十所研究型大学更能把科学推向前进。其二，知识创新的“问题”来源于科学研究的实践。知识创新总是围绕着问题进行，总是寓于问题之中，寓于问题的解决过程中。其三，知识创新的根源是人类追求真善美的需求。人的创新活动不是仅限于生存需要的驱使，不完全是改变生存条件需要的压力作用，也不都是寻求生存竞争的技术。知识创新有着更为深层的人本学根源，它是人的本性的一种显示，是人在满足生存需要的基础上，追求真善美的需要的不懈努力。

(4)累积性。知识创新是建立在吸收、借鉴前人的知识成果的基础上，以现有的知识存量为基础进行的，这些知识存量也是前人知识创新成果的积累、沉淀和传播的结果。原有知识创新成果的整合利用是知识创新的逻辑前提，这是因为知识创新活动是建立在对现有知识的加工、利用的基础上的。而知识创新涉及发现知识与积极利用知识的实践的结合，把握知识与其他资源结合起来的新方式和新机制，把握知识转化为现实生产力的恰当时机与机制，建立有利于知识创新的新型知识组合等，这些都需要创造性思维与创造性实践的不断积淀，都是知识创造性应用的不断积累过程。

(5)动态性。知识创新是一种动态的、递进的活动，具体表现在主体、过程、结果等方面。知识创新是多个主体互动作用的结果，个体与个体、个体与团队、团队与团队之间等有效的知识交流与共享都能促进新知识的产生。此外，主体创新能力的大小也不能在创新之前就得到检验和证明，这都体现出主体的动态性。知识创新是对未知领域的探索，过程中需要反复验证创新需求，不断尝试创新方式与手段等，这体现出知识创新过程的动态性。新知识的产生是集体智慧的结晶与大量知识的应用整合而得来的，但所产生的新知识的价值与生产价值不一定是成正比的。此外，知识的创新价值是不确定的，既有价值大小的不确定，也有价值计量和测算的难以确定。同时，知识创新的效果也不确定，它并不以主体的意志为转移，而是受许多因素的制约。这些都体现出知识创新结果的动态性。

3. 知识创新的相关概念

(1)知识创新与知识创造。知识创造理论之父 Nonaka 认为，组织知识创造是指组织在企业内部或企业之间创造、分享显性知识和隐性知识的持续过程，知识创造的水平取决于个人、组织显隐性知识相互转化的程度。

张凤、何传启认为，知识创造是指在世界上首次创造出某种知识，如首次产生新概念、新发明(含有新知识)、新作品等。新知识的首次应用，可以看成是对新知识的检验，它包括理论应用、生产应用和商业应用等。

樊治平、李慎杰则认为，知识创造就是新知识的出现，是在个人的想法、直觉、经验、灵感的基础上，通过显性知识(包括结构化和非结构化知识)和隐性知识之间的相互转化过程，在某种共享环境的影响下，将那些想法、直觉、经验、灵感等具体化为新知识的过程。

与此同时，樊治平、李慎杰还辨析了这两个概念的异同与相互关系。①知识创造与知识创新有其各自的内涵。知识创造强调的是知识的“新颖性”，注重新知识的产生，而知识创新则更强调创造的新知识的“应用价值性”。②知识创造与知识创新在知识管理过程中的关系是相互的，作用是不同的。知识创造是实现知识创新的前提，作用是创造新的知识；知识创新的实现又会反过来促进新一轮知识创造的产生，作用是实现新知识的应用价值。

可以看出，知识创造涉及新知识的产生，而知识创新不仅涉及新知识的产生，更涉及新知识的应用，即实现知识的价值。应该说，知识创新过程涵盖了知识创造过程和知识应用过程。

(2)知识创新与技术创新。美国国会图书馆研究部提出，技术创新是一个从新产品或新工艺商业化到市场应用的完整过程，包括设想的产生、研究方法、商业化生产到扩散过程的一系列活动。国内外学者一般认为，技术创新活动必须以企业依托，企业是技术创新的主体；技术创新不仅强调新设想、新工艺等的开发生产，还强调它们的首次商业化过程。

可以看出，技术创新是一个具体的概念。从理论—实践的维度来看，广义的知识创新包括知识创新与技术创新，其中知识创新是技术创新的基础和源泉。从艾米顿的知识创新定义来看，知识创新的概念比技术创新要广泛且抽象，它包括知识的产生、分配和使用的全过程，体现了知识经济各个层面的内容，而技术创新则侧重于技术的商品化，范围要更加具体。

可以说，知识创新与技术创新体现了一种辩证的关系。知识创新为技术创新提供了坚实的理论基础和实践前提，是技术创新的源泉和基础，知识创新必须要经过技术创新这一过程才能转化成现实生产力，技术创新推动着知识创新的发展，是知识创新的发展结果。

但是，在很多领域，特别是高科技领域，知识创新与技术创新呈现出一体化发展的趋势。如在生物工程、信息工程等领域，两者之间不仅联系越来越紧密，而且几乎是同步进行、并行发展。

(3)知识创新与组织学习。组织学习的研究始于20世纪60年代，而组织学习这个概念直到20世纪70年代才由Argyris和Schon正式提出。随着社会的发展，组织学习的概念也在不断地变化。有关组织学习概念的探讨，不同学者从不同层面进行过阐释。

Bannard认为，组织学习是两个或两个以上个人有意识协调的活动。Hayek认为，组织学习是经济组织面对变化的环境，协调使用各种由特定行为主体拥有的环境知识的能力。Garvin则认为，组织学习是一种活动，包括系统地解决问题、进行试验，从自己的过去与经验中学习、向他人学习以及促进组织内的知识扩散5项内容。

孙卫忠、刘丽梅认为，组织学习是组织的全体成员在组织运行中的行为过程，通过该过程，运用各种途径和方式，不断地获取内外部信息与知识，成员间通过交流与合作，对组织内部与环境之间的相互关系获得一致性认识，达到知识共享，从而可增加知识库的知识积累，提升组织的学习能力，实现组织整体行为或绩效的改善与提高。

综合起来看，国内外学者主要认为组织学习是一种活动、过程、系统、能力、结果。不管从哪一种视角来看，都可以发现，组织学习与知识创新是紧密联系的。通过组织学习，能促进知识创新、发展核心能力，并使组织充分认识和利用外部环境变化带来的发展机会。组织学习和知识创新的整合过程主要包括4个阶段：鉴别并获取创新知识，创新知识的扩散与学习，整合创新知识与思维模式，组织记忆与知识存量增加。

10.2 知识创新的过程与模式

10.2.1 知识创新的过程

在知识管理领域，知识创新过程包括知识的创造、分享和运用。目前大多数学者是从企业角度来阐释知识创新过程，并把知识创新过程看做是一个从创意孕育、创意转化到创意具体化和市场化的完整过程。

艾米顿认为，知识创新过程包括相互依存的3C，即创造(creation)、转化(conversion)、商业化(commercialization)。其中，创造是指新知识或新创意的提出，转化是指从知识到技术的转化，商业化是指把技术转化为市场接受的新产品或服务。

美国学者肯特尔(Kanter)则提出，知识创新过程包括4个阶段，即创新驱动者的创意产生和激化阶段；创意转化阶段，即通过建立联盟和获取必要的权力使得创意转化为现实；创意的实现阶段，即把创意转变为一个模型；转让或扩散阶段，即把模型商品化并进行传播。

美国学者丹敦把知识创新过程分为3个阶段和9个步骤，如表10-2所示。创新过程的3个关键阶段包括：理解阶段(收集信息，界定真正的问题，设定创新门柱)，想象阶段(寻找创意激发源，激发灵感，鉴别创意)；行动阶段(发展创新路线图，寻求认同，实施创新路线图)。

表10-2 知识创新过程的3个阶段与9个步骤

步骤		步骤	收敛
理解阶段	第一步：收集信息	建立创新团队，从不同角度收集事实、数据、选项和细节	分析问题并选择那些能够帮助你和你的团队更好地理解问题的信息
	第二步：界定真正的问题	拓宽对问题的理解和界定，鉴别并列出最可能导致问题的因素	选择最恰当的问题表述，即被认为能够描述最重要或真实问题的表述
	第三步：设定创新门柱	为特定问题的选项和解决方案探寻可接受的范围，探究重要的决策标准，回顾统揽全局的标准	设立创新门柱

续表

步骤		步骤	收敛
想象阶段	第四步：寻找创意激发源	探究信号和其他信息的环境，研究过去、现在和未来，从多个角度研究市场	分析和限制创意激发源
	第五步：激发灵感	应用选定的创意激发源和想象力去识别潜在的灵感和发现，在激发灵感的同时要延缓判断，使用创新关联组合工具	为进一步反思选择最优灵感
	第六步：鉴别创意	探究最优灵感，寻找真正问题的潜在创意	运用创新门柱，比较和选择最佳创意并发展为更完整的概念
行动阶段	第七步：发展创新路线图	消化这些概念并把它们发展成为完整的商业计划，调查资源需求、时间安排以及责任分配，寻找替代计划	在创新门柱前述标准的基础上选择理想计划，考虑计划实施对公司的影响
	第八步：寻求认同	寻求对最优计划的认同，识别谁将会支持这个计划，准备做计划陈述	陈述并调整计划，对计划元素进行测试，确认最终计划
	第九步：实施创新路线图	将最终计划付诸行动，调整计划中需要调整的地方，回顾整个过程和结果，共享整个过程	

野中郁次郎和竹内广隆在《创造知识的公司》一书中，也提出一种知识创造过程模型，如图 10-1 所示。他们认为，知识创造主要是一种群体行为，在群体知识创造过程中，组织所起到的作用是提供适宜的环境来促进群体活动和个人层次的知识创造和积累。一般来说，群体知识创造需要 5 种条件。①组织战略意图明确。②组织人员特别是知识创造人员具有自主权。③要通过引入创造性混乱来给组织人员施加压力，并使组织人员的注意力集中在确定问题和消除危机上。④允许存在信息冗余。⑤创造必要的多样性。而一旦

具备这些条件，一个组织就能够驱动组织内部的知识创新过程。完整的知识创造过程包括5个阶段。第一阶段相当于群化，组织成员所拥有的隐性知识经过相互激发得以在组织中扩展。第二阶段相当于外化，由自组织小组所共享的隐性知识以新概念的形式转化为明晰知识。第三阶段，组织对个人或小组建立的新概念进行检验，确定新概念是否有推广的价值。第四阶段，通过检验的新概念将用于构建原始模型。第五阶段，组织将向内外部的各种利益相关者推广新创造的知识，群体知识创造过程将由此进入新一轮的知识创造循环。

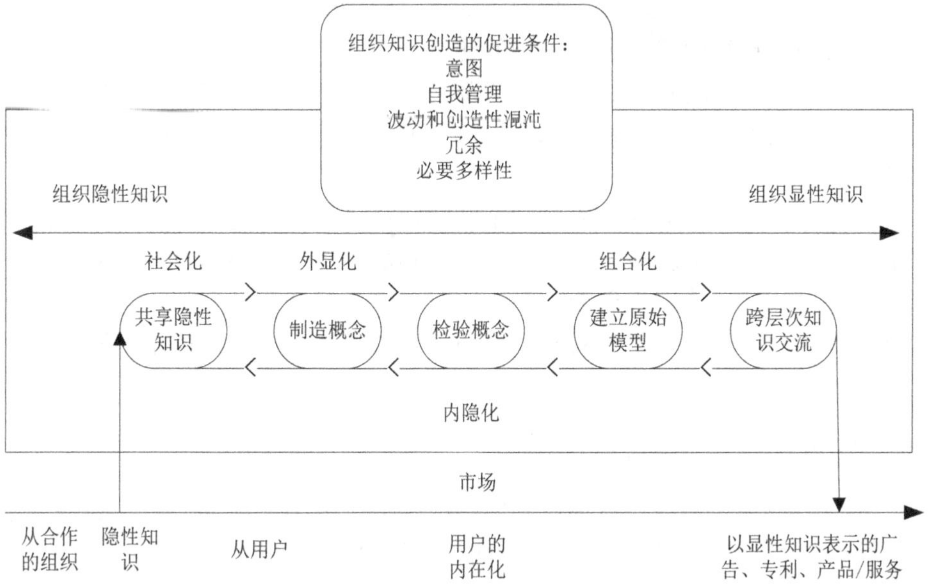

图10-1　组织知识创造的过程模型

国内学者王众托在《知识管理》一书中，则介绍了一种国内外广为流行的五阶段模型，这五阶段表述如下。①隐性知识共享阶段。个人知识是组织知识创新的基础，特别是隐性知识，应该使其显性化并为同伴共享。由于竞争的压力，个人不会轻易地贡献自己的知识，这就需要组织制定一定的制度。像经验一类的知识是可以转化为显性知识的，但像人的心智图式、洞察力、领悟力和直觉能力等这类知识是不能转化的，只能在他本人的实践过程中反映出这类知识应用的效果。这阶段的知识转化主要是Nonaka等的模型中的社会化过程。②创意产生阶段。在共享知识后，就会有人进一步提出自己的建议或创意，这在他本人来说，是经过对外在信息分析处理和在自己的思维活动基础上得出的想法，是一种外化行为。这时有可能进行集体对话和讨论，但总是由个人先提出，经过其他人讨论和思考，使其更加完整。这阶段的知识转化主要是 Nonaka 等的模型中的外化过程。③验证与调整阶段。有了创意，需要加以验证，或者在有个多个创意方案时需要加以比较选择。这需要经过有效性和针对性的检验，检验的标准是领导根据企业的愿景制定的。如果创意还不满足要求，就需要再从第一阶段做起。④原型建造阶段。经过验证的创意要转变为某种有形的物品，这就是原型。如果是产品创新，原型就是产品原型；如果是服务创新或经营管理创新，原型可以是模拟的操作机制。这阶段的知识转化主要是 Nonaka 等的模型中的组合化过程。⑤交叉测评与知识转移阶段。完成原型的建造后要在更广泛的范围内进行意见征询和实验，也可以转移到其他产品或部门继续进行创新开发。经过这几个阶段，参加者获得的显性知识一部分会像 Nonaka 等的模型中所说的内化为隐性知识。

可以看出，知识创新过程是一个知易行难的过程，这个过程既要发挥组织成员特别是知识创新人员个人的积极性和能动性，也要培育专门的知识创新团队并提升其群体知识创新效率，同时还要充分利用社会的创新资源和开展创新合作。由于不同学者对知识创新过程的理解不同，形成了不同的知识创新模式。

10.2.2 知识创新的模式

知识创新模式是指经过理论和实践检验的，较为成熟的、简化的知识创新过程。这里我们主要介绍 Nonaka 的几个经典的知识创新模型。

1. SECI 模型

野中郁次郎等提出的 SECI 模型被国内外学者广泛传播和引用。他将知识分为显性知识和隐性知识，以显隐性知识的相互转化、相互作用来揭示知识创造过程，如图 10-2 所示。

根据显性知识和隐性知识的相互转化机制，野中郁次郎把知识创新分为 4 种模式，即社会化(socialization)、外显化(externalization)、组合化(combination)和内隐化(intemalization)。

(1)社会化。社会化是指从个体的隐性知识到另一个体的隐性知识的过程，是通过共享体验并由此创造诸如共有心智模式和技能之类隐性知识的过程。隐性知识多存在于个体头脑中，难以编码化并清晰地表达出来，而社会化过程有助于实现个体之间的隐性知识交流与共享。这主要通过观察、模

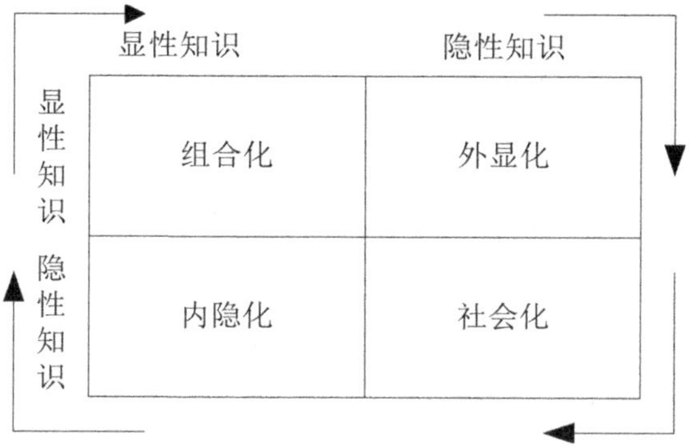

图 10-2 Nonaka 等的 SECI 模型

仿、共享经历、交流经验、讨论想法和见解等形式使隐性知识得以交流与传播。

(2)外显化。外显化是指从隐性知识到显性知识的过程。主要通过类比、隐喻、概念、假设或模型等形式，将隐性知识用明晰的概念和语言表达出来，转化为容易理解和接受的形式，这是典型的知识创新过程。

(3)组合化。组合化是指从显性知识到显性知识的过程，是一个将孤立、零碎的显性知识进一步集成化和系统化，从而创造新的显性知识的过程。经过社会化和外部化，已经实现了个体及团队层面的知识创新，进一步的，需要使个体知识或团队知识上升为组织知识，从而得到新的、组织层面的显性知识。

(4)内隐化。内隐化是指从显性知识到隐性知识的过程，是一个由组织或团队的显性知识创造员工个体的隐性知识的过程，与干中学有密切关系。通过内隐化，员工个体的隐性知识存量增加，隐性知识系统得到拓宽、延伸或重构，从而增强了其知识应用与进一步的知识创新能力，为新的 SECI 循环奠定基础。

可以看出，知识的创新是从个人层面开始，经过 4 种转化模式，在个人、组织和组织间 3 个层面上得以转化和明晰，是一个动态的螺旋上升过程。

2. Ba

1998 年，Nonaka 进一步提出了“巴”(Ba)的概念。“巴”相当于一种场所，是知识创新必不可少的情境。其作用是提供新知识产生的平台，促进交流和员工的自我超越。上述四种模式都有对应的“巴”，如图 10-3 所示。

图 10-3　四种类型“巴”之间的相互作用过程

(1)发起性“巴”：对应于社会化过程，是个人分享感觉、情感、经验和精神模型的场所。

(2)对话性“巴”：对应于外显化过程，是个人的精神模型和技能转换成公共术语和概念的地方。

(3)系统性“巴”：对应于组合化过程，是一个超实质的虚拟世界，是个人或团体共享知识和实现知识系统化的地方。

(4)演练性“巴”：对应于内隐化过程，通过实干训练或积极的摸索参与来进行不断地学习和自我完善的过程。它既是其他三个过程的延续，也是其他三个过程的前期准备。

3. 知识资产

2000 年，野中郁次郎提出了动态知识创造模型。该模型在 SECI 模型、Ba 理论基础上，又提出了组织知识资产，并分析了组织知识资产与知识创新之间的关系。知识资产是知识创新的基础，是企业独有的对创造企业价值不可或缺的资源。为了理解知识资产是如何被创造、获取以及开发利用的，通常把资产分为 4 种类型：经验性知识资产、概念性知识资产、系统性知识资产和常规性知识资产。

野中郁次郎的 SECI、Ba 和知识资产理论已成为知识管理领域的主要理论之一。在野中郁次郎提出的多层次知识创新模式中，知识创新的 3 个层次必须相互作用才能形成创新知识的螺旋上升运动。这 3 个层次分别是：第一，通过社会化、外显化、组合化和内隐化实现知识的创新过程，以及隐性知识与显性知识间的转换；第二，巴，作为知识创新的平台为知识的转化创造环境；第三，知识资产或知识创新过程的输入、输出和调节。知识创新的能动过程就是组织的知识资产在巴的平台上不断进行知识转化(SECI)的螺旋上升运动过程。在这个过程中，知识、巴不断地被创新，组织对外界环境变化的适应性日益增强。

4. 知识螺旋模型

个体隐性知识是组织知识创造的基础，新知识产生的基础是组织内个体之间知识的相互交流。因此，野中和竹内提出知识螺旋模型来予以说明，如图 10-4 所示。知识创新的关键在于隐性知识的传播、交流与转化，组织需要利用由个体所创造及积累的隐性知识。通过 SECI 4 种模式在组织层次上得以放大，隐性知识和显性知识的相互作用就从一个较低水平动态地上升到一个较高水平，并在主体论层次较高的层级上结晶下来，这就形成了一个“螺旋”。认识论层次和主体论层次上的知识螺旋，随着时间的推移而不断产生相互作用，从而产生新的知识。

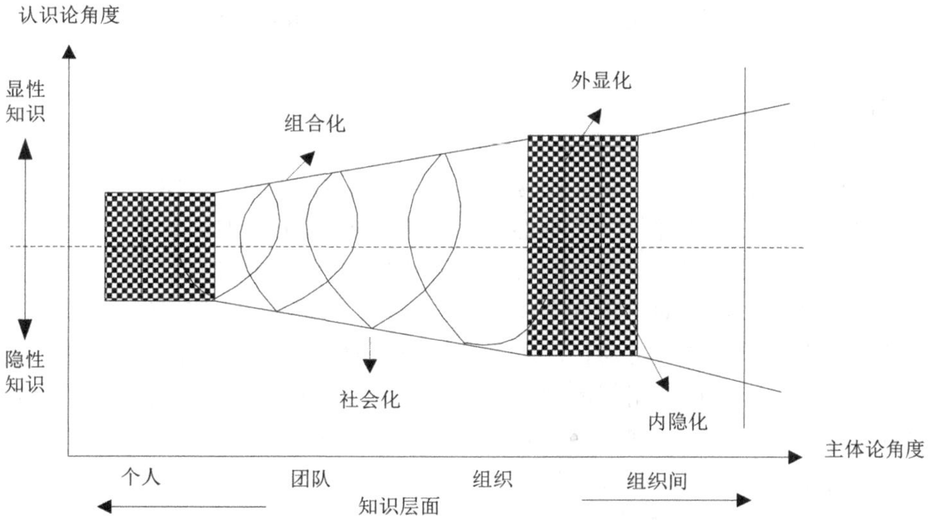

图 10-4　组织的知识螺旋模型

5. 知识创新五阶段模型

SECI 模型描述了不同的知识创造和转换方法，螺旋模型说明了知识由个人到跨组织的扩散与成长状态。在组织的知识创新过程中，组织的作用是提供适当的场所，以利于个人知识的创造和积累，并促进有关团体活动。为此，野中郁次郎还提出了组织知识创新的五阶段模型，即在组织层次上促进知识螺旋的 5 种条件。这 5 种条件分别是意图(intention)、自我管理(autonomy)、波动(fluctuation)和创造性混沌(creative chaos)、冗余(redundancy)、必要多样性(requisite variety)。

(1)意图是指组织对其目标的渴望，组织的意图是知识螺旋的驱动因素。为了更好地创造知识，组织需要制定其意图并向组织内个体传播这种意图。

(2)自我管理允许组织内的个体自主行动，这样有利于个体实现自我激励，有利于个体将自身的隐性知识转化为显性知识并与组织内其他成员共享，并使之进一步变为组织知识。自我管理使个体具有较大的灵活性，能够更好地激发个体隐性知识的交流与共享。

(3)波动和创造性混沌可以促进组织与外部环境之间的互动。波动可能为"瓦解"个体例行的程序、习惯或认知上的模式，但这种瓦解(即打破个体所习惯的、感到自在的存在状态)有助于个体重新思考自身的基本思维方式和视角。这要求个体重视对话作为社会相互作用的手段，并借此帮助自己创造各种新的概念。这将对组织的知识创新起到催化作用，新知识也由此而生。而创造性混沌则旨在增强组织内部的张力，将组织的注意力集中在分辨问题及解决危机境遇上。这种方式使问题更清晰明了，使得知识的创新更有目的性。

(4)冗余是指组织内个体并非立即所需，但这也是促进组织知识螺旋运转不可缺少的条件之一。对冗余信息的分享可以促进个体隐性知识的交流，这能够促进知识创新过程。信息的冗余能够创建不同的沟通渠道，促进不同领域内的个体彼此相互交流不同观点，而信息冗余也为组织提供了一种自我控制的机制，这就有助于帮助个体了解自己在组织中所处的位置，这反过来有助于组织掌握个体思考与行动的方向。但同时，信息冗余也可能带来一定的负面效应，如它使得组织需要处理信息的数量增加，因此可能导致信息处理时间过长的问题，这在短期内将导致知识创新成本的提高，而解决方法之一就是清楚组织内信息的存储位置。

(5)必要多样性能够帮助个体处理许多无法预测的事件。这可以通过利用不同的信息联结方式，敏捷地对信息进行综合以及在整个组织内部提高获取信息的平等能力来实现。为了让多样性达到最大化，组织应该确保各个个体成员以最快的方式，通过最便捷的途径，获取最广泛的必要信息。

10.3 知识创新的内容与管理

10.3.1 知识创新的内容

从不同视角去探讨知识创新的内容，会有不同的阐释。本书主要从创新知识的分类、知识创新的过程和创新知识的主体这三个角度去分析。

1. 基于创新知识不同类型的内容

(1)技术创新。技术创新是企业改进或产生新的产品、生产工艺和服务方式的过程，以及新的和改进的产品、工艺和服务在整个经济中的商业化扩散过程。简单地说，技术创新就是技术变成商品并在市场上得以销售实现其价值，从而获得经济效益的过程和行为。技术创新又可细分为产品创新和工艺创新。产品创新是在技术变化基础上的产品商业化，既可以是全新技术，是全新产品商业化，也可以是现有技术发现后现有产品的改进，它是关于推向市场的新产品的创新，是面向用户、消费者的创新。工艺创新是商品生产技术上的重大变革，包括新工艺、新设备以及新的经营管理和组织方法的创新。

(2)市场创新。市场创新是指为达到开辟新市场的目的而进行的知识创新，如寻找新用户、发现产品新用途、重新细分市场等的知识创新。知识经济时代的营销应该着重强调市场的创造而不是市场的分享。

(3)管理创新。管理创新是指创造一种新的更有效的资源整合模式的知识创新。管理知识创新主要包括：提出一种新经营思路并加以有效实施；创设一个新的组织机构并使之有效运转；提出一个新的管理方式或方法，该管理方式或方法必须能提高生产效率，或使人际关系协调，或能更好地激励员工等；设计一种新的管理模式，管理模式是指企业总体资源有效配置实施的范式；进行一项制度创新，管理制度是企业资源整合行为的规范，制度变革会给企业行为带来变化，进而有助于资源有效整合，因而新制度的设计也是管理知识创新的重要内容。

2. 基于知识创新过程的内容

从知识创新的过程这一角度来看，基于SECI模型，我们可以将知识创新划分为4个方面的内容，即隐性知识到隐性知识的创新，隐性知识到显性知识的创新，显性知识到显性知识的创新，显性知识到隐性知识的创新。

(1)隐性知识到隐性知识的创新。隐性知识到隐性知识的创新是通过相互间的交流与沟通，促成知识在不同员工、企业间的转移、共享和集成，达到创新目的。这一过程实质上是知识社会化的过程。企业的创新能力很大程度上依赖于隐性知识的创新，关键是员工如何积极贡献自己的隐性知识为集体共享。企业文化、管理机制和集成工具是促进知识创新的重要手段，例如，企业员工可以通过知识创新系统中的会议系统、电子邮件、讨论版等进行隐性知识的交流，激发创新的灵感。

(2)隐性知识到显性知识的创新。将隐性知识变为显性知识需要寻找有效的方式将难以表达的隐性知识表达出来，该方式主要是语言和符号的比喻，可以将人的直觉或心灵顿悟表达出来。隐性知识的显性化实质上是知识外在化过程。通过知识创新系统中的会议系统、个人主页、知识库管理系统等，员工可以将自己的经验转变成共享的显性知识。隐性知识通常难以表达，因此往往通过隐喻、类推、丰富的语言想象、故事、可视化工具、模型、图标等支持转换。为了达成有建设性的意见或有创造力的观点，综合和演绎法尤为重要。这种模式对整个企业管理知识创新过程来讲是至关重要的。

(3)显性知识到显性知识的创新。显性知识到显性知识的创新是企业将一些分散的显性知识整合成新的显性知识，以便在组织范围内使新的知识得以共享。这一过程实际上是一综合化的过程。通过知识创新系统的知识分类等，加速知识的系统化和优化，提高现有知识的转换和转移速度，增加知识的实用价值。

(4)显性知识到隐性知识的创新。显性知识到隐性知识的创新是将组织范围内显性知识向个体的隐性知识转换，这实际上是一个知识内在化的过程。当显性知识被企业群体共享时，企业群体中的有关合作者开始将该显性知识内部化。通过知识的创新，向企业员工提供他所需要的最新知识，提高学习效率。通过知识创新的知识分布图等，使企业员工能快速找到他所需要的知识，从而提高自身素质。

3. 基于知识创新主体的内容

从知识创新的主体来看，知识创新的内容主要分为个体知识创新、团队知识创新和组织知识创新。

(1)个体知识创新。个体是构成团队、组织的最小单位。个体知识创新是个人学习的结果，是组织知识创新的源头。个体知识是个体所拥有的专业知识和技能、经验和诀窍、价值理念等，与个体所处的特定情境有关。个体知识建立在个体经验、兴趣和关注点基础上。通过 SECI 模型，个体知识可以实现创新。

(2)团队知识创新。团队是构成组织的基本单位。团队知识创新是团队学习的结果，是组织创新的关键。团队知识是个体知识的发展和集合，是在实现团队目标的过程中所利用到的成员知识以及所创造出的新知识，是团队成员拥有的关于任务和团队的知识集合以及对当前情境的共同理解。通过 SECI 模型和螺旋模型，可以实现个体知识向团队知识的扩散和转化，最终实现团队知识的创新。

(3)组织知识创新。组织知识是组织所拥有的嵌入到特定组织情境中的知识，它存在于个体、团队和组织内，以组织规章制度、惯例和文化等形式出现。通过个体知识的创新和团队知识的创新，促进组织知识的创新。

10.3.2 知识创新的管理

知识创新是一个集体协作的复杂的动态过程，它受到多方面因素的影响。组织可以通过某些管理手段来组织个体的行动并协调个体之间的相互关系。因此，组织可以对知识创新进行管理，其目的在于更好地促进知识创新。在组织内，知识创新管理主要体现在知识创新平台的构建、知识创新环境的营造以及知识人才的管理等方面。

1. 知识创新平台的构建

知识的创新需要个体之间不断进行交流与互动。对组织来说，需要构建一个有利于个体交流与共享知识的平台，建立一个自我组织、灵活、高效的网络，以分散式的组织结构，促进无等级制的快速知识流。而信息技术和互联网的快速发展，则为其提供了可能。

(1)内部网。企业内部网是指采用互联网成熟技术和产品建立起来的企业内部共用互联网络。内部网的建立为组织内部的知识交流、沟通与创新创造了非常便利的条件。它不仅能满足知识自下而上的流动，也能方便各部门之间横向的知识沟通。

在竞争日益激烈的今天，知识成为组织保持竞争力的源泉。谁能快速地获取最有价值、最新的知识，谁就能够成功。内部网的建立，则极大地提高了组织获取知识的能力。目前，国内外许多企业已经成功地利用内部网作为提高机构运作效率、加速知识和信息沟通的有效而便捷的技术工具。通过将分散在组织个体、团队、部门及业务流等各环节的显性知识以及隐含在组织内外部个体与团队的隐性知识进行有组织、有目的的搜集与编码化，组织将这些知识显性化与存储化，减少了组织的零散和消失，这有助于知识的积累、再利用与创新。

(2)知识库。知识库是指运用科学的方法对不同来源、不同层次、不同结构、不同内容的知识进行综合和集成，实施再建构，使单一知识、零散知识、新旧知识、显性知识和隐性知识经过整合提升形成新的知识体系。如果说内部网有利于知识的显性化和存储化，那么知识库则有利于知识的系统化和共享化。通过知识库的建立，能够鉴别、整理和集成组织内部各种类型的知识，这样有助于企业更好地运用组织内个体的集体智慧，形成更强的知识创新能力和竞争力。

知识库中的知识必须是员工需要的，但并不限于本企业产生的知识。很多企业知识库中还有政府部门以及其服务对象的信息。这些信息可以是本企业分析的结果，也可以从外部数据源中得到。此外，知识库的建立必须符合基本的要求。①有效的组织。必须很好地进行组织，及时地更新内容，方便地进入或查询，让知识库成为员工学习的工具。②精确的知识。要让员工确信他们从库中得到的信息是精确、及时、可靠的。如果他们怀疑数据的精确性，用不了多久，他们将不再使用知识库，因此要更新和修改过时的信息和数据。③方便的进入。特殊的部分可能因为数据的敏感性而需要口令或其他安全措施，除此之外，每一个员工不必经过同意就可进入他工作中所需的知识库中去，否则就和及时学习原则相背离。

(3)Web2.0知识管理平台。Web2.0时代的到来，为增强知识管理平台与用户的良性互动，促进知识的创新与应用，带来了全新启示。融入Web2.0理念、方法和技术的知识管理平台，更加重视知识学习与创新的过程本身，用户在自主参与知识内容的“写”和“贡献”以及协同交互的过程中，实现了组织内外群体智慧的汇聚，形成知识创造、组织、更新、交流和共享的社区。开发与应用基于Web2.0的知识管理平台，无需过多资金、技术和人员等的投入，就能为组织实施知识管理提供更好的支撑，而有效的知识管理将有力地推动知识的创新。

基于Web2.0的知识管理平台应充分发挥Web2.0优势，将博客、维基、网摘、论坛、IM(即时通信)等Web2.0典型应用与知识管理中的协作、交流、共享等功能紧密结合起来，以弥补传统知识管理实践中隐性知识开发利用程度有限、全员参与性弱、知识更新缓慢、知识交流不足、用户个性化知识需求难以满足等缺陷。其功能体现在以下几方面。①博客是发表个人知识、技能、经验、创意、感悟等内容的自由空间。用户可撰写博客、相互访问、参与评注与评价，实现隐性知识的显性化及其传播利用。②维基是用户对知识进行协作式编辑、更新和发布的平台，可用于实现项目协作、文档共享、专家指引(提供各专家的知识、经验、联系方式等记录)等功能。为保证页面知识不被错误修改而是逐渐趋于完善，平台需具备版本控制、页面锁定、IP禁止等应对不良修改的保护措施。③网摘让用户对其感兴趣的互联网信息资源赋予相应主题标签(Tag)，进行收藏、分类和排序，从而利用集体智慧简易快捷地实现知识的采集、组织与共享，同时也有利于用户个人的学习积累及其知识体系的形成。④RSS订阅基于Push技术实现了站点间数据交换与内容共享，用户通过RSS/关键词订阅便能在第一时间获取被推至用户端的相关内容，不仅使得信息获取的及时性与效率得以提高，还能过滤掉无关信息，满足用户的个性化信息需求。

2. *知识创新环境的营造*

知识创新需要环境的支持，需要营造一种好的氛围。良好环境的创造是有效的知识创新的有利保障。这里从企业文化和管理制度两个方面来考虑。

(1)培育知识导向型的企业文化。知识导向型的企业文化有利于营造一种知识交流与共享的氛围。1997年，Ernst & Young公司对美国和欧洲431位公司高层领导人进行的一项调查表明，不适当的企业文化是推行知识创新的最大障碍。知识管理专家进行的知识创新案例分析也得出类似结论，即企业文化对待知识及知识创新的态度是决定知识创新成败的关键。

知识导向型企业文化，是指将知识视为企业最重要的资源，能够支持有效地获取、创造、交流和利用知识的企业文化。知识导向型文化的关键因素是对新知识持一种欢迎态度，并且在一个不断学习和尝试被高度评价、重视和支持的环境中，创造一种信任和开放的气氛。

知识导向型文化是这样一种文化：在这种文化环境中，在职和脱产学习均受到高度评价，等级制度让位于经验、专业知识和快速创新。这种对待知识的积极态度无疑会被该企业雇佣和吸引的新型员工进一步增强。当然追求知识也有可能会以牺牲工作目标为代价，这可能是对一个过分知识导向文化的逆反。其具有以下特征：将来自外部的知识视为创新的起点而非终点；针对各种内部和外部因素，鼓励对重大战略问题的充分讨论；鼓励企业员工广泛参与获取和讨论对于本企业有重要意义的知识；企业能够改革曾经支持企业获得成功，但已不再适合新形势的那些信念和假设。

知识导向型企业文化至少包括以下几个方面的内容。①相互信任。这是知识共享和交流的基础。②开放式交流。每个人都要为企业的知识库做出贡献。③学习。每个人都有义务将学习作为一项终生任务和一种生活方式，都有义务汲取最好、最多的知识。④共享和开发公司的知识共享机制。人人都有义务推进企业知识库的良好运行。⑤享受知识创新过程。员工应以传播、获取、创造和应用新知识为乐事。⑥对待员工的积极态度。认为员工是聪明的，喜欢和愿意探索的，对外部世界充满了好奇，并且企业鼓励他们的知识创新活动。⑦在企业文化中没有对知识的抑制性因素，员工对企业并不觉得疏远甚至敌视，员工并不认为分享知识会危及自身的利益。⑧知识创新项目同现有企业文化相容。

(2)制定知识激励型的管理制度。知识创新需要管理制度的支撑。知识激励型的管理制度是指能促进知识交流、共享与创新高效有序运转的机制。这样的一种机制，能够促使组织管理者树立全新的创新思想、以人为本的理念，积极地协助与参与到知识创新平台等的构建中，并建立合理的激励机制鼓励知识创新行为。这样的一种机制，重视对知识人才的鼓励，重视知识的充分交流与共享，重视知识企业文化的建设，重视领导方式的转型。这样的一种机制，能够创造一种高效的创新氛围，激发个体、团队和组织等各方面的积极性，有力地推动个体、团队和组织三个层面的知识创新。

3. 知识人才的管理

人才是知识创新的根本。知识创新归根到底是个体知识创新，因此，需要加强知识人才的培养和管理，重视知识人才的创新意识和创新能力，这对知识创新有很大的作用。这里从吸引和留住知识型员工、设立知识主管两个方面来考虑。

(1)吸引和留住知识型员工。彼得·德鲁克认为，知识型员工是指，一方面能充分利用现代科学技术知识提高工作的效率，另一方面本身具备较强的学习知识和创新知识的能力。知识创新能力是知识型员工最主要的特点。此外，知识型员工的工作主要是一种思维性活动，知识的更新和发展往往随环境条件的变化而有所适应，具有很大的灵活性。可以说，知识型员工是知识创新的关键所在，因此，企业必须吸引和留住知识型员工。

为此，必须充分了解及掌握知识型员工的特点，才能管理好知识型员工。知识型员工通常表现出以下特征：独立自主性很强，创新意识和创新能力很强，劳动过程很难监控，劳动成果难以衡量，成就动机较强，蔑视权威，流动意愿强。因此，企业必须坚持对知识型员工的多样化激励，减少其流失。企业在制定和实施激励措施时应当坚持以下原则：个性化，公平性，长期效应。在此基础上，企业还应做到以下两点：充分授权和弹性工作制是满足创新员工工作自主需要的两大重要措施。工作再设计、民主参与以及开放的信息沟通系统是满足知识员工成就需要的激励措施。

(2)设立知识主管。企业的高层管理者虽然不一定是产生新知识的源头，但是他们对于新观点的传播和群体层面的学习却往往起着关键的领导和激励作用。因此，企业有必要设立专门的知识主管(CKO)来对知识创新活动进行领导。

Senge 认为，在知识型企业中，领导的角色主要是作为一个设计者、指挥员和蓝图规划者，他需要能够对现存的模式发出挑战，同时还有自己的对于未来前景的预期，他(或她)主要负责创建起企业，以便企业成员继续不断增强他们的能力以更好地规划未来。也就是说，领导主要对学习负责，这一角色的担任者就是知识主管。

知识主管必须提供一个良好的氛围，让雇员进行相互合作。知识主管的管理对象不仅包括易于整理和计算机存储的显性知识，还包括存储在雇员的脑海里的隐性知识。这一工作要求其拥有两方面的能力：知识主管应该是一位技术专家和组织环境专家；知识主管应该是一位战略专家。

而知识主管的主要职责体现在以下几个方面。①了解企业的环境和企业本身，理解企业内的信息需求。②建立和造就一个能够促进学习、积累知识和信息共享的环境，使每个人都认识到知识共享的好处，并为企业的知识库做贡献。③监督保证知识库内容的质量、深度、风格并与企业的发展一致，其中包括信息的更新等。④保证知识库设施的正常运行。⑤加强知识集成，产生新的知识，促进知识共享和创新的过程。

知识主管的一个重要角色是充当企业的“设计师”。他们通常是知识目录、知识基础设施、知识密集型业务与管理程序、知识交流机制、知识共享空间和知识保护政策的“设计者”。知识主管的大部分设计开始时都是概念性的。通常他们先说服那些热衷于参与知识创新的员工(拥护者)接受一个设想，然后从不断深入的知识创新实践中获取经验，注入新思想，在动态中调整计划，并从相关协作者处获取必要的帮助。这时知识主管事实上是提供咨询服务，但仍然有大量工作可能需要知识主管亲自负责。早期知识创新管理的重点可能是显性知识的获取、编制、储存、保护和共享等领域，因为这些领域通常已经得到潜在知识拥护者和支持者的认可。但是，我们应当认识到，那些未开发利用的隐性知识往往更有价值、更具潜力。因此，知识主管应当更关心隐性知识的管理，同时鼓励和创造各种便利条件增加员工非计划性交流的机会，因为面对面的交流才有助于隐性知识的传播。在许多企业中，知识主管是企业内部网络和电视会议及相关组件的积极倡导者和实际建设者。这些基础设施的建设，极大地便利了全企业范围内以团队为基础的信息沟通，并且降低了创新管理的成本。总而言之，企业整体全面广泛的组织知识创新通常需要一个不属于任何职能部门的高层经理——知识主管负责。

10.4 知识创新的策略与实施

知识创新是一个动态的过程，其中有很多因素为企业各层面的知识创新提供了适宜的环境。在诸多促进知识创新的因素中，知识资产、柔性组织和场是最为重要的要素，其中知识资产是知识创新的基础，柔性组织是知识创新的推动力，场是知识创新的平台。

10.4.1 知识资产——知识创新的基础

知识资产是企业创造价值不可缺少的企业资源，知识资产是知识创新过程的输入、输出和调节因素。为了理解知识资产是如何创造、获取和利用的，在此把知识资产分为4类：经验性知识资产、概念性知识资产、系统性知识资产和常规性知识资产。

1. 经验性知识资产

经验性知识资产是由共享的隐性知识组成，共享的隐性知识是由组织成员之间，组织成员和客户、供应商之间共享的经验构成。个体在工作实践中获取和积累的技能和技巧是经验性知识资产的一个例子。其他经验性知识资产包括情感知识，例如热爱、关系、热情和压力，节奏知识如即席创作和娱乐。因为经验性知识资产是隐性的，所以它们很难被理解、领会、评价或者交易。企业必须通过自己的经验建立自己的知识资产。企业具体的、很难模仿的经验知识资产、资源具有隐含性的特征，这个特征使得企业具有持久的竞争优势。

2. 概念性知识资产

概念性知识资产是由通过想象、象征和语言表达的显性知识组成，这些资产是建立在组织成员和客户所拥有的概念基础上。商标权是由客户感知的，概念或者设计是由组织成员感知的，这些都属于概念性知识资产。既然概念性知识资产是有形的，因此，它们比经验性知识资产更容易被领会。

3. 系统性知识资产

系统性知识资产是由系统的和打包的显性知识组成，例如明确表达的技术、产品规范、操作手册、关于客户和供应商的文献和信息。受到法律保护的知识产权如特许权和专利也属于这一类。系统性知识资产的特征是相对容易转化，这是最“看得见的”知识资产类型。当前知识资产管理主要强调系统知识资产管理，例如知识产权。

4. 常规性知识资产

常规性知识资产是由隐性知识组成，这些隐性知识是组织行动和实践中的惯例。因此，实践性是常规性知识资产的重要特征。企业日常运行中的技巧、组织文化和组织惯例等属于常规知识资产。通过持续的练习，组织成员之间加强和共享某种思维和行动模式，共享企业的背景和“故事”等活动，有利于形成常规知识。

这四种知识资产是知识创造过程的基础。为了有效地对知识创新活动进行管理，企业必须绘制存贮知识资产的知识地图。同时知识资产是动态的，现有的知识资产也可以创造新知识资产。

10.4.2 柔性组织——知识创新的推动力

企业的生存和发展在很大程度上依赖于其所处的环境，但环境发生变化时，企业必须同时进行变革。知识经济时代是一个快速变化的时代，在这样一个巨变的环境中，企业必须具有灵活的反应能力，具有一定的柔性。知识创新是涉及整个组织所有方面的一项系统工程，知识创新的有效运作不仅需要组织所有员工的参与和协调，而且需要一个柔性的组织作为其运作的载体。

为了增加组织柔性，企业中的每个成员都应能够快速获得必要的信息，而且能够在组织部门之间彼此交换不同的观点。当企业存在不同的信息，成员又不能平等地利用时，将阻碍知识的创新。成员应该知道信息在哪儿，信息在哪儿积累，怎样以最快的速度存取信息和知识。有两种方法可以实现组织的柔性。一是开发一个扁平的、柔性的组织机构，不同的单元通过信息网络相互联系，这样，项目成员可以快速而平等地接近最广泛的信息。二是周期性地变换组织机构，周期性地人员轮换，这样可以使成员获得交叉领域的知识，以应付复杂的环境。这样的柔性组织具备以下特征。

(1)成员意志自由。企业中的所有成员在柔性组织中，都应该有充分的意志自由，这对于知识创新来说是很重要的。意志自由增加了项目成员发现有价值信息的机会，并且能够激励成员进行知识创新。意志自由不仅能增加个体的承诺，而且还是一种意想不到的知识资源。通过给予组织中项目成员意志自由，组织还可以提高接近和利用成员所拥有知识的机会。具有意志自由的知识创新组织可描述为“自由系统”。活的有机物是由不同的器官组成，器官是由大量的细胞组成。系统和器官的关系，器官和细胞的关系，既不是统治和被统治的关系，也不是整体和部分的关系。每个单元，像一个意志自由的细胞，持续不断地控制自身内部发生的变化，并且每个单元通过自繁殖决定其边界。同样，个体和团队在知识创新过程中的意志自由为他们确定了任务范围。在企业管理中，意志自由的个体在团队层面将知识进行创新，并最终形成组织知识，而自发组织的团队是创造意志自由的一个有力工具。这些强有力的意志自由团队能够履行很多职能，他们可能来自企业的不同部门，成员之间是一种彼此协作的关系，因此可以最大限度地施展个体才能，并能以较为有效的方式获取个体成员的知识和经验。研究表明，来自不同组织的成员所组成的交叉职能团队在知识创新过程中很有效。

(2)创造性混乱。创造性混乱是指组织内外部环境的创造性和波动性，它可以促进组织和外部环境的有效互动，打断人们的常规进程，刺激个人的高度投入。创造性混乱与完全无秩序不同，而是一种难以预测的有序。当组织面临危机感时，自然会产生混乱，这时组织领导者通过提出挑战性的目标和模糊的愿景以唤起成员危机感，引起有意识的混乱。创造性混乱有助于集中成员的注意力，鼓励他们超越现有的边界来定义问题并解决问题。面对混乱，成员的惯例、习惯或者认知框架被打破。周期性的打破或“忘却”给他们提供了重要的机会，即对现有的事实提出怀疑或者重新认识和考虑。怀疑和重新认识与考虑现有的事实激发了组织的活力和创造性，因此，进一步促进了组织知识的创新。有些人把这种创造混乱的现象叫做“来自噪音的有序”或“来自混乱的有序”。这种混乱会引起个体对组织的强烈认同，从而在行动中反思，更容易进行知识创新。对于领导来说这是很重要的，认识这种形势，在适当的环境、适当的时间，在混乱中进行有序的知识创新，使组织不会完全处于无序之中。

(3)信息冗余。冗余这一术语最初源于信息论，是指信息传递过程中存在比实际需要多的信息符号现象。语言交际也是一种传递信息的方式，冗余现象普遍存在。然而，随着信息论的创立和广泛应用，人们对语言的冗余现象才有了更深的认识。信息冗余并不是指不必要的复制、浪费或信息过载，而是指现有的信息量超出了项目成员即时的业务范围需要。信息冗余可使个人进入别人的领域，可以扩大个人的认识空间，加速创新过程，同时可使组织有关业务活动、管理职能重叠，形成组织的一个整体的信息。信息冗余从两个方面促进了知识创新过程。首先，共享的冗余信息可以促进隐性知识的共享，由个体成员产生的概念或知识要与其他并不一定立即需要这一知识的人共享。冗余的信息能够使个体超越职能边界，从不同的立场和角度提出建议或获取新信息。其次，冗余的信息还能够帮助建立非正常的信息通道，提供信息交换的场所。同时，冗余信息有助于企业成员知道他们在企业中的位置，起到控制成员的思考方向和行为的作用，从而为自组织机制的组织提供了完成任务的特定方向和一致性。

10.4.3 场——知识创新的平台

知识创新在场中发生，因为没有场，就不可能有创新。Ba 就是知识共享、创新、利用的一个共享的环境。在知识创新过程中，Ba 的产生和重构是关键，因为 Ba 为知识创新螺旋提供了能量、质量和环境。Ba 的作用就是知识创新的平台，在某一时间和空间范围内收集和应用知识。而且，场除了实体空间外，也是一个精神或者虚拟空间，因此它也不必限制于某一时间和空间。从相互作用类型(即是个体还是集体相互作用)和媒介(相互作用是通过面对面的方式还是虚拟媒介，如书、操作手册、备忘录、E-mail 或者电话会议)两个维度，可以把场分为以下 4 类。

1. *起源场*

起源场是指个体的和面对面的相互作用。在这个场中，个体共享经验、感觉、情感和思维模式。它为社会化提供了场所，因为个体面对面的交流是获取全部身体感觉和心理反应的唯一方法，例如放松和泄气，这是隐性知识共享的重要元素。起源场在某种程度上是一个存在的场所，通过对别人的同情或者移情，个体超越自身和他人的边界。起源场是个体知识创新的基础。

2. 对话场

对话场是指集体和面对面的交流。这个场中个体的思维模式和共享的技能转化为共同的术语，表达为概念。因此，对话场主要为外部化提供了场所。通过成员之间的对话共享和表达个体的隐性知识，可表达的知识传递到每个个体，通过自我超越又产生可表达的知识。对话场比起源场更具有隐含性。选择特殊知识和能力，并把这二者适当正确地糅合在一起，是在对话场中管理知识创新的关键。

3. 系统场

系统场是指集体和虚拟交流。显性知识能够以文字的形式很容易在很多成员之间转移，系统场为现有显性知识组合化提供场所。通过信息技术如在线网络、群件等为系统场提供虚拟环境，现在，很多组织使用如电子邮件清单和信息群，通过参与者交换必要的信息或者相互回答问题来有效地收集和吸收知识和信息。

4. 实验场

实验场是指个体和虚拟交流，它主要为内部化提供场所。显性知识通过虚拟媒介如手册和模拟实验进行交流，使显性知识隐性化。

10.5 知识创新系统

10.5.1 知识创新系统的概念

1. 知识创新系统的提出

对于国家而言，构建创新系统是提升国家竞争力的一个重要组成部分。国家创新系统是由参与创新的社会不同参与者和各类机构组成的网络系统，通过大量互动作用，实现知识向经济的转化、科学技术向现实生产力的转化，以实现提高国家综合国力和国际竞争力的目标。知识创新系统也随着21世纪知识经济时代的兴起而逐渐兴起。就国家知识创新系统这个大系统来说，主要经历了工业经济时代的国家技术创新系统和从工业经济向知识经济过渡这一阶段的国家创新系统，各个阶段呈现出的特点和依托的理论基础也不一样。表10-3描述了国家知识创新系统的提出过程。

表 10-3 国家知识创新系统的提出

阶段	时代	特点	理论基础
第一阶段 国家技术创新系统	工业经济时代 1940—1980	强调技术创新和技术流动及相互作用	熊彼特创新理论 技术创新理论 技术进步理论
第二阶段 国家创新系统	从工业经济向知识经济的过渡时期 1990—2000	强调技术创新和知识的创造、扩散、应用及人员流动	技术创新理论 人力资本理论 新增长理论
第三阶段 国家知识创新系统	知识经济时代 21 世纪	强调知识创新和新知识高效应用	知识创新理论 知识增长理论

2. 知识创新系统的内涵

中国科学院在《迎接知识经济时代，建设国家创新系统》报告中，将我国国家知识创新体系定义为：由知识创新与技术创新相关机构和组织构成的网络系统，它包括企业、科研机构、高等院校和政府部门参加的网络体系。

OECD 在 1997 年《国家创新系统》报告中指出："创新是不同主体和机构间复杂的互相作用的结果。技术变革并不以一个完美的线性方式出现，而是系统内部各要素之间的互相作用和反馈的结果。这一系统的核心是企业，是企业组织生产和创新、获取外部知识的方式。外部知识的主要来源，则是别的企业、公共或私有的研究机构、大学和中介组织。"

因此，从宏观层面来看，知识创新系统可以看做是由与知识的生产、扩散和转移相关的机构和组织构成的网络系统。其核心是国立科研机构(包括国家科研机构和部门科研机构)和教学科研型大学，还包括其他高等教育机构、企业科研机构、政府部门和起支撑作用的基础设施等。

从微观层面来看，知识创新系统可以看做是知识资源在系统内传递和转化相互耦合的开放系统，由许多相互联系的因素、环节所组成，具有一定的边界和特定功能。

由上文可知，知识创新系统的内涵包括以下几个方面。

(1)知识创新系统是一个网络系统，不是单纯地按一条或几条线流动，各机构之间相互影响、相互促进。

(2)知识创新系统的主体是科研院所或科研机构、政府等。

(3)知识创新系统的内在动力是创造并应用新知识。

（4）知识创新系统需要一整套完善的制度设计来保证其良好地运行。

10.5.2　知识创新系统的结构

一个知识创新系统的效率取决于两个方面，创新体系内各要素构成在创新中的功能定位是否恰当，以及创新体系内各要素之间的联系是否广泛与密切。因此，知识创新系统的结构与功能定位就显得很重要。

（1）从宏观层面来看，国家知识创新系统主要包括4个子系统。这4个子系统各有重点、相互交叉、相互支持，是一个开放的有机整体。

①知识创新系统。在知识创新系统内涵中已经阐述过。

②技术创新系统。由与技术创新全过程相关的机构和组织构成的网络系统，其核心部分是企业。企业和国家科研机构及高校一样，也要生产知识（主要是技术知识），供应技术，更多的则是应用知识，并最终在市场上实现技术创新（新产品、新工艺和新服务）。

③知识传播系统。主要指高教系统和职业培训系统，其主要作用是培养具有最新知识、较高技能和创新能力的人力资源。教育部门和创新中介机构主要起知识传播和转移作用。中介服务机构包括：生产力促进中心、技术咨询机构、工程技术研究中心等，促进技术转移，支持中小企业的技术创新。

④知识应用系统。主体是企业和社会，其主要功能是知识和技术的实际应用。此外，政府在创新体系中的职能是支持知识生产，尤其是战略性研发（R&D）；以政府和计划，引导企业的技术创新和产业的发展；建设科技基础设施，其中包括知识产权、法规和标准等。

（2）从微观层面来看，将知识创新过程、知识创新模式和知识创新环境联系起来进行考察，则企业知识创新系统包括输入、运行、输出、反馈四个子系统。

①输入子系统。输入子系统主要包括企业原有的知识、用于个体学习的支持资金和知识的软硬件资源。在该子系统中，从企业系统内部或外部输入信息流（激发知识创新的信息）、知识流（用于创新的原知识）、资金流（R&D活动、创新人员激励等）及物流（知识创新的基本设施）。

②运行子系统。运行子系统主要包括知识创新的基本环节、知识创新运行模式和知识创新环境场。运行子系统在运行中存在两个非线性相互作用、相互转换的有机过程，一个是知识形态的转化，即企业知识创新系统中最核心的部分，知识经过萌芽、丰富、原型和实践修正这一过程，逐渐由最初的消瘦的、薄弱的知识形态转化为丰富的、可实用的知识。另一个是知识内涵的转化，即企业知识在隐性和显性之间和内部的相互转化，企业的知识正是

在这样的转化过程中，实现了从低层次到高层次的跃迁，完成知识的创新。

③输出子系统。输出子系统主要向企业提供可转化的创新知识，以形成企业后续竞争优势，同时也向企业系统外部输出创新的产品或技术等。创新知识的输出是知识等要素在运行子系统内相互作用、相互转化后的结果，输出的新知识通常是显性知识，即可以通过编码化对新知识进行保存和推广应用。

④反馈子系统。反馈子系统包括两个反馈，一个是反馈到运行，一个是反馈到输入。运行反馈针对知识创新运行子系统中出现的问题，如知识流动是否顺畅、创新个体沟通是否及时、知识共享是否存在障碍等。输入反馈针对输入子系统的问题，即企业知识创新系统输入的是"正熵流"还是"负熵流"，如诱发知识创新的信息是否准确和及时，原知识是否具备创新的条件，知识软硬件基础是否先进等。这些反馈联系不仅促使创新模式内容发生变化，即隐性知识与显性知识之间及内部相互转化，也使知识创新过程得到跃迁，即在低级的创新环节跃迁到高级环节，从而使企业知识创新形成一种循环上升的过程。可以看出，企业知识创新系统的运行不是一个简单的线性关系，而是一个循环嵌套螺旋上升的过程。

10.5.3　知识创新系统的功能

1997 年 12 月，中国科学院向中央提出了《迎接知识经济时代，建设国家创新系统》的研究报告，中国科学院从我国国家创新系统的总体构想出发，向国家提出建议，组织实施知识创新工程，在国家宏观层面，为形成国家创新系统完整的总体战略布局打下基础。1998 年 6 月 9 日，国家科技教育领导小组第一次会议审议并原则通过了中科院《关于"知识创新工程"试点的汇报提纲》，决定分三个阶段实施知识创新工程，1998—2000 年为启动阶段，2001—2005 年为全面推进阶段，2006—2010 年为优化完善阶段。

知识创新工程的总目标是：到 2010 年前后，形成符合社会主义市场经济和科技发展规律的、具有支撑国民经济可持续发展能力的、高效运行的国家知识创新系统及运行机制，建设一批国际知名的国家知识创新基地，培养和造就大批具有创新意识和创新能力的高素质科技人才，形成不断取得具有国际影响的重大科技成果的环境，为使我国知识创新实力达到世界中等发达国家水平，力争我国被《科学引文索引》收录的科学论文总数的排名进入世界前 10 名，专利指标的国际竞争能力进入世界前 10 名，中国科技的国际竞争力进入世界前 10 名做出贡献。

而知识创新系统的主要功能是知识的生产、传播和转移，政府行为起主导作用。从宏观层面来说，知识创新系统的具体功能包括知识创新、技术创新、知识传播和知识应用，还包括创新活动的执行、创新资源(人力、财力和信息资源)的配置、创新制度的建立和相关基础设施建设等。

(1)创新活动的执行。例如，科研机构和高等院校主要从事知识创新、知识传播和再创新知识或应用知识的人才的培养，政府行为占主导地位。企业是技术创新的投入、产出和应用的主体，市场行为占主导地位，社会及企业是知识应用的主体。

(2)创新资源的配置。政府主要依靠市场机制，通过国家财政资金和人力资源管理体系、教育与培训体系、信息服务体系和资源分配体系，结合产业技术政策、投融资机制等对创新资源进行调节，高效配置创新资源，使创新资金、人才和技术投向能够产生创新集群、形成新的经济增长点的领域。

(3)创新制度的建立。为全社会的创新活动提供良好的制度安排和政策环境，包括政策和法律的制定、知识产权的保护、维护国家和公众的利益、规范创新主体的行为、对创新主体的激励等。

(4)创新基础设施建设。主要是针对一些不能完全依靠市场机制解决的问题，为创新活动提供良好的条件，包括国家科技基础设施、教育基础设施、情报信息基础设施、创新中介服务等。

本章习题

1. 请阐述知识创新与知识管理的关系。
2. 知识创新的过程涉及哪几个方面？
3. 请谈谈你对 Nonaka 的几个经典的知识创新模型的理解。
4. 如何才能更好地进行知识创新的管理？
5. 国家知识创新系统具有什么样的结构和功能？

第11章 知识管理与知识共享

"知识共享"这一概念随着知识管理理论和实践的产生而出现。最初，知识共享只是作为知识管理研究中的一个方面；随着知识管理研究的不断深入，人们越来越认识到知识共享是知识管理课题中重要且困难的一个方面。从知识价值层面上来看，知识必须通过共享才能最大限度地发挥其效应。但是，由于知识自身的独特性，个体往往不愿意或不轻易贡献出自己的知识。因此，知识共享问题逐渐从知识管理中提取出来，成为一个独立的研究对象。可以说，知识共享是知识管理成功的关键。在知识经济的今天，组织知识的共享与创新能力成为组织竞争优势的来源。

11.1 知识共享概述

11.1.1 知识共享的内涵

目前众多学者对知识管理做过很多研究，但专门针对知识共享的研究还比较少。学界大多认同知识共享是知识管理的核心，是知识创新的前提，但对知识共享内涵的认识还没有统一、权威的界定。国内外学者从各自研究背景和视角出发，对知识共享做过不同的阐释，这里将其主要观点归纳为4个方面，如表11-1所示。

1. 社会观

这种观点强调知识共享行为中个体间的互动。它将知识共享看做是知识从知识持有者向知识接收者甚至整个组织扩散的过程，在知识拥有者的社会互动中实现知识共享。在分析扩散过程机理的基础上，给出如何有效转移、扩散的解决方案。

2. 学习观

这种观点强调知识共享行为的动态性与持续性。它以动态的、发展的、学习的角度看待知识共享，认为知识共享不仅仅是知识在个体间的转移，在团队、组织内的扩散，更是通过接收者的吸收，整合原有知识在实践中的使用，从而创造出新知识、发展出新方法、形成新能力，并且这个过程是持续的。

3. 认知观

这种观点强调知识共享行为的认知性。它认为知识总是与认知者及其认知实践联系在一起。在认知实践中，认知者在应用已有知识的同时，不仅创造了个人知识，还创造了集体知识，同时也成为其认知环境的积极创造者。所以知识共享是不仅是对认知结果的分享，更是对认知情境和互动过程的分享。

4. 交易观

这种观点强调知识共享行为中知识的资源特性与资产性。持这种观点的学者将知识看做是一种普通经济资源，这种资源的有用性和稀缺性使其拥有者也可以用来交易，这种交易是在组织内部的知识市场中进行的。

表 11-1 有关知识共享的重要观点和定义

观点	学者	知识共享的定义
社会观	Senge(1997)	真正的知识共享并不是一个取得的动作，而是一种学习，是一种使他人“获得有效行动力的过程”。知识共享必须通过互动，成功地将知识转移给他人，形成他人的行动能力
	Nancy(2000)	将自己的知识分享给他人，就如同将知识分送出去，与他人共同拥有该知识，进而使整个组织均知晓此知识
	Bartol & Srivastava (2002)	知识共享是个人有组织地与他人分享相关信息、观点、建议和经验
	宋建元，张钢(2004)	组织成员能够互相交流彼此的知识，使知识由个体的经验扩散到团队及组织层面
学习观	Nonaka & Takeuchi (1995，1997)	个人与个人之间隐性知识和显性知识互动的过程，其模式分为外化、内化、组合化、社会化，知识创新即为互动的结果
	Szulanski(1996)	知识携带者或知识转移的节点，通过持续的沟通和交互作用获得完全的理解

续表

观点	学者	知识共享的定义
学习观	Gilbert & Hayes (1996)	不是静态地发生，通过不断地动态学习，才能达成目标。将过程划分为获取、沟通、消化、接受和应用5个阶段。知识消化过程实质上也是知识的创造过程，它意味着个体、团队和组织在认知、态度和行为上的转变
	Hidding & Shireen (1998)	知识存在于员工的脑内，如果不能与他人共享，就无法发挥作用，势必失去价值性；只有将自己的知识与他人共享、应用，才能为组织创造更高的价值
	Senge(1998)	知识共享即是组织内员工之间、团队之间的学习过程，在学习的过程中，个体知识成为组织知识，组织的重要任务就是促进这种学习的持续进行
	Wijnhoven(1998)	知识共享是一种通过信息媒介进行知识转移，知识接收者通过已知的知识对新知识进行阐释或两者彼此互动的过程
	Hendriks(1999)	一种沟通的过程，接收者向他人学习知识时(也即接受他人所共享的知识时)，必须具备知识去获得他人知识，并进行知识重建
	Nancy(2002)	共享就是使人“知晓”，将知识分给他人，与对方共有这种知识，它的极致是整个组织都会“知晓”此知识
	Ridder(2004)	个体间相互交换知识并联合创造新知识的过程
	Ipe	个体的知识转换为可以被他人理解、吸收和使用的过程
	Hooff & Ridder (2004)	组织成员相互交换他们的知识并共同创造新知识的过程
认知观	Eriksson & Dickson (2000)	包括认知上与行为上两方面的内容，知识被双方共享和使用时，新的知识也被创造出来
	Eriksson & Dickson (2000)	共享知识的过程包括认知与行为两个侧面的内容，并且由于不同的过程而造成共享的差异。人们共享现存知识的过程中同时也创造出新的知识
	张钢，倪旭东(2005)	知识本质上是一个动态的，根植于认知者及其与认知环境互动的认知实践之中的过程；知识是一个行动着的概念，所以知识共享是认知结果和认知情境的分享

续表

观点	学者	知识共享的定义
交易观	Bostrom(1989),Huber(1991)	知识共享是一种团体间综合效率的产生。这种综合效率被定义为人与人之间的互相了解与尊重，也可以被看做是一种交易
	Constant 等(1994)	共享知识是因为人们能够得到某些个人利益
	Quinn，Anderson & Finkelstein (1996)	智能资产与有形资产不同，智能资产越被使用，价值则越高；若提供适当的激励，知识与智能经过共享后，价值可以以指数方式增长
	Ensign(1997)	知识共享是指不同知识拥有者之间交易的过程
	Davenport & Prusak (1998，1999)	知识共享=传送+吸收。知识是一种特殊的资产，在给予适当的刺激后，知识在交流与共享的同时，就会衍生出加乘效果的组织知识资产累积。在企业内部也存在一个“知识市场”，可将知识共享看做是企业内部的知识参与知识市场交易的过程。正如其他商品与服务市场一样，知识市场也有买方、卖方，市场的参与者通过市场交易获得互惠、声誉等形式的收益
	应力，钱省三 (2001)	知识交易是形成知识共享的基础。交易的客体(知识)主要有两类，即关于技术的知识和关于属性的知识。交易很少以现金形式支付，而是以互惠、名望、友情和信任等形式进行
	Erhardt(2003)	知识共享包括知识交换或协助他人的一整套行为

尽管上述4个方面的观点侧重面都不一样，但都包含了知识共享的一些共同内涵：①知识共享涉及知识接收者和知识发送者双方；②知识共享是一个双方互动的过程；③知识共享的目的是为了知识的最大化利用及创造新的知识。

从广义上来说，知识共享是指在一定的环境下，组织内个体之间通过一次或多次的沟通、交流过程，使知识在不同主体之间相互转化。可以说，知识共享是一个动态的过程，涉及4个方面的要素：知识(客体)、人(主体)、过程和环境。

11.1.2 知识共享的客体

知识共享的客体是知识。知识是一个多层次含义的概念。

根据不同的分类方法，对知识可以有不同的分类标准。这里，我们主要将知识划分为隐性知识和显性知识。Polanyi 首次提出了“隐性知识”的概念。他认为，显性知识是能以书面文字、图表和数学公式加以表达的知识。隐性知识没有被表达，如隐藏在我们做某件事情的行动中所掌握的知识。野中郁次郎提出隐性知识往往是建立在个人经验基础之上，并涉及各种无形因素的知识。显性知识是能够以正式的语言明确表达和交流的知识。Drucker 认为，隐性知识是不可用语言来解释的，主要来源于经验和技能。根据以上学者对显隐性知识的定义和解释，可以看出显性知识容易编码、表达、存储和传递，可通过文字、符号、语言等形式表达出来，较容易被共享。隐性知识则难以用语言文字清晰地表达，通常隐藏在人的头脑或组织流程中，一般较难共享，只有外化为显性知识才能够更好地被共享。

同时，知识也表现出一定的特性。主要有以下几方面。

(1)默会性。由“冰山理论”可知，显性知识(明晰知识)仅仅占人们知识冰山露出水面的很小一部分，大部分的隐性知识(默会知识)隐藏在水面底下，即人们的头脑中、实践中，而正是这部分默会知识正发挥着越来越重要的作用。知识的默会性增加了组织知识共享的难度。

(2)可转移性。知识是可以转移的，也正因为这一特性，知识才可能在个体之间被共享。知识可以在个体、团队与组织三个层次上发生转移过程。一般说来，显性知识较容易转移，隐性知识较难转移。

(3)主体性。知识依附于某一特定的主体，每个主体所拥有的知识也是不一样的，这就导致个体之间共享知识的必要性。知识的主体性这一特性会使组织面临丧失知识的风险，所以组织需要采用一定的技术留住知识或一定的措施留住知识人才。

对知识内涵和特性的认识，有助于组织更好地研究知识共享这一问题。

11.1.3 知识共享的主体

现有学者大多认为，组织是具有层次结构的，个体是构成组织的基本单元，团队则是最小的组织单元。知识共享是一个复杂的动态过程，具有主体层次性，涉及的主体主要可以分为个体、团队以及组织三个层次。组织知识共享效用的发挥，首先取决于隐性和显性知识能否在个体、团队和组织三个层次上得到有效的共享，不能共享的知识只能使用，组织无法获取，也就无法创造更大的价值。隐性知识只有通过在个体、团队和组织三个层次上的相互转移及显性化的过程得到共享。

11.1.4 知识共享的地位

在知识管理过程中，知识共享发挥着关键的作用，占据着核心地位。诸多学者对此做出过阐述。

日本学者野中郁次郎等在1955年的《创造知识的公司》一书中提出，把知识共享作为知识创新的首要阶段。他认为一个组织本身并不能创造知识，只有将员工所拥有的知识财富在集体中经过共享、讨论、分析之后，才能激发组织的知识创新能力。在组织创新过程中最为关键的一个因素便是组织内部成员的知识共享。

博思(Booz)咨询公司首席营销顾问及知识官汤姆·斯图尔特(Thomas Stewart)在1997年出版的《智力资本——组织新财富》(*Intellectual Capital-the New Wealth of Organizations*)一书中强调知识共享的重要性。他认为知识管理的实施在于建立激励雇员参与知识共享的机制，可以设立知识总监，激发企业创新能力和集体创造力。可见，缺乏有效的知识共享，会影响知识创新的速度和规模，企业就会失去原动力。

安达信(Arthur Andersen)咨询公司提出了著名的知识共享公式：$K=(P+I)^S$。其中，K为knowledge，代表知识。P为people，代表人；I为information，为信息；+为technology，代表信息技术；S为share，代表分享。这个公式的主要意义体现在，组织知识存量(K)的多少取决于P——人(组织内拥有各种技能和知识的员工数量)，I——信息(整个组织内存储的信息和知识的丰富程度)，+——技术(组织内支持知识创造、存储、传递的信息技术结构品质的优良程度)，S——分享(利用信息技术从而使员工之间的信息与知识达到共享的极大化程度)。可以说，通过知识的共享能够达到知识积累的乘数效应。

由此可知，知识共享是知识管理中的核心议题，它将对组织实施知识管理产生重要影响。在一定程度上，知识共享也将影响知识管理其他环节的顺利运行。知识共享与知识获取、知识创新、知识应用形成了一个有机整体，如图11-1所示。其中，知识共享处于中心环节，它是知识获取的重要手段，是知识创新的基础和催化剂，是知识应用的前提。

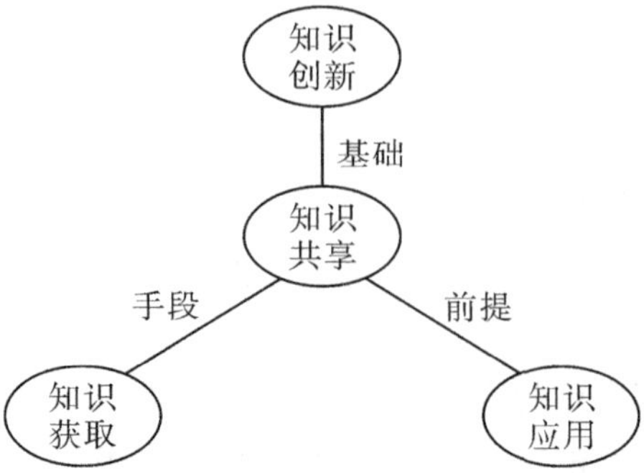

图 11-1　知识共享与知识管理其他环节的关系

11.1.5　知识共享的意义

实施知识管理，实现知识共享，是知识经济对企业的客观要求，对企业的稳定和发展具有重要意义。主要体现在以下几方面。

1. 充分利用并挖掘知识

知识可以无限复制，并被同时使用，因此知识具有很强的公共物品性质。这一性质主要体现在，知识不会因使用而折旧，或因使用的人增多而磨损，使用的人越多，其价值越能得到充分的挖掘，而知识的共享则扩大了其使用的范围。同时，知识共享能促使企业对现有资源进行有效搜集、整理与分类，这能让企业内成员了解组织现有的知识存量情况，因此能避免知识的重复创造，并充分利用已有的知识。此外，员工的流失或流动也是企业中常见的现象。而员工，尤其是骨干员工，在工作过程中经过长期的积累，往往熟悉该业务流程，并掌握着关键性知识甚至核心流程知识，如应急处理某些特殊情况的能力、与企业相关流程岗位的人员沟通协调的能力等。这些知识往往无法用语言或文字等方式直接表达出来，因此，这类员工的流失将导致某些专业技能或其他隐性知识的流失，最终会影响企业竞争优势，给企业带来巨大的经济损失。知识共享则促使员工将个体知识转化为组织知识，这就能较好地避免上述情况的发生。

2. 有效发现并培养人才

个体是知识的载体。知识共享能激发员工将自身知识(感兴趣的知识或特长知识等)与他人分享。通过分析个体贡献出的知识，一方面，企业能清楚地认识到企业成员对某一领域知识的了解与熟识情况，从而为企业发现此领域的专业人员提供较好的依据。另一方面，企业可根据实际需要构建激发员工个体想象力和创造力的激励机制或平台，从而更好地为该潜在人才的培育提供较好的环境。

3. 营造企业良好的氛围

知识共享为企业提供了个体之间交流与沟通的有效渠道。它要求个体围绕企业目标，与他人进行广泛的交流。在这一过程中，个体的自主性、能动性、自我成就的欲望得到充分的尊重和鼓励，合作精神得以强化。同时，企业为了更好地促进员工的知识共享，必然会提供相应的措施与条件来促进其发生，如企业会构建知识网络，强化人本管理的思想，这些都有利于企业营造一种良好的学习、交流的氛围。

4. 增强企业对环境的应变能力

对企业而言，环境变化非常迅速，这对企业提出了很大的挑战。如果企业不能及时地调整自己，与时俱进，使自己尽快去适应变化着的环境，那么企业将很难有立足之地。这就要求企业必须随时掌握内外部最新信息，即对知识有效管理。因此，企业需要通过有效的知识共享来充分利用组织内外的知识，利用各种手段激发个体将知识贡献出来，并积极转化为组织知识，促进知识资源的不断累积与整合，最终实现知识的创新。这样，才能在快速变化的环境中，保持企业的竞争优势，提高企业的整体素质，并帮助企业抢占先机，推动其不断地变革与发展。

11.2 知识共享的过程与模式

11.2.1 知识共享的过程

知识共享是知识提供者与知识接收者相互之间的互动过程，知识需要通过知识主体的系列活动才能被共享、应用与创新。基于此，我们主要从个体角度去阐释知识共享的基本过程。从个体角度出发，知识共享的基本过程可用“7C”来表示，即知识整理(knowledge clear)、知识检查(knowledge check)、知识阐明(knowledge clarify)、知识交流(knowledge communication)、知识理解(knowledge comprehend)、知识整合(knowledge conform)、知识应用(knowledge consume)，如图11-2所示。

1. 知识整理

知识主体从不同渠道(如购买、学习、创造等)获取不同形式的知识，掌握了不同类型的知识，使其变成知识拥有者。由于知识主体获取知识的渠

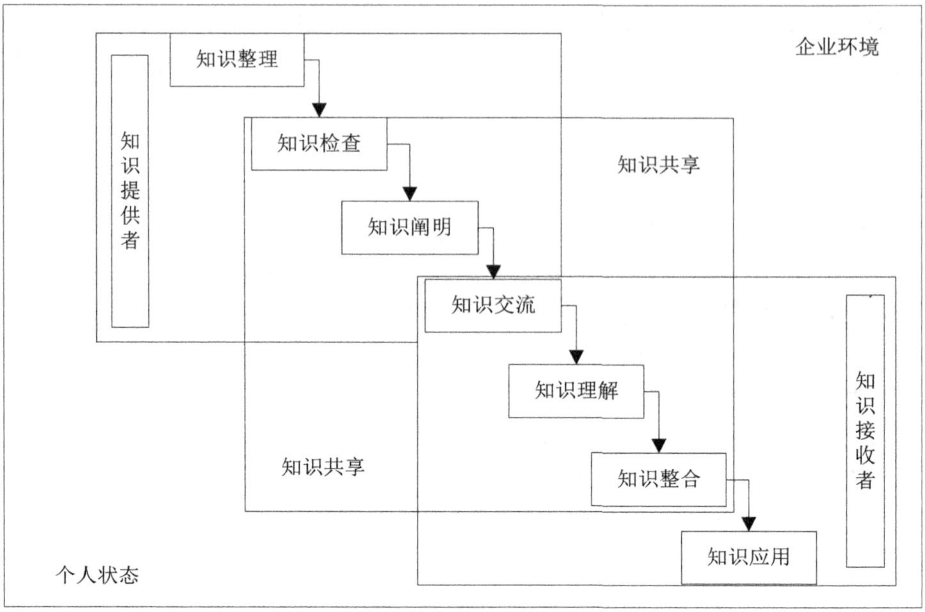

图 11-2　知识共享的基本过程

道多样性，知识获取的无意识性(如有些知识是主体在无意识的情况下获得，或有些知识是主体从实践中获得)，以及知识的多样性(如对同一知识不同个体会有不同的理解)等，知识主体并不能全面、清晰地认识完整的知识本身。因此，在与他人共享自身知识之前，知识提供者需要进行知识的整理，涉及对知识内容、知识表现形式等的整理。

2. 知识检查

在整理了自身知识的基础上，发现组织内个体拥有的知识很丰富，而需要共享的可能只是其中的一部分，因此，需要对知识进行检查。检查的目的是保证共享的是对组织有价值的部分知识，明确共享知识的范围与内容。检查的内容主要涉及明确企业所需的知识类型，检查企业是否已存在该类知识，自身所拥有的这类知识是否完善，还有哪些需要补充与改进。

3. 知识阐明

在对知识进行检查后，知识主体明确了所要共享知识的范围，接下来就要对这部分知识予以明晰化。对于显性知识，如已成文化的文字、图表等知识，知识主体需要对其进行进一步的加工整合，使其更有条理，更容易被他人理解与接受，更符合企业需要。对于隐性知识，如知识主体所掌握的技能知识、经验知识等，知识主体需要运用隐喻、类比等手段使其显性化。清晰的知识阐明为后续知识交流的顺利进行提供了重要的保证。

4. 知识交流

知识交流是实现知识共享的核心环节，知识交流的质量将会直接影响到知识共享的效果。在这一过程中，知识提供者会将经过整理、检查和明晰化的知识通过多种途径传递给知识接收者。知识接收者会就不明确或不理解的地方向知识提供者进行反馈，知识提供者会对其反馈的问题进行分析，并予以解答。信息技术的发展为知识交流这一过程提供了便利的条件，这在后文中会予以详细阐述。

5. 知识理解

知识交流完成之后，知识接收者则获得了新的知识，但对知识的获得并不表示其掌握了这部分知识，还需要对所接受的知识进行进一步的理解。知识接收者需要对知识进行分析与整理，以加深对其内涵的理解。这种理解既包括对该项知识的认同，也包括对知识交流中分歧的领会。

6. 知识整合

知识接收者本身就有自己的知识体系，因此，在知识交流与理解的基础上，知识接收者需要对新接收的知识进行进一步的整合，即将所理解的知识与自身已有知识进行整合。知识接收者需要判断对新接收知识内容的取舍，消除两者之间存在的冲突，重构自身的整个知识体系，纳入新知识、激活沉淀知识。

7. 知识应用

知识共享的目的是为了更好地应用知识，而上述各环节则为知识的应用奠定了基础。经过上述各环节，知识接收者吸收知识提供者传递的知识，进一步充实完善个体知识体系，增加其知识量。在此基础上，知识接收者会在实践过程中，去应用、检验和体会这部分知识，以解决实践过程中遇到的问题。知识只有经过应用之后才能给企业带来更大的经济利益，也才能更大地发挥和体现其价值。

需要注意的是，知识共享是一个包含上述七个环节的非线性框架，知识共享在复杂的多向循环回路中得以实现。这七个环节的次序并不是严格限定的，它往往并不是以某一种简单的顺序排列在现实的共享过程之中。这七个环节之间是一种动态的建构关系，每一个环节同其前面环节之间都有可能存在知识或信息的反向流动。知识共享中的某一个环节完成后，可能因为产生了新的知识需求，而需要重新经历知识的整理、阐明直到应用的各个环节；也可能只需要重复其中的一个或几个环节，其中的几个环节也有可能同时进行。此外，对于知识的共享，往往不是通过一次知识共享过程就能够达到令知识共享主体都满意的效果。根据知识接收方知识共享效果的反馈，知识共享主体双方会依据需要将知识共享的七个环节重复进行，以达到满意的知识共享效果，如图 11-3 所示。

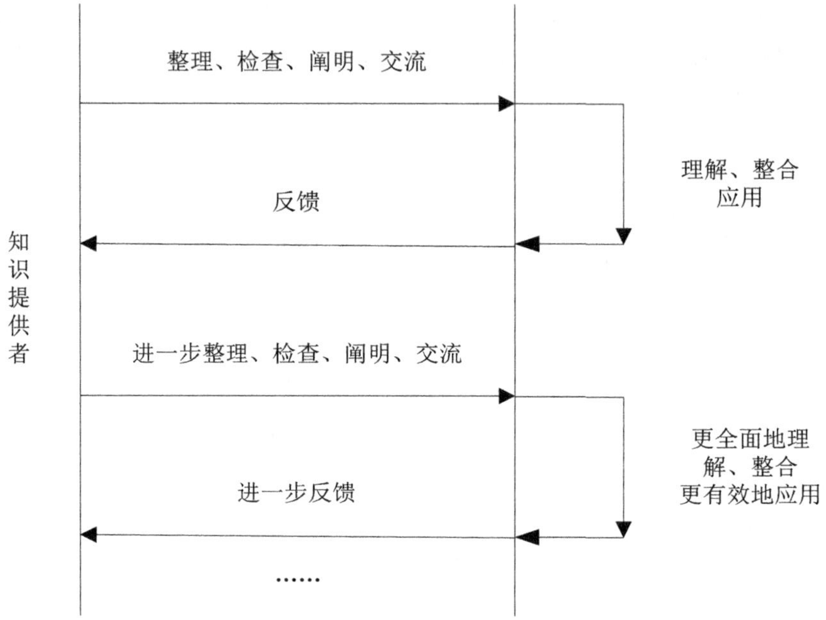

图 11-3　知识共享过程的多次重复

11.2.2　知识共享的模式

1. 传统企业的知识共享模式

对传统企业的知识共享模式的研究，学者一般从组织结构层面和知识共享主体层面结合的角度予以分析，不同组织结构和主体的共享形成了不同的知识共享模式，图 11-4 描述了 4 种知识共享模式。从微观层面来看，知识共享发生在企业内部个体之间，涉及个体—个体的知识共享(模式 1)。从中观层面来看，知识共享发生在企业内部个体与组织之间，涉及个体—组织的知识共享(模式 2)与组织—个体的知识共享(模式 3)。从宏观层面来看，知识共享发生在企业外部组织与组织之间，涉及组织—组织的知识共享(模式 4)。

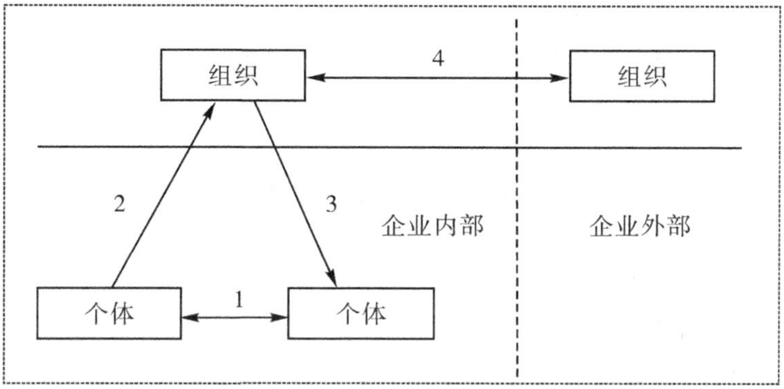

图 11-4　企业知识共享模式

(1)模式 1。知识在个体之间相互共享，由某一个体传递给另一个体，即个体—个体模式。该模式中，传递的知识主要为个体的隐性知识，如员工个体在多年的工作中经过摸索与思考所积累掌握的经验知识等，这类知识一般难以表达出来或明晰化。其他员工个体想要了解这类知识，只有通过与掌握该类知识的个体充分地交流与探讨，才有可能获取。其交流的方式主要有面对面的交流，手把手的传授等。模式 1 有利于个体隐性知识的传播与共享。

(2)模式 2。个体的大部分知识能通过文字、符号、图表等形式表达，而表达出来的知识就能通过某些途径提交给企业，即个体—组织模式。通过这种模式，知识得以在组织更大范围内予以传播与共享，此时个体知识转变为组织公有知识。模式 2 有利于个体显性知识的传播与共享。

(3)模式 3。模式 2 中，个体的知识已经存储在企业机构中，此时，企业内其他成员想要了解这类知识，直接向组织中存储该类知识的机构索取就能得到，即组织—个体模式。这类知识主要包括企业专业知识和公共知识，如一定的规章、程序、业务流程等，是企业经过长时间的实践积累提炼而成，是全体企业成员智慧的结晶。模式 3 有利于企业知识被企业成员转化吸收。

(4)模式 4。除了上述三种组织内的知识共享模式外，组织有时也需要与其他组织进行合作，此时就产生了组织之间的知识共享，即组织—组织模式。典型的如母公司和子公司之间的知识交流与共享；接包方与发包方企业之间的知识交流与共享。通过这种模式，组织可以集中精力于自身擅长的领域，最大化其资源的价值。

2. 知识型企业的知识共享模式

传统企业的知识共享模式中提出的划分方式很好地实现了传统企业的知识共享，但对于知识型企业来说则具有很大的局限性，主要体现在如下方面。

①知识型企业的内部组织元素往往是很多不同职能的独立项目团队。以上四种模式并不能体现知识型企业内独立的不同项目团队之间的知识共享。

②知识型企业的员工具有很大的独立学习和寻找知识的自主性。在模式1、2和3中，对于知识共享过程中个体知识共享的描述局限于企业内部，反而拘束了知识型员工与企业外部的知识交流和知识学习。

③没有关于业务流程和组织流程的知识共享。基于业务流程的知识共享是与组织的业务流程紧密结合在一起的，是以改善和提高组织效率为目标的知识共享。

④知识型企业内部是由项目团队、知识型员工、任务流程以及组织流程组成的有机形体。以上四种知识共享模式并不能完全体现出项目团队、知识型员工、任务流程以及组织流程所组成的有机形体之间动态的知识共享状态。

因此，考虑到知识型企业的组织结构、员工的特殊性以及不同类型的团队和任务，只通过组织层面和共享主体的简单组合而成的知识共享的模式不可能适应所有类型的团队和任务。通过分析知识、知识型员工的特性以及知识型企业知识共享过程中存在的问题，知识共享模式可分为4种：基于任务团队的知识共享模式、基于师徒关系的知识共享模式、基于业务流程的知识共享模式和非正式的知识共享模式。如表11-2所示。

表11-2　知识型企业的知识共享模式的优缺点比较

知识共享模式	优点	缺点
基于任务团队的知识共享模式	使个体成员克服心理上的障碍，促进共享组织文化的形成，有助于提高团队的凝聚力 能够更多地共享以团队形式存在的隐性知识 知识是在一个系统中被共享的，能够最大限度地提高知识共享效率	如果运用不好，团队共享知识容易流于形式，反而会浪费宝贵的时间和降低工作效率
基于师徒关系的知识共享模式	有利于达到很好的隐性知识共享的效果，尤其对于工作经验这种“只可意会不可言传”的隐性知识具有很好的共享效果	这种模式在管理方面以及不同的师徒之间的关系具有很大的不确定性

续表

知识共享模式	优点	缺点
基于业务流程的知识共享模式	以共享知识提高组织运作效率的目标非常明确 通过将附着于业务流程中的知识进行存储和共享，有利于企业知识的沉淀和创新能力的提升 不同职能部门之间的知识共享保证了流程的高效和准确性	由于许多行业的流程相对标准化，使部分管理者将太多精力用于显性知识的共享，过于依赖信息技术的作用，而忽略隐性知识的共享
非正式的知识共享模式	知识共享不受时间、地点和空间的约束，可以随意地进行知识共享 可以减轻或消除知识共享成员的警觉性	知识的共享没有系统性，具有不及时和不可靠性的弱点

(1)基于任务团队的知识共享模式。基于任务团队的知识共享是指一个团队及其团队成员在完成工作任务的实践中获得知识，并将其系统化地进行共享和存储的一种模式。一个任务团队通过团队成员相互协作、各尽所长完成工作任务，在这个过程中所取得的经验知识通常是以团队成员占有和以团队为介质共有的形式出现的，并不全部被某一个体所独占，所以不仅仅从个体知识共享入手，还要重视团队知识共享，以减少团队知识的流失。在这种以团队形式存在的知识中，除了文件化的各类方案、数据、计划等显性知识外，还存在着大量的隐性知识，这种隐性知识的共享是无法通过知识管理数据库来完成的，信息技术无法替代面对面的交流，团队知识的共享当然需要更多的人与人之间的交流来完成。

(2)基于师徒关系的知识共享模式。师徒模式下隐性知识共享是指师傅向徒弟传授通过自身经验积累，嵌套于个人观点、行为或工作共同体的，难以用文字、语言和数学公式等来精确表达的那一部分知识，是最常见的隐性知识共享模式。对于隐性知识的共享，我国大部分企业仍旧主要依靠师徒制的知识共享模式，即由师傅(企业中资历较深且具有丰富岗位工作经验的员工)带领徒弟(企业中新雇佣的缺乏所在岗位工作经验的员工)一起工作，在工作过程中传授和共享隐性知识。它是一种典型的“干中学”“学中干”的隐性知识共享模式。需要说明的是，这里的师徒关系并不是传统的师傅和徒弟之间的典型的关系，而是“名义”上的没有时间限制、地域限制和职位限制的师徒关系，这种关系在组织中是无所不在的，所有的“一帮一”或者“一帮多”都可以是师徒关系。

（3）基于业务流程的知识共享模式。基于业务流程的知识共享是与组织的业务流程紧密结合在一起的，以改善和提高组织效率、有效存储和利用业务流程中积累的流程知识为目标的知识共享模式。一般来说，企业的业务流程中已经被公式化的管理文件、操作规范、技术参数等显性知识的共享并不是难点，业务流程中形成的隐性知识以及流程中的不同职能部门之间的知识共享值得特别关注。

（4）非正式的知识共享模式。非正式的知识共享是指个人或组织通过非正式的途径和方式，比如电子论坛、专家问答、自发的技术交流、博览会、政府会议等来共享超越自己知识范围的其他个人或组织的经验知识。个人或组织的这种经验知识中包含着相当部分的隐性知识，是文件或操作规范中所找不到的，其中一部分隐性知识可以通过这种非正式的交流完成显性化，而另外一部分不能显性化的知识也能通过这种自愿、轻松的方式在交流成员间产生知识共享。非正式的知识共享往往可以通过不同的渠道吸收到企业外部的知识和创意，形成企业新的知识活力。非正式的途径和方式能够跨越正式组织中的不同障碍，可以在不同组织的个人和不同组织之间形成有效的知识共享，减少类似的知识共享的困难。

11.3 知识共享的障碍

现有研究表明，基于个体、文化以及技术等各方面因素的影响，人们对知识共享不一定有足够的热情，在知识共享过程中，总是存在种种困难与障碍。归纳起来，可将知识共享的障碍概括为以下三大类：组织层面的障碍、个体层面的障碍与知识本身的障碍。

11.3.1 组织层面的障碍

组织层面对知识共享的障碍主要表现在组织系统方面和组织文化方面。

1. 组织系统障碍

组织系统障碍是指存在于组织结构、制度、管理实践以及评价系统中的障碍因素。如果组织中只是告知人们要彼此共享知识，而不是在系统上给予支持和鼓励，那么组织内部的知识共享就一定不会成功。基于此，学者廖开际等提出知识共享的主要组织系统障碍包括以下五个方面。

（1）薪酬制度。在传统的组织中，只要员工具有完备的知识并且工作绩效良好，那么组织所给予的奖金或升迁的幅度也较高，但对于员工是否乐意接受知识的提供和共享并不列入考虑之中。由于奖赏考核会直接影响员工的行为表现，因此具有知识的员工更不愿意共享。

(2)没有充分的资源。知识管理需要资源的投入，而许多组织恰好缺少充分的时间、金钱、计算机网络系统以及其他管理资源来促进知识的共享。

(3)没有共同语言。员工之间彼此共享知识的一个重要基础就是要有共同语言，彼此相互理解。而有些公司的员工彼此不了解对方所做的工作，不同的部门有不同的工作描述方式及分类和记录的标准。这种不同的语言阻碍了部门之间的沟通，即使他们愿意分享知识，也缺乏连接彼此的桥梁。

(4)忽视对隐性知识的共享。这种组织并不反对分享知识，然而组织只重视对显性知识的传播，忽视对隐性知识的共享。组织通过建立完善的数据库，运用相应的计算机平台，使员工能够进入并获取那些已记录在案的知识，而对于那些体现在员工头脑中的知识、经验，由于难以记录，往往会被忽视。隐性知识(包括人的经验、判断、知觉)转移的成功同样对组织起着非常关键的作用。

(5)只注重表面的技术，而没有追求知识共享的实质。企业只是在平时的工作流程基础上，运用信息技术，如在线聊天室等，对技术本身寄予厚望。实际上，技术只是“使能器”，关键在于观念和业务流程的根本改变，在旧的工作基础上运用信息技术未必能产生新的工作结果。

2. 组织文化障碍

O' Dell 和 Gryson Jr. 将阻碍知识共享的组织分为以下五大类。

(1)封闭储藏型组织。封闭储藏型组织(the silo company)鼓励员工尽量存储知识资源，并以此提升自己的绩效，想尽一切办法防止别人表现比自己出色。在这种斗争、对立和竞争的企业文化下，当然不可能有员工愿意共享自己的知识，尤其是对于价值较高且难能可贵的隐性知识。

(2)崇尚创新型组织。崇尚创新型组织(not invent here company)具有以下特色。①崇尚个人英雄。崇尚员工个人、群组或部门拥有优秀的专业技能，不重视知识共享的美德。②崇尚创新。认为组织的核心能力在于创造新颖独特的知识，而不是采用别人已发明的知识。员工最大的价值在于知识的创新，而不是知识的利用。③耻于模仿。认为向别人请教是一种能力不够、技不如人和可耻的现象。这种企业文化容易造成过分强调自主创新，认为吸收和借用别人的思想是一种不好的行为，会贬低自己的创新能力，因此，凡是不属于自己的发明(not invented here, NIH)就不去用。实际上，组织应该只关心知识是否能提升组织价值，而不需了解其出自何处，而且不应该浪费巨资发展外部已经存在的知识。

(3)孤立无法沟通型组织。孤立无法沟通型组织(the babel company)的组织文化具有如下特性。①缺乏共同的语言。员工彼此之间缺乏共同的语言、观点的沟通及知识的共享。不同部门与团队使用各自的术语、描述与分类各种工作的流程与程序。实际上，由于缺乏共同的语言，彼此间很难沟通、讨论与共享，造成对牛弹琴的困境。②缺乏共同的文化规范。许多不同的单位，其工作文化、价值观、决策方式常常不相同，因此难以沟通，当彼此合作时，对于哪些是重要的或应有什么样的行为的认定也是南辕北辙，很难去共享知识与合作。

(4)买书型组织。买书型组织(buy-the-book company)的组织文化具有以下特色。①不清楚隐性知识的存在或价值：认为购买显性的专利文件、图书和蓝图是唯一可以获取新知识的来源，于是只依赖显性知识，而忽视了隐性知识。②只重视外在的知识管理设备，只注重利用最佳的信息技术、数据库和知识库存储与共享等显性于书面的知识，而不注重员工间隐性知识的交流。但实际上，许多重要核心知识都是隐性的知识，这是组织推动知识共享必须注意的。

(5)随意附加型组织。随意附加型组织(the bolt-it-on company)认为，只要员工在日常工作上附加一些知识共享的工具，例如在线聊天室，知识共享效果自然就会出现。但实际上，知识管理不是在旧有的流程与工作上随意附加一些工具就可以成功的，仍须思考组织文化、信息技术、员工认知态度与知识管理的流程设计等，这样整体规划才能成功。

11.3.2 个体层面的障碍

个体层面的障碍主要包括个体认知和能力的限制、个体的态度因素以及个体的心理因素。

1. 个体的认知和能力的限制

员工对知识的认知和能力是影响组织知识共享的一个原因，主要体现在以下几点。

(1)员工不知道自身具有组织需要的重要知识。不知道当然不会想去共享，这称为被隐藏的知识(hidden knowledge)。

(2)员工不知道组织内已存在自己所需要的知识。如果员工没有事先搜寻或是无法寻找组织中已有的相关知识，当然就无法达到共享的效果，这种是盲目(blindness)的问题。

(3)与员工的表达能力有关。许多知识无法用言语描述，即员工知道的比能用言语表示的更多(know more than we can say)。

(4)以言语描述的部分比实际了解的更多(say more than we know)。这种情况下会产生夸大、失真、随意猜测的偏差知识，反而形成负面效果。

(5)对于他人所传授的语意无法意会。这是接受者吸收能力的问题，或者陈述者失真模糊的问题，甚至可能是知识本身隐性的问题，这样也达不到共享的效果。

(6)单一僵化的眼界(tunnel vision)。永远以自己最熟悉、最专长的知识解释任何问题，即工具箱里只有一把铁锤，而把世上所有的事物都看成铁钉，这种偏差会形成排斥新的、不兼容的知识，而只有利用原有的知识。

2. 个体态度因素

学者O' Dell和Grayson Jr. 认为，即使员工知道存在某些有价值的知识，但会因为下列的态度和看法而不愿共享。

(1)自我中心过重，永远以自我思考为重点，凡事都是“我认为……”，很难也没兴趣听取别人的意见。

(2)过于骄傲。例如，20世纪70年代，德国汽车制造工程师根本不屑于了解日本汽车的制造技术，以致后来遭受到很大的冲击。

(3)不信任。是指彼此之间缺乏既存的人际关系，员工间由于彼此不认识、没有互动经验，因此不信任或不尊敬而不愿意也不敢共享彼此的知识。例如，对于许多道听途说的知识，人们不敢相信和利用。

(4)自我价值的保护。传统组织的员工认为知识是权力的来源，谁拥有知识，谁就拥有专家权力，就可以获得资源、影响别人，所以不愿意因为共享知识而丧失权力。

3. 个体心理因素

在知识共享中，以下个体心理因素会影响知识共享的进行。

(1)心理上的不安全感。在知识共享活动中，心理上的不安全感在知识传授者和知识接受者双方都有所表现，如不被别人承认时的尴尬，害怕被认为无知等，这种不安全感使双方往往在心理上有一种自然的“排他情绪”。

(2)既得利益的心理防卫。为了保护自己或他人，避免因说出自己的想法而陷入尴尬或受威胁的境地，或者害怕失去自己曾有的优势地位，不愿损害个人既得利益，人类习惯性地表现出心理防卫习性。

(3)其他心理因素。个体在知识共享过程中还存在垄断、竞争、怀疑、自我封闭、偏见等心理，成为知识共享的心理障碍。

11.3.3 知识本身的障碍

知识本身的复杂性是造成知识共享困难的一个重要原因，主要体现在以下几点。

(1)知识具有依附性。它是活的和丰富的，它紧紧地依附于事物的前因后果(背景)，前因后果赋予它意义，没有前因后果它只能是信息。

(2)知识只能是一种动态的思想。它不断地发展和变化着，它甚至也会死亡，变得无关紧要，而最终被抛弃。

(3)知识具有广泛的多维性。它包含巨大数量的内容、前因后果和经验。

(4)隐性知识共享的困难。隐性知识的共享通常需要“干中学”。例如，一般而言，人类只有20%的知识属于显性知识，而80%的知识是难以道明的隐性知识。

(5)知识具有公共物品性质。奥尔森“搭便车”理论的中心论点是：公共物品一旦存在，每个社会成员不管是否对这一物品的产生做过贡献，都能享受这一物品所带来的好处。私人将知识生产出来后，其他人可以通过“搭便车”行为而获益，但却不支付费用，这样便会产生知识外部性的问题。知识共享过程中知识提供者所共享的知识的外部性，意味着这种知识被共享后，他人会将这些知识当做自身所有的知识或者公共知识，因而其他人可以不对其付费而在不同程度上获取该项知识，进而获得收益。如果“搭便车”的知识使用者恰好与知识提供者属于同一行业、同一领域或相关行业、相关领域，则他们可能构成竞争性的市场关系而使知识提供者受到潜在的知识产权风险，如损害其知识产权的垄断性，削弱知识产权的排他性，从而危害知识提供者的经济利益。在这种情形下，个体将不愿意或不会去共享其知识。

11.4 知识共享的技术

知识共享的实现需要借助于一定的技术手段。知识共享技术是指在知识型组织内组织存储、传递交流与反馈知识的高级信息技术，它不同于以往技术管理时代和信息资源管理时代的数据管理技术，是在数据管理技术和信息管理技术的基础上，针对知识的特性而开发的一些具有特殊功能的，能够协助知识管理人员和知识工作者进行知识活动的技术。目前，企业内部网技术和知识库技术等在知识共享技术体系中运用得较为成熟，Web2.0、Web3.0等新型技术也逐渐受到企业的重视。

11.4.1 企业内部网技术

互联网技术的成熟和普及使企业充分感受到网络给自身带来的便利与优

势。企业内部网是由互联网发展而来，它指企业内部利用互联网或万维网的技术，设置在防火墙内的内部沟通、协调、合作的网络系统。它继承了互联网的标准化技术(如 TCP/IP、HTTP 协议等)，在企业内部集成各类信息系统，形成一个统一、开放、标准和简捷的网络平台。企业内部网既有严格的网络安全保障机制，又具有良好的开放性。通过建设企业的内部网络，可以有效地解决企业信息系统内部知识资源的共享问题，有效支持企业知识收集、传递、交流和应用，提升企业知识共享的效率。

建立企业内部网的主要作用体现在如下方面。①存储知识。通过建立文档管理系统来存储分散在企业内各角落的知识。②交流知识。通过内部网浏览器员工能够快速获取企业内各种知识，并及时与他人交流，以获取关于某项工作的最新动态和丰富的操作经验。③共享知识。内部网支持员工之间快速方便地进行连接，有利于相互之间更好地进行沟通。

Extranet 是企业内部网的延伸与发展，它把互联网技术应用到组织与组织之间，从而有效地解决了组织与外部用户之间的资源共享问题。其优点是能为客户提供各种及时有效的服务，提高客户的满意度，可以实现跨地区的各种项目的合作，可以兼容原来的信息系统，因此可以引用、浏览组织原有的知识信息，可以加强组织间的交流与合作，其最大的特色就在于强调组织之间的信息交流和知识资源共享。

11.4.2 知识库技术

通常情况下，企业内的知识比较零散，企业需要做的工作就是把分散在各员工个体头脑中的零碎知识整合起来，形成企业所拥有的独特的知识资源，而知识库技术则为此提供了很好的途径。企业知识库就是运用科学的方法对不同来源、不同层次、不同结构、不同内容的知识进行综合和集成，重新建构，使单一知识、零散知识、新旧知识、显性知识和隐性知识经过整合提升形成新的知识体系。组织内成员可以利用互联网或内部网 24 小时进行访问，检索所需要的知识。

建立知识库的意义主要体现在促进知识交流、转移、利用和创新。具体来说，知识库应能促进知识的发布、转移和再利用，鼓励员工参与并丰富其内容，让不同部门、不同区域的员工都能将其充分利用，迅速查找所需的知识，利用过去的经验对当前的决策提供切实的指导和支持；同时，在现有知识的积累上，不断创造出新的知识。

知识库中的知识资源必须是员工所需要的，但并不局限于只是本企业产生的知识。知识是否存储到知识库中去，要看是否是员工学习所需要的，能否帮助员工有效地实现其目标。很多企业知识库中存储有竞争对手、政府部门及其产品和服务的信息，这些信息可以是本企业分析的结果，也可以从外部数据源中得到。对大多数企业来说，存储在知识库中的内容主要包括企业外部知识，包括社会公共知识、供应商、客户知识等；企业内部外在知识，包括研究报告、技术和方法等；企业内部意会知识，即隐性知识，存在于人脑中，有待挖掘并编码化的知识。

知识库的建立没有固定的模式，而是根据组织的具体情况来确定。例如，施乐公司的内部知识库建立在企业的内部网络上，由安装在服务器上的一组软件构成。员工可以利用该系统阅读公报和查找历史事件，并与彼此在虚拟的公告板上相会。该知识库的内容包括公司的人力资源状况、公司内每个职位需要的技能和评价方法、公司内各部门和各地分公司的内部资源、公司历史上发生的重大事件等历史资料、公司客户的所有信息、公司的主要竞争对手及合作伙伴的详细资源、公司内部研究人员的研究文献和研究报告等。又如，英特尔在加速新产品开发速度的过程中，发现60%以上的技术问题其实在别的小组的开发经验中早就碰到过而且得到了解决。这启发了英特尔建立了一个“最好方法资料库”，让每个人都能在此分享其他人的经验。这大幅度降低了问题重复出现的概念，新产品产出的速度大约提高为过去的两倍。

为了达到知识管理的目的，对知识库有一些最基本的要求。具体有以下几方面。①便捷性。如果要真正地发挥知识库在企业内的作用，必须保证知识库能被员工方便快捷地进入并使用，保证员工能较容易地使用知识库并查询到所需要的内容。②精确性。要确保员工从知识库中获取的知识是准确的、最新的，这就需要较好地组织知识库的构建，及时地更新知识库的内容。如美国安达信咨询公司启动了“全球最佳业务”项目，建立了一个包括70多种业务(包括会计、采购和客户服务不同的最佳业务方法)的知识库。该公司的咨询专家在执行咨询项目时，可以广泛使用该知识库，这既可节省完成特定工作所需要的时间，又可以减少工作成本。同时，他们设立专人维护这一系统，保证知识库内容的质量、深度、更新、风格与公司的发展一致，保证知识库设施的正常运行，进行知识集成，产生新知识，促进知识共享的过程。

11.4.3 Web2.0 技术

Web2.0是与互联网有关的一系列技术发展到一定阶段，应用的门槛逐步降低，技术与需求得以方便地结合，从而产生的一次大规模的应用普及，深刻影响着经济、文化、思想理念和社会生活等各方面。Web2.0是涵盖Blog(博客，包含声音、文字、图像、视频，让个人成为主体)、Wiki(维基)、RSS(简易聚合)、Tag(分类分众标签)、Social Bookmark(网摘)、SNS(社会性网络系统)等应用元素以及Ajax、Mashups、Web Service、开放式API's(开放式应用程序接口)、Folksonomy等技术范式，围绕用户参与、共享与协同而实现的新一代互联网模式。Web2.0环境下，信息传播以微内容(一个标签、一幅图片、一篇文章等)为基本单元，微内容经自组织、重聚合后，又对用户产生新的效用。所有Web2.0应用都遵循"以用户为中心"的关键性原则，吸纳了"长尾理论"去中心部分的用户群体，用户不再是单纯、被动地"读""索取"，而是自主参与到"写"和"贡献"中来。在知识内容的交互过程中，分散的用户得以黏合、结成社群，从而能更大程度地发挥群体智慧，更为有效地促进隐性知识的开发与利用。其中，Blog和Wiki逐渐成为实现知识共享的主要工具和手段。

1. Blog

Blog是互联网上一种发展迅速的信息发布形式，一种自由发表的个人网络出版方式。企业界把Blog引入企业内部网和公司网站，用于非正式的知识管理工具。Blog主要呈现出三个特点。

(1)内容的个性化。Blog的个性化特点是指其内容的个性表达，但同时Blog也是个性化与公共性的结合，其精髓体现在以个人的视角，以整个互联网为资源来展现个人的知识视野和知识积累，使其具有更高的共享价值。

(2)内容更新频繁。这种信息流动的及时性是Blog的一个重要特点，也大大提高了Blog作为一种信息交流工具的效率。Blog通常按时间顺序组织其内容，以倒序的方式将最新的内容放在最上面，这样人们就可以很容易地捕获最新信息。

(3)充分利用超链接。超链接是Blog文章内容的一种重要表达方式。运用超链接，可以拓展文章的内容，实现与其他Blog的联系。吴伯凡在《博客与"蝴蝶"：博客现象的管理学分析》中对超文本的力量进行了分析，指出"Blog的未来在于使自己成为一种发掘网络无限链接能量的力量"。

Blog以其简单的操作吸引了大量的用户参与进来；每个个体的Blog都是一个小型知识库，其所涵盖的知识很广泛，其他人可以通过链接对其感兴趣的内容进行学习或发表个人评论，在Blog这一平台上，每个人都是平等的个体，知识被最大化地交流与共享，每个人都成为知识的贡献者与受益者。Blog也支持用户对其感兴趣的Blog持续跟踪，更好地支持用户之间的及时沟通。Blog写作者和阅读者之间可以对相关问题进行交流与讨论，有利于双方加深对知识的理解与消化吸收，这加速了知识尤其是个体隐性知识的共享过程。

2. Wiki

作为一种新型网络技术，Wiki（“维客”或“维基”）具有如下特点。

(1)开放性。Wiki 对所有人开放。

(2)自组织性。Wiki 的结构体系是自组织、可汇聚、可增长的。

(3)协作性。Wiki 强调大众的参与和协作；Wiki 知识库的建立是社群成员集体劳动的成果。

(4)简易性。Wiki 的操作简单，很容易上手。

(5)版本控制性。Wiki 采用了版本控制系统来管理网页的内容；能自动保存不同版本的编辑记录，系统管理者有最高权限实现对知识内容的最终确定；系统管理者能利用 Wiki 的版本控制性实现对页面的最终锁定。

Wiki 具有的这些特点，使其能有效地促进知识服务与共享。主要体现在以下方面。

(1) Wiki 的开放性使得知识服务系统可借助众人的力量来不断完善知识库的建设，为众人提供一个开放的平台来贡献各自的知识。

(2) Wiki 的自组织性使得知识服务系统内知识库的建立可实现实时更新，促进知识的不断演进和优化。

(3) Wiki 的协作性使得知识服务系统可积聚大众的智慧，保障知识库的时效性、完整性、可靠性及信任度，并能激发新知识的产生。

(4) Wiki 的简易性使得人人都可以参与进去，降低了进入门槛，可以汇集不同层次人员对同一主题知识的不同理解。

(5) Wiki 的版本控制性能保障知识库的客观公正及质量，有助于系统管理者对整个系统平台的有效管理。

Wiki 像一个团体讨论，用户是平等的参与者，也是很多其他观点的接受者，然而通过团体讨论，这些结论可能是有争议的、不明确的、不稳定的。Wiki 的优势在于，如果用户找不到想要的信息，他可以自己创建，并且邀请他人来参与，开展团体讨论，并聆听他人意见。任何适合团体讨论或交流的信息或知识都适合使用 Wiki，但使用 Wiki 进行成功的知识共享的前提是：这些团体讨论需要有监督，聚焦于主题，并包含博学且真诚的参与者。

11.4.4 Web3.0 技术

Web3.0 在 Web 2.0 的基础上，让互联网更加个性化、精准化和智能化。中国互联网协会新媒体专家郭涛认为，Web 3.0 就是基于用户需求的智能过滤器和多元化需求满足平台。Web 3.0 具有个性、体验、定制和整合功能。Web 3.0 的平台将是以微单元(即微应用模块或单元组织)构成，用户完全自主创建自己需要的信息单元模块，平台将根据用户需求，智能化处理互联网海量信息的整合，最终聚合用户个性化的需求。这样的平台将更精确、更智能、更个性，平台上所有的信息完全由用户自己控制及整合，网站平台只提供技术支撑和完善服务。Web 3.0 的出现，将更智能化地“清洁”网络，它是一个过滤器，将智能整合用户需求信息流。

Web3.0 时代的特征就是把散布在互联网上的各种信息点以及用户的需求点聚合和对接起来，提供能够满足每一个互联网用户的个性化的、聚合化的、高效率的互联网服务。它主要有以下特征：微内容(widget)的自由整合与有效聚合；适合多种终端平台，实现信息服务的普适性；良好的人性化用户体验以及基础性的个性化配置；有效和有序的数字新技术。

Web2.0 无法完全实现无障碍沟通，而基于个人化空间和智能匹配的 Web3.0 能提供基于不同需求的智能过滤器和综合需求满足的平台，通过结合语义网、RDF、数据挖掘等智能化技术，能够很好地解决虚拟团队知识共享中出现的问题。其主要体现在跨平台的信息交互有助于解决因空间和时间造成的虚拟团队知识共享障碍。个性化信息聚合实现知识共享的个性化和精准化，有序和有效的数字信息技术为缓解虚拟团队成员之间的信任危机提供保障，跨语言服务可以化解因语言文化差异造成的虚拟团队知识共享障碍。通过 Web3.0 技术的使用，可实现多平台跨语言的知识交互、个性化知识服务以及有效的知识存储。

11.4.5 其他技术

1. 知识地图

随着时间的转移，组织知识积累会越来越多，人们也越来越难以快速准确地获取所需的有用知识。知识地图为这一难题提供了一个很好的解决手段。知识地图能让人们清楚地知道他们处在知识海洋的什么位置，并指引他们找到信息的正确路径。其在帮助人们获取知识，准确定位知识方面起到重要的作用。

良好的知识地图能够超越传统的部门界限，使知识透明化，促进知识的流通。知识地图的功能主要体现在鼓励组织内知识的重新利用，避免重复发明；发现组织内各专家之间存在的知识孤岛，并在其间建立联系增进知识的共享；帮助员工快速发现所需知识；提供对信息和知识的访问，增强客户的反应、改进决策的制定和问题的解决；提供更多的学习机会，体现知识的杠杆作用；对组织知识资产和无形资产提供一个详细的目录，并有助于对其进行评价；研究设计一个知识构架结构或组织记忆；为知识管理项目的进展提供评估基准。

2. ICT、RDF 和 Ontology

信息与合作技术(ICT)、资源描述框架(RDF)和本体论(Ontology)等技术成为知识共享实现的重要技术。信息与合作技术为知识共享提供了两种基本的能力，即知识编码化和知识网络化。RDF 是对知识网络上的资源进行描述的通用框架，可以描述每个知识资源的属性和相应的属性值。本体论是对概念系统的描述，可以用来定义描述知识资源的元数据术语。RDF 和 Ontology 给传统的文档(如 HTML 文档)增加了结构和语义信息，使计算机能自动理解和处理这些信息。在知识共享中，Ontology 就是一个具有共同兴趣的团体在术语上的共识，可以是对一个企业或一组协同商务企业所使用的概念和关系的描述。

11.5 知识共享的策略与实施

11.5.1 组织内部知识共享构架

安世虎提出了组织内部实施知识共享的四要素架构。他认为，以成功实施知识共享为主要任务的组织，在基础层面，需要重视组织知识共享文化建设；在操作层面，应主要从组织业务过程、组织结构以及应用系统这三个方面展开。如图 11-5 所示。

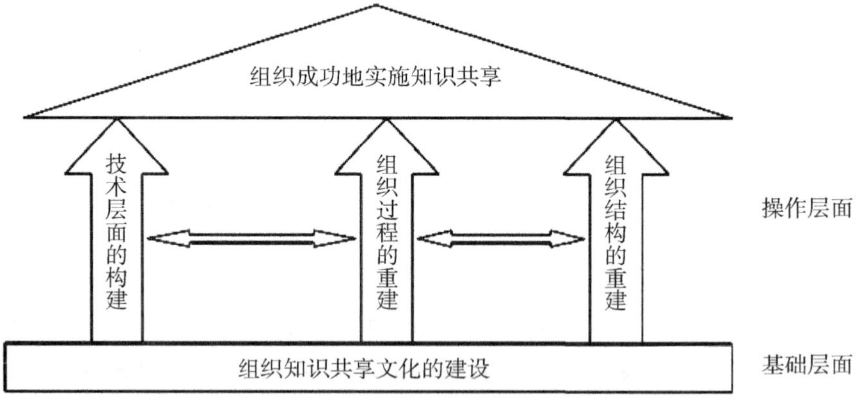

图 11-5　组织内部实施知识共享的四要素架构

只有理顺了业务过程，才能形成通顺的知识流，使知识共享有机地融入业务之中，尽量避免给知识共享人员增加额外的负担。只有改变僵化的传统职能结构，才能为知识共享提供有利的组织保障。只有实施支持知识共享的应用系统，将信息技术应用于新的过程和组织结构，才能最终形成组织的知识运作模式。只有建立知识共享的组织文化，才能保证操作层面的三项活动顺利和高效率地开展。

1. 组织知识共享文化的建设

组织知识共享文化的建设是基础和核心。组织需要让知识管理的推行与文化相适应，这包括平衡组织中各层次的文化，明确表达知识共享的重要性，使组织共享与核心价值相匹配。组织要从最根本的因素着手，建立起知识共享的组织文化。主要包括以下几方面。

(1)营造知识共享的组织文化。需要从两个层面对组织文化进行诊断和实施，即从精神层面定位本组织的核心价值观；通过推出典型人物典型事件、人员任用策略、激励策略和沟通策略构建组织制度。

(2)建立学习型组织。组织虽然也能通过个人激励等手段取得某种程度的成功，但只有进行彻底的变革，建立学习型组织，才能取得更大的成功。学习型组织的组织文化是最能够与知识管理的要求相适应的，这种文化能让知识管理系统真正地发挥作用。在学习型组织中，组织的共同愿望会改变成员与组织的关系。共同愿望让员工有一种本位感，也使互不信任的人一起工作，产生一体感。

2. 组织过程的重组

组织过程(流程)是指为完成组织目标或任务而进行的一系列跨越时空的逻辑相关的业务活动。过程的重组优化能够使知识共享和运用更为有效，实现“在正确的时刻，将正确的知识，传递到正确的地点和正确的人”，即可以更好地提高知识共享的效率。一个业务过程通常与业务过程操作人员、支持工具以及数据和信息对象相关联，同样的，执行一个知识过程(知识的生产、共享以及应用的过程)也同样需要相关的操作人员、支持工具以及知识对象。对于一个知识过程，需要知识工作者(如知识生产者、分享者、应用者)“使用”知识工具(如电子交流渠道等、知识搜索引擎等，它们隶属于工具)来“支持”知识过程(包括知识生产、知识共享以及知识应用等过程，它们隶属于业务过程)的“执行”，在“执行”过程中，会“产生或应用”知识对象(如知识库，它隶属于信息对象)。在越来越强调知识应用的知识型组织中，知识过程必然成为业务过程的支撑过程，它要能够对组织的ERP、CRM、SCM等不同的业务环节和过程形成支撑。

3. 组织结构的重组

业务过程重组只是开始，为了使这种改造的成果得到发挥，必须在组织结构上给予保障。组织结构模式重组的本质就是要通过实施知识管理，使组织成为一个学习型组织，通过不间断的"终身学习"而始终保持活力。组织结构的设计直接影响到知识在组织中流动的通畅程度，主要包括三个方面。

(1)建立扁平网络化组织。这有助于对组织内知识资源的管理，达到促进组织内知识的生成、共享和使用的目的。其中，扁平的组织是指整个组织分为两个层次，即经营管理层和价值流小组层。网络化的组织是指组织通过知识管理技术基础设施所建立的网络，把经营管理层和各个价值流小组层连接成为一个整体。

(2)建立知识管理的职能部门。从事知识管理的人可分为四个层次。第一层次是负责本职工作的一线人员，第二层次是知识管理的专业人员，第三层次是知识管理的项目经理，第四层次是组织的高级知识主管。同时，需要建立一个由来自不同职能部门的人员组成的知识管理项目小组，他们能够从组织全局知识流动的角度来考虑组织的知识管理系统。由这样的知识管理部门建立起来的知识管理系统是真正组织层次上的。此外，还需要设立知识主管。

(3)重视非正式组织的作用。除了上述说的正式组织结构外，对员工进行知识共享很有促进作用的是一些非正式组织。出于共同兴趣而聚集在一起的非正式组织，通常是以交谈、电子邮件、网上论坛、社团等多种方式来共享经验以解决一些问题。这种非正式组织为知识的拥有者提供了一个难得的机会和讲坛，为知识需求者提供了一个方便的有价值的知识源。当组织缺乏正式的知识管理和知识共享策略的支持时，这种非正式组织对组织的知识共享和创新发挥了极为重要的作用。而在有明确的知识共享策略的组织中，这种非正式组织和交流也是必不可少的，无论是物理上的还是虚拟性的，非正式组织是知识共享的最好方式之一。

4. 技术层面的构建

知识共享需要强大的信息技术支持才能实现。信息技术是一个推进器，无论是处理显性知识或是隐性知识，还是以一种适合客户和业务活动需要的形式提供知识，都发挥着十分重要的作用。其作用主要体现在：能够有效地消除知识共享的时间和空间障碍；可以最大限度地方便对知识的获取；专家系统(ES)，决策支持系统、案例推理系统等技术，使应用者能吸取同事过去的案例等整体性的知识，更有效地改进解决问题的过程；知识地图等技术有助于工具知识的共享，可以提供获得知识共享的路径。需要说明的是，知识共享技术并不是一项技术，而是一个技术构架，包括的技术内容异常繁多，覆盖了知识共享的各个环节。

11.5.2 企业知识共享实施方案

柯平从规章制度、企业文化、知识共享市场、企业知识管理体系、企业信息管理系统五个方面提出了企业知识共享的实施方案。

1. 建立基于知识转移的企业知识共享的规章制度

个体知识转移成为企业知识很必要，但实际情况中，个体知识并没有在组织内得到共享，因此，在企业内部建立起知识市场来实现个体知识向企业知识的转移，特别是通过规章制度来完善个体知识向企业知识的转移，才能最终实现企业知识的共享。主要包括以下几个方面。

(1)个体知识贡献给企业的奖励制度。主要是奖励和提拔那些愿意学习、教导以及共享知识的人，并且惩罚那些不愿意这样做的人。

(2)个体知识贡献给企业内其他人的奖励制度。这主要是指虽不愿把知识贡献给整个企业，但愿意把知识贡献给企业内关系好的其他人，可能是一个个体，也可能是多个个体。

(3)个体出售知识给企业的交易制度。这主要针对的是通过个体劳动而得来的个体知识。

(4)个体交换或出售知识给企业其他人的交易制度。这主要指的是在企业内部建立知识供求市场，通过市场机制把个体知识出售给需要这种知识的企业员工。

(5)个体知识向企业上缴的制度。这主要针对的是个体利用企业资源，尤其是利用企业关键岗位所获得的或企业送个体培训所获得的部分知识。

2. 建立内部知识共享的企业文化

企业需要将企业知识的培育和管理作为获得竞争优势的重要手段，建立有利于企业知识共享和增值的新型企业文化。这种新型文化能够鼓励员工与他人分享自己拥有的知识，并促使员工将知识转化为有利于企业发展的生产力。建立这种企业文化的具体措施包括以下几方面。

(1)健全企业文化，自上至下推动知识共享。如从领导层开始，促使企业结构扁平化、简单化，形成知识平等畅通的互动渠道。改善企业管理制度，特别是用人和奖励制度，建立激励知识共享机制。

(2)完善内部网络，营造有利于知识共享的环境。

(3)培植新的思想观念和价值取向，形成自然而然的共享行为。如培育共享的价值观和团队精神；观念的转变要循序渐进，不断强化共享意识。

3. 建立知识共享市场

在市场经济条件下，拥有知识资源的个体最愿意把知识作为一种商品在市场上交换。建立企业内部知识市场的步骤主要有：首先是明确在这个知识市场内知识商品的范围，最好是和工作岗位联系在一起；其次就是知识资源的来源和知识市场的管理。

4. 建立以知识共享为核心的企业知识管理体系

建立以知识共享为核心的企业知识管理体系应从以下三个方面着手。

(1)建立企业知识管理组织。一般的知识管理组织包括以下角色：知识管理委员会，知识管理员，部门知识主管，主题专家。

(2)设计知识管理流程，实现知识的存取与利用。知识管理流程是以业务驱动力为出发点，以利益相关者价值为最终导向，从知识的角度设计的管理流程，其中包括知识的存取流程和知识的利用流程两个子流程。

(3)充分利用知识管理技术。知识管理技术可以更有效地加强员工之间、员工与主题专家之间的互动式交流，主要包括知识抽取技术和知识交换技术。

5. 利用企业信息管理系统实施企业知识共享

企业信息管理系统包括办公自动化系统、企业资源计划系统、客户关系管理系统、供应链管理系统、管理信息系统、决策支持系统、财务系统和电子商务系统等。这些系统能满足增强的集中式业务管理的需求，保证企业内部之间、企业与客户之间的信息流得到畅通、高效的处理，高效、高质量地为客户服务，提高客户的满意度和忠诚度。同时使企业内部的信息实现共享，并能为企业提供技术支持平台，支撑企业信息化各环节对客户数据的依赖，提高企业的管理水平和企业的核心竞争力。企业知识共享在这些系统中能得到很好的应用。

11.6 知识共享系统

11.6.1 基于 Wiki 的知识共享系统

Wiki 能有效地促进知识共享，有不少学者也提出了众多基于 Wiki 的知识共享系统。这里主要介绍基于 Wiki 的知识服务系统模型和基于 Wiki 的知识共享系统模型(KSSBW)。

1. 基于Wiki的知识服务系统模型

王伟军等提出了基于Wiki的知识服务系统模型，结合“一把刀人工搜索”系统的开发与建设，重点分析了基于Wiki的知识服务系统的体系架构、关键技术及特色服务，为知识服务系统的构建提供了一个示例。他们提出的模型如图11-6所示。

总体上来说，基于Wiki的知识服务系统模型分为四个主要模块：群体、知识创新过程、Wiki知识库以及知识门户。具体来说，社区成员1通过创建新页面内容或编辑原有内容将自身知识呈现出来，其他社区成员都可以对成员1的观点进行修改、补充与完善，通过彼此间的交流、协作与互动，实现知识的融合，经过不断地反馈、修改，实现知识的更新，最后达到知识共享的目的。在群体成员的共同努力下，完成了知识创造过程后，系统平台将知识汇入Wiki知识库中。Wiki知识库是由众多子知识库组成，经过知识分类、知识匹配、知识反馈及知识更新等过程之后，能将来自不同知识个体(社区成员)的关于同一类主题的知识不断纳入Wiki知识库中，并不断得到完善。最后，Wiki知识库中的知识资源将通过知识门户(即用户平台)传递给用户，为用户提供所需的知识服务。

基于Wiki的知识服务系统旨在更好地满足用户的知识需求，既满足网络传输特性，又符合用户接受知识的习惯。为了有效捕捉和充分利用个人头脑中的“灵感”现象和小型群体中的“集体智慧”，基于Wiki的知识服务系统允许每个用户自由创建、编辑页面，充分发表自己见解，在借鉴已有的观点之下，引导用户去思考，挖掘用户潜在的知识，使众多知识个体就感兴趣的主题作内涵式和外延式的扩展和深入探讨，实现成员之间的协作、互动，不断促进知识的共享、更新与创新。

可以看出，由于Wiki的独特特性，其在以下两方面可更好地促进知识的共享。

(1)促进学科间知识的融合。基于Wiki的知识共享系统是围绕特定的某一方面的知识，从多种角度入手，将同一主题的知识进行有机的整合。由于每个用户的知识背景不同，不同用户对同一主题的关注角度与程度会有所不同，这有助于促进学科间知识的交融互汇，促使学科交叉点知识的扩展和创新。

(2)按类构建新型知识交流平台。利用系统的公众性、参与性及共享性等特征，可按照知识类别建立不同的知识互动社区。通过吸引广大网民参与到社区中来，进行相关知识库的共建与完善；随着社区建设的成熟，会有更多的人参与进来，从而能为知识库的建立提供更广阔的来源，并不断提升知

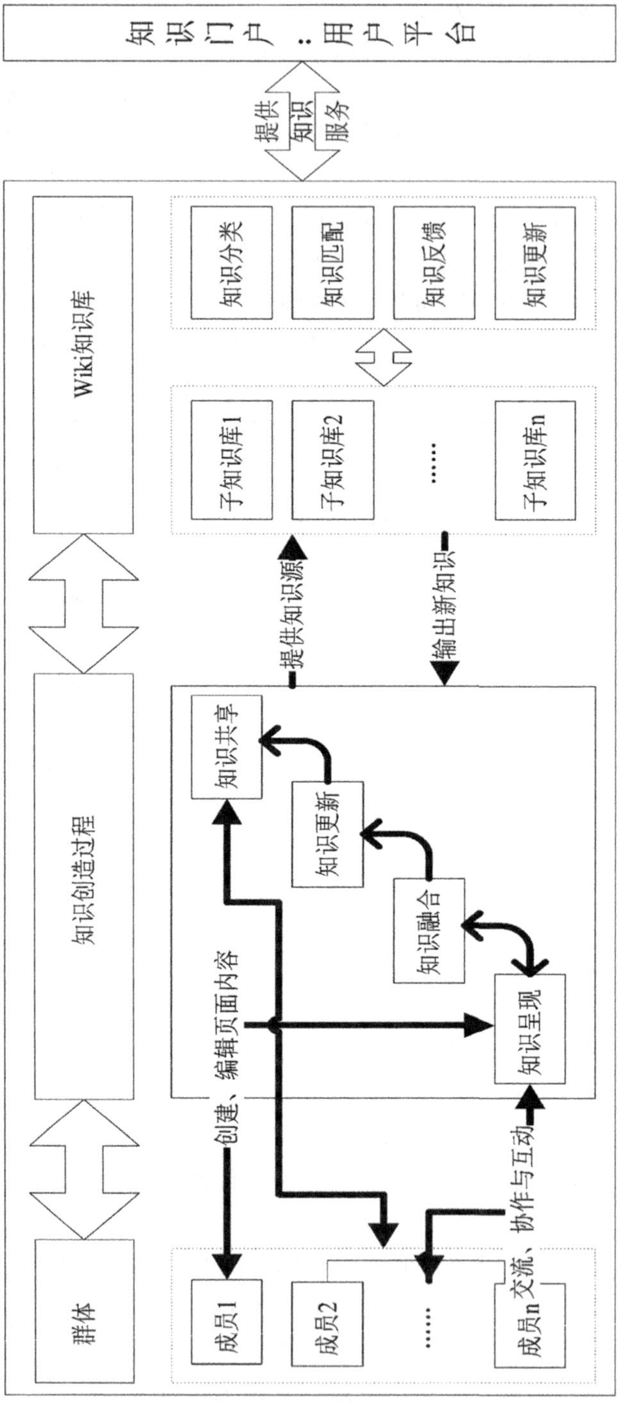

图11-6 基于Wiki的知识服务系统模型

识的质量。系统管理员只需要对系统进行必要的维护工作，并对用户提供的信息资源进行相应的筛选、整理与归类等，这可大大减少有关知识库建设的工作量与资金的投入等。充分利用 Wiki 的优势，建立讨论研究、共创分享的交流平台，让每一位成员都能在共享自身知识的同时，快速分享他人的知识，吸收自身所需知识，寻找问题的突破口和创新点。同时，在参与者分享知识的同时，也能产生思想的激荡，碰撞思想的火花，从而产生新的讨论专题，促使创新知识的产生。

2. 基于 Wiki 的知识共享系统模型(KSSBW)

Wiki 环境下的知识共享系统不是一个简单的 IT 过程，也不是单一的业务流程重组，而是和各种因素联系在一起的系统工程。结合知识共享关键环节和 Wiki 的技术特征，张红兵等提出了一个由软环境(文化氛围)、硬环境(基础信息技术设施)以及 Wiki 知识场组成的基于 Wiki 的知识共享系统模型(knowledge sharing system based on wiki，KSSBW)，如图 11-7 所示。

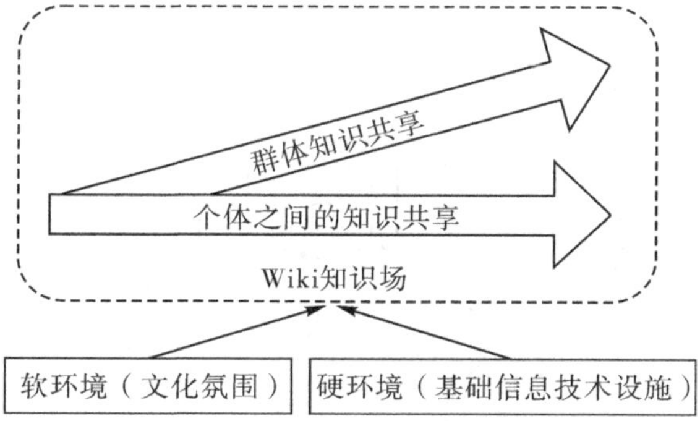

图 11-7 基于 Wiki 的知识共享系统模型

(1)软环境(文化氛围)。Wiki 成员基于共同的兴趣、目的而自发形成的组织，没有硬性的公共制度、标准等来规范成员的行为，使得 Wiki 的文化氛围对成员知识共享行为影响巨大。其中，价值观取向是 Wiki 文化的重要组成部分。在 Wiki 中，利他主义的价值观鼓励成员积极贡献自己的知识，将促进成员之间的知识交流，信任机制也是 Wiki 文化建设的重要内容。

(2)硬环境(基础信息技术设施)。Wiki 成员之间的交流是基于网络平台的，完善的基础信息技术设施是知识共享活动顺利开展的保障。基础信息技术设施的硬件模块主要构成为开放的交互操作式计算机平台，可并行处理数据的知识服务器，以及各种网络设施。软件模块包括由元搜索、智能

Agent 检索、多策略获取等组成的知识搜索模块。通过对知识用户资料的收集和分析，利用马尔科夫转移概率来分析用户兴趣转移程度的推送系统模块，以及为个体用户在知识共享和交流过程中提供支持与协作的工作流模块等。

(3) Wiki 知识场。Wiki 知识场是各成员进行知识共享与交流的场所，是 KSSBW 的核心和关键。Wiki 知识场主要实现两个维度的知识共享。其一是实现一对一交流的个体之间知识共享，如图 11-8 所示，个体成员利用 Wiki 将自己头脑中的想法、思路展现在同行或其他领域的专家面前，而其他参与者则根据各自的知识背景，通过分析、归纳、演绎等一系列从抽象到具体的逻辑思维活动，对 Wiki 上不成熟的知识进行去粗取精，逐步形成自身创新的知识。另一方面是多人共同交流的群体知识共享，如图 11-9 所示，这是一个螺旋过程。它包含两个层面，第一个层面是知识交流共享过程中所涉及的隐性知识和显性知识之间的相互转化，第二个层面是知识在群体内部的流动。

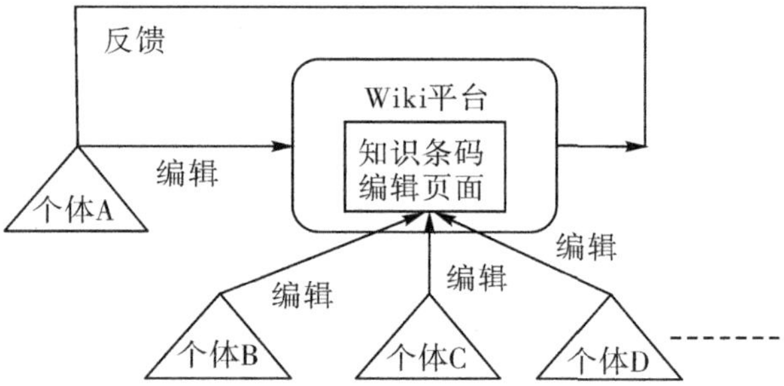

图 11-8　个体之间的知识共享

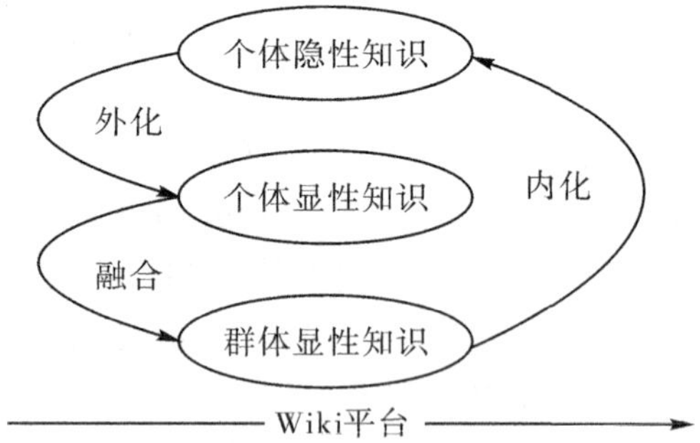

图 11-9　群体知识共享

11.6.2 基于Web3.0的虚拟团队知识共享平台

Web3.0技术对知识共享具有极大的促进作用。熊回香等探讨了基于Web3.0的虚拟团队知识共享平台构建及其功能实现。

1. 平台的构建

基于Web3.0的虚拟团队知识共享平台分为四个层次：门户访问层、应用服务层、基础服务层和分布资源层，如图11-10所示。

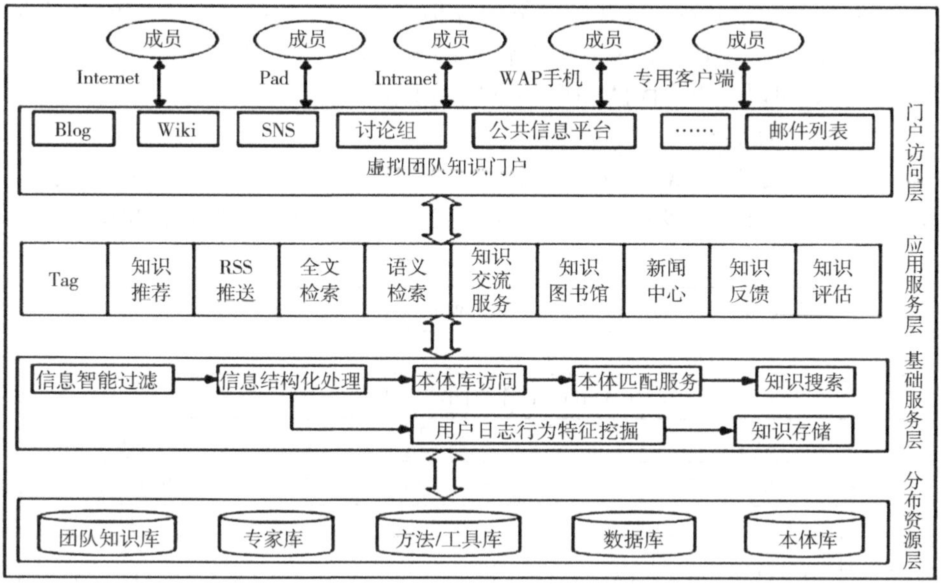

图11-10 基于Web3.0的虚拟团队知识共享平台模型

(1)分布资源层。该层是团队知识存储层，为其他各层提供资源支持，主要包括团队知识库、专家库、方法/工具库、数据库和本体库。其中，本体库用来存储虚拟团队领域本体和应用本体；数据库主要存放团队协同工作流数据和成员元数据；方法/工具库主要存储各种知识挖掘工具、评估方法和工具等资源；专家库存储各领域专家的信息，并决定团队项目在评审时选择专家的水平和边界；团队知识库用来存放经过结构化处理和本体匹配后的成员知识以及团队项目知识。另外，领域专家也是知识资源的一个主要来源，专家可以通过统一的方式将知识映射到团队知识库。

(2)基础服务层。该层提供平台知识交互所需要的基础功能，这些功能由底层服务实现，供应用服务层调用。该层主要提供两个服务：个性化知识搜索和知识存储。

(3)应用服务层。在基础服务层的基础上提供平台核心服务，实现知识的推荐、检索以及搜索等功能。该层包含五个服务：知识推荐服务、RSS 推送服务、知识检索服务、知识图书馆服务、知识反馈服务和知识评估服务。

(4)门户访问层。该层是平台的入口，团队成员可以通过多种终端接入平台，包括 Internet、Intranet、WAP 手机、Pad 及专用客户端等。多终端平台是 Web3.0 的特征之一，它能实现信息服务的普适性、公用显示装置与个人智能终端的通用，为虚拟团队成员获取与共享知识提供了极大的便利。同时，Blog、Wiki、RSS、公共信息平台等信息交流平台的整合，使团队成员能够通过信息的发布和订阅获取个性化的知识服务。基于虚拟团队契约平台的虚拟团队知识门户为团队知识共享提供了保障。

2. 平台功能分析

图 11-11 是基于 Web3.0 的虚拟团队知识共享平台的功能模块分析，主要包括多终端访问、多平台跨语言知识交互、个性化知识服务和知识存储。

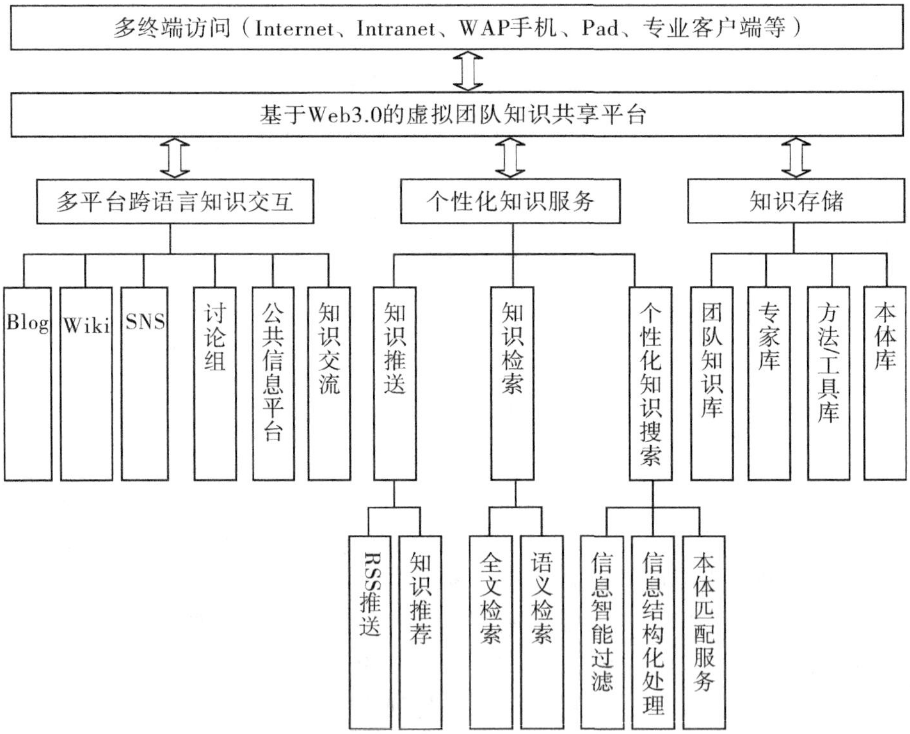

图 11-11　平台功能图(熊回香、王学东等，2009)

(1)多终端访问模块。为团队成员提供多种接入平台的终端，实现知识服务的普适性。团队成员可以随时随地通过基础网络平台和通讯设备进入知识共享平台，获取和分享知识。

(2)多平台跨语言知识交互模块。结合 Web3.0 环境下知识共享方式及特点，为成员提供多种发布和获取知识的平台，利用跨语言的引擎翻译技术实现多语种成员的交互，为团队知识共享提供保障。

(3)个性化知识服务模块。通过知识推送、知识检索、个性化知识搜索等服务，满足团队成员智能化和多元化的知识需求，也为知识共享提供技术支持。

(4)知识存储模块。用来存储虚拟团队的资源，为团队知识共享提供资源支持。

本章习题

1. 什么是知识共享？
2. 知识共享的基本过程是什么？
3. 组织实施知识共享存在哪些障碍？
4. 组织应该如何去实施知识共享？
5. 谈谈 Web2.0 技术如何促进知识共享？

第12章 知识管理与知识教育

知识社会是人才社会。只有充分地发挥人才的作用，才能创造更多的财富，促进社会健康发展。而实现这一目标，需要一大批从事知识管理的高级专门人才，因此培养知识管理人才是知识经济时代全世界面临的一项重大任务。由于知识管理是一项实践性很强的工作，因此知识管理人才培养应该与实践紧密结合。可以说，知识管理人才培养是一项社会任务，高等学校是培养知识管理人才的重要基地，政府、公司、企业、咨询机构等也是知识管理人才培养的重要基地。

12.1 知识管理对教育的影响

教育的首要功能是培养和造就人才。知识经济的兴起，使人们认识到知识和人才的重要性，社会和经济的发展水平越来越取决于劳动者素质。教育是提高劳动者素质的唯一途径，因此，知识管理的兴起，对教育形成了巨大的影响。这主要体现在五个方面。

12.1.1 知识管理改变了教育的地位

在知识管理的三个要素——人、技术和过程中，人是核心，因为人是知识的载体，知识管理就是对人力资源的全面开发。教育的首要职能是培养人才，把人类积累的知识财富传递给受教育者，这是一个知识转移的过程。教育的第二个重要职能是创造知识。高校被称为“知识工厂”，是创造知识、传播知识的场所，是人才培养基地、经济增长源泉。作为知识生产、传播、扩散和应用的主要场所，大学推动着知识产业高速发展。教育实现了知识管理的基本功能，即知识创新和知识转移。一方面，教育创造知识，并将知识物化，直接为社会创造财富。另一方面，教育实现了大范围、大规模的知识创新和知识转移，这些活动源源不断地为社会培养创造财富的人才。

认识到知识的重要性引发了对教育的普遍重视。人们认识到，教育投资不再是消费性投资，而是生产性投资。

1. 联合国一向关注全球教育发展

联合国一向关注全球教育发展，特别关注教育与可持续发展的关系，以及教育的公平性，认为受教育是所有人的一项基本权利。2000 年 4 月在塞内加尔举办的世界教育论坛上，160 个国家签署了《2000—2015 年世界教育行动框架》协议，确定了在全球普及基础教育等六项指标。2004 年 11 月 8 日，联合国教科文组织在巴西举办的第四届全民教育高层小组会议上公布了《全民教育全球监测报告》。报告认为，全球对加强基础教育的投入远不能满足实际需要。近几年，联合国实施了三大计划：《教育为一切人 2015》(*Education for All by* 2015)、《联合国读写能力十年》(*United Nations Literacy Decade*)、《为可持续发展的教育》(*Education for Sustainable Development*)，努力推进全球教育发展，进而推进全球社会健康发展。

经合组织(OECD)多年来从事的高质量研究受到公众的高度尊重和信任。正是通过这种研究，OECD 对教育在经济和社会发展中的中心作用形成了进一步认识，于 2004 年成立了一个独立的教育委员会(Education Directorate)。OECD 于 2000 年开始实施一项 PISA(Program for International Student Assessment，国际学生评估项目)计划，目的是评估 15 岁学生在完成规定教育内容之后，是否能够掌握进入社会所需的知识和技能。OECD 成员国 2000 年对教育的投入平均占 GDP 的比例为 5.9%，韩国为 7.1%，远高于平均水平，也高于美国的 7%。

2. 欧盟各国将教育放在首位

欧洲工业界圆桌会议知识经济任务小组主席 Bonfield 和竞争力小组主席 Janssen 在《欧洲通过知识经济提高竞争力行动计划》(*Action for Competitiveness Through the Knowledge Economy in Europe*)中也提到，在知识经济的影响和全球竞争压力下，欧洲国家要维持竞争优势，必须做到以下几个方面：①改造国家教育制度；②将现有劳动人口的技术升级；③创造一个有利于创新和企业的环境；④改造政府。其中改造教育被放到第一位。

人们认识到，教育产品，即人们的技能和竞争力，构成了财富的基础。1997 年，英国新工党成功地促使 Tony Blair 做出了“教育，教育，教育”的承诺。知识时代使教育成为公司、社会和经济福利的中心。1998 年 2 月，新工党政府出版了《学习时代：复兴一个新英国》的教育宣言。该宣言指出，创造一个学习的文化，不仅仅意味着更好的机会和个人的实现，而且意味着建设商业智能资本使他们更具有生产能力、更成功，投资人民将有助于产生思想、研究和创新。这些将贡献社会凝聚力，培育归属感、责任感和对社区的认同。

3. 中国对教育的重视达到了前所未有的高度

我国把科教兴国战略作为基本国策之一，把教育摆在优先发展的战略地位。1995 年，国务院在《关于加快科技进步的决定》中第一次正式提出了科教兴国战略。各地相继提出了“科教兴省”“科教兴市”“科教兴县”。

为落实科教兴国战略，全面推进教育的改革和发展，提高全民族的素质和创新能力，教育部于 1998 年制订了《面向 21 世纪教育振兴行动计划》，要求“各级人民政府和各有关部门要切实把教育摆在优先发展的战略地位，充分认识全面振兴教育事业的重要性，认真实施《面向 21 世纪教育振兴行动计划》，把生机勃勃的中国教育带入 21 世纪”。《面向 21 世纪教育振兴行动计划》成为我国教育发展和改革的施工蓝图。

《全国教育事业第十个五年计划》指出：“按照《中共中央、国务院关于深化教育改革全面推进素质教育的决定》《国务院关于基础教育改革与发展的决定》以及《面向 21 世纪教育振兴行动计划》的要求，大力实施科教兴国战略”，“为实现我国现代化建设第三步战略目标奠定更加坚实的人才和知识基础”。具体要认真组织实施六项工程：第一，素质教育工程；第二，国家贫困地区义务教育工程；第三，西部教育开发工程；第四，教育现代化工程，“以信息化带动教育现代化”；第五，一流大学学科建设和“211 工程”；第六，高校新技术产业化工程，“加强产学研结合，促进高等学校、科研院所和产业界的合作”，“不断提高高等学校科研成果转化率，加快实用科技成果向市场的转移。

我国对人才和教育的重要性认识，还体现在实行的一系列奖励计划上。教育部通过“长江学者奖励计划”“高校青年教师奖”和“高等学校骨干教师资助计划”等措施实施“高层次创造性人才工程”。国家实施一系列振兴教育工程，如“211 工程”“985 工程”“全国教师教育网络联盟”等。

2010 年 7 月 8 日，中共中央、国务院发布了《国家中长期教育改革和发展规划纲要(2010—2020 年)》，紧接着于 7 月 13～14 日在北京召开全国教育工作会议，提出了“到 2020 年，基本实现教育现代化，基本形成学习型社会，进入人力资源强国行列”的战略目标。

总之，知识管理的兴起使教育受到前所未有的重视，教育成为全球关注的热点，大力发展教育成为世界各国的基本国策。知识管理改变了教育的地位，使教育从社会边缘进入中心，成为直接创造财富的力量。

12.1.2 知识管理推动了教育理念的变革

首先，知识管理促进了对人的深刻了解，人的全面发展教育理念逐步得到全面认可。

其次，知识管理促进了高等教育对象的变化，大众化高等教育理念改变了精英教育的现实。

最后，知识管理改变了对教育过程的认识，促进了终生学习理念的形成，推进了继续教育的全面发展。

在知识经济时代，人力资本是第一资本。知识时代需要人们具备多方面的技能和能力，核心能力包括创造性地解决问题的能力、创新能力、在压力下工作的能力、人际能力、团队和领导能力。知识管理要求对人进行全面开发。David Hargreaves 认为，知识管理对教育的影响首先表现在，在知识经济社会，学校企图在学生身上开发的知识和技能必须包括创造力和创新能力（creativity and innovation），不是对传统知识和技能如读写、算术能力的取代，而是补充。由于传统的教育只注重人们的语言、逻辑、数学思考能力，而忽视了很多其他方面的能力，基于这种传统智能的理论，常常造成个人或组织学习的失败，这种失败的例子比比皆是。

OECD 2004 年教育部长会议主席、爱尔兰教育部长 Noel Dempsey 在主题为“为所有的人提高学习质量”的会议上，提出构建知识社会。他指出，“永不停歇地寻求在全球知识经济竞争中保持优势的努力导致所有的公共政策制定者把教育视为加强竞争力、就业率和社会凝聚力的关键因素”，“对教育政策制定者来说，未来十年面临的最大挑战是在经济需要和教育系统更广泛的社会目的之间进行平衡”。他认为，“教育的首要目的是为每个人，既作为个人也作为社会的一员的人，提供一个实现全部潜能的机会。我们生活在知识社会，但并不是只有知识工人才对社会做贡献。”

12.1.3 知识管理改变了教育的方式和内容

伴随着教育观念的改变，教育方式和教育内容也正在变化。

1. 教育方式由以教师为中心转变为以学习者为中心

传统的教育是以教师为中心的，教师决定教什么、如何教，学习者是被动的，无法保证个性化教育的实现。因为学生缺乏参与，教育的有效性也难以保证。知识社会是学习型社会，学习者主动要求学习，个性受到充分尊重。同时，知识社会的学习是一种移动学习，学习可以在任何地方、任何时间进行。学习者可以根据自己的知识起点和需要决定学什么、如何学、从哪里学，不仅是一种主动式学习，而且是以学习者为中心。学习效果也由学习者根据满意度来测定，而不是教育者根据整齐划一的标准来测试。在知识社会，个人学习成为现实。

2. 信息技术被广泛地加以利用

信息技术被广泛地加以利用，成为知识时代最重要的教育媒介，教育建立在多媒体网络平台上。研究发现，信息技术使个体能更容易地获取信息，帮助个体组织并存储自身的知识，激发个体的思维，刺激个体产生新的想法，帮助个体分享他们的知识，促进沟通，使个体的工作流程自动化，使个体能够更好地运用知识。教育过程大部分是对显性知识的内化，即建立隐性知识。信息技术的使用有利于促进知识共享，促进隐性知识的显性化，和显性知识的隐性化。开发利用隐性知识可以提高组织能力，但隐性知识的开发利用需要特定的方法，电子邮件、聊天室、公告板等都是大范围传递隐性知识的手段。

3. 交互式学习在教育中占主导地位

学习成为愉快的游戏，在游戏中学习会增强学习者的参与程度，提高学习效率，增强学习效果。游戏因为参与度高，正在成为一种新的教育方式。MIT 与微软公司合作成立了 Games-to-Teach 计划，专门研究学习科技领域的知识研发成果，整合现有的 Games 技术到 E-Learning 系统。学校教育的目的是希望学生通过教学过程而获得全面成长，即个人知识体系的增长，学习能力的增长，分析问题解决问题能力的增长。参与度较高的教育促进知识转换，从而促进知识创新。案例教学于 20 世纪初在哈佛商学院兴起，对于管理教育所需要的独立分析、群体合作、人际关系、决策行动能力等的培养，有相当显著的效果，案例的编写过程就是将隐性知识显性化。案例教学因为参与度高，在教学中得到日益广泛的应用。

4. 合作学习成为一种广泛的教育方式

合作学习就是在教学上运用小组，使学生共同活动，以最大限度地促进学生自己以及他人的学习。合作学习代表的是以学生为中心的教学理念，目标是提高学生的综合素质和能力。采用合作学习形式的课堂，学生以组内异质的原则形成若干学习小组，小组成员相互合作，互相支持，一起开展学习活动，共同完成学习任务。合作互动激发学习者积极参与，可以显著增强学习效果，为参与者提供互相学习的机会。这种自主学习形式不仅调动了学生的主观能动性，更重要的是培养了学生的合作意识和合作技能。源于美国的这种教学形式得到了广泛认可，在欧美等国不同阶段的教育中都得到广泛运用，在我国大学阶段的教育中也日益普遍地被用于研究型教学。

5. 基于现实的学习成为一种新的教育方式

行动学习是一种基于现实问题的教育方式。情商和创造性思考是知识时代的核心能力，行动学习是有效传递这种能力并把它们发挥到极致的有力工具。行动学习最初由 Reg Revans 提出，它建立在这样的观念基础上：学习不是认识我们知道的，而是去认识那些我们不知道的。提出这种方法是为了适应在快速变化环境下的需要。Revans 的方法就是开发行动学习团队，提出问题并产生新知识。Revans 提出公式：Learning = P + Q，P 代表传统的对书本、研讨、讲授等形式的程序化学习，Q 代表提问、过滤证据、团队工作等形式的学习。按照 Revans 的观点，行动学习主要基于 Q 学习。行动学习小组、问题、支持和质疑是其中的 3 个核心要素。

12.1.4 知识管理促进了教育的全面变革

组织学习理论和方法的引入，促进了教育的全面变革。建立学习型组织，促进知识共享，加快知识创新，学习社区的兴起，校园文化建设等，都是这种变革的具体表现。知识管理对教育的影响在于：促进教育机构实施知识管理战略；促进教育机构充分开发自己拥有的知识；促进教育机构建立学习型组织；促进教育管理的变革。

英国剑桥大学教育学院的 David Hargreaves 教授第一个运用野中郁次郎的知识管理理论对教育知识管理进行了研究。他认为，学校应该借鉴公司知识管理实践实施知识创新，进而促进学校的持续进步。公司的知识创新和传播模式运用在教育中，将促进教育的发展。学校应致力于知识创新，而不仅限于知识传播。

著名教育家潘懋元认为，知识管理要求对教育制度进行改革。知识的发现、传播、分配和使用直接纳入了经济和生产活动的范畴，大学的三大基本职能活动都成为经济活动的一部分，而且是基础性、战略性的部分。作为传播知识、生产知识和开发知识的大学，必将成为社会和知识产业的核心部分，这不是一个人的愿望，而是历史发展的必然。大学应成为社会经济发展的人才库、知识库和思想库。

经合组织 2003 年发布的《加强知识经济》报告指出：2002 年，尽管发达国家经济发展放缓，信息产业相对于前两年也落入低潮，但世界各国对知识的投入仍在增长。对知识的投入主要体现在 3 个方面。一是对研发的投入，二是对教育的投入，三是对软件产业和应用的投入。发达国家对这 3 个方面投入的侧重点不同，并随着时间的变化不断调整战略。在荷兰、英国和美国，对知识的投资重点是软件业。在德国、日本和法国，投资重点是研发。在希腊、爱尔兰、西班牙，投资的重点是教育。1991—1998 年，各国对知识的投资在 GDP 中所占的比例，排序最高的国家分别是爱尔兰(10.2%)、希腊(10.1%)、瑞典(7.6%)、芬兰(6.8%)、奥地利(6.3%)、丹麦(5.95)和挪威(5.6%)。其他国家如美国为 3.9%，英国为 3.6%，德国为 2.2%。我国实施知识创新工程的目标是：到 2010 年前后，形成符合社会主义市场经济和科技发展规律的、具有支撑国民经济可持续发展能力的、高效运行的国家知识创新系统及运行机制，建设一批具有国际影响的重大科技成果，培养和造就大批具有创新意识和创新能力的高素质科技人才，使我国知识创新实力达到世界中等发达国家水平。可以看出，我国的知识创新战略包括 3 个部分：制度、科学研究和教育。

12.2 知识管理与继续学习

知识社会是学习社会，知识管理要求人们不断更新知识，终生学习是人获得持续竞争力的唯一途径。因此，实施继续学习，为人们提供终身学习的机会是知识管理的必然要求。

12.2.1 继续学习的主要形式

继续学习的形式可以是多种多样的，知识社会的技术手段可以使继续学习的范围从学校延伸到任何地方，学习可以在任何地方、任何时间进行，个人可以根据自身条件和偏好选择实施继续学习的地点和方式。

1. 学校学习

学校仍然是进行系统化知识更新的最佳场所，虽然技术手段使多种形式的继续学习成为可能，但技术不能取代好的人际关系，与老师、同学面对面的沟通，与校园文化的融合，使学校学习的效果优于其他形式的学习。但是，对大多数人来说，离开工作岗位或家庭到学校去接受继续学习的机会是很少的，成本也较高。在这种情况下，远程学习、岗位学习、家庭学习等形式就成为选择对象。

2. 远程学习

借助虚拟教育网络，让人们足不出户就可以完成知识更新的需要，实现终身学习的目标。远程学习优于学校学习的地方是，一方面可以通过网络进入学校的学习社区，如课堂、讨论区等，听老师讲课、参与讨论，另一方面可以根据自身的情况灵活掌握学习的起点和进度，进行个性化学习。还可以远程访问指导老师，即网上联机指导老师，解决自己的疑难。

3. 岗位学习

岗位学习是工作机构提供的旨在提高员工工作水平与能力的一种学习形式，学习内容和方式针对性强，是一种效果良好的继续学习形式。岗位学习多数在工作地点进行，但不限于工作场所，可以根据条件和需要到相关的地点进行。岗位学习在具有良好知识共享文化的组织可以有效实现快速的知识交流，特别是易于传递隐性知识。岗位学习一般是阶段性的、不连续的，学习内容倾向于工作技能、业务流程、新技术、新方法、新理论，如果一个组织能够提供系统的、有组织的、经常性的岗位学习机会，同样可以达到知识更新的目的。

4. 家庭学习

家庭教育也是一种继续学习方式。与其他学习形式相比，家庭学习更加个性化，针对性强，师生互动机会多，学习效果易于把握，效率高。在学习型社会，个人学习是可行的，学习可以在全球范围内供应。

学习型家庭的建设，将促进家庭学习的广泛和深入发展。1998 年，上海市在全国率先提出创建学习型家庭举措，开始了推进学习型家庭建设的相关活动，并持续开展学习型家庭评估活动。至 2008 年，上海市、区、街三级学习型家庭总数达到 118 万多户。为进一步强化建设效果，扩大学习型家庭的示范作用，2008 年 3 月，上海市制定了《学习型家庭创建评估指标体系(征求意见稿)》，广泛征求修改意见。

5. 移动学习

无线移动技术的应用正在促成一种新的学习形态，即移动学习。移动学习(M-Learning)的特点是实现“anyone、anytime、anywhere、anystyle”(4A)下进行的更自由的学习。移动学习在学习形式上是移动的，在实现方式上是数字的，在学习内容上是互动的。

目前移动学习的实现主要是通过将资源下载到本地及通过手机软件进行在线互动学习，并通过短信、窄带网络进行补充，即“在线更新、离线学习”的方式。

当前，移动学习受带宽、传输速度和输入输出的限制，其互动系统多基于文本和语音交互，并以个人信息或知识的分享为重点，交互程度非常低，并不能充分发挥移动学习对于情景学习、社会化学习及非正式学习的优势。随着智能手机和 4G 技术的发展，移动学习逐渐从以“在线更新、离线学习”为主体的方式走向网络化，移动学习的实现模式将更加多样、灵活、高效。

12.2.2 知识管理与终身学习

OECD 教育研究与创新中心研究人员提出为所有人提供终生学习机会的建议。他们指出，教育在建立公平社会方面是一把双刃剑。在成功地扩展学习参与方面，教育的贡献是强大的、积极的。但是，教育经常具有反面作用，那就是它的社会选择性，甚至是分裂性。21 世纪，教育的长期平等性显得尤其急迫。随着经济与社会发展越来越基于知识，错过学习机会的代价是很高的。信息技术深入到社会生活的各个方面，数字鸿沟引起新的不平等。在快速变化的社会里，教育公平性不应限于学校教育阶段，而应贯穿人的一生。现在的主要问题是，终身学习者往往是那些已经受到良好教育的人，而那些未接受较好教育的人更应获得教育机会。这些不平等来自多个方面：性别、社会经济背景、民族差异、残疾、数字鸿沟、生活周期等。解决数字鸿沟不能简单化为提供更多的计算机和网络设施，而应从深层去改变，即政策的广泛性。公平性应该成为所有教育政策和实践的一个不可缺少的方面，而不是单独的一个问题，从地方到国际方面都是如此。形式可以是多样的，如远程教育，还可以是非正式的学习，如工作经验的交流等。平等性政策往往需要资源的支持，如连贯的、协调的公共政策，以及就业、福利、健康、住房等，这些与教育、培训一起发挥作用。

《面向 21 世纪教育振兴行动计划》提出的振兴我国教育的十二项措施之一就是实施现代远程教育工程，形成开放式教育网络，构建终身学习体系。提出“依托现代远程教育网络开设高质量的网络课程，组织全国一流水平的师资进行讲授，实现跨越时空的教育资源共享，向各行业的管理人员和专业人员提供多种继续教育课程”，“发挥高等教育和中等专业教育自学考试制度的优势，不断扩大社会成员的受教育机会”。

12.3 知识管理与网络学习

随着学习型社会的逐步形成，借助信息技术，适应人们生活、学习需要的学习形式日益丰富。不用离开工作岗位和家庭，就可以实现终身学习。远程教育、虚拟学校、网上学校都是网络学习的形式。

一方面，知识社会需要人们不断地学习以适应社会的发展。另一方面，激烈的竞争和生活的压力使离开工作岗位专心去学校学习不太现实。网络技术为人们提供了一个两全其美的实施终身学习的方法，即远程学习或网上学习。技术是鼓励学习型组织发展的最好工具。信息技术使所有员工可以在任何地方，访问最好的学习资源，联机学习、视频会议、手机阅读、电子书等都可以发挥作用。在学习型组织中，“随时随地”的概念变得日益重要。

12.3.1 世界各国网络教育的现状

如今，全球每年有超过7 000万人通过互联网来接受教育，而且这个数字还在不断增长。新一代互联网技术和数字化技术给网络教育提供了许多新的可能性。网络学习平台逐步走向以学生为中心，人际交互功能会越来越强大，随着硬件平台的微型化和无线移动技术的发展，移动学习将成为普遍现象，正式学习和非正式学习的界线会变得模糊。网络学习有3种模式：自主学习、引领式在线学习、基于社交网络的协作学习。新环境下，小组协作学习成为一种有效的学习方式，FaceBook和MySpace等社交网络已经创建了可用来在小组间合作以及向伙伴呈现资料信息的在线空间标准。

1. 美国

在美国，通过网络学习的人数正以每年300%的速度增长，1999年，有超过7 000万美国人通过E-Learning获得知识和工作技能，超过60%的企业通过E-Learning对员工进行培训和继续教育。

早在1996年，美国就提出了“教育技术行动”(Education Technology Initiative)，提出到2000年，全美国的每间教室都将连上信息高速公路，让每个孩子都能在21世纪技术文化方面受到教育。1997年，美国又实施了一项“美国教育行动”计划，以实现三个目标。第一，让每一位8岁的儿童都能阅读，每一位12岁的儿童都能上互联网。第二，使每一位18岁的青年都能受到高等教育。第三，使每一位成年美国人都能进行终身学习。

世界上最大的私立大学凤凰大学(University of Phoenix)在美国实施信息高速公路之后，第一个开展网络远程教育，现在是全球最著名的网络大学。美国学院网(http：//college. us. com)组织了世界上60所最受欢迎的网上学院，凤凰大学名列第一。在线教育信息网(http：//www. online-education. info)在网上组织了美国、加拿大、英国250家大学的2 200门课程。

美国麻省理工学院(MIT)的免费网上课程是迄今为止规模最大的网上学习计划，在全世界产生了巨大反响。2001年4月4日，MIT在一个记者招待会上宣布了一个为期十年的OCW(MIT's Open Coures Ware)计划，即用十年时间，把几乎所有课程放到互联网上供全世界的人免费学习。到2010年8月，已经上网的课程达2 000门。MIT OCW的主页(http://ocw. mit. edu)上有一句话表明了它的宗旨：“这是为全世界的教师、学生和自学者提供的免费、开放的教育资料。”OCW贯彻MIT的“提高知识和教育”的信条，在21

世纪为全世界服务。OCW 课程是发布在网上的 MIT 的课程资料，不需要用户注册，没有学位或学历证书的授予，不提供进入 MIT 各系的入学途径。这些课程使用微软公司的内容管理系统(content management system，CMS)管理。MIT 的这个计划得到了众多组织的支持，如 William and Flora Hewlett 基金会和 Andrew W. Mellon 基金会提供基金支持，联合国教科文组织、国际科学委员会参与评估。公司也对此计划提供大力支持，如微软公司提供咨询服务，利用其内容管理系统对课程进行管理，HP 公司提供服务器基础设施，其他公司提供网站建设、存储、视频、资料评估等支持。世界上 200 多个国家和地区的人访问过 OCW 网站。

近年来，美国高校开展网络教育呈现普遍化趋势。Sloan 协会对 2 200 多家高等教育机构的调研表明，2005 年，美国高等教育中大约 90%的高校提供网络教育。目前，美国远程教育开设的学历学位等课程就达到了 5.4 万门，其中本科课程 3.5 万种，研究生课程 1.4 万种，非学历学位课程 5 000 种，基本覆盖了美国高等教育的所有学科和专业。

网络教育在美国很多高校已成为一种重要的教学手段，网络教育正以不同的模式向高等教育领域扩展和渗透，网络教育被越来越多的高校采用，成为一种重要的教育形式。“网络教育已经开始或者已经进入美国高等教育的主流。”

2. 日本

日本于 1996 年开始建立空间合作系统，分布在各地的大学和高等教育研究机构都通过这个系统建立教育或研究活动。现在，日本 100 多所大学利用这个系统建立“教育和学习”网络，并且通过它与美国合作建立虚拟大学。日本教育部于 1996 年发表“21 世纪高等教育应用多媒体战略目标”，提出“构建一个开放和灵活的高等教育系统”来支持高等教育改革。1997 年 2 月，日本大学委员会提出，在大学本科毕业要求的 124 个总学分中，最多可以接受通过“远程教学”取得的 30 个学分。1998 年，大学委员会将 30 学分提高到 60 学分。与此同时，日本大学本科生在各大学之间的学分互换上限也从原来的 30 学分增加到 60 学分。这一增加学分认定的政策如今已经得到认可。

日本不仅在教育信息技术设施方面投入上大做文章，还在中小学大力开展研究活动，通过让学生参与研究，培养学生的观察能力、思维能力、科学意识。

3. 英国

英国实施了一项“计算机用于教学创新”(Computers in Teaching Initiative，CTI)项目，目的是通过计算机、多媒体与远程通信技术的结合实现对高校教学模式、教学内容、教学组织形式的彻底变革。现在，CTI这个术语已越过英伦三岛，在欧洲乃至世界成为人们关注的焦点。

4. 德国

2000年2月11日，德国电信公司宣布，为在学校普及电脑及网络知识，让尽可能多的青少年尽早接触迅速发展的信息技术，德国电信公司将为德国所有学校提供免费上网服务。这一计划得到了德国总理施罗德的赞赏，政府很快启动了一项耗资1亿马克的在学校普及电脑的计划。2001年10月15日，随着柏林西区一所中学的上网端口被接通，德国3.5万所学校全部拥有了自己的免费互联网接口，德国提前两个半月实现了政府提出的让德国所有学校都免费上网的目标。

5. 中国

中国2003年开始实施农村中小学现代远程教育工程，准备用五年左右的时间，使农村中学基本具备计算机教室，小学基本具备卫星教学收视点，小学教学点基本具备光盘播放设备和成套教学光盘。这项计划是针对农村发展的"人才瓶颈""数字鸿沟""教育鸿沟"实施的，对将我国沉重的人口负担转变成巨大的人力资源优势具有战略意义。清华大学1996年开始现代远程教育系统建设，1998年开始在全国开展试点工作，重点定位在大学之后的继续教育上，如研究生课程进修、培训、资格考试辅导、第二学士学位教育等。1997—1999年处于亏本状态，2000年基本持平，2001年之后进入良性循环。

资源库是网络学习的根本保障。1999年，教育部在《面向21世纪教育振兴行动计划》中将资源库的建设提上了议事日程。同年，教育部成立现代远程教育资源库开发领导小组，起草《全国远程教育资源建设规划》，制定《现代远程教育工程教育资源建设技术规范》，从而引起了教育教学资源库建设与研究的热潮。

2003年4月，我国教育部下发了《教育部关于启动高等学校教学质量与教学改革工程精品课程建设工作的通知》，启动了我国网络精品课程建设项目。教育部计划用五年时间(2003—2007)建设1 500门国家级精品课程，利用现代化的教育信息技术手段将精品课程的相关内容上网并免费开放，以实现优质教学资源共享。2003年9月23日，由美国IET教育基金会、MIT和北方交通大学共同主办的公开课程材料国际论坛在北方交通大学举行。与IET基金会有合作关系的26所著名中国大学、67所现代远程教育试点院校、44所电大远程教育地方院校及企业界参加了论坛活动。中国6所大学与MIT合作，参与这项公开课程资源的公益事业。OCW被翻译成多种文字，在台湾，由著名翻译家朱学恒领导的一批志愿者正在把 OCW 中文化。

网络教育弥合了数字鸿沟，促进中国教育均衡发展。中国—联合国儿基会合作开展远程教育项目，从 2001 年开始，远程教育项目的重心逐步转向推广“爱生教育”理念，近年来更突出强调注重信息技术的教育应用，注重更有效地提高教育教学质量。其中，东部—西部网络合作教育，利用网络和东部地区优质教育资源，促进西部地区教育的快速发展。

6. 教育全球化

网络教育促进了教育全球化发展趋势。在 WTO 框架下，教育作成为一种商品，发达国家的高等教育跨出国界为全球服务，有数据显示，2003 年通过网络教学全世界大概有 3 600 多亿美元的经济规模。教育全球化为更多的人提供了接受高等教育的机会。

“2061 计划”是美国科学促进会联合美国科学院、联邦教育部等机构，于 1985 年启动的一项面向 21 世纪人才培养，致力于中小学课程改革的跨世纪计划。该计划认为，美国的下一代必将面临巨大的变革，而科学、数学和技术位居变革的核心。该计划系列著作包括《面向全体美国人的科学》《科学素养的基准》《科学教育改革的蓝本》等，中国科协与美国科学院联合建立“中美合作网上科学教育资源”网站，并翻译“2061 计划”的部分著作。类似的这种跨国界的教育合作还有很多，在中国，教育国际化交流与合作日益成为提升竞争力的一种手段。

12.3.2　网络教育面临的问题

网络教育为终身学习提供了一种最好的形式，学习形式灵活、富有弹性，学习资源丰富，学习者有多样化的选择。因此，网络教育受到学习者的欢迎，网络教育发展迅速。

但是，今天的远程教育也面临着挑战，主要问题是职员开发、质量保证、平等的机会、竞争等。职员开发没有受到应有的重视。澳大利亚著名远程教育理论专家拉彻姆博士认为，“开放学习机构应该成为一个学习化的组织，其行动应该建立在成熟的实践和对职员开发的行动研究之上。但是，职员开发问题无论从深度和广度上看都未能受到高度重视。”日本多媒体技术教育协会主席坂元昂博士强调了应该“在虚拟空间中建立网络校园，使教师和学生能够通过卫星、互联网和其他通信技术相互联系”。加拿大贝茨博士认为，远程教育有 3 个问题应该给予高度重视：公平、质量和竞争。因为远程教育市场潜力巨大，大学、公司纷纷介入，因为发展太快，质量很难保证。加强对网络教育课程的监管是教育部门面临的挑战。

12.4 知识管理与人才培养

12.4.1 知识管理对知识管理人才的要求

知识管理活动贯穿着对知识、过程和人的管理，无时无刻不是在与人打交道。因此，知识管理的最大特点是以人为本，最大限度地调动人的积极性和挖掘人的潜力。知识管理的特点，对实施知识管理的人才提出了要求。什么样的人才能够胜任知识管理的工作？

1. 良好的社会能力或人际沟通能力是对知识管理人才的首要要求

知识管理人才的工作重点在于人力资源能力的培养、开发、转换、挖掘和持续不断的创新，也就是说，知识管理人才需要经常打交道的是作为知识载体的人。知识管理者与知识员工的关系表现为平等、友好、经常沟通、深入了解，以激励为主。知识管理系统有利于传递显性知识，但难以传递隐性知识。隐性知识要靠直接的人际互动来传递，知识管理人员需要实施 T 型管理：一方面打破传统的组织层级，流畅地与各个组织单位分享知识(T 的水平部分)；另一方面能认真追求本组织的绩效表现(T 的垂直部分)。知识管理人员要善于对知识型员工进行激励，对他们而言，精神奖励比物质激励更有效。美国学者玛汉坦姆普在研究中发现，员工对激励方式的个体偏好顺序为：个体成长，33.74%；工作自主，30.51%；业务成就，28.69%；金钱财富，7.07%。这表明，对于知识型员工，物质奖励的作用不是很强，注重个性化方法才是最重要的。在个性化的工作环境中，知识型员工的激情会得到最大限度的发挥。充分尊重每个员工的个性，对发挥员工的潜能至关重要。环境的建设取决于良好的企业文化、团队精神、人际关系等。提供学习机会已成为重要的激励措施，接受培训，体验一流企业的文化、管理模式，紧跟一流技术与管理动态，可以使员工的人力资本不断升值。

2. 擅长信息技术是对知识管理者的一项基本要求

实施有成效的管理需要技术工具，知识管理广泛使用信息技术和信息系统。通常，知识以接近需要的形式存在于某个地方。因此，知识收集、整理和检索成为一项重要工作。有人认为，知识管理是一个过程，而不是一个计算机化的数据库。但搜集、整理组织知识，并利用技术手段建立知识库，将促进组织知识传播和共享。信息的获取、传递、处理和应用能力，即信息素质正在成为人们的基本素质之一，并直接影响综合国力与国际竞争力。知识管理人员要善于运用信息技术手段搜集、整理和传播知识。

3. 建立组织文化、促进知识社区建设的职责要求

支持知识的作用不只限于技术，技术问题可以继续由 IT 部门解决，组织知识支持需要建立团队，激发灵感，建立可以持续的组织知识文化。远见、战略和促进人们发生变化的能力才能促进知识共享文化的形成。

一般把知识管理人才分为 3 个层次：最高管理层 CKO（chief knowledge officer，知识主管）；中间管理层知识经理，如学校的教学、科研管理部门负责人；一线知识管理者即知识工人，如教育领域的教师等。对不同层次的知识管理者要求是不同的，CKO 领导着组织的知识组织、利用和创新活动，其职责是把知识变成可用的资源，对 CKO 的要求是最高的。

对大型组织而言，CKO 是必需的，他负责联系知识管理项目，在高层管理团队发表看法，争取最高管理层对知识管理活动的理解和支持。在很多情况下，CKO 是临时的或借用的，由 CEO 直接任命。CKO 的主要任务是知识支持：领导知识项目；作为知识管理过程的内部咨询专家；充当变化代理，帮助知识工作者适应变化；作为知识管理的技术专家，开发管理知识问题的特定技能；联系高层管理团队；培育知识创新。对 CKO 来说，最重要的是得到 CEO 的支持，并且使其在组织内倡导知识管理。通过自身的工作，使高层管理部门确信知识管理的作用，从而支持这项工作。在知识管理中，技术成分约占 20%，而文化交流占 80%。

CKO 一般应具备如下素质与能力：引领方向的能力；个人品德素质；管理素质；学习能力；管理组织文化和组织知识、促进知识创新的能力；管理关系的能力；管理变化的能力。

知识经理作为直接与一线知识工人接触的知识管理者，一个重要作用就是关心知识，关心创造和使用知识的人。知识工作充满了困难、挑战和压力。对知识工作者的期望越来越高，在关键知识工作者身上，容易发生才思枯竭的情形。在快速变化的工作中，伴随责任和义务的增加，必然导致压力的增加。知识经理要设法释放知识员工的压力，让知识工作者专心干擅长的、核心的工作。有时，帮助寻找新的、简单的方法，可以收到很好的效果。

一线知识工作者是直接创造知识、运用知识的人。什么是知识型员工？高学历、高学位不是决定因素，关键在于确有真才实学和真知灼见，并能使之见诸行动、付诸实施、转化为生产力，取得明显效果和在竞争中不断获胜。

12.4.2 知识管理人才培养的意义

历史研究表明，人类社会的现代化进程可以大致分为两个阶段，第一阶

段，从农业时代向工业时代的转移过程；第二阶段，从工业时代向知识时代的转移过程。前者大致时间是从1763年工业革命开始，到20世纪70年代；后者大致时间从20世纪70年代信息革命或知识革命算起，到21世纪。如果说，从农业时代到工业时代的转移过程及其深刻变化是第一次现代化，那么，从工业时代到知识时代的转移过程及其深刻变化就是第二次现代化。彼得·德鲁克早在20世纪80年代就预见到知识型员工和知识型组织的出现，在这种组织，“雇员队伍的重心从体力员工和文案员工迅速转向知识型员工”。在这种组织里，具体业务由团体负责处理，团体的队员是来自不同部门的专家。

第二次现代化的结果是人类正走向知识社会，知识管理的实施就是为了适应社会向知识化方向发展的需要。知识管理需要考虑和解决两个方面的问题：第一，要有可以利用的知识，即知识的获取和创新；第二，要能把行动的可能性或行动的能力转化为实际行动。这两方面都取决于知识型员工的劳动。“知识管理是为了发展知识经济而必然出现的新型管理，是管理领域的一个最新发展阶段”，而实施知识管理需要大量知识管理人才。

1. 实施知识管理是知识社会发展的需要

对组织而言，实施知识管理需要大量的人才，包括高级知识管理人员如CKO，也包括中层知识经理，还有一线的知识工人。从个人发展的角度看，要适应知识社会，必须成为具有知识管理意识与观念，掌握一定的知识管理理论与技术的知识型人才。从整个社会来看，知识管理的兴起需要一大批知识管理人才。培养、造就各层次的知识管理人才，主动迎接知识社会的挑战，将增强个人、组织和社会的竞争力。一个组织如果能够审时度势，吸纳知识管理人才，在组织中实施知识管理，这个组织就会获得竞争优势。一个国家如果及时针对社会发展的趋势积极培养知识管理人才，国家将及早形成人才优势，最终在竞争中获胜。

2. 知识管理以知识为核心，对各种知识连续管理，以满足现在和未来需要

知识管理是对知识的有意识的利用，使之变成一种可以管理的组织资源。知识决定着组织价值。知识管理就是有效地为组织实现显性知识和隐性知识共享提供新的途径，促进这两类知识的相互转换并在转换中创新。知识管理是用知识和智慧对知识进行管理，能最有效地开发、配置和利用知识资源，服务于经济和社会发展。知识管理面对组织变化的环境，将信息技术提供的对数据和信息的处理能力以及人的发明和创新能力这两者进行有机的结合，通过知识共享，运用集体智慧提高应变和创新能力。知识资源的本质在于，其实质内容和价值会通过经常的利用和交流得到提高。开发知识资源，

需要懂得知识资源的人才。

3. 培养大批各种层次的知识管理人才，就是顺应知识社会发展对人才的需要

培养知识管理人才有利于促进社会的第二次现代化，促进社会各组织向知识型组织转变，加快知识创新和知识传播，促进知识社会这种新的社会形态的成长，最终促进社会进步。

12.4.3 知识管理与人力资源

知识是知识经济时代的第一要素，其核心是以智能资源为代表的人力资本。诺贝尔经济学奖得主贝克尔教授研究指出，发达国家的资本75%以上不再是实物资本而是人力资本。这里的人力资本即脑力资本，而不是体力资本。

知识管理的目标就是力图将最恰当的知识，在最恰当的时间，传递给最恰当的人，并做出最恰当的决策，使组织具有智慧、反应灵敏、行动有力。实施知识管理，离不开知识人才的知识创新活动。没有创新知识的人才，知识管理就会落空。因此，知识管理比任何一种管理都要更加突出地重视人力资源的开发与管理。

李华伟等人描述了知识型员工的主要特征：①自主性；②劳动具有创造性；③劳动过程很难监控；④劳动成果难以衡量；⑤较强的成就动机；⑥蔑视权威；⑦流动意愿强。实施人力资源管理、开发人力资源，要针对知识型员工的这些特点进行。

知识管理需要人力资源管理部门将80%的力量用于人才管理、发挥潜能和人力资源发展上，20%的力量用于选择和吸引人才上。知识管理就是调动人的积极性，教育培训以提高人的竞争力，提高组织运行效率以提高知识生产效率。

实施知识管理，需要从以下几个方面做好人力资源开发工作。

(1)组织层面，建立长期人力资源开发战略，完善激励机制，加强人才成长环境建设。包括组织与员工长期合作、合理的价值分配与科学的绩效评价有机结合，一方面促进员工知识创新能力持续提高，另一方面增进员工与组织的信任与协调。国家及地区层面，制定有利于人才成长及发挥才干的政策，促进人才的合理流动。组织在今天竞争激烈的环境中如何胜出？就是依靠人才。一个组织员工的素质，如热忱、对工作的满意度、经验、对公平待遇的态度都影响着组织的产出、服务、声誉乃至生存。管理人力资源并不只是人力资源经理或专家的事情，组织中每一个人，不管在什么部门工作，都

需要与其他人打交道，因此，所有的人都需要了解并参与人力资源开发。面对激烈的竞争和变化，美国公司20世纪90年代普遍采取"风险薪酬策略"，有70%的公司提供职工优先认股权、红利等，而不是固定的高工资，激励员工在工作中通过创造好的业绩获得高的报酬。尽管单位时间的工资降低了，但2000年的"变化"激励工资比1991年高出2.5倍。员工的工资被置入风险之中，但努力工作可以变得更加富有。以微软公司为例，1990年代中期，将近1/3的员工成为百万富翁。这样一来，公司可以雇佣较少的人力，多出的资金用来建设信息技术设施。

(2)把人力资本管理理念贯穿到人才选拔、任用、培养、开发的整个过程。在达到组织利益实现目标的同时，使员工素质全面提高。利用信息技术建立人力资源管理网络，为每个员工建立成长档案，对员工个体、群体和全体实施科学管理，追求人力资本的最大效益。实行组织与员工共同成长的生涯管理。麦肯锡公司的五大用人原则值得借鉴：①思考与解决能力；②良好的沟通与交往能力；③具有超前意识的创新精神；④远大的志向和坚韧的毅力；⑤严格奉行"不进则退"的人事原则，即员工达不到晋升的标准便给予劝退，这里的标准主要是指知识贡献率。

(3)除了对员工自发的创新活动进行引导、总结、推广外，对组织创新活动进行规划，建立创新奖励制度，建立竞争机制，鼓励每一位员工参与创新活动。

(4)实施通才式的在岗职业培训，根据组织特点建立并实行轮岗制度，重点培养高层次、创新型人才。鼓励个人在实践中不断学习进取，引导员工实施个人知识管理。建立知识共享网络，建立学习型组织，引导组织向外界学习。组织应该为员工个人知识管理创造环境。寻找、发现、获取、使用、评价、交流信息的能力是个人学习的必备素质，也是个人知识管理的能力。"收集、管理和使用信息的方式，决定了你的输赢"，比尔·盖茨的这句话，为知识管理做了最好的诠释。个人知识管理的现实意义在于，它是个人专业知识和实践能力不断提高的基石，为个人的能力和今后的事业打下扎实的基础。"一个人学习过的知识，如果每年不能更新7%的话，那么这个人就无法适应社会的变化。"(彼得·圣吉)个人知识管理由获取信息、评估信息、组织信息、分析信息、展示信息、信息安全、信息协作与协作学习几个部分组成。美国知识资本集团(Knowledge Capital Group)公司的CKO、副总裁Stowe Boyd认为，十几年来的实践证明，很多企业和机构的知识管理并未取得应有的成功，其原因在于知识管理是从上至下的，是面向企业而不是面向个人的。今天和未来的知识管理实践必须发端于个人知识管理，再通过个体间的协作学习、关系链接成个体网络，最后到达企业和机构层、社会层。没有个人知识管理，就没有团队的知识管理；没有团队的知识管理，就没有企业和机构以及社会的知识管理。在组织中推进个人知识管理，是组织知识管理成功的基础。

(5)在组织中形成共生组织文化，促进员工之间、员工与组织之间的互动，引导员工关心组织成长。社会资本作为一种私人物品可以帮助个人获得生活的成功，作为一种公共物品有助于建立良好的团体。研究表明，社会资本可以让人“健康、富有、智慧”。社会资本与智能资本之间的关系是基础性的，如果一个组织的社会资本较低，必然严重限制组织智能资本的使用。高的社会资本必然带来组织成员之间的高度信任。在一个社会资本丰富的组织，高的信任水平在组织成员之间形成强有力的网络和合作关系，组织高水平的社会资本会强化它的智力资本。

12.4.4 知识管理人才的培养

知识管理是管理科学发展的一个新阶段，一种新的管理形式，培养知识社会需要的知识管理人才成为大学的一项新任务。从知识管理的性质可以确定，其人才培养应该是管理科学有关专业的任务。现在，经济发达国家和地区的大学都开设了知识管理课程，我国也开始了知识管理人才的培养。

2000—2002 年，新加坡南洋理工大学的 Abdus Sattar Chaudhry 和澳大利亚查尔斯斯图亚特大学(Charles Sturt Universtiy)的 Susan E. Higgins 一起对世界上开设知识管理课程的情况进行了调查。这项调查分两个阶段进行，第一阶段在 2000—2001 学年的第二学期进行，首先在互联网上搜索并按照一定的标准进行选择，最后确定了以澳大利亚、加拿大、新加坡、英国、美国 5 个国家的大学开设的 37 门课程为研究对象，试图通过分析这些由不同专业开设的课程，把握知识管理课程的发展趋势。他们只选择那些授予得到认可的学术或专业资格的大学或类似组织主办的，为大学生或研究生开设的给予学分的，涉及知识管理重要课题的综合性课程作为研究对象。调查的第二阶段于 2002 学年的第二学期完成。他们注意到这期间知识管理课程增加了，香港、韩国、马来西亚、挪威的大学都开始开设了这方面的课程。有 20 多所大学提供各种层次的知识管理课程，有硕士学位课程、研究生证书课程、高级证书课程。

研究发现，知识管理课程主要设在研究生阶段。据调查，选择的 37 门课程中，只有 7 门是为大学生开设的，其余 30 门全部为研究生开设。开设这些课程的专业领域有商业、计算、信息。这些课程都是作为所在院系的信息系统课程的一部分(计算机学院或商学院)，或信息研究课程的一部分(通常在图书馆和信息科学学院，只有少数例外)。开设知识管理课程最多的是作为信息系统和信息研究的硕士学位课程的一部分，占40%。其次是MBA(工商管理硕士)课程，占35%。在第一次调查结束后的两年里，知识管理课程有显著增加，特别是在图书馆和信息科学(LIS)学院，但提供这些课程的学科组成没有什么变化。

知识管理课程涉及的内容主要有：与知识有关的概念，开发利用知识的工具，组织管理知识的战略，实现持续知识创新需要的支持系统。最常使用的课程名称是知识管理，其他的有组织知识管理、知识管理系统、信息和知识管理等。总体上，课程内容中有很大比重的信息管理内容，尽管被赋予不同的主题，放到不同的概念框架上。信息检索、分类、索引、信息搜索等主题出现在不同的名称下面。尽管课程数量增加了，内容的定位和重点没有多少改变。人们对课程涉及的课程领域和主题做了分析，如表12-1所示。

表12-1　知识管理课的课程领域和主题

课程领域	主题
1. 基础	知识的定义和复杂性 知识的形式(显性、隐性) 知识源(最佳实践，实践社区) 知识工人 智能资本 知识组织 知识管理过程 知识管理推动者 知识共享模型
2. 技术	常用技术概述 知识生效技术的选择和设计考虑 知识管理架构 知识管理工具和应用 协作(群件工具) 商业智能(数据分析工具) 文档管理系统 内联网/门户/Web站点

续表

课程领域	主题
3. 过程(规范)	知识审记 知识的捕捉和获取 绘制知识地图 知识资源的组织和分类 知识库的开发和维护 知识的搜索、检索、使用和重用
4. 应用	知识管理在咨询公司和IT公司的应用案例和成功故事 知识管理应用在不同领域和行业的考虑 在组织中实施知识管理项目
5. 战略	把知识集成到组织工作中以获得组织知识资源的杠杆作用 实现持续知识管理工作的步骤 知识管理活动制度化 人力资源和支持(知识专家的作用和责任) 知识资产的测度

分析表明，不同学科设置的知识管理课程侧重点不同。计算机院系侧重技术，图书馆和信息科学、商业管理院系侧重管理。商学院的课程集中在人力资本、测度、商业案例等内容，重视共享文化、组织重构和对变化的管理。信息系统和研究院系的课程强调知识库及内容的开发和管理，重视知识资源的组织、知识图、知识政策。计算机学院重视知识传递技术如搜索引擎、内联网、门户，协作技术如不同类型的商业信息分析工具，如数据挖掘、数据仓库。

这些课程共同的内容就是知识管理原理，如知识友好环境建设、共享文化的促进。不同院系实施的知识管理教育明显倾向于对自己应用战略或所处文化环境的偏好。知识管理教育面临的挑战是：如何根据不同的学科确定最佳主题内容，以满足相应学科知识管理工作者的能力需要？研究表明，信息科学、技术、传播学、管理学是知识管理课程的基础，多个学科合作设计、实施知识管理课程也许可以达到希望的平衡。

这个调查显示了2001年前后大学开设知识管理课程的基本现状。随着时间的推移，开设知识管理课程更加普遍。2006年，王翠波等选取《2006

世界大学科研竞争力排行榜》中位于排行榜前列的20所美国大学和30所其他国家有代表性的大学为调查对象进行网络调查，发现其中有21所高校开设了知识管理相关课程。美国、英国的一些大学已经成功地实施了知识管理专业研究生教育。

我国学者还开展了知识管理教育方面的研究和实践活动。武汉大学信息管理学院的王心裁、吕元智从知识管理的内涵出发进行分析，认为知识管理的核心内容在于发现、组织和传递知识，以使知识得到利用，从而促进知识创新。从教学的角度来看，知识管理专业或研究方向应当开设知识管理概论、人力资源管理、知识组织、知识库、知识获得等核心课程。此外，还应开设信息技术、管理类课程。他们认为信息管理专业的课程已包含大量信息技术、信息组织的内容，可以通过增加知识管理课程增设知识管理专业，构建从本科到博士培养的完备的专业教育体系，兴办MKA(Master of Knowledge Administration，知识管理硕士)，培养高级知识管理人才，即CKO(知识主管)。为确保MKA群体的知识结构更合理，建议借鉴MBA、MPA的经验和做法，鼓励跨专业报考。同时认为兴办MKA是一种较理想的模式。

清华大学经济管理学院的王方、杨斌等人认为，知识管理是管理教学的新领域，为管理类专业学生开设知识管理课程是顺应知识经济时代对管理人才的需要，知识管理课程应该包含基本概念和理论、行业实践、人力资本、信息技术四个方面的内容。

从上述对国内外教育界对知识管理的认识和实践活动可以看出，培养知识管理人才是知识经济时代的需要，知识管理课程涉及的内容框架基本形成，知识管理人才的培养主要集中于硕士、博士高层次人才。人类现在已进入知识社会，就像信息社会信息素质、ICT技能是一个人的必备素质一样，知识素质应该是对每一个人的要求。因此，知识管理教育不应限于培养知识管理专业人员，非专业人员也应实施知识管理教育，特别是即将成为知识工作者的大学生，知识管理意识、技能、能力的培养是必要的，在大学不妨作为通选课开设。

实际上，不仅仅是大学在开展知识管理人才培养活动，公司、咨询机构在知识管理人才培养方面起步更早，与现实结合得更紧密。事实上，知识管理与其他管理形式一样，是一种实践性很强的活动，人才培养不应该局限在课堂上，更多的应该在实践活动中进行，在工作场所进行。从事人才培养的人更多应该来源于从事知识管理实践的管理人员。

本章习题

1. 知识管理对教育形成了什么样的影响?

2. 知识社会人们通过什么途径实现终身学习?

3. 访问 MIT OCW 计划网站，寻找自己感兴趣的网络课程，思考该计划的社会影响。

4. 你认为知识社会应该建立什么样的知识管理人才培养体系和课程体系?

第13章 国内知识管理案例分析

13.1 国内政府知识管理案例分析：首都之窗

在全球信息化浪潮的带动下，我国政府也对此做出了积极的行动，在办公自动化建设的基础上，20世纪90年代以后，我国政府信息化进入到飞速发展的阶段。1999年，全国普遍实行了政府上网工程，到现在为止，电子政务建设成效显著，以电子政务为平台开展的政府知识管理也成为政府关注的要点。本节主要结合首都北京电子政务建设成就来分析国内政府知识管理现状。

13.1.1 首都之窗简介

首都之窗(www.beijing.gov.cn)，如图13-1所示，是北京市国家机关在互联网上统一建立的中心网站，是北京市政府的门户网站，它是一个网站群，于1998年3月开始筹建，1998年7月上网运行，目前已经走上良性发展的轨道。其主要任务是：传播政府声音，发布政府的方针和政策；开放政府面向社会公众的信息，提供社会查询政府信息的渠道；建立网络信访机制，构架政府与企业、市民之间的桥梁。首都之窗的建设依托首都公用信息平台，为上网单位提供信息发布、信息传输、信息交流及电子信箱等服务器平台和网络环境，并结合各单位现有条件和资源，由政府统一规划、统一投资建设，分配给各单位使用。避免了各单位分散建设造成的资源浪费和重复建设，大大节省了基础通信设施和网络交换设备的投资。同时，也有利于实现互联互通、资源共享，为今后的发展和扩充创造有利的条件。为了统一、规范地宣传首都形象，落实“政务公开，加强行政监督”的原则，建立网络信访机制，向市民提供公益性服务信息，促进首都信息化，推动北京市电子政务工程的开展而建立。其宗旨是：“宣传首都，构架桥梁；信息服务，资源共享；辅助管理，支持决策”。网站规模非常庞大，提供包括政务、经济、投资、生活、旅游、法规、北京概貌等内容性服务，以及在线查询、分类服务、在线办理、服务导航等功能性服务。

图 13-1　首都之窗首页

结合首都之窗的建设，北京开展了“数字北京”工程，“数字北京”工程是通过建设宽带多媒体信息网络、地理信息系统等基础设施平台，整合了首都人文、社会、空间、环境、科技等信息资源，建立电子政务、电子商务、科教信息系统、劳动社会保障及信息化社区，从而建立信息化的交流体系。“数字北京”逐步改变了北京市民的生活、工作方式，加快推进北京电子政务建设的进程。意在建立以资源为核心的一体化电子政务体系，整合政府各部门门户网站遗留的信息孤岛，实现各部门网络互联，搭建良好的数据交流平台，从而提高政府网络的利用率，以促进建立统一网络标准和统一平台，为下一步政府视频会议、电子签章、无纸办公等政府信息化奠定良好的基础，使政府办公更加公开、高效，最终实现政府一站式办公，促进政府知识管理的实现。

北京的政府信息网络化建设取得了阶段性的成果。首都公用信息平台

CPIP 建成，高速宽带有线政务专用光纤网络一期工程已经完成。首都之窗网站群已建有北京市的 142 个各级机关网站，提供网上申报、在线填报审批等 170 余项网上办公服务项目，通过网站对外公开各政府部门的办事制度和办事程序，宣传政策法规，增加政府工作的透明度，建立政府与广大市民沟通的新渠道。同时，还选择了 15 个与经济发展和百姓生活密切相关的政府部门开展网上行政审批试点工作，从而促进了行政审批制度的改革和业务流程的重组。这些都为“数字北京”的建立奠定了坚实的基础。

从北京市的实际情况出发，在总结网上审批一期试点经验的基础上，按照加强监管、提高效率和改进服务的方针，紧密结合行政审批制度改革的要求，充分利用现有的电子政务资源，努力改善投资环境，北京市政务专网建立电子政务网上审批市级平台，实现政府部门间的互联互通、信息共享。建立资源共享、数据交换、业务协同的工作机制和模式，建立应用支撑与集成环境，建立共享与交换体系以及安全保障体系，形成逻辑上统一、物理上分布的全市电子政务应用基础。实现 300 项左右审批服务业务网上办理，提高办事效率和公共服务质量，为全市电子政务的深入推进奠定基础，同时也为政府知识管理的推进奠定基础。

据测算，北京市信息化总指数居全国领先。首都之窗群目前有 146 家网站，包含了北京市的各级政府单位。但是，市党政机关的信息网络和信息系统的防护水平普遍处于“独立运行、自主保护”的初级阶段，离“统一管理平台、统一安全标准”的阶段尚有距离。

13.1.2 首都之窗的特点

首都之窗充分体现了其服务宗旨，为政府知识管理提供了基础，其特点主要体现在：

(1)随着网站对政府职能部门的服务集成度的迅速增加，电子政务网络服务的充实性得到了极大的提高。首都之窗不仅在服务广度上极其丰富，在服务深度上也是细致入微。首都之窗的服务内容，覆盖了公众服务的方方面面，其服务充实性，在全国城市电子政务网络中遥遥领先。

(2)随着电子政务在政府各职能部门的深入发展，首都之窗在电子政务网络交互性上有了很大的提高。首都之窗的许多服务已经实现了政府与公众的双向交互，同时，有很大一部分服务已经实现了在线的事务处理过程。

(3)电子政务网络建立了面向政府客户的个性化服务。首都之窗将其用户分为市民、企业、投资者、公务员和旅游者五大类，并努力为不同的客户群提供个性化的服务，其中有一部分服务甚至可以直接面向个人提供。

(4)电子政务网络的民主监督职能逐步得到显现，电子政府日趋透明化。如今，通过首都之窗，广大市民的参政议政、投诉举报、监察监督等民主权利逐渐得到凸显。

(5)由于建立了一站式的服务机制，电子政务网络结构功能的实用性得到很大的提升。如今，用户可以通过首都之窗为其提供的多种方式来实现不同的需求。

(6)电子政务网络的结构形式更加灵活。首都之窗在结构上具有很强的可扩展性，可以随时根据不同的需要进行网站内容和形式的调整，其政网服务不再受到网站结构的限制和制约。

13.1.3　首都政府知识管理的内容

首都电子政务的发展为首都政府知识管理提供了信息化平台，其知识管理主要内容为：

1. 完善电子政务在线服务平台

根据“统一注册、统一认证、统一申报、统一反馈”的原则，完善“首都之窗电子政务在线服务平台”。以客户为中心，以需求为出发点进行网站设计，提供用户注册和管理、流程查询、资料申报、结果反馈、监督投诉、咨询讨论等功能，增强服务内容，提高服务效率，使其成为政府面向社会服务的门户和窗口。

2. 建设网上审批市级平台

根据“统一调度、统一交换、数据共享、统一监控”的原则，设计市级平台并组织实施，重点建立应用集成环境、公共资源配置服务体系、业务交换体系、共享服务体系以及安全保障体系等，实现信息交换、信息共享、业务协同、监督监察、辅助决策与分析等功能。

3. 建立共享信息资源库

根据政府业务需求，确定共享信息资源种类和用途，对现有信息资源进行整合和优化，促进同类信息资源库的互联互通，并选择通用性强的基本信息库为重点，建立共享机制，形成全市共享信息资源。

4. 建立安全保障体系

“一手抓电子政务建设，一手抓网络与信息安全”。根据互联网、专网和内网的划分和隔离要求，清楚界定网与网之间的边界，进行安全域划分，指导委办局和区县级平台安全体系建设，设计、建立网上审批平台统一的安全保障体系。

5. 实现300项左右的内部审批平台

在30多个委办局内部实现300项左右审批事项的网上审批。通过在线服务平台的统一受理，市级审批平台的统一调度、统一交换，在各个委办局实现各个审批事项的内部网上审批，并把审批状态和结果通过消息代理反馈到市级审批平台和在线服务平台，通过在线服务平台的统一反馈功能实现对申报者的同一窗口进同一窗口出的统一服务。

电子政务的发展为政府实现办公更加公开、高效，最终实现政府一站式办公奠定了基础，同时也为政府知识管理、建立学习型国家和创新研发奠定了基础，规划和建立执政党和政府公共行政知识管理系统及其政府知识创新和创造、政府知识传播和分享、政府知识应用和增值三大系统，从而提高中国综合创新能力(知识创新、科技创新、管理创新、服务创新、政府创新和品牌创新)，实现中华民族的伟大复兴，以早日实现可持续发展的工业经济、服务经济和知识经济以及知识化农业经济相结合的中国现代化和知识强国战略目标。

13.2 国内企业知识管理案例分析：北京移动、联想、青岛啤酒

13.2.1 案例一：北京移动的知识管理

1. 背景

电信业是未来新经济(或称网络经济)发展的基础和核心，是典型的技术与知识密集型产业和高投入、高产出、高就业型产业，涉及国民经济、社会发展和人们生活的方方面面，对其他产业的发展有着很强的带动作用。

随着中国加入WTO，在两年内开放增值业务，五年内开放基础业务，许多新的运营商加入移动通信运营市场的竞争，竞争激烈程度加剧。

对国内运营企业来说，快速响应要求知识管理，失去速度有时就代表失去客户，从而失去效益；高效协作要求知识管理，共赢的环境中，高效协作才能赢得更好的信誉；优质服务要求知识管理，知识管理能够提炼知识精髓以更好地服务于客户；收益创新要求知识管理，知识管理能够基于积累、立足现实、创新未来。

对于国外运营企业来说，它们进入中国移动通信业务市场主要通过与国

内移动运营企业合作的形式出现，成立中外合资运营企业，但它们的进入会带来新的经营理念和丰富的经营经验，对中国移动通信市场将会有很大的推动与冲击。可以预见，未来电信运营商之间争夺的焦点必然会从网络和服务质量转变到信息和知识。

2. 北京移动的知识管理策略

北京移动将其知识管理策略定位于"知识与最佳实践传递型策略"。即注重现有知识的重用，力图提高现有知识的重复利用率，来提高组织的业务运行效率，提高员工的素质，为客户提供更加令人满意的通信服务。

公司知识管理的最终目的是增加公司的利润并提高公司的赢利能力，从总体上服务于公司的战略目标。但并不是任何知识或知识管理活动都能够达到这一目标，只有那些应用于关键领域的知识及其管理活动才能做到这一点。要想把知识转化为价值，公司领导层应该认真审视驱动自身业务发展的挑战和机遇，回答如下两个问题：哪些知识对于本公司的生存和发展最为重要？在哪些领域内共享知识和刺激学习最有利于公司业绩的提高和竞争力的增强？也就是说，在推行知识管理之前，公司领导层需要确定公司业务重点，首先在公司的重点领域内进行知识管理工作。

北京移动知识管理重点领域包括两种类型：一是公司内部成本最高或潜在收益最大的领域。在这些领域内推行知识管理，可以使公司较大幅度地降低运营成本或增加经营利润，从而使公司通过知识管理获得超常的回报。二是公司的核心竞争力领域。公司的核心竞争力是指能够使公司为客户提供特别效用的独有技术和能力。对于所有的公司，在推行知识管理之前都应首先明确自己的核心竞争力在哪里，来自哪些关键部门。然后在这些关键部门推行知识管理工作，以期通过知识管理进一步增进公司的核心竞争力。

计费业务中心、网络优化中心、营销中心、市场经营部是北京移动取得竞争优势的核心部门。计费业务中心和网络优化中心是北京移动重要的内部支持部门，对北京移动内部 IT 系统和无线网络的正常运作起到关键作用。而市场经营部和营销中心则是北京移动获取销售收入的主要部门，负责经营分析、市场开发、营销管理和产品销售等工作。因此，选择首先在计费业务中心、网络优化中心、营销中心、市场经营部 4 个关键部门进行知识管理试点，有利于通过知识管理项目使北京移动获得最大收益。

3. 北京移动知识管理的建设内容

通过对自身信息化建设的深刻认识，并在第三方咨询公司的帮助下，北京移动将其知识管理建设定位为一个知识门户系统，如图 13-2 所示。

<table>
<tr><td colspan="6">知识入口</td></tr>
<tr><td colspan="6">单点登入信息集成</td></tr>
<tr><td colspan="6">智慧型动态资料呈现</td></tr>
<tr><td colspan="6">智慧搜索服务工作流程服务</td></tr>
<tr><td colspan="2">协同工作</td><td colspan="2">知识内容共享</td><td colspan="2">电子学习</td></tr>
<tr><td colspan="2">视频会议在线沟通
讨论区日历共享
工作指派</td><td colspan="2">文档库
E-Learning
项目管理</td><td colspan="2">电子培训
业务介绍</td></tr>
<tr><td colspan="3">通信管理</td><td colspan="3">组织管理</td></tr>
<tr><td colspan="3">电子邮件
语音/传真
无线通信</td><td colspan="3">人事结构
目录服务</td></tr>
</table>

图 13-2 北京移动的知识门户系统

在项目前期，知识管理项目组对北京移动实施知识管理项目进行了可行性分析，并对市场上的各种知识管理技术进行了分析比较。通过搭建试验平台的方式，最终确定采用领先、成熟的 IBM Lotus 解决方案。

4. 北京移动知识管理的实施步骤

北京移动知识管理系统的实施分为三个阶段：启动期、推进期和维护期。其中，推进期的工作量最大。

(1)启动期。启动期中，员工初次接触知识管理的概念和软件，对知识管理软件的功能比较生疏，抵触心理较大。启动期的工作包括：在计费中心实施软件；相关管理制度的发布；知识管理概念的普及；知识管理软件的使用培训；文档分类结构培训；工作流程的使用培训。启动期成功的关键在于发布一套合适的知识管理制度。启动期成功的标志是知识管理相关制度的发布和知识管理系统在计费中心的成功应用。

(2)推进期。推进期中，知识管理系统开始在其他部门推广，员工开始大量使用知识管理系统，在使用过程发现许多与以前不同的流程，如果软件设计得不是十分完善，则会产生大量抵触情绪。推进期的工作内容包括：知识管理软件在其他 3 个部门推广；数据初始化；进行知识管理软件评估；收集、整理新的需求，并迅速调整软件。这个阶段成功的关键在于高层领导的持续推动。推进期取得成功的标志是知识管理软件在 4 个部门成功实施，知识管理软件可以支持各部门的业务工作。

(3)维护期。维护期中，软件的功能、流程与业务已经基本吻合，员工也对知识管理软件比较熟悉。但是由于知识管理系统不是业务系统，员工还没有形成对知识管理系统的依赖，需要长时间的强化，才能使使用知识管理软件成为员工的工作习惯。维护期的工作内容包括：持续地往知识管理系统中添加新的内容，包括最佳实践案例、工作文档等；实施激励制度；进行知识管理项目的评价等。维护期取得成功的关键在于贯彻知识更新制度和知识审计制度，确保知识库中知识的有效系统。维护期取得成功的标识是知识管理软件成为员工开展业务的必需工具。

5. 北京移动知识管理的实施效果

北京移动的知识管理项目正在按计划顺利进行，目前正处于推进期。已经完成的功能模块有：知识门户、内容管理、知识流程、实践社区和在线学习。

(1)知识门户：BOSS。

知识门户系统是知识管理系统的用户界面，是用户访问知识管理系统的统一入口。企业知识门户对企业已有的内部及外部信息进行优化整合，使企业员工可以从单一平台访问、抽取、分析存储在内容管理系统、实践社区甚至是 BOSS 系统中的大量知识。同时用户可以根据自己的需要定制个性化的界面。用户利用这个平台获得知识以做出合理的业务决策，并加以执行。知识门户系统通过及时地向用户提供准确的知识来优化企业运作，提高企业生产效率。企业知识门户实现了企业知识资源的一致访问。

(2)内容管理：IBM WebSphere Potral Server。

内容管理系统实现了企业级的分布式内容管理功能。内容管理系统中有十分详尽的文档分类结构，为计费业务中心等 4 个部门提供一致的内容、文档存放平台。内容管理系统同时可以通过知识门户提供一致的内容发布机制。通过内容管理系统，营销中心可以清晰、方便地管理每个大客户的文档，而每个中心的综合管理部可以迅速而简单地发布文档。

(3)知识流程：Lotus Domino. Doc。

知识流程系统是知识管理系统的基础模块之一，它在底层提供管理文档的流转功能，使知识的载体，即文档在用户之间流转，实现文档的传阅和审批。知识流程系统可以应用于任何一篇文档，例如可以在项目管理平台上创建一个文档，同时将文档流转功能嵌入到该文档中。当文档保存时，系统自动将文档在预定义的用户之间传递。同时，使用者可以调整流程结构，满足业务处理的要求。通过知识流程系统，可以规范每个中心的业务工作流程，同时实现中心之间或内部的电子化公文处理。

(4)实践社区：Lotus Workflow。

实践社区系统为员工协同工作、分享经验、管理知识提供了强大的工具，为企业知识的积累和共享提供了积聚点。计费业务中心通过实践社区系统完成项目文档管理，项目组在实践社区中共同探讨问题。网络优化中心则可以利用实践社区共同讨论网络维护过程中出现的技术难题，并将其讨论的线索整理成为在线学习模块的电子教材。

(5)在线学习：Lotus QuickPlace。

为了给员工提供更多有价值的培训，同时有效降低培训的成本，北京移动通过在线学习系统建立了一个先进的网络远程培训环境，通过这个系统，实现了所有员工无论何时何地都可以参与的培训方式。

13.2.2 案例二：青岛啤酒的知识管理实践

1. 背景

1903年8月，古老的华夏大地诞生了第一座以欧洲技术建造的啤酒厂——日耳曼啤酒股份公司青岛公司。经过百年沧桑，这座最早的啤酒公司发展成为享誉世界的“青岛啤酒”的生产企业——青岛啤酒股份有限公司。1993年，青岛啤酒股份有限公司成立并进入国际资本市场，公司股票分别在香港和上海上市，成为国内首家在两地同时上市的股份有限公司。

20世纪90年代后期，青啤公司开始全面实施“大名牌战略”，确立并实施了“新鲜度管理”“高起点发展、低成本扩张”“市场网络建设”等战略决策，以“名牌带动”式的资产重组，率先在全国掀起了购并浪潮，被称为中国啤酒业“从春秋到战国”行业整合潮流的引导者。对购并企业，青岛啤酒推行“系统整合，机制创新”的独特管理模式，用青岛啤酒企业文化来整合子公司的管理模式和理念。

目前，青岛啤酒公司在国内18个省、市、自治区拥有40多家啤酒生产厂和麦芽生产厂，构筑了遍布全国的营销网络，基本完成了全国性的战略布局。现啤酒生产规模、总资产、品牌价值、产销量、销售收入、利税总额、市场占有率、出口及创汇等多项指标均居国内同行业首位。

2. 关键需求

青啤作为百年企业，已经拥有了一定的技术、质量、品牌和信誉，这都是青啤的宝贵资产，靠着这些资产青啤还能保有中国啤酒行业的领先定位。但是，任何企业都是有成长生命周期的，企业如何在攀登到一个高峰时还能具有攀登另一个高峰的能力，可持续地发展下去，这是一个非常重要的核心竞争力。

那么什么样的竞争力才是可持续的？这种竞争力从哪里来？青岛啤酒认为，核心能力不是核心资源，组织能力应当是核心能力的重要组成部分。而组织能力更多地体现在团队学习的能力，要提升团队的学习能力，提升组织和个人的知识管理能力是必由之路。我们用未来思考今天，用今天成就未来，靠的就是知识管理，它可以帮助我们打造不可复制的核心竞争能力，这就是我们为什么要做知识管理的主要动因。

从青啤的现实需求来看，知识管理也势在必行。一方面，青啤有百年积淀，创造了大量知识资产；而另一方面，由于没有建立体系的知识管理，在收集、管理、更新和应用知识方面，没有形成连续的管理过程。可以说，青啤随处都可以发现闪光的金子，但没有人去识别它或是挖掘、提炼它，就如一颗颗散落在各处的珍珠，力量非常微弱。这造成的不良后果也显而易见：个人或部门形成的专门资产如果没得到共享，企业就经常从事着重复性投入和劳动；没有文化和机制分享，寻找和搜寻知识就增加了企业的交易成本。如果将其串成线、连成片，能量就会像发生核裂变一样不断增强、壮大，企业的竞争能力也会水涨船高，就能够达到以最小的边际成本来创造最大的边际效益。

3. 解决之道

为了有效推进知识管理，青岛啤酒引入了知识管理规划咨询，在规划咨询的基础上，开展了知识管理系统实施。

青岛啤酒通过规划咨询，明确了应当从战略层面、知识层面和经营层面对青岛啤酒的知识管理能力加以提升。战略是导向，知识是基础，经营是支柱。在战略层面上要将知识管理能力提升纳入青啤的战略体系中，并制定科学合理的战略规划使知识管理战略落地；在知识层面上要重点加强内部显性知识的有序化、隐性知识的外显化以及外部知识的内部化；在经营层面上要从技术、管理和文化三个维度上齐头并进，借助 IT 系统打造青啤的无边界知识网络和共享平台，构建完善的知识管理组织架构、管理机制和评价激励机制，以保障青岛啤酒知识管理体系的有效运行，建设优秀的知识共享和学习文化，以促成员工的知识管理自觉化。

在这些工作的推动中，逐步形成了青啤知识管理的三种力量，打造了知识管理得以长效运行的动力机制，这就是知识管理的牵引力、推动力和支撑力，可以称为“三力合一”。

在牵引力方面，要使知识管理和各个部门、各个员工的工作目标结合起来，实现 BSC 导向的 KSC(knowledge scor card)，即知识记分卡的概念。通过 KSC 使每个部门、每个员工在日常工作建立一种思维——基于部门和岗位工作目标，明晰关键知识领域、识别关键知识领域现状和期望，进而设计知识发展提升手段，这是 KM 和部门与岗位工作目标得以有效融合的关键。

在推动力方面，建立"知识贡献度"评价机制，它会在总绩效体系中占有一定的权重。除了通过绩效体系的评价外，青岛啤酒还建立了知识管理的专项评价，如部门知识频道 KM 级别、个人 KM 级别，用以评价部门或个人在知识共享和经营方面的水平或能力，从而形成一种很人性化的 KM 级别通道和升降级机制。

在支撑力方面，青岛啤酒借助 IT 手段使各部门、员工梳理和提升的知识得以有效落地。青岛啤酒借鉴电视台的频道经营观念，在总部打造知识管理的"中央电视台"，形成总部的知识中心和大脑机构；在各营销公司和生产单位，建立知识管理的"地方电视台"，形成具有自己个性特点的知识卫星。

在知识频道建设之初，青岛啤酒确定了"以部门为中心"的知识频道管理模式，并参照电视台频道管理模式确定整体知识频道建设方案。总部建立"中央电视台"，分为总部综合频道、人力资源频道、财务管理频道、战略管理频道、营销管理频道、公关管理频道等；同时各分公司仿照"地方电视台"的模式建立相应的综合频道和部门频道。

为了有效推进知识频道经营，青岛啤酒建立了相应的 KM 组织架构，直接责任主体是知识管理委员会，各级委员会对本单位的知识频道负有直接的责任。各部门领导从总体上监控本部门或单位知识频道的运作情况，保证部门或单位资源在知识频道上的充分投入，同时对部门与知识频道相关的活动进行决策与审批，并对本部门员工参与知识频道建设的情况进行指导和评价；各部门的专家负责对本部门知识频道上的优质知识进行推荐、点评，解答员工的疑难问题，并引导部门知识频道的知识创新工作；知识管理专员则是推动知识频道建设的主要力量，直接负责频道经营的日常事务，包括知识频道的系统维护、知识体系和知识题图维护以及各项知识频道活动的宣传推广工作等。

4. 整体建设

青啤的知识管理建设坚持了"整体规划、分步实施；统一模式、分级管理"的原则。从 2006 年 10 月开始，青啤在第三方指导下，有步骤、有计划地推进知识管理建设。

截至目前，青啤知识管理建设大致可以分为3个阶段：第一阶段是知识管理体系搭建阶段，结合管理与IT手段构建了青啤的知识管理体系(2006年—2007年9月)；第二阶段主要是青岛本地工厂和营销公司的知识管理推广阶段(2007年10月—2007年年底)；第三阶段为青啤外地工厂和营销公司的推广(2008年年初—2008年年底)，主要包括济南厂、徐州厂、五公司、日照公司、三公司、潍坊公司、薛城公司、深圳公司、珠海公司、寿光公司、滕州公司、三水公司、松江公司等。通过近三年的知识管理建设，青啤的知识管理建设已经趋于成熟。

5. 价值体现

青岛啤酒知识管理项目实施后，在内部知识体系梳理、知识提升行为设计、知识频道规划、流程E化、专家体系建设等方面取得了明显成效。总结来说，青岛啤酒通过实施知识管理项目后，取得了以下几个方面的核心价值：导入知识管理理念、培育知识管理文化；建立KM成熟度评价机制，通过项目使青啤KM成熟度得到提升；识别、梳理并发展青岛啤酒知识体系，使关键知识领域PDC(掌握度、扩散度、编码度)水平有效提升；借助KM系统平台创建青啤知识频道，形成有效的知识频道运营模式；创建青啤知识管理组织和制度体系，形成基于知识积分、KM级别的评价和激励机制。

6. 知识管理新探索——"新师傅管理法"

青岛啤酒为了更好地认清自己在知识管理上的问题，对企业的知识管理现状做了一个成熟度调查分析，结果显示，目前青岛啤酒知识管理的突出问题是隐性知识没有得到有效的沉淀和共享，跨部门、跨单位的信息沟通和知识分享也存在一定障碍。针对这些突出问题，青岛啤酒进行了知识管理实践的新探索——"新师傅管理法"。

"新师傅管理法"主要是针对资深老员工的知识，尤其是从对隐性知识进行管理的角度出发，通过传统的传帮带、知识共享的方式，来搭建对这些隐性知识进行管理的平台，在将这些隐性知识扩大化、显性化的基础上，实现员工对这些知识的沉淀、共享、学习、应用和创新，从而有效地将员工个人能力转化为组织共有的能力，提高组织智商，避免因老员工的退休而造成组织失忆和企业资源的极大浪费。

青啤公司针对师傅知识管理本体模糊性、情景依赖性以及知识管理主体知识垄断性等特征，提出了"师傅知识管理模型"(见图13-3)，这个模型的核心理念是以共享文化为动力，推、拉结合。

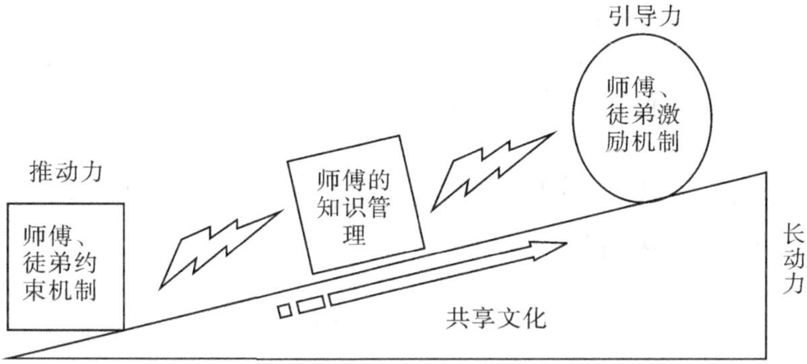

图 13-3 青岛啤酒“师傅知识管理模型”

首先，在“新师傅管理法”实施过程中，必须形成两股向上的，且方向相同的引导力和推动力，引导力主要是对师傅和徒弟的激励机制，而推动力则主要是对他们的约束机制，这两种力量在实施的前期是最大的。随着实施的深入，这两种力量由强渐弱，最终消失。另外，从实施的有效性来看，引导力更重要一些，因为知识的共享是“新师傅管理法”的一个关键问题，而知识的分享与利用是一种很不自然的行为，这样，在实施过程中，就不能过分依靠约束机制的强制作用，而更多的是通过激励机制让员工自愿地共享并贡献知识，所以对引导力应该更加重视。

其次，“新师傅管理法”作为公司的一项长期性制度，它的实施更需要一股长期的、向上的动力来支撑，而共享文化就是这种动力，这种动力逐渐由弱变强，它始于公司原有的共享文化。随着实施的深入，这种共享文化所提供的动力越来越强，最终成为“新师傅管理法”的长期有效动力。

总之，以引导力、推动力为先导，以共享文化为长期发展动力，三种力量互相协调、互相补充，共同形成一股更强大的、向上的发展力，在促进“新师傅管理法”实施的同时，更进一步加强青岛啤酒知识管理的旺盛生命力。

7. 知识管理心得

《知识管理即时化》一文指出，“知识管理可以一个有更好的方法，那就是：将专业知识融入高技术工作者的工作中。”而青啤在这次知识管理项目中的心得与该文的观点是一致的，即青啤的知识管理做到了与本企业的实际状况紧密结合，并根据企业的实际业务需求进行动态调整。在试点推行阶段，项目组主要以知识内容的梳理和 KM 系统平台的搭建为主；在第二个阶段，结合KM系统的推广复制，频道和栏目越来越多，项目组把工作重心转向了以“频道经营方法论”为核心的频道经营；在第三阶段，结合青啤一体化战略的提出，项目组聚焦业务与职能，着力推进KM系统的模块应用和功能开发，使之逐渐成长为支撑青啤一体化运营模式的知识管理大平台。

13.3 国内图书馆知识管理案例分析：中国科学院国家科学图书馆

国内图书馆已开始学习和理解知识管理理论和方法，并在图书馆实际管理中应用知识管理的思想和方法，改革管理、创新组织和创新服务。如深圳南山图书馆以人为本的知识管理组织文化实践，哈尔滨师范大学图书馆知识管理的实施方案。但更多的图书馆知识管理实践还未及时总结，如中国科学院国家科学图书馆、上海图书馆等组织都正在实现知识管理，创建知识服务模式，实现信息与知识的价值。本节分析中国科学院国家科学图书馆知识管理案例，描述了知识管理在国内图书馆的应用情况。

13.3.1 中国科学院国家科学图书馆基本概况

2006年3月，中国科学院国家科学图书馆由最早成立于1950年的4个中国科学院院级文献情报机构整合成立，总馆设在北京，下设兰州、成都、武汉3个法人分馆，并依托若干研究所(校)建立特色分馆。国家科学图书馆是支撑科技自主创新、服务国家创新体系、促进科学文化传播的国家级科技文献情报机构，主要为自然科学、边缘交叉科学和高技术领域的科技自主创新提供文献信息保障、战略情报研究服务、公共信息服务平台支撑和科学交流与传播服务，同时通过国家科技文献平台和开展共建共享来支持国家创新体系其他领域的信息需求。

中国科学院国家科学图书馆同时作为国家平台国家科技图书文献国家科学图书馆(NSTL)的一部分和中国科学院研究生图书馆，是一个现代化的复合型图书馆。一方面，它是嵌入到了中国科学院科研环境之中的网络化“国家科学数字图书馆”(Chinese Science Digital Library)，按照“资源到所、服务到人”的服务模式，通过公共集成服务平台，将数字化文献资源和网络化信息服务推送到科研现场，使科研人员在实验室、办公室、野外场站和家里就能随时随地获取丰富的科技信息；另一方面，它又是一系列拥有丰富文献资源收藏和多方面服务力量的多层次的图书馆体系。2006年创立了学科馆员制度，推行面向一线创新基地、研究所、实验室、课题组和个人的学科化服务，努力“融入一线、嵌入过程”，致力于提升科技自主创新的文献保障能力和学科情报服务能力。

中国科学院国家科学图书馆的知识管理是全面实现服务创新，加速文献情报工作从以图书馆管理为国家科学图书馆的中心工作向以用户服务为国家科学图书馆的中心工作的根本性转变，从被动服务走向主动服务，从传统文献情报工作走向数字化、网络化、知识化服务。

13.3.2 创建了一体化的开放服务环境

中国科学院国家科学图书馆按照新的业务流程，以开放的理念，精心营造“人书相依”的阅读环境，全年365天，每天12小时连续开放，形成“查、阅、藏、借一体化”的服务布局。最醒目的地方设立了总咨询台，每一层服务区设立咨询台，加强了为读者提供参考咨询和查询辅导等服务。新馆设置千余个信息点，在阅览区配备了书目检索终端、自助复印机，尽可能地为读者提供一站式的服务；同时使用“一卡通”系统，简化了服务手续。积极开展读者培训工作，举办各种“走进科图”免费系列读者培训，内容涉及新馆资源、服务、信息利用方法等多方面内容；另外，图书馆还配备了车辆，开展上门培训和服务。建立了以用户服务为中心的国家科学图书馆网站，提供了完善的网络基础设施，保障了知识服务的技术含量和水平。建设了数字化国家科学图书馆，构筑支撑中科院科学研究和国家创新体系建设的开放、联合的信息服务体系，并与国内外主要大型图书馆和信息机构互联，提供一个分布式全球存取的信息环境。

13.3.3 提供协同保障的知识服务

国家科学图书馆服务工作突破了阵地服务的传统模式，初步形成了联合保障服务、网络参考咨询服务、知识链接的公共服务、用户定制服务和多方位信息素质教育的多层次服务系统。

1. 加强馆际合作与联合服务，提高文献保障率

建立了完善覆盖全院的馆际互借与原文传递服务，建立CSDL与NSTL、国家图书馆、CALIS/CASHL和若干国外文献传递服务机构之间的稳定、流畅的传递服务流程，为全国科研工作人员服务的文献传递系统。国家科学图书馆还与英国大英博物馆图书馆、美国OCLC的成员馆建立了国际互借关系；与北京范围内的国家图书馆、清华大学图书馆等多家单位建立了馆际互

借和原文传递协议；还与日本、澳大利亚等国家文献信息机构建立联系，扩大国际代查的范围。在原文代查的同时，也开展专题文献检索服务。

2. 在传统服务的基础上创新，增加服务的知识含量

建立了“首问负责制”和为读者服务的“科图”网站。在国内率先开通了在线参考咨询服务，建立全院联合的网络参考咨询服务体系，建立总馆、分馆、部分重点研究所联合的数字参考咨询馆员队伍，建立可靠的管理和评价机制，运作了网络参考咨询服务机制，形成了分布式参考咨询服务系统。国家科学图书馆还利用学科门户网站，为读者提供数理科学、化学、资源环境、生命科学、图书情报学科和微生物、青藏高原、长江流域生态、天然药物和科技政策特色学科信息导航服务。

3. 网上 ScienceChina 公共信息服务

ScienceChina(http：//sciencechina. ac. cn/)是由中国科学院国家科学图书馆联合中国科学院内多家单位，在中国科学引文数据库和中国学科文献数据库的基础上，建成并面向广大科研用户提供公共信息服务。作为公共信息服务平台，ScienceChina 以具有完全版权资源的现期目次数据库、中国科学引文数据库、中国学科文献数据库为核心资源，提供了 1985 年以来的国内优秀科技期刊论文目次、文摘、引文及全文链接服务，文摘数据总量已经达到 130 多万条，引文总量达 400 万条，并将以每年 20 万篇文摘和 100 万条引文的数量增长。ScienceChina 集科技文献快速报道、引证关系揭示、学科深度加工、外部资源开放链接于一体，建立了基于互联网的以中国核心科技期刊论文为基础的整合数字化学术研究环境。

ScienceChina 的数据既可以独立使用，又有灵活的内在链接，通过一篇论文提供的信息可以灵活地链接到同一作者、关键词、主题词、资助基金、学科分类的其他论文，并实现内部的跨库检索。ScienceChina 在保证内部数据库灵活、充分链接的同时，采用开放机制与外部资源的链接，提供延伸服务，可以获取电子版全文、其他文摘数据库的链接、原文传递服务，获取 Web 资源和馆藏信息，与参考咨询服务系统相链接，随时咨询图书馆馆员。为用户构造了以文献查询开始，以引文为基础，了解论文之间的内在联系，以知识为核心，建立学科信息的聚类与整合为过程筛选文献，以开放链接指向原始文献获取为最终目的的一站式服务。

4. 定制服务

国家科学图书馆配合 NSTL 推出了新的服务——SDI 定题推送服务，为各学科领域的研究提供相应的多种文献类型的文摘信息的推送服务。在中科

院全院(京区)范围内选择了10位重量级的专家作为特殊用户，如袁亚湘、李静海、谭铁牛、阎保平、张道中、李芳华、杨焕明、韩兴国等院士、首席研究员等，帮助用户注册和制定检索策略以及辅导使用SDI服务系统。

5. 多方位信息素质教育

利用图书馆科技教育活动场所，积极组织中外科技工作者，尤其是著名科学家和院士参与到科学文化传播的行动中来。先后组织了科学报告会、论坛、科普展览、科技作品制作、多媒体和网络体验、培训、参观等多种活动。如邀请著名科学家叶大年院士、著名美籍华人科学家何大一博士、美国总统科学顾问约翰·吉本斯(Gibbons)、法中科学应用基金会主席雅克·冈(Jacques CAEN)教授、北极科考理事会主席瑞查德·格林(Glenn)、诺贝尔医学奖获得者J. 萨尔斯顿(Sulston)等举行科学报告会。

建立培训课件、培训教程和网络培训教室的建设和管理机制，提供比较完善的网络培训服务，开通了网上读者培训专栏，提供新生入馆指南、读者培训计划、网上教室等。

开展了院所相结合，培训和服务相结合，现场活动和可持续服务相结合的“服务百所行”工作，推动研究所的读者培训和服务工作，推动所级文献情报队伍的建设。策划和组织地区国家科学图书馆、若干研究所图书情报单位面向全院各研究所科研人员的服务推广活动，统一编写培训课件，相继到北京、东北、华北、合肥等地研究所，对近2000名用户进行了培训。

13.3.4 坚持改革与创新的管理文化

国家科学图书馆坚持改革与创新，加强管理制度和队伍建设，以创新和发展的思路建立一流图书馆的管理文化。在总结知识创新工程建设经验后，探索了新的业务流程重组方案，提出了科学院图书馆的可能发展模式和协作协调机制，争取和利用社会各类资源的新模式。

成立了创新文化建设领导小组和创新文化建设办公室，建立了有效推进创新文化建设的组织体系。制定了创新文化建设方案，把建设科学文化和建设图书馆组织文化(简称科图文化)作为国家科学图书馆创新文化建设的两大目标，并使之相互结合，互为动力。在科学文化建设方面，主要是结合传播科学知识，弘扬科学精神及展示科学文明，提高科技工作者和社会公众的科学文化素质，发挥了图书馆在科学文化建设中的作用。在科图文化建设上，以实现科学图书馆“新理念、新服务、新管理、新形象”为导向，着重抓了科图创新文化“精神层、制度层、物化层”三个方面的建设。

13.3.5 营造学习型组织

按照专业化的要求规范管理，强化图书馆的职业理念和职业道德，建立专业化的职业团队，建设学习型组织，是国家科学图书馆保持旺盛的创新精神，进行可持续的人才队伍建设的重要内容。

国家科学图书馆建立了“图书馆发展战略论坛”，定期邀请有关方面的专家和领导为广大员工宣讲重大发展趋势，探讨重大理论和业务问题，已经连续邀请多位专家作了专题报告。

经常组织大型学术研讨会的学术交流活动。举办了“知识管理：图书馆的机遇与挑战”学术研讨会、“海峡两岸图书馆建筑研讨会”“中国科学院图书馆学情报学科学讨论会”“中国科学院图书馆可持续发展与创新国际研讨会”等学术交流。2010年是国家科学图书馆馆庆60周年，更是举办了一系列的学术活动，包括“图书馆发展趋势论坛”“未来信息人员的教育”座谈会、“未来的图书馆员”国际研讨会、“面向‘十二五’创新发展研讨会”等。

组织部分骨干到其他图书馆进行学习考察，组织中层干部到香港、澳门图书馆进行学习考察，组织图书馆馆长、信息管理系主任进行“一流研究性图书馆的特点、标准与建设”座谈会，举办“图书馆规范化服务与服务创新”研讨班，并实行考察和学习进修的公开报告制度，考察报告在电子馆务平台上发布。

建立“中层干部学习交流会”制度，领导班子成员和中层干部一起，就各自业务工作和部门的改革、创新和发展进行交流，已经进行过多次交流活动，许多同志作了主题发言。

建立全员继续教育计划，要求员工完成每年规定学时的继续教育活动。为保障继续教育的规范和有序，修改了“国家科学图书馆继续教育暂行办法”，调整了继续教育经费使用办法，将全部经费的约50%用于部门的岗位培训。举办了多种与信息技术相关的理论学习和技能培训班，以及“英语听说能力”培训和图书馆学专业研究生课程进修班，提供系统的专业理论和继续教育的机会。

13.3.6 建设开放研究基地和专业高级人才培养基地

发挥组织智力资本，建设开放研究基地和专业高级人才培养基地。

国家科学图书馆基本建成4个中心：①不受时空限制的查询、检索和获取文献信息的信息资源服务中心；②开展科技情报研究、高技术情报研究的科技情报研究服务中心；③图书馆学情报学专业人才培养教育中心；④全院文献情报系统的业务指导、协调中心。

开展情报研究分析与共享平台建设，提高文献情报系统情报研究能力。凝练国家科学图书馆的情报研究发展目标和工作重点，优先组织力量开展数理基础学科、战略性高技术领域、科技政策与发展战略等方面的情报研究，形成系列化品牌化的有高影响力和显示度的拳头产品。进行情报研究协同工作平台建设，组织文献情报系统的力量，吸收地方及社会力量开展相关领域的情报研究。深入开展情报研究方法与技术体系的研究，引进数据挖掘、知识发现、科学计量学等方法，建立情报研究分析平台；研究分析协同情报研究的工作模式，建立情报研究共享与协同平台以及相应的工作机制；建立完善的情报研究管理制度，并围绕重点品牌建设的需要开展相应研究团队建设。

13.3.7 运行知识共享的平台

建设电子馆务平台实行馆务公开。国家科学图书馆自2003年4月起开发，2003年9月正式运行。电子馆务平台可以将馆务公开的内容快速传达给广大职工，使职工的知情权得到切实的保证。能够充分发挥自由论坛“双向互动”的特点，使广大职工群众能够畅所欲言，及时对本馆的服务、科研、管理等发表自己的看法，能够为领导与员工的沟通开启一个“绿色通道”。电子馆务平台是包括馆务信息发布、馆内公文交换、员工信息交流、信息浏览查询、馆务文件存储等在内的统一平台系统。通过电子馆务平台，建立业界动态、学术交流、部门风采、研究资源、职工教育等栏目，鼓励员工发布学习体会，进行学术和经验交流。

13.4 国内教育机构知识管理案例分析：高校创新团队

13.4.1 国内教育机构实施知识管理的背景

长期以来，人才培养和科学研究是高校工作的两大中心，高校教师大多一边教学一边从事科研。高校基本以院系为单位对教师进行人事管理与考核，对教学科研人才实行了“单位制”式的管理。结果，很多研究领域十分接近的专家被分割在不同的专业学院，难以形成合力，科研课题零散，研究人员个人奋斗、分立山头，难以承接并完成较大课题，整合全校优势力量形成科研团队就更加困难。高校及管理部门均意识到了这个问题，对国家科研管理体制和学校内部科研组织进行改革，以提高高校整体科研创新能力，提高人才培养质量，同时提高大学服务社会的能力。

13.4.2 国内教育机构实施知识管理的措施

为充分发挥优秀人才的综合优势，提升高校的创新能力和竞争实力，推动高水平大学和重点学科建设，教育部于2004年启动"长江学者和创新团队发展计划"。创新团队项目以"985工程"科技创新平台、重点科研基地为依托，以两院院士、长江学者特聘教授等拔尖人才为核心。教育部每年遴选支持60个创新团队，资助期限为3年，每个创新团队资助经费合计300万元。资助期内，还遴选部分创新团队成员赴国外高水平大学进行合作研究。

为进一步发挥高等学校创新平台的投资效益，凝聚并稳定一批优秀的创新群体，提升高等学校科技队伍的创新能力和竞争实力，有计划地在高等学校支持一批优秀创新团队，2005年12月，教育部提出并发布"长江学者和创新团队发展计划"创新团队支持办法。2006年2月26日，国务院也发布了《实施〈国家中长期科学和技术发展规划纲要(2006—2020年)〉若干配套政策》，其中特别强调："要培养造就一批创新能力强的高水平学科带头人，形成具有中国特色的优秀创新人才群体和创新团队。"

中国石油大学承担的"973计划"项目"中国典型叠合盆地油气形成富集与分布预测"从1999年立项至2004年11月验收，项目组有20多人进进出出，但通过建立有效的规章制度，项目组仍然保持了团队的创新活力和科研水准。2000年制定并生效的《项目管理暂行条例》，被奉为项目组的"宪法"。该条例对人员与职责、成果与学术交流、档案管理等，都作了明确的规定。条例规定，每个课题由首席科学家提名并经国家科学技术部审核聘任课题组长，课题研究人员须按课题任务书所列投入时间保证在课题中的工作量，高质量地完成研究任务，同时积极配合课题负责人完成项目要求的各项任务。条例还就项目组的成果与学术交流作了规定，它要求课题组长必须在每季度末向项目办公室提交本课题的研究交流信息。课题研究人员在如实向课题组长汇报时，可直接将最近进展情况以简报的形式交项目办公室。项目办公室根据各课题及研究人员提交的素材，应及时将最新研究动态和学术交流信息编写成简报，并迅速向项目所属各课题组发布。各课题组向项目办公室提交正式年度报告，年度报告应包括本课题的工作量、工作进展、研究成果、合同任务完成情况、出版情况和经费使用情况。严格的管理制度不仅保证了项目的如期完成，还使所有参加项目的单位都培养了一批人才。

华中师范大学为培植一大批学术创新研究群体，提高学校人文社会科学整体学术水平和创新能力，制定了"金桂""银桂""丹桂"计划，鼓励具有共同研究兴趣的教师组成科研群体，从事研究方向相对集中的研究领域的较长期的研究。

重庆大学机械工程学院制订了科研团队资助计划，鼓励有条件的学术带头人组建和壮大具有创新精神和发展潜力的科研团队和科研实体，并为他们创造良好的氛围和工作条件。

随着中国由精英高等教育体系向大众高等教育体系的转变，人才培养质量问题日益凸显。为提高人才培养质量，教育部启动了“高等学校教学质量和教学改革工程”。在质量工程框架指引下，2003 年 4 月，教育部发布了《教育部关于启动高等学校教学质量与教学改革工程精品课程建设工作的通知》，在全国范围内启动了高等学校精品课程建设项目。国家精品课程建设主要包括教师队伍建设、教学内容建设、教学方法和手段建设、教材建设、实验建设、机制建设 6 个方面内容。教育部计划用 5 年时间(2003—2007 年) 建设 1 500 门国家级精品课程，以网络为载体实现优质教学资源向社会大众免费开放共享，以缓解不断增长的教育需求同优质教育资源供给不足的矛盾，最终全面提高中国高等教育质量。经过 7 年的建设，国家精品课程建设项目取得了丰硕的成果，在社会上产生了积极影响，培养了一批人才，建设了一支队伍，促进了各省各高校精品课程建设，显著地提高了教学质量。从学校层面看，精品课程建设带动了教学团队建设、教学研究活动开展和教学活动创新，整合力量的同时实现了知识共享和知识创新，属于教学领域的知识管理活动。

13.4.3 国内教育机构知识管理分析

1995 年，随着互联网进入中国，我国高等学校开始了大规模的以校园网建设为主题的网络化、信息化建设，随后开展了数字校园建设，信息系统和信息资源均处于整合阶段。我国高校尚未明确提出建立知识管理系统、实施知识管理战略，知识管理实践目前处于制度创新层面。教育部、高校、院系、项目组都在制订团队建设计划，鼓励具有异质知识背景的人们形成团队，开展合作研究。形成这样的团队就是在尝试建立有利于创新的学习型组织。随着信息化建设水平的提高和制度创新的深入，知识管理将成为高校进一步提高创新能力的必然选择。

13.5 国内学术型组织知识管理案例分析：中国科学院

13.5.1 国内学术型组织实施知识管理的背景

1997 年，中国科学院向中央提出了《迎接知识经济时代，建设国家创新体系》的研究报告，建议国家组织实施“知识创新工程”。1998 年 6 月 9 日，国家科技教育领导小组第一次会议审议并原则上通过了中国科学院《关于“知识创新工程”试点的汇报提纲》，决定中国科学院知识创新试点工程试点工作分三个阶段实施，1998—2000 年为启动阶段，2001—2005 年为全面推进阶段，2006—2010 年为优化完善阶段。从此，中国科学院开始了一场大规模的通过科技体制创新和科技创新实现知识创新的活动。

13.5.2 国内学术型组织实施知识管理的主要措施

1. 优化科技布局，调整组织结构，建立知识创新基地，形成科技创新集群

首先，组织力量进行战略研究，形成了《优先发展领域方向和重大项目战略研究》报告，引导各研究所将科研力量向重点领域方向凝聚。在知识创新工程试点全面推进阶段，推出了科技创新战略行动计划，进一步明确了重点发展领域。按照“领域前沿、重要方向和重大项目”三个层次部署实施了一批创新项目。

然后，把科技目标凝练作为研究所进入知识创新工程试点序列的必要条件，推动研究所调整学科布局和重点发展领域。如大连化学物理所根据国家战略需求和世界科技发展前沿，将生物技术研究部署为该所 5 个主要研究领域之一，确定了药物生物技术、能源与环境生物技术、材料生物技术等重点发展方向。

同时，通过引进领衔人才和优秀团队，调整科技布局，提高科研水平。如化学所引进国际知名的高分子科学家为学术带头人，结合国内外优秀青年骨干，组建了“聚合物科学与材料研究团队”，开展高分子科学与物理、数学、信息、生命科学、材料科学和环境科学等领域的交叉研究。

还以承担重大项目为牵引，调整组织结构，聚焦领域方向，部署领域前沿。如山西煤炭化学研究所以“煤基液体燃料合成浆态床工业化技术开发”和“高性能碳纤维关键技术研究”等重大项目为龙头，形成了 3 个以科技创新为主体的研究室和 5 个面向市场的高技术工程研发中心。

最后，按照具有明确的战略目标、避免低水平重复布局、鼓励交叉综合，以及具有相对集中的园区和易于共享的支撑条件等原则，建设了 18 个知识创新基地，形成了在基础科学研究、生命科学与生物技术、资源环境科学研究以及高技术研究与发展等领域，优势较强、规模较大的综合研究基地。

与此同时，根据战略定位和发展重点，重新部署研究力量。对 45 个研究所进行了所际调整，整合成为 15 个研究所(院)。瞄准世界科技发展前沿，部署新兴和交叉学科研究方向，并适时组建新的研究单元。先后组建了

地球环境研究所、北京基因组研究所、青藏高原研究所等新的研究机构。与北京大学、清华大学共同新建了国家纳米科学中心。将一批应用开发类科研机构转制为有限责任公司，直接为经济建设服务。

2. 改革管理体制，实施制度和管理创新

建立了“队伍动态更新、资源择优配置”的机制，形成了以科学评价为基础的竞争发展机制。

人事制度方面实行了岗位责任制、项目聘用制，建立人事代理制度。2001年停止了传统的职称评定工作，奠定了科技队伍竞争提高、动态更新的制度基础。

分配制度方面，实行了体现绩效优先的“基本工资、岗位津贴、绩效奖励”的三元机构分配制度，试行了“研究所法定代表人年薪制”、特殊拔尖人才的“协议工资制”、项目聘用人员的“合同工资制”。有效地激励科技人员的创新积极性，提高了对优秀人才的凝聚力。

资源配置方面，首先确定了鼓励创新的资源配置方针，然后实施了“发展快先支持，发展好多支持”；鼓励对外竞争经费，削减经常费；重大重点项目院所两级匹配支持；运用预算手段推动事业发展等资源配置改革措施。

改革了评价体系和评价方法，1999—2001年的试点阶段确立了“创新任务完成情况评价”和“基础性、战略性、前瞻性”评价标准；2002年将评价体系调整为“重大创新贡献评价”“分类导向评价”和“基础指标测评”；2004年提出了“综合质量”评估，改变了过去以定量评价为主的方法，建立以同行专家定性评价为主、以基础指标评估为基础的评价方法。建立评价结果与研究所资源配置和法人代表年薪挂钩制度，给评价结果排序靠前的若干个研究所增加数百万元创新经费，对评价结果排序最后的几个研究所则分别扣减10%~20%的创新经费。

为鼓励制度改革和促进知识创新试点工程的实施，2002年新设立了“中国科学院杰出科技成就奖”，新的奖励制度注重原创，鼓励学科交叉系统集成。

此外，还开展了国有资产管理改革。首先对300多家院所投资企业进行了股份制改造，实现了经营性国有资产的保值增值，加强经营性国有资产的经营管理。在此基础上，以产权社会化为突破口，促进与社会优势资源的优化组合，加快高新技术产业的规模化发展。

13.5.3 国内学术型组织实施知识管理产生的效果

创新能力显著提高，对外竞争能力显著增强，初步形成创新文化，“尊重学术自由、追求科学真理、鼓励原始创新、坚持严谨治学、倡导团队协同、崇尚爱国奉献的良好氛围正在形成。”

产生了一批重大创新成果，科技创新产品数量大幅增加，质量提升较快。1998—2003 年，全院 SCI 论文增长 106%；在 *Nature* 与 *Science* 上的发表论文数达到 119 篇，占全国 50%以上。与体量相当的国际一流综合性研究机构德国马普学会(MPG)相比，SCI 论文总数已超过 MPG，从 1998 年比 MPG 少 1 031 篇发展到 2003 年比 MPG 多 4 109 篇，发表的高水平论文数量与 MPG 的差距越来越小。6 年来，发明专利申请与授权量分别增长 277%和 1288%，登记的软件著作权数增幅达 20 倍。

持续发展能力不断增强。1998—2003 年，经费收入年均增长 14.6%，其中对外竞争经费从 22 亿元上升到 44.3 亿元，年均增长 15%。6 年来，承担国家重大项目数不断增长，如“973”项目共 113 项，占全国比例达 37%；国家基金重大项目 37 项，经费总量 1.8 亿元，分别占全国的 50%和 46%。

投入产出效率快速提升。1998—2003 年，科学院总支出年均增长 22%，而同期在各学科领域影响因子居前 20 位刊物发表论文数年均增长速度为 31%，发明专利申请量年均增长 30%，授权量年均增长 69%。

“知识创新工程实施 6 年来，中科院确立了新时期办院方针，科技布局调整有序推进，体制机制改革取得突破，创新文化建设初见成效，重大科技创新成果不断涌现，取得了显著成效……高校、公益性科研机构、企业研发机构纷纷前来中科院取经，改革措施和计划在这些地方也纷纷出台，建设国家创新体系成为人们的共识和行动。”

中国科学院的知识创新试点工程是国家创新体系建设的先导、示范和重要组成部分。“国家创新体系是由科研机构、大学、企业及政府等组成的网络，它能够更加有效地提升创新能力和创新效率，使得科学技术与社会经济融为一体，协调发展。”中国科学院的制度创新活动为我国国家创新体系建设积累了宝贵经验。

13.5.4 国内学术型组织知识管理分析

由于历史原因，我国研究机构整体上从力量分布到运行机制，从政策导向到研究成果转化为商品的水平，从研究产出水平到研究效率，都存在一些问题。中国科学院实施的知识创新试点工程首先是确定知识创新目标和发展战略，然后对机构进行结构性调整，建立创新制度和鼓励创新的运行机制，形成创新文化。知识创新试点工程是中国科学院建院 50 年来涉及面最广的制度创新活动，其成效显著，影响深远。

13.6 国内个人知识管理案例分析：学科馆员

13.6.1 知识环境下图书馆馆员角色的变化

在网络化、信息化的知识社会，图书馆知识管理人员职业地位开始发生根本性的变化。除了承担信息加工与管理员、信息检索与咨询员、知识组织员和知识传播员4个基本角色外，还将充当多能化的新角色。

1. 信息资源与知识资源管理员

目前，各种信息层出不穷，纸质的、电子的、网络的信息，继续以惊人的速度增长。这些信息资源大多比较庞杂、分散、无序，且以一次信息为主，没有进行加工整理，给用户检索利用带来极大不便。图书馆作为社会信息知识的集散地，要求图书馆馆员转变角色，成为信息资源与知识资源管理员。

信息资源与知识资源管理员，要有对情报信息快速、准确采集和筛选的能力，并对获取的信息资源，用现代先进的信息技术、网络技术及其他相关技术进行综合处理，进行深度加工和组织，使其有序化和结构化，形成二次信息或三次信息。同时，要充分挖掘信息的潜在价值，把分散在各文献中的信息联系起来，方便读者有效地利用信息。

2. 网络信息导航员

著名科学家钱学森曾说："现在的图书馆、档案馆、情报单位的人员，应该是信息专家和信息工程师，是信息系统的建设者，也是使用的向导和顾问。"

目前，电子出版物的急剧猛增和近程、远程信息网络的广泛使用，为读者提供了在更大范围内直接获取信息的机会。但是，信息媒体的多样化和分散化，网络资源的庞大化和复杂化，信息生产的广泛化和无序化，也使读者在找寻信息时更加迷茫。因此，图书馆馆员的导航职责显得尤为重要。这就要求图书馆馆员利用自身娴熟的技术，加强网络的服务功能，帮助网络用户以最短的时间找到他们所需要的有效信息；利用网络技术开发各种数据库，为读者提供比传统图书馆更加完备的目录检索系统，并根据社会需要和网上读者的需要，整合编制各种导读系统或向导系统，解答各种咨询问题和解决信息检索中出现的各种高难度技术问题等，积极发挥网络信息导航的作用。

3. 信息专家与培训员

目前，我国的信息用户普遍缺乏信息意识、信息查寻的知识和技能，自己获取信息的能力较低；有些读者对图书馆拥有的各类文献资源及其利用手段不甚了解，甚至一无所知。所有这些，都严重地制约着用户信息需求的实现，从而使用户培训工作在当前显得尤为重要。

图书馆馆员在为读者服务过程中，无形中扮演了信息培训员的角色。因为读者对信息的认识与提高、信息使用方法的指导，基本上是由馆员在图书馆为读者服务的过程中来完成。作为信息培训员，图书馆馆员应该积极主动地帮助读者尽快了解信息资源的类型与特点，了解数据库的概念，熟悉图书馆的现代化设备以及文献检索的原理与方法，熟悉网上信息资源的检索、获取、评价、利用的方法与技能，以及计算机的操作技能；同时，图书馆采取灵活多变的方式，或专题讲座，或短期培训，或网上教学等，以实现上述目的。

4. 知识主管

根据图书馆知识管理系统的架构，图书馆知识主管的职责主要包括多方面，如创建学习型图书馆，培养知识管理人才，建立图书馆内外部知识库，规划图书馆网络应用环境，指导图书馆知识创新的方向等。图书馆馆员成为知识主管，能更加有效地管理图书馆拥有的以各种形式存贮的知识，并能对知识进行一定程度的创新，使图书馆的知识服务更有效地开展，给图书馆和社会带来巨大的经济效益，避免了知识的浪费。

5. 学科馆员

学科馆员制度，是图书馆发展到一定阶段的必然产物，它最早出现在美国和加拿大。1950 年，美国的内不拉斯加大学图书馆设立分支图书馆，并配备学科馆员，这是学科馆员制度最正式的建立。1981 年，美国卡内基梅隆大学图书馆率先推出了这一服务，称为跟踪服务。美国、加拿大及西欧部分研究级大学图书馆，也相继推出了网络化馆员免费导读服务等学科馆员服务模式。我国最早实施此项制度的是清华大学，它在 1998 年就设有学科馆员，随后，北京大学、武汉大学和同济大学相继引入了这一制度。2005 年 12 月 20 日，首都师范大学图书馆还主办了主题为“学科馆员制度的建立和发展”的北京高校图书馆馆长沙龙。近年来致力于图书馆发展研究的国家图书馆发展研究院院长李致忠谈道：现代图书馆发展的八大趋势之一，是建立图书馆学科馆员制度。

13.6.2 高校学科馆员个人知识管理实例研究——以清华大学图书馆为例

1. 实施情况

清华大学图书馆于 1998 年在我国大学图书馆中率先建立了“学科馆员”

制度，如今已经走过了十年的历程。1998年，清华大学图书馆引进学科馆员制度，从参考部选择若干名具有学科专业背景的馆员，对口联系一个院系所，主要针对教师和研究生层面开展用户培训、资源推广、网络学科资源整理、搜集用户建设等方面的工作。1999年，在岗位聘任中，进一步设立了专门的学科馆员岗位，在岗位聘书中赋予学科馆员明确的岗位职责和一定的工作量；2002年春季，又将原来分散在各个服务小组的学科馆员集中，组成了专门的学科馆员小组，从人力、物力、时间等方面对学科馆员的工作给予充分的保证，同时赋予学科馆员更多的工作任务与职责。为了更好地与各院系建立联系，在设立学科馆员制度之初，图书馆就请各院系指派一位教授负责与学科馆员的联系。2003年年初，进行了新一轮各院系图情教授的聘任，颁发正式聘书，并为图情教授提供若干利用图书馆的便利。还组织了图情教授与学科馆员的研讨会，请上届完成出色任务的图情教授介绍经验，使新聘图情教授更加明确自己的责任与义务，同时也增进了图情教授与学科馆员的相互了解。2006年，采取主分馆模式，并设立了图书馆顾问。2007年，尝试进行学科情报分析，与校机关联系，建立立体化联络体系，从教师逐步扩展到全校师生，如图13-4所示。

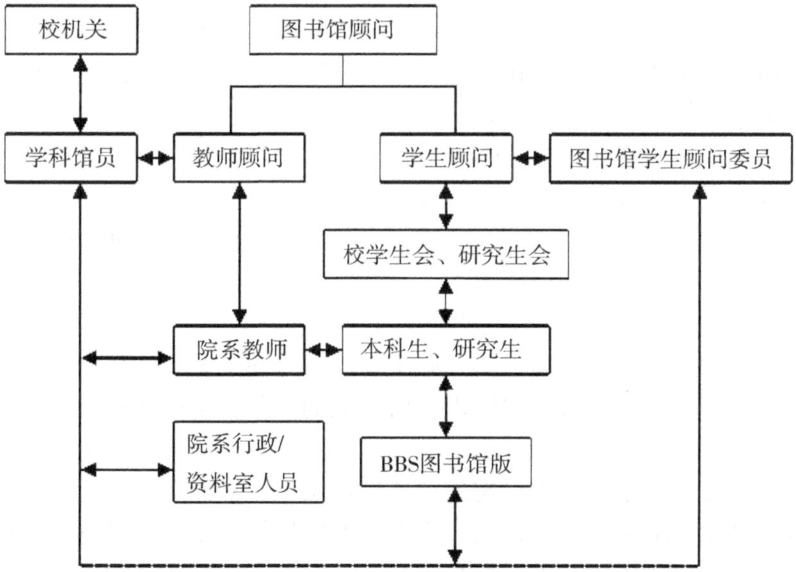

图13-4 立体化联络体系图

近年来，清华大学图书馆又在寻求新的学科馆员工作突破点。清华大学学科馆员的个人知识管理在其具体的学科服务工作中实施情况如下：通过建立立体化联络体系，明确学科馆员、图情教授和图书馆顾问的职责与义务，为对口院系的教师提供有针对性的信息服务，与其建立固定的、长期的联系，主动地向各院系收集和了解用户对文献资源和服务的需求，及时把图书馆的相关资源、服务、重点活动直接推送给相关院系的教师们，开展个性化学科服务，充分了解信息用户的知识资源需求；2003 年，清华大学发展成立了专门的学科馆员组织，这些学科馆员具有清华相关专业背景、硕士以上学历，基本上有境外或国外工作的一些经历，这样的人员素质高，学习能力强，便于整体协调与相互交流，使学科馆员个人知识的获取与知识结构的完善变得易操作，随之也提高了学科馆员服务的质量与层次；参与相关学科电子资源的建设与服务，主要包括使用、评估、宣传推广，负责说明页和使用指南的编写，参与各种测试，参与资源整合管理系统的测试与启动，针对各个数据库使用统计采取相应对策，与各院系联系，争取合作订购电子资源；开展各种形式的学科咨询服务，主要包括轮值咨询台(当面咨询和电话咨询)，虚拟参考咨询(FAQ、表单咨询和实时咨询)，参与 Question Point 系统，开发 THLVRS 系统，参与 CALIS 联合虚拟参考咨询项目；还组织了图情教授与学科馆员的研讨会，开展多层次学科用户教育，开展各种专题的培训讲座，如参考文献及论文写作格式、与投稿相关的核心期刊、影响因子、投稿指南等，构建更为实用化、更具亲和力的图书馆网站，提供学科馆员的电话、电子邮件联系方式，及时回馈，构建 BBS 图书馆专版，有利于知识的交流与共享；学科馆员还进行服务的创新，实施“嵌入式”教学，直接参与了研究生课程的教学过程，直接参与科研课题的研究。在图书馆的主页上还提供了重点学科网络资源导航和最新全国高校学科排名的链接，提供新的、专业化、系统化的知识服务。

2. 成绩、存在问题与发展趋势

清华大学图书馆学科馆员从开始至今，一直注重个人知识的管理，在实际工作中进行有效的个人知识管理，所开展的学科信息服务具有前瞻性，其工作职责与工作任务一直随着用户需求、资源构成、服务手段的发展不断变化与深入，已经建立了一支稳定的学科馆员队伍，形成了一套适合电子化网络化服务环境，适合本校学科用户需求和本馆馆情的学科馆员制度。注重知识的共享和创新，依靠基础支撑平台和学科服务支撑团队，提升了清华大学图书馆的知识管理能力与水平。

学科馆员制度起源是美国和加拿大的研究型大学图书馆，以清华大学图书馆为代表的中国大学学科馆员与其相比，存在着较大的差距和不足，体现在：学科馆员的服务层次不高，主要侧重于学科联络和用户需求，把图书馆的资源和服务推送宣传给用户，而高水平的学科服务应该是提供文献研究、知识分析的深层知识化服务。由于对图书馆工作的认识不足以及对学科馆员工作宣传的不足，作为图书馆的高层次人才，学科馆员的素质和工作成绩尚待社会的充分肯定。学科馆员利用现代信息技术的支持进行隐性知识的挖掘和管理程度不高，没有开展 K-Blog(知识博客)、QQ，Wiki、RSS(简易信息聚合)等更为便捷的服务方式。另外，学科馆员工作绩效的评价是个难点，应建立有效的图书馆激励机制，激发学科馆员的工作热情；学科馆员的创新型服务在服务广度和深度上均有待于进一步加强。

随着信息环境的数字化、网络化程度的不断深入，学科馆员制度呈现出新的发展趋势：以数字图书馆为依托，充分体现"以用户为中心"的思想，通过数字图书馆系统与研究机构知识管理平台的"无缝"集成，使学科馆员"无缝"融入到各个院系可以更多地参与科研活动，将信息服务融入到用户个人信息环境中，注重个人隐性的、潜在的知识的挖掘和管理，有效地进行知识共享与创新，加深学科服务的深度，建立多元化的图书馆激励机制，构建基于知识管理的学科馆员绩效评价体系，有效激发学科馆员工作的积极性和创造性。学科服务是图书馆服务发展的必然结果，这对提升高校图书馆的知识管理能力与知识服务水平具有重要意义。

13.7 国内知识创新案例分析：清华同方

作为我国新生代高科技企业的清华同方，是中国科技链中最令人瞩目的一环——清华大学向产业链主动延伸的产物，自它创建并上市以来，便将自己定位于一个联系知识创新源和知识应用终端的创新孵化器，为推动大学科技成果的转化与产业化进行了一系列前瞻性的探索。

13.7.1 公司背景

20 世纪 80 年代中期，各种各样的高科技企业如雨后春笋般被催生出来。一方面，一些企业如联想、方正、四通等抓住机遇脱颖而出，迅速成长为大型的高科技企业；另一方面，适应知识经济时代来临的需求，一批新生代的高科技企业应运而生，成为中国发展知识经济、实施科教兴国战略的新的领军企业。由清华大学发起创建并在上交所挂牌交易的清华同方就是这批新生代高科技企业的杰出代表。

清华大学组建清华同方，其初衷就是要造一个联系知识创新源与知识应用终端的创新孵化器。这个孵化器能够将学校众多的知识创新成果尤其是高科技成果迅速地、大规模地推向市场，从而最大限度地发挥自己在发展知识经济、实施科教兴国战略中的重要作用。

因此，清华同方从一产生就肩负着促进科技成果的转化与产业化的特殊使命。而正是由于对这一社会使命的自觉承担，清华同方为自己赢得了广泛的生存与发展空间。

13.7.2 创新孵化器——清华同方技术创新模式的定位

依托于自身优势，清华同方逐步建立起了一种将自己定位于创新孵化器的独特的技术创新模式，这就是紧密依托清华大学的人才、科技优势，以清华大学为自己的虚拟 R&D 中心，从清华大学已有的科技成果或科技人力资本中发现、筛选能和市场结合的项目，通过“技术+资本”的运作，二次开发并孵化成新的产品、新的工艺、新的产业甚至新的内企业。而这些新的产品、新的产业甚至新的内企业既可以充实到清华同方的产业领域，成为公司新的利润增长点，也可以通过各种有效的方式如技术转让、企业购并等转移到社会企业，为公司带来投资回报，如图 13-5 所示。

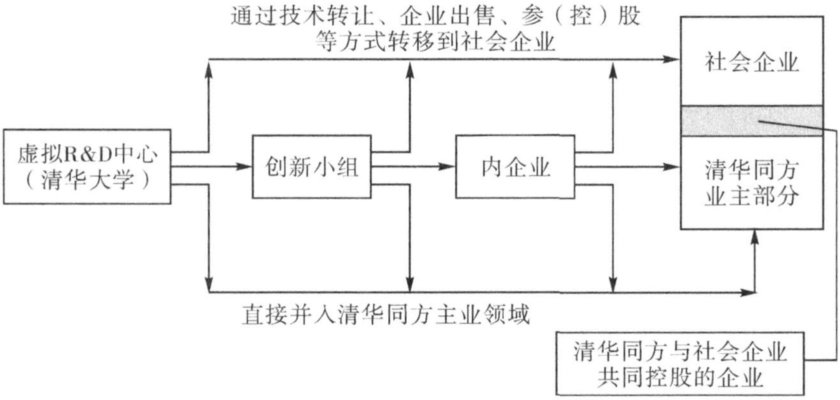

图 13-5 清华同方的技术创新模式

13.7.3 清华同方技术创新的三种运作机制及典型案例

创新孵化器作为清华同方技术创新模式的定位，既是其母体———清华大学这一强大的知识创新主体对清华同方的期望，同时也是公司根据自己的边界条件所做出的最佳选择。然而，这种独特的技术创新模式如何才能落到实处呢？对此，清华同方根据不同孵化项目的特点，采取灵活的介入方式和利益机制，探索出了三种切实可行的运作机制。

(1)成果孵化与大型集装箱检查系统的产业化。

第一种是成果孵化。所谓成果孵化，是将学校具有应用价值与市场前景的已有科研成果纳入清华同方这一企业载体进行孵化与二次开发，以形成新的产品、新的产业，甚至在此基础上成立新的企业。大型集装箱检查系统的工程化和产品化是这一模式的成功范例，开创了一条重大科研项目产业化的成功之路。

1991年，清华大学承担了国家八五科技攻关项目“大型集装箱检测系统研究”，总经费550万，清华大学额外筹措500万元，用于弥补经费缺口。经过4年多的努力，清华大学于1995年完成攻关任务，并建成了一套大型实验装置，使我国成为继英、法、德之后第四个掌握有关大型集装箱检测的关键技术的国家。然而，掌握关键技术仅仅是发展我国大型集装箱技术所迈出的第一步，只有将其转化为现实的产品，服务于国家建设，才是国家攻关课题的根本目的。然而，大型集装箱检查项目的产品化甚至产业化是一项极其复杂的工程，需要大量的资金投入，而这却是学校所不可能承担的。同时技术复杂度高，对成果转化吸纳单位的科技素质要求较高，一般社会企业难以承受。

为此，以上市为契机，清华同方在充分考察了该项目的市场前景后，把该项目纳入到自己的技术创新模式中，组建队伍，成立了清华同方核技术公司，以内企业运作的方式对该项目进行孵化与产业化。在一年多的产业化过程中，清华同方利用上市募集资金，为该项目注入2 000多万元资金，最终将一个高科技成果转化成一个炙手可热的高科技产品。现在，清华同方核技术公司已由原先的高投入变成拿到国家大订单后的高收益，由过去的小作坊变成一个年销售收入数亿元以上规模的加速器应用产业。可以预计，随着其规模的不断扩张，清华同方核技术公司在不远的将来将从母公司分拆出去，作为清华同方产业群的重要骨干而充当着中国乃至世界加速器产业的旗舰。

值得注意的是，在进行大型集装箱检查系统的孵化过程中，清华同方创造性地在公司和清华大学之间建立起“人才通道”，使“大型集装箱检查系统”的项目负责人能够进入清华同方从事产业化工作。可以说，这种将项目开发的科技人员向产业领域实行“带土移植”的做法，从根本上增加了成果孵化的成功率。

(2)建制孵化与清华同方光盘的组建。

第二种是建制孵化。所谓建制孵化，是将学校具有强大研发能力的科研建制（如项目组、工程研究中心、国家重点实验室等）纳入清华同方这一企业载体，将其科研能力孵化为产业开发的能力，从而发展新的产业，甚至建立新的企业。清华同方光盘有限公司的组建是这一模式的成功范例。

清华大学国家光盘工程研究中心于1994年成立，人才荟萃，曾多次获国家级和省部级成果奖，在光盘及相关技术方面的整体水平处于国内领先地位，有些单项技术已达到世界先进水平，但长期以来由于与市场脱节，而没有创造出应有的效益。意识到光盘工程研究中心巨大的潜在产业价值，清华同方在有关部门的支持下，通过有效的资本运作把国家光盘工程研究中心直接孵化与改制为独立法人的清华同方光盘公司，把清华大学一批优秀人才纳入到产业体系，实现了将其科研能力转化为产业能力的目的。目前，清华同方光盘公司以过去长期积累的科研能力为基础，已进入一个良好的发展态势之中，成为清华同方产业群的一个核心成员。按照规划，清华同方光盘在香港二板上市，公司将有一个更好的发展平台。

（3）反求孵化与“中同”卡（智能IC卡）的推出。

第三种是反求孵化。所谓反求孵化，是根据对市场需求的预测确定待开发项目，然后反求于清华大学，充分利用与整合学校相关的技术资源与科技人力资本进行项目开发，从而形成新的产品或新的产业，甚至建立新的企业。金融COS的成功研制与“中同”卡（智能IC卡）的推出是这一模式的成功范例。

清华大学在金融COS（IC卡的核心技术）方面已有较强的研究基础。清华同方根据市场发展趋势提出发展IC卡的计划之后，决定设立IC卡创新小组，并聘请清华大学相关科研人员进入小组参与研制工作，公司对创新小组给予资金等各方面的支持。不到一年，清华同方即成功地推出了具有自主知识产权的金融COS系统和以此为基础的智能IC卡——“中同”卡，并通过中国人民银行颁布的金融智能IC卡标准。由此，清华同方以创新小组为组织胚胎，利用或建立自己的内企业如电子商务部、中同智能卡有限公司，以发展基于智能IC卡的应用产业。目前，清华同方根据自身的技术积累自主开发了包括身份认证、数字签名、网上支付、授权管理、软件保护、网络安全等在内的“一卡通”系列核心技术，提出了以IC卡为核心的电子商务安全系统与电子商务解决方案。

随着沉积在清华大学的成果资源的日益减少，与学校科研建制配置的日趋合理，可以预见，反求孵化将越来越成为清华同方技术创新的主导运作机制。

13.7.4 意义与启示

作为大学高科技企业，清华同方敏锐地意识到技术创新在自身成长中的巨大作用。事实上，正是基于这一体认，清华同方不仅在实践中创造性地探索出了将自己定位于创新孵化器的技术创新模式，而且也以此为基础构建了一整套产业扩张与企业成长的模式——这就是以世界一流的高科技企业(更具体地说是世界500强)为企业的成长目标，以技术创新即对科技成果的孵化与产业化为企业的成长源泉，以规模化、一体化与多样化成长为企业的基本成长模式，通过对技术创新战略、资本运营战略与成长战略的规划、管理与整合，实现企业的超常规发展。

在更广泛的意义上，清华同方的技术创新模式为促进高校科技成果的转化提供了有益的启示。大学有待转化的科研成果与社会企业对科技成果需求之间的脱节一直是我国大学科技成果转化与产业化的顽疾。改革开放以来，国家在这方面进行了多方面的探索，其中一项最重要的措施就是创办大学高科技企业，由其直接承担高校科研成果转化的重任。然而，就大多数大学高科技企业而言，对高校科技成果的转化往往采取一种全程式的，即从研究开发到中试再到规模生产的“通吃”的转化方式。这种运作模式并不能有效地解决高校众多的科技成果的转化问题，对推动高校科技成果向社会企业的转移更是于事无补。而清华同方的技术创新模式意味着，大学高科技企业可以利用其依托大学技术与人才的优势，大力介入学校科技成果的转化，通过把科技成果孵化成规模化的产业甚至企业，一方面可以并入公司已有的产业领域，为自身超常规发展创造条件，另一方面可通过各种途径如上市、参股、控股或出售给社会企业，来获得增量资金用以促进学校科技成果的转化，从而使大学科技成果的转化与产业化进入一种良性循环。

13.8 国内知识共享案例分析：辽宁移动

13.8.1 知识共享的需求

多年来，中国移动通信集团辽宁有限公司(简称“辽宁移动”)的业务发展迅速，网络规模逐年扩大，设备数量和网络的复杂性日益增大，维护的难度也随之增大。而辽宁移动有1 000多名运维人员，其中300人在公司内部工作，其他700多人常年在外工作。这时，就出现一个矛盾：某一员工在工作中所遇到的难题，另一员工可能已经遇到过并解决了该问题。但由于员工之间不熟悉、部门隔阂等，员工之间无法进行充分的交流，这就导致信息无法及时有效地得到共享，公司面临信息/知识共享的难题。而当时辽宁移动运维部门员工交流的平台较为传统，主要依靠的是手机、公司的一个 OA 平台以及内部的一个 BBS，而员工在 BBS 上的活跃度并不高。所有这些都使得辽宁移动的运营维护工作越来越成为一项耗时耗力的工作。

13.8.2 初步的措施与效果

2002 年，博客等 Web2.0 新兴工具开始在互联网上流行。Web2.0 强调共享、注重个人产生内容、汇聚集体智慧、最终服务于人等的理念引起了辽宁移动高管的注意。他们认为，Web2.0 正是辽宁移动所需要的。通过 Web2.0 将发布知识的权利赋予每一个普通员工，这可以充分激发员工的积极性和创造性，并快速共享知识，最终搭建起公司内部的知识管理，将传统的运维管理推向运维 2.0，从而为业务创造出更大的价值。因此，利用 Web2.0 促进知识共享是辽宁移动的重要特色。

(1)博客的引入。

起初，辽宁移动将博客引入公司内部。与一般的企业博客不一样的是，该有的功能辽宁移动都有，但此外还增加了一个功能——切词功能。该功能的作用体现在：如果一篇文章中提到有关的公司内部的主要信息，如“交换机”，那么这个词就会被着重提出，并被关联到相关信息。

平台搭建好之后，网管中心的几位中层管理者率先开通博客，探讨运维方面的话题，这带动了其他员工使用博客的热情。而为了鼓励更多的员工关注博客，辽宁移动在内部发起了一年一度的博客大赛，并给予 iPhone 手机等实物奖励。截至 2008 年，在 1 000 多名运维部门的员工中，已经有 700 多人开博，并有 100 多人保持较高的活跃度。

通过这样的方式，将员工参与的积极性调动起来，并鼓励他们将工作中遇到的难题或解决方案以博客的方式记录下来。当员工在工作中遇到困难时，首先想到的是去博客中寻找类似问题的解决答案或在博客中发帖求助同事；而有类似经验的同事看到问题之后，则会与该同事一起探讨问题的解决方案，这实现了员工之间信息/知识的充分共享。

(2)Wiki 的引入。

随后，辽宁移动又关注到了 Wiki 的应用。与博客相比较，Wiki 在知识创新与共享方面更有其独特性。运维部门每年都在内部员工中召集案例，最后上报集团。在使用 Wiki 之前，这些工作中的案例大多存放在员工个体的电脑中，很少与别人一起分享。但使用 Wiki 之后，过去的案例以及员工在平时自发产生的案例、知识条目等都被鼓励上传到一个知识库内，而且任何人都可以对其进行编辑，使其日趋完善。

与此同时，辽宁移动并非在互联网的所有设置生搬硬套这些技术。在采用这些技术时，公司能够结合自身实际情况给予一定的改进。在这样的理念下，辽宁移动充分发挥移动公司的长处：系统会根据每个员工浏览 Wiki 的习惯，当有新的案例产生时，自动发短信通知某些员工；与此同时，员工也可以采用 RSS 订阅的方式共享信息。通过这种方式，辽宁移动已经累积了1 000 多篇案例，而其他省的移动公司的案例篇幅一般在 200 个左右。

(3) Web2. 0 其他应用的引入。

辽宁移动已感受到了 Web2. 0 给企业知识共享带来的切实利益。在博客和 Wiki 的应用基础上，辽宁移动又陆续引入 Web2. 0 的其他应用。

辽宁移动模仿新浪爱问和百度知道，推出了“求知移动人”。为了推广这个平台，辽宁移动在内部组织专家专门为员工解答疑难问题。经过一段时间的使用后，当某位员工提出问题时，系统就会根据过往的回答记录，自动检索出前 10 名的专家、员工，然后给这 10 名专家、员工发出求问短信。即使是常年在外工作的员工，也可以方便地回复短信。随后，系统将答案发送给提问的员工，如果采用为答案，回复“Y”，系统就会自动采用这个答案。回答的人会像百度知道那样得到积分，没有被采纳为答案的回答者也会得到相应的积分，通过这种方式，该平台较好地满足了员工的需求。现在，这个平台成为员工用得最火的平台。

而对于员工的其他信息的处理，辽宁移动则建立了一个共享知识库。求知移动人是我有问题需要你回答，而知识共享库是我有知识给你看。通过这个知识库，员工可以将 PPT、Word 或者电子书等各种有价值的资料存储起来。而这种知识共享的方式也使员工很自然地在公司内成为某方面的专家，这种“专家”荣誉感让大多数员工都很乐意将自己的知识存储到知识库中。

与此同时，当知识库中的信息积累到一定程度后，辽宁移动将这些资料都整合在一起，通过搜索引擎技术和分类等功能，使员工能够很方便地搜索到所需要的资料，并与该资料的所有者进行互动。

13. 8. 3 面临的困惑与改进措施

持续地推行知识管理是最难的问题，这是所有实施过知识管理的首席信息官(CIO)的共识，辽宁移动也不例外。辽宁移动在引入各种 Web2. 0 技术的过程中，并非所有的技术都得到成功的推行。辽宁移动曾推行过“A 宝”，即社会书签功能，但是这项功能没有被真正实施。原因在于，在运维部门内部，无法访问互联网，而辽宁移动内部的信息资源还不够丰富，这就导致这一功能的需求弱了很多。同时，曾经被寄予厚望的博客的使用也逐步淡化，博文的数量慢慢减少，员工的热情有所下降。

基于这一困惑，2009 年，辽宁移动高管推出两项措施试图改变这一局面。第一项措施是对平台的改善，辽宁移动将开通微博客。微博客(MicroBlog)在互联网刚刚兴起，是一种非正式的迷你型博客，其最大的特点是集成化和开放化，可以通过手机、IM 软件(QQ、MSN 等)等发布信息量较少的信息。通过这一技术，员工将可以通过多种渠道写博客，从而解决员工因工作繁忙而没时间上网写博客的问题。第二项措施是建立完整的激励体系。虽然以前有每年一度的博客大赛、Wiki 和求知移动人等建立了积分的规则，但是在整个知识管理体系中，辽宁移动没有一个统一的激励体系。因此，辽宁移动拟在整个管理平台上推行"A 币"。根据目前的设想，未来每一位运维部的员工都可以在各个平台上使用"A 币"。当积累到一定的分值时，将可以兑换一定价值的实物奖励。如果"A 币"运转起来，就很有可能带动整个知识管理的平台。

13.8.4 进一步的设想

为了获取公司内更多员工对知识管理的认可，辽宁移动期望通过进一步深化 Web2.0 各项技术，将其效果更加显著地表现出来。因此，辽宁移动将创建一个名为"创意点点点"的新平台，即创新孵化器。如果说前期所推行的所有项目是为了公司内的知识共享，那这一项目的推出则是为了将辽宁移动运维部的知识管理从原先的创造知识、共享知识阶段导向创新阶段。辽宁移动设想，如果员工觉得某项目可行，可将其拿到公司层面去立项；已经完成的项目，则可以通过此平台进行进一步的推广。

此外，对于公司内一些储存有高价值资料的系统(如档案系统，辽宁移动每年都会购买一些有价值的课件、论文等储存到这个平台)，很少再有人关注这一问题，辽宁移动也期望将 Web2.0 的思想融入到这些系统中。采取类似于当当、卓越等的做法，通过邀请读者对书做评论等，让一些有价值的书引起公司内员工的注意和使用。

虽然辽宁移动在 8 年前就已经推行运维 2.0 的知识管理，并已经初具成效，但这还只是停留在员工之间的技术交流上。辽宁移动高管期望能将这种知识共享的影响推进到公司更深层面上去，如对公司管理的影响。

13.8.5 评价

信息/知识的共享是知识经济时代每一个知识型企业必须要考虑的问题。在这方面，辽宁移动做得比较成功。辽宁移动能及时抓住新兴的 Web2.0 技术，充分利用其思想和理念，来有效地促进员工间的知识共享。同时，辽宁移动能结合自身实际情况，对引入的这些技术给予一定的改进，以让这些技术能真正为自身服务。此外，辽宁移动也能根据技术使用的反馈情况，来不断地更正与改进各项技术，并引入新的技术，这都有助于企业知识共享的达成。而在知识共享的基础上，辽宁移动又在考虑如何更好地促进知识创新，这更体现了辽宁移动不断追求创新的这一思想。在知识经济的今天，如何利用便捷的新兴的技术来促进企业内的信息/知识共享，是企业需要认真对待的一个问题，而辽宁移动一直以来的措施则无疑为其他企业提供了一个学习的榜样。

本章习题

1. 首都之窗对地方政府知识管理的启示。
2. 你还能说出哪些中国企业知识管理的成功案例？
3. 中国科学院国家科学数字图书馆知识管理的成功经验是否适于其他图书馆，为什么？
4. 教育性和学术性并重的大学在知识管理中应重点突出哪些方面？
5. 影响学术型组织知识管理实施的核心因素是什么？
6. 在知识经济时代，个人作为知识管理的核心应该具备哪些素质？
7. 企业能从清华同方的知识创新中获得哪些启示？
8. 我国企业知识共享的障碍主要有哪些？如何克服？

第14章　国外知识管理案例分析

14.1　国外政府知识管理案例分析：美国政府

作为起步最早、率先进入实用化的国家，美国政府的电子政务实施经验丰富，政府知识管理实践开展得也比较充分。

14.1.1　美国政府知识管理的内容

美国政府的知识管理重点体现在网站建设和电子政务建设中。

1. 用于政务信息整合与政务信息公开

美国各级政府都广泛利用功能强大的政府网站向社会公开大量政务信息。这些信息包括：政府领导人的重要活动及演讲，政府工作的最新动态，民众到政府办理注册、登记等事项的有关信息，与政府工作相关的研究、支持机构的有关信息等。可以说，大部分与民众相关的政府事务，都能及时通过政府网站获得详尽的信息。例如在美国教育部网站，打开有关政府资助的栏目，就可以查阅到政府资助的项目及具体要求，包括标书如何填写、如何申请，以及以往资助项目的详细情况等。

2. 提供政府网上服务

美国的政府网站，大多在首页头版位置设有网上服务(Online Service)栏目，用于为民众提供各种查询、申请、交费、注册、申请许可等服务。由于这些栏目充分发挥了网络的优势，将分属政府各部门的业务集中在一起，并与相应的网上支付系统配套使用，因而具有了“单一窗口”“一站式”“24小时”“自助式”等特点，体现了网上虚拟政府的发展方向，极大地方便了民众办事。

3. 实现公共信息资源共享

各级政府通过政府网站，向大众提供政府所拥有的公用资料库信息资源，从而实现公共信息资源的加值利用。例如，洛杉矶市政府将地理信息系统(GIS)用于为市民提供环境信息查询(MyNeighborhood)，市民只需键入自己的家庭地址，即可在地图上清楚地了解到周围政府部门、医院、学校等与市民生活相关的各种公共服务机构的信息。各种社会经济统计指标、地区经济发展状况、旅游资源状况、网上图书馆、网上地图等也在政府网站提供的服务之列。

4. 内部政务信息管理与办公电子化

由于美国各级政府处理各种事务都是严格按照相应的法律法规办事，所以其政府部门没有层层下发的带有强制力的政府文件，机关内部的办公事务主要依靠电子邮件来传递信息；同时，传统的纸质文件、书面签名方式仍然在处理一些重要事务时使用。其政府机关内部办公软件主要包括文档处理软件和在网络安全认证基础上的电子邮件系统，以及各种专门业务处理软件。会议通知、信息传达、政策宣传、法规颁布、意见调查等，都以电子邮件方式处理，以加快信息的流通。

5. 提供安全保障

美国的政府部门，其内部办公都建有专门的内网，内网与互联网之间有严密的隔离措施，有的还是物理隔离。政府机关工作人员的保密安全意识很强，其内部办公网一般都不许外人参观。

在美国，电子政务日益渗透到百姓的日常生活中，越来越多的与政府打交道的事情都可以在网上得到解决。这使得美国政府在以社会的进步和国家的繁荣为己任的政府管理过程中，在知识经济时代提高政府竞争力，提高政府服务和管理效率方面发挥了重要作用。2003 年，联合国发表了一份题为《十字路口上的电子政府》的报告。报告显示，联合国 191 个成员国中有 173 个国家的政府都建立了自己的网站。根据政府网站的可取性、国家信息基础设施情况、为公民提供基本社会服务的电子化参与程度等指标，最终得出了可以表示每个国家电子政府成熟度的指数，结果美国在排名中名列第一。

美国政府的知识管理主要是通过电子政务建设来实现的，突出表现在：

1. 联邦一级和州一级的政府全部上网

1996 年，美国政府公布“重塑政府计划”，提出要让联邦机构最迟在 2003 年全部实现上网，使美国民众能够充分获得联邦政府掌握的各种信息。

如今，美国联邦一级和州一级的政府机构已全部上网，几乎所有县市一级政府也都建立了自己的站点。大家各司其职，互有分工。比如，申请美国护照，要上联邦政府的网站；办理驾驶执照更新，要上州政府车辆管理部门的网站；申请住户的长期停车证，则要上市政府的网站。据统计，现在全美已建立各级政府网站 2.2 万多个，可以搜索到的网页超过 5 100 万个。

为了方便人们使用这些多如牛毛的政府网站，2000 年 9 月，一个联邦政府的门户网站“第一政府”开通了。“第一政府”是美国电子政府的形象标志和服务窗口，它把美国电子政府绘成了一张网上交通网。只要进入了这个网站，就等于连通了整个美国的电子政府，它会根据你的需要，带你进入相应的政府网站，如图 14-1 所示。

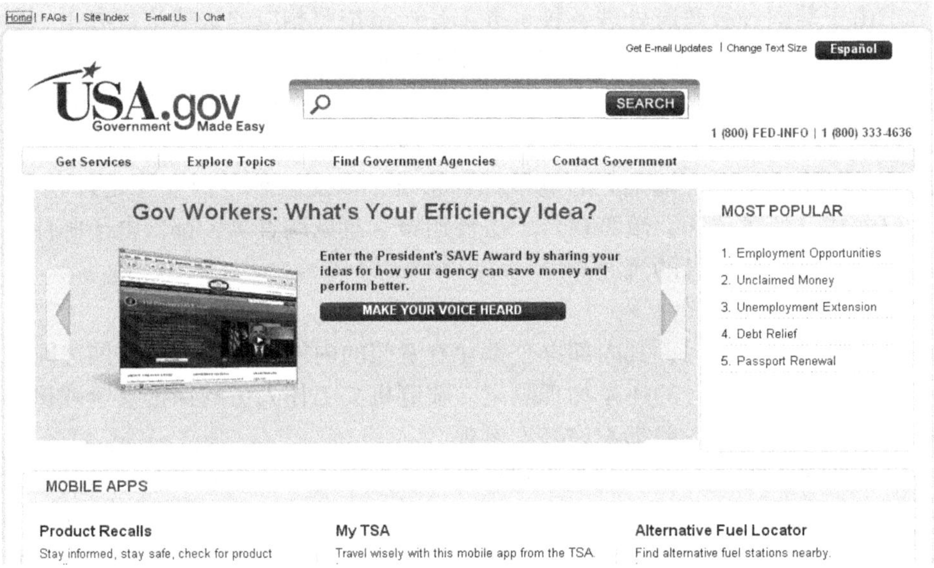

图 14-1　美国“第一政府”网站首页截图

2. 政府网站推动政务公开

美国各级政府的网站都对推动信息公开化功不可没。政府官员的重要活动及演讲，政府工作的最新动态，民众到政府办理注册、登记等事项的有关信息，与政府工作相关的研究、支持机构的有关信息等，都能及时通过政府网站与公众见面。例如，在美国教育部的网站上，可以查阅到政府资助的项目及具体要求，包括标书如何填写、如何申请资助以及以往资助项目的详细情况等。

2001 年，布什总统上台后出台了一个电子政务方面的规定：到 2002 年年底之前，凡是25万美元以上的政府采购项目，联邦政府各部门必须使用联邦政府统一的电子采购平台。2003年4月，联邦一级的政府拨款网站开通，专门负责美国联邦政府的项目拨款。电子采购、电子拨款的方式不仅提高了交易的效率，最重要的是促进了政务公开，减少了交易过程中个人以权谋私的弊病。

从开通到现在，“第一政府”已经经历过两次主要的结构改造和更新，现在，“第一政府”网站的内容一般每天都要更新几次，并且随时修补破损的链接。

3. 民众与政府打交道更方便

美国电子政务的“灵魂”就是为公众服务，让老百姓足不出户，用鼠标就能跟政府打交道。以广受好评的加州州政府网站为例，申报收入所得税、预约驾驶执照考试、更新营业执照，甚至购买垂钓许可证等都可以“一网打尽”。

4. 首席信息官扮演重要角色

1996年，美国政府建立了分级制的首席信息官(CIO)负责制，美国电子政务的建设由总统管理委员会领导；具体的建设目标、发展规划、政策法规的起草以及组织实施则由首席信息官委员会(由联邦政府各部门和地方政府的首席信息官组成)统一负责。2002年，这项制度被写入了美国的《电子政务法》。联邦各部门、各州的每个部门都设立相应级别的首席信息官，定期向上一级首席信息官汇报工作，并听从上一级首席信息官的指挥与协调，形成了非常严密的组织结构和专人管理体制，避免了职责不清的现象。

14.1.2 美国政府的知识管理分析

美国政府知识管理与电子政务建设同步进行，其中有不少经验和教训值得我国借鉴。

1. 理顺网络结构

电子政务建设是美国政府知识管理的基础，充分发挥了管理和服务职能。2004年，美国电子政务进入全面发展阶段，突出表现有“网站多、内容全、网连网”3个特点。现在全美已建政府网站超过22 000个，可以搜索到的分站点超过5 100万个。虽然美国电子政务还不能取代传统的政务模式，但其打破地域、时间限制的种种特点正在展现出无与伦比的优势，为美国政府完善职能、提高效率、降低成本起到了明显的作用。

美国电子政务网络结构的突出特色是网站功能层次分明，前台后台相互合作。从层次上讲，政府网站可以划分为联邦、州与市县三级，每一级政府网站的服务内容各不相同，彼此之间分工明确。同时，每一个政府网站都各具特色，服务包罗万象，力图满足所在地域的每个居民的具体需求。而在联邦一级则建立了 www. usa. gov，其作为联邦政府唯一的政府服务网站，整合了联邦政府的所有服务项目，并与许多政府部门如立法、司法和行政部门建立了链接，同时也与各州政府和市县政府网站都有链接。从这个意义上讲，www. usa. gov 与联邦各职能部门、州及市县级政府网站实际上构成了一种前台与后台的关系，任何企业和公民，通过前台网站即 www. usa. gov，可以找到所有美国政府部门提供的所有服务。

2. 分清四类用户

纵观美国的电子政务，按照用户的不同可分为四大类型：

(1)政府—公民：简称 G2C，其主要目的是建成一站式在线服务，并引入现代管理工具，以改善服务质量和效率，使公民能得到高质量的政府服务。

(2)政府—商界：简称 G2B，其主要目的是通过大量削减数据收集的冗余度，减轻商界的负担，对商界提供顺畅的一站式支持服务，使用 XML(电子商务语言)与商界建立数字化通信系统。

(3)政府机构之间：简称 G2G，其主要目的是整合和共享联邦、州和地方三级政府的数据，以改善对信息系统的应用，为关键的政府行为(如救灾行动等)提供更好的综合服务。

(4)政府内部：简称 IEE(内部效率和效能)，其主要目的是借鉴产业界的先进经验(如供应链管理、财务管理和知识管理)，更好地利用现代化技术减少政府支出，改善联邦政府机构的行政管理，使各机构能提高工作效率和改进绩效，消除工作拖沓现象，改善雇员的满意度和忠诚度。

3. 改造政府机构体系

美国的电子政务战略表明，改造“联邦政府机构体系结构”是实现其总体目标的关键，实施电子政务的实质是促进政府改革、提高政务效率、改善服务质量、完善职能、降低成本。因为在电子政务这个概念中，“电子”只是工具，“政务”才是目标。“服务”是关键。美国的电子政务服务有两个方面：一是政府利用技术手段主动地为大众提供服务，二是通过技术手段使大众能够方便地从政府索取服务，两者加在一起便形成了政府与人民之间的双向互动。电子政务最重要的意义是，将从根本上改变政府和人民的联系。

4. 循序渐进，分步实施

美国在电子政务战略的具体实施方面，采取由简单到复杂，分阶段实施的策略。他们将电子政务划分为四个阶段来实施，第一个阶段为初始阶段，主要提供一般的网上信息、简单的事务处理，所采用技术的复杂程度也比较有限；第二阶段是进一步发展门户网站和更复杂的事务处理，实现初步的业务协作，技术复杂程度也逐步提高；第三阶段重点是实现政府业务的重组，建立集成业务服务系统以及复杂的技术体系；第四阶段是建立具有适应能力的政务处理系统，实现政府与企业、公民的交互式业务交流与服务。

5. 几点教训

自下而上的模式并不完美。由于美国的信息基础设施完备、信息技术先进、相关措施得力，这使得电子政务建设几乎是顺理成章，是一种典型的自下而上的模式。正因如此，也给美国电子政务建设带来不少问题。如各级政府之间、各州之间的办公网站相连时还存在瑕疵；网络平台、安全技术方面没有统一标准，应用水平不同也是制约电子政务发展的瓶颈。其中一个主要问题是，政府网站林立，百姓无所适从，网站各自为政，信息分散不全。相当多的政府网站是独立的，这些网站只提供属于该政府机构的信息和服务，而民众需要的往往是多方面的、综合的信息和服务。另一个普遍现象是，政府部门设计网站只从自我出发，忽略了其服务对象。大部分政府网站的界面结构是按照这些政府机构的组织结构来安排的，即简单地将现有的政府运作模式搬到互联网上，而不考虑公众能否最快、最方便地得到所需信息和服务。

此外，美国电子政务在功能的实现上只能自上而下、从大到小。也就是说，从大网能进入中网，从中网能进入小网，但如果反向而行则行不通。因此有人认为，目前电子政务并不能解决一切问题，更不会完全取代传统的政务模式。其中一个大麻烦就是网络犯罪，美国国防部、联邦调查局的网站时不时让黑客“黑倒”便是例证。

14.1.3 美国政府知识管理对我国的启示

政府知识管理的关键是建立强有力的知识管理系统，建立有效的电子政务系统，从而提高政府工作效率，增强为人民服务的基础。美国作为发达国家电子政务建设的典范，充分实现了政府知识管理的基础工作，其在政府信息整合与共享、政府知识的发现与创新方面做出了积极的探索，而我国应以其经验和教训为基础，充分建设我国的电子政务，从而促进我国政府知识管理的发展。

因此我国政府知识管理应贯彻知识强国战略，建立国家知识管理大系统，知识型、服务型政府和知识型执政党和创新型国家，培养知识中国和知识化、国际化人才。

1. 知识强国战略

21 世纪中国应采用促进知识发展的四大创新战略体系：知识强国战略、科教兴国战略、人才强国战略、可持续发展战略等。战略目标：到 2020 年中国成为知识强国，知识是第一资本，建立驾驭知识革命所必需的有中国特色的知识型城市群、知识化新型工业型城镇、知识化现代农业型乡镇的工业经济、知识经济、服务经济、知识化农业经济相结合的中国创新社会主义市场经济体系，以及配套的基础设施和相关政策法规及举措。

2. 国家知识管理大系统

根据知识发展战略三大实践：知识管理、学习型国家、创新研发，中国应采取的重要政策措施为：尽快成立跨部门的国家知识强国战略委员会，成立由国内外著名专家组成的国家知识发展战略顾问委员会。规划和建立由知识创新和创造、知识传播和分享、知识应用和增值三大子系统组成的国家知识管理大系统、产业知识管理系统、国防知识管理系统、农业知识管理系统、服务业知识管理系统和中小企业知识管理系统等。国家应设立类似高科技“863”计划的国家知识管理大系统创新研发专项基金，加强产业知识化和知识价值化及知识资本等研究和应用。

3. 知识型、服务型政府和知识型执政党

知识竞争时代，与中国社会主义市场经济体系相适应的中国公共行政体系应调整为知识型、服务型和企业型政府体系及知识型执政党，中国政府应是知识密集服务提供者和推动者，中国执政党和政府部门应实施知识发展战略及其三大实践：政府知识管理、学习型政府和政府创新研发。规划和建立执政党和政府公共行政知识管理系统及其政府知识创新和创造、政府知识传播和分享、政府知识应用和增值三大子系统。政府执政绩效管理结合国际竞争力评比指标，培养知识型决策领导和人才，跨政府部门合作建立知识型政府平台，制定政府执政 5 年战略规划和年度行动计划及其绩效评估手册，全面推动知识服务型政府绩效管理制度。

4. 知识中国和知识化、国际化人才

根据知识中国和知识社会的要求，改革经济制度框架和政策，包括法律和金融框架，加强以知识为主体的无形资产特别是专利的创造、累积与利用，重视获取全球技术知识，通过保护金融资产和知识产权以支持投资和发挥企业家创业精神。建立信息通信技术基础设施，以支持教育并推进结合知识管理的电子政务和电子商务。中国应从国家重大规划和计划项目的独立评审和咨询顾问入手，培养和引进具有 10 年以上美、欧、日等国大公司产业界成功工作经验的知识化、国际化人才及高层次留学人员，以减少中国与世界发达国家和地区的差距。

14.2 国外企业知识管理案例分析：惠普公司

14.2.1 惠普公司介绍

惠普(Hewlett-Packard)公司建于1939年，总部位于加州硅谷Palo Alto市，2002年与康柏公司合并，是全球仅次于IBM的计算机及办公设备制造商。1939年，在美国加州Palo Alto市爱迪生大街367号的一间狭窄车库里，两位年轻的发明家比尔·休利特(William Hewlett)和戴维·帕卡德(David Packard)，怀着对未来技术发展的美好憧憬和发明创造的激情，共同筹资创办了惠普(Hewlett-Packard)电子仪器公司，开始了硅谷的创新之路。惠普最初生产应用于通信、勘探、医学和防务领域的声波振荡器，1942年员工仅有60人。63年的发展历程中，公司一直致力于成为一家具有卓越企业精神的IT公司，从未停止过创新和改革的步伐，这种精神使惠普公司从年收入4 000美元开始，发展成为今天全球拥有145 000名员工，分支机构遍及160个国家和地区，年营业收入达814亿美元的信息产业巨擘。1960年，销售额突破6 000万美元；1997年，销售额高达428亿美元，利润达31亿美元，在《财富》500强中排名第47位；1999年，在《财富》500强中排行升至41，营业收入额470.61亿美元，利润29.45亿美元，资产额336.73亿美元。该公司已经在世界十大信息产业中仅次于IBM公司和富士通而名列第三。

14.2.2 惠普知识管理的现状

20世纪90年代以前，惠普的宗旨是设计、制造、销售和支持高精密电子产品系统，以收集、计算、分析资料、提供信息、帮助决策、提高个人和企业的效能。20世纪90年代后，随着信息时代取代电子时代，惠普适时地调整，提出了现今企业宗旨：创造信息产品，以加速人类知识的进步，并且从本质上改变个人和组织的效能。对比惠普前后宗旨，不难看出，惠普公司一贯重视员工个人能力的提升，但这一宗旨根据时代发展也在进行自我更新，具体来说，表现在其工作重心的总体转变——由技术管理转向信息、知识管理。

1995年，惠普总部在信息总监兼副总裁Bob Walker的倡导下尝试开展知识管理，总部在安永咨询公司的辅导下，采用IT手段开展了下列活动：基于网络论坛的共享观念和共同推进知识管理的文化建设；基于培训师网上讨论库的产品知识汇总与及时传播管理；基于专家地图网络的专家头脑隐性知识管理；基于工艺流程技术和管理方法全球网上共享的生产机构管理以及基于自动化用户咨询的交易服务知识管理等。这些知识管理活动效果立竿见影，有力地支持了企业的经营发展。

惠普总部 2000—2003 年连续四年当选了"世界最受赞赏的知识型企业"（The Most Admired Knowledge Enterprises，MAKE），是全球知识管理的一面旗帜。在惠普公司高度分权的机制下，没有自上而下地对知识进行管理的指令，而是由各分公司总裁部门自觉地为更好地管理知识做出具体的努力，许多管理人员都尝试获得和分配在他们自己的业务部门内存在的知识。惠普的全体员工都参与了知识管理，每个部门都要做战略规划，包括发展方向、竞争优势、成功要素等很多部分，除了部门内的知识共享，不同部门间也设立了一套标准的知识共享流程。

14.2.3 惠普知识管理实施的总体战略

惠普咨询部门没有采用惯用的知识管理实施方法，即技术驱动的方法。取而代之的是，知识管理小组从企业的业务需求入手，分析企业需要获取哪些知识才能满足这些需求。通过在开始时就将要取得的业绩牢记在心，惠普咨询部门就能够保证收集的信息可以转化成对企业有用的知识。惠普咨询部门的管理层和知识管理小组一起设计了一个"三目标"的项目：一是所有的咨询人员要平衡好知识创新和重复利用的关系；二是全面推广知识共享和重复利用；三是将知识共享融入到公司的实践中，使之成为公司日常工作的一部分。

知识管理小组一致认为，要取得知识管理实施的成功，必须具备一些关键因素。第一，管理层必须做出承诺并且参与。第二，知识管理愿景不仅是鼓舞人心的，而且能够产生持续的激励作用。第三，知识管理方法必须是不断进化的，并且，在开始时瞄准那些渴望使用知识管理的团队。要沿着阻力最小的途径，去改变人们的工作方式。为此，知识管理小组积极寻找和辨别这方面的模范——那些从共享知识取得成功并且把他们的活动与业务绩效联在一起的人。然后，将这些故事与知识管理计划一起，通过会议、论坛、电子邮件、声音、新闻简报、互联网在公司内传播。

本着渐进的原则，知识管理小组设计了 3 个阶段来推广知识管理。第一阶段称为打基础，通过建立知识社区、知识地图及项目快照，集中精力制定关键的知识流程。第二阶段为环境建设，目的是设计一个以知识为基础的业务，使知识成为人员、流程和基础设施的一部分。第三阶段为推广普及，目标是在惠普咨询部门普及知识创造和重复利用。小组有意识地努力创造一个不依赖技术的知识共享的基础。

14.2.4 惠普的知识管理实践

惠普实施知识管理有3个目标：一是提高组织智商，把公司所有员工的知识经验汇集到一起，加以整理，共同分享，这样才能提高一个组织的整体智力；二是减少重复劳动，重复的唯一结果是资源浪费；三是避免组织失忆，员工的流失不会造成知识和经验的流失。其知识管理实践是全方位多角度的，最有特色实践集中体现在知识共享的文化、学习型组织的建设和人力资源管理上。

惠普的核心价值观"惠普之道"鼓励知识共享、鼓励相互学习，一直以来它坚持以下知识管理实践活动，包括：①Connex。20世纪80年代，惠普全球研发部门由于老员工退休曾经造成了相当严重的知识断代，为了弥补问题，研发部门在内部推行了一个技术专家网络，取名"Connex"，将所有离职专家的擅长技术和电话、联系方式做成一张专家地图。新的技术人员如果遇到哪一方面问题，就立刻通过电话方式联络到这些专家。由于这种做法非常有效，所以Connex一直延续到现在。②科研记录本。科研记录本用以记录科研人员在工作中的想法和细节。每一页都有编号，当科研人员离职时，只能复印，原件必须留下，此项工作有专门审计人员检查。③产品定义。对每一个产品的市场定位、竞争分析、开发过程中的思路都有详细记录。一般产品定义手册在10本左右，由相关人员掌握。产品定义手册采取登记制度。④惠普网络新闻。惠普网络新闻为惠普经销商等渠道提供知识服务与支持。⑤读书会。读书会成员之间相互推荐好书，节省了很多员工的时间。每个读书会成员都给自己喜欢的书写书评，书评的格式是由公司统一设定的，这些书评的集合本身就是分量不轻的知识库。⑥检查清单。所谓检查清单，就是前人做完工作后留下来的工作日程表，用以帮助员工完成未接触过的新工作。总之，这些传统的共享活动、管理方式对挖掘员工的隐性知识形成文档，促进员工之间隐性知识的传递，使显性知识内化为员工知识储备，整合文档等显性知识都起到了巨大的作用。

在人力资源管理方面，惠普拥有成熟的用人理念和培训员工所需的雄厚资金。

惠普的创建者比尔·休利特说："惠普相信惠普员工都想把工作干好，有所创造。只要给他们提供适当的环境他们就能做得更好。"在这一理念的指导下，惠普形成了完备的用人之道：信任员工，尊重个人，持久雇佣，实行分权制度等，体现在政策上就是："给你提供永久的工作，只要你表现良好，公司就永远雇用你。"

惠普总部并没有专设 CKO 职位，也没有专职在整个惠普推行知识管理的负责人。惠普总部的知识管理项目，最初是由具体的职能部门发起的，起因是为了解决实际工作中的具体问题。惠普总部实施的效果最显著的知识管理项目之一——培训师交易站，是由惠普教育组织的基层员工 Bruce Karney 建立。几年前，Karney 开始研究惠普教育者们的知识共享的途径问题。随后，他运用 Lotus Notes 技术建立了培训师交易站知识库，为教育者提供培训主题的讨论数据库、培训的文档集合资料库。可见，惠普总部的知识管理是以"自下而上"的方式推进的。知识管理活动是企业基层员工出于具体业务需要或个人兴趣爱好，自发开创并且自觉推动的。

总之，这样一种将物质激励和感情激励有机融合的用人文化，为惠普营造了和谐融洽的工作氛围，使公司与员工浑然一体，共同向目标奋进，把因岗位人员流失导致知识缺失的风险降到最低。同时，员工与公司之间终身雇佣的关系使得公司更愿意在培养人才上不遗余力。

14.2.5 惠普知识管理的不足

惠普公司的组织结构和文化对知识管理既有推动作用又存在着不足之处，公司轻松自在开放的文化有利于知识的交流和共享，员工都喜欢在这种氛围中学习和共享他们的知识。然而，高度分权的组织结构又不是非常支持知识的自由交流。运转良好的业务部门都有很高的自主权，惠普管理层认为分权而形成的强大业务专长是公司成长的关键因素，尽管惠普的文化是鼓励共享的，但很少有部门愿意花时间和金钱在这个没有明显回报的项目上。

惠普公司知识共享范围的狭窄是其高度分权的组织结构的结果，随着惠普知识管理由文化建设发展到信息系统建设，知识共享范围的扩展将得到硬件支持，知识管理也将上升到新的层面，相信跨部门知识共享与交流将变得更加便利，从而在很大程度上解决知识共享范围局限于部门内部的弊端。

至于如何加强跨部门知识共享与交流，则可以从两个方面进行。一是建立员工知识贡献评估体系。发展一个合理的评估制度，使员工共享知识时支付的时间、精力等成本得到公平的评估，将是至关重要的。二是可以通过项目管理，将不同职能部门和不同组织层次的人聚在一起工作，鼓励所有层次的人员进行正式或非正式的交流。实现业务流程横向重组和纵向重组，从整体上着眼把握和提高整个流程的水平，实现各部门之间的优势互补。

14.3 国外图书馆知识管理案例分析：美国国家医学图书馆

国外图书馆在研究和实践知识管理理论和方法方面比国内图书馆领先，在图书馆实际管理中应用知识管理的做法很多。如 OCLC 图书馆资源共享和联网合作的知识管理实践；伊利诺伊州北部郊区图书馆建设学习型组织知识管理的实施；霍普金斯大学艾森豪威尔图书馆(MSEL)建立了一个包括“数字知识中心”(DKC)的研发机构，帮助研究者实现信息环境从传统向新世纪的转变；俄亥俄州立大学图书馆的知识库计划；牛津大学图书馆整合服务和图书馆馆员对知识管理的认识；亚利桑那州大学图书馆建立学习型组织的知识管理。下面我们以美国国家医学图书馆知识管理的案例，分析知识管理在国外图书馆的应用情况。

14.3.1 美国国家医学图书馆基本情况

美国国家医学图书馆(The National Library of Medicine, NLM) 位于马里兰州贝(Maryland)塞斯达城(Bethesda)的国家卫生健康研究所院内，是世界上最大的医学图书馆。NLM 的职责在于收集、整理和发布世界范围内的生物医学文献，以促进医学及相关科学的发展，提高公众的健康水平。图书馆收集生物医学、卫生健康、生物医学技术、人文科学和社会科学方面的学术和研究资料，藏书超过 1 200 万册，包括图书、期刊、技术报告、手稿、缩影胶片、照片和图像等，保存了世界上最完整的医学历史文献、早期的医学珍本。提供馆内阅览和馆际互借，依托互联网和国家医学图书馆网络，向全美以及全世界医疗卫生健康科学用户提供医学信息资源服务。

美国国家医学图书馆的知识管理是全面实现服务和科研创新，倡导全球范围的医疗卫生领域的合作，建立医疗卫生健康开放信息网；引入“免费使用”概念，使任何连接 NLM 数据库的用户方便利用；构建个性化专项服务，推动生物医学信息为边远地区和少数民族人群服务；强调医学信息领域的创新基础研究，探索信息检索之外的研发潜力。

14.3.2 创建全球医疗卫生信息的开放服务环境

构建全国医学领域的信息网。国家医学图书馆网络(NN/LM)是由国家医学图书馆协调，通过卫生健康科学图书馆和信息中心实现的全国性信息网络。国家医学图书馆网络拥有 4 500 个成员，这些成员通过 8 个地区进行组织，每个地区有一个由国家医学图书馆支持的地区医学图书馆(RML)。这些机构与140个大型的学术卫生健康科学图书馆和许多医院及其他网络上的图书馆进行合作，为科学家、卫生健康科学专家和公众提供馆际互借服务和其他至关重要的信息服务。国家医学图书馆网络的成员经常与其他组织进行合作，开展了百余个专项服务计划，扩大国家医学图书馆服务的宣传力度，提供信息技术和国家医学图书馆服务的使用培训，帮助小型医院图书馆接入互联网，参与改善信息存取方法的测试和新型国家医学图书馆服务的测试。

拓展全球医疗卫生信息的开放利用，合作建立国际文献检索中心和各种专项信息网。国际 MEDLARS (Medical Literature Analysis and Retrieval System)中心——国家医学图书馆(NLM)与其他国家和公共组织机构在双边协议上建成国际医学文献检索服务中心，该服务中心由20多个国家的医学信息服务组织组成，在全世界范围内帮助卫生健康专业人员访问 MEDLINE 和其他 NLM 数据库，提供使用 NLM 数据库培训，提供文献传递服务。MIMCom——非洲疟疾研究网(http://www.nlm.nih.gov/mimcom/mimcomhomepage.html)，提供各种疟疾研究的信息网上查询。这是由非洲、美国、英国和欧盟合作的多国项目，MIMCom 可以链接 MEDLINE，使用各种免费的在线期刊、数据库、与疟疾相关的网站链接和一般医学信息。

14.3.3 提供联合信息与知识服务

美国国家医学图书馆信息和知识服务工作突破了馆界、国界的传统服务模式，形成了免费公共信息服务、走出国门的文献传递、个性化的专项服务、多层次用户教育的综合服务系统。

1. 网上免费医疗卫生健康公共信息服务

为了公众能方便使用医疗卫生健康资源，NLM 实行开放获取的理念，许多数据库可以在网上免费使用。PubMed 拥有超过1 900万的 MEDLINE 期刊论文索引、文摘和其他信息数据库，提供参考文献与全文链接，可免费访问中心的期刊论文全文。2008年，PubMed 的检索次数超过了7亿，单页浏览量达到了41亿。Gateway 是为不熟悉如何利用 NLM 的用户设立的生物医学免费数据库检索平台，并侧重于艾滋病、卫生学、毒理学等方面的文献，可同时进行多个数据库的检索，该系统2008年的检索量超过了110万次，页面浏览量将近640万次。此外，NLM 建立了一个特别的网站 MedlinePlus，为病人、家属和医疗护理人员提供与疾病相关的卫生健康信息。当然，NLM 每年不断推出新的医学数据库，如毒物学、环境健康和分子生物学等数据库。因此，全世界医疗卫生健康专业人员、科学家、图书馆馆员和公众通过

NLM 的网站(http://www.nlm.nih.gov/)查找资源，该网站 2008 年的访问量达到了 1 000 万人次。

2. 加强馆际合作与联合服务

20 世纪 80 年代以来，NLM 致力于加强馆际合作与联合服务，建立了完善覆盖全美的馆际互借与文献传递服务，并逐步向其他国家延伸文献传递服务。NLM 在 20 世纪 80 年代中期创立了 DOCLINE(馆际互借系统)，它可以根据 NLM 成员馆所拥有的期刊，用电子方式传送馆际互借请求。从 20 世纪 90 年代初期开始，"Loansome Doc"允许单个的 MEDLINE 用户在他们自己的终端上输入请求的论文，直接介入馆际互借系统。现在总共有 3 254 个图书馆使用 DOCLINE，美国 2 881 个，加拿大 312 个，其他的国家 61 个，合作进行馆际互借和文献传递。20 世纪 90 年代早期开始，NLM 已提供了对临床实践指南全文的联机存取。PubMed/MEDLINE 与 1 100 余种期刊出版商网站之间的链接，允许用户获得数据库中许多引文的电子文本。

3. 智能参考咨询服务

美国医学图书馆利用专业人员提供参考和研究，作为协助本地和远程用户参考咨询服务后援，每年处理 20 万余项咨询问题。为了提高参考咨询效率，从采用 Seibel 客户服务软件的呼叫系统，升级为 Aspect 智能服务系统。咨询服务先使用由 NCBI 开发的信息挖掘工具，分析储存在 Seibel 数据库中的用户服务咨询的特色，识别或确认需求，提供咨询建议选择，提议咨询方法，提高 NLM 产品使用和服务效率。2003 年，用 NativeMinds 软件建立了一个虚拟的客户服务代表 Cosmo(柯兹莫)，回答有关 NLM 计划、产品和服务的常见问题。Cosmo 能适当地应答 72%的咨询问题，其他问题由参考咨询馆员回答。

4. 个性化的专项服务

美国医学图书馆努力扩展外向行动，拓宽医疗卫生健康信息宣传覆盖面，消除医疗卫生健康信息利用的差异，服务到公众和服务到不同种族用户群体。从 1994 年开展外向行动计划以来，曾在 500 多个机构，实施了 300 多个外向行动项目。

美国医师学院/美国内科医师学会信息处方项目是由美国医师学院和 NN/ LM 成员馆合作研制的处方信息系统。处方信息系统是根据医生诊断病人后，需要开药治疗，同时医生还要直接为病人提供关于疾病最新、可靠、友好的治疗信息需求研制的。现在，美国一些州的医院医生给病人开处方，可以使用 NLM 的 MedlinePlus 数据库联机医疗卫生健康信息，定制病人需要的处方和治疗信息。

毒物学和环境医疗卫生健康信息计划(The Toxicology and Environmental Health Information Program, TEHIP)建于35年前，资源包括化学和环境卫生健康数据库以及收集的Web信息资源。数年来，由于艾滋病毒/艾滋病信息资源的发展，TEHIP已利用新的计算机通信技术为毒物学环境医疗卫生健康信息逐渐增加的需要，提供较迅速和更有效的访问途径给广泛的用户，用户无论在哪里都可以链接到相关的毒物学和环境医疗卫生健康信息。

艾滋病(AIDS)信息服务。为了提高农村小社区组织对艾滋病毒/艾滋病(HIV/AIDS)信息资源的注意，NLM继续与其他的组织合作，建立了新的艾滋病毒/艾滋病(HIV/AIDS)网页(http://sis.nlm.nih.gov/HIV/HIVOlderAdults.html)，提供艾滋病临床实验信息服务、艾滋病毒/艾滋病治疗信息服务和经核准治疗指导方针服务。

5. 多层次用户教育

美国医学图书馆经常举办各种宣传健康卫生科学信息的活动，如《变更医学的面貌：庆祝美国女医师》纪念展览、《今天的这里，明天在这里》艾滋病生命的展览和《梦剖析》展览等。《梦剖析》展览重点集中在剖析医学和艺术的想象，超过10 000个观众参观，《梦剖析》网站访问超过1.5亿，同时图书馆还开展与展览相关的许多辅助活动，如开放节目、电影系列和座谈会等。

美国医学图书馆帮助老人利用医学信息系统活动。CyberSeniors/CyberTeens在2001年开始训练计算机理解能力强的青少年，帮助老人学习如何使用互联网访问卫生健康信息。第一年有数十个青少年的协助，几百个老人接受了基本互联网技术训练。第二年强调老人上Cyber Health医疗卫生健康信息网，已完成Cyber Health医疗卫生健康信息网Web课程开发和起步训练，并进行评估。

为改善访问灾害地区信息，美国医学图书馆资助三大灾害地方信息中心——美洲国家尼加拉瓜、洪都拉斯和萨尔瓦多基于灾害相关的信息管理能力建设活动。美国医学图书馆选择了图书馆和信息中心提供知识、培训和技术资源，培养承担他们国家医疗卫生健康相关的灾害信息的可靠信息提供者，重点培训地方灾害信息中心的信息收集、编制索引、信息处理、储存和传播。

为消除卫生健康信息利用的差异，美国医学图书馆培训历史黑人学院(HBCUs)医学和其他卫生健康专家使用美国国家医学图书馆开发的毒物学、环境卫生、职业卫生和危险废弃物等方面的信息资源，同时改善美国印地安人和阿拉斯加本地人社区对卫生健康信息的访问。

14.3.4　开发知识服务的支撑系统

1. 研究便于用户检索的一体化医学语言系统

1986年，美国国立医学图书馆（NLM）主持了一体化医学语言系统（Unified Medical Language System，UMLS）的开发和应用。该研究计划是使医疗卫生专业人员和研究工作者能够通过多种交互检索程序，克服由于不同系统语言差异性和不同数据库相关信息的分散性所造成的诸多情报检索问题，帮助用户从电子病案系统、书目数据库、图像数据库、事实数据库、专家系统等各种联机情报源中检索和获取综合性或特定性的情报信息。UMLS又称电子知识源，由超级叙词表、语义网络、情报源图谱和专家词典4个部分组成，并应用于决策支持系统DXplain、文献检索系统WebMedline、临床Web搜索系统ClinWeb、医学世界检索（medical world search）以及集成化的Medweaverb等。NLM在Internet上建立了UMLS知识源服务器，通过Internet发行，加强了国际的交流与合作、维护和应用。

2. 建立各种知识库

美国国家医学图书馆提供各种各样的与生物医学和健康科学有关的数据库，这些数据库的类型也是多种多样的，有书目型数据库、全文型数据库、档案数据库、数值型数据库和影像数据库等。Haz-Map数据库是一个涉及职业毒物学的数据库，把一般工作、危险工作任务与相关的疾病和疾病的症状相连。ChemIDplus（Chemical Identification Plus）是包含有330 000条记录的在线化学字典，收集了NLM中引用的所有化学物质的结构和命名，可以用化合物名、CAS登记号码、分子式、分类号、编码或结构查询化合物。危险的物质数据库（The Hazardous Substances Data Bank，HSDB）是包含有4 700种化学药品的在线毒物学手册，包括新的杀虫剂和环境的污染物质，这是使用频率较高的资源。AIDSLINE汇集了艾滋病的文献资料、临床资料和药物资料。CCRIS（Chemical Carcinogenesis Research Information）数据库收集致癌化合物的有关资料。OMIM（Online Mendelian Inheritance in Man）数据库收集人类基因及基因疾病的资料。GENE TOX（Genetic Toxicology）数据库收集文献中报道的3 000多种化合物的致畸毒性试验的数据。IRIS（Integrated Risk Information System）数据库收集用来评估人类健康风险的500多条有关数据。

14.3.5　创建学习型组织

在知识更新速度加快的时代，不断追求对员工的人力发展投入是构建知识管理团队的重要手段。医学图书馆馆员是知识工作者，是知识的导航者，是用户之间的桥梁。在知识服务中应发挥医学图书馆馆员的专业优势，使医学图书馆功能得到扩展。

1. 医学信息学教育的合作培训

美国国家医学图书馆通过与NIH共同努力，扩大NLM资助的医学信息学培训项目，增加能从事计算生物学研究的人员数量。为了加强合作培训工作，NLM资助信息学研究培训活动与保健研究和质量管理局(AHRQ)资助的医疗服务研究培训活动结合起来，让更多的医疗人员(如护士、牙科医生、医院行政管理人员、公共医疗机构的人员等)来接受医学信息学培训，支持和鼓励少数民族的机构也来参与医学信息学培训，鼓励建立高级管理人员信息学硕士学位。

2. 按需建设成人继续教育

美国国家医学图书馆广泛运用远程教学机制持续地进行成人继续教育，建立美国医学会(AMA)的继续医学教育网(CME)，丰富医疗信息学方面的资源，通过远程教学设备来提供在WoodsHole的课程教学，为医学图书馆馆员设计一种新的置身于职业当中的训练项目。

针对用户的需求，开发一套机制来增强专业图书馆馆员的服务能力：①临床信息学——直接工作在重病特别护理的环境中，能及时提供详细病情；②医疗政策——为医疗政策的制定者以及专业的医疗人员提供跨学科的信息需求，从而有利于其工作的顺利开展；③生物信息学——帮助研究人员熟练地利用分子生物学和基因领域内的数据库。

3. 关注培养少数民族人员

与医学图书馆学会(MLA)、美国医学信息学会(AMIA)、公共学校以及其他的相关组织合作，从少数民族中招收更多的人员来从事医学图书馆馆员和信息学方面的工作，为那些在图书馆学院获得奖学金的少数民族的学生提供在NLM实习的机会，为少数民族学生提供资助奖学金或增加薪水。

4. 疏通公共卫生健康劳动就业渠道

公共卫生健康劳动就业信息服务平台是美国政府机构、公共卫生健康组织和卫生健康科学图书馆合作项目，是提供公共卫生健康教育发展、相关文献资源、使用专业工具和统计、教育与培训、会议通告、发现人才、提供资助、讨论公告板和电子邮件交流名录、工作职位等信息的交互平台。

5. 评估培训教育效益

美国国家医学图书馆对各种资助和合作计划与项目都要进行效益评估，评估NLM联合基金项目，分析在信息学方面为图书馆馆员设立项目基金的数目，以及在Woods Hole进行医学信息学课程对医学图书馆事业的影响。

14.3.6 建设开放的研究基地

发挥组织智力资本，建设开放研究基地和专业高级人才培养基地。Lister Hill 国家生物医学通信中心(Lister Hill National Center for Biomedical Communications，LHNCBC)和国家生物技术信息中心(National Center for Biotechnology Information，NCBI)是 NLM 最主要的研究开发部门。LHNCBC 探索计算机技术、通信技术和网络技术在组织、传播和利用生物医学信息方面的应用，包括语言以及信息处理、数字图书馆、客户健康信息学、图像处理和高级计算。研究统一医学语言系统(UMLS)、自然语言系统、标引计划、图像和文件传递系统、数据库的辅助检索、临床实验数据库、可视化人体工程以及数字图书馆项目。国家生物技术信息中心(NCBI)1988 年由国会建立，研究主要集中在分子生物学领域的检索和分析算法、基因分析以及分子结构和功能，同时也支持机构外的地区生物学资源、生物技术数据库、基因信息学以及其他计算分子生物学研究。人类基因图谱研究承担人类基因数据的收集、管理以及分析，扩充 GenBank 数据库，研发单一核甘多态性数据库，标注人类基因序列，建立标准基因术语命名，多样基因整合，等等。蛋白质序列及结构分析研究是扩展蛋白质 3D 结构、开发参考序列数据库。研究途径包括在美国国家医学图书馆内部研究以及资助学院、研究实验室、其他机构的外部研究，已资助了数十个研究项目和合作项目，举办了各种应用研究专题研讨会，请科学家和信息专家共同研讨。NLM 的 Lister Hill 中心负责指导医学学生的临床医学信息学课程，并针对个别学者提供专门的培训。NLM 的国家生物技术信息中心招收博士后和访问学者工作和培训。

14.4 国外教育机构知识管理案例分析：圣巴巴拉城市学院

14.4.1 圣巴巴拉城市学院知识管理背景

圣巴巴拉城市学院在其为期 6 年的“再设计行动项目”中进行了一项系统的、范围广泛的评估活动，评估针对学院效力和对学院业务实践重新建造活动进行。大量组织信息以多种格式存储在通过学院日常运行收集的数据中。有些情况下，即时访问这些数据以做出短期决定是很重要的。在其他情况下，需要对信息进行汇总、校验、综合，以做出长期决策。学院研究办公室面临的挑战之一，就是如何把这些信息传递给那些可以受益最多的个人或办公室。Web门户能够以一种安全的方式显著地提高发布这些信息的效率。有效的学院门户可以集成动态询问和显示数据，从而显著地提高学院决策对关键知识的开发利用。

学院内联网门户项目是由信息资源部和学院评估研究规划办公室联合实施的一项行动。这个项目的核心是开发决策支持信息，学院内阁和学院规划委员会对项目进行总体领导和指导。有关信息架构、分析工具、安全访问等关键性问题由实施项目的信息资源部和学院评估研究规划办公室共同决策。

学院根据多个再设计团队的推荐方案，对学院的内联网进行重新开发。门户技术和工具为在学院中实施知识管理提供了一个框架。学院内联网门户的主要目标：一是改善对学院信息的访问；二是增进对学院信息的理解和使用；三是改进学院决策；四是改善学院部门之间的合作和沟通。学院认为，要达成预定目标，知识管理框架中必须具备如下几个组成部分：第一，要开发一个决策知识系统支持并增强制度的操作、评价、研究、规划功能。第二，其中一个重要的领域是文档管理。学院所有的政策、过程、报告、议程和记录、重要的学院出版物，都要放进知识管理门户中。电子表格和工作流程接受力对支持圣巴巴拉城市学院的业务过程改进和自动化是必不可少的。第三，更有效的Web内容开发和管理机制也是知识管理项目的重要组成部分。第四，提升学院沟通能力的最新电子邮件报告和通知以及结构，是本项目的目标之一。第五，数据库安全性和管理为实施一个强健的和安全的知识管理系统提供技术基础设施。

14.4.2 对门户的认识

门户是一个通向网络(包括内联网、外联网、互联网)可访问资源的通道。Gartner集团认为门户包含4个基本组成部分：连接，内容，商务，社区。圣巴巴拉城市学院为其知识管理项目把上述定义进一步上升为："一个门户是一个个性化的信息、内容、服务集合。"其认为，个性化是成功实施知识管理的关键，因为它提供对目标明确的、建立在个人对学院的作用和责任基础上的信息的访问。完全不同的内容集合被很好地组织到个人门户网页，这也是成功地设计和实施一个门户的重要因素。最后，门户提供的远不止对数据的简单访问，它必须为学院社区成员提供必要的搜索、导航、分析、沟通工具，以使他们以一种协同的方式工作。

使用门户的主要原因是效率。门户帮助人们更高效率地利用时间，而时间是最重要的组织资源。一个门户永远无法为某一个人提供满足所有需求的信息，但组织可以创建一个提供数量巨大的核心信息的门户。个人门户应该建立在诸如用户当前任务、一天的可用时间、使用的访问设备、带宽、所在地点等因素上。

一个网站或门户由一些硬件和软件组成，这些硬件和软件执行响应用户服务需求的功能并组合必要的信息通过一个 Web 浏览器传递给用户。一个设计良好的网站应能够根据组织需求的变化灵活调整硬件配置。一个典型的网站由 Web 服务器、文件系统或数据库、应用服务器组成。Web 服务器在用户 Web 浏览器和 Web 页面之间通过 HTTP 或 HTTPS 协议建立初始连接。越来越多的 Web 站点只把数量有限的信息存储为静态页面，绝大部分门户 Web 页面是动态的，即只有当用户请求的时候才存在。

这种体系结构与单一用户注册和界面结合，通过多个门户组件即应用、服务、工具、数据的集合和表达，实现内容的个性化。

14.4.3 圣巴巴拉城市学院知识管理门户的功能和结构

圣巴巴拉城市学院确认了门户战略的四个主要组成部分：决策支持和数据仓库，文档管理，网站管理，内容传递工具。图 14-2 是圣巴巴拉城市学院知识管理门户的组成单元和结构示意图。

圣巴巴拉城市学院使用的关键软件工具包括：用于课件开发和传递的 WebCT，支持学生访问网站的 Campus Pipeline(校园管道)、提供消息和日历服务的 iPlanet、用来开发内联网的 Oracle 门户、Oracle 数据库及电子表格和工作流程应用程序。

14.4.4 基本功能的设计与实现

1. 决策支持

任何实施知识管理的关键性目标一定是组织信息以帮助学院决策。门户技术为校园管理信息系统提供了新的能力，其中最重要的一个能力就是对决策支持系统内容进行基于用户责任和个人偏好的个性化。圣巴巴拉城市学院最初的决策支持活动集中在支持学术项目评价、学院规划和资源排队、制度有效性评估、资格鉴定方面。学院评估对描述学院的表现是很重要的。学院有效性的通用测度可以用于多个目的，对课程完成情况、教师工作量、生产率的测度结果可用于学院有效性的年度评估。

对数据的访问必须通过个人在组织中的作用和责任进行控制。特别的，涉及对部门和教师个人数据访问的制度和政策必须得到数据库应用的支持。另外，个人必须非常容易地随意在不同层次的组织结构中移动。在支持个性化决策知识系统的分析工具可用性方面，必须具有灵活性，因为个人以很多

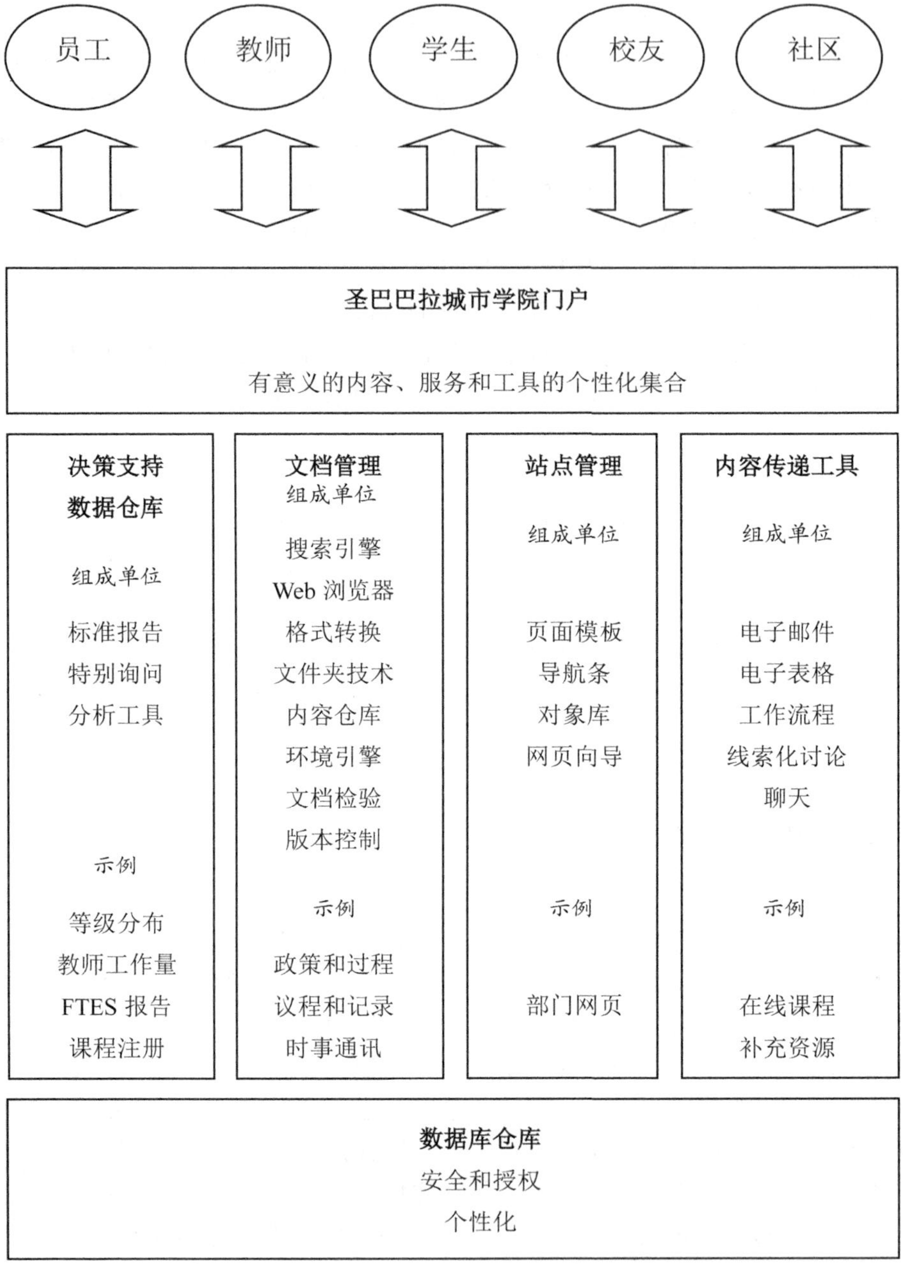

图 14-2　圣巴巴拉城市学院知识管理门户结构

不同的方式使用和分析数据。

学院知识管理系统的决策支持是圣巴巴拉城市学院学院评估研究和规划办公室的首要责任。这项责任包括引导全学院范围对即将采用措施的讨论，设计数据仓库的结构，开发标准报告和咨询模板，培训学院教师有效地使用工具和信息以支持其发挥在学院的相应作用。学院把这些职责放在这个办公室是经过深思熟虑的。首先，学院需要一个中心部门协调学院决策支持系统的设计和开发，而学院评估研究办公室负责全学院范围的信息组织、报告和使用。其次，该办公室拥有有效使用数据管理和分析工具的专门技术专长。最后，也许是最重要的，该办公室负责详细说明学院在全校园实施的所有研究活动和数据分析实践的影响。

把这个责任赋予学院评估研究和规划办公室，扩展了它的研究职能，然而，这是增强学院集中于数据驱动的决策和义务的一个自然的结果。新的职责也要求该办公室招募、培训、留住那些熟悉研究方法、分析工具、Web开发、数据库、高等教育政策的员工。

2. 文档管理

对文档管理的支持是对知识管理系统的一个基本要求。学院政策、程序、操作过程必须储存起来，并且可以非常容易地检索到。

是使用结构化的、层次式的文档存储分类法，还是使用非结构化的搜索能力，是学院要做出的一个关键性决策。圣巴巴拉城市学院选择使用后者，目的是为了减少维护成本，增加访问信息的灵活性。但使用这种方法若要取得成功，搜索引擎必须能够对存储文档进行全文检索，而不仅仅是对关键词、摘要或题名的检索。

建立文档存储标准和浏览格式也是对学院的一个挑战。圣巴巴拉城市学院决定对所有存储在知识管理数据库或“仓库”中的文档提供基于浏览器的访问。如果在以前，这意味着要把文档全部转换为 HTML 格式，但因为使用了 Oracle 门户产品，文档的存储和检索过程得到了改善。存储在数据库中的文件可以保持它们的原始格式(Word、Excel、PDF 等)，不用转换为 HTML 格式，就可以用 Web 浏览器阅读。

对文档管理来说，理解关键词检索结果是另一个设计要素。这包括对检索结果的排列优先级的有效权重设置。Oracle 门户借助其权重算法，为每一个存储在文档管理仓库中的文档形成一些“主题”和“要点”。主题分析基于扩展的词典，主题词列表勾画出每一个文档的中心思想，因此，可以很容易地找到想找的内容。“要点”以叙述的方式为文档关键主题形成一个概要表达。总之，Oracle 门户的语言学引擎为文档管理提供了强大有效的工具。这些强大的文档管理功能使得快速高效地在学院政策、程序、出版物中导航成为可能。

学院在内联网项目中实施的这些标准产生了一个极其全面的、有益的、强大的校园电子文献仓库。这个框架对学院研究办公室来说，是使其出版物提供校园社区使用的最理想方式。往文档仓库加入研究报告和出版物非常简单，而研究报告一旦进入仓库，就很容易被检索到，这将促使学院研究报告得到更好的传播和利用。

3. Web 内容开发和管理

站点内容创作和管理是文档管理功能的一个特例。圣巴巴拉城市学院知识管理内联网应用的一个核心目标就是 Web 内容开发和发布的分散化。学院在培训和支持部门 Web 开发人员使用 HTML 和 FTP 方面曾经历了巨大的困难。此外，向部门强制推行设计和导航标准也发生了问题。Oracle 门户技术为最终用户提供了通过 Web 浏览器构造和维护 Web 页面的工具。因为这些元素是直接存储在门户数据库中的，所以没有必要进行单个文件传输。

动态网页开发是知识管理系统个性化的关键。个人用户的职责、安全、偏好都可以在支持个人网页的快速收集、汇编、展开的数据结构中进行维护。这种基于单元的网站建造方法允许模板、图形、文档、应用在这个网站上重用。

Oracle 门户技术为实现圣巴巴拉城市学院 Web 内容开发和管理的分散化提供了保障。在分散模式下，允许部门内容开发人员按模板构造网页，可以使用 中心 Web 对象库。网页发布前的评价也由网页开发小组转移到部门经理，部门经理主要对页面内容的准确性和完整性把关。这使得有限的网页开发人员可以专注于技术问题，如系统集成和安全。

这些网站内容功能使得制度评估研究规划办公室可以设计、开发、维护一个基于 Web 的研究论文、报告、特别询问、分析工具内容区。

4. 内容传递工具

知识管理系统为学院表格和工作流程自动化重组学院业务过程提供了机会。绝大部分学院利用 Web 技术把电子表格提供给学院社区，但很少有对业务过程利用自动工作流程引擎进行系统化的严格管理。多方面的原因限制了工作流程技术的采用，但这些技术的使用可以节省大量时间和精力。在知识管理系统中实施表格管理可以同时让多个人进行评论和批复。捕捉与存储工作流程和业务规则可以让学院免遭那些头脑中具有适当知识的关键人才流失造成的损失，人们常常哀叹重要员工以及他们所拥有的学院知识和历史的流失。绘制严格的学院业务过程和工作流程还为重新考察当前业务实践和程序提供了机会。

门户技术的实施是工作过程流程化成功的关键。正如Hayward所说，考虑知识管理的重要性"不仅在于技术的实施，更重要的，是集成业务战略、文化价值、工作过程的多学科方法"。个人门户成为来自多个不同系统的任务、活动集合的汇集点。例如，一位教师可以在同一个门户收到班级名单和花名册、给分数、发放通知、检索学校图书馆资料、分析部门绩效数据。

电子邮件、讨论组、聊天室、Web会议、工作流程、通知、文档共享等协作工具是门户框架的必要组成元素。从技术角度看，把各种不同工具的集成在门户中极具挑战性，但对建立学院门户来说，其实现对节省时间和资源的潜力又是必需的。

5. 数据仓储的设计

圣巴巴拉城市学院以前也曾试图开发过有效的专家支持系统，但没有成功。失败的原因很多，如缺乏持续的资金支持，开发和维护人员的流失，校园管理人员认为基于客户的分析工具过于繁琐等。其中一个最重要的原因，就是管理人员没有时间对数据仓库中的数据做详细深入的分析。学院以前的经验教训为校园内联网门户项目的决策支持功能提供了设计目标。

需要确认使用门户的每一个人或角色的关键量度标准，这些标准将促进门户的个性化。院长需要的元素和细节水平与副院长、系主任、部门主任的需要显著不同。需要为学院中的每一个角色创建一个定制的"执行仪表板"，这个执行仪表板要反映与每个角色即将做出决策相关的当前信息。

如前所述，圣巴巴拉城市学院的数据仓库战略关注的是支持学院评估、规划、资源分配、部门程序评价活动。通过设计，发现了很多在各领域使用的共同标准，学生课程完成率、分数分布、教师工作量和生产率、全日制学生当量、全职教师与兼职教师的比例等可以为很多规划和评价目的服务。在圣巴巴拉城市学院，学院评估研究规划办公室的主任担负了设计、开发数据仓库模型的责任，信息资源部提供数据开发和传输支持。学院领导层直接与这个办公室一起确定在各自使用领域有效的关键标准。

14.4.5 实施过程中的其他几个关键问题

1. 社区的确立

定义校园门户的第一步，就是确立门户即将服务的兴趣社区。社区一旦界定，学院就可以开始规划针对每一个群体的特定的文档、信息、表格和服务集合。在圣巴巴拉城市学院，学院Web委员会负责定义这些兴趣社区，然后由学院管理层评价、批准这些门户社区和服务。

2. 工具集的评价和选择

可供高等教育使用的门户产品和工具集很多，可采用的方法多种多样。每个学院的决策都受很多因素的制约：当前的技术环境，学院现有的技术专长，员工的开发和支持水平，项目资金等。以圣巴巴拉城市学院为例，选择校园管道（Campus Pipeline）作为学生门户架构，是受到它的合作伙伴WebCT集成教学内容开发、WebCT通过单一登录和授权过程向校园管道（Campus Pipeline）门户结构传递机制的显著影响。选择Oracle门户产品作为内联网开发平台，受到已经存在的数据库和应用程序开发产品（门户是Oracle互联网应用服务器产品的一个组成部分）校园许可协议，以及Oracle应用程序已经运用在学院行政管理系统中的影响。Gartner集团确认了门户产品评价的5个标准：跨结构化和非结构化仓库检索的强健性，对分类学的支持，内容管理和聚合，个性化，应用程序集成和开发。

3. 安全设计

对特定页面、数据元素、细节水平的访问最好受用户、责任和条款门户数据库的安全标准控制。个人可能具有多重责任，设计时要考虑是否把多个责任的所有元素显示在一个门户页面上，或根据责任发布到多个页面，或强制每次只能选择单个责任。门户安全的另一个关键因素是开发单一的注册和授权机制。安全规划还必须考虑哪些可以通过互联网任意访问，哪些只能限制在校园网上访问。尽管圣巴巴拉城市学院的目标是实现“随时随地”的访问，但产品授权和校园网安全常常限制某些访问只能发生在校园网上。

4. 可用性和支持

评估门户环境的可持续性和对不间断的支持的需要，是规划的另一个重要方面。任何在互联网上提供的门户组成元素必须支持“一年365，每周7天，每天24小时”的服务，门户硬件、软件的支持和维护都必须考虑进去。在圣巴巴拉城市学院实施“网上学院”的第一年，提供的课程屈指可数，但来自网络管理员和用户支持人员的停机要求却数量巨大。“网上学院”运行的第二年，与一家本地ISP（互联网服务提供商）签订了70门课程硬件、操作系统、桌面支持的合同。第三年，与Sprint公司签订了Web主机服务合同，把校园管道（Campus Pipeline）学生门户服务器与提供100多门“网上学院”课程内容的WebCT服务器连接在一起。今年，学院把iPlanet消息和日历服务器连接到学生门户，还为主机加设一道安全防火墙，与现有的校园防火墙一起工作。这个门户架构为5 000多名学生提供130门课程。Sprint公司负责随时对硬件、操作系统、网络连接进行支持，而数据库及应用层支持还是由学院负责。

5. 培训

要成功实施知识管理门户，对学院社区进行内联网站点结构、导航、工具、内容和使用培训是必不可少的。在圣巴巴拉城市学院，负责培训的部门有学院评估研究规划办公室、教师资源中心、员工资源中心、信息资源部。学院评估研究规划办公室发挥重要作用，负责数据组织、特别咨询能力、分析工具和报告方面的培训。结果发现，最成功的培训是那些直接与个人或小组工作需要相关联的培训。当培训单元围绕部门特定的、将要执行的任务分析设计时，更容易成功。

6. 项目人员配置

设计、开发、实施一个校园内联网门户，对任何学院来说都是一项很重大的活动，需要投入大量的时间和资源。圣巴巴拉城市学院的技术力量不是很强，但组织了一些很好的人一起专注工作，效果很好。圣巴巴拉城市学院实施知识管理门户安排了如下角色：项目经理(1 人)，学院研究人员(1 人)，Web 开发人员(1 人)，数据库管理员(1 人)，功能专家(6 人)，培训人员(2 人)。这个核心开发团队先为学院管理层和管理人员开发了一个内联网门户原型，然后向里面添加内容，以投入实际运行。随着新领域的加入，开发团队从相关部门员工中吸收人员参与 Web 内容开发。对内容开发人员进行及时培训，以便他们可以对内容进行持续的维护。学院评估研究规划办公室对系主任进行了有关决策支持工具和数据的培训。项目小组开发原型只用了 1 个月的时间，但让门户投入运行却花了 3 个月。

7. 校园门户规划和实施

任何机构开始实施门户计划，都要有长期投入的准备。门户因其动态本质，永远没有完成的时候。随着技术和组织及个人需求的变化，门户必须“变种”以满足新的需要。缺乏这种灵活性以及持续的支持和维护的门户是注定不能长久的。像任何一个大的技术项目一样，在门户规划、设计时进行大量投入是成功实施一个门户的第一步。

圣巴巴拉城市学院的知识管理门户实践者们发现了几个值得强调的问题。第一，系统、内容、个性化内容传递过程的开发，对成功实施一个机构门户是必不可少的。第二，Web 内容的分散化开发和维护是保证门户持续和支持的关键目标，对部门 Web 开发人员正式的培训课程也是一个非常关键的成功因素。第三，强健的搜索引擎对依赖在层次文件夹和组织分类中导航的文档检索和管理来说是非常有效的工具。快速全文搜索和为每一个文档设置权重(与类型无关)，提供了最可持续的、灵活的、有用的检索能力。

第四，需要强调学院研究人员的核心作用。在圣巴巴拉城市学院，是学院评估研究规划办公室在推动学院门户的设计和开发，以实施一个新的决策支持系统。该办公室在数据库设计、政策开发、Web 内容开发、培训以及技术基础设施规划方面发挥着新的作用。这种责任的扩展是把改善学院的决策支持放在高等教育内联网门户战略核心的一个自然结果。

14.4.6 圣巴巴拉城市学院的知识管理分析

实施知识管理是一个复杂的系统工程，建立知识管理系统是其中必不可少的一个步骤。圣巴巴拉城市学院建立知识管理门户实际上是建立一个覆盖整个学院的知识管理系统，其中涉及确认学院社区、设计数据仓库、设计系统基本功能、选择知识管理系统、安全设计、可用性设计和保证等工作。圣巴巴拉城市学院成功实施了校园知识管理门户，前期做了长期的准备工作，指定专门的机构和人员负责该项目的组织和实施，学院领导层直接参与重大活动，重视培训工作。门户的建立不仅为学院建立了一个知识管理系统，更重要的是，为部门和学院提高决策水平提供了保障。

14.5 国外学术型组织知识管理案例分析：ARC 和 DLR

14.5.1 国外学术型组织的知识管理背景

这里以 ARC 和 DLR 管理和报告基于知识的资源和过程为例，介绍国外学术型组织实施知识管理的情况。

在欧洲，各种研究机构都面临着对最有价值的资源进行管理的挑战，这些资源显然是基于知识的显性资源。现在，已经有少数研究机构开始使用新的工具对基于知识的资源和过程实施管理和测度。奥地利的 ARC 和德国的 DLR 是欧洲率先出版关于整个机构《智能资本报告》的研究机构，他们使用的是相似的模型，该模型既针对内部管理又针对对外报告。

ARC，即奥地利研究中心（Austrian Research Centers），是奥地利最大的研究组织，由公共和私有所有者公共拥有，作为一个私营有限事业在运营。ARC 于 20 世纪 50 年代创建，当时是一个核研究所，70 年代，其研究范围大大扩展。目前，ARC 在信息技术、材料技术和工程、生命科学、核技术服务和系统等领域开展研究和开发活动，同时也为工业界和社会提供研发服务。

DLR 即德国宇宙航天研究中心和空间局（German Aerospace Research Center and Space Agency），主要由公共基金支持，为政府和公共事业研究任务服务，政府为该机构界定的全球研究目标在这里以科学自治的形式进行。作为一个研究机构，DLR 的目标是增强德国工业的竞争力。最初作为一个注册非营利私营机构设立，由德国联邦教育和研究部共同资助，主要任务是为德国空间局服务。DLR 拥有 4 700 名员工，其中 2 300 名是科学家。该组织在德国之外有 8 个分支机构和办公室，由 31 个研究所组成，还包括测试和运行机构。2002 年的预算总额为 11.53 亿欧元。该组织的研究活动集中在航空学、空间、能源技术以及运输研究和技术四个领域。

1999 年，ARC 率先出版整个机构的 IC(智能资本)报告。紧接着，DLR 于 2000 年出版了自己的 IC 报告。两份报告基于相似的、在 ARC 形成的构思范围，这个构思针对研究机构的特定环境。现在，ARC 在新的管理和报告系统上有 4 年的经验，DLR 则只有 2 年的经验。在这两个机构里，新建立的工具都是一个基于指标的系统。在这个系统里，有关不同形式的 IC、增值过程和组织知识生产过程的产品的指标被集成在一起。两个研究机构从这个系统得到的主要益处之一就是认识了它们知识生产的过程。在内部管理和对外报告之间有一些平衡，不同组织之间指标比较也有一些局限性。

14.5.2　提出研究机构智力资本管理和报告基本模型

IC 管理系统应该提供关于开发和生产性使用基于知识的资产的信息。管理人员和投资人在决策时应该得到基于财务指标和非财务指标的知识支持。要完成这个任务，首先要解决两个关键问题：第一，分析 IC 投资影响和回报的需求；第二，不同种类无形资产之间的关系和相互补充。近些年，一些学者和实践者提出了测度、管理和报告无形资产、IC 的不同方法和手段。在开发模型的过程中，ARC 发现，IC 模型不仅要关注不同类型的无形资产，还要回答投资如何被机构使用、投资和利用又如何影响研究机构的产出等问题，而现有的方法不能彻底地解决这些问题。于是，ARC 决定设计一个针对这些要求的新模型。

非营利和在一定程度上生产公共物品是研究机构的特点。而且，研究机构本质上是基于知识的组织，它们对最终价值的投资是无形的，产品是基于知识的。其产品包括：创新产品，原型，专利，顾问工作，研究基础设施，出版物，专家报告。

为了设计模型，不仅要考虑 IC 管理和报告方面的文献，还要把创新理论和评价的最新成果考虑进去。表达 ARC 和 DLR 的 IC 报告框架的 IC 模型由 4 个部分组成(见图 14-3)，它把不同形式的无形资产或 IC 分离出来，并把它们与研究机构知识生产的组织循环相联系。IC 模型逻辑上包括目标、

IC、组织过程以及结果。

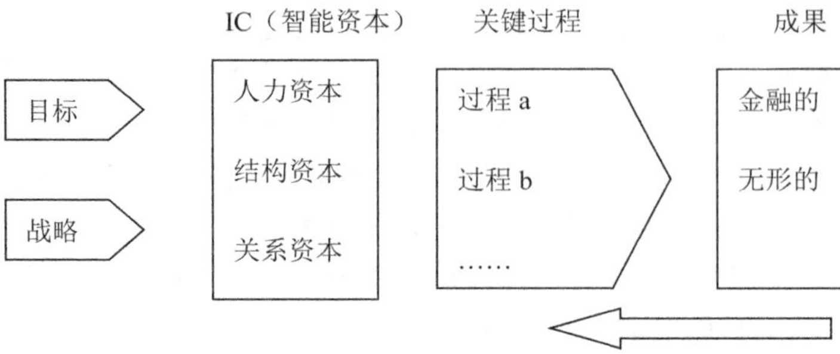

图 14-3　研究机构基本 IC 模型(根据 ARC 的 IC 模型归纳)

对知识的获取、开发和利用始于对特定“目标”的定义，在 ARC 和 DLR 这两个组织，这些特定目标均被贴上“知识目标”的标签。知识目标定义建立特定技能、结构、关系以实现组织战略的领域。这些目标形成了开发组织 IC 的框架。IC 由结构资本、人力资本和关系资本构成。这些无形资源或 IC，是知识生产过程的投入，在组织实施的不同项目或过程中以不同的形式出现。在研究机构中，这些过程显然呈现为不同的研究活动，如基础研究项目、应用研究项目、合同研究项目以及服务和教学项目。

在 ARC，关键的过程被定义为独立研究项目和合同研究项目，这是研究机构的两种基本项目类型。独立研究是 ARC 长期的、竞争前项目，被组织到研究计划中，主要由公共基金资助，为客户开发出有关项目的科学基础。合同研究项目是为私人或公共客户所做的研究，形成特定问题的解决方案。溢出，即独立研究项目和合同研究项目之间的交互，显得极其重要。这意味着独立研究项目中产生的新知识被应用到合同项目中，从而让私人和公共客户均从中受益。

不同类型的项目产生不同形式的成果，利润在测度这些项目的成功方面价值有限。因此，集成无形成果的模型应该把所有的成果都包括进去。在 ARC，这些无形成果被进一步定义为经济成果、研究成果和面向社会的成果，这 3 个类别也反映了研究机构的主要“客户”。这些成果通常难于用财务数据来表达，也许晚一些才会对财务产生影响。这些成果是组织的产出，一方面度量了组织的绩效，另一方面又增强了组织的 IC。图 14-3 中的从成果到 IC 的箭头表示的就是这种知识流动。

该模型的一个基本假设是，当一个研究机构的技术、人力和组织资源

(IC)被调动起来以增强研发项目的知识创造、共享和开发利用时，价值就被创造出来。模型中定义IC的3个元素必须被解释为非常重要的元素。

与其他在实践或理论中提出的IC模型相反，这个模型对过程表现出明显强烈的关注，因为它明显地把投入、过程、产出区别开来。因此，该模型应该被称为“面向过程的模型”，它组合了组织战略、组织知识目标和基于知识的具有无形成果的过程。这样，用户应该可以把IC测度与一个组织的整个生产过程相连接。通过把目标与特定成果集成，研究机构的特性和相互之间，以及与产业公司之间的差别，就变得透明。

上述模型显示了研究机构的知识生产过程，可以作为各种研究机构知识管理的框架，甚至可以用于大学。使用这个模型时，机构必须显性地明确地表达与基于知识的资源和过程相关的组织目标，必须定义其关键过程，如果需要，还要定义附加的成果类型。例如，ARC把过程分为两类，即独立研究项目和合同研究项目，DLR把过程分为三类，即计划研究、合同项目、空间局管理。这说明，使用该模型满足特定机构需要时，要讨论组织战略并对关键过程进行认定。对机构来说，这是采用该IC模型时面临的一个主要管理挑战。

14.5.3 ARC和DLR的实施过程

ARC和DLR在实施IC管理和报告系统方面具有相似的动机。ARC在20世纪90年代中期由于机构所有者确立了新的目标，面临着新的资助机制和日益激烈的竞争，经历过一个机构重组过程。ARC引进了一系列新的管理手段，从ISO9000认证，到研究计划管理和过程成本核算的专业化。1998年，ARC把自身定位为一个知识组织。在这个过程中，实施IC管理和报告系统是符合逻辑的一个步骤。1999年，ARC决定实施一个IC报告项目，该项目的目标是：“阐明无形资产的开发，解释研究成就的实现以及对股东的益处，形成公共基金使用的透明度。”

DLR于2000年开始实施它的第一个IC报告项目。出版该报告的最初动机是取代所谓的“创新报告”。创新报告是绝大多数德国公共研究机构必须出版，向德国联邦教育与研究部提交的年度报告。有了新的IC报告系统，DLR不仅可以向机构所有者、教育与研究部，还可以向其他股东提供更加全面的报告。而且，DLR旨在把新出版的指标与战略管理和会计核算指标紧密地联系起来。

对IC指标进行年度分析和解释是为了增加透明度和对两个组织的增值过程进行控制。报告最初不过是作为与外部股东沟通的手段，但不久就意识到IC报告还为战略管理提供了丰富的信息。基于对IC报告用于监控目标实现的潜力的认识，两个组织都决定把IC指标直接与知识目标联系起来，以测度它们在IC报告中的实现情况。

实施过程由3个步骤组成：确定知识目标，确定指标，收集数据并出版报告。知识目标的确定以组织目标和战略为基础。知识目标这个术语表达了新的组织目标的重要性，指的是无形资产的开发。ARC的知识目标通过5个标题“知识转移”“学科交叉性”“研究管理”“国际性”和“创新稳定性”进行综合，表达了与主要知识领域开发与利用相关的组织目标。1999年，DLR在整个组织范围的对话中重新阐明了组织目标和战略，作为进一步发展的起点。最后，确定了5个知识目标：开发利用知识，追求卓越，发展员工，建立网络，鼓励创新。

除作为项目基础的知识目标外，机构中已有的数据是确定指标的另一个参考因素。目的是为模型(见表14-1)的每一个元素建立正确有效的指标。两个机构都选择了约60个指标，它们中的大多数已经存在于组织之中，大约20%为新定义的，需要单独收集。指标确定之后，就根据可用的过去的数据和定义的知识目标对收集的数据进行解释。在定义和选择指标的过程中，研究小组尝试使用创新和研究评价相关文献中定义和建议的指标，以增强与其他组织的可比性。

表14-1 ARC和DLR 2001年IC报告部分指标

	DLR	ARC
智能资本		
人力资本		
员工数量	4 776	384
科学员工总数	1 641	215
波动(%)	19	11
退休	914	42
平均受雇年限	11.0	11.3
人力开支占总开支的百分比	55	45
女性百分比		
总数	28	22

续表

	DLR	ARC
管理岗	11	2. 6
科学员工	12	13
永久合同与临时合同(科学员工)的比率	1. 0	7. 4
每个员工的培训天数	1. 7(内部)	5. 19
结构资本		
每位员工的总 IT 开支(欧元)	9 800	2 569
远距工作数	61	0
关系资本		
外来仕务(月)	423	12
研究所主任担任教学任务(%)	100	50
访问科学家(停留时间>1 个月)占学科员工总数的百分比	6. 3	5. 6
过程		
计划研究		
政府资助研究在总收入中所占百分比	54	37
合同项目/应用研究项目		
第三方资助占总营业额的百分比	46	63
机构内研究所合作新合同所占百分比	6. 7	4. 1
外国客户项目(%收入量)	30	22
成果		
财政收入		
竞争性基金(第三方资助)	46	63
面向研究的成果		
在有关杂志上的出版量(研究所、研究院每位科学员工)	0. 33	0. 33
演讲量(每位科学员工)	0. 89	1. 79
受聘为大学或学院教授的数量	0. 08	0. 19
接纳博士后研究资格	1	1

续表

	DLR	ARC
大型国家研究促进基金项目数	37	4
最近三年欧盟提案成功率(接受/提交)(%)	40	27
第一签约人项目占欧盟项目的比率(%)	8	16
面向经济的成果		
专利申请总数	124	16
平均每位科学员工的专利授权数(×100)	12.1	0.93
发放许可证收入(欧元)	33 000	45
副产品数量	8	1
面向社会的成果		
外部用户每月访问网站点击量(百万)	2.4	0.3

实施一个IC测度系统的起点和必不可少的一步，就是讨论组织目标和战略。与传统的资产负债表相比，开发一个IC报告需要明确地阐明组织目标。这不是一个简单的任务，通常的情况是确定的目标和战略过于模糊，以致无法建立一个指标框架。在完成这一任务的过程中，研究小组还了解到，由于研究过程的特点，目标的实施是很困难的。对于科研机构和商业活动来说，详细说明严格的目标是一个难以实现的问题，因此，目标通常被解释为"走廊"，即大致地确定发展方向，允许有很大的演变空间。然而，这个框架应该尽可能地精确，可以通过指标实现。因此，分配给人力资本、结构资本和关系资本的指标在一定程度上测度了未来实现目标的组织结构条件。这些还有利于之后创新成果的取得。

确定了知识目标之后，项目小组开始为报告形成指标。然而，直接从目标确定指标并不总是可行。有时，必须对已经存在于各个不同部门的信息和指标进行评估，检验它们与评价无形资产的任务的相关性。指标的开发过程是自顶向下过程与自底向上过程的结合。

开发IC报告的最大危险之一是定义过多的目标或指标。当组织未来发展及需要的无形资源都不明确时，人们或机构往往是什么都想要。然而，战略思考要求排出优先级。ARC把最初的200多个潜在指标减少到60个左右。经验性研究也表明，目标及指标过多的问题确实存在。这方面的研究也证实，指标系统可以让机构的目标和战略变得具体、可测度，这一点看来在研究机构也是成立的。将来，两家研究机构都将设法缩减指标清单，消除系统指标中的冗余，在各类指标间达到良好的平衡，增进对投入—产出关系指标的理解。

一个更加复杂的因素是，IC 指标可以测度不同的对象，有时是相似的资源和成果。有一个例子很能说明这个问题："每个科学员工的演讲数量"这个指标是对转移给学生的知识的测度，它还可以测度网络化机会的价值，甚至测度授课人竞争力的提高。因此，在选择指标时，必须同时尽可能精确地、透明地给出相应的优先级。

在阅读 IC 报告时，可能会有各种各样的解释，这种可能的解释范围比资产负债表或年度报告宽泛得多，因为这两种报告已经有通用的标准和经验。在对 IC 指标进行解释时，有必要寻找一个共同语言，这样所有的股东就可以参考同一个框架。通常，可以这样评价：第一，以连续时期的发展情况为基础；第二，与形式化的目标相比较；第三，与类似的研究机构进行基准对比。

14.5.4 几个问题的讨论

1. 面向结构的模型与面向过程的模型

以前的 IC 管理与报告模型对不同形式的 IC 进行分类，还说明它们之间的关系，因而可以归结为面向结构的模型。这里提出的模型可以称为面向过程的模型，它尽可能地把研究机构知识生产过程中的 IC 都结合进去了。这个 IC 模型是线性的，把知识生产过程通过投入—产出逻辑形象地呈现出来。无形资产是研究机构的投入和资源，与此同时，研究机构的产出，如专利、新产品等，也有一部分是无形资产，这些产出进一步扩充研究机构的知识库。在一定程度上，基于知识的产出也会扩充组织无形资产知识库，允许组织知识库逐步增长，这个过程是无限循环的。投资无形资产会生成新的无形资产的事实在研究文献中也有阐述。

模型的过程是组织从事的各种各样的活动和项目，它们把不同的无形资产组合在一起。对上述两个机构而言，主要是针对不同客户的研究项目。可以用描述研究项目本质和发展的指标来测度过程。尽管没有测度过程之间的关系，但两个机构的管理都讨论了过程之间可能的知识溢出。最后，组织的各类产出用不同种类的指标进行测度。通过比较不同时期的投入和产出，可以获得无形资产投资回报方面的信息。

这里提出的 IC 模型并没有表达出不同元素之间的复杂关系或知识流动。它假定 3 种形式的 IC 是组织中不同过程的重要支柱，没有认定哪一种 IC 是价值创造过程的起点。利用该模型不可能追踪不同类型资源和项目之间的知识流动，也不可能用财务数据确定投入与产出之间的数量关系。但是该模型设法捕捉到了知识生产过程的复杂性，还确定了一个有限的指标集。模型的过程特征应该有助于增进对不同类型投入或资源、不同过程和成果之间的互动关系的了解。另外，在解释 IC 测度系统的投入—产出数据时，必须考虑到在科学组织中，在对无形资产投资和实现成果之间，即知识生产循环中时滞是相当长的。因此，对人力资本或关系资本增加投资，可能要到两三年之后才能产生较好的成果。IC 库的发展只能通过跟踪多年的数据来发现，ARC 和 DLR 还分别需要 4 年和 2 年才能进行全面的分析。

最后，与其他大部分 IC 测度方法一样，这个模型也不能直接与传统的财务会计系统兼容。也许，需要用其他方法让 IC 报告包含质的、量的、财务的信息。这样，才能给出一个关于研究机构获得了什么，以及它如何利用资源创造价值的总体图景。

2. 对外报告与管理无形资产

ARC 和 DLR 的 IC 管理和报告系统既是一个管理工具，又是一个信息交流工具。就对外沟通而言，有关无形资产数据的出版有利于建立信任，而信任是长期组织战略的最重要的构成要素之一。

IC 模型改善了对组织知识生产过程的了解。它对目标、投入、过程、产出的分解，帮助处理投资决策问题。通过对两个机构的数据、机构内不同部门之间的数据进行比较，发现 IC 指标的价值与部门的背景和特定目标相关，这一点，有关研究文献也非常强调。出于内部管理的需要，需要一个更加分立的系统，从而能够用来形成分立的指标和目标。两个机构也正是这么做的。

显然，IC 管理和报告系统既作为组织管理工具，又作为与股东沟通的交流工具，会出现需要权衡的问题。一方面，研究机构担心传递敏感信息会对获得资助带来不良后果。另一方面，部门级的信息越成熟越详细，越有利于促进组织学习。

3. 通用指标与特定指标

ARC 和 DLR 在开发 IC 报告时，都想对它们的数据进行比较，因此试图使用同一套指标集。定义指标的一个基本原则，就是使用相关指标，例如，用百分比来表达营业额，或与科学研究者总数的关系，等等，以便对数据进行简单的比较。这个过程正在进行，由于环境不同，目标又依赖于环境，不是所有的指标都与两个机构都相关，因此，有时必须单独解释。尽管如此，还是定义了一套通用指标。在两个机构的 IC 报告的所有指标中，大约 30% 的指标在两个机构都用到了。表 14-1 列出了两个机构 2001 年可比较的 IC

数据。

总的来说，确实有些指标具有相似的价值，其他的则各不相同。在解释两个 IC 集时，出现了一些差异，可以解释为由不同的目标引起的。例如，对人力资本的有关指标进行比较发现，DLR 总的员工年度波动率为 19%，与 ARC 的 11%相比，就显得过高，这可以通过两个机构不同的目标得到解释。DLR 力图把研究所中科学员工永久合同与临时合同的比率控制到 1∶1，而学院中则控制为 2∶1。这个数据也受到 DLR 使用的劳动法的影响，永久合同事实上在 DLR 是有期限的。

另一个例子可以从关系资本得到。员工从事教学任务以加强与下一代科学家的合作和可靠接近，是 DLR 人事政策的核心要素。教学任务这个指标与大学密切相关。显然，ARC 的情况就不一样，ARC 只有极少数科学家在大学兼职。这在过去不是 ARC 的显性战略，目前正在对此进行评价。两个机构会议次数都很高，说明培育关系网络的重要性。最后，DLR 参与国际活动的次数极高，相应的指标反映了该机构这方面的目标和成效。ARC 在近几年遵循了加强国际参与的战略，但其参与国际活动的程度很低。然而，两个机构都成功地整合了欧盟资助的项目。

两个机构出版数据的可比较性和透明性都存在局限性。首先，由于知识的本质，不是所有的数据都可以出版，因为不是什么东西都可以表达为数据，更不要说报告合法性的问题了。常常是数据的背景、合理的解释都没有表达出来。

另外，过程的复杂特性难以捕捉。对成果和绩效的测度集中在有限的产出指标上。不同的研究机构追求不同的目标，对它们出版的数据进行分析既要考虑到大的背景，也要考虑到机构的特定目标。因此，很显然定义一套通用指标是必要的，定义反映不同机构特定战略和目的的个别指标也是必要的。

4. 研究机构与工业公司

增值过程，就像研究机构的情况和他们的研发一样是复杂过程。相应的，测度和报告不同研究机构、工业研发部门和实验室、高技术公司、副产品、大学等的手段，必须通过显性地定义目标和指标，反映特定的背景和目标。这里提出的 IC 模型显然试图表达不同种类的研究成果，正如 ARC 和 DLR 所做的那样，把非财务类研究成果归为经济的(工业的)、研究的、社会的。这种分类反映了两个研究机构的 3 个主要目标群体，即经济、事实上的私营公司、科学团体和社会，这与工业公司或工业公司的研发部门所出的 IC 报告存在显而易见的差别。

在工业公司，研发活动的产出和成果是进一步开展大规模生产、组织销售、市场营销等价值链或创新过程的投入。最终，公司的研发成果被结合到产品中去，通过销售，会增加公司的收入和利润，摊还研发投资。与此相反，研究机构的成果就是最终产品，它们通常不会形成大规模生产。研究机构通常为国家创新系统中各种各样的客户的创新过程的早期做贡献，作为重要的研究基础组织为国家服务，没有明确的利润动机。这些“客户”在生产公共物品或服务的情况下，把这些研究成果应用到公司业务中或解决问题。这也说明为什么只用财务指标测度研究成果的复杂性和困难，因为外在的东西几乎不可能分配给研究机构自身。

私营研发部门在测度和管理复杂研究过程方面可以向研究机构学习，反过来也一样。由 ARC 和 DLR 创始的计划基准环境下的部分指标，也许将来在其他领域也用得着。

14.5.5 国外学术型组织的知识管理总结

IC 管理的模型和在两个欧洲研究机构实施的经验使人们对如何将研究机构知识生产过程概念化有了一个初步了解。该模型形象地把研究机构的知识生产过程呈现了出来，有了它，两个机构第一次都可以学习它们知识生产的过程，数据可以从投入、过程、产出 3 个途径同时收集，这是传统的财务会计系统和其他 IC 模型办不到的。

项目研究人员认为，为了散播和详细描述研究领域的 IC 管理方法，有必要从三个不同方向做进一步的工作。第一，开展理论和方法研究；第二，确定一套广泛认可的指标；第三，提供一套开发 IC 管理系统和对出版数据进行分析的指导方针。

14.5.6 国外学术型组织的知识管理分析

对机构智能资本进行确认、测度，进而实施管理，是知识管理的一项基础性工作，也是较深入的知识管理活动。ARC 和 DLR 提出的 IC 模型不仅适用于研究机构，对教育机构乃至公司都有借鉴意义。研究机构开展 IC 测度和管理的时间不长，这里提出的模型及指标体系有待实践的进一步检验。

14.6 国外个人知识管理案例分析：利用 Zotero 工具

利用 Zotero 有效进行个人知识管理在国外受到广泛关注。许多内容管理软件，比如 Endnote、RefWorks、NoteExpress 等，都能实现对搜集的大量信息进行有效组织的功能。但是这些软件的不便之处在于需要在浏览器界面

(信息的搜集)与软件界面(信息的组织、整理)之间进行切换。如果能把我们进行信息研究时的主要活动——搜集、整理、阅读和使用都很好地集成到一个界面之内，简单方便地进行信息的信息组织，那将极大地方便我们的知识学习和创新，而Zotero就是这样一个工具。

14.6.1 Zotero简介

Zotero名字来自于阿尔巴尼亚语zotëroj，意为学习的同时“获取”(to acquire)和“掌控”(to master)，是一简单易用的研究辅助工具，可以收集、组织和分析研究资料(引文、全文、网页、图片等)，并使研究结果得以共享。作为Firefox的插件，Zotero不仅具有文献管理软件(如Endnote)的功能——保存文献题录(作者、标题等)和导出参考文献，而且有强大的网络应用(如iTunes和del.icio.us)——互动、标签及高级搜索。Zotero可与在线资源紧密接合，在用户浏览图书、文章和其他网页内容时发挥作用。在大多数的研究、数据库和图书馆站点，Zotero可以自动保存文献题录信息。作为网页浏览器的一部分，它可以轻易地传递信息和从其他应用中获得信息。同时它在个人计算机上工作，也能应用到本地软件(如Microsoft Word)。另外，它也可以离线使用。

14.6.2 Zotero的特点

Zotero有如下特点：

①自动从网页中获得引文的相应信息，存入资料库的相应字段，不需要键入、剪切粘贴；

②支持引用、PDF、文件、图片、链接以及整个网页的存储；

③允许直接在捕捉下来的资料上做注解；

④使对研究资料的组织方便易行而且方式多样；

⑤提供快速“边打字边查找”功能帮助你利用记不真切的资料；

⑥可以输出引文到你的文章、专著或网站上，支持Word写作，通过安装的插件可在Word中插入中外文参考文献，支持通行的参考文献样式；

⑦简单易学、界面时髦，能够自动存储你的笔记，简化了研究任务；

⑧就在你的浏览器中运行，可以作为一个平台支持数字研究的其他工具和服务；

⑨免费的开源软件；

⑩允许直接在捕捉下来的资料上做注解、添加笔记；

⑪使用标签(Tag)，有些条目能自动标注标签，可通过标签定位；

⑫支持记录所有内容(题录、笔记、附件)导入、导出(单条/多条、分类及全部);

⑬支持所有收藏信息的全文检索。

14.6.3 Zotero 的功能

(1)同步特性。

当你在不同计算机间工作，可使你保持文献的同步。如果你进入 Web 分布式创作和版本控制的服务器，Zotero 同样可以保持你的附件的自动同步。Zotero 紧密依靠 Firefox3 可在几大主流免费或付费数据库和网络报刊，为你的文章和论文迅速保存文件，简便创建书目。

(2)直接在浏览器中运行。

不管何时，Zotero 可以识别出支持的站点，如 Google Books、亚马逊、YouTube、纽约时报、JSTOR(一个在线期刊数据库)，它将在你的 Firefox 地址栏添加一个标识，可以让你简单地点击一下就把本页加入参考书目。Zotero 将为你自动地提取其中的参考书目信息，甚至可以在你保存的文档里创建全文。如图 14-4 所示。

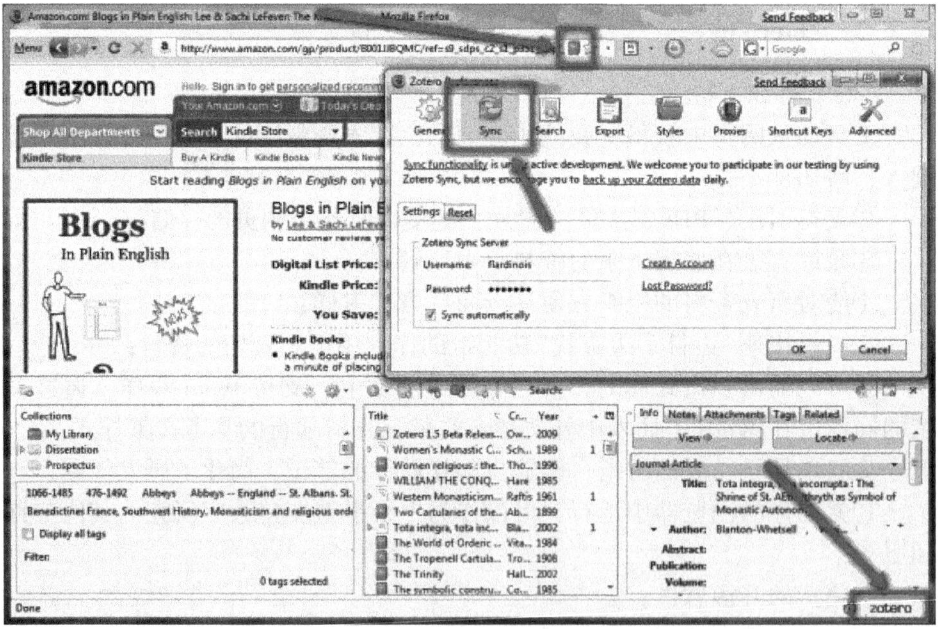

图 14-4 浏览器页面显示图

(3)社交网络。

Zotero 现在已经包含了一些社交网络的特征。比如，你可以搜索名字、邮箱，搜索别的用户，加为好友或黑名单。当然这些特性还刚刚推出，至今只有很少一部分用户在使用，但这最终将为学术研究者们带来实惠，他们可以和同事共享他们的参考文献。将来，Zotero 还计划扩展类似于 Twitter 的性能，可以跟踪你的朋友的研究动态。

(4)抓取功能。

Zotero 最为便利的功能在于能够对在线文献数据库网页中的文献题录直接抓取。例如在 Google Scholar 等数据库中进行搜索，检索完成之后，在地址栏的末尾有“文件夹”的标志，点击此标志就会出现选择条目的对话框，选择需要的条目就可以实现对所选的条目的题录信息的批量存储。同样的，当在数据库中点击进入某篇文献的页面，在地址栏末端会出现一个“页面”标志，点击此标志就能保持此条目的题录信息。

14.6.4 Zotero 的安装

安装 Zotero，首先需要安装浏览器 Firefox(http://www.mozilla.com/en-US/firefox/)，因为 Zotero 是 Firefox 的一个插件。Firefox 是一个类似于 IE 的开源网络浏览器，目前已经可以很好地兼容 IE。从上面地址下载 Firefox、安装 Firefox 的过程和安装其他软件类似。运行 Firefox 浏览器，并进入 Zotero 的主页(http://www.Zotero.org/)，点击右侧的 Download 图标，即可开始安装 Zotero 插件。如果 Firefox 出现关于安全性的提示，你只需允许访问便可。安装完 Zotero 后关闭 Firefox。再次打开 Firefox 后可以在右下角看到 Zotero 的图标，这时 Zotero 便安装成功了。

14.6.5 Zotero 的使用

点击右下角的图标，弹出 Zotero 的工作界面。你可以在分类窗口中建立你的文献目录(和子目录)。可以通过拖动把文献添加到相应的目录中。先介绍如何添加文献记录。

(1)手动添加文献。

首先，介绍添加网页。举例，在访问某一网页时发现这个网页对研究很重要，并且可能需要以后进一步阅读或引用，可以保存这个网页的链接和内容。这时，可以点击“添加网页”按钮，Zotero 将把网页的快照保存到本地，当然也包含了标题、链接、日期等信息。点击查看快照，可以在 Firefox 中看到一排新的工具栏。通过这些 Zotero 提供的工具，可以在快照上面添加自己阅读网页过程中的标注和重点记号。

也可以手动添加阅读过的论文到 Zotero 的数据库中。点击“添加”按钮，选取添加“期刊文章”，在右栏的“信息”条中键入这篇文章的标题、作者、年份等信息。以后在写作论文引用参考文献的时候，Zotero 会获取这些信息。在“便签”条中，可以加入任何笔记、想法或其他记录。在“附件”条中可以加入 PDF、Word 等文献的全文文件，也可以把网页的快照拖入保存为一个附件。在“标签”条中，可以对该文献贴上任何标签，譬如“要重读”“脑科学”“好文章”“今天要读”等，通过点击左栏下方的便签，可以快速找到定义好的那些文献。“相关条目”中可以维护与这篇文献相关文献的记录。

(2)自动添加文献。

Zotero 最强的功能是，它可以自动地从网页中发现内嵌的标准化的文献记录，并自动将其添加到数据库中。这里以一篇 *Nature* 的论文作为例子，需要把 *Neuroscience and education: from research to practice?* 放入我的数据库中。通过期刊数据库网站检索或者 Google 的搜索，可以很方便地找到这篇文章的网页(http://www.nature.com/nrn/journal/v7/n5/abs/nrn1907.html)。打开这个网页之后，可以在 Firefox 地址栏的右侧看到一个文章的小图标。这个小图标表示，Zotero 告诉您，它发现了这个网页里面的内嵌文献数据，只需点击这个图标，Zotero 会自动在当前目录下添加这篇文献的记录。你可以在右栏的“信息”中发现，这些记录是相当齐全的，而且是相当全面的。如果你还需要该文献的全文，只需在 Zotero 的“操作”按钮下的“配置”中选中“保存条目时自动添加相关联 PDF 或其他文件”。如果有这个期刊数据库的全文下载权限，Zotero 会自动下载全文文件并添加到相应的条目之下。这样，可以相当快地组织自己的文献数据库，剩下的就是安心阅读，而无需在资料的整理和维护上花费额外的时间。

(3)检索功能。

在检索中，可以通过一些关键词或标题搜索自己的数据库，快速找到需要的文献。在“配置”的“快捷键”中可以自定义开关和全屏 Zotero 工作面板的快捷键，方便使用。点击“操作”下的“创建时间轴”，Zotero 会把数据库中的文献放到时间轴上面，可以形象地知道这些文章的先后和发展过程。还可以使用导出功能，把某一篇文献的记录或其全文数据导出，方便在其他计算机上阅读文献。在目录上点击右键，选取有分类生成报告，这个分类下的所有资料都会显示在一张网页上，如果可以平时在阅读每一篇文献的时候，注意把重点记录到便签中，那这一张网页就是论文的很好的起点了。

(4)添加引用和参考文献。

下面介绍如何在Word中添加引用和参考文献。首先，需要下载并安装Zotero的Word插件(http://www.Zotero.org/download/integration/Zotero-Word-Plugin-Installer-1.0b3.exe)。之后再次打开Word，可以看到新添加的一个Zotero的工具栏。假设在写作论文的过程中添加一个文献的引用，只需如下操作：点击“添加引用”按钮，弹出了Zotero的对话框，当然这时需要保持Firefox打开的状态，不要关闭这个浏览器。如果还没有指定论文引用的格式，Zotero会先弹出引用格式的对话框，可以选择需要的格式，常见的格式和IEEE的要求类似。在引用对话框中，可以选择文献数据库中的条目，当然也可以选择多个条目，点击确定，Zotero就在当前光标的地方自动插入了引用信息，甚至无需定义上标等繁琐的工作。当完成论文的编写后，点击“添加参考文献”按钮，Zotero会在光标的地方插入所有的被引用文献的记录，那些时间、作者等数据都是从日常维护的文献数据库中自动提取的。之后，可以继续添加引用，仍旧按照上面方法插入引用信息，Zotero会自动更新相对应的参考文献记录，甚至不需要操心参考文献之间的排序和格式问题，Zotero会完成一切，需要我们平时维护好自己阅读过的文献的数据库，并在写论文的时候，随手插入要引用的文献。

总的来说，Zotero作为一款Firefox浏览器的插件，它的功能不仅仅是对文献进行管理，对于多媒体资料、网页信息等新兴资源和媒介也能很好地进行组织和利用，保证所存储的信息的有序保存和按需调用。此外，Zotero能方便地记录笔记和摘抄引用，并协助人们以此来建立自己需要的一个知识体系，从而更好地实现知识的收集消化吸收共享，最终实现有效的个人知识管理。

14.7 国外知识创新案例分析：美国明尼苏达矿业制造公司

美国明尼苏达矿业制造公司，因英文名称头3个单词以M开头，所以简称为3M公司。3M公司以其为员工提供创新的环境而著称，视革新为其成长的方式，视新产品为生命。公司的目标是：每年销售量的30%从前4年研制的产品中取得。每年3M公司都要开发200多种新产品，它那传奇般的注重创新的精神已使3M公司连续多年成为美国最受人羡慕的企业之一。在过去15年中，著名的《财富》杂志每年都出版一份美国企业排行榜，其中有10年3M公司均名列前10名。面对知识经济的挑战，3M公司的知识创新实践，为企业提供了不可多得的范例。

14.7.1 知识创新文化

新产品不是自然诞生的。3M 公司的知识创新秘诀之一就是努力创造一个有助于创新的内部环境，它不但包括硬性的研发投入，如公司通常要投资约 7%的年销售额用于产品研究和开发，这相当于一般公司的两倍，更重要的是建立有利于创新的企业文化。

公司文化突出表现为鼓励创新的企业精神。3M 公司的核心价值观：坚持不懈，从失败中学习，好奇心，耐心，事必躬亲的管理风格，个人主观能动性，合作小组，发挥好主意的威力。英雄：公司的创新英雄向员工们证明，在 3M 宣传新思想、开创新产业是完全可能取得成功的，而如果你成功了，你就会得到承认和奖励。自由：员工不仅可以自由表达自己的观点，而且能得到公司的鼓励和支持。坚韧：当管理人员对一个主意或计划说“不”时，员工就明白他们的真正意思，那就是，从现在看来，公司还不能接受这个主意，回去看看能不能找到一个可以让人接受的方法。

对于一个以知识创新为生存依托的公司而言，3M 公司知道，有强烈的创新意识和创新精神的知识员工是实现公司价值的最大资源，是 3M 赖以达到目标的主要工具。因此，3M 的管理人员相信，建立有利于创新的文化氛围是非常重要的。主要包括：

尊重个人的尊严和价值，鼓励员工各施所长，提供一个公平的、有挑战性的、没有偏见的、大家分工协作式的工作环境。尊重个人权利，经常与员工进行坦率的交流。主管和经理要对手下员工的表现与发展负责。鼓励员工发挥主观能动性，为其提供创新方面的指导与自由。冒险与创新是公司发展的必然要求，要在诚实与相互尊重的气氛中给予鼓励和支持。

知识的交流在知识共享中相当重要，它将知识传送出去并且反馈回来，加强了知识在组织内部的流动。信息技术的采用为这个环节的实施提供了便利条件，尤其是电脑网络技术的应用。知识交流也需要来自公司高级管理层的重视，它要求公司的管理层把集体知识共享和创新视为赢得公司竞争优势的支柱。如果员工们为了保住自己的工作而隐瞒信息，如果公司所采取的安全措施和公司文化常常是为了鼓励保密而非知识公开共享，那么将对公司构成巨大的挑战。对于那些想从员工中得到最大效益的 3M 管理人员来说，一个可靠的方法就是交流。3M 公司的集体协作气氛、经常性联络制度和员工们的主动精神，意味着交流可以在不经意之间发生，人们会出乎意料地把信息和主张汇集在一起。与国内外同行间的长期友谊和组织关系成为关键信息来源的高速路径。公司每天都会产生各种各样的新思想和新技术，让大家聚在一起通常会产生意想不到的效果。在公司规模还不大的时候，实验室主任便在每星期五的下午召集员工坐在一起，大家边喝咖啡边演示自己的研究计划。现在，3M在全美和世界各地设有上百个分公司，因此要大家坐在一起进行交流已经不是那么容易了。管理人员通过各种会议、跨学科小组、计算机网络和数据库等方式将大家聚集在一起。

技术论坛是3M的创新活动的知识共享平台，是一个具有管理框架的大型志愿者组织，成员有数千人，每天都有各种活动。技术论坛的成立，目的是鼓励信息的自由交换，为研究人员相互交流心得和解决疑难问题创造条件，是公司员工相互联络的一种方式。技术论坛下设分会、各委员会，分会主要讨论技术问题，包括诸如物理分会、生活科学分会和产品设计分会。技术论坛委员会负责组织各种活动、教育和交流事务。公司对外委员会负责3M员工与其他公司人员进行交流的活动。这个组织还通过公司内部的电视系统向全美各地的分部传送活动情况。交流委员会则向技术论坛成员定期分发公司的业务通信。员工在这些相互信任的气氛中交流受益无穷，这是一种文化、一种氛围。然而，更重要的是要培养一种环境，在这种环境中，员工可以与其他部门的人自由组合，同时每个人都愿意与他人共享自己所掌握的信息与知识。

14.7.2 知识创新机制

通过正确的人员安置、定位和发展提高员工的个人能力。公司发展既是员工的责任，也是各级主管的责任。提供公平的个人发展的机会，对表现优秀的员工给予公平合理的奖励。个人表现按照客观标准进行衡量，并给予适当的承认与补偿。3M公司鼓励每一个人开发新产品，公司有名的“15%规则”允许每个技术人员至多可用15%的时间来“干私活”，即搞个人感兴趣的工作方案，不管这些方案是否直接有利于公司。当产生一个有希望的构思时，3M公司会组织一个由该构思的开发者以及来自生产、销售、营销和法律部门的志愿者组成的风险小组。该小组培育产品，并保护它免受公司苛刻的调查。小组成员始终和产品待在一起，直到它成功或失败，然后回到各自原先的岗位上。有些风险小组在使一个构思成功之前尝试了3次或4次。每年，3M公司都会把“进步奖”授予那些新产品开发后3年内在美国销售额达200多万美元，或者在全世界销售额达400万美元的风险小组。

组织结构上采取不断分化出新分部的分散经营形式，而不沿用一般的矩阵型组织结构。组织新事业开拓组或项目工作组，人员来自各个专业，且全是自愿。提供经营保证和按酬创新，只要谁有新主意，他可以在公司任何一个分部求助资金。新产品搞出来了，不仅是薪金，还包括晋升。比如开始创新时是一位基础工程师，当他创造的产品进入市场，他就变成了一位产品工程师，当产品销售额达到100万美元，他的职称、薪金都变了。当销售额达到2 000万美元时，他已成了“产品系列工程经理”。在达到5 000万美元时，就成立一个独立产品部门，他也成了部门的开发经理。

提倡员工勇于革新。只要是发明新产品，不会受到上级任何干预。同时，允许有失败，鼓励员工坚持到底。公司宗旨中明确提出：决不可扼杀任何有关新产品的设想。在公司上下努力养成以自主、革新、个人主动性和创造性为核心的价值观。这是因为，3M公司知道，为了获得最大的成功，它必须尝试成千上万种新产品构思。把错误和失败当做是创造和革新的正常组成部分。事实上，它的哲学似乎成了“如果你不犯错，你可能不再做任何事情”。但正如后来的事实所表明的，许多“大错误”都成为3M公司最成功的一些产品。3M公司的老职员很爱讲一个化学家的故事——她偶尔把一种新化学混合物溅到网球鞋上，几天之后，她注意到溅有化学混合物的鞋面部分不会变脏，该化学混合物后来成为斯可佳牌(Scotchgard)织物保护剂。

14.7.3 知识创新管理

在3M，人们时刻都可以听到谈论创新问题。3M的正式宣言，就是要成为“世界上最具有创新力的公司”。3M对创新的基本解释既醒目又简单，创新就是：新思想+能够带来改进或利润的行动。在他们看来，创新不仅仅是一种新的思想，而是一种得到实施并产生实际效果的思想。创新不是刻意得来的，3M公司证明了一件事，那就是当公司越是刻意要创新时反而越是不如其他公司。便利贴便条是在一连串意外中诞生的，并不是依循精密的计划而来。每次意外的发生都是因为某个人可以完全独立从事非公司指定的工作，但同时也履行了对公司的正式义务。发明者往往比管理者有更多的空间，可以表达自我。

3M极有威望的研究带头人科因称，公司的管理哲学是一种“逆向战略计划法”。3M并没有先将重点放在一个特定的工业部门、市场或产品应用上，然后再开发已经成熟的相关技术，而是先从一个核心技术的分支开始，然后再为这种技术寻找可以应用的市场，从而开创出一种新的产业。这是一种“先有解决问题的办法后有问题”的创新模式。研究人员通常都是先解决技术问题，然后再考虑这种技术可以用在什么地方。3M的首席执行官德西蒙说：创新给我们指示方向，而不是我们给创新指示方向。3M试图通过一种类似温室一样的，允许分支技术自己发展的公司文化来支持研究活动。3M有时在自然创新方面非常有耐心，明白一种新技术要想结出果实，可能会需要许多年的时间，因为过去公司研制最成功的技术也曾经走进过死胡同。

3M把创新分为3个主要阶段：涂鸦式创新、设计式创新和指导下的创新，这些阶段从大到小呈漏斗状。首先是创新的大胆初步设想得到一致的认可和赞许，逐渐演变为更加深入和集中的努力。在整个过程中，实现众人支持与专人负责之间的平衡，并按照不同阶段逐步增加人力和资金的投入。约束随着阶段的进展而逐渐增强，到了最终阶段，方法和落实要根据经营策略和市场状况来决定。

在具体实施中，公司坚持了以下管理策略。①弹性目标原则。弹性目标是培养创新的一种管理工具，方法就是制定雄心勃勃的但要切合实际的目标。3M公司制定的目标数量并不多，其中有几个与财政收支状况有关。然而，有一个目标就是专门用于加大创新步伐的，每年销售额中至少应该有30%来自于过去4年中所发明的产品。②视而不见原则。3M公司的管理人员必须要有一定的容忍能力，因为即使你屡次想要取消明显不切实际的研究计划，研究人员也可能会顽固地坚持己见。③授权原则。授权是在员工已做好创新的思想准备之后让他们开始工作，但创新主要还要靠他们自身的动力。当他们在发明创造时，公司就要及时给予帮助，这里的技巧在于如何才能不破坏他们这种内在的动力。

14.8 国外知识共享案例分析：德国西门子公司

知识共享是非常诱人的，但是真正实行起来却是异常的困难，需要能够克服诸多的障碍因素：①如何引导员工克服心理上的障碍，使知识共享成为一种自觉的行为。②如何克服文化差异，引导员工认同企业文化，为知识共享创造良好的文化氛围。③如何激励谋求自我利益增加的员工参与知识共享，并最大限度地分享自己所创造和积累的知识。这里以德国西门子公司的实践作为案例，分析它是如何克服这些障碍因素并有效地实现知识共享的。

14.8.1 知识共享系统的构建

(1)架构雏形ICN系统，建立知识共享网络。

为实现知识共享，西门子公司决定在全球范围内创建一个不仅能够处理显性知识，而且能够帮助员工将他们个人的隐性知识也贡献出来的系统。为此，ICN 首先建立了一个互动的架构——共享网，其中包括知识图书馆、为回复“紧急求助”而开设的论坛以及用于知识共享的平台。共享系统的建立，不仅为员工的知识交流与传播提供了一个良好的平台，同时也扩展了知识传播的时空范围与速度，消除了因时空距离而造成的障碍，从而为分处不同地域的员工提供了一个面对面交流的机会，使得知识的远距离传递与共享成为了可能。

(2)实施“全球本土化”策略，组建共享网团队，设立共享网经理。

为了使知识共享系统成功地获取全球员工所拥有的隐性知识，西门子采取了一种既能够把全球的显隐性知识资源聚集到一起，又可以保留跨文化差异的方案——“全球本土化”的策略：当总部和各地的分公司共同制定出共享网的战略方向时，系统的维护工作主要在慕尼黑总部进行。之后，共同制定出来的战略方案以及系统的主要战略性维护将会落实到各地分公司。

与此同时，为了把这个架构落到实处，西门子公司还分别在各个国家和地区的当地公司里组建了共享网团队，选出共享网经理，设立共享委员会，全球编辑，IT 支持人员和用户热线，他们和全球各地的知识贡献者一起组成了一个既注重全球总体战略，又关注各地分公司文化的“全球本土化”组织。在这个组织中，共享网经理们尤其起到了跨文化“黏合剂”的作用。

(3)建立多样化的知识共享次级系统，拓宽知识共享渠道。

为配合全球知识共享系统的落实，提高知识传递效率，西门子公司决定在公司的所有团队小组中选择一个合适领域作为切入口，建立专门化的知识共享系统。为此，ICN 的共享网团队首先选择了为销售人员和营销团队建立一个知识共享系统，因为它们通过知识共享所得到的结果是立竿见影的。通过创建整个系统的次级系统，所有员工均可以与拥有特定相关知识的其他成员建立联系，使得成员可以选择不同的方式来接受、传递不同的知识，从而拓宽了员工进行知识交流和共享的渠道。共享系统在营销、销售等部门获得成功后，共享网开始向研发部门扩展，ICN 正是经过以上几个环环相扣、层层递进的阶段，使得共享网获得了初步的成功，并经过后期的不断努力，最终成功地实现了全球性的知识共享。

14.8.2 知识共享系统的管理

(1)通过系统内的知识共享机制，增强员工对系统的认同感。

西门子公司知识共享系统之所以能够有效地实现知识共享，很大程度上是因为其员工对知识共享系统存在着一种强烈的认同感。由于系统中知识的多样化，使得每位员工都可以从中找到自己所需要的知识，通过知识的吸收、存储、传输过程，以及系统为每位员工提供的学习机会，员工开始慢慢地习惯于知识共享系统的存在。同时，为加强知识共享，西门子公司还建立了强有力的企业标识，以加强各分公司对全球西门子集团圈内文化的感觉。此外，西门子还通过多种途径鼓励知识共享，通过员工间不断地交流和沟通，不但降低了共享的成本，更为重要的是，员工在不知不觉中对系统产生了更为强烈的依赖性。

(2)建立知识共享激励机制，明确共享的收益分配原则。

我们知道，有效的知识共享是不可能自发实现的。因此，为激励员工最大限度地向共享网络贡献自己的知识，共享网团队采取了持续不断地给系统注入动力的措施，包括外在激励和内在激励两个方面。主要表现在：

共享系统建立初期，西门子推出了一种“上级奖励制度”。该制度主要是根据员工的知识共享效果，予以相应的奖励。起初，这对于共享网的推广起到了一定的刺激作用。但由于它没有真正地奖励那些知识贡献者，未能发挥出其长期持续的激励作用，因此ICN只是将其视为知识共享的一种短期推动力。

随后，共享网经理们决定把重点更多地放在参与者身上，并推出了网上奖励制度。该制度规定凡是员工所提供的知识，经专门的组织鉴定之后，如若具备一定的价值，符合一定的标准，便可获得共享网上的“股票”。凭借网上股票，员工既可领取一定的物质奖励，也可以获得一定的精神补偿。例如：员工可以参加公司为其举办的较高层次的业务培训，那些成绩较为显著的员工甚至可以获得职务上的晋升。事实上该制度推出以后，直接将股票兑换成实物奖励的员工一直较少，知识数量和质量等资料的公开化使得知识贡献者不仅可以获得更多人的尊重，有的甚至可以获得令人羡慕的“专家地位”，这一点日渐成为员工积极利用共享网的内在动力。

(3)实行“两手抓”，既注重显性知识的整合与纳入，又强调隐性知识管理重要性。

西门子知识系统建立初期，非常注重对企业显性知识的管理，它利用先进的信息技术，将企业里长期以来积累的以及企业通过各种手段从其内外部获取的知识进行了有效的分类、整合与纳入，并建立起各种类型的专门知识库，从而为员工最大化地获取、转化、共享知识提供了可能，一定程度上节省了员工查找知识的时间，提高了知识利用的效率。此外，西门子公司还特别强调对员工隐性知识的挖掘。为使共享网络获取全球员工所拥有的隐性知识，西门子还采取了一系列的激励措施，以此来激励员工最大化地将自己的隐性知识显性化，最大限度地实现知识从个体拥有向公司指定群体拥有的转移。

14.8.3 知识共享系统引起的思考

西门子公司的知识共享系统之所以能够一步步走向成功，仔细思考，不难得出以下几点启示：

(1)培养员工对于知识共享系统的认同，是知识共享得以实现的首要条件。

由于员工心理上的不安全感，又由于知识风险的存在以及面子因素、圈子观念等传统文化的影响，人们往往倾向于垄断知识，而不太愿意把自己通过努力所获得的知识与他人分享。此种情况下，克服心理上的障碍，培养员工对知识共享的认同感就显得尤为重要。为此，西门子公司采取了一系列的措施，包括举办各种培训班向员工讲授知识共享所能够为公司、个人带来的双赢效果，设计各种激励机制以补偿知识知识贡献者所付出的努力，建立强有力的企业文化培养员工对公司文化的认同等。由此，员工渐渐地克服了心理上的障碍，并积极地参与到知识共享的行动中来。可见，培养员工对于知识共享系统的认同感，是知识共享得以实现的首要条件。

(2)知识共享系统中，组织文化因素是决定其成功与否的一个必要条件。

一方面，组织层级的设置会影响知识共享的效果。一般情况下，组织层级过多，机构臃肿，会造成知识交流渠道不畅，信息传递速度慢、信息失真严重等现象的出现，不利于企业内部的沟通交流。反之，则会促进知识共享的有效实现。共享系统建立中期，为避免组织上层级过多引起的障碍，西门子分别在各个国家和地区的当地公司设立了共享网团队，并选出共享网经理，直接对各地的分公司负责。直接负责制的建立不仅克服了知识传递中的障碍，同时也为知识共享提供了组织上和制度上的保障，进而促进了员工间的知识交流。

另一方面，创建有利于知识共享的企业文化是有效实施知识共享的关键。良好的文化氛围可以对人们的行为起规范、凝聚、激励和强化作用，从而有力地促进知识共享的顺利进行。西门子公司在推进知识共享的过程中，尤其注重对不同地域间文化的相互融合，这种对于文化的高度重视，是其知识共享系统走向成功的一个重要原因。

(3)激励机制的建立，是知识共享系统得以成功的制度保证与动力。

科尔曼认为：奖励不足会产生坐享其成的现象，即大家都等待其他人采取行动而自己从中受益；适当奖励不仅是实施有效规范的必要条件，而且还会产生热情奉献的现象，即热心公益事业或为集体利益冒风险。因此，组织激励机制的设计状况在很大程度上影响着企业的知识共享。西门子公司为鼓励员工进行知识共享，建立了内在激励和外在激励机制(包括物质激励和精神激励)，一定程度上打消了员工因知识风险或成本收益不对称而产生的顾虑，从而调动了员工进行知识共享的积极性。

(4)知识共享对企业来说实质上是一个长远的利益，一个自始至终都应该进行推广的理念。

目前，企业中仍有很大一部分员工存在这样一种思想，他们认为，企业只要建立了知识共享系统，知识共享自然也就水到渠成，根本不需要平时的维护与更新，更不需要人们大费周章地采取一系列措施来促进知识共享。事实上，知识共享仅仅拥有一个系统是远远不够的，它不仅需要加大资金上的投入以保证系统的正常运行，更需要员工观念、组织制度、文化氛围等各方面的紧密配合，唯有如此，才能保证知识共享的有效实现。因此，知识共享对企业来说实质上是一个长远的利益，一个自始至终都应该进行推广的理念，任何时候都不能因为任何原因而有所中断。注重对系统的维护以及资金上的保证，或许也可视为西门子取得成功的一个重要原因。

14.8.4 意义

作为世界上最大的电器工程、电子公司之一，西门子通过知识共享系统部分地解决了进行知识共享的障碍因素。

首先，西门子培养和保持了员工对于知识共享系统的认同感，并奠定了各个地区分公司之间进行知识交流与传播的基础。西门子建立和管理知识共享系统中各个层级系统过程的能力至少部分地解释了西门子拥有生产与研发优势的原因。

其次，西门子知识共享系统的主要功能在于促进全球各分公司间知识的流动与共享，实现知识从个体拥有向公司拥有的转移，从而促进知识的创新，实现企业的可持续发展。

再次，西门子所建立的知识共享系统是开放发展式的，它具有以下特点：①开放性，知识共享系统对于企业的所有员工都是开放的。②发展式，共享系统并不是一成不变的，其内容仍需要不断地更新。③激励和制约机制的作用，物质激励与精神激励的双管齐下，不仅对员工进行知识共享起到一定的促进作用，同时一定程度上也监督制约着员工所贡献知识的质量。

西门子的案例表明：建立知识共享系统，实施知识共享确实能够使企业更多更快地获取自身所需要的知识和信息，从而增加企业知识资本总量，丰富企业知识资本结构，提升企业的核心竞争力。如：利用系统的共享机制，可以获得和利用更多的资源；利用系统的转移机制，可以获得更多的组织知识；利用系统所拥有的知识，可以获得更多的学习机会；利用系统的全球本土化策略，可以培养更多的技术和管理人才。所有这些对于增强企业的竞争优势，保持其可持续发展均具有十分重要的意义。

本章习题

1. 我国政府知识管理应向美国学习什么？

2. 我国企业能否借鉴惠普公司的知识管理模式？为什么？

3. 美国国家医学图书馆与中国科学院“国家科学数字图书馆”在知识管理上有哪些异同？

4. 从美国圣巴巴拉城市学院知识管理的成功经验，你认为我国高校实施知识管理应具备哪些条件？

5. 简述 ARC 和 DLR 知识管理的差异。

6. 除了利用 Zotero 等个人知识管理软件进行知识管理之外，在提高个人知识管理能力方面我们还能做什么？

7. 从美国明尼苏达矿业制造公司成功实施知识创新的案例，你认为企业知识创新成功的关键因素有哪些？与研究机构的知识创新有何区别？

8. 从德国西门子公司知识共享的成功实践，你认为知识共享系统有哪些作用？除了构建知识共享系统，企业实施知识共享还需要什么？

参考文献

一、中文图书

1. 邱均平. 知识管理学[M]. 北京：科学技术文献出版社，2006.
2. 樊治平，等. 知识管理研究[M]. 沈阳：东北大学出版社，2003.
3. 高洪深，等. 企业知识管理[M]. 北京：清华大学出版社，2003.
4. 高洪深，杨宏志. 知识经济学教程[M]. 北京：中国人民大学出版社，2002.
5. 韩经纶. 知识共享与风险防范[M]. 贵阳：贵州人民出版社，2003.
6. 侯贵松. 知识管理与创新[M]. 北京：中国纺织出版社，2002.
7. 金吾伦. 知识管理：知识社会的新管理模式[M]. 昆明：云南人民出版社，2001.
8. 李华伟，等. 知识管理的理论与实践[M]. 北京：华艺出版社，2002.
9. 王德禄. 知识管理的 IT 实现——朴素的知识管理[M]. 北京：电子工业出版社，2003.
10. 王广宇. 知识管理：冲击与改进战略研究[M]. 北京：清华大学出版社，2003.
11. 维高. 知识的革命[M]. 北京：中国物资出版社，1998.
12. 翁君奕，林迎星. 创新激励——驱动知识经济的发展[M]. 北京：经济管理出版社，2003.
13. 吴文武，等. 中国人力资源开发系统论[M]. 北京：中国建材工业出版社，1996.
14. 伍忠贤，王建彬. 知识管理策略与实务[M]. 北京：中国纺织出版社，2003.

15. 夏敬华，金昕. 知识管理[M]. 北京：机械工业出版社，2003.
16. 夏书章. 知识管理导论[M]. 武汉：武汉出版社，2003.
17. 袁曦临. 知识管理[M]. 南京：东南大学出版社，2009.
18. 储节旺，周绍森，谢阳群，等. 知识管理概论[M]. 北京：清华大学出版社，2006.
19. 朱勇. 新增长理论[M]. 北京：商务印书馆，1999.
20. 许国志. 系统科学[M]. 上海：上海科技教育出版社，2000.
21. [德]马克斯·舍勒. 知识社会学问题[M]. 北京：华夏出版社，2000.
22. [美]维纳. 控制论[M]. 北京：科学出版社，1963.
23. [德]伽达默尔. 科学时代的理性[M]. 北京：国际文化出版公司，1988.
24. 王晓升. 语言与认识[M]. 北京：中国人民大学出版社，1994.
25. 王雨田. 控制论、信息论、系统科学与哲学[M]. 北京：中国人民大学出版社，1986.
26. 王崇德. 文献计量学引论[M]. 桂林：广西师范大学出版社，1997.
27. 邱均平. 文献计量学[M]. 北京：科学技术文献出版社，1988.
28. 罗式胜. 文献计量学概论[M]. 广州：中山大学出版社，1994.
29. 严怡民. 情报学概论[M]. 武汉：武汉大学出版社，1994.
30. 张清宇. 逻辑哲学九章[M]. 南京：江苏人民出版社，2004.
31. 顾基发，张玲玲. 知识管理[M]. 北京：科学出版社，2009.
32. 张润彤，蓝天，朱晓敏. 知识管理概论(修订第二版)[M]. 北京：首都经济贸易大学出版社，2007.
33. 张润彤. 知识管理学[M]. 北京：中国铁道出版社，2002.
34. 华良杰，马玉良. 计算机组成原理[M]. 北京：国防工业出版社，1995.
35. 丁兆亮，刘芳. 信息技术基础[M]. 北京：机械工业出版社，2003.
36. 王达. 网络硬件及配置标准教程[M]. 北京：人民邮电出版社，2002.
37. 陈能华. 图书馆信息化建设[M]. 北京：高等教育出版社，2004.
38. 王众托. 知识管理[M]. 北京：科学出版社，2009.
39. 储节旺. 知识管理[M]. 北京：北京交通大学出版社，2006.
40. 柯平. 知识管理学[M]. 北京：科学出版社，2007.
41. 王达. 网络硬件及配置标准教程[M]. 北京：人民邮电出版社，2002.
42. 张为民，等. 云计算：深刻改变未来[M]. 北京：科学出版社. 2009.
43. 杨锡怀. 企业战略管理——理论与实践[M]. 北京：高等教育出版社，1999.
44. 冯奎. 学习型组织：未来成功企业的模式[M]. 广州：广东经济出版

社，2001.
45. 付立宏，袁琳. 图书馆管理教程[M]. 武汉：武汉大学出版社，2005.
46. 柯平. 图书馆知识管理研究[M]. 北京：北京图书馆出版社，2006.
47. 田志刚. 你的知识需要管理[M]. 沈阳：辽宁科学技术出版社，2010.
48. 李奕. 数字化时代的个人知识管理[M]. 长春：吉林人民出版社，2006.
49. [美]切斯特·巴纳德. 经理人员的职能[M]. 北京：中国社会科学出版社，1997.
50. [日]野中郁次郎，竹内广隆. 创造知识的公司：日本公司如何建立创新动力学[M]. 北京：科学技术部国际合作司，1999.
51. [美]保罗·S. 麦耶斯. 知识管理与组织设计[M]. 珠海：珠海出版社，1998.
52. [美]戴布拉·艾米顿. 知识经济的创新战略——智慧的觉醒[M]. 金周英，等，译. 北京：新华出版社，1998.
53. [英]马歇尔. 经济学原理[M]. 北京：商务印书馆，1964.
54. [美]伊莱恩·丹敦. 创新的种子：解读创新魔方[M]. 北京：知识产权出版社，2005.
55. [美]约瑟夫·熊彼特. 经济发展理论[M]. 何畏，等，译. 北京：商务印书馆，1990.
56. 霍国庆，等. 企业知识管理战略[M]. 北京：中国人民大学出版社，2007.
57. 易凌峰，朱景琪. 知识管理[M]. 上海：复旦大学出版社，2008.
58. 张凤，何传启. 国家创新系统[M]. 北京：高等教育出版社，1999.
59. [美]彼得·F. 德鲁克，知识管理[M]. 杨开峰，译. 北京：中国人民大学出版社，1999.
60. 金盛华，张杰. 当代社会心理学导论[M]. 北京：北京师范大学出版社，1995.
61. 李敏. 现代组织知识管理[M]. 广州：华南理工大学出版社，2002.
62. 廖开际，等. 知识管理原理与应用[M]. 北京：清华大学出版社，2003.
63. 林东清. 知识管理理论与实务[M]. 北京：电子工业出版社，2002.
64. 王德禄. 知识管理的 IT 实现[M]. 北京：电子工业出版社，2003.
65. [美]彼得·F. 德鲁克，等. 知识管理[M]. 杨开峰，译. 北京：中国人民大学出版社，1999.
66. 秦祎，林泽炎. 现代人力资源管理[M]. 北京：中国人事出版社，1999.
67. 张文贤，晏姚. 人力资源开发与管理[M]. 上海：上海人民出版社，

1996.
68. 吴文武，等. 中国人力资源开发系统论[M]. 北京：中国建材工业出版社，1996.
69. 张晓林. 面向用户的知识管理：概念、方法与技术[M]//知识管理：图书馆的机遇与挑战学术研讨会论文集. 北京：中国科学院文献情报中心，2002.
70. 夏敬华. 知识管理[M]. 北京：机械工业出版社，2003.

二、中文论文

1. 盛小平，吴菁. 知识管理流派浅析[J]. 国家图书馆馆刊，2007(1)：55-61，94.
2. 盛小平，吴菁. 知识管理流派浅析(续)[J]. 国家图书馆馆刊，2007(2)：53-57.
3. 罗龙艳，沈治宏. 论知识管理的新发展[J]. 四川大学学报(哲学社会科学版)，2003(3)：55-58.
4. 许晓明，龙炼. 论企业的知识管理战略[J]. 复旦学报(社会科学版)，2001(3)：90-94，131.
5. 查炜. 论知识经济时代的发展趋势：从信息管理到知识管理[J]. 东岳论丛，2001(4)：51-52.
6. 郭小刚. 试论信息管理和知识管理[J]. 经济师，2000(12)：130-131.
7. 段钢. 人力资本理论研究综述[J]. 中国人才，2003(5)：26-29.
8. 刘涛. 对信息概念的哲学思考[J]. 情报理论与实践，2002(6)：408-409，440.
9. 朱彬. 基于知识特性的知识管理与创新研究[J]. 华东经济管理，2001(1)：38-40.
10. 刘林青，潘春蝶. 论知识管理研究的知识基础和主要领域[J]. 图书馆情报管理，2005(3)：50-52.
11. 李后卿，柳晓春. 图书情报学理论基础中的知识论研究[J]. 中国图书馆学报，2003(1)：82-84.
12. 金吾伦. 开展西方科学哲学研究的起点——介绍卡尔·波普尔科学哲学讨论会纪略[J]. 哲学研究，1981(1).
13. 刘迅. 论图书馆学情报学理论的共同基础——关于波普尔"世界 3"理论的再思考[J]. 情报科学，1982(1).

14. 王子舟. 知识集合初论——对图书馆学研究对象的探索[J]. 中国图书馆学报，2000(4)：7-12.
15. 王子舟. 知识集合再论——对图书馆学研究对象的阐释[J]. 图书情报工作，2000(8)：5-11.
16. 邓三鸿，等. 学科知识地图的构建——以图书、情报学为例[J]. 情报学报，2006(1)：3-8.
17. 顾敏. 知识管理与知识领航：新世纪图书馆学科的战略使命[J]. 图书情报工作，2001(5)：7-13.
18. 杨波，阎素兰. 齐普夫定律的汉语适用性研究及其在自动标引中的应用[J]. 情报理论与实践，2004(3)：252-255.
19. 邱均平，文庭孝，等. 论知识管理学的构建[J]. 中国图书馆学报，2005(3)：11-16.
20. 彭锐，甄朝党. 知识管理理论基础探源[J]. 云南财贸学院学报，2003(1)：4-8.
21. 王续琨，初福玲. 知识科学的兴起和发展[J]. 大连理工大学学报(社会科学版)，2001(2)：15-20.
22. 邱均平，段宇锋. 论知识管理与图书情报学的变革[J]. 中国图书馆学报，2003(2)：5-9.
23. 何善祥. 知识论要(续)[J]. 图书馆界，2000(4)：1-6.
24. 王众托. 知识系统工程：知识管理的新学科[J]. 大连理工大学学报，2000，40(21)：115-122.
25. 卢海平，张建军. 创建知识管理学科体系，培养知识管理专业人才[J]. 辽宁高职学报，2003(5)：157-159.
26. 邱均平，段宇锋. 论知识管理与知识创新[J]. 中国图书馆学报，1999(3)：5-11.
27. 钟琳，周玲. 知识管理的实施及其相关技术[J]. 图书与情报，2001(4)：19-23.
28. 李朝明. 知识管理及其实现技术的研究[J]. 情报科学，2001(5)：549-551.
29. 潘旭伟，顾新建，等. 知识管理工具[J]. 中国机械工程，2003(5)：413-418.
30. 温有奎，赖伯年. 网格技术将推动知识管理革命[J]. 情报学报，2004(1)：124-128.
31. 安小米. 知识管理技术研究[J]. 情报科学，2004(7)：893-896.

32. 杨思洛，朱慧明. Web2.0 环境下数字参考咨询服务模式探析[J]. 情报资料工作，2007(3)：101-104.
33. 邹莹. Web3.0——互联网新时代[J]. 电脑与电信，2009(12)：7-9.
34. 刘畅. “网人合一”：从 Web1.0 到 Web3.0 之路[J]. 河南社会科学，2008(2)：137-140.
35. 黄建军，郭绍青. WebX.0 时代的媒体变化与非正式学习环境创建[J]. 中国电化教育，2010(4)：11-15.
36. 杨明芳，袁曦临. 云计算环境下的数字图书馆[J]. 图书馆建设，2009(9)：7-10.
37. 刘炜. 图书馆需要一朵怎样的“云”？[J]. 大学图书馆学报，2009(4)：2-6.
38. 周宁，陈勇跃，金大卫，张会平. 知识可视化框架研究[J]. 情报科学，2007(4)：566-569.
39. 周宁，陈勇跃，金大卫，张会平. 知识可视化与信息可视化比较研究[J]. 情报理论与实践，2007(2)：178-181.
40. 秦长江，侯汉清. 知识图谱——信息管理与知识管理的新领域[J]. 大学图书馆学报，2009(1)：30-37.
41. 陈悦，刘则渊. 悄然兴起的科学知识图谱[J]. 科学学研究，2005(2)：149-154.
42. 马文峰，杜小勇. 知识网格研究[J]. 图书情报工作，2007(10)：64-67.
43. 储节旺，周绍森，郭春侠. 知识网格：知识管理变革的新动力[J]. 科研管理，2006(3)：55-60.
44. 夏火松，陈国栋，范昭岩，等. 知识网格研究综述[J]. 情报学报，2007(6)：869-876.
45. 王伟军，刘艳芬，王显彬，等. 基于 Web2.0 的知识管理系统的设计[J]. 情报理论与实践，2009(6)：97-101.
46. 杨思洛，毕艳娜. 搜索引擎的互动问答平台及其对数字参考咨询服务的启示[J]. 图书情报工作，2007(2)：140-144.
47. 周淑云. 知识管理的新发展——知识网格[J]. 图书馆论坛，2006(1)：235-237.
48. 董悦. 论语义网在企业知识管理中的应用[J]. 现代商贸工业，2008(3)：130-131.
49. 张东伟，赵津津，李鹏. 基于语义网的知识管理研究[J]. 计算机与信息技术，2008(3)：22-25.

50. 常志平，蒋馥. 企业知识管理系统的柔性战略分析[J]. 科学学与科学技术管理，2002(9)：89-92.
51. 丁蔚. 知识管理系统——建立学习型组织的工具[J]. 图书情报工作，2001(6)：5-8.
52. 丁蔚，倪波. 知识管理系统与企业电子商务[J]. 图书情报知识，2001(1)：7-9.
53. 杜方冬，孙振球. 医院知识管理系统构架研究[J]. 情报杂志，2005(5)：55-57.
54. 贺玲，黄坚，皮佑国. 科研团队知识管理系统研究[J]. 科技管理研究，2010(4)：187-190.
55. 来玲，杨宝森. 基于 XML 的大学图书馆知识管理系统研究[J]. 图书情报工作，2007，51(2)：92-95.
56. 乐飞红. 公司知识管理系统[J]. 图书情报工作，2000(5)：42-45.
57. 李扬，陆南燕. 图情档一体化系统与现代企业信息管理系统集成构建高新企业知识管理系统[J]. 现代情报，2006(9)：182-184.
58. 刘乃嘉，刘启新，蒋东兴. 高等学校知识管理系统模型[J]. 工业技术经济，2005，24(1)：105-106.
59. 刘武，朱明富. 构建知识管理系统的探讨[J]. 计算机应用研究，2002(4)：35-37.
60. 刘娅. 面向政府决策的咨询机构知识管理系统构建[J]. 情报杂志，2007(7)：83-87.
61. 戚啸艳，阴祁媛. 基于业务流程的企业整合型知识管理系统研究——以工程设计流程为例[J]. 东南大学学报(哲学社会科学版)，2010，12(3)：60-66.
62. 强韶华. 中国企业知识管理系统实施的现状与对策[J]. 南京工业大学学报(社会科学版)，2003(4)：65-68.
63. 邱晖，孙政顺. 知识管理系统的构建及其策略[J]. 计算机工程与应用，2001，37(1)：52-54，72.
64. 邱均平，张洋. 论竞争情报系统与知识管理系统[J]. 图书情报工作，2005，49(9)：31-35.
65. 邵斐，孙济庆. 基于机构的知识管理系统框架研究[J]. 情报科学，2006，24(1)：88-91.
66. 盛小平，何立阳. 知识管理系统研究综述[J]. 图书馆，2003(1)：36-39，57.

67. 谭励，刘杰. Livelink 知识管理系统及其应用[J]. 北京工商大学学报(自然科学报)，2004，22(2)：18-21.
68. 屠立，屠航. 知识管理系统的框架及技术研究[J]. 情报科学，2005，23(1)：111-113.
69. 武玫，杨德华. 知识管理的实质和知识管理系统的发展[J]. 计算机应用研究，2004(3)：1-5.
70. 严建援. 知识管理系统与信息管理系统关系辨析[J]. 南开管理评论，1999(1)：41-46.
71. 袁红清. 基于 Notes 群件技术的知识管理系统[J]. 宁波大学学报(社科版)，2000(1)：77-79.
72. 张建华. 知识管理系统模型及其实现技术[J]. 情报科学，2005(12)：1861-1865.
73. 张建华，刘仲英. 当前知识管理系统模型问题与对策分析[J]. 情报学报，2004，23(1)：73-77.
74. 张新武，刘仲英. 企业集成化知识管理系统及应用[J]. 研究合肥工业大学学报(自然科学版)，2002，25(1)：63-66.
75. 周水银，陈荣秋. 信息技术的影响与企业知识管理系统[J]. 计算机系统应用，2000(6)：4-6.
76. 朱晓峰，朗诵真，李雪. 知识管理系统初探[J]. 情报理论与实践，1999(4)：245-247.
77. 张劲松. 政府知识管理：行政管理理论实践的创新[J]. 中共福建省委党校学报，2002(7)：53-55.
78. 汪大海，政府知识管理的基本特征[J]. 管理现代化，1999(4)：28-29.
79. 杨重燕，张劲松. 推行政府知识管理[J]. 统计与决策，2001(10)：32.
80. 张成福. 电子化政府：发展及其前景[J]. 中国人民大学报，2000(3)：4-12.
81. 高小平. 智能化：现代行政管理的方向[J]. 中国行政管理，2002(11)：17-19.
82. 翟克勇. 权力应更多地转向服务[J]. 西部人，2002(12)：44.
83. 高秦伟. 构建责任政府：现代政府管理的必然要求[J]. 中共济南市委党校学报，2002(1)：100-103.
84. 李志义. 谈电子政务中知识管理系统的构建[J]. 现代图书情报技术，2003(6)：77-79.
85. 郭少友. 关于电子政务效益评价的思考[J]. 图书情报工作，2003(5)：

59-62.
86. 孔敏，等. 电子政务技术框架[J]. 现代图书情报技术，2004(1)：72-75.
87. 刘春年，娄策群. 政府电子信息存储中心的构建研究[J]. 现代图书情报技术，2004(3)：64-67.
88. 左美云，许珂，陈禹. 企业知识管理的内容框架研究[J]. 中国人民大学学报，2003(5)：69-75.
89. 李永宁. 基于模糊理论的企业知识管理能力评价[J]. 科技管理研究，2009(5)：176-177.
90. 艾时钟，杜荣，陈新. 企业知识管理的综合评价指标体系及评价实例[J]. 中国管理学，2005(13)：480-483.
91. 黄蕾. 论企业知识管理模式及选择方法[J]. 现代情报，2004(9)：190-191.
92. 朱启红，张钢. 基于人工神经网络的企业知识管理评价模型[J]. 科学学与科学技术管理，2003(8)：32-34.
93. 王刚，张成洪，黄丽华. 基于方法集的企业知识管理评价研究[J]. 科技进步与对策，2009(7)：115-118.
94. 李朝明. 企业知识管理与电子商务的协调发展[J]. 商业时代，2007(11)：78-79.
95. 王柏清. 浅谈电子商务企业中的知识管理[J]. 科教文汇，2008(8)：151-153.
96. 冯尉. 知识管理与电子商务的结合应用研究[J]. 情报杂志，2009(28)：305-307.
97. 刘群. 基于电子商务与知识管理收敛的商务结构知识——知识商务[J]. 软科学，2002，16(3)：75-78.
98. 张燕，周磊. 图书馆知识管理的发展战略[J]. 图书情报工作，2003(7)：108-111.
99. 陈超. 浅议知识管理在图书馆的意义[J]. 图书馆杂志，2001(4)：17-18.
100. 李琛. 知识管理在图书馆中的实施[J]. 图书情报知识，2002(2)：26-27.
101. 王福泉. 基于读者隐性知识的图书馆知识管理[J]. 情报科学，2010，28(2)：219-222.
102. 杜也力. 建立“知识组织”与进行“知识组织”———谈图书馆知识管理的主要任务及其实现[J]. 图书情报知识，2002(6)：14-16.

103. 肖菲，罗艳玲. 图书馆知识管理模式研究[J]. 江西社会科学，2002(8)：135-138.
104. 蒋永福，李景正. 论知识组织方法[J]. 中国图书馆学报，2001(1)：3-7.
105. 张映芳. 图书馆实施知识管理的整体方案初探[J]. 图书馆学研究，2010(5)：22-25.
106. 何绍华. 知识管理环境下的我国图书馆知识服务模式研究[J]. 情报理论与实践，2007(5)：619-621.
107. 王莲，汪传雷，刘娜. 高校图书馆知识管理水平测度指标体系初探[J]. 图书与情报，2009(6)：144-149.
108. 张洪彬，沈治宏. 论个人知识管理[J]. 图书馆理论与实践，2004(1)：33-35.
109. 孔德超. 论个人知识管理[J]. 图书馆建设，2003(3)：17-18.
110. 王曰芬，浦晓斌. 个人知识管理绩效评估研究及实证分析[J]. 情报理论与实践，2009(8)：57-62.
111. 陈立华，徐建初. Wiki：网络时代协同工作与知识共享的平台[J]. 中国信息导报，2005(1)：51-54.
112. 邸强，等. 企业知识库的构建和管理研究[J]. 情报科学，2005，23(7)：1045-1048.
113. 樊治平，李慎杰. 知识创造与知识创新的内涵及相互关系[J]. 2006，8(2)：102-105.
114. 郭韬，等. 基于复杂性理论的企业知识创新系统研究[J]. 情报杂志，2008(4)：112-115.
115. 黄哲，刘希宋. 基于知识网络平台的协同知识创新系统的构建[J]. 科技与管理，2008，10(6)：80-82.
116. 孙卫忠，刘丽梅. 组织学习和知识共享影响因素试析[J]. 科学学与科学技术管理，2005(7)：135.
117. 王伟军，等. 利用 DotNetNuke 构建基于 Web2.0 的知识管理平台[J]. 现代图书情报技术，2007(7)：41-45.
118. 张凤，何传启. 知识创新的原理与路径[J]. 中国科学院院刊，2005(5)：389-394.
119. 张海芳. 哈耶克经济体系的竞争市场论解析[J]. 理论学习，2005(11)：54.
120. 何英，黄瑞华. 论知识外部性引发的知识产权风险[J]. 科学学研究，

2006，24(5)：742-746.
121. 焦玉英，袁静. 基于 WIKI 的群体知识共享与创新服务研究[J]. 情报科学，2008(5)：652-656.
122. 李纲，赵杨. 基于 Wiki 的组织内部知识共享[J]. 江西社会科学，2006(7)：50-53.
123. 李涛，王兵. 我国知识工作者组织内知识共享问题的研究[J]. 南开管理评论，2003(5)：16-19.
124. 刘善任. 网络时代的企业文化[J]. 中外管理，2000(2)：57-59.
125. 马利霞. Blog 在组织内部信息交流中的应用[J]. 情报科学，2004，22(7)：881-883.
126. 樊治平，孙永洪. 知识共享研究综述[J]. 管理学报，2006，3(3)：371-378.
127. 沈丹，梁战平. 制造企业知识库现状及发展探讨[J]. 情报科学，2008，26(12)：1778-1782.
128. 王书贵，薛澜. 现代企业的知识管理及成功因素分析[J]. 中国软科学，1999(3)：74-76，85.
129. 王伟军，等. Web2.0 与知识管理平台的集成研究[J]. 情报资料工作，2007(5)：37-40.
130. 王伟军，甘春梅，等. 基于 Wiki 的知识服务系统研究[J]. 情报科学，2008，26(9)：1292-1296.
131. 王伟军，孙晶. Web2.0 的研究与应用综述[J]. 情报科学，2007(12)：1907-1913.
132. 魏江，等. 企业内部知识共享模式研究[J]. 技术经济与管理研究. 2004(1)：68-69.
133. 熊回香，王学东，许颖颖. 基于 Web3.0 的虚拟团队知识共享平台建设研究[J]. 情报科学，2009，27(12)：1770-1775.
134. 严浩仁，贾生华. 试论知识特性与企业知识共享机制[J]. 研究与发展管理. 2006，14(3)：16-20.
135. 严建援. 知识管理系统与信息管理系统关系辨析[J]. 南开管理评论，1999(1)：45-50.
136. 杨溢. 企业内知识共享与知识创新的实现[J]. 情报科学，2003，21(10)：1107-1109.
137. 曾永刚，钱省三，徐福缘. 基于 TP 分析法的组织内员工知识共享的障碍及对策分析[J]. 情报杂志，2010，29(2)：96-100.

138. 张成洪，严正，宋亮. 协同商务环境下的知识共享框架[J]. 复旦大学学报(自然科学版)，2003，42(5)：755-760.
139. 张红兵，和金生. 基于 Wiki 的知识共享系统研究[J]. 科学学研究，2010，28(5)：727-731.
140. 张燕敏. 论企业知识管理体系及其知识库[J]. 数量经济技术经济研究，2002(4)：22-24.
141. 赵雪松，杜荣，焦函. 师徒模式下隐性知识共享的障碍及解决方案[J]. 预测，2006，25(5)：35-39.
142. 林莉. 知识管理：知识经济时代高等学校管理改革的新范式[J]. 研究与发展管理，2003(8)：24-28.
143. 翁福元. 变迁社会之家庭教育组织与机构因应之道：知识经济、知识管理与非营利组织的观点[J]. 教育导刊，2003(1 上)：25-29.
144. 朱开轩. 深入学习邓小平同志教育思想，坚定不移地实施科教兴国战略[J]. 高校理论战线，1997(1)：4-10.
145. 董小英. 知识优势的理论基础与战略选择[J]. 北京大学学报(哲学社会科学版)，2004(7)：37-44.
146. 徐璞，戴昌钧. 知识管理视角下信息技术对知识工作的影响研究[J]. 情报杂志，2010(4)：88-92.
147. MIT 结合 Microsoft 推动 Games-to-teach 项目计划[J]. 现代教育技术，2003(3)：77.
148. 杨斌. 案例教学的知识管理研究[J]. 电子科技大学学报社科版，2001(1)：97-99.
149. 霍淑婷，等. 大学合作学习中教师参与度对学习效果的影响研究[J]. 开放教育研究，2010(2)：100-106.
150. 张素玲. 行动学习及其在我国领导人才培训中的应用研究[J]. 国家教育行政学院学报，2009(12)：32-35.
151. 郁义鸿. 知识管理与高校竞争力[J]. 研究与发展管理，2002(4)：1-4.
152. 林莉. 基于知识管理理念的高等学校管理战略[J]. 管理与教育现代化，2003(2)：7-12.
153. 潘懋元. 现代大学制度笔谈[J]. 国家高级教育行政学院学报，2001(2)：5-20.
154. 闵维方. 对一流大学建设的思考[J]. 清华大学教育研究，2003(6)：8-13.
155. 颜洽茂，等. 课程建设和精品课程建设项目的实践与思考[J]. 中国大学教学，2004(8)：6-7.

156. 王雁，等. 世界一流大学的现代学术职能——英国剑桥大学案例[J]. 清华大学教育研究，2002(1)：27-33，48.
157. 孙建丽. 上海学习型家庭评估若干问题探讨[J]. 教育评论，2009(6)：101-104.
158. 傅钢善，李婷. 3G时代基于专家系统的移动学习模式[J]. 中国电化教育，2010(4)：106-111.
159. 冯琳，孔磊. 教学平台：趋势与挑战——第2次"中国远程教育青年论坛"综述[J]. 中国远程教育，2009(12)：5-16.
160. 王静，美国麻省理工学院的免费网上课程[J]. 电化教育研究，2004(10)：76-79.
161. 乔琼. 美国高校远程教育办学特色与经验探究[J]. 中国远程教育，2009(10)：73-78.
162. 坂元昂. 日本的空间合作体系和远程教育[J]. 中国远程教育，2000(2)：23-27.
163. 李晓华. 实施农村远程教育工程，促进农村教育跨越式发展——访教育部远程教育专家顾问丁兴富博士[J]. 中国电化教育，2004(8)：5-9.
164. 张小可. 发展现代远程教育是建立终身教育体系的必由之路——访清华大学继续教育学院副院长孙学伟教授[J]. 中国远程教育，2000(3)：5-7，19.
165. 张一春，祝智庭. 知识管理技术与E-Learning资源库建设研究[J]. 电化教育研究，2003(5)：53-58.
166. 冯琳. 消除数字鸿沟促进教育均衡化发展——联合国儿童基金会与中国合作远程教育项目访谈综述[J]. 中国远程教育，2009(10)：5-9.
167. 黄健. 图书馆知识管理下的继续教育——从美国麦肯锡公司知识管理实践看图书馆知识管理下的继续教育[J]. 现代情报，2004(6)：107-109.
168. 甘永成. E-Learning环境下的个人知识管理[J]. 中国电化教育，2003(6)：20-24.
169. 王翠波，等. 世界重点高校"知识管理"课程建设实证调查研究(I)——调查对象、方法及结果[J]. 情报学报，2007(12)：896-901.
170. 盛小平，刘泳洁. 美国知识管理专业研究生教育的实证分析及启示[J]. 情报理论与实践，2009(11)：116-119.
171. 王心裁，吕元智. 知识管理课程体系设置与知识管理教育刍议[J]. 图书馆学研究，2003(1)：11-13.
172. 王方，杨斌，等. 知识管理：管理教学的新领域[J]. 清华大学学报

（哲学社会科学版），2000(5)：53-56，58.
173. 杨熔．让知识管理走进图书馆——兼谈深圳南山图书馆的管理探索[J]．图书馆工作与研究，2002(3).
174. 过仕明，刘岩芳．图书馆知识管理的实施方案研究[J]．情报科学，2004，22(7)：792-795.
175. 龚惠玲．建设数字化国家科学图书馆，构筑支撑我院科研工作的信息服务平台，中国科学院国家科学图书馆在支撑系统中率先进入院知识创新试点工程序列[J]．图书情报工作，2001(12)：87.
176. 中国科学院国家科学图书馆．中国科学院国家科学图书馆与地区国家科学图书馆2003年工作总结与2004年工作计划[J]．图书情报工作动态，2004(4)：1-7.
177. 倾力打造中国的Web of Knowledge"Science China——中国科学文献服务系统"推介会召开[J]．图书情报工作动态，2004(6)：25-26.
178. 张智雄，等．中国科学院国家科学图书馆电子馆务平台系统建设中的若干问题[J]．图书情报工作动态，2003(4)：2-6.
179. 姜爱蓉．清华大学图书馆"学科馆员"制度的建立[J]．图书馆杂志，1999(6)：30-31.
180. 陆致成，等．知识经济时代的创新孵化器[J]．清华大学学报(哲学社会科学版)，2000，15(5)：47-51.
181. 常唯，等．美国国家医学图书馆发展战略规划(2003—2005年)[J]．图书情报工作动态，2004(6)：1-7.
182. 胡德华，方平．一体化医学语言系统(UMLS)及其对我国情报检索语言的启示[J]．情报学报，2000(2)：158-163.
183. 高钧，等．美国国家医学图书馆及其提供的网上免疫资源[J]．沈阳药科大学学报，2002，19(2)：153-156.
184. 卜祥云，等．高校创新型科研团队：概念、特征及功能[J]．科技管理研究，2008(10)：90-92.
185. 周光礼，张文静．国家精品课程建设七年回望——一个政策评价框架的初步运用[J]．高等工程教育研究，2010(1)：36-45，52.
186. 一工整理．改革、创新、发展——中国科学院知识创新工程试点进展(一)[J]．中国科学院院刊，2004(6)：401-407.
187. 王力．3M公司的知识创新[J]．企业改革与管理，2002(12)：20-21.
188. 郭晓娟．海外学者评点"长江学者奖励计划"[J]．神州学人，2002(4)：20.
189. 人民网．德国提前实现学校全部上网目标[J]．现代技术教育，2002

(2): 25.
190. 杨永博. 21世纪远程教育面临的问题与挑战——国际远教专家访谈录[J]. 中国远程教育, 2000(1): 5-7.
191. 中国科学院国家科学图书馆. 中国科学院国家科学图书馆与地区国家科学图书馆2002年工作总结与2003年工作计划[J]. 图书情报工作动态, 2003(2): 2-7.
192. 钟靓. 谈终身学习视野下的个人知识管理[J]. 教学研究, 2007, 30(2): 126-128.
193. 钟啸灵. Web2.0时代的移动公司[J]. 信息方略, 2009(8): 52-54.

三、外文资料

1. Anonymous. Business school knowledge management course[J]. The British Journal of Administrative Management, 2000(19): 7.
2. John S Edwards, Meliha Handzic, Sven Carlsson, Mark Nissen. Knowledge management research & practice[J]. Houndmills, 2003, 1(1): 49.
3. Maria Martensson. A critical review of knowledge management as a management tool[J]. Journal of Knowledge Management, 2000, 4(3): 204-216.
4. Hamid R Nemati. Global knowledge management: exploring a framework for research[J]. Journal of Global Information Technology Management, 2002, 5(3): 1-11.
5. Brent J Bowman. Building knowledge management systems[J]. Information Systems Management, 2002, 19(3): 32-40.
6. Brent Gallupe. Knowledge management systems: surveying the landscape[J]. International Journal of Management Review, 2001(3): 61-77.
7. Peter Meso, Robert Smith. A resource-based view of organizational knowledge management system[J]. Journal of Knowledge Management, 2000, 4(3): 224-234.
8. Peter H Gray. The effects of knowledge management systems on emergent teams: towards a research model[J]. Journal of Strategic Information Systems, 2000(9): 175-191.
9. T H Davenport, L Prusak. Working knowledge: how organiazations manage what they know[M]. Boston, MA: Harvard Business School Press, 1998.
10. Jian-HuaYeh, Jie-YangChang, yen-JenoYong. Content and knowledge

management in a digital library and museum[J]. Journal of the Society for Information Science, 2000, 51(4): 371-376.

11. Rice-Lively, MayLynn, Racine J. Drew the role of academic librarians in the era of information technology[J]. The Journal of Academic Librarianship, 1997, 23(1): 331-377.

12. Argyrisc, Schon. Organizational learning: a theory of action perspective [M]. Reading, MA: Addison-Wesley, 1978.

13. Cooke, et al. Measuring team knowledge during skill acquisition of a complex task [J]. International Journal of Cognitive Ergonotimics, 2001, 5(3): 297-315.

14. David A Garvin. Building learning organizations [J]. Harvard Business Review, 1993(4): 78 - 91.

15. Debra M Amidon. Knowledge innovation system: the common language [J]. Journal of Technology Studies, 1993, 19(2): 2-8.

16. Debra M Amidon. Innovation strategy for the knowledge economy: the ken awakening [M]. Boston: Butter Worthe Heinemann, 1997.

17. Freeman C. The economics of industrial innovation [M]. Cambridge, MIT Press, MA, 1982.

18. Robert E B. What we've learned: managing invention and innovation[J]. Research Technology Management, 1988, 31(1): 11-29.

19. Mohr L B. Determinants of innovation in organizations [J]. The American Political Review, 1969(63): 111-126.

20. Moore G C, Benbasat I. Development of an instrument to measure the perceptions of adopting an information technology innovation [J]. Information Systems Research, 1991(2-3): 192-222.

21. Nonaka Ikujiro. The knowledge-creating company [J]. Harvard Business Review, 1991(11-12): 96-105.

22. Takashiro, Takeda. A context based approach to acquisition and utilization of personal knowledge for www browsing [C]//Proceedings of the Fourth International Conference on Knowledge-Based Intelligent Engineering Systems & Allied Technologies, 2000.

23. Thompson. Organization in action [M]. New York: McGrawl, 1967.

24. Walker R M. An empirical evaluation of innovation types and organizational and environmental characteristics: towards a configuration framework [J].

Journal of Public Administration on Research and Theory, 2008, 18(4): 591-615.

25. Amrit Tiwana. The knowledge management toolkit—orchestrating IT, strategy, and knowledge platform [M]. Pearson Education, Inc. 2002: 53-55.

26. Hongbing Zhang. Research on knowledge sharing mechanism based on Web2.0 [A]. International Seminar on Future Information Technology and Management Engineering [C]. IEEE Computer Society, 2008(11): 210-213.

27. Jalam. Blogging: for know ledge sharing, management and dissemination [J]. Business Information Review, 2005, 22(4): 2692-2761.

28. M Millie Kwan, P Balasubramanian. Knowledge Scope: managing knowledge in context [J]. Decision Support Systems, 2003, 35(2): 467-486.

29. Nonaka Ikujuro. A dynamic theory of organizational knowledge creation [J]. Organization Science, 1994, 5(1): 14-37.

30. Nonaka Ikujuro. The knowledge-creating company [J]. Harvard Business Review, 1991(11-12): 96-105.

31. O'Dell C, Gryson C Jr. If only we knew what we know: identification and transfer of internal best practices [J]. California Management Review, 1998, 40(3): 154-174.

32. O'Dell C, Gryson C Jr. If only we knew what we know [M]. New York: The Free Press, 1998.

33. Polanyi M. Personal knowledge: toward a post critical philosophy [M]. Chicago: University of Chicago Press, 1962.

34. Polanyi M. The tacit dimension [M]. New York: Doubleday & Co., 1966.

35. Raschen B. A resilient, evolving resource: how to create a taxonomy [J]. Business Information Review, 2005, 22(3): 199-204.

36. Richard McDermott, Carla O'Dell. Overcoming cultural barriers to sharing knowledge[J]. Journal of Knowledge Management, 2001, 5(1): 76-85.

37. Sun P Y, Seott J L. An investigation of barriers to knowledge transfer [J]. Journal of Knowledge Management, 2005, 9(2): 75-90.

38. Andrew Trotter S. Korea tops U. S. in key education ratings[J]. Education Week, 2003, 9(24): 3.

39. Edward Sallis, Gary Jones. Knowledge management in education: enhancing

learning & education[M]. Kogan Page Limited, 2002.
40. David H. Hargreaves. A capital theory of school effectiveness and improvement[J]. British Education Research Journal, 2001, 27(4): 487-503.
41. Edward Sallis, Gary Jones. Knowledge management in education: enhancing learning & education[M]. Kogan Page Limited, 2002.
42. Noel Dempsey. Building the knowledge society[J]. The OECD Observer, 2004.
43. David H. Hargreaves. The knowledge-creating school[J]. British Journal of Educational Studies, 1999, 47(2): 122-144.
44. Abdus Sattar Chaudhry, Susan E Higgins. Education for knowledge management: a spectrum approach[M]. IFLA Publications, 2001.
45. Luis R Gomez-Mejia, David B Balkin, Robert L Cardy. Managing human resources, 3rd edition[M]. 北京: 北京大学出版社, Prentice Hall, 2000.
46. Wilda B Newman. Knowledge management research and end user work environments[C]. The IFLA Council and General Conference, Bangkok, Thailand, August 28, 1999.
47. Laura J Bender. Team organization—learning organization: The University of Arizona four years into it[J]. Information Outlook, 1997, 1(9): 19-22.
48. Richard A Pickett, Willliam B Hamre. Building portals for higher education [J]. New Directions for Institutional Research, 2002(113): 37-55.
49. Karl-Heinz Leitner, Campbell Ward. Managing and reporting knowledge-based resources and processes in research organizations: specifics, lessons learned and perspectives[J]. Management Accounting Research, 2004(15): 33-51.
50. Kurt Larsen, David Istance. Lifelong learning for all[J]. The OECD Observer, 2001.
51. Berman F. Viewpoint: from teragrid to knowledge grid[J]. Communications of the ACM, 2001, 44(11): 27-28.

四、网页资料

1. Yogesh Malhotra. Knowledge management for the new world of business[EB/OL]. [1998-07-13]. http://www.brint.com/km/whatis.html.1998-07-13.

2. 张建军，卢海平. 设立知识资源管理专业论证报告(节选)[EB/OL]. [2003-05-20]. http://www.chinakm.com.

3. 中国知识管理网论坛. 知识管理思想、理论和技术的形成过程[EB/OL]. [2003-05-20]. http://www.chinakm.com.

4. 知识管理学程课程表[EB/OL]. [2004-11-21]. http://dns.lis.ntu.edu.tw/~km/course.htm.

5. 知识管理学程修习办法[EB/OL]. [2004-11-21]. http://dns.lis.ntu.edu.tw/~km/measures.htm.

6. 夏昊翔. 关于知识管理学科领域的一些考察与思考[EB/OL]. [2004-11-21]. http://www.chinakm.com/ chinakmbbs/dispbbs.asp.

7. T Kanti Srikantaiah, Michael Koenig. Knowledge management for the information professional [EB/OL]. [2003-05-20]. http://www.asis.org/publications/book- store.

8. 中国知识管理网论坛. 知识管理学派[EB/OL]. [2003-05-20]. http://www.chinakm.com.

9. 中国知识管理中心. 漫谈知识管理技术[EB/OL]. [2005-04-26]. http://www.kmcenter.org/html/tianzhigang/200504/26-2121_2.html.

10. Keven. Web2.0 技术探源[EB/OL]. [2005-11-22]. http://www.libnet.sh.cn/sztsg/web20/keven.ppt.

11. Tim O'Reilly. 什么是 Web 2.0？[EB/OL]. [2005-11-22]. http://www.enet.com.cn/article/2005/1122/A20051122474593.shtml.

12. 搜狐 IT. Web2.0 专题[EB/OL]. [2005-11-22]. http://it.sohu.com/s2005/web2info.shtml.

13. 搜狐 IT. 深度报道 Web3.0[EB/OL]. [2006-02-23]. http://it.sohu.com/20060223/n241988825.shtml.

14. 云计算开放平台. 云计算定义[EB/OL]. [2006-02-23]. http://www.chinacloud.org/wiki/index.php/.

15. 叶葆春. WEB2.0 技术在知识管理中的应用[EB/OL]. [2006-06-08]. http://blog.vsharing.com/Article.aspx? aid=36622.

16. Denis F Reardon. Knowledge management: the discipline for information and library science professionals[EB/OL]. [2004-02-07]. http://www.ifla.org/IV/ifla64/017-123e.htm.

17. Hadley Reynolds. A Delphi Group market advisory: the knowledge management market in 1998 [EB/OL]. [1997-12-09]. http://www.

delphigroup.com/pressurelases/1997-PR/1209-1997KMTrends98.html.
18. 马艳霞. 图书馆知识管理中隐性知识资源的分类与开发[EB/OL].[2004-05-31]. http://www.chinalibs.net.
19. 李华伟. 知识管理：图书馆的新趋势[EB/OL].[2004-04-17]. http://www.chinalibs.net.
20. 李慷. 关于个人知识管理(PKM)的一些基本概念(编译)[EB/OL].[2003-11-09]. http://www.blogchina.com.
21. 个人知识管理的实施[EB/OL].[2005-09-15]. http://www.360doc.com/showWeb/0/0/37074818.aspx.
22. Jonathan Strickland. Web3.0 展望[EB/OL].[2009-04-20]. http://computer.bowenwang.com.cn/web-30.htm.
23. 红门资讯提出 WEB3.0 概念，并推出相应服务[EB/OL].[2009-04-18]. http://www.cdbest.net/cdvd/Article/cool/other/ 200512/20051203173957.html.
24. 杨立民. 联合国教科文组织：全球基础教育投入不足[EB/OL].[2004-12-02]. http://www.edu.cn/20041110/3119968.sthml.
25. 联合国教科文组织网站[EB/OL].[2004-12-06]. http://www.uneso.org.
26. OECD. Learning for tomorrow's world: new OECD/PISA results out on 7 december 2004[EB/OL].[2004-11-06]. http://www.oecd.org.
27. 唐伦亿，等. "未来教育"重塑德国形象[EB/OL].[2004-01-02]. http://www.sudu.org.cn/frnews/1069980223.shtml.
28. 教师网联计划：教师教育的创新——教育部师范司司长管培俊就全国教师教育网络联盟计划答记者问[EB/OL].[2004-12-08]. http://www.hubce.edu.cn/jsjy/show.php.
29. 联合国教科文组织. 中国高教规模世界第一[EB/OL].[2004-12-08]. http://www.scol.com.cn.
30. 教育部. 国家中长期教育改革和发展规划纲要(2010—2020 年)[EB/OL].[2010-08-05]. http://www.moe.edu.cn/edoas/website18/30/info1280446539090830.htm.
31. 《教师资格条例》实施办法[EB/OL].[2004-12-10]. http://www.moe.edu.cn/jsduiwu/jszige/01.htm.
32. 刘锐. MIT 开放式课程国际论坛在北京交通大学举行[EB/OL].[2004-12-03]. http://www.njtu.edu.cn/jg/jgws/content/core_cn.htm.
33. 美国麻省理工学院开放式课程计划专题报导[EB/OL].[2004-12-03].

http://www.lib.nsysu.edu.tw/ext/paper/45/.
34. 何克抗. 发达国家的网上教育[EB/OL]. [2004-12-03]. http://www.sedu.org.cn/frgnes/1069985374.shtml.
35. 易朦. 教科文组织官员谈中国高等教育发展[EB/OL]. [2004-12-06]. http://www.un.org/chinese.av/radio/transcript/china03729.htm.
36. 美国科学教育[EB/OL]. [2004-12-06]. http://data.sedu.org.cn/usnew/about2061.php.
37. 中国科学院国家科学图书馆. 中国科学院国家科学图书馆简介[EB/OL]. [2004-12-28]. http://www.las.ac.cn/subpage/Information_All.jsp?SubFrameID=.
38. 首都之窗. 首都之窗主页[EB/OL]. [2010-06-30]. www.beijing.gov.cn.
39. 清华大学图书馆. 清华大学图书馆主页[EB/OL]. [2010-06-30]. http://www.lib.tsinghua.edu.cn/service/sub-librarian.Html.
40. National Library of Medicine. About the National Library of Medicine[EB/OL]. [2010-07-02]. http://www.nlm.nih.gov/about/index.html.
41. NLM programs and services annual reports, FISCAL YEAR2008[EB/OL]. [2010-07-04]. http://www.nlm.nih.gov/ocpl/anreports/fy2008.pdf.
42. 美国联邦政府. 美国联邦政府首页[EB/OL]. [2010-07-08]. http://www.usa.gov.
43. Zotero. Zotero 主页[EB/OL]. [2010-07-04]. http://www.Zotero.org.
44. 侯自新, 等. 对中国高校科研组织创新与改革的思考[EB/OL]. [2005-02-10]. http://www.hunu.edu.cn.
45. 王黎. 教育部支持高校吸引顶尖人才造就黄金团队[EB/OL]. [2005-02-10]. http://www.edu.cn.
46. 教育部. “长江学者和创新团队发展计划”创新团队支持办法[EB/OL]. [2010-8-10]. http://www.moe.edu.cn/edoas/website18/66/info17766.htm.
47. 王静. 中科院: 让“小山头”类聚成峰[EB/OL]. [2005-02-10] http://www.scien-cetimes.com.cn.
48. 华中师范大学社科处. 华中师范大学人文社会科学“金桂”计划实施办法(试行)[EB/OL]. [2005-02-10]. http://202.114.32.4/hsd/skc.
49. 重庆大学机械工程学院. 机械工程学院科研团队资助计划[EB/OL]. [2005-02-12]. http://www.cme.cqu.edu.cn.
50. 李斌, 吴晶晶. 科研领域的新长征: 中科院知识创新试点纪实[EB/OL]. [2005-02-12]. http://www.cas.cn.

51. 白春礼. 中国科学院知识创新工程的实践与再认识[EB/OL]. [2005-02-12]. http://linuxuser.cosoft.org.cn.
52. 周静. 对企业实施知识共享的思考——以德国西门子公司的实践作为案例[EB/OL]. [2007-05-26]. http://www.gotoread.com/mag/8591/contribution110073.html.
53. Joseph J Branin. Knowledge management in academic libraries: building the knowledge bank at the ohio state university[EB/OL]. [2010-07-02]. https://kb.osu.edu/dspace/bitstream/1811/187/1/KBJAL.pdf.

五、其他资料

1. 陈国栋. 基于知识网格的知识管理集成系统架构研究[D]. 武汉: 武汉纺织大学, 2007.
2. 陈垦. 知识网格环境下的作物栽培知识服务研究[D]. 长沙: 湖南农业大学, 2009.
3. 白清礼. 政府知识管理实现体系研究[D]. 郑州: 郑州大学, 2004.
4. 黄为. 我国企业知识管理的实施策略研究[D]. 北京: 中国人民大学, 2008.
5. 田黎. 学习型企业E-Learning学习模式的创建与评价研究[D]. 合肥: 合肥工业大学, 2007.
6. 邓湘琳. 基于知识管理的图书馆绩效评价研究[D]. 长沙: 湖南大学, 2006.
7. 彭迪. 图书馆知识管理能力分析与评价[D]. 大连: 辽宁师范大学, 2009.
8. 李君. 产业集群的知识创新研究[D]. 长春: 吉林大学, 2009.
9. 吕军. 企业知识创新研究[D]. 武汉: 武汉理工大学, 2003.
10. 龙静. 企业知识创新及其管理研究[D]. 南京: 南京大学, 2001.
11. 王蕊. 企业知识创新平台构建与应用研究[D]. 长春: 吉林大学, 2007.
12. 张玲. 基于社会网络的知识创新对集群企业竞争优势的影响研究[D]. 长春: 吉林大学, 2008.
13. 安世虎. 企业内部知识共享研究[D]. 天津: 天津大学, 2005.
14. 丁蔚. 企业知识管理系统实施研究[D]. 南京: 南京大学, 2001.
15. 富立友. 基于知识共享的组织文化研究[D]. 上海: 复旦大学, 2004.
16. 胡泊. 现代企业知识管理系统设计研究[D]. 合肥: 合肥工业大学, 2002.

17. 季晓芬. 团队沟通对团队知识共享的作用机制研究[D]. 杭州：浙江大学，2008.
18. 樊斌. 非合作博弈条件下企业内部知识共享激励机制研究[D]. 哈尔滨：哈尔滨工业大学，2009.
19. 孙培燕. 基于知识价值链的企业知识转移研究[D]. 长春：吉林大学，2009.
20. 泰开银. 基于IT的知识型企业知识共享模式研究[D]. 西安：西安电子科技大学，2009.
21. 张作风. 知识共享的机制及其在企业中的构建[D]. 北京：中国科学院，2004.
22. 邱锦. 高校学科馆员个人知识管理研究[D]. 长春：东北师范大学，2009.
23. 袁方. 知识管理2.0[D]. 上海：华东师范大学，2009.
24. 路甬祥. 建设面向知识经济时代的国家创新体系[N]. 光明日报，1998-02-06.
25. 柯平. 图书馆知识管理研究[R]. “图书馆知识管理与知识管理的若干问题”大会主题报告.
26. 国务院. 中国教育改革和发展纲要[R]. 1993.
27. 教育部. 面向21世纪教育振兴行动计划[R]. 1998.
28. 教育部. 全国教育事业第十个五年计划[R]. 2001.